21 世纪液压气动经典图书元件系列

# 液压变量泵（马达）变量调节原理与应用

## 第 2 版

机械工程学会流体传动与控制分会 组编
吴晓明 高殿荣 编著

U0190940

机 械 工 业 出 版 社

本书从工程实际应用出发，详细介绍了液压变量泵（马达）变量机构的组成和调节原理。主要内容包括：容积式调节液压变量泵（马达）的基本工作原理、分类和特点；液压变量泵（马达）的主要性能指标；液阻、液压桥路和阀控系统理论；液压变量泵的变量调节原理；变量叶片泵和径向柱塞泵的变量调节原理；轴向柱塞式液压变量马达的变量控制方式；采用液压变量泵的节能分析；液压变量泵（马达）的应用举例；液压变量泵（马达）的选择、安装、调试和故障排除等。

本书适合于流体传动与控制行业的科研设计、制造调试和使用维护部门的工程技术人员、相关现场工作人员以及大专院校有关专业的师生使用。

**图书在版编目（CIP）数据**

液压变量泵（马达）变量调节原理与应用/吴晓明，高殿荣编著. —2 版. —北京：机械工业出版社，2018.3(2024.1重印)

（21 世纪液压气动经典图书元件系列）

ISBN 978-7-111-59474-1

Ⅰ. ①液…　Ⅱ. ①吴…②高…　Ⅲ. ①液压泵－变量－调节　Ⅳ. ①TH137.51

中国版本图书馆 CIP 数据核字（2018）第 056644 号

机械工业出版社（北京市百万庄大街 22 号　邮政编码 100037）

策划编辑：张秀恩　责任编辑：张秀恩　李　超

责任校对：张晓蓉　封面设计：陈　沛

责任印制：张　博

北京建宏印刷有限公司印刷

2024 年 1 月第 2 版第 3 次印刷

169mm×239mm · 24.5 印张 · 470 千字

标准书号：ISBN 978-7-111-59474-1

定价：89.00元

凡购本书，如有缺页、倒页、脱页，由本社发行部调换

电话服务　　网络服务

服务咨询热线：010-88361066　　机 工 官 网：www.cmpbook.com

读者购书热线：010-68326294　　机 工 官 博：weibo.com/cmp1952

010-88379203　　金 书 网：www.golden-book.com

**封面无防伪标均为盗版**　　教育服务网：www.cmpedu.com

# 前　言

液压泵作为液压系统的核心元件，其技术水平和性能的高低，在很大程度上决定了主机的整体性能和质量。液压变量泵及液压变量马达在变量机构的作用下，能够根据其工作的需要在一定范围内调整自己的输出特性。采用变量泵及变量马达的液压系统，具有显著的节能效果，近年来使用越来越广泛。

变量泵和变量马达经常组成容积调速回路应用于液压系统的开式和闭式回路中。容积调速回路是通过改变回路中液压泵或液压马达的排量来实现调速的，其主要优点是功率损失小（没有溢流损失和节流损失），且其工作压力随负载变化，所以效率高、油的温度低，特别适用于高速、大功率系统。

变量泵和变量马达的变量机构多种多样，主要可以分为两大类：第一类按操纵形式分为手动、机动、电动、液控和电液比例控制等，属于外加信号控制；第二类按调节方式，即自动控制泵（马达）的基本参数（包括压力、流量、功率等）按一定的规律变化来分，有恒功率、恒压力、恒流量控制等。液压变量泵（马达）的变量调节原理涉及液压流体力学、液压阻力回路系统学（A、B、C 三类液压半桥理论）、液压元件、控制理论和液压伺服与比例反馈控制原理（直接位置反馈、位移－力反馈、流量－位移反馈等机械反馈形式）等方面的诸多知识。以往的一些教科书、手册当中专门介绍变量泵（马达）变量调节原理方面的内容并不多，这给读者特别是从事液压专业的广大技术人员带来诸多不便，因此也很难做到正确使用、调试和维护液压变量泵（马达）。为了适应当今变量泵（马达）技术的发展需要，并满足各类读者特别是从事液压技术用户的需要，提高对变量泵（马达）的使用和维修水平，促进液压技术的普及和提高，在总结多年从事液压技术教学、科研、生产的基础上，作者曾在 2012 年编写了《液压变量泵（马达）变量调节原理与应用》一书，但由于诸多原因，原书内容不够丰富和全面，并存在一些错误和重复的问题。这次修订，作者在原书的基础之上，不仅增添了变量叶片泵和径向柱塞泵变量调节的内容，同时也补充了恒功率调节、闭式泵变量调节和变量马达变量调节等方面的内容，而且对原书错误和重复之处进行了修正，并重新撰写了第8章（原第6章）的内容，也对第2章和第6、7章（原第4、5章）的内容进行了大幅修改。这样做的目的只有一个，就是希望用通俗的讲解，给从事液压技术方面的人员提供帮助。

本书从工程应用角度，介绍了液压变量泵（马达）的变量机构及其调节原理。本书可供各行业从事液压专业的科研设计、制造调试和使用维护部门的工程技术人员、现场工作人员学习参考，也可作为大专院校有关专业师生的教学参考资料。

在本书的编写工程中，部分引用了力士乐、萨奥、丹佛斯、派克、川崎、林德、丹尼逊、北部精机、摩根、锋利等公司的产品样本资料，在此表示感谢。

本书第1、3、4、5、8章由吴晓明编著；第2、6、7章由高殿荣编著，全书由吴晓明统稿。由于时间和编者水平所限，难免还有疏漏和错误之处，请读者指正。

编著者

# 目 录

# 第1章 概述

## 1.1 液压变量泵（马达）的发展简况、现状和应用

### 1.1.1 简述

为使液压系统充分吸收电子技术的进步成果，成为更具有竞争力的驱动系统，液压系统一定要达到更高的效率、更好的控制性能和更低的噪声。为实现这一目标，使用无能量损失的可控能量变换元件即变量泵与变量马达是必不可少的。液压变量泵及变量马达能在变量控制装置的操作下，根据工作需要在一定范围内调整输出特性，这一特点已广泛地应用在众多的液压设备中。常用的控制方式有恒流控制、恒压控制、恒速控制、恒转矩控制、恒功率控制、功率匹配控制等。

而20世纪70年代末发展起来的静液传动二次调节技术，则采用了液压蓄能器和恒压变量泵（称为一次元件）组成具有恒定压力的中心油源，多个可单独进行调节的液压变量泵/马达（称为二次元件）直接连在恒压网络上，通过调节二次元件的斜盘倾角来适应外负载的变化，为了以预定的速度向正反两个方向运动，可以把任意大小的力从任意方向加在对象物体上，所以也需要采用变量泵与变量马达作为执行机构。

在工程机械上，变量泵可以通过调节排量来适应工程机械在作业时的复杂工况要求，采用压力感应控制，有效地利用发动机功率，将节流调速改为容积调速，减少能量损失，由于其具有明显的优点而使用广泛。目前比较多的液压驱动系统采用恒功率变量泵与定量马达等组成的闭式变量系统，它能随负载变化而自动改变液压泵的排量，使发动机经常接近于其设计的功率工作。此外，为了在不增加管路阻力的条件下提高马达的速度，也有必要通过减少马达排量来提高速度而采用变量马达。

Williams 与 Janney 在1905年首次应用液压油为工作介质并推出了轴向柱塞泵，至今已有100多年的历史，在这100多年中，液压泵的三种主要形式，即齿

轮泵、叶片泵、柱塞泵（摆线类液压泵可以归属到齿轮泵类型）几乎没有突破性的变化。这三种形式的泵仍以其各自的性能特点占据了不同的应用领域，从近期看依然如此，三大类泵的主要应用现状见表1-1。

表1-1　三大类泵的主要应用现状

| 类别 | 类型 | | 应用优势 | 应用弱点 | 主要应用领域 |
|---|---|---|---|---|---|
| 齿轮泵 | 外啮合式 | | 使用压力在21MPa以下，价格低，体积小，污染敏感度相对低，允许转速较高 | 效率最低，不能变量，噪声较大，最大变量比其他两种形式小 | 农业机械<br>工程机械 |
| | 内啮合式（模块式、摆线式） | | 自吸性好，噪声低，流量振动小，摆线式在液压马达方面优势更强 | 价格高于外啮合，性能在主要方面改善不突出，生产厂商少，可选择性差 | |
| 叶片泵 | 双作用式 | | 噪声低，价格明显低于柱塞泵，泵芯插装式使维修简捷，连接口可选择或调整，应用压力在28MPa以下，可与柱塞泵竞争，联轴器连接容易，使用寿命长 | 不能变量，最低转速有限制（不允许低于600r/min），价格中等 | 塑料机械<br>机床锻压机械 |
| | 单作用式 | | 变量泵中价格最低，只要压力符合应优选，但一般只用于恒压变量 | 应用压力很低，一般在10MPa左右，最高使用压力才18MPa，目前采用渐少，几乎被淘汰 | |
| 柱塞泵 | 轴向式 | 斜盘式 | 使用压力超过31.5MPa，变量形式丰富，能实现变量的智能化与网络化，通轴形式便于与回路组合，在结构上可与任何其他形式组合，易获大流量高转速，外形尺寸小，便于布置（功率质量比大），总效率高 | 价格贵，自吸性差，对污染敏感，维护维修要求高 | 工程机械<br>运输机械<br>冶金机械 |
| | | 斜轴式 | 使用压力是所有泵中最高的，排量大，转速高，这三项性能均优于其他类型泵，可用于闭式回路 | 不能通轴，外形尺寸大，回路组合与安装布置不便，维修拆卸要求较高 | |
| | 径向式 | | 使用压力可超过斜轴泵，可通轴，寿命最长，变量形式与斜轴式相当，在液压马达方面优势明显 | 外径偏大，允许转速偏低，在某种情况下不便于安装布置 | |

图1-1对这三大类泵是否能够进行变量调节做了进一步的说明。从中可以看

到，齿轮泵由于结构上的原因，没有变量调节机构。叶片泵也只有单作用式的有变量类型。当前广泛采用变量调节机构的泵，仍然首推柱塞式变量泵，其中包括轴向柱塞式和径向柱塞式。从结构形式上看，采用变量控制的液压马达也多采用柱塞式。

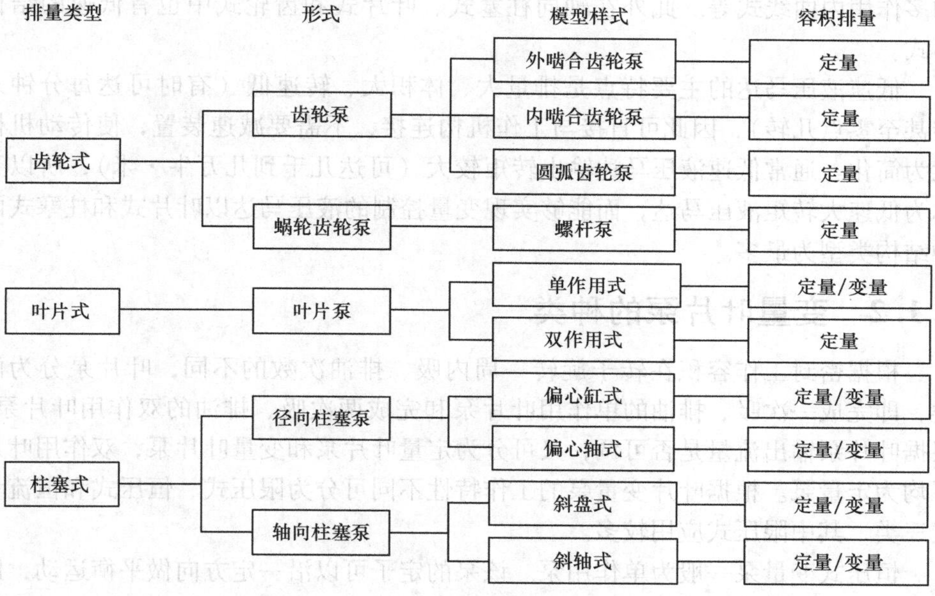


图 1-1　三大类泵的变量调节

液压马达按其结构类型来分也可分为齿轮式、叶片式、柱塞式和其他形式。按其额定转速分为高速和低速两大类，额定转速高于 500r/min 的属于高速液压马达，额定转速低于 500r/min 的属于低速液压马达。图 1-2 给出了液压马达的分类。

- 液压马达
  - 高速小转矩马达
    - 齿轮马达、螺杆马达
    - 叶片马达
    - 轴向柱塞马达
      - 斜盘式轴向柱塞马达(可变量)
      - 斜轴式轴向柱塞马达(可变量)
  - 低速大转矩马达
    - 径向柱塞马达
      - 内曲线马达(可变量)
      - 曲轴连杆式马达(可变量)
      - 静力平衡式马达(可变量)
    - 径向钢球–内曲线马达(可变量)

图 1-2　液压马达的分类

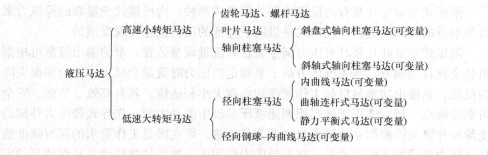

高速液压马达的基本形式有齿轮式、螺杆式、叶片式和轴向柱塞式等。它们

的主要特点是转速较高、转动惯量小，便于起动和制动，调速和换向的灵敏度高。通常高速液压马达的输出转矩不大（仅几十到几百牛·米），所以又称为高速小转矩液压马达。

低速液压马达的基本形式是径向柱塞式，如单作用曲轴连杆式、液压平衡式和多作用内曲线式等。此外在轴向柱塞式、叶片式和齿轮式中也有低速的结构形式。

低速液压马达的主要特点是排量大、体积大、转速低（有时可达每分钟几转甚至零点几转），因此可直接与工作机构连接，不需要减速装置，使传动机构大为简化。通常低速液压马达输出转矩较大（可达几千到几万牛·米），所以又称为低速大转矩液压马达，而能够实现变量控制的液压马达以叶片式和柱塞式两种结构类型为最多。

## 1.1.2 变量叶片泵的种类

根据密封工作容积在转子旋转一周内吸、排油次数的不同，叶片泵分为两类，即完成一次吸、排油的单作用叶片泵和完成两次吸、排油的双作用叶片泵。根据叶片泵输出流量是否可调，又可分为定量叶片泵和变量叶片泵，双作用叶片泵均为定量泵。根据叶片变量泵的工作特性不同可分为限压式、恒压式和恒流量式三类，其中限压式应用较多。

恒压式变量泵一般为单作用泵。该泵的定子可以沿一定方向做平衡运动，以改变定子与转子之间的偏心距，即改变泵的流量。它的变量机能由泵内的压力反馈伺服装置控制，能自动适应负载流量的需要并维持恒定的工作压力。在工作中，还可根据要求调节其恒定压力值。因此，在使用该泵的系统中，实际工况相当于定量泵加溢流阀，且没有多余的油液从系统中流过，使能耗和温升都大大降低，缩小了泵站的体积。该泵如与比例电磁阀匹配，可以在系统中实现多工作点自动控制。

限压式变量叶片泵有内反馈式和外反馈式两种。内反馈式变量泵的操纵力来自泵本身的排油压力，外反馈式是借助于外部的反馈柱塞实现反馈的。

限压式变量叶片泵具有压力调整装置和流量调整装置。泵的输出流量可根据负载变化自动调节，当系统压力高于泵调定的压力时流量会减少，使功率损失降为最低，其输出功率与负载工作速度和负载大小相适应，具有高效、节能、安全可靠等特点，特别适用于作容积调速液压系统中的动力源。先导式带压力补偿的变量叶片泵允许根据系统要求自动调节其流量，可在满足工作要求的同时降低能耗。压力补偿的工作原理是：在先导压力作用下，被控柱塞移动，从而使泵的定子在某一位置平衡。当输出压力与先导压力相等时，定子向中心移动，并使输出流量满足工作要求。在输出流量为零的情况下，泵的输出为补偿泄漏和提供先导压力油，而系统压力保持不变。补偿器的响应时间非常短，不会产生压力超调。

对于普通叶片泵，当系统负载增大时，其工作压力也增大，因而泵的内泄漏增大，实际输出流量会减小。恒流量式叶片泵可通过其变量调节机构控制定子的偏心量，使之能自动补偿泵的泄漏，达到负载变化时，使实际输出流量不变的目的。

目前变量叶片泵的最高压力仅16MPa，目前广泛使用的产品首推意大利Atos公司的PVL型柱销式变量叶片泵和德国Rexroth公司的V4型双叶片式变量叶片泵与PV7型先导式变量叶片泵，但它们与轴向变量柱塞泵相比，在转速、压力、变量特性和寿命等方面都还有着较大差距。因此，研制新型的压力为32MPa的负载敏感型高压变量叶片泵，应是叶片泵制造商的当务之急。

叶片马达和叶片泵一样，也有单作用式和双作用式之分。由于单作用式液压马达的偏心量小，容积效率低，结构复杂，故一般所用的液压马达都是双作用式的。因此，变量叶片马达很少在工业上使用。

### 1.1.3 轴向柱塞泵（马达）的研发历史和种类

轴向柱塞泵（马达）是现代液压传动中使用最广的液压元件之一。由于其可以很方便地实现变量，具有多种变量控制方式，使液压系统容易实现功率调节和无级变速，因此广泛应用于各种液压系统中。

轴向柱塞泵（马达）的雏形可以追溯到16世纪初，Ramelli开发了用于从矿井里往外汲水的皮革密封的轴向柱塞泵，从结构上看，它和现在的柱塞泵已经十分相似。直到1905年，美国Harvey William教授和Reynold Janny工程师设计了端面配流的斜盘泵（马达）的静液传动装置，用在军舰炮塔转向的液压系统中，后来人们称此结构的泵为Janny泵，而且他们首次把矿物油引入传动介质，为现代液压技术的发展拉开了序幕。

1907年，美国人Renault改进了Janny泵的柱塞传动机械，有效地提高了其运行效率。

斜轴式柱塞泵发展较晚。1930年，瑞士Hans Thomas教授设计了第一台弯（斜）轴泵。后人常把弯轴泵称为Thomas泵，其缸体中心线与传动轴中心线成一夹角，使缸体对配流盘的倾覆力矩减小，因此允许的倾角较大。

20世纪50年代中期，美国Denison公司和英国Lucas公司摆脱Janny泵的传统，设计了轴承支承缸体的斜盘泵。这种泵的传动轴只传递转矩，不传递弯矩，保障了配流副的良好接触，加上制造水平的提高，使其工作压力提高到35MPa，转速也大幅提高，是斜盘泵历史上的一次飞跃。

20世纪60年代中期，由于对液压系统集成化的要求，特别是在行走车辆闭式回路的应用上，通轴泵获得了新的发展。由于主轴尾端可以安装辅助泵或其他作用的泵，使通轴泵具有集成多种元件的复合功能，大大简化了液压系统，这是斜盘泵（马达）发展的另一次飞跃。

20 世纪 70 年代以后，欧美很多轴向柱塞泵（马达）的制造商逐渐崛起，针对不同领域做了很多技术革新，比如 Vickers 公司针对注塑机节能的要求推出 PVB 轻型泵；泵（马达）和电子技术的结合也越来越紧密，出现了多种多样的控制方式。

1966 年，我国综合了国外斜盘式柱塞泵的特点后，设计出了 CY14－1 型轴向柱塞泵（马达）。经过 30 多年的实践，对 CY14－1 型泵（马达）相继做过四次大的改进，前两次以标准化和缩小体积为主，改进为 CY14－1A 型；第三次针对配流盘烧损和斜盘磨损以及工艺问题，形成了 CY14－1B 型泵（马达）；第四次针对 CY14－1B 型噪声高、转速低、易松靴脱靴、可靠性差、自吸能力差、规格不全和无通轴泵等缺陷，开发了 Q＊＊CY14－1Bk 系列开式低噪声泵和 QT＊＊CY14 －1Bk 系列通轴泵。

进入 20 世纪 90 年代后，德国 Rexroth 公司开发出了 A4V 泵。其柱塞与传动轴成一交角，工作时离心力有助于柱塞的回程，也有利于减小配流盘直径，降低缸体配流面的线速度；采用球面配流，有利于补偿轴向偏载对缸体产生的倾覆力矩，这种类型的泵已经广泛应用于现代工业领域。目前，轴向变量泵和变量马达又分为斜轴式与斜盘式两种，现分别叙述如下。

（1）斜轴式轴向柱塞泵（马达）　这是汉斯·托马（Hans Thoma）在 1940 年发明的。此后于 1946 年，他又对缸体的同步驱动进行了改进，将万向接头改为连杆方式，将斜盘由平面改成球面。最近，德国 Rexroth 公司又推出了将连杆与柱塞组成一体的采用锥形柱塞（柱塞杆装在密封部件上）的改进形式。该发明自问世以来 60 多年间不断被改进，现在已经成为各领域应用最广泛的产品。

目前只有德国 Rexroth 公司生产变量斜轴泵，主要品种有 A7V 系列，排量为 20～1000mL/r，最高压力为 35MPa，变量角为 18°。该公司还开发了 A7VO 的系列泵，该泵为锥形连杆活塞式，排量为 28～1000mL/r，最高压力为 40MPa。

在 A7V 和 A7VO 的基础上，德国 Rexroth 公司还开发了 A6V 和 A6VM 系列斜轴式变量马达。此外，德国 Linde 公司也生产 BMV/R 型变量斜轴马达，但最大排量只有 50.2～60.3mL/r，额定压力为 42MPa，最高压力为 50MPa，供小型液压设备的闭式回路用。目前，北京华德液压集团有限公司、上海液压泵厂、贵阳力源等均生产德国 Rexroth 公司的斜轴泵和马达。斜轴泵和马达的发展趋势如下。

1）由于结构原因，斜轴泵不能带辅助泵，因此只能作为开式回路用泵；此外，由于斜轴泵的变量机构带动缸体一起摆动，因此变量的响应速度较低。

2）作为变量泵，由于其制造工艺复杂，成本较高，因此，排量在 250mL/r 以下的变量泵正逐步丧失竞争优势，但大排量泵还非其莫属。

3）无论定量还是变量马达，特别是斜轴角为40°的锥形连杆活塞结构，由于其具有起动和传递转矩大的独特优点，有较好的发展前途。

（2）斜盘式轴向柱塞泵与马达 这是对1905年哈维·威廉（Harvey Williams）和雷诺兹·詹尼（Reynolds Janney）发明的轴式液压传动装置进行改进后得到的结构更加简单的变量泵与变量马达，1950年后已开始了大量生产。与斜轴式相比，它体积小、重量轻，具有良好的排量控制响应性能，所以在各种液压泵中的应用日益扩大。斜盘式轴向柱塞泵与马达还可以有轻型与重载之分。

1）轻型轴向柱塞泵和马达。早在20世纪60年代，一些柱塞泵的生产厂家就企图发展一种中压（中等负载）、结构简单、价格便宜，可以与齿轮泵和叶片泵竞争的变量柱塞泵。在20世纪60年代初期，英国DOWTY公司设计了一种名为“Vadis”的斜盘式轴向柱塞泵，其最高压力为20MPa，结构简单，采用许多少切削和无切削加工零件，需要机加工的零件只有八种，其成本甚至可以和齿轮泵竞争。与此同时，美国Vickers公司也设计了一种PVB系列轻型柱塞泵，其结构简单，配流盘与后盖连成一体，缸体、滑靴等零件都由铸铁或粉末冶金制造，采用单作用缸（弹簧回程）实现变量，主要用于机床上，并曾经作为7MPa以下压力用于乳化液介质中，不过当时并没有引起人们的重视。直到20世纪70年代末，日本大金公司在引进美国桑斯川特公司15和18系列泵的基础上开发出V15和V38系列轻型柱塞泵（排量分别为14.8mL/min和37.7mL/min，额定压力为14MPa，最高压力为21MPa）后，轻型柱塞泵才引起世人的重视。

日本大金公司的轻型柱塞泵与PVB泵相似。它也是采用单作用变量缸，用弹簧使斜盘复位，为了减小复位弹簧的力，在设计中，使斜盘的回转中心高于缸体中心线与滑靴球头中心平面的交点，以便压紧缸体的中心弹簧和柱塞缸内液体压力共同使斜盘复位。也许是摩擦副材料和热处理的原因，日本大金公司的轻型柱塞泵在缸体与后盖之间仍安装有配流盘。

日本大金公司开发的轻型柱塞泵引起人们的广泛重视，在1981年日本油空压展览会上，日本油研、萱场、丰兴、不二越等公司都相继展出了轻型柱塞泵。在20世纪90年代前后，世界上许多厂家相继开发出了轻型柱塞泵，如美国的桑斯川特、伊顿、丹尼逊、派克，德国的力士乐，意大利的阿托斯等都有这类产品。我国邵阳液压件厂在1983年引进了美国PVB轻型柱塞泵，随后重庆液压件厂也从德国Rexroth公司引进了A10V轻型柱塞泵，目前在国内市场已经得到推广使用。

所有的轻型柱塞泵都是以恒压变量泵为基础的。在开发轻型柱塞泵以后，日本大金公司最早开发了负荷传感变量泵，并用于注塑机，使泵的输出功率最接近于负载所需的功率，就是在泵空载时，变量机构也能自回零位，使系统的空载功率消耗也达到最小。

2）重载斜盘泵和马达。重载斜盘泵和马达是指用于工作条件较恶劣、负载重、额定压力为31.5～42MPa、最高压力为40～50MPa、结构较复杂的斜盘泵和马达。

① 闭式回路用斜盘泵与马达系统。它广泛地用于工程和建设机械，其特点是泵上装有补油泵，泵和液压马达上共同装有闭式系统用全套集成阀，用户只要连接两根管道，就能使该系统运转，如振动压路机、水泥搅拌车等就广泛采用这种系统。最早生产这种产品的是美国萨澳（SAUER）公司，其产品为20系列泵与马达系统。20世纪80年代中期，上海高压油泵厂引进了美国萨澳（SAUER）20系列泵与马达系统。现在，萨澳（SAUER）公司已在上海浦东合资生产最新的90系列泵与马达系统。

目前，生产闭式泵与马达的公司还包括比较著名的有美国伊顿（Eaton）公司、丹尼逊（Denison）公司，德国Rexroth公司、伊顿－丹佛斯和林德公司等。其中美国公司都是斜盘泵－斜盘马达闭式系统，德国Rexroth公司是斜盘泵－斜轴马达闭式系统，而Linde公司既有斜盘泵－斜盘马达闭式系统，也有斜盘泵－斜轴马达闭式系统。我国贵州力源液压件厂也生产萨澳（SAUER）20系列泵与马达闭式系统。

② 开式系统用斜盘泵。通常，开式系统泵相对于闭式系统泵有更高的要求，要求其有较好的自吸能力、较低的噪声和较多的变量形式，所以闭式系统泵一般不能用于开式系统。然而，闭式系统泵生产厂家为了降低成本，提高泵的零件通用化程度，往往在闭式系统泵的基础上派生出开式系统泵，如德国Rexroth公司的A4SVO开式系统泵就是在闭式系统泵A4V的基础上开发出来的；Linde公司的HPR202系列开式系统泵是HPV202闭式系统泵的改进产品。我国目前大量生产的CY型轴向柱塞泵也属于开式系统重载斜盘泵。

### 1.1.4　径向柱塞泵的结构类型

径向柱塞泵一般用于功率较大的场合，特别是大型锻压设备，包括快锻机等均采用径向柱塞液压泵作为压力油源。径向柱塞泵具有以下特有的优势：①可以使用截面较大的柱塞，从而使得径向柱塞泵可以实现轴向柱塞泵难以达到的大排量；②可以使用更短的传动轴，使得轴的强度和刚度更高，同时使机械系统轴向更紧凑；③径向体积较大，能容纳更多的结构，便于实现结构创新；④泵体内几乎无轴向力，轴承无需承受轴向载荷，寿命长。

关于径向柱塞泵研究的起步较晚，国际上知名的液压泵厂家，几乎都有轴向柱塞泵的产品，如美国的Parker公司、VICKERS公司，德国的Rexroth公司、HAWE公司、JAHNS公司，日本的YUKEN公司、DAIKIN公司等，但其中只有少数厂家生产径向柱塞泵产品，且产品的型号数量以及相应的液压系统解决方案也较少。随着工业技术的发展，径向柱塞泵的应用场合逐渐增多，国内外关于径向柱塞泵的研究也迅速发展。目前典型的产品有德国 Bosch 公司在 20 世纪 80 年代研制的 A10 系列产品，美国 MOOG 公司生产的 RKP－Ⅱ系列径向变量柱塞泵、德国 Wepuko Pahnke 公司生产的 RKP 系列变量径向柱塞泵等以及我国研究开发的 JBP 系列径向柱塞变量泵等。

### 1.1.5 液压变量泵（马达）的发展趋势

**1. 高压化**

高压化的趋势自液压技术被应用以来，从未间断过，并在 21 世纪会保持下去。液压变量泵（马达）压力等级的提高意味着执行机械体积的减小，也会使整个液压系统所用介质会明显减少，而使主机成本下降、体积减小、动态性能改善。然而液压变量泵（马达）最高工作压力的增加又以材料的改善及其零部件处理技术的提高、加工精度及装配精度的提高与加工手段的先进为代价，又会使液压变量泵（马达）的制造成本增加。因此，液压变量泵（马达）的最高工作压力是与机械加工的整体水平相一致的，最佳的最高工作压力也是随机械工业的发展而提高的。以近十年的可预见目标而言，56MPa 是可以达到的（排量达到 250mL/r）。

**2. 信息化、智能化控制**

首先是从节能目的出发，变量控制系统的应用已越来越多，对变量控制系统提出了更高的要求。而且液压比例技术、伺服技术的发展使变量控制已与系统控制密切地结合起来，使对变量泵的要求从原单一的节能走向为系统的智能化与信息化提供完整的硬件。

电子排量控制（EDC）可接收 PLC 或计算机（工控装置）的控制信号，同时泵的内部还有传感器将泵斜盘位置反馈到比例阀的放大器。智能控制完全可以融合在其中，从而提高控制的准确性、稳定性，达到节能与系统控制的双重效果。电子排量泵实质上是对泵的变量机构做位置闭环控制，根据系统控制要求，利用所设置的智能控制算法（如采用自适应控制等）来达到应用的目的。这些算法可通过将其软件程序固化在电子控制器内，使液压泵具有恒压力、恒流量及恒功率等全部功能。目前这种液压泵的性能可以达到滞环小于 ±1%、重复精度小于 ±0.5% 及线性度小于 ±2%（电控变量）。图 1-3 所示为博士力士乐生产的 SY. DFE 型 EDC 变量泵，其不仅装备有压力、位移传感器，而且具有 CAN－Bus 总线

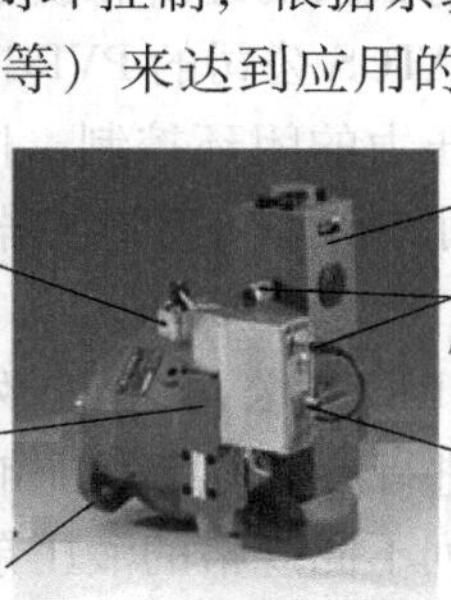

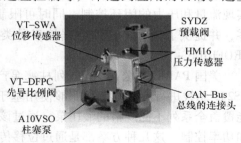

图 1-3 博士力士乐生产的 SY. DFE 型 EDC 变量泵

网络接口。

通过网络可以对系统中的液压泵进行下列控制或通信：

1）使设备具有远程通信功能。

2）通过远程设备用户可以启用软件调整泵的有关参数。

3）通过远程设备对液压泵进行调试以及故障诊断。

4）对泵的运行参数进行采集及数据下载。

5）虚拟显示功能。

**3. 数字化**

数字控制液压泵，能够接收数字量的控制信号，以改变液压泵的输出参数，实现对液压系统的控制和调整。目前主要有变频控制和变排量控制两种方式。其中变频控制是通过变频电动机或伺服电动机改变液压泵的转速实现的。对变排量控制而言，所有的变量类型都是靠改变斜盘倾角或定子偏心量实现的，因此有可能采用同样的硬件结构，利用传感器的检测，采用不同的软件程序来实现多种控制形式。基于这一思想，数字控制变量泵应运而生。数字控制变量泵的电－机械转换器可以通过多种方式来实现，如采用步进电动机、高速开关阀、高响应比例阀、伺服阀等元件。在目前的技术水平下，采用比例阀的形式较多。比例放大器接收数字控制信号，输出 PWM 信号控制比例阀的动作，由比例阀驱动变量活塞的运动实现变量，同时将变量活塞的运动反馈回控制器实现闭环控制。

数字控制的突出优点在于其控制方式及功能恰能克服模拟控制所固有的不足，在编程控制、自动化、高灵活性方面表现出极强的生命力，因而正在不断取代传统的模拟控制。数字控制液压泵具有机电一体化特点，由于引入了微机技术而使泵带有柔性。作为数字控制元件，数字控制液压泵的发展历史较短，在许多方面还不成熟。但是在目前能源紧张、计算机日益普及的电子时代，数字控制液压泵研制对当前电子技术强化武装流体动力技术，促使流体动力向机电一体化方向发展，具有很大的经济和技术意义。

意大利 ATOS 公司的 PVPC 电液比例控制泵，通过集成 PES 数字控制器，可实现流量和压力的闭环控制，同时可限制最大功率，允许系统最小压力接近于零，并提供了较为丰富的数据接口种类，包括 RS232 串行数据接口、CAN 和 PROFIBUS－DP 总线接口。

美国 PARKER 公司 PV 系列柱塞泵产品开发了专门的数字控制器，它通过 RS232 总线进行参数设定，能够使用基于 PC 的软件编程，能够设定斜坡时间，能覆盖全系列不同规格的液压泵。通过该控制器，能够实现排量控制、压力控制和功率控制。这几种方案都是通过位移传感器检测斜盘倾角来间接对流量进行表达，对流量的控制均是通过排量来体现的，因容积效率的影响，在流量控制方面均存在一定的误差。日本川崎公司开发的数字控制变量泵采用专门的流量传感器实现流量的直接检测，因此在流量控制方面效果好。

随着变频调速技术的发展，变频调速器价格大幅度降低，而且当采用变频调速器控制电动机时，可以省去电动机的起动装置。这使得用变频调速器实现交流电动机的无级调速，从而达到泵的无级变量成为可能。普通的变量泵是通过改变泵的排量来实现泵输出流量的改变，而变频电动机驱动的柱塞泵是通过转速的变化来实现泵的输出流量的变化。

今后，在液压技术与信息技术的融合中，液压泵（马达）是最主要的载体之一，将会有更强劲的发展。

## 1.2 几个基本概念

### 1.2.1 体积弹性模量、可压缩性系数和液容

一个充满油液的液压缸如图1-4所示：移动活塞可以改变液体的容积，通过活塞使原始压力 $p_0$ 增加一个 $\Delta p$ 的增量，原始体积 $V_0 = Al_0$ 则被减少了一个 $\Delta V_{Fl}$，因为压力流体是可压缩的，考虑到由于压力增大时体积减小，因此式（1-1）右边需加一负号，以使压缩系数为正。因此有

$$\Delta V_{Fl} = A\Delta l = -V_0 \frac{\Delta p}{\beta_e} \tag{1-1}$$

体积弹性模量 $\beta_e$（单位为 $N/m^2$）可用下式表示

$$\beta_e = -V_0 \frac{\partial p}{\partial V} = \frac{1}{\beta} \tag{1-2}$$

体积弹性模量的倒数 $\beta$（单位为 $m^2/N$）称为可压缩性系数

$$\beta = \frac{1}{\beta_e} \tag{1-3}$$

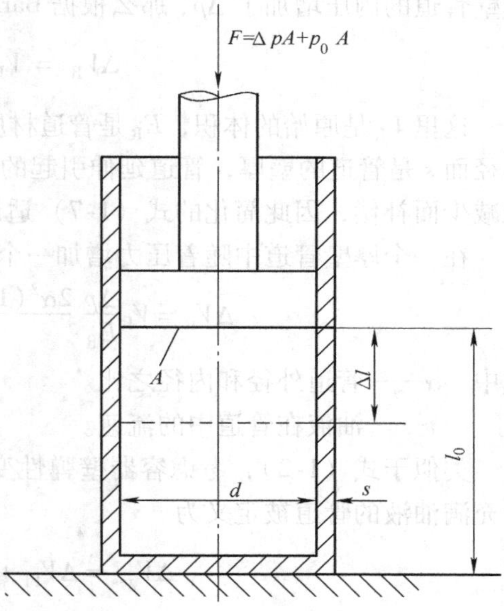


图1-4 液体容积的可压缩性

对式（1-1）微分可得到可压缩性液体的流量 $q_k$，其正比于压力变化率 $\dot{p}$

$$q_k = \frac{d\Delta V_{Fl}}{dt} = \frac{V_0}{\beta_e}\dot{p} \tag{1-4}$$

比例系数 $C_H$ 称为液容：

$$C_H = \frac{V_0}{\beta_e} \tag{1-5}$$

体积弹性模量$\beta_e$不是一个常数，其取决于各种变参数，如压力、温度和未溶解在压力油中空气的含量。此外，容器壁的弹性影响体积弹性模量。为了确定该模量，常用考虑所有这些影响的等效体积弹性模量$\beta'_e$计算。那么液容表达式变成：

$$C_H = \frac{V_0}{\beta'_e} \tag{1-6}$$

$\beta_e$在普通的温度和压力范围下可以近似认为是常量，对于基于矿物油的压力流体，它等于

$$\beta_e \approx 1.6 \times 10^9 \mathrm{N/m^2} = 16\mathrm{MPa}$$

充满一台液压缸，一根管道或者其他容器的液体的可压缩性是随着容器壁的弹性变小和液体内的气泡增加而增加的，有效体积弹性模量因此会减小。假如一薄壁管道的内压增加了$\Delta p$，那么根据Barlow公式得到

$$\Delta V_R = V_R \frac{\Delta p}{E_R} \frac{d}{s} \tag{1-7}$$

这里$V_R$是原始的体积，$E_R$是管道材质的弹性模量（杨氏模量），$d$是管道的内径而$s$是管道的壁厚，管道延伸引起的体积的增加由管道的横向收缩引起的体积减少而补偿，因此简化的式（1-7）适用于所有泊松数接近0.3的金属管道。

在一个厚壁管道中随着压力增加一个$\Delta p$，体积的变化为

$$\Delta V_R = V_R \frac{\Delta p}{E_R} \frac{2\alpha^2(1+v)+3(1-2v)}{\alpha^2-1} \tag{1-8}$$

式中　$\alpha$——管道外径和内径之比。

　　$v$——油液在管道中的流速。

类似于式（1-2），考虑容器壁弹性变形的影响，等效体积弹性模量$\beta'_e$，对于充满油液的管道被定义为

$$\Delta V_{ges} = \Delta V_{Fl} + \Delta V_R = V_0 \frac{\Delta p}{\beta'_e} \tag{1-9}$$

$$\beta'_e = \frac{V_0 \Delta p}{\Delta V_{ges}} \tag{1-10}$$

对于薄壁充满油液的管道得到如下公式：

$$\Delta V_{ges} = \Delta V_{Fl} + \Delta V_R = V_0 \Delta p \left( \frac{1}{\beta_e} + \frac{1}{E_R} \frac{d}{s} \right) \tag{1-11}$$

$$\beta'_e = \frac{1}{\frac{1}{\beta_e} + \frac{1}{E_R} \frac{d}{s}} = \frac{\beta_e}{1 + \frac{1}{E_R} \frac{d}{s}} \tag{1-12}$$

高压管道由于壁厚很大，对等效体积弹性模量的影响很小，但对于薄壁管道特别是软管应该考虑其影响。

假如未溶解的空气存在于压力流体中，其对可压缩性会产生严重的影响。空气溶解过程取决于气泡的尺寸和其可能作用的时间。因此，假如需要计算确切的液压系统的等效体积弹性模量的值，应该在实验条件下进行。

在液压缸封闭容腔中，液体由于受压而产生压力（其程度由体积弹性模量、总容积等制约）的原理，实际上是液压传动技术的基础。显而易见，封闭容腔中如果只是充满液体，而无外界的作用力，其中的液体除了受一般略去不计的重力之外，是不会产生压力的。正是由于在封闭容腔中的液体受（外部）作用力，而且常伴随不应忽略的体积有所减小，才产生压力（这里应该有两层意思：首先油液要将执行机构的几何容腔 $V$ 充满；其次，要补充由于液体压缩而减小的那部分体积）。这种情况在液压传动系统中也是一个基本现象。例如：工作液体在充满执行机构（如液压缸）的工作容腔之前，系统一般建立不起压力，只有工作液体充满执行机构工作容腔，推动执行机构克服外负载时，系统才建立起由外负载所决定的压力（当然系统压力往往由像溢流阀这类压力阀来加以限制）。也正由于这个缘故，有理由将一般封闭容腔的压力公式，在一定条件下拓展应用于液压系统的压力容腔。而在一般的教材和技术书籍中，往往在得出液体的体积弹性模量公式后，总有类似这样的一些话："液压油的可压缩性对在动态下工作的液压系统来说影响极大；但当液压系统在静态（稳态）下工作时，一般可以不予考虑。"其实这是一种不恰当的说法，其对液压技术工作者来说可能是一种误导。

## 1.2.2 动态封闭容腔和压力

上述由稳态封闭容腔导出的压力基本公式，可拓展到适用于液压传动系统中处于流动状态并引出动态封闭容腔这一概念（图1-5）。对于此拓展了的概念，应用时应注意以下几点。

1）动态封闭容腔的界面是以集中参数为依据而不按分布参数考虑的。动态封闭容腔的界面是液压泵、液压马达、液压缸等的工作腔，以及管路内壁面、阀口、节流器等。例如：如图1-5所示的系统，在图示工况下，液压泵的压油腔加上从压油腔到方向阀阀口、压力阀进口的相应管道内壁面，形成第一个封闭容腔；从方向阀阀口到节流阀阀口的管道内壁面形成第二个封闭容腔；从节流阀阀口到液压缸的管道内壁面加上液压缸无杆腔，形成第三个封闭容腔；液压缸有杆腔加上从液压缸到方向阀回油阀口的管道内壁面，形成第四个封闭容腔；方向阀阀口至油箱液面的管道内壁面形成第五个封闭容腔。

2）在一个动态封闭容腔中，压力处处相等，即一个封闭容腔为同一压力区。例如：在图1-5所示系统中，可区分为 $p_1$、$p_2$、$p_3$、$p_4$、$p_5$ 五个压力区。

3）在实际运行的液压系统中，$\Delta V$ 的含义从“压力区（封闭容腔）油液总变化量”拓展为“流进与流出压力区（动态封闭容腔）液流流量之差”。由于流量 $q=\frac{\Delta V}{\Delta t}$，所以液压系统中动态封闭容腔压力的基本公式应为

$$\Delta p=\frac{\beta'_e\Delta q}{V}\Delta t \tag{1-13}$$

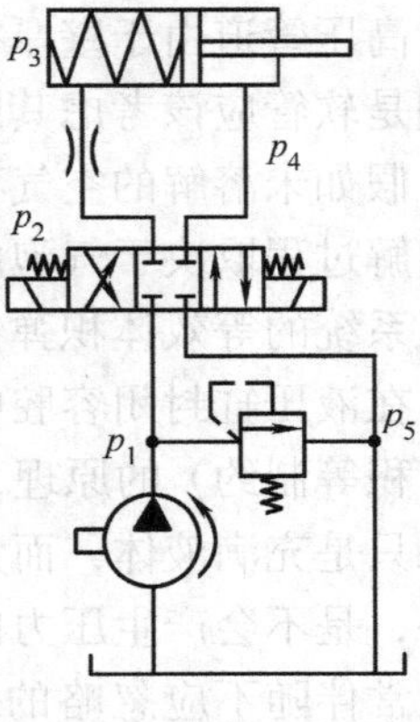


图1-5　液压系统的封闭容腔

式中　$\Delta p$——在 $\Delta t$ 时间内动态封闭容腔压力的变化值；

$\Delta q$——在 $\Delta t$ 时间内流进与流出动态封闭容腔（压力区）液流流量之差；

$V$——动态封闭容腔（压力区）的总容积；

$\beta'_e$——等效体积弹性模量。

这个增量表达式可改写成

$$p(t)=\frac{\beta'_e(t)}{V}\int_0^t\Delta q\mathrm{d}t \tag{1-14}$$

这里所谓的动态封闭容腔就是通常概念上的压力容腔。实际上，式（1-13）和式（1-14）就是压力容腔流量连续性方程的变化形式

$$\Delta q=\frac{V}{\beta'_e}\dot{p} \tag{1-15}$$

式中　$V$——压力容腔（压力区）的总容积；

$\Delta q$——流进与流出压力容腔（压力区）液流流量之差。

可见，式（1-13）和式（1-14）是反映动态封闭容腔中压力与流量以及容腔容积与有效体积弹性模量之间的基本关系的式子，它适用于所有液压系统，不论是高频响的伺服系统，还是一般的开关系统。

式（1-13）和式（1-14）表明：

1）动态封闭容腔压力的变化与流进、流出容腔的流量之差成正比，也就是说流进流量多于流出流量时，容腔压力升高；反之亦然。在使用时，关键是分清哪个流量是流进的，哪个流量是流出的。

2）动态封闭容腔压力的变化与容腔的总容积成反比。同样的进出口流量变化时，容腔总容积越大，压力变化越小。

3）等效体积弹性模量的影响是显然的，要留意的是 $\beta'_e$ 包括了油液、管件等容腔包容体的弹性模量，还包括油液中的含气量等因素。

4）如将式（1-13）右边的时间 $\Delta t$ 移到左边，$\Delta p/\Delta t$ 就是一般概念上容腔的压力飞升速率，可见压力飞升速率与等效容积模数和流进与流出动态封闭容腔（压力区）液流流量之差成正比，与封闭容腔的体积成反比。

在明确了动态封闭容腔的概念、容腔压力基本公式之后，可以看到，实际上遇到的液压系统组成部分多数情况下都可以看成动态封闭容腔。所以，为了简化起见，经常将“动态封闭容腔”简化为“封闭容腔”，甚至“容腔”和“容积”，除非有特殊说明，否则都是指“动态封闭容腔”。

在工程实践中，情况往往千变万化，所以利用动态封闭容腔的概念来处理实际问题时，就要具体情况具体分析，灵活掌握。

1）一个封闭容腔就是一个压力区。在同一个动态封闭容腔中，处处压力相等。这是源于对一般的液压系统按所谓的集中参数原则考虑，而不按分布参数原则处理。

2）动态封闭容腔的界面应灵活处理，如前所述的液压泵、液压马达、液压缸的工作腔，管壁，阀口，节流器等。这用于对一个液压器件内部参数影响的分析，或者对系统局部特性的分析，是必要的。但对于更宏观的分析，特别是进行一些定性分析时，完全可以忽略一些阀口、液阻的影响，将几个动态封闭容腔看成一个大的动态封闭容腔。例如：为了分析油源与负载的关系，往往将从液压泵出口开始一直到液压缸与负载力对抗的压力容腔看成一个容腔（将图1-5中的 $p_1$、$p_2$和 $p_3$看成一个动态封闭容腔）。

## 1.2.3 负流量控制

负流量控制系统如图1-6所示，泵的排量控制信号为主控阀旁回油路的阻尼孔前端压力，当控制压力信号增大（减小）即旁路回油量增大（减小）时，斜盘摆角变小（增大），主泵排量减小（增大）。由于斜盘排量变化趋势与控制信号相反且属于流量控制，故称负流量控制。负流量控制大大降低了三位六通阀的空流损失及节流损失。

在操作先导手柄动作时，多路阀中的一个或者多个换向阀阀芯就会离开中位向两端移动，此时液压油通向执行元件的阀芯开口面积逐渐增大，而通向油箱的阀芯开口面积则逐渐减小至最终关闭。整个动作过程中节流孔前压力即负流量控制油路压力逐渐下降，液压泵的排量则逐渐增大，同时，执行元件的速度也逐渐增大。负流量控制液压系统中，先导控制压力决定了换向阀阀芯各节流口的开度，进而决定了系统旁路回油量的大小，最后决定了负流量控制油路的压力，由该压力的大小来调节主泵的排量。

对于流量检测，可用射流元件来检测流量，也可直接采用最简单的小孔节流方式，无论用哪一种方式，都是将流量转化为压力来表示。

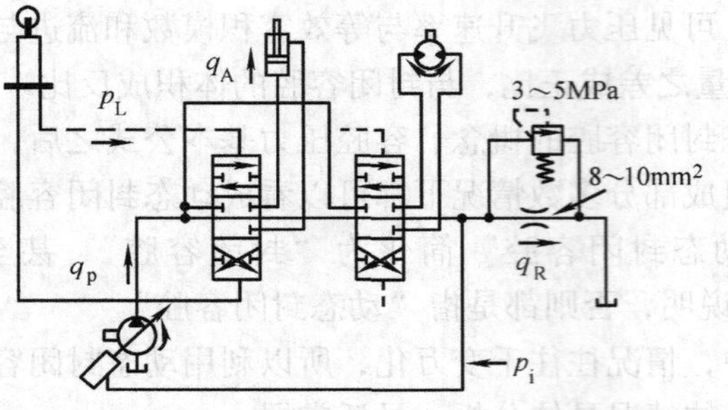


图 1-6　负流量控制系统

## 1.2.4　正流量控制

正流量控制系统如图 1-7 所示，泵的排量控制信号与主阀阀芯控制信号来自同一信号。当控制信号增大（减小）时，主阀阀芯开口增大（减小）的同时主泵排量增大（减小），斜盘摆角变小（增大），主泵排量减小（增大）。由于斜盘排量变化趋势与控制信号相同且属于流量控制，故称正流量控制。

正流量控制系统与负流量控制系统同属开中心系统，都有中位损失；两者同属节流调速系统，都有节流损失。另外，负流量控制系统需要旁回油路有一定流量以保证控制信号的准确性，所以比较正流量系统流量损失更多。负流量控制是反馈控制，但由于泵的动态响应速度较慢，该控制系统具有明显的滞后效应，也导致一部分流量和能量损失。

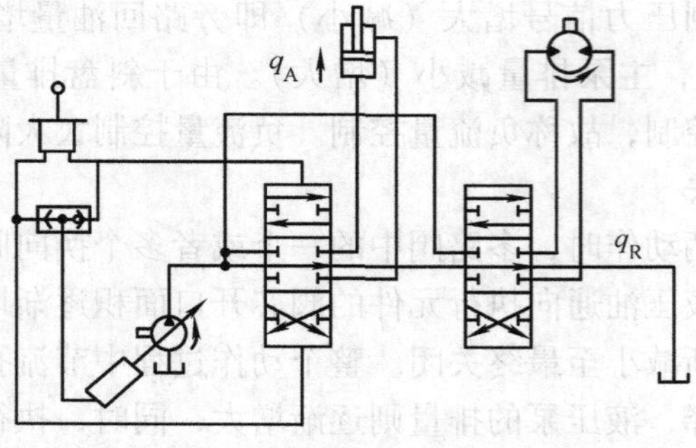


图 1-7　正流量控制系统

## 1.2.5　负载敏感控制

按德国 Rexroth 公司的区分方法，负载敏感有两种类型：①受负载影响的流量分配系统，Rexroth 公司称其为 LS 系统；②不受负载影响的流量分配系统，Rexroth 公司称其为 LUDV 系统。

负载敏感（Load - Sensing，简称 LS）控制液压系统能自动地将负载所需的压力或流量变化的信号传到负载敏感阀或负载敏感泵变量控制机构的敏感腔，使其压力参量发生变化，从而调整系统中供油单元（变量泵）的运行状态，使其几乎仅向系统提供负载所需要的液压功率，最大限度地减小压力与流量两项相关损失。LS 控制系统如图 1-8 所示。负载敏感控制系统通过检测负载压力、流量、功率等变化的信号，向液压系统进行反馈，实现流量调节，保证流向执行元件的流量与其负载无关，而只跟控制阀阀芯开口大小有关。

将负荷传感控制应用于液压挖掘机时，为了保证正常工作，泵输送的压力只能与最高负荷压力相适应，即负荷传感控制只在最高负荷回路中起作用，对其他负荷压力较低的回路采用压力补偿，以使阀口压差保持定值。当阀口全打开且使工作系统要求的流量超过泵供油能力的极限时，最高负荷回路上的执行元件的运动速度会迅速降低直至停止运动，从而使挖掘机失去复合动作的协调能力。这是由于在流量饱和状态下不可能使所有节流口两端的压差都达到设定值。在高负载支路，由于节流口两端压差低于设定值，因此，该支路的压力补偿阀处于全开状态，泵的输出压力就无法上升到可以驱动高负载联的压力，导致分配给重载支路的流量减小。

LUDV 系统（图 1-9）即负载独立流量分配系统，是以执行器最高负载压力控制泵和压力补偿的负载独立流量分配系统，当执行器所需流量大于泵的流量时，系统会按比例将流量分配给各执行器，而不是流向轻负载的执行器。

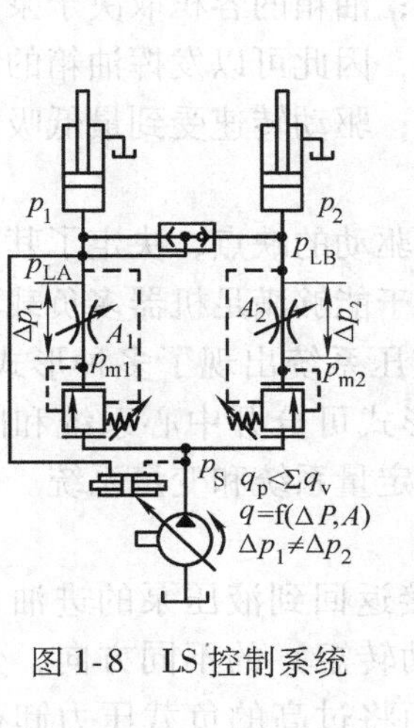


图 1-8 LS 控制系统

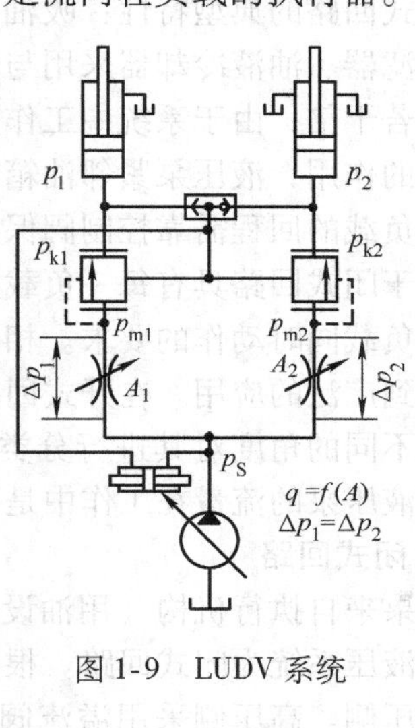


图 1-9 LUDV 系统

流量分配型压力补偿阀是基于比例溢流原理，最高负荷压力作为比例控制信号传递给所有的压力补偿阀，同时负荷传感控制器也在最高负荷压力的作用下，对液压泵的排量进行控制，使泵的输出压力较最高负荷压力高出一个固定值，这样所有的多路阀阀口的压降都被控制在同一值。即使泵出现供油不足的现象，执行机构的速度会下降，但由于所有阀口的压降是一致的，各工作机构的工作速度还会按阀的开口面积保持比例关系，从而保证挖掘机动作的准确性。

## 1.2.6　开式和闭式回路

对于液压工程师而言，需要考虑三类基本回路：开式回路、闭式回路及半闭式回路。下面详细介绍开式回路和闭式回路。半闭式回路是这两类回路的一种混合，通常在需要使用充液阀进行容积补偿的场合（比如回路中用到单出杆液压缸）下使用。

**1. 开式回路**

开式回路一般是指泵的吸油管位于液面的下方，油箱液面对大气压力呈开放状态。由于液压油箱的内、外气压保持平衡，确保了液压泵较好的吸油特性。入口管路不得存在阻力，否则会造成压力下降到低于所谓的吸油压力水头或吸油压力限值。但在某些特殊情形下（也即吸油侧为低压），可以利用轴向柱塞单元自身所具有的自吸特性。考虑到泵的自吸能力和避免产生吸空现象，对自吸能力差的液压泵，通常将其工作转速限制在额定转速的 75% 以内，或增设一个辅助泵进行灌注。在开式回路中，通过方向阀的控制作用将液压油输送到执行机构，然后以同样的方式经方向阀返回油箱。

开式回路的典型特性：吸油管路短、管径大；方向阀采用与流量相关的管径；过滤器、油液冷却器采用与流量相关的管径；油箱的容积取决于泵的最大流量并成若干倍，由于系统中工作完的油液回油箱，因此可以发挥油箱的散热、沉淀杂质的作用；液压泵紧邻油箱或位于油箱下方；驱动转速受到最低吸油压力的限制；负载的回程需靠控制阀保持稳定状态。

由于闭式回路具有每一负载必须由独立泵源驱动的缺点，决定了其不能满足机器多负载同时动作的要求。相反，开式回路由于能够满足机器多负载驱动的要求而得到广泛的应用。在开式回路的基础上，液压系统出现了多种形式和种类，可以从不同的角度对其进行分类。从多路阀的形式可分开中心系统和闭中心系统；从液压泵的流量在工作中是否变化，可分为定量系统和变量系统。

**2. 闭式回路**

如果来自执行机构（用油设备）的油液直接返回到液压泵的进油口，就称这一类液压系统为闭式回路。根据负载（或起动转矩）的不同方向，分为高压侧和低压侧。高压侧采用溢流阀加以保护，从而将过高的负载压力卸荷到低压侧；液压油仍留在回路之中。只有液压泵和液压马达（取决于运行数据）所产生的持续泄漏流量需要从外部补充。这部分流量一般由一只辅泵（通过法兰直接安装到主泵上）来加以补充；通过一只单向阀，从一只小油箱持续抽取充足的油液（补油流量）并送入闭式回路的低压侧。补油泵所产生的任何过剩（相对于开式回路而言）流量，则通过一只补油溢流阀返回油箱。由于补充了回路低压侧的油液，因而改善了主泵的运行特性。

闭式回路具有以下典型特性：①系统结构较为紧凑，与空气接触的机会较少，空气不易渗入系统，故传动的平稳性好；②工作机构的变速和换向靠调节泵或马达的变量机构实现，避免了在开式回路换向过程中所出现的液压冲击和能量损失；③方向阀尺寸小，只用于先导控制；④过滤器、油液冷却器尺寸较小；⑤油箱容积较小，尺寸只需匹配补油泵的流量和系统体积即可；⑥通过补油，可实现较高的转速；⑦布置位置灵活，安装方便；⑧具有中位控制方式，完全可实现反向转动；⑨通过驱动马达实现制动功率的反馈功能。

## 1.3 容积式液压变量泵（马达）的基本工作原理和类型

### 1.3.1 容积式变量泵（马达）的工作原理

容积式变量泵的基本工作原理：形成若干个密封的工作腔，当密封工作腔的容积从小向大变化时，形成部分真空，进行吸油；当密封工作腔的容积从大向小变化时，进行压油（排油）。

容积式液压泵正常工作的必备条件是：具有密封容积（密封工作腔）；密封容积能交替变化；具有配流装置，其作用是保证密封容积在吸油过程中与油箱相通，同时关闭供油通路；压油时与供油管路相通，而与油箱切断；吸油过程中油箱必须与大气相通。

容积式液压泵吸油腔的压力决定于吸油高度和吸油管路压力损失；排油腔的压力则决定于负载和排油管路以及控制阀阀口的压力损失。排出的理论流量仅由有关几何尺寸和转速确定，而与排油压力无关，这是液压泵的重要特性。排油压力通过泄漏和油液的可压缩性影响到实际流量，一般随排出压力的升高，实际流量降低。

### 1.3.2 容积式变量泵的调节原理

变量调节的主要目的是控制系统的流量。在工程实践中，与流量有关的问题可以从两个不同的角度来考察与分析：

1）从系统的角度，考察与分析系统是如何实现调速的。这里，常将流量控制系统区分为以下几种：

① 阀控（节流调速）系统。定量泵与各种控制阀配合进行调速控制。其特点是响应快，可进行微小流量调节，但能量损失大，效率低，多用于小功率场合。

工程机械上简单节流控制液压系统采用的是开中心的三位六通阀。液压系统具有两条供油路，如图1-10所示，一条是旁通油路1、另一条是并联油路2，流入执行元件的液压油经过并联油路并通过改变阀口的开口量来调节流量，多余的压力油则通过旁通油路流回油箱。简单节流控制系统的调速特性受负载压力和液压泵流量的影响较大，且该系统操纵性能和微调性能较差。此外，由于采用这种油路的液压执行元件在进行复合动作时相互之间有干扰，使得复合动作操纵比较困难，复合动作协调性较差，但是由于该系统具有结构简单，且能够满足机器的基本工作要求，生产制造成本低等特点，使得目前简单节流控制液压系统仍有较为广泛的应用。

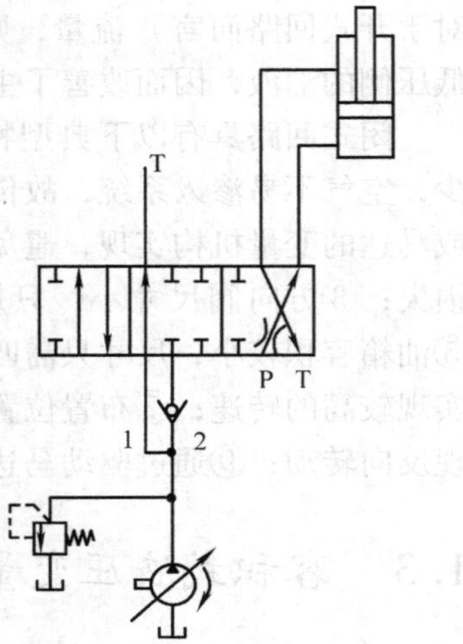

图1-10　简单节流控制液压系统

② 泵控（容积调速）系统。由各种变量泵与相关变量控制阀配合进行调速控制，其特点是能量损失小、效率高，并能实现多种功能的复合控制，如恒压、恒流、$p+q+P$（$P$为功率）等；尽管响应速度较慢，但已能满足大部分工业应用的要求。

③ 变转速控制。以往常指由电动机驱动定量泵的情况，转速的变化往往处于被动状态。近年来采用交流电动机的变频调速控制，即通过改变变频电动机的转速，来改变定量泵的输出流量，与发动机转速变化相比，具有主动变速的特点。与常规的阀控、泵控系统相比，其基本特点是，既有泵控系统节能的特色，又接近阀控系统的快速性。目前，主要是受到定量泵可能的最低转速（小流量区）和最高转速（大流量区）的限制，以及大功率变频器可靠性与经济性的制约。

2）考察与分析液压泵本身的变量控制，对应于泵控系统，这属于本书讨论的范畴。

## 1.3.3　容积式变量泵的基本类型

容积式变量泵的基本类型是排量调节泵，它能在任一给定的工作压力下，实现排量与输入信号成比例的控制。由于泵的容积效率随工作压力升高而降低，故这种泵的输出流量得不到精确的控制。需要注意的是，广义地讲，变量泵主要是指泵的流量可以变化。在实际中，除了工程机械上有时通过改变发动机转速来调节泵的流量外，大多数通过改变泵的几何参数或配流角度来调节泵的流量。对于斜盘泵、斜轴泵就是改变斜盘或摆缸与主轴线的夹角 $\alpha$，对于单作用叶片泵、径向柱塞泵就是改变转子与定子间的偏心距 $e$，偏心距或倾角与泵的排量参数是一一对应的，尽管具体结构各不相同，但都是通过液阻调节原理来实现的。排量调节泵也可以称为变排量泵，甚至直接称为变量泵。在20世纪六七十年代，一般工程技术人员概念中的变量泵，指的就是变排量泵。造成这种认识主要有两方面的原因：一方面，像恒压泵、恒流泵等这类基本参数能按一定规律自动实现变化的变量泵，问世不久，人们不甚了解；另一方面，有的研究人员认为，这类泵的功能，最后还是依靠排量的变化来实现的。到20世纪末，一般都已接受了从不同的角度将变量泵进行必要的分类，特别是从功能上进行分类，以便正确了解其原理与特性，组成在特性、节能等方面与实际工程系统的要求相适应的液压控制回路。

排量调节是利用变量机构的位置控制作用，使泵的排量与输入信号成比例。压力调节、流量调节和功率调节则是分别针对泵的输出参数压力、流量或功率进行控制，为此要利用泵的出口压力或反映流量的压差与输入信号进行比较，然后通过变量机构的位置作用来确定泵的排量。这三种控制功能实际上都是在排量控制的基础上提出特定调节要求而运行的。实际上，各种所谓的适应控制，说到底，也是通过各种反馈作用，依靠自动改变泵的排量来达到的，所以可以说泵的变量控制系统实质上是一个位置控制系统。

### 1.3.4 电液比例变量泵

电液比例变量泵，大多是在原有变量泵的基础上增设电液比例控制先导阀而实现的，即利用电－机械转换器（如比例电磁铁）和先导阀来操纵变量机构。这不仅是操作方式的不同，更重要的是可利用微电子技术、计算机技术、检测反馈技术和容积调节的综合优势，方便地引入各种控制策略，便于利用电信号实现功率协调或各种适应控制，以及利用现场总线技术等，这对于高压大功率系统的性能改进和节能都具有重要意义。

电液比例变量泵的先导控制，仍可归结于 A、B、C 三类液压半桥。对于单作用叶片泵、斜盘泵等的变量液压缸活塞与先导阀之间的反馈联系，可以是位置直接反馈、位移－力反馈、流量－位移－力反馈等机械反馈形式，也可以是液压反馈和电反馈等多种形式。

### 1.3.5　容积式变量泵的特点

1）变量泵的控制本质上是，位置控制系统分别针对泵的输出参数：压力 $p$、流量 $q$ 和功率 $P$ 进行的调节，都是依靠排量的变化来适应功能的要求。

2）当前变量泵发展的两个重要趋势：①在基泵基础上更换设置一些调节器件，就可具备多种控制输入方式，如液压控制、液压手动伺服控制、机械伺服控制、电控、电液比例控制等；②在基泵基础上更换或设置若干调节器件，就可实现多种控制功能的复合，如 $p+q$、$P+p$、$P+q$、$P+p+q$ 以及速度敏感控制、电反馈多功能控制等（也称为补偿）。

3）先导控制分自控与外控，泵分单向变量与双向变量。对于自控双向变量泵，要解决变量机构过零位的动力问题，通常采取配置蓄能器等措施；对于自控单向变量泵，不加控制信号时，靠在小腔的弹簧力保持斜盘排量在最大位置；对于外控双向变量泵，不加控制信号时，常靠双弹簧保持斜盘排量为零的极限位置。

4）变量缸有单出杆双作用缸和 180°布置的大小直径两个单作用缸组合。后者的小缸、大缸分别相当于前者的小腔（有杆腔）和大腔（无杆腔，敏感控制腔）。

5）单向变量泵变量缸大、小腔（大、小缸）面积比以 2∶1 为佳，且小腔（小缸）总是直接与泵出口压力油相连通（内控单向变量时，弹簧在此腔）；大腔（大缸）为控制敏感腔，控制油的进出需经过变量控制阀的控制。

6）恒压泵能在负载所需流量发生变化时，保持与输入控制信号相对应的系统压力不变。

7）为增强系统的稳定性，通常在恒压控制阀的 A—T 通道并联一个常通液阻。

8）恒流泵能在负载压力变化或原动机转速波动时保持与输入控制信号相对应的输出流量不变。恒流泵压力能适应负载的需要，故常称为负载敏感泵或功率匹配泵等。

9）在复合功能泵中、恒功率控制、速度敏感控制一般均优先于其他功能起作用。

### 1.3.6　容积式变量马达的工作原理和类型

液压马达是将液体压力能转换为机械能的装置，输出转矩和转速，是液压系统中的执行元件。马达与泵在原理上有可逆性，但因用途不同在结构上有些差别：马达要求正反转，其结构具有对称性。

所谓容积式变量马达，一般也是指排量可变的马达，最常见的是轴向柱塞马达，改变马达斜盘的倾角即可改变马达的排量，在同等输入流量的前提下，减小排量，马达转速变高，因此使用变排量马达可以达到调速的目的。

容积式液压马达的基本工作原理：形成若干个密封的工作腔，进油时，密封工作腔的容积从小向大变化；排油时，密封工作腔的容积从大向小变化，其输出是转矩和转速。

液压马达的实际工作压差取决于负载力矩的大小，当被驱动负载的转动惯量大、转速高，并要求急速制动或反转时，会产生较大的液压冲击，为此，应在系统中设置必要的安全阀、缓冲阀。

变量马达的控制意义在于：①满足执行机构对速度和转矩的要求；②充分发挥泵的能力，使泵始终在高压下工作，还能够充分地降低系统的工作流量。

同泵的排量控制方式相同，通过采用不同的控制原理，液压马达可以实现恒功率控制、恒转矩控制以及恒速控制。

## 1.4 典型的液压变量泵（马达）的变量调节方式与分类方法

液压变量泵（马达）可以通过排量调节来适应复杂工况要求，这个突出的优点使其得到广泛使用。变量泵（马达）只有排量一个被控对象，在采用不同的控制方式时，可以使变量泵（马达）具有不同的输出特性。应根据具体的应用场合，选用相适应的变量控制形式，以便获得合适的输出特性。目前变量泵的生产厂家众多，控制方式多样。总结现有各种变量泵（马达）的控制方式及其实现形式，对它们的特性和应用场合进行分析，这对于液压系统的开发与创新具有指导意义，同时也可以指导新型变量泵的开发设计。

液压变量泵（马达）的变量控制按照变量控制的驱动方式，有手动、机动、电动、液动、比例、伺服、气动及它们之间的复合操纵方式等，按泵表现出的变量特性命名的变量控制方式分有压力控制、流量控制、功率控制、负载敏感控制、功率限制控制、转矩限制控制以及由它们组合形成的多种复合控制方式。其中，液动变量往往能取泵或系统压力，直接将控制目标转化为控制信号，实现自动变量，常用的恒压控制、负载敏感流量控制等都是这种形式。电液复合变量则不仅具备液动变量的优点，也能充分利用电信号控制灵活的特性。因此，液动变量和电液复合变量是轴向液压柱塞泵变量控制的发展趋势。尤其电液复合变量可在液压泵变量控制中引入电子技术、计算机技术的发展成果，更值得重点关注。按照是否有反馈，变量控制可以分为开环和闭环控制，闭环控制又有恒压、恒流、恒功率和负载敏感的适应性控制等。如果从触发液压泵变量的因素角度思考，也可以从产生原因上对变量控制加以分类为：①压力感应变量控制，该控制方式感应泵或系统压力，使排量发生变化以达到一定的控制目标，如恒压变量控制、恒功率变量控制、负载敏感变量；②独立变量控制，如电比例排量控制、液控比例排量控制，其变量是根据操作者的预期和意愿，施加外部控制信号产生的，而不是感应系统某变量因素；③转速感应变量控制，即感应柱塞泵的转速，产生特定的控制信号，使排量变化达到一定控制目标的控制方式。

表1-2～表1-12给出了液压变量泵和液压变量马达最常用的变量调节方式以及它们的特性曲线。各种调节方式的区别如下：

（1）控制回路的类型　指开式回路或闭式回路，变量泵也因此分为开式回路变量泵和闭式回路变量泵。通常，开式系统泵相对于闭式系统泵有更多的要求，如要求其有较好的自吸能力、较低的噪声和较多的变量形式，所以闭式系统泵一般不能用于开式系统。

（2）传递动力的不同（液压式或机械式）　液压式通过改变先导控制压力来控制泵的排量：压力改变，排量也跟着改变。机械式往往靠手动或步进电动机转动手轮并经过转角－位移变换，驱动泵的变量机构。

（3）控制方式（直动式或先导式）　原理类似于溢流阀的先导控制和直接控制，采用先导控制可以节省控制功率，但结构复杂。

（4）运行曲线（定位和可调式）　实际是固定的变量方式和可调的变量方式之分，如恒功率变量，其调定的压力－流量曲线是一条双曲线，形状是固定的，而采用电液比例控制，可以按实际需求实现不同的输出压力－流量曲线形状。

（5）开环（无反馈式）　泵输出的压力或流量是开环控制的，若有干扰存在，会使输出量发生变化而不能纠偏，控制精度不高。

（6）机械－手动式　如手动伺服变量控制，通过手动操控滑阀的开口，产生相应的输出压力和流量来控制泵的变量机构。

（7）电气－机械式　如电动变量柱塞泵DCY14－1B，通过可逆电动机驱动螺杆和调节螺母，推动滑阀产生开度，从而推动变量调节液压缸调节泵的斜盘倾角，改变泵的输出排量。

（8）机械－液压式　类似机－液伺服系统，如CY14－1B系列泵中的伺服变量控制。

（9）电气－液压式　通常采用比例电磁铁进行控制，如用比例阀来控制变量泵的变量液压缸，改变泵的排量，泵的排量与电磁铁的电流成正比。

（10）液压－液压式　如HD液控方式，取决于先导控制压力$p_{st}$的差，液压泵行程缸通过HD控制装置将控制压力提供给液压泵的变量活塞。泵斜盘和排量无级可变。每个控制管路对应一个一定的液流方向。

（11）闭环（有反馈式）　采用电液比例控制变量泵（马达）的出油口（或进油口）装有检测其工作压力$p$和流量$q$的传感器，对于液压泵来说，输出特性

就是输出压力 $p$ 和流量 $q$ 的函数 $f$（$p$、$q$），通过对所检测到的流量和压力信号进行处理后，根据工作需要控制变量泵的电液比例控制器工作，改变泵输出的流量和压力以达到液压装置所需的工作要求。

（12）液压－机械式　通过先导液压油提供恒定的先导压力来操控泵的变量机构，通过改变控制压力的大小来调节泵的排量，通常要比手动省力。

（13）液压－电气式　这种方式是用电－机械转换元件如电磁铁或电动机，通过液压控制阀带动泵的变量机构动作，一般不如比例阀或伺服阀控制的变量调节系统精度高。

**表 1-2　液压泵的变量调节**（机械－手动式）

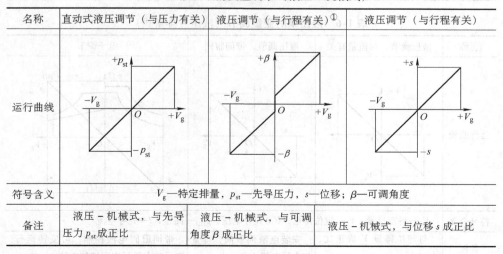

| 名称 | 手动调节 | 机械转轴调节 | 电动机调节 |
| --- | --- | --- | --- |
| 运行曲线 | 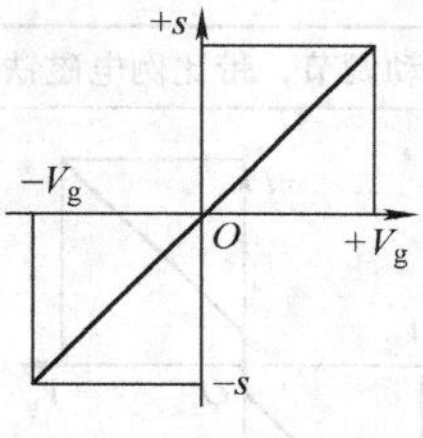 | 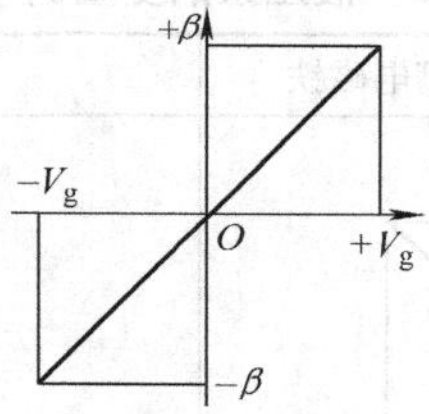 | 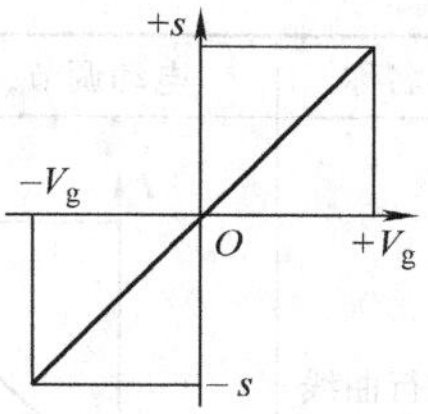 |
| 符号含义 | $V_g$—特定排量，$s$—位移，$\beta$—可调角度 | | |
| 备注 | 机械－手动式，与位移成正比 | 可调角度 $\beta$，可逆转 | 机械－电气式，带电动机 |

**表 1-3　液压泵的变量调节**（液压－机械式）

| 名称 | 直动式液压调节（与压力有关） | 液压调节（与行程有关）① | 液压调节（与行程有关） |
| --- | --- | --- | --- |
| 运行曲线 | 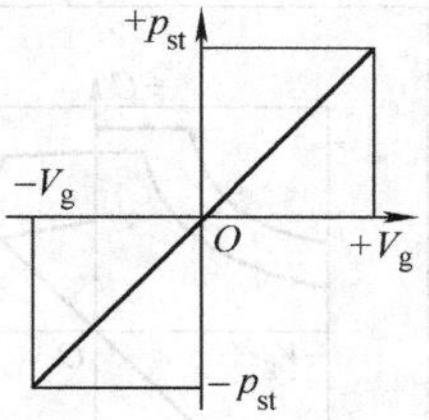 | 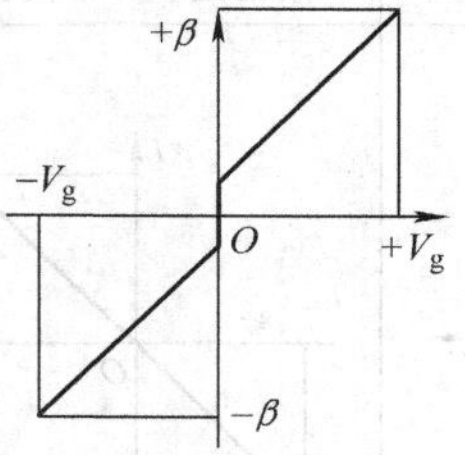 | 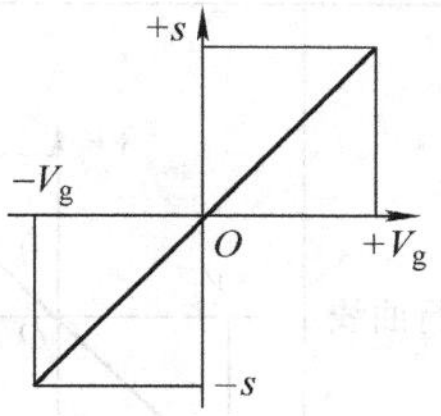 |
| 符号含义 | $V_g$—特定排量，$p_{st}$—先导压力，$s$—位移；$\beta$—可调角度 | | |
| 备注 | 液压－机械式，与先导压力 $p_{st}$ 成正比 | 液压－机械式，与可调角度 $\beta$ 成正比 | 液压－机械式，与位移 $s$ 成正比 |

① 零位有死区。

**表 1-4　液压泵的变量调节（液压 - 液压式）**

| 名称 | 液压调节（与压力有关） | 液压调节（与压力有关） | 液压调节（与行程有关）① |
|---|---|---|---|
| 运行曲线 | 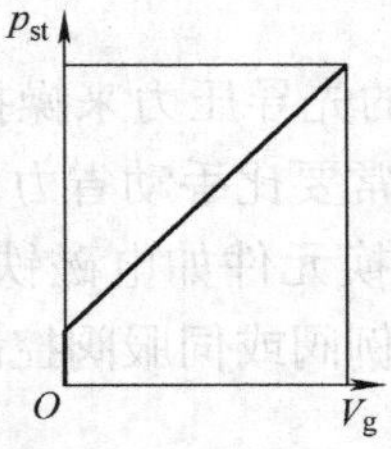 | 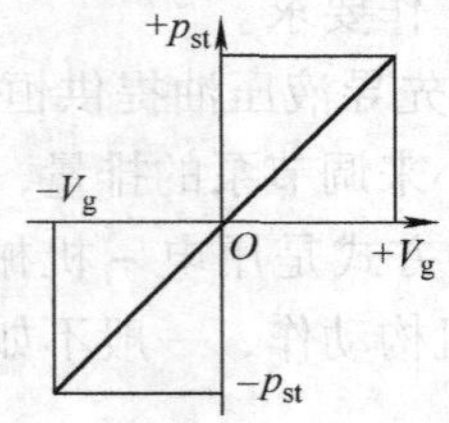 | 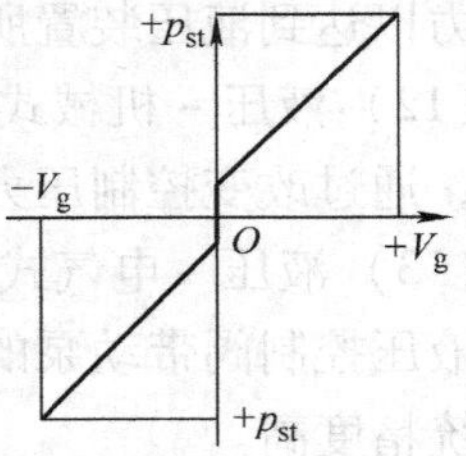 |
| 符号含义 | $V_g$—特定排量，$p_{st}$—先导压力 | | |
| 备注 | 开环回路或反转运行时，排量正比于液压泵的先导压力 | | |

① 零位有死区。

**表 1-5　液压泵的变量调节（液压 - 电气式）**

| 名称 | 电动调节，带比例电磁铁 | 电动调节，带比例电磁铁 |
|---|---|---|
| 运行曲线 | 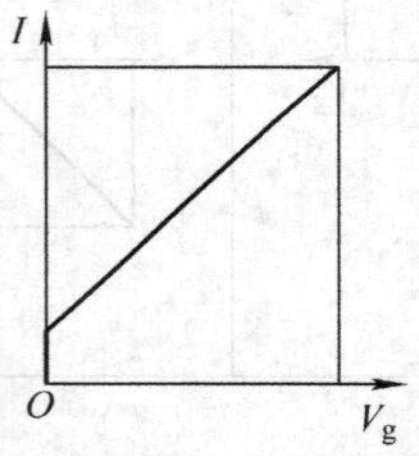 | 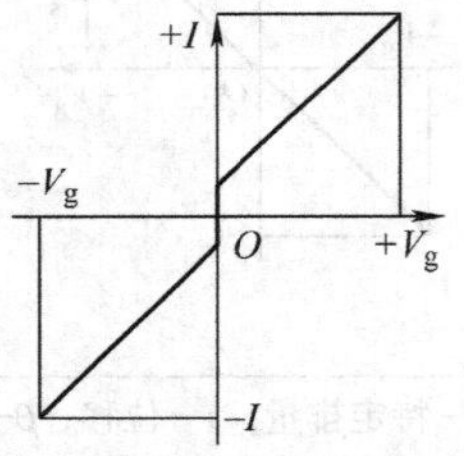 |
| 符号含义 | $V_g$—特定排量，$I$—先导电流 | |
| 备注 | 使用比例电磁铁，开环或闭环回路的排量与先导电流成正比 | |

**表 1-6　液压泵的变量调节（液压 - 排量式）**

| 名称 | 液压调节，与流量有关 | 液压调节，带伺服阀 | 电子调节 |
|---|---|---|---|
| 运行曲线 | 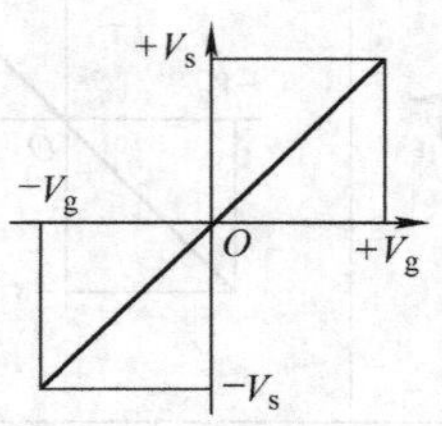 | 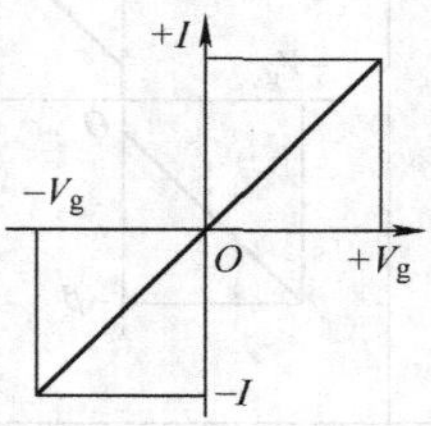 | 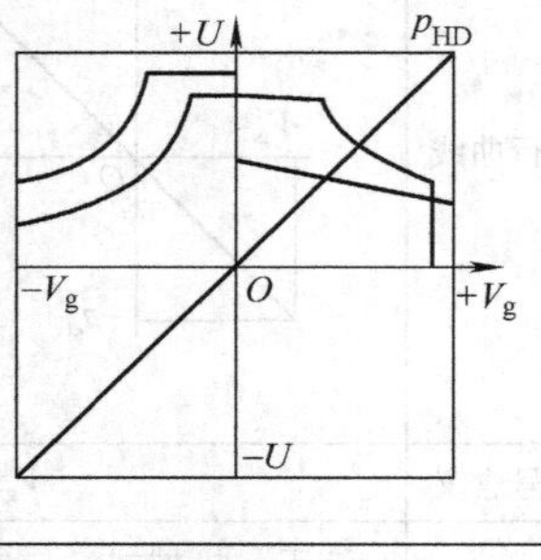 |
| 符号含义 | $V_g$—特定排量，$V_s$—定位排量，$U$—先导电压，$p_{HD}$—高压，$I$—先导电流 | | |
| 备注 | 与定位排量 $V_s$ 成正比，可反转 | 安装电液伺服阀，排量与先导电流 $I$ 成正比 | 带伺服阀电液控制，可反转运行，电子放大器可实现控制功能 |

**表 1-7 液压泵控制器（液压式）（一）**

| 名称 | 压力调节器 | 流量调节器 | 压力和流量调节器 |
|---|---|---|---|
| 运行曲线 | 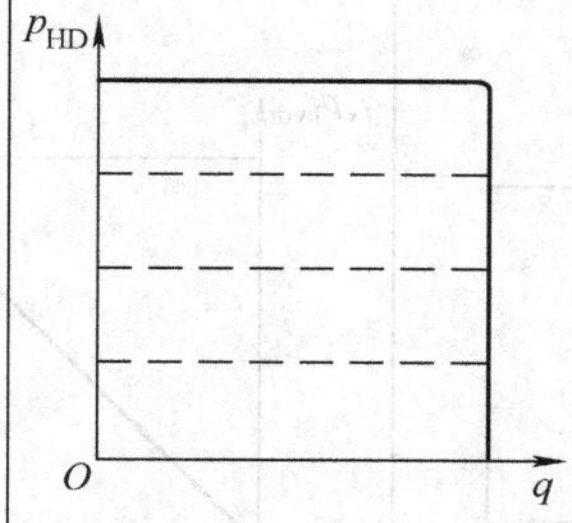 | 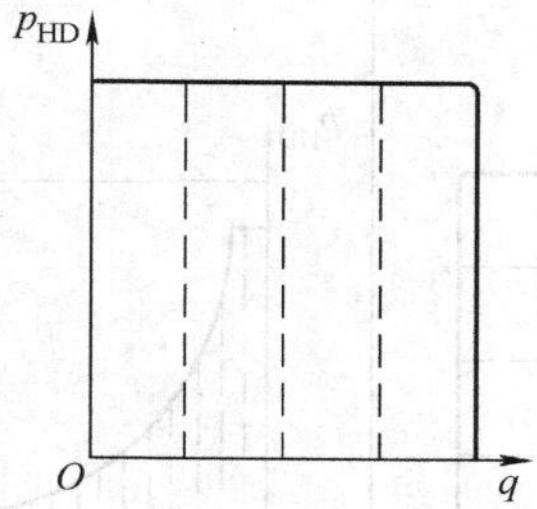 | 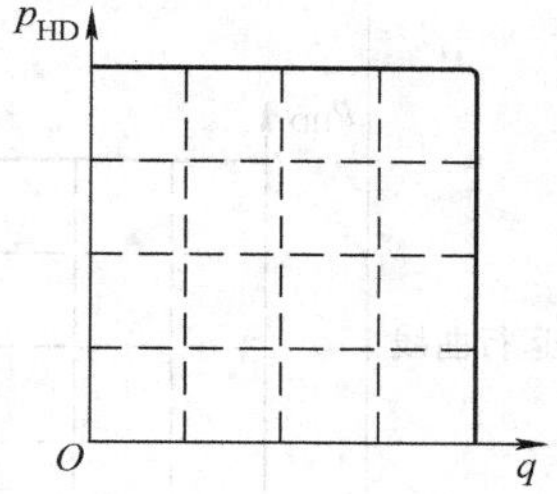 |
| 符号含义 | $q$—流量，$p_{HD}$—高压 | | |
| 备注 | 通过系统压力适应，保持泵的流量恒定 | 通过泵的流量适应，保持系统压力恒定 | 机械式压力调节器叠加在流量控制上 |

**表 1-8 液压泵控制器（液压式）（二）**

| 名称 | 功率控制器 | 总功率控制器 | 压力、流量调节器和功率控制器 |
|---|---|---|---|
| 运行曲线 | 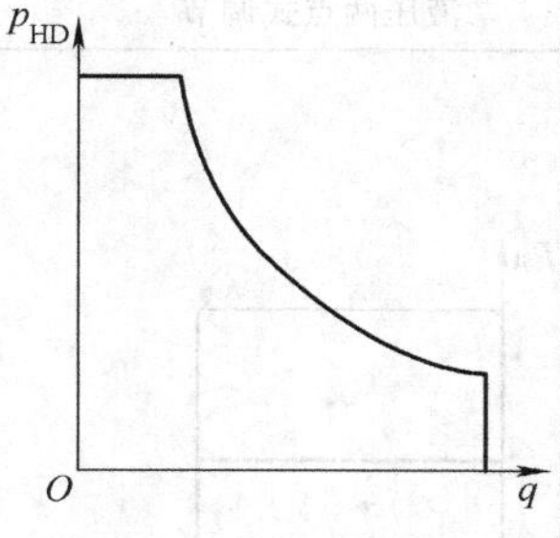 | 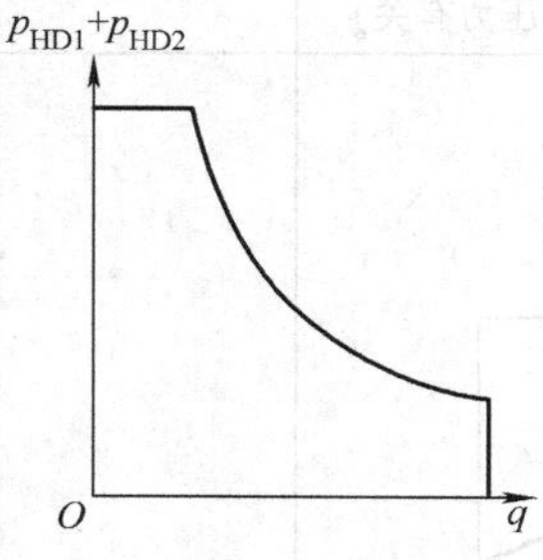 | 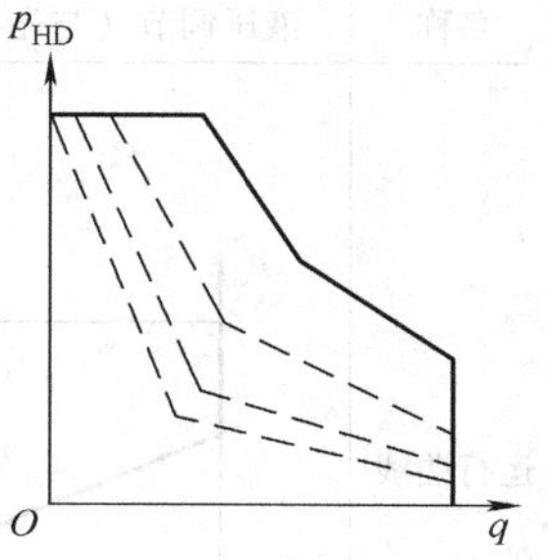 |
| 符号含义 | $q$—流量，$p_{HD}$—高压 | | |
| 备注 | 恒转矩输入下的（闭环）控制，功率＝转矩×转速 | 在双泵并联运行时，通过压力相加实现功率自动分配 | 功率控制器叠加在压力和流量调节器上 |

**表 1-9　各种液压泵的控制器**

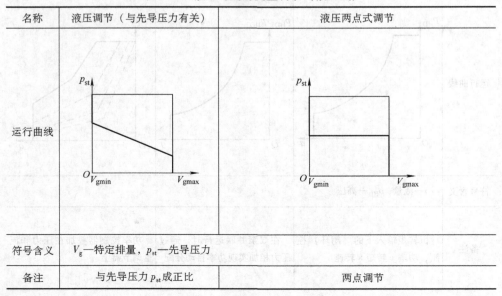

| 名称 | 负载敏感式功率控制器 | 压力截止和负载敏感式功率控制器 | 电子式压力、流量调节器 |
|---|---|---|---|
| 运行曲线 | 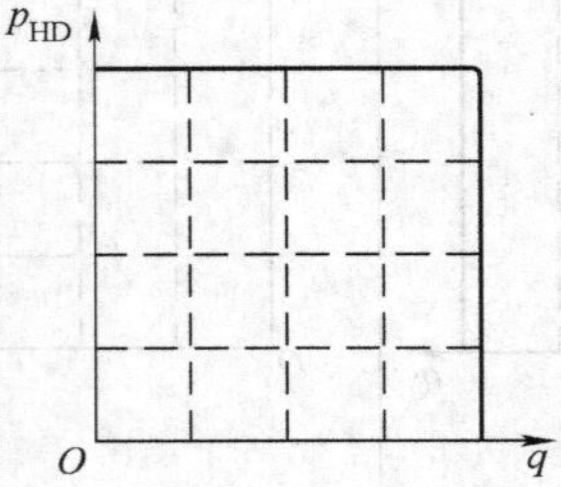 | 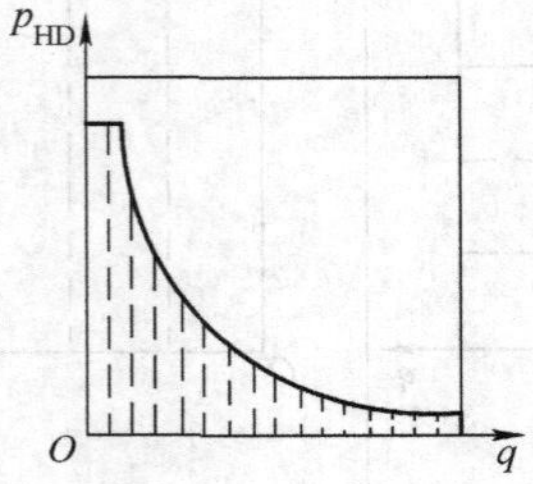 | 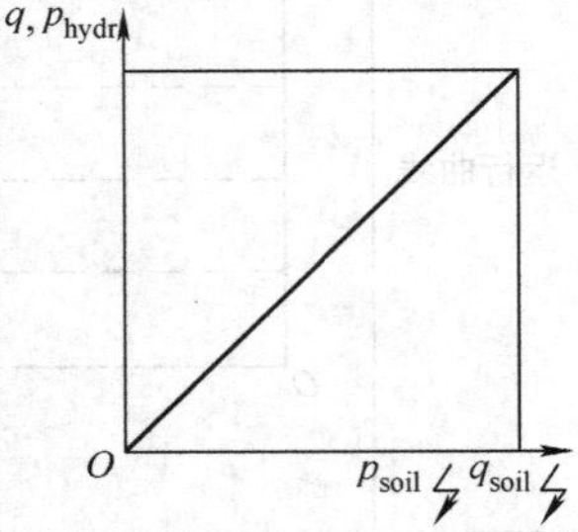 |
| 符号含义 | $p_{HD}$—高压，$q$—流量，$p_{hydr}$—液体压力，ϟ—电信号，$p_{soil}$—需要的压力，$q_{soil}$—需要的流量 | | |
| 备注 | 在负载敏感泵上叠加压力调节器，泵可根据负载进行调节 | 最大驱动力受到功率控制器的限制；泵的流量取决于执行机构 | 电子式控制器可作为液压组合式调节器的备选器件 |

**表 1-10　液压马达的变量调节（液压式）**

| 名称 | 液压调节（与先导压力有关） | 液压两点式调节 |
|---|---|---|
| 运行曲线 | 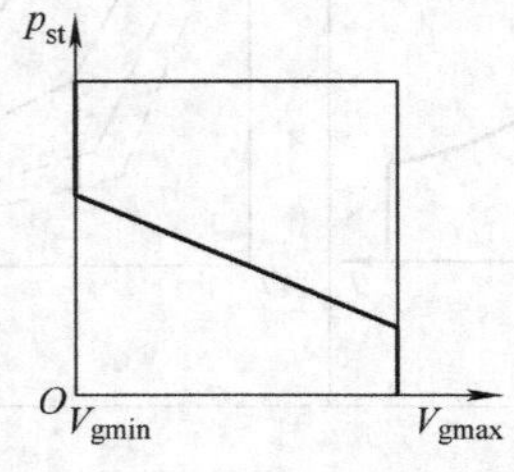 | 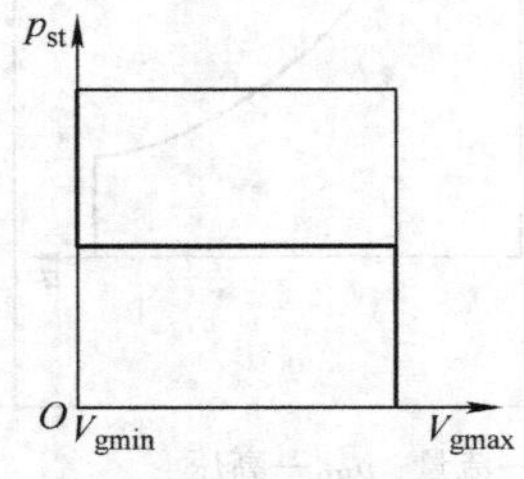 |
| 符号含义 | $V_g$—特定排量，$p_{st}$—先导压力 | |
| 备注 | 与先导压力 $p_{st}$ 成正比 | 两点调节 |

**表 1-11　液压马达的变量调节（液压电动）**

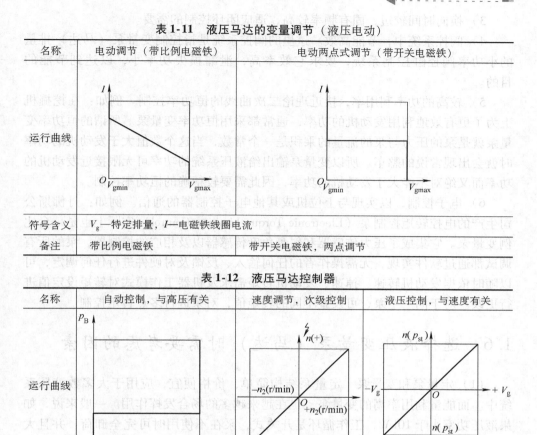

| 名称 | 电动调节（带比例电磁铁） | 电动两点式调节（带开关电磁铁） |
|---|---|---|
| 运行曲线 | 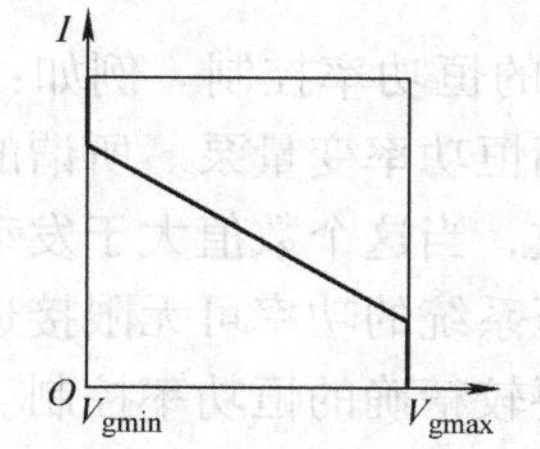 | 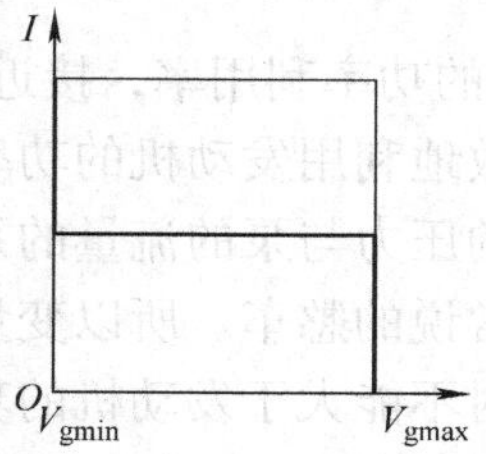 |
| 符号含义 | $V_g$—特定排量，$I$—电磁铁线圈电流 | |
| 备注 | 带比例电磁铁 | 带开关电磁铁，两点调节 |

**表 1-12　液压马达控制器**

| 名称 | 自动控制，与高压有关 | 速度调节，次级控制 | 液压控制，与速度有关 |
|---|---|---|---|
| 运行曲线 | 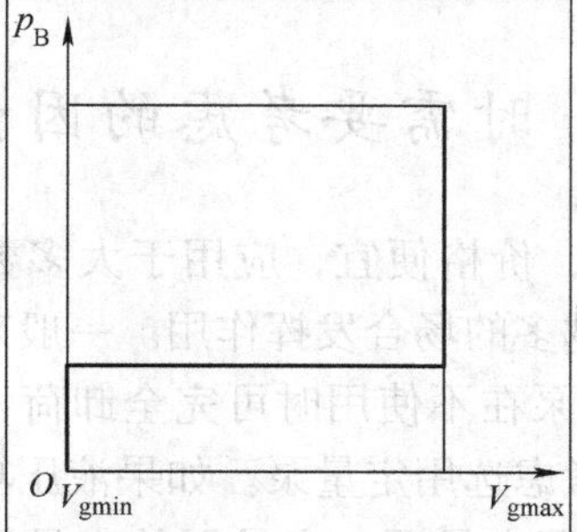 | 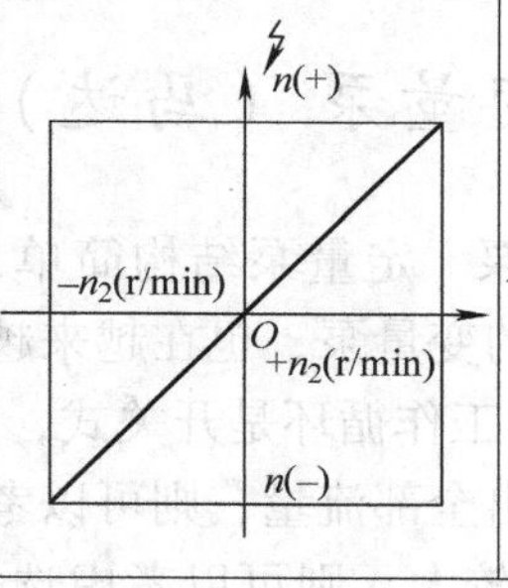 | 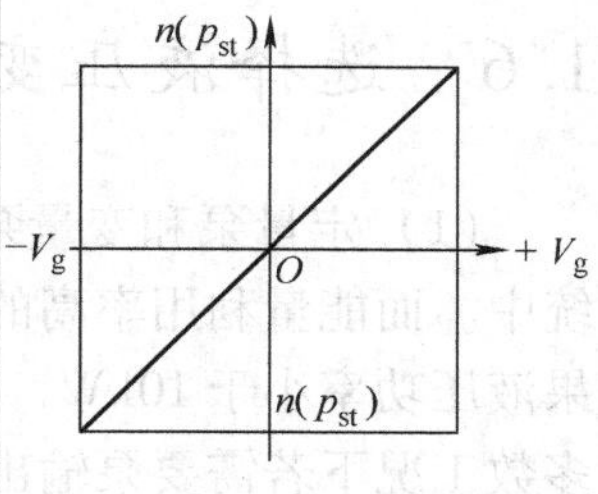 |
| 符号含义 | $V_g$—特定排量，$p_B$—工作压力，$n$—转速，$p_{st}$—先导压力，ϟ—电信号 | | |
| 备注 | 液压控制、自动控制，与高压控制有关；自动调整到需要的转矩 | 这类液压泵以次级控制用作液压马达 | 与速度有关的液压控制，是行走机械液压自动控制的基础 |

## 1.5　液压系统对泵（马达）变量控制的要求

由于技术的发展，液压系统，特别是容积调速的泵控系统，对泵（马达）的变量控制的要求越来越高，主要有如下几点：

1）压力、流量和功率均可控制。这是变量泵（马达）的一种发展方向。

2）流量控制范围大，可正向控制，也可负向控制。

3）换向时间较短，固有频率较高，适应闭环控制的需要。

4）阀控系统中，节能高效。这里的阀控系统是指控制变量泵（马达）排量的小功率阀控缸控制系统，要求它效率高，泄漏损失功率小，以达到节能的目的。

5）较高的功率利用率，接近理论二次曲线的恒功率控制。例如：在挖掘机上为了更有效地利用发动机的功率，通常都采用恒功率变量泵。所谓的恒功率变量泵就是泵的压力与泵的流量的乘积是一个常数，当这个数值大于发动机的功率时就会出现常说的憋车。所以变量泵输出给液压系统的功率可无限接近发动机的功率而又绝对不能大于发动机的功率，因此需要较精确的恒功率控制。

6）电子控制，以实现与上位机或其他电子控制器的通信。例如：丹佛斯公司生产的电控转矩控制泵（Electronic Torque Limiting Control）实际上也是一台比例变量泵。它集成了压力传感器和斜盘角度传感器以及相应的控制器，泵的所有调试都通过软件实现，无需操作者的任何输入、反馈及对硬件进行任何调定，可以随时依据发动机转速、掉速、发动机转矩需求及机器工作模式对转矩设定值进行更改。对于同一个泵，可设置不同的转矩值，对泵进行多点转矩控制。

## 1.6　选择液压变量泵（马达）时需要考虑的因素

（1）定量泵和变量泵　定量泵结构简单，价格便宜，应用于大多数液压系统中。而能量利用率高的变量泵，也在越来越多的场合发挥作用。一般来说，如果液压功率小于10kW，工作循环是开关式，泵在不使用时可完全卸荷，并且大多数工况下若需要泵输出全部流量，则可以考虑选用定量泵。如果液压功率大于10kW，流量的变化要求较大，则可以考虑选用变量泵。变量泵的变量形式可根据系统的工况要求以及控制方式等因素选择。一般情况下，固定工业液压选用恒功率泵的案例较少，而行走机械（工程机械）的动力是发动机，为了充分利用发动机的功率，选用恒功率泵的情况较多。当然也不能一概而论。

（2）工作介质　各种矿物油油基的流体基本上适用于液压变量泵（马达）。这些流体在用途上的分类，主要取决于其磨损特性和黏度－温度特性，同时还要考虑防氧化、防腐蚀、材料的相容性、空气分离特性和除水特性等因素。允许使用的液压油有矿物油HLP（HM－ISO）或按德国DIN51524－2标准，符合ISO 15380的生物可降解油液以及按照要求所提供的其他液压油。为确保可靠运行，延长使用寿命，油液的过滤精度应达到ISO－4406－18/16/13的标准或更高，最低要求达到ISO－4406－20/18/15的标准。

（3）所需要的工作压力范围　液压变量泵（马达）的输出压力应是执行器所需的压力、配管的压力损失、控制阀的压力损失之和。它不得超过样本上的额定压力。强调安全性、可靠性时，还应留有较大的余地。样本上的最高工作压力是短期冲击时允许的压力。如果每个循环中都发生冲击压力，泵（马达）的寿命会显著缩短，甚至被损坏。另外，泵（马达）的最高压力与最高转速不宜同时使用，以延长泵（马达）的使用寿命。要特别注意壳体内的泄油压力。壳体内的泄油压力取决于轴封所能允许的最高压力。德国 Rexroth 公司生产的斜轴式轴向柱塞泵（马达）的壳体泄油压力一般为 0.2MPa，也有高达 1MPa 的（如 2AF 定量泵系列，见 6.1 节）。国产轴向柱塞泵和马达的壳体泄油压力应严格遵照产品使用说明书的规定，过高的壳体泄油压力将导致轴封的早期损坏。

（4）泵（马达）的流量或排量　选择泵（马达）的第二个最重要的考虑因素是泵的流量或排量。泵的流量与工况有关，选择的泵的流量须大于液压系统工作时的最大流量。液压泵的输出流量应包括执行器所需流量（有多个执行器时由时间图求出总流量）、溢流阀的最小溢流量、各元件的泄漏量的总和、电动机掉速（通常为 1r/s 左右）引起的流量减少量、液压泵长期使用后效率降低引起的流量减少量（通常为 5% ~7%）。样本上往往给出理论排量、转速范围及典型转速、不同压力下的输出流量。压力越高、转速越低，则泵的容积效率越低，变量泵排量调小时容积效率降低。转速恒定时泵的总效率在某个压力下最高，变量泵的总效率在某个排量、某个压力下最高。泵的总效率对液压系统的效率有很大影响，应该选择效率高的泵，并尽量使泵工作在高效工况区。

（5）期望的速度范围　转速关系着泵的寿命、耐久性、气蚀、噪声等。虽然样本上写着允许的转速范围，但最好是在与用途相适应的最佳转速下使用。特别是在用发动机驱动泵的情况下，油温低时若低速则吸油困难，又有因润滑不良引起卡咬失效的危险，而高转速下则要考虑产生气蚀、振动、异常磨损、流量不稳定等现象的可能性。液压变量泵（马达）的转速应严格按照产品技术规格表中规定的数据进行选择，不得超过最高转速值。至于其最低转速，在正常使用条件下，并没有严格的限制，但对于某些要求转速均匀性和稳定性很高的场合，则最低转速不得低于 50r/min。

（6）最低、最高工作温度　液压泵的最低工作温度一般根据油液黏度随温度降低而加大来确定。当油液黏稠到进口条件不再保证液压泵完全充满时，将发生气蚀。抗燃液压油的密度大于石油基液压油，有时低温黏度也更高。许多抗燃液压油含水，如果压力低或温度高则水会蒸发。因此，使用这些油液时，泵进口条件更加敏感。常用的解决办法是用辅助泵给主泵进口升压，或把泵进口布置成低于油箱液面，以便向泵进口灌油。液压泵的最高允许工作温度取决于所用油液和密封的性质。超过允许温度时，油液会变稀，黏度降低，不能维持高载荷部位的正常润滑，引起氧化变质。根据制造厂规定，柱塞泵和马达的工作油温范围为 -25 ~80℃。

（7）最低、最高工作介质黏度　必须选择合适牌号（黏度）的油液，才能充分发挥泵的工作性能。黏度总是在正常压力（大气压力）下测定的。在高压情况下，黏度-压力关系会导致黏度增大（在40MPa压力下，黏度会增加一倍），这是应予考虑的。在起动的短时间内，高黏度是允许的，但也不是没有限制，一般要低于会损坏机组的值。

$$\nu_{起动} \leqslant 10^{-3}m^2/s$$

在100%负荷下，必须保证有十分适宜的运行黏度：

$$\nu_{运行} = (16 \sim 100) \times 10^{-6}m^2/s$$

可以获得最高效率和经济性的最佳运行黏度为

$$\nu_{最佳} = (16 \sim 36) \times 10^{-6}m^2/s$$

基于上述理由，高压力运行的系统要求较高的黏度，大流量的系统则要求较低的黏度。润滑的需要限制了黏度最低值为

$$\nu_{最小} \geqslant 1 \times 10^{-5}m^2/s$$

常用液压流体的黏度范围为$10^{-4} \sim 10^{-5}m^2/s$。

上述所列并非全部。然而，不同的要求的确表明了一点，即任何一个液压变量泵或液压变量马达，不可能在满足设计要求方面全面达到最优的程度。因此，在不同的设计准则下，会有不同类型的液压变量泵或液压变量马达供选用，其共同的一点在于，液压变量泵或液压变量马达都是按照容积式的原理来运行的。

# 1.7 液压变量泵（马达）的主要技术指标

## 1.7.1 液压变量泵的主要性能参数

液压变量泵的主要性能参数是指液压泵的压力、排量、流量、功率和效率等。

### 1. 开式泵的主要性能参数

（1）工作压力　指泵实际工作时的压力，对泵来说，工作压力是指它的输出压力。实际工作压力取决于相应的外负载大小和排油管路上的压力损失，而与液压泵的流量无关。

（2）额定压力　指泵在额定工况条件下，按试验标准规定的连续运转的最高压力，超过此值就是过载。但在间歇工作时，额定压力值可以适当提高。例如：A10VO系列泵额定压力为28MPa，在间歇工作且负载时间为10%时，压力可允许达到31.5MPa。

（3）最高允许压力　也称峰值压力。在超过额定压力的条件下，根据试验标准规定，允许液压泵短暂运行的最高压力值，称为液压变量泵的最高允许压

力。例如：A10VO 系列泵的额定压力为 28MPa，峰值压力则为 35MPa。

（4）允许的壳体压力　指泵壳体内允许的绝对压力值或相对吸油口的压力值，又称作壳体泄油压力或泄漏油口最大允许压力。一般最高压力可比吸油口的进口压力高 0.05MPa，但不得高于 0.2MPa（绝对压力）。

（5）吸油压力（用绝对压力表示）带辅助吸油泵时：$p_{absmin} \geqslant 0.08\text{MPa}$，$p_{absmax} = 3\text{MPa}$，吸油口处的进口压力 $p_{abs}$ 与转速和排量有关，参见图 1-11 所示的泵的吸油压力与转速和流量的关系（A10VO 系列泵）。

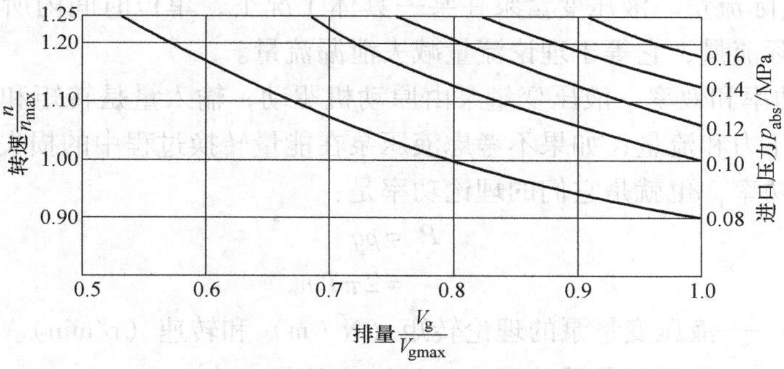


图 1-11　泵的吸油压力与转速和流量的关系

（6）峰值压力　峰值压力与单位运行时间内的最大工作压力相对应。单位运行时间的总和不得超过总运行时间，其中总运行时间 $t = t_1 + t_2 + \cdots + t_n$，如图 1-12 所示。

（7）最小压力（高压侧）　为防止轴向柱塞泵损坏所需的高压侧最小压力。

（8）压力变化速率　压力在整个压力范围内变化时所允许的最大增压和减压率，如图 1-13 所示。

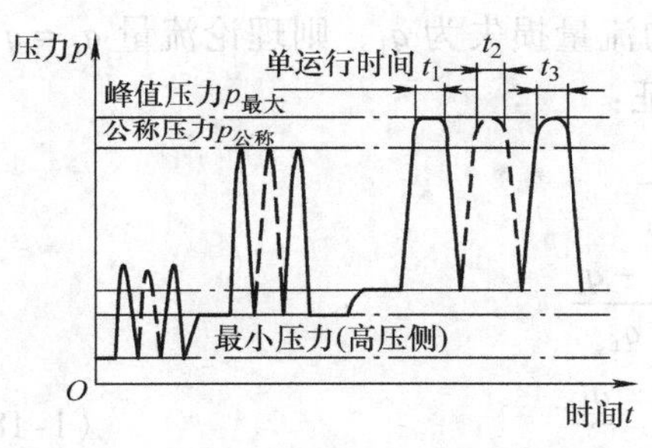


图 1-12　峰值压力

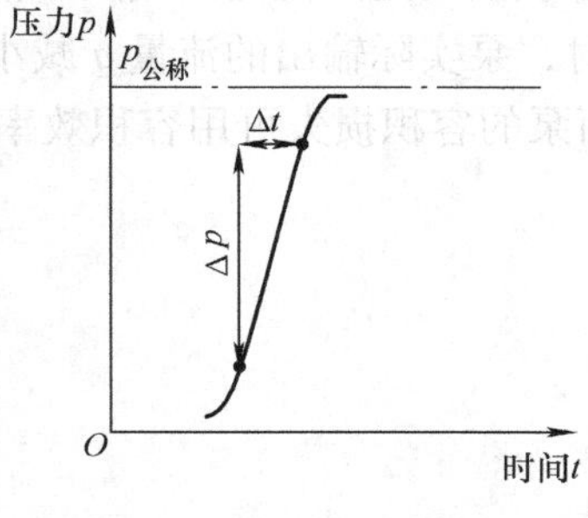


图 1-13　压力变化速率

（9）排量　泵轴每转一周，由其密封容腔几何体积变化所排出液体的体积，亦即在无泄漏的情况下，泵轴转动一周时油液体积的有效变化量。样本给出的泵的排量是不考虑机械效率和容积效率的理论值。

（10）理论流量　指在不考虑液压泵泄漏流量的情况下，在单位时间内由其密封容腔几何体积变化而排出的液体体积。泵的流量为其转速与排量的乘积。最大流量指的是在最大允许转速下泵所输出的流量。

（11）额定流量　指在正常工作条件下，按试验标准规定必须保证的流量，亦即在额定转速和额定压力下泵输出的流量。因为泵存在内泄漏，油液具有可压缩性，所以额定流量和理论流量是不同的。

（12）实际流量　液压变量泵在某一具体工况下，单位时间内所排出的液体体积称为实际流量，它等于理论流量减去泄漏流量。

（13）功率和效率　液压变量泵由原动机驱动，输入量是转矩和转速，输出量是液体的压力和流量；如果不考虑液压泵在能量转换过程中的损失，则输出功率等于输入功率，也就是它们的理论功率是：

$$\begin{aligned} P &= pq \\ &= 2\pi T_t n \end{aligned} \tag{1-16}$$

式中　$T_t$、$n$——液压变量泵的理论转矩（N·m）和转速（r/min）。

$p$、$q$——液压变量泵的压力（Pa）和流量（$m^3/s$）。

泵的效率为

$$\eta = \frac{pq}{2\pi T_t n} \tag{1-17}$$

实际上，液压变量泵在能量转换过程中是有损失的，因此输出功率小于输入功率。两者之间的差值即为功率损失，功率损失可以分为容积损失和机械损失两部分。

最大功率是指泵输出最大流量、压力为额定工作压力时的功率。

容积损失是因泄漏、气穴和油液在高压下压缩等造成的流量损失，输出压力增大时，泵实际输出的流量 $q$ 减小。设泵的流量损失为 $q_l$，则理论流量 $q_t = q + q_l$。而泵的容积损失可用容积效率 $\eta_V$ 来表征：

$$\begin{aligned} \eta_V &= \frac{q}{q_t} \\ &= \frac{q_t - q_l}{q_t} \\ &= 1 - \frac{q_l}{q_t} \end{aligned} \tag{1-18}$$

机械损失是指因摩擦而造成的转矩上的损失。泵的驱动转矩总是大于其理论上需要的驱动转矩，设转矩损失为 $T_f$，理论转矩为 $T_t$，则泵的实际输入转矩 $T = T_t + T_f$，用机械效率 $\eta_m$ 来表征泵的机械损失，则

$$\eta_m = \frac{T_t}{T} = \frac{T_t}{T - T_f} = \frac{1}{1 + \frac{T_f}{T_t}} \tag{1-19}$$

液压变量泵的总效率 $\eta$ 是其输出功率和输入功率之比，由式（1-18）、式（1-19）可得

$$\eta = \eta_V \eta_m \tag{1-20}$$

液压泵的总效率等于各自容积效率和机械效率的乘积。

事实上，液压变量泵容积效率和机械效率在总体上与油液的泄漏和摩擦副的摩擦损失有关，而泄漏及摩擦损失则与液压泵、液压马达的工作压力、油液黏度、泵转速有关，为了更确切地表达效率与这些原始参数之间的关系，以无因次压力 $p/\rho\nu n$ 为变量来表示液压泵的效率。图1-14给出了液压泵和液压马达无因次压力 $p/\rho\nu n$ 与效率之间的关系，其中 $\rho$、$\nu$ 分别为油液的密度和运动黏度，其余符号意义同前。由图1-14可见，在不同的无因次压力下，液压泵和液压马达的这些参数值相似但不相同，而在不同的转速和黏度下，液压变量泵和液压马达的效率值也不相同，可见液压变量泵的使用转速、工作压力和传动介质均会影响使用效率。

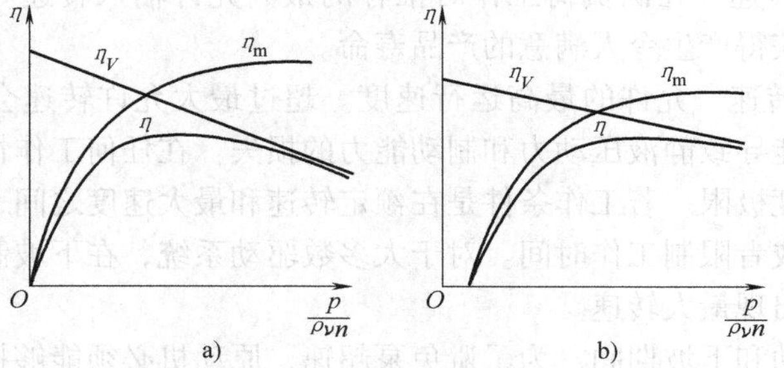


图1-14　液压泵、马达的特性曲线
a）液压泵　b）液压马达

（14）$C_p$ 值——性能价格比　用排量 $V$ 开立方根再乘以最大转速来衡量，此值越大越好。以德国 Rexroth 公司生产的 A4VSO 变量泵为例，其不同排量和转速时的 $C_p$ 值见表1-13。

表 1-13　A4VSO 变量泵的 $C_p$ 值

| 排量/($cm^3$/r) | 40 | 125 | 250 | 355 | 500 | 1000 |
|---|---|---|---|---|---|---|
| 最高转速/(r/min) | 2600 | 2200 | 2100 | 1900 | 1800 | 1200 |
| $C_p$ 值 | 8892 | 11000 | 14869 | 15080 | 18000 | 7559 |

注：$C_p = V^{1/3}n$。

从表 1-13 中可以看出，常用的排量为 125 ~ 500$cm^3$/r 的泵的 $C_p$ 值很高。

（15）转速

1）工作转速是指泵或马达在工作时的实际转动速度。

2）额定转速是指在额定压力下，能连续长时间正常运转的最高转速，泵工作于此限制值下能确保元件的使用寿命。若泵超过额定转速工作将会造成吸油不足，产生振动和大的噪声，零件会遭受气蚀损伤，寿命降低。

3）最高转速指的是在额定压力下，超过额定转速而允许短暂运行的最大转速，超过最大允许转速将缩短元件使用寿命，降低静液传动能力及制动性能，应确保在任何工况下泵转速低于此限定值。

4）最低转速是指泵正常运转所允许的最低转速。若泵由发动机驱动，最低转速为泵在发动机怠速情况下推荐的最低允许输入速度，低于此速度时泵将无法提供合适的液压油以满足系统润滑及能量传递需求。

**2. 闭式泵的主要性能参数**

（1）输入转速　在发动机怠速工况下，推荐的最低允许输入转速。低于最小转速，泵将不能提供并保持足够的流量用于润滑和动力传输。

（2）额定转速　在满负荷工作时推荐的最大允许输入转速。等于或低于这个转速工作能获得产生令人满意的产品寿命。

（3）最大转速　允许的最高运行速度。超过最大允许转速会降低产品的使用寿命，并可能导致静液压动力和制动能力的损失。在任何工作情况下，都不要超过最大的速度极限。若工作条件是在额定转速和最大速度之间，则应限制泵低于满功率输出或者限制工作时间。对于大多数驱动系统，在下坡制动或能量再生的情况下泵会出现最大转速。

在液压制动和下坡期间，为了避免泵超速，原动机必须能够提供足够的制动转矩，这一点对涡轮增压发动机尤其重要。

超过最大允许转速可能会导致静液传动系统动力和制动能力的丧失。通常会无意识地导致车辆或机器不能有效制动，因此必须提供一个额外的制动系统，此时不再需要静液传动，在流体静力驱动功率损失的情况下仍足以阻止和保持车辆或机器制动停止，即使在满功率时制动系统也必须具有足够的能力保持车辆或机器在适当位置。

（4）系统压力　泵两个高压油口之间的压差。它是影响液压泵使用寿命的主导因素。高的系统压力（由大负载产生）会导致期望寿命缩短。液压元件的使用寿命取决于速度和正常操作或两者的加权平均，系统压力可以通过对一个工作周期内的工作循环进行分析来确定。

（5）使用压力　泵的型号代码中通常定义的高压溢流阀或压力限制器的设定值。这是系统的实际压力，在此压力下，在实际应用中动力传动系统会产生最大计算拉力或转矩。

（6）最大工作压力　在任何条件下允许的最高使用压力。最大工作压力不是一个想要的连续的压力。若超过最大工作压力使用，则只能用于持续负载分析并应得到厂家认可。在检验最大工作压力时压力峰值是必须加以考虑的。

在所有工作条件下最低的低压侧压力必须被保持以避免气蚀。所有压力限定值为基于系统低压侧（补油）压力的压差，即表测压力减去低压侧压力来计算的压差值。

（7）伺服压力　伺服系统所需的定位和保持对泵的排量控制所需要的压力。其大小取决于主泵系统的压力和速度。

在最小的伺服压力情况下，应能产生足够的控制能力使泵减小排量，其也取决于主泵系统的速度和压力。在主泵角功率（最大功率）输出时，最小的伺服压力也应能保持泵在最大转速和最大压力下满排量输出。最大伺服压力通常是补油压力阀设定的最高压力。

（8）补油压力　内部补油溢流阀调节的补油压力。补油压力可作为控制压力操控泵的斜盘，并保持在传输回路低压侧最低压力。样本上补油压力设定值一般是指泵在中位，工作在某一转速和一定的流体黏度下（如1800r/min，并具有$32mm^2/s$），补油溢流阀的设定压力。补油压力参考壳体压力设定，其值高于壳体压力的压差。

（9）最低补油压力　允许在回路的低压侧保持安全工作条件的最低压力。最小控制压力要求是速度、压力和斜盘角度的函数，并且可能是高于工作参数表中所列的最低补油压力。

（10）最大补油压力　由补油溢流阀调节的可允许的最大压力，用以保证元件的正常寿命。升高补油压力，可以缩短泵的响应时间。

（11）补油泵入口压力　在正常工作温度下补油泵入口压力不得低于额定补油入口压力（真空）。

最低补油入口压力仅在冷起动的条件下才被允许。在一些应用中，建议在起动发动机之前加热流体（如在油箱内），然后在受限的速度下运行发动机。

（12）壳体压力　在正常工作条件下，额定壳体压力必须不能被超过。在冷起动时壳体压力必须被保持在低于最大间歇壳体压力，根据此来决定泄漏油管的尺寸。

（13）外部轴封压力　在某些应用中，输入轴密封（轴封）可能受到外部压力。轴封设计可承受的外部压力一般高于壳体压力一个数值（如0.04MPa）。壳体压力的限制也必须跟随外部压力以确保轴封不损坏。

## 1.7.2　液压变量马达的主要性能参数

（1）工作压力和额定压力　液压变量马达进口油液的实际压力称为液压变量马达的工作压力，液压变量马达进口压力和出口压力的差值称为液压变量马达的工作压差。在液压变量马达出口直接接油箱的情况下，为便于定性分析问题，通常认为液压变量马达的工作压力近似等于工作压差。系统工作压力是影响液压元件寿命的主导因素，大负载高压力将缩短元件的期望寿命。旋转组件及主轴轴承的实际使用寿命与负载大小有直接关系。

液压变量马达在正常工作条件下，按试验标准规定连续运转的最高压力称为液压变量马达的额定压力。液压变量马达的额定压力也受泄漏和零件强度的制约，超过此值时就会过载。在特定应用中，此压力等级由液压元件实际工作转速及期望寿命要求决定。

（2）最高相对压力　元件允许承受的最高负载口（A/B口）间歇相对压差，此压力值由溢流阀设定并与主机最大驱动负载要求有关，大多数应用中可在此压力下驱动负载。最高相对压力理论上只能占整个工作很小的比例，通常不应超过总工作时间的2%。

（3）最低压力　在任何工况下，为避免产生马达吸空现象所必须维持的最低压力。最低压力须与最小压力区别开来。

（4）最小压力——泵模式（入口）　为防止在泵工作模式下损坏轴向柱塞（高压侧变更，而旋转方向不变，如制动时），必须保证工作管路油口的最小压力（入口）。最小压力取决于马达的转速和排量（详见液压马达的产品样本）。

（5）壳体压力　正常工作条件下马达壳体内的压力。正常情况下，马达的壳体压力不应超过所规定的值。在起动工况下，瞬间壳体压力允许超过此限定值，但须确保壳体压力低于最高壳体允许压力。最低壳体压力用于确保马达在高速工况下满足润滑条件。马达壳体压力超过限定值时，可能损坏密封圈、垫圈或壳体，从而导致液压油泄漏。例如：一台马达的壳体额定压力为0.3MPa，最高压力（冷起动时）为0.5MPa，最低压力（额定转速时）为0.1MPa。

（6）额定转速　满足期望寿命时，全功率工作马达推荐的最高转速。工作在此速度以及低于此转速时能确保马达的寿命。

（7）最高转速　确保马达使用寿命及降低高速下突然发生故障的危害性（这可能引起安全事故）所允许的马达最高转速，马达转速应低于次最高限定值。应用于车辆驱动时，空载车辆在平坦路面行驶时的最高马达速度不能超过最高转速限定值。转速限制与排量有关，如图1-15所示。

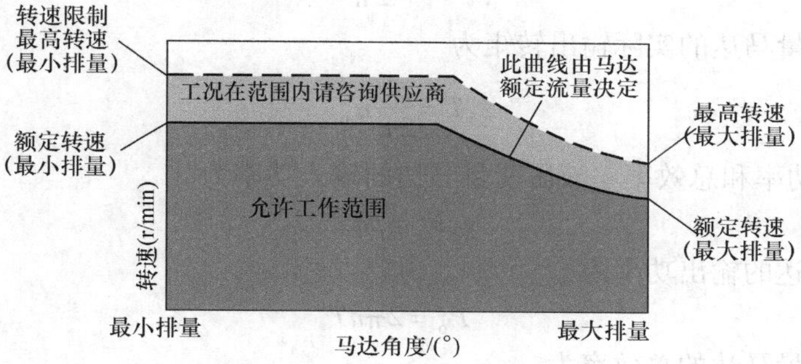


图1-15 转速限制

（8）流量和排量 液压变量马达进口处的流量称为液压变量马达的实际流量。液压变量马达密封腔容积变化所需要的流量称为液压变量马达的理论流量。实际流量和理论流量之差即为液压变量马达的泄漏量。液压变量马达轴每转一周，由其密封容腔有效体积变化而排出的液体体积称为液压变量马达的排量。

（9）容积效率 因液压变量马达存在泄漏，当按实际流量 $q$ 计算液压变量马达转速 $n$ 时，应考虑液压变量马达的容积效率。当液压变量马达的泄漏量为 $q_1$，理论流量为 $q_t$，实际流量 $q=q_t+q_1$ 时，则液压变量马达的容积效率为

$$\eta_V=\frac{q_t}{q}=1-\frac{q_1}{q} \tag{1-21}$$

液压变量马达的输出转速等于理论流量与排量的比值，即

$$n=\frac{q_t}{V}=\frac{q}{V}\eta_V \tag{1-22}$$

（10）转矩和机械效率 因马达实际存在机械摩擦，故实际输出转矩应考虑机械效率。若液压变量马达的转矩损失为实际转矩，则液压变量马达的机械效率为

$$\eta_m=\frac{T}{T_t}=1-\frac{T_f}{T_t} \tag{1-23}$$

设液压变量马达的出口压力为零，入口工作压力为 $p$，排量为 $V$，则液压变量马达的理论输出转矩与泵有相同的表达形式，即

$$T_t = \frac{pV}{2\pi} \tag{1-24}$$

液压变量马达的实际输出转矩为

$$T = \frac{pV}{2\pi}\eta_m \tag{1-25}$$

（11）功率和总效率　液压变量马达的输入功率为

$$P_i = pq \tag{1-26}$$

液压马达的输出功率为

$$P_o = 2\pi nT \tag{1-27}$$

液压变量马达的总效率为

$$\begin{aligned}\eta &= \frac{P_o}{P_i}\\ &= \frac{2\pi nT}{pq}\\ &= \eta_V\eta_m\end{aligned} \tag{1-28}$$

由式（1-28）可见，液压变量马达的总效率也同于液压泵的总效率，等于机械效率与容积效率的乘积。图1-16所示为液压变量马达的特性曲线。

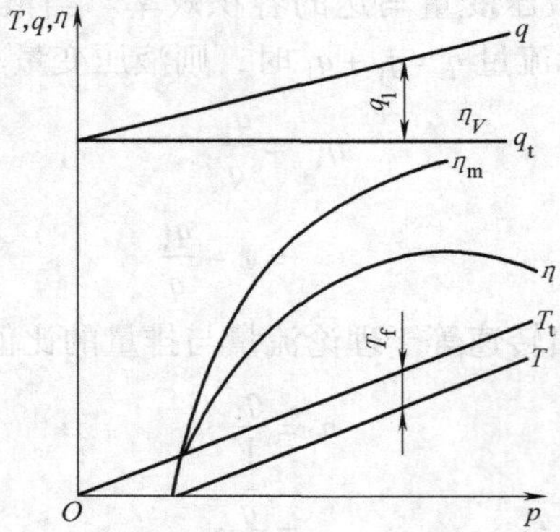


图1-16　液压变量马达的特性曲线

# 第 2 章

# 液阻、液压桥路和阀控缸控制理论

变量泵的变量控制部分通常使用各类液压控制阀和液压阻尼实现。为了提高控制系统的性能，往往使用多个液阻组成液压桥路。液压桥路通常可以分为液压全桥、液压半桥及其他液压桥路，液压桥路基本上是由固定液阻或可变液阻组成的。本章主要对液阻和液桥进行理论分析。

## 2.1 液阻的定义与特性

从广义上来说，凡是能局部改变液流的流通面积使液流产生压力损失，或在压差一定的情况下，分配调节流量的液压阀口以及类似的结构，如薄壁小孔、短孔、细长孔、缝隙等，都称之为液阻。

从这个广义的概念可以看到，液阻的本质性功能就是两个方面：隔压是其阻力特性（液阻前后的压力可以差别很大），限流是其控制特性（改变液阻的大小可以改变通过的流量）。

人们常将电学中的很多概念和若干规律引入液压技术。例如：现今已广泛在液压技术中得到应用的液压桥路（全桥与半桥），就可引用惠斯登电桥理论进行分析。在这种引用中，应该特别注意电学与液压技术的差别。在电学中，电流 $I$ 与电压 $V$ 之间是简单的线性关系，即而在液压技术中，流过液阻的流量 $q_V$ 与液阻前后的压差 $\Delta p$ 之间的关系就比较复杂，其通用表达式为

$$q_V = KA\Delta p^m \tag{2-1}$$

式中 $K$——系数，与液阻的过流通道形状和液体性质有关；

$A$——过流断面面积；

$m$——指数，与液阻结构形式有关，对于细长孔，$m=1$，对于薄壁孔，$m=0.5$，在一般情况下介于两者之间。

因此，压差与流量之间具有非线性关系，如图 2-1 所示。这是电与液比拟中的主要差别。

有两种不同的液阻：一种是大雷诺数下总是取决于黏度的湍流流动的细长孔

液阻；另一种是不取决于黏度的层流流动的节流液阻。

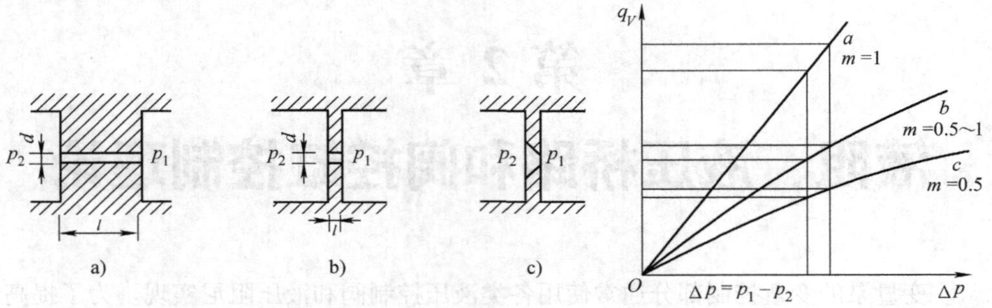


图 2-1　流量－压力特性曲线

a）细长孔　b）薄壁孔　c）锥形孔

（1）细长孔　对于式（2-1）中指数 $m=1$ 所对应的细长孔（$l/d \geqslant 4$）来说，其中起主导作用的压力损失不是局部阻力损失，而是沿程阻力损失。它是由油液黏性摩擦引起的，因此受油温变化的影响较大，一般很少作为液阻应用于液压元件和系统中。细长孔内流动状态为层流，其流量（单位为 $m^3/s$）计算公式可表示为

$$q_V = \frac{\pi d^4 \Delta p}{128 \mu l} \tag{2-2}$$

式中　$l$——孔长（m）；

$d$——孔径（m）；

$\mu$——液体的动力黏度（Pa・s）；

$\Delta p$——压差（Pa）。

（2）控制阀口、薄刃节流孔　为了减小由于油温变化对控制精度带来的影响，提高控制性能，在液压变量泵控制技术中几乎所有的阀口、节流孔都做成薄刃型（$l/d \leqslant 0.5$）。此时的压力损失以局部压力损失为主，几乎不存在沿程阻力损失成分，因而与油液黏度变化无关，即其控制特性不受油温变化的影响。流量（单位为 $m^3/s$）公式为

$$q_V = \alpha A \sqrt{\frac{2}{\rho} \Delta p} \tag{2-3}$$

式中　$\alpha$——流量系数；

$A$——阀口通流面积（$m^2$）；

$\rho$——液体密度（$kg/m^3$）（液压油的 $\rho = 700 \sim 900 kg/m^3$）；

$\Delta p$——阀口前后压差（Pa）。

对这些不同形式但均为薄刃型的液阻来说，其流量系数与雷诺数之间有相似

的关系曲线；在层流区，流量系数 $\alpha$ 与雷诺数 $Re$ 相关；在湍流区，$\alpha$ 与 $Re$ 无关，为某一常数。

液阻可以通过手动、液动或者电动的方式来调节。

借鉴电子学对非线性电阻的定义，还可以引出静态液阻 $R$ 和动态液阻 $R_d$ 的概念，其定义如下：

$$R=\frac{\Delta p}{q_V} \tag{2-4}$$

$$R_d=\frac{d\Delta p}{dq_V} \tag{2-5}$$

静态液阻 $R$ 是液阻两端压差对流量的比值，它是液阻对稳态流体阻碍作用的一种度量；而动态液阻 $R_d$ 是液阻两端压差微小增量与流量微小增量的比值，它是液阻对动态流体阻碍作用的一种度量。

静态液阻和动态液阻一般都是压差 $\Delta p$ 或流量 $q_V$ 的函数。由式（2-1）可得，静态液阻值 $R$ 为

$$R=\frac{\Delta p}{q_V}=\frac{\Delta p^{1-m}}{KA} \tag{2-6}$$

动态液阻 $R_d$ 为

$$R_d=\frac{d\Delta p}{dq_V}=\frac{\Delta p^{1-m}}{KAm} \tag{2-7}$$

在式（2-6）和式（2-7）中，若 $m=1$，则 $R=R_d=1/(KA)$，即液阻与流量无关，这样的液阻又称为线性液阻；若 $m<1$，液阻值与液阻两端的压差或流量有关，这样的液阻为非线性液阻。非线性液阻的静态液阻 $R$ 值和动态液阻 $R_d$ 值是不同的。例如：常用的薄刃型非线性液阻的指数 $m=0.5$，其压力流量特性为式（2-3）。

静态液阻值 $R$ 为

$$R=\frac{\Delta p}{q_V}=\frac{\sqrt{\Delta p}}{C_d A\sqrt{2/\rho}} \tag{2-8}$$

动态液阻值 $R_d$ 为

$$R_d=\frac{d\Delta p}{dq_V}=\frac{2\sqrt{\Delta p}}{C_d A\sqrt{2/\rho}} \tag{2-9}$$

显然，对于薄刃型非线性液阻来说，其动态液阻值 $R_d$ 是静态液阻 $R$ 的 2 倍。

当研究液阻回路的稳态特性时，如计算分压回路各点的压力值、分析变量泵控制器的稳态特性，使用静态液阻。当研究液阻回路的动态特性时，如分析变量泵控制器液阻对其动态特性的影响，则需要使用动态液阻。

# 2.2　节流边与液压桥路

## 2.2.1　阀口与节流边

液压阀中，各种控制阀口都是可变节流口，也是可变液阻。为了讨论问题的方便，约定以空心箭头表示正作用节流边，所谓正作用节流边是指 $x$ 增大时，阀口开度增大，液阻减小如图 2-2a 所示；以实心箭头表示反作用节流边，所谓反作用节流边是指 $x$ 增大时，阀口开度减小，液阻增大，如图 2-2b 所示。

如图 2-2c 所示，滑阀中的可变节流口可以看成是由两条做相对运动的边线构成的，因此可变节流口可以看成是一对节流边。其中固定不动的节流边在阀体上，可以移动的节流边则在阀芯上。这一对节流边之间的距离就是阀的开度 $\Delta x$。

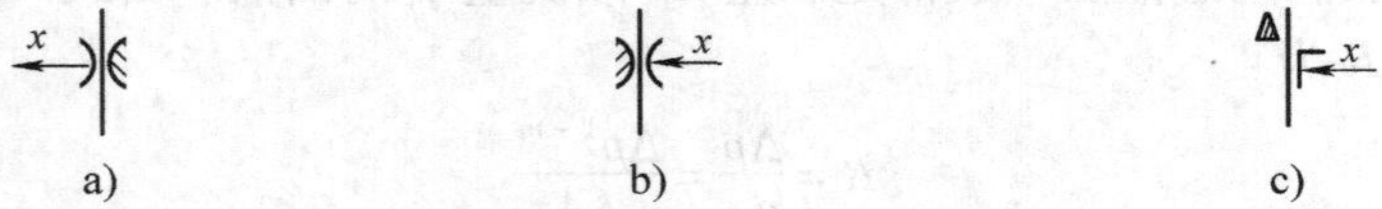


图 2-2　节流边

a）正作用节流边　b）副作用节流边　c）滑阀节流边

阀体的节流边是在阀体孔中挖一个环形槽（或方孔、圆孔）后形成的（图 2-3a），阀芯的节流边也是在阀芯中间挖出一个环形槽后形成的（图 2-3b），阀芯环形槽与阀体环形槽相配合就可以形成一个可变节流口（即阀口）。若进油道与阀芯环形槽相通，那么出油道必须与阀体的环形槽相通，阀口正好将两个通道隔开（图 2-3c）。

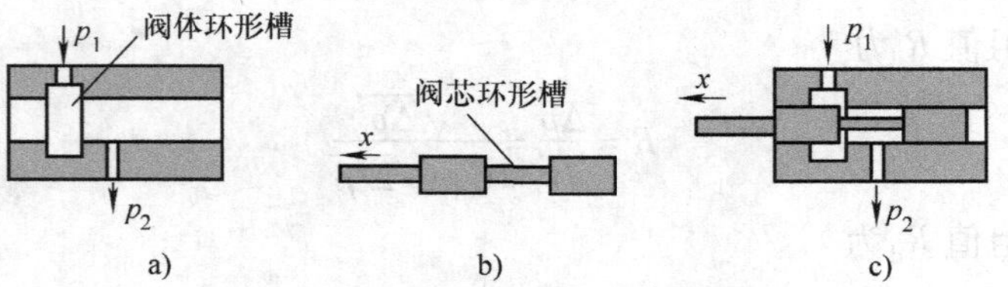


图 2-3　环形槽结构

如果在阀芯上不开环形槽，而是直接利用阀芯的轴端面作为阀芯节流边（图 2-4a），则阀芯受到液压力的作用后不能平衡，会给控制带来困难。通过在阀芯上开设环形槽，形成图 2-4b 所示的平衡活塞，则阀芯上所承受的液压力大部分可以得到平衡，施以较小的轴向力即可驱动阀芯。

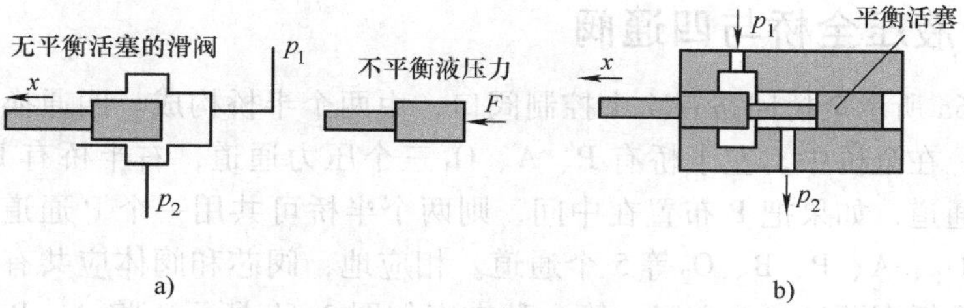


图 2-4 阀芯的平衡活塞

a）无平衡活塞（受力不平衡） b）带有平衡活塞

## 2.2.2 液压半桥与三通阀

利用阀口（节流边）的有效组合，可以构成类似于电桥的液压桥路。液压桥路也有半桥和全桥之分。液压全桥有 A、B 两个控制油口，用于控制具有两个工作腔的双作用液压缸或双向液压马达；液压半桥只有一个控制油口 A（或 B），只能用于控制有一个工作腔的单作用缸或单向马达。

图 2-5a 所示液压半桥是由一个进油阀口和一个回油阀口构成的，它有三个通道——进油通道 P、回油通道 O（或 T）和控制通道 A，并且进、回油阀口是反向联动布置的，即一个阀口增大时，另一个阀口减小。三通换向阀就是液压半桥。

由于液压半桥有三个通道（即三个不同的压力，其中 A 为被控压力），因此必须在阀芯和阀体上共开出三个环形槽，让 P、O、A 分别与三个环形槽相通，并且被控压力 A 要放在 P 和 O 的中间，以便于 A 能分别与 P 和 O 接通。液压半桥有两种布置方案：第一种方案是将 A 放在阀芯环形槽中，而将 P、O 两腔放在阀体环形槽中（图 2-5b）；另一种方案是将 A 放在阀体环形槽中，而将 P、O 两腔放在阀芯环形槽中（图 2-5c）。

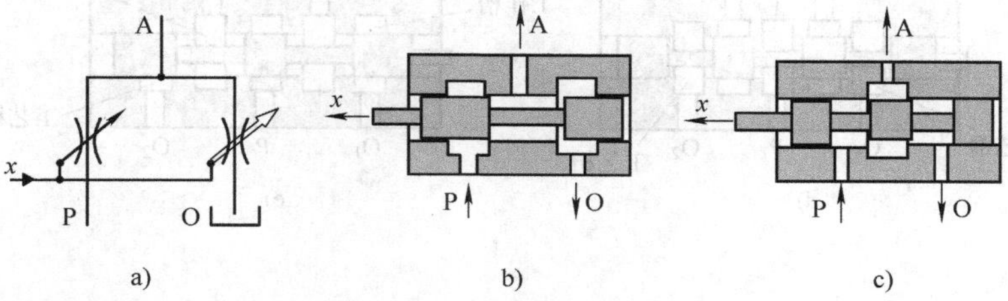


图 2-5 半桥的两种结构

a）半桥的节流边 b）工作腔 A 布置在阀芯环形槽中 c）工作腔 A 布置在阀体环形槽中

## 2.2.3 液压全桥与四通阀

图2-6a所示全桥回路有4个控制阀口，由两个半桥构成。四通换向阀就是液压全桥。在全桥中，左半桥有P、A、$O_1$三个压力通道，右半桥有P、B、$O_2$三个压力通道，如果把P布置在中间，则两个半桥可共用一个P通道。因此全桥应该有$O_1$、A、P、B、$O_2$等5个通道。相应地，阀芯和阀体应共有5个环形槽。液压全桥有两种布置方案。第一种方案如图2-6b所示，将A、B通道布置在阀体环形槽中，将$O_1$、P、$O_2$布置在阀芯环形槽中，这种方案的四通阀称为四台肩式四通阀；另一种方案如图2-6c所示，将阀芯槽与阀体槽所对应的油口对换，让A、B通道布置在阀芯环形槽中，$O_1$、P、$O_2$布置在阀体环形槽中，这种方案的四通阀称为三台肩式四通阀。

上述四通阀中的各环形槽用于构成阀口节流边，称为工作环形槽。在实际阀的结构中除工作环形槽外，还加工有其他与工作原理无关的环形沟槽，这些环形沟槽不构成节流边（不构成阀口），仅起油道作用。如图2-6d所示为阀体中加工有3个工艺槽的四台肩式四通阀，图2-6e所示为阀体中加工有2个工艺槽的三台肩式四通阀。工艺槽的作用是增加阀腔的通流面积，防止油孔加工时所形成的毛刺对阀芯运动产生卡滞，阀体$O_1$、A、P、B、$O_2$各油口对应处均有环形沟槽，要注意分辨它们之中谁是构成阀口的工作槽。

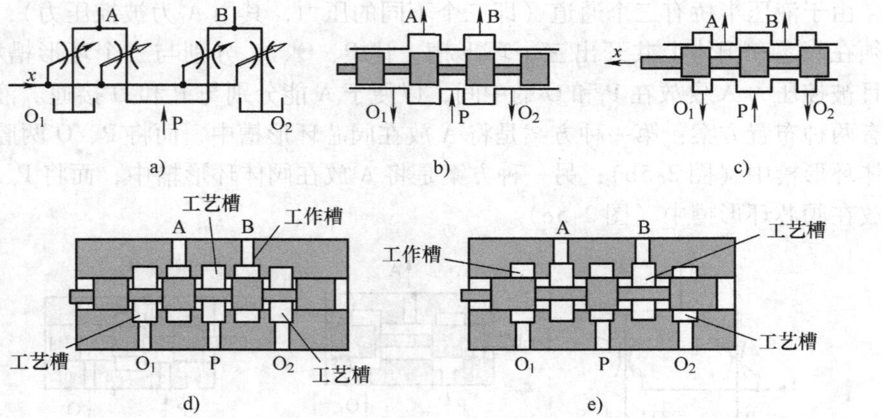


图2-6 全桥的两种结构

a）全桥的节流边 b）工作腔A、B布置在阀体环形槽中 c）工作腔A、B布置在阀芯环形槽中
d）阀体中有3个工艺槽的四台肩式四通阀 e）阀体中有2个工艺槽的三台肩式四通阀

## 2.3　液桥的基本功能

从四边控制阀引出的全桥，是由一个恒压源供油的，以阀口开口量（阀芯位移的函数）为输入变量，以左右两个半桥的分压力 $p_A$ 和 $p_B$ 之差为输出变量的位移——压差转换器。当活塞上诸力平衡，而液体流速为零时，液桥只起压力转换器作用；当活塞上诸力平衡但液流速度为稳定速度 $\dot{x}$ 时，则两个半桥还要输出流量 $q = \pm A\dot{x}$，于是液桥还起功率放大作用。在比例控制元件内部的先导液桥，同样兼有这两种作用。但就其对功率级稳态工况的控制性能而言，先导液桥主要是由一个恒压源供油的位移－压力转换器。

## 2.4　基本的液压半桥

由液桥概念，很自然地可从液压全桥引出液压半桥。液压半桥多用于液压控制器件的先导控制油路，故常称为先导液压半桥。图 2-7 所示为溢流阀的先导液压半桥。图中 $R_1$ 为固定液阻，$R_3$ 为某种形式的先导阀口，A 腔是功率级主阀的敏感腔，$\sum F$ 是阀另一端面上液压力和弹簧力、液动力、摩擦力等的合力。该半桥就是单臂可变的液压半桥。与油液输入的高压侧相连的 $R_1$ 为输入液阻，与低压侧相连的 $R_3$ 为输出液阻。与液压全桥一样，液压半桥的基本功能是：稳态时起位移－压差转换器作用；动态时（控制变化过程）起转换器与功率放大器的双重作用。

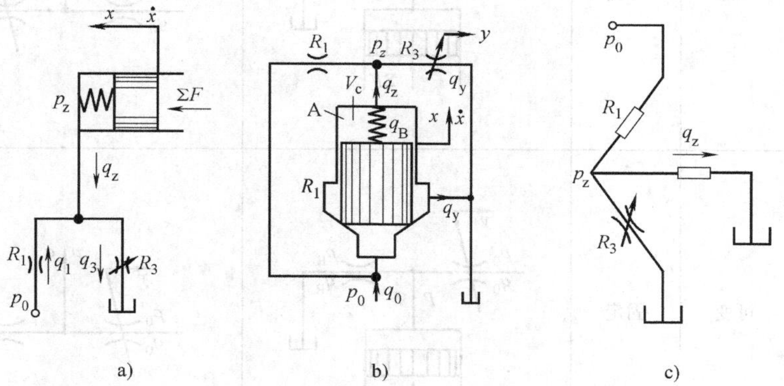


图 2-7　溢流阀的先导液压半桥

a）先导阀简图　b）主阀简图　c）溢流阀半桥简图

## 2.5　液压半桥的基本类型

液压半桥是一个实用意义较大的桥路，从工程实用出发，可将液压半桥归纳为三种基本类型（表 2-1）。A 型的输入与输出均为可变液阻，且受同一输入控制信号的差动联控；B 型的输入为固定液阻，输出为受输入信号控制的可变液阻；C 型与 B 型相反，输入为可变液阻，输出为固定液阻。表 2-2 所列为 A、B、C 三种基本液压半桥的简化符号、结构原理和特性曲线。

**表 2-1　液压半桥的基本类型**

| 类型 | 输入液阻 | 输出液阻 | 原理图 | 简化符号 |
|---|---|---|---|---|
| A | 可变 | 可变 | 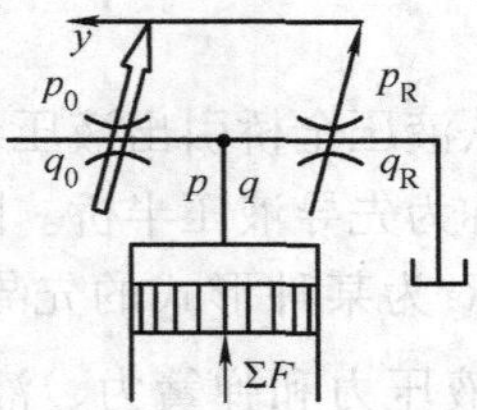 | 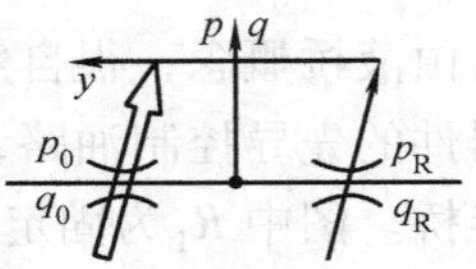 |
| B | 固定 | 可变 | 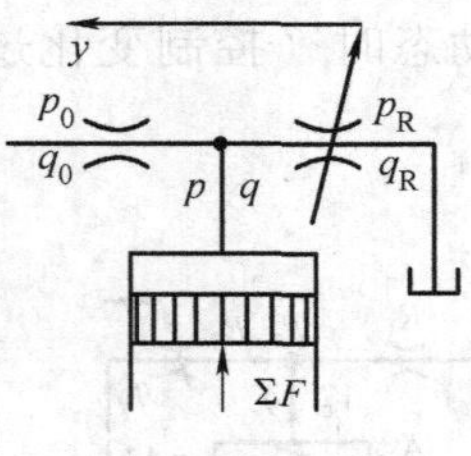 | 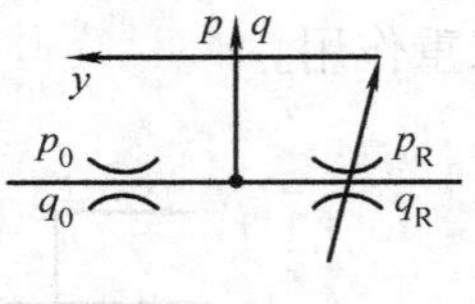 |
| C | 可变 | 固定 | 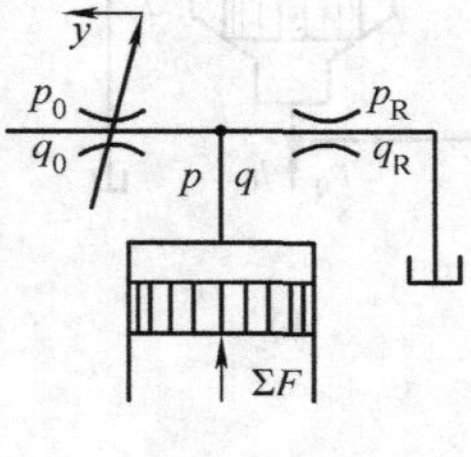 | 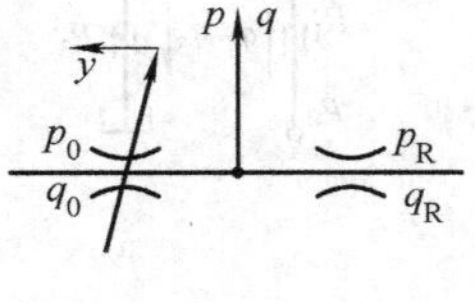 |

注：表中的 $p$ 表示压力，$q$ 表示流量，$y$ 表示位移量，$F$ 表示载荷。

表 2-2　三种基本液压半桥的简化符号、结构原理和特性曲线

| 类型 | A | B | C |
|---|---|---|---|
| 简化符号 | 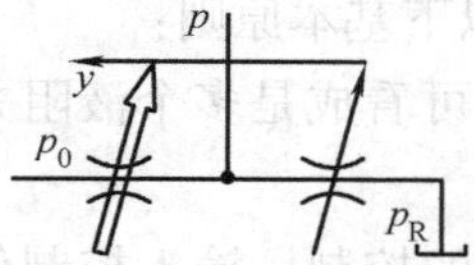 | 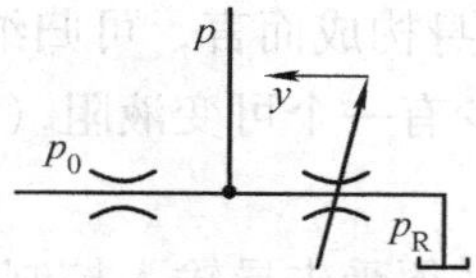 | 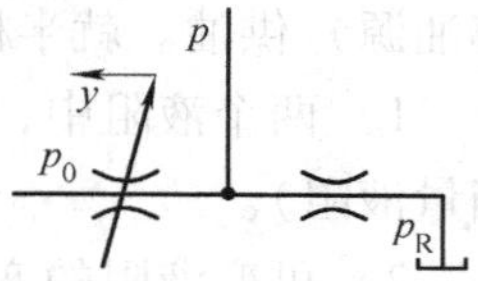 |
| 结构原理图 | 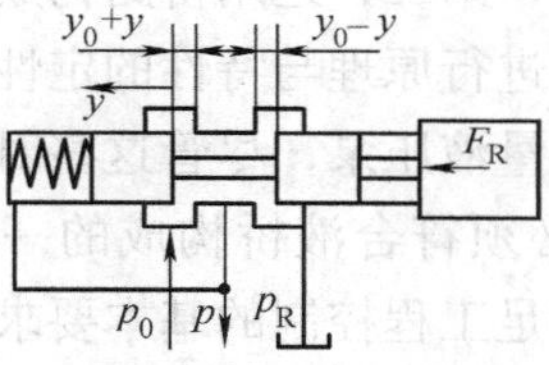 | 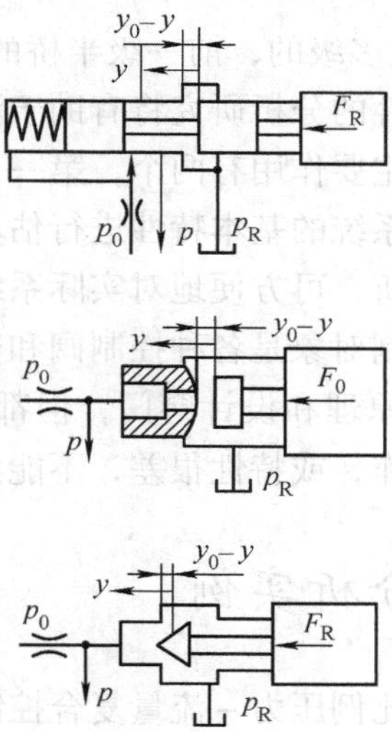 | 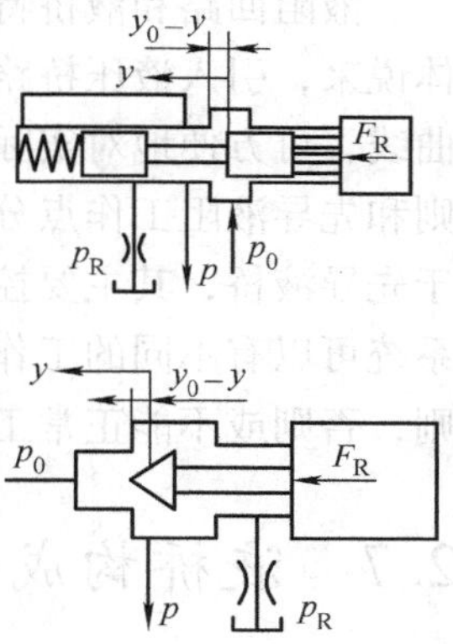 |
| 特性曲线 | 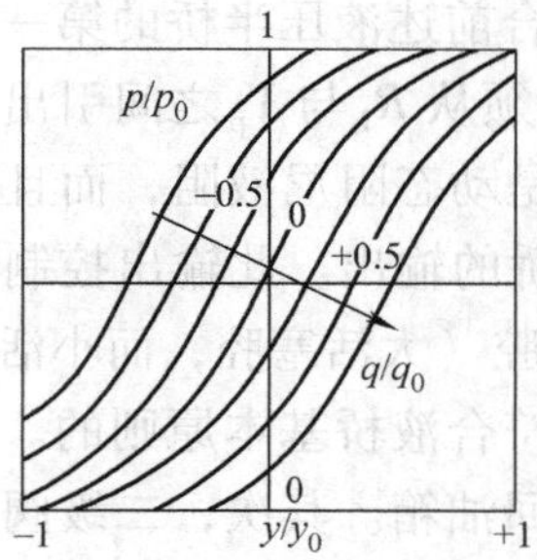 | 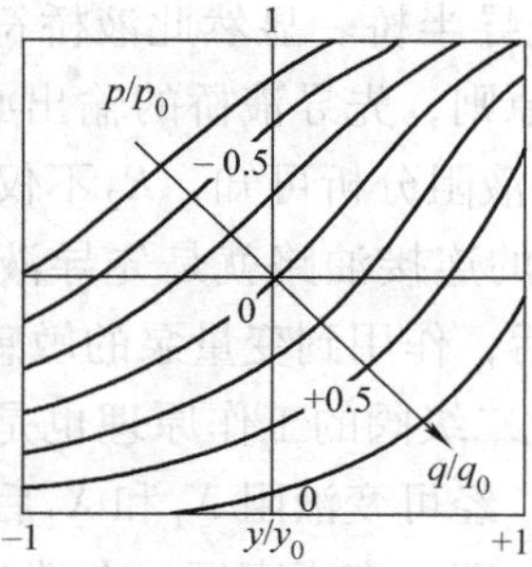 | 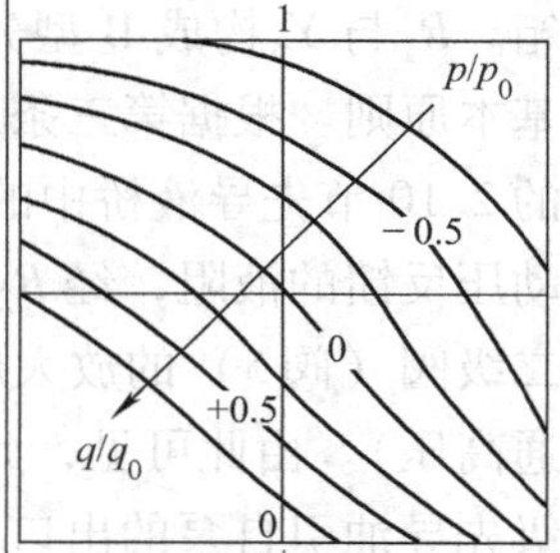 |

注：表中的 $p$ 表示压力，$q$ 表示流量，$y$ 表示位移量，$F$ 表示载荷。

## 2.6 液压半桥构成的基本原则

先导液桥是由液阻构成的无源网络，需要外部压力源（来自主控制级或外部油源）供油。就半桥本身构成而言，可归纳为以下基本原则：

1）两个液阻中，至少有一个可变液阻（液阻可看成是多个液阻并串联后的当量液阻）。

2）可变液阻的变化必须受先导输入控制信号的控制，输入控制信号可以是手动、电液比例、电动、液动和机动等多种方式。

3）先导半桥的输出控制信号从两个液阻之间引出。

4）液压半桥可以并联。

5）液压半桥可以是多级的，前一级半桥的输出往往就是次级液桥的输入。

液阻回路和液桥特性的分析研究将有助于液压元件和系统的分析与综合。具体说来，引入液压桥路主要作用有两个，第一，利用基本桥路的典型无因次特性曲线，可方便地对实际系统的基本特性进行估算；第二，运用桥路构成的基本原则和先导液阻工作点分析，可方便地对实际系统进行原理与特性的定性分析。对于先导液桥，其主要控制对象是各种控制阀和变量液压泵，尽管这些对象的控制系统可以有不同的工作原理和设计窍门，但都必须符合液桥构成的一些基本原则，否则或不能正常工作，或特性很差，不能满足工程控制的基本要求。

## 2.7 液桥构成分析实例

图2-8所示为电液比例压力－流量复合控制变量叶片泵的工作原理图。图中右侧为恒压控制部分，从泵出口引出一股先导油，经固定液阻 $R_1$（输入液阻），及受输入压力控制信号控制的先导阀口（可变液阻 $Y_p$，输出液阻）后，流回油箱。$R_1$与 $Y_p$构成B型先导半桥。显然此液桥符合前述液压半桥的第一、二两条基本原则。根据第三条原则，先导液桥的输出必须从 $R_1$与 $Y_p$之间引出。从后述的2.10节先导液桥中的液阻分析可知，$R_2$不仅是动态阻尼液阻，而且是起级间动压反馈的液阻，经 $R_2$的连接油路就是先导液桥的输出。此输出控制信号，经二级阀（阀5）的放大后，作用到变量泵的敏感腔（大活塞腔，而小活塞腔一直通高压）。由此可见，此二级阀的工作原理也是符合液桥基本原则的。首先，二级先导油引自泵的出口，经可变液阻 $X_1$和 $X_2$后回油箱。其次，二级阀阀芯右端面与泵出口压力油相通，即一直通高压。左端为控制敏感腔，作用着先导液桥的输出压力，由此，二级阀阀芯产生位移，$X_1$和 $X_2$构成A型半桥。显然二级液桥

的两个液阻的变化，是与输入控制信号（电液比例压力先导级的输入电压或电流）相关联的。最后，二级液桥的输出，从两个可变液阻之间引出，经动态液阻 $R_3$ 进入叶片泵变量控制敏感腔。可见，恒压控制部分是一个两级液桥，前级为 B 型，二级为 A 型。

图 2-8 中左半部分是由恒流桥路构成的流量控制部分，就是采用流量传感器作为泵输出流量的检测反馈单元。先导可变液阻（先导阀口）$Y_q$ 与 $R_1$ 组成 B 型先导半桥，其输出作为具有双可变液阻 $X_1$、$X_2$ 的二级 A 型半桥的输入，通过二级半桥再去控制泵的变量缸。

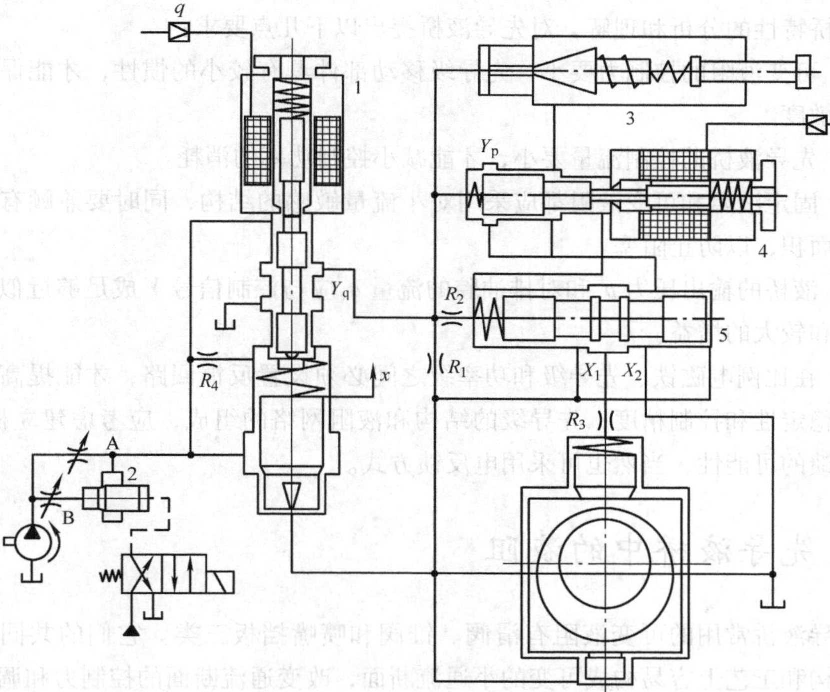


图 2-8　电液比例压力－流量复合控制变量叶片泵的工作原理图

1—先导压力阀　2—二通插装阀　3—手动限压阀　4—二级控制阀的先导阀　5—二级控制阀的主阀

这个复合控制泵的变量控制油路，从液压桥路角度看有其特点。右边的恒压控制部分由液阻 $R_1$ 与 $Y_p$ 组成的压力控制半桥，第一，明显地与 $Y_q$ 与 $R_1$ 组成 B 型先导半桥共用固定液阻 $R_1$；第二，形式上两者是并联关系，而实际运行时是交替的，即不是“同一时刻”起作用；第三，正由于两个半桥是交替运行的，它们可以共用二级液桥，即两个第一级液桥的输出，都是通过动态阻尼液阻 $R_2$ 输给A型液桥的第二级液桥，作为第二级液桥的输入，进行液压放大，推动定子运动。

图2-8所示的两个先导液桥共用输入液阻 $R_1$，以及共用二级液桥，虽然简化了结构，但给性能优化带来了一定的困难。

## 2.8 对先导液桥的要求

先导液桥，特别是液压半桥在变量液压泵的控制机构中广泛采用。为了有助于对液桥特性的分析和理解，对先导液桥提出以下几点要求：

1）可变液阻的控制力要小，先导级移动部件具有较小的惯性，才能保证较高的灵敏度。

2）先导液桥的控制流量要小，才能减小控制功率的消耗。

3）固定液阻和可变液阻都应采用对小流量敏感的结构，同时要兼顾有适当的通流面积，以防止阻塞。

4）液桥的输出压力 $p_x$ 和对排油腔的流量 $q_x$ 应与控制信号 $Y$ 成足够近似的线性关系和较大的增益。

5）在比例电磁铁、先导级和功率级之间必须设置反馈回路，才能提高控制元件的稳定性和控制精度；先导级的结构和液阻网络的组成，应考虑建立机械、液压反馈的可能性，当然也可采用电反馈方式。

## 2.9 先导液桥中的液阻

先导液桥常用的可变液阻有滑阀、锥阀和喷嘴挡板三类。它们的共同优点是，结构和工艺上容易构成可变的小通流断面，改变通流断面的控制力和调节行程都较小。为了减小由于油液温度变化对控制精度带来的影响，提高控制性能，在液压技术中几乎所有的阀口、节流孔都做成薄刃型结构（长径比 $l/d \leqslant 0.5$），此时的压力损失以局部压力损失为主，几乎不存在沿程损失成分，因而与油液黏度变化无关，即其控制特性不受油温变化的影响，流量按式（2-3）计算，典型先导阀阀口的流量系数见表2-3。

从液阻特性来看，滑阀、锥阀和喷嘴挡板三者都属于锐边节流孔型。

**表 2-3　典型先导阀阀口的流量系数**

| 图示 | 计算式 | 说明 | 特性曲线 |
| --- | --- | --- | --- |
| 矩形<br>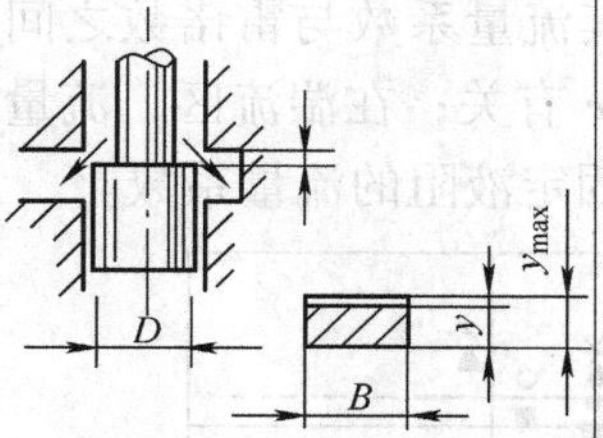<br> | $A_d(y)=nBy$<br>$[A_d(y)=\pi Dy]$<br>$K_a=0.072$<br>$C_d=0.72$<br>$Re_G=100$ | $A_d(y)$——阀口节流面积；<br>$n$——矩形（或三角形）窗口的个数；<br>$B$——阀口宽度（或周长）；<br>$y$——阀口开度；<br>$D$——阀芯直径；<br>$K_{aD}$——与阀口结构形式相关的系数；<br>$C_d$——阀口流量系数；<br>$Re_G$——阀口流动的雷诺数；<br>$d$——阀套上径向窗口的直径；<br>$\beta$——三角形窗口顶角（或阀芯锥角）的一半 | 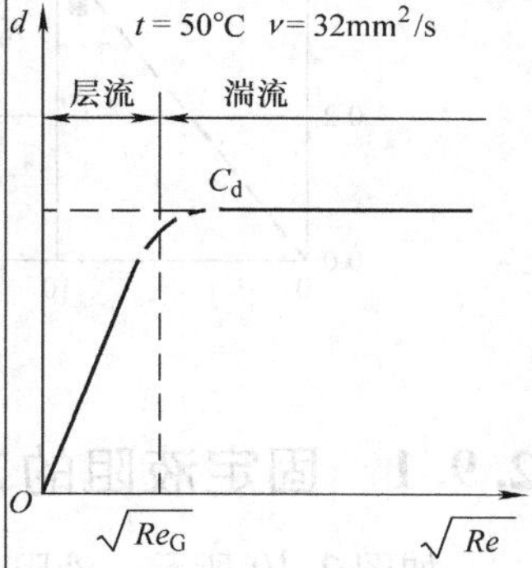<br> |
| 圆形<br>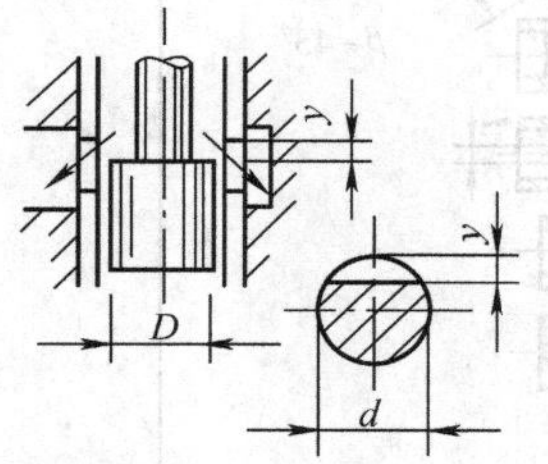<br> | $A_d(y)\approx\dfrac{y^2(16d-13y)}{12\sqrt{dy-y^2}}$<br>$K_{aD}=0.0514$<br>$C_d=0.72$<br>$Re_G=196$ | | |
| 三角形<br>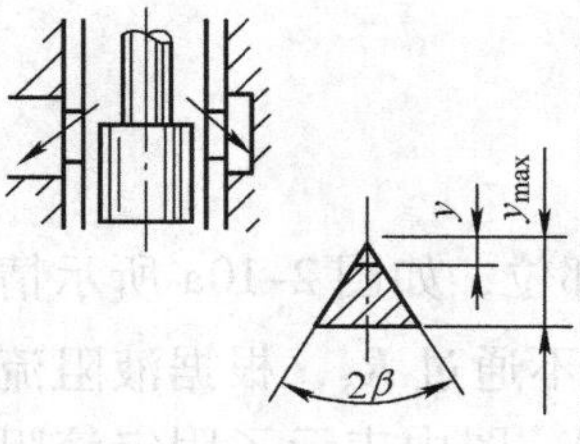<br> | $A_d(y)=ny^2\tan\beta$<br>$K_a=0.020$<br>$2\beta=29°$<br>$A_{max}=9.89\text{mm}^2$<br>$C_d=0.75$<br>$Re_G=1400$ | | |
| 锥形<br>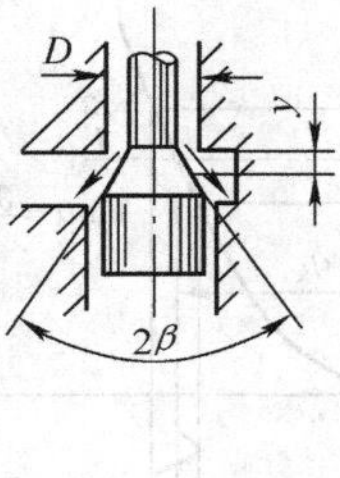<br> | $A_d(y)\approx\pi y\sin\beta$<br>$D=\dfrac{y}{2}\sin\beta$<br>$K_a=0.044$<br>$\beta=20°$<br>$D=5.1\text{mm}$<br>$C_d=0.68$<br>$Re_G=239$ | | |

先导液桥中的固定液阻，最常用的是短管型节流器。理论上推荐采用薄壁锐缘孔口，是因为考虑到其流量系数在较大程度上不受黏度或油温变化的影响。从

工艺性出发，采用圆柱形节流孔尤为普遍。与可变液阻一样，固定液阻的流量压降关系也按式（2-3）计算。

在液压技术领域，各种控制阀口、节流孔，从本质上讲都是一种液阻（又称流阻）。对这些不同形式但均为薄刃型的液阻来说，其流量系数与雷诺数之间有相似的关系曲线：在层流区，流量系数 $C_d$与雷诺数 $Re$ 有关；在湍流区，流量系数 $C_d$与雷诺数 $Re$ 无关，为某一常数。图 2-9 所示为固定液阻的流量系数。

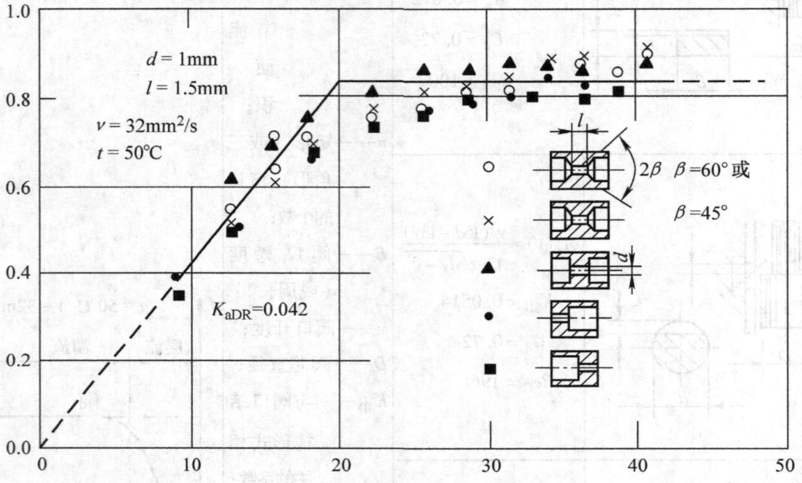


图 2-9　固定液阻的流量系数

## 2.9.1　固定液阻的工作点

如图 2-10 所示，液阻 $R_3$可能处于先导液桥的不同部位，如图 2-10a 所示情形，先导流量通过 $R_3$；如图 2-10b 所示情形，先导流量不通过 $R_3$，根据液阻流量公式（2-5），可绘得图 2-11 中的 $\Delta p$ 与 $q$ 的关系曲线。图中表示了固定液阻的两种不同工况，用正弦信号表示 $q_R$与 $\Delta p$ 的变化情况。

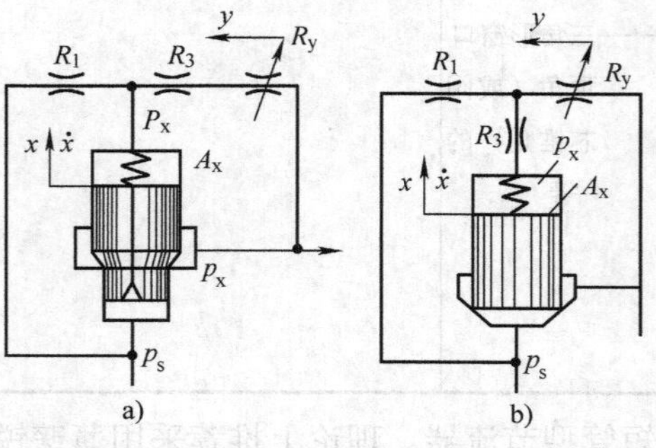


图 2-10　动态液阻 $R_3$的位置

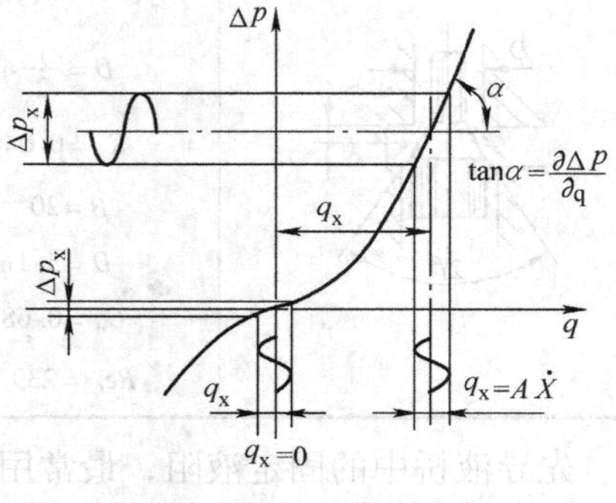


图 2-11　固定液阻的工作点

若固定液阻工作在零流量附近，则流量压差增益很小；而在图 2-10a 所示情形下工作时，其流量压差动态增益较大。故在用作阻尼液阻时，导入稳定流量即可使固定液阻工作于图 2-10a 所示位置以提高增益。

## 2.9.2　动态阻尼

变量液压泵的变量控制机构中使用的比例控制阀的被控参数可能因为负载的突然变化，或系统工作循环而产生急剧变化。此时，阀的功率级位移将对脉冲或阶跃信号做出响应，先导液桥也将承受一个主阀速度所产生的流量 $q_x = A_x\dot{x}$。由于一般阀芯运动时只有很小的阻尼系数，因而很容易引起主阀和先导阀的振荡。为了加强阻尼作用，在先导液桥上附加动态阻尼液阻，或利用液阻两侧压力对先导阀运动进行动压反馈。

如前所述，动态液阻的设置位置对动态阻尼效果影响很大，由图 2-11 可知，图 2-10 所示的两种动态液阻在相同动态流量 $q_x = A_x\dot{x}$ 下所引起的压差变化幅度是大不相同的，显然图 2-10a 中的阻尼效果较好。

值得注意的是，参照先导液桥构成的基本原则，图 2-10a 中动态液阻 $R_3$ 与可变液阻 $R_y$ 串联成当量可变液阻，其增益则低于未串入动态液阻 $R_3$ 时 $R_y$ 本身的增益。可见，图 2-10a 所示布置的动态阻尼效果好，但影响了稳态特性；图 2-10b所示布置的动态阻尼效果差些，但它对稳定性不产生影响。

## 2.9.3　动压反馈

仅利用动态液阻的压差使主阀阀芯运动获得阻尼的方案，还不能对先导阀起反馈作用。一种新型压力阀采用了压差负反馈方案，系统压力直接检测反馈，如图 2-12 所示。

图 2-12 中，面积为 $a_0$的反馈推杆和面积差为 $a_1 - a_2$的差动滑阀，在各端面不同压力的作用下，产生向右的液压力。此液压力与比例电磁推力 $F_{EM}$比较，决定了阀芯位置与阀口开度。由于 $a_0 = a_1 - a_2$，稳态时 $F_{EM}$直接与 $a_0p_x$进行比较，构成直接检测反馈，故称直接检测式。通俗地讲，溢流阀在系统中的作用就是在排出系统多余流量的同时，能维持与输入信号相对应的系统压力不变。在图 2-12 中，溢流阀所企图维持的压力 $p_A$，就是与输入电磁力相比较作用在 $a_0$上的压力。而图 2-13 所示的传统溢流阀，系统希望维持的压力是 $p_A$，而与输入信号相比较的压力不是 $p_A$，却是过了液阻 $R_1$之后的压力 $p_y$。对于图 2-12 所示的直接检测型，阀的输出变量 $p_A$通过反馈推杆对先导液桥输入 $y$ 构成了负反馈，阀在本质上是一个闭环系统。因此，阀的干扰输入影响得到充分抑制，主阀与先导阀稳态液动力的影响大为降低，从而大大提高了稳态进度，具有很小的调压偏差。

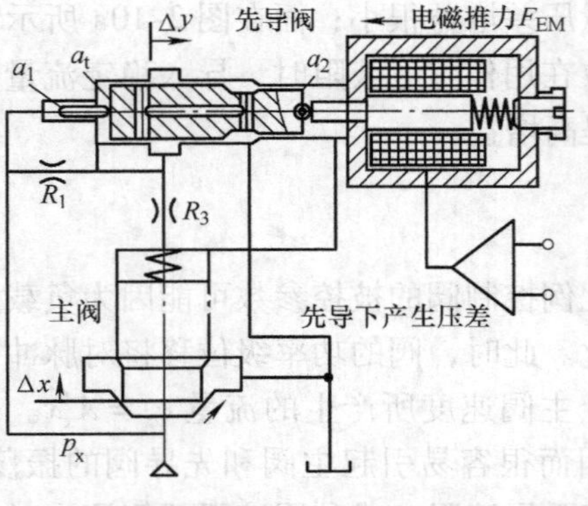


图 2-12 压差负反馈溢流阀油路原理图

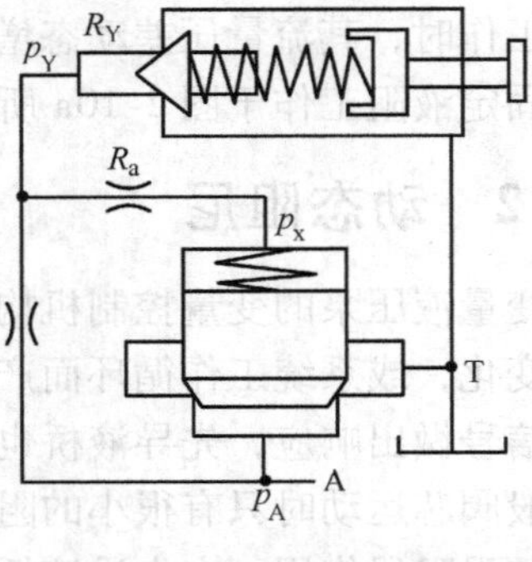


图 2-13 传统型先导式溢流阀油路原理图

图 2-12 中还引入级间动压反馈。这里指的是油路上配有液阻 $R_3$，形成了先导阀与主阀之间的动压反馈。在稳态时，先导滑阀两端（$a_1$与 $a_2$）压力相等；动态时，液阻 $R_3$上有压降，滑阀两端压力不相等，产生附加液压力，此负反馈力帮助 $F_{EM}$操作阀芯移动，其构成的级间动压负反馈作用比单采用一个动态液阻的效果强得多，阀的稳定性大为提高。

先导阀阀芯的力平衡方程为：

稳态方程

$$F_{EM}=a_0(p_1-p_y)+(a_1-a_2)p_y+F_{sy}+F_{fy}=a_0p_1+F_{sy}+F_{fy} \quad (2\text{-}10)$$

动态方程

$$F_{EM}=a_0(p_1-p_y)+a_1p_y-a_2p_x+F_{sy}+F_{fy}=a_0p_1-a_2(p_x-p_y)+F_{sy}+F_{fy} \quad (2\text{-}11)$$

式中 $a_0$——反馈推杆面积；

$a_1$——差动滑阀大端面积；

$a_2$——差动滑阀小端面积；

$p_1$——反馈推杆左端压力；

$p_x$——差动滑阀大端压力；

$p_y$——差动滑阀小端压力；

$F_{sy}$——滑阀稳态液动力；

$F_{fy}$——滑阀摩擦力。

比较两式可知，动压负反馈将使先导阀口关小，这就进一步加强了动态阻尼作用，并在先导级和功率级之间建立了级间速度反馈联系。这种动压反馈方式，大大提高了压力阀的稳定性。

# 2.10　滑阀式液压放大器

## 2.10.1　滑阀的工作边数

根据滑阀上控制边数（起控制作用的阀口数）的不同，有单边、双边和四边滑阀控制式三种结构类型，如图2-14所示。

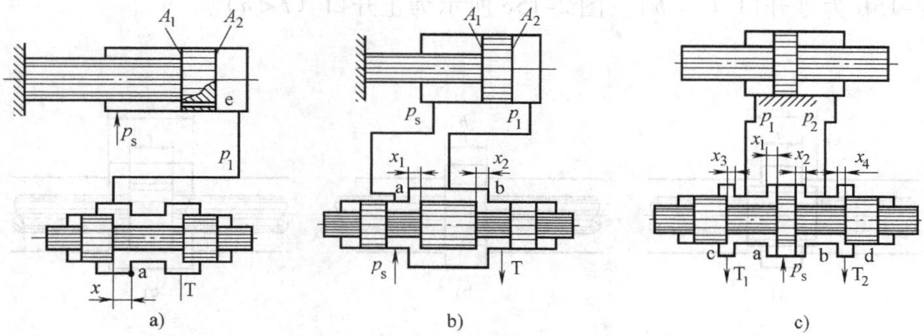


图2-14　伺服滑阀简图

a）单边二通伺服阀　b）双边三通伺服阀　c）四边四通伺服阀

注：$p$、$A$、$x$ 分别为油液的压力、流量、阀口的开度。

图2-14a所示为单边控制式滑阀。它有一个控制边a（可变节流口），有负载口和回油口两个通道，故又称为二通伺服阀。$x$ 为滑阀控制边的开口量，控制着液压缸右腔的压力和流量，从而控制液压缸运动的速度和方向。压力油进入液压缸的有杆腔，通过活塞上的阻尼小孔e进入无杆腔，并通过滑阀上的节流边流回油箱。当阀芯向左或向右移动时，阀口的开口量增大或减小，这样就控制了液压缸无杆腔中油液的压力和流量，从而改变液压缸运动的速度和方向。

图2-14b所示为双边控制滑阀。它有两个控制边a、b（可变节流口），有负载口、供油口和回油口三个通道，故又称为三通伺服阀。一路压力油直接进入液压缸有杆腔，另一路经阀口进入液压缸无杆腔并经阀口流回油箱。当阀芯向右或向左移动时，$x_1$ 增大 $x_2$ 减小或 $x_1$ 减小 $x_2$ 增大，这样就控制了液压缸无杆腔中油液的压力和流量，从而改变液压缸运动的速度和方向。

以上两种形式只用于控制单杆的液压缸。

图2-14c所示为四边控制滑阀，它有四个控制边a、b、c、d（可变节流口），有两个负载口、供油口和回油口共四个通道，故又称为四通伺服阀。其中a和b是控制压力油进入液压缸左右油腔的，c和d是控制液压缸左右油腔回油的。当阀芯向左移动时，$x_1$、$x_4$ 减小，$x_2$、$x_3$ 增大，使 $p_1$ 迅速减小，$p_2$ 迅速增

大，活塞快速左移；反之亦然。这样就控制了液压缸运动的速度和方向。这种滑阀的结构形式既可用来控制双杆液压缸，也可用来控制单杆的液压缸。

由以上分析可知，三种结构形式滑阀的控制作用是相同的。四边滑阀的控制性能最好，双边滑阀居中，单边滑阀最差。但是单边滑阀容易加工、成本低，双边滑阀居中，四边滑阀工艺性差、加工困难、成本高。一般四边滑阀用于精度和稳定性要求较高的系统，单边和双边滑阀用于一般精度的系统。

图2-15所示为滑阀在零位时的开口形式，图2-15a所示为负开口（$t>h$）、图2-15b为零开口（$t=h$）、图2-15c所示为正开口（$t<h$）。

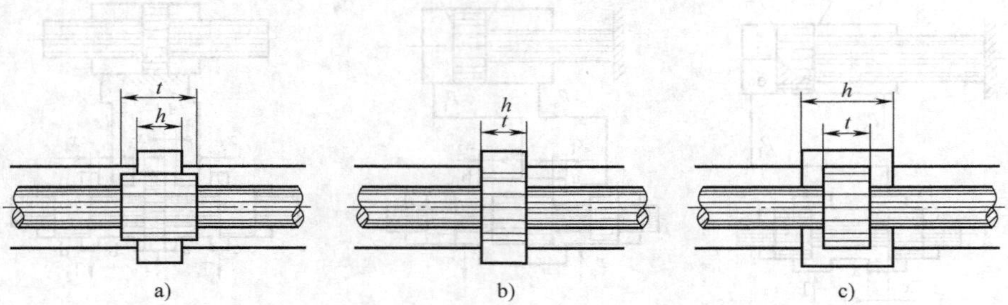


图2-15　滑阀在零位时的开口形式

a）负开口（$t>h$）　b）零开口（$t=h$）　c）正开口（$t<h$）

## 2.10.2　通路数

按通路数滑阀有二通、三通和四通等几种。二通滑阀（单边阀）只有一个可变节流口（可变液阻），使用时必须和一个固定节流口配合，才能控制一腔的压力，用来控制差动液压缸。三通滑阀只有一个控制口，故只能用来控制差动液压缸。为实现液压缸反向运动，需在有杆腔设置固定偏压（可由供油压力产生）。四通滑阀有两个控制口，故能控制各种液压执行器。

## 2.10.3　凸肩数与阀口形状

阀芯上的凸肩数与阀的通路数、供油及回油密封、控制边的布置等因素有关。二通阀一般为两个凸肩，三通阀为两个或三个凸肩，四通阀为三个或四个凸肩，三凸肩滑阀为最常用的结构形式。凸肩数过多将增加阀的结构复杂程度和长度以及摩擦力，影响阀的成本和性能。

滑阀的阀口形状有矩形、圆形等多种形式。矩形阀口又有全周开口和部分开口，矩形阀口的开口面积与阀芯位移成正比，具有线性流量增益，故应用较多。

## 2.11　阀控系统的工作原理

图2-16为某机液位置伺服系统的原理图。它是一具有机械反馈的节流型阀控缸伺服系统。它的输入量（输入位移）为伺服滑阀的阀芯3的位移 $x_i$，输出量（输出位移）为液压缸的位移 $x_0$，阀口a、b的开口量为 $x_v$。图中液压泵2和溢流阀1构成恒压油源。滑阀的阀体4与液压缸固连成一体，组成液压伺服拖动装置。

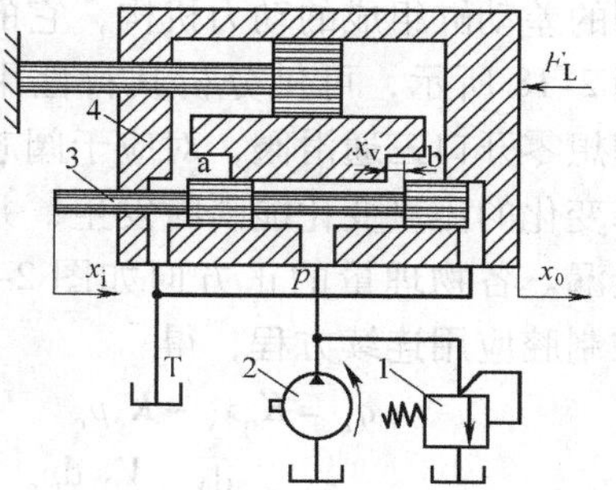


图2-16　机液位置伺服系统的原理图
1—溢流阀　2—液压泵
3—阀芯　4—阀体（缸体）

当伺服滑阀处于中间位置（$x_v=0$）时，各阀口均关闭，阀没有流量输出，液压缸不动，系统处于静止状态。给伺服滑阀阀芯一个输入位移 $x_i$，阀口a、b便有一个相应的开口量 $x_v$，使压力油经阀口b进入液压缸的右腔，其左腔油液经阀口a回油箱，液压缸在液压力的作用下右移 $x_0$，由于滑阀阀体与液压缸体固连在一起，因而阀体也右移 $x_0$，则阀口a、b的开口量减少（$x_v=x_i-x_0$），直到 $x_0=x_i$ 时，$x_v=0$，阀口关闭，液压缸停止运动，从而完成液压输出位移对伺服滑阀输入位移的跟随运动。若伺服滑阀反向运动，液压缸也做反向跟随运动。由此可见，只要给伺服滑阀阀芯以某一规律的输入信号，则执行元件就自动、准确地跟随滑阀按照这个规律运动。这就是液压伺服系统的工作原理，该原理可以用图2-17所示的框图表示。

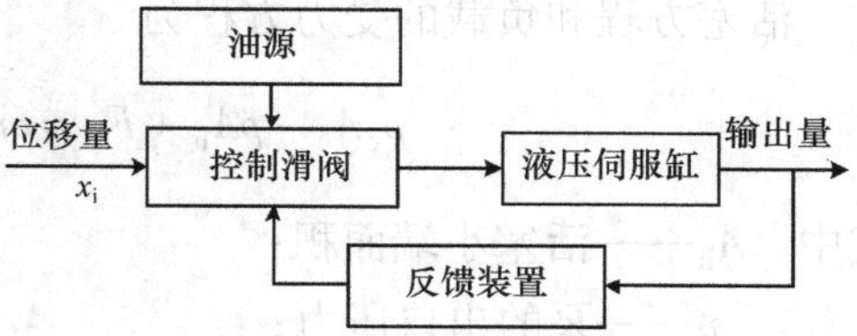


图2-17　液压伺服系统工作原理框图

## 2.12　位移直接反馈型比例排量调节变量泵的特性分析

位移直接反馈型比例排量调节变量泵的特性是指输入信号变化时，流量 $q$ 的响应特性。它的结构由两个主要环节组成，即伺服变量机构和泵主体。在简化的条件下，设除伺服变量机构外，都简化为比例环节，则泵的特性可由下述的基本方程来描述。

## 2.12.1 伺服变量机构的特性方程

伺服变量机构实质上是一个由双边滑阀控制的差动缸组成的动力机构，它的工作原理如图 2-18 所示，可供分析其特性用。假设阀为理想零开口三通滑阀，对应于阀芯位移和阀压降变化的流量变化能瞬时发生，并忽略所有的泄漏。各物理量的正方向如图 2-18 所示，对控制腔应用连续方程，得

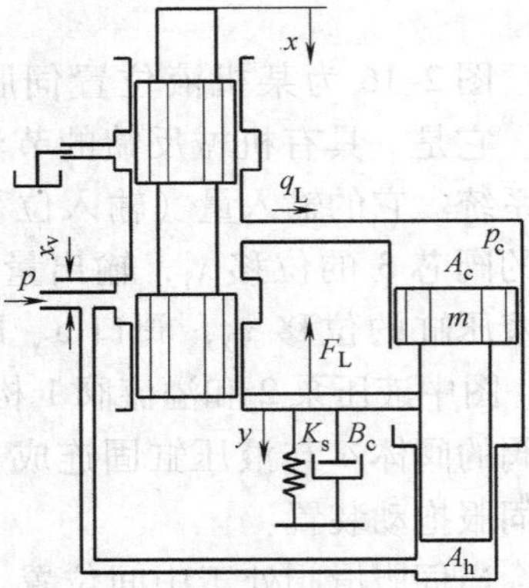


图 2-18 位移直接反馈比例排量调节机构简图

$$q_L = K_q x_v - K_c p_c \tag{2-12}$$

$$q_L = A_c \frac{dy}{dt} + \frac{V_0}{\beta_e} \frac{dp_c}{dt} \tag{2-13}$$

式中 $K_q$——伺服阀的流量增益；

$K_c$——伺服阀的流量压力系数；

$p_c$——变量活塞控制腔大腔控制压力；

$x_v$——阀芯开口量；

$A_c$——变量活塞大端面积；

$V_0$——控制腔容积；

$\beta_e$——油液的体积弹性模数；

$y$——变量机构输出位移。

活塞方程和负载的受力方程为

$$p_c A_c - p A_h + F_L = m \frac{d^2 y}{dt^2} + B_c \frac{dy}{dt} + K_s y \tag{2-14}$$

式中 $A_h$——活塞小端面积；

$p$——泵的出口压力；

$F_L$——变量机构的负载力；

$m$——变量机构的运动部件的质量；

$B_c$——黏阻系数；

$K_s$——弹簧负载刚度。

对式（2-13）和式（2-14）利用小变量线性化理论进行线性化处理，并对它们进行拉氏变换可得

$$q_L = A_c SY + \frac{V_0}{\beta_e} SP_c \tag{2-15}$$

$$p_c A_c - p A_h + F_L = mS^2 Y + B_c SY + K_s Y \tag{2-16}$$

式中　S——拉普拉斯算子；

$m$——活塞质量。

在式（2-14）中由于 $p$ 为泵的出口压力，在变化过程中不一定是恒量，所以研究泵的动态特性时不应将其忽略。

对式（2-12）也进行拉氏变换，并利用式（2-15）和式（2-16）经运算后求得

$$y=\frac{\frac{K_q}{A_c}x_v-\frac{K_c}{A_c^2}\left(1+\frac{V_0}{\beta_e}s\right)(PA_h+F_L)}{\frac{V_0m}{\beta_eA_c^2}s^3+\left(\frac{mK_c}{A_c^2}+\frac{B_cV_0}{\beta_eA_c^2}\right)s^2+\left(1+\frac{B_cK_c}{A_c^2}+\frac{K_sV_0}{\beta_eA_c^2}\right)s+\frac{K_cK_s}{A_c^2}} \tag{2-17}$$

变量活塞的弹性负载刚度 $K_s$ 主要是由变量泵供油回路的连接情况而确定的，在输入信号变化较慢时，可以认为弹性负载刚度为零。而当变量信号变化较快，特别是快速双向变化时，则弹性负载刚度的影响不容忽视。

经简化，最终可以写出活塞对阀位移的传递函数为

$$\frac{y}{x_v}=\frac{\frac{K_q}{A_c\omega_2}}{\left(\frac{s}{\omega_r}+1\right)\left(\frac{s^2}{\omega_0^2}+\frac{2\delta_0}{\omega_0}s+1\right)} \tag{2-18}$$

式（2-18）中的 $\delta_0$、$\omega_0$、$\omega_1$、$\omega_2$、$\omega_r$ 的表达式如下：

$$\delta_0=\frac{1}{2\omega_0}\left[\frac{\beta_eK_c}{V_0(1+K_s/K_h)}+\frac{B_c}{m}\right] \tag{2-19}$$

$$\omega_0=\sqrt{\omega_h^2+\omega_m^2}=\omega_h\sqrt{(1+K_s/K_h)} \tag{2-20}$$

$$\omega_m=\sqrt{\frac{K_s}{m}} \tag{2-21}$$

$$\omega_1=\frac{\beta_eK_c}{V_0}=\frac{K_hK_c}{A_c^2} \tag{2-22}$$

$$\omega_2=\frac{K_sK_c}{A_c^2} \tag{2-23}$$

$$\omega_r=1/\left(\frac{1}{\omega_1}+\frac{1}{\omega_2}\right)=\frac{K_sK_c}{A_c^2(1+K_s/K_h)} \tag{2-24}$$

## 2.12.2　泵的流量方程

对斜盘式轴向柱塞泵，当变量机构的位移为 $y$ 时，其对应的斜盘倾角 $\alpha$ 为

$$\alpha=K_1y \tag{2-25}$$

这时泵输出的平均流量可表示为

$$q = K_2 \tan\alpha \tag{2-26}$$

在式（2-25）和式（2-26）中，$K_1$ 和 $K_2$ 为与泵的结构尺寸有关的比例常数。

最后根据图 2-18 写出反馈方程：

$$x_v = x - y \tag{2-27}$$

式（2-12）以及式（2-17），再加上式（2-25）~ 式（2-27）就构成了位移直接反馈型比例排量调节变量泵的特性方程。从以上公式可以看出，泵的工作压力（出口压力）及变量活塞负载变化的干扰量会因处在位置闭环内而受到抑制。但电－机械转换机构及斜盘等机构的摩擦力会影响排量调节精度。同时由于正切函数 $\tan\alpha$ 在排量公式中存在，当倾角 $\alpha$ 较大时会出现较大的非线性。

# 第3章 液压变量泵的变量调节原理

在第1章中，对变量泵（马达）的变量控制方式进行了分类，主要有排量调节、压力调节、流量调节和功率调节，其分别针对泵的输出参数排量、压力、流量和功率进行控制。为此，通常要利用泵的出口压力或反映流量的压差与输入信号进行比较，然后通过变量机构的位置变化来确定泵的排量。这几种控制功能实际上都是在排量控制的基础上，提出特定调节要求而实现的。

由于液压变量泵的种类较多，各个公司生产的变量泵采用的变量控制方式也不尽相同，但是基本原理是相同的，本章将主要以德国 Rexroth 公司生产的液压变量泵为主（对其他公司生产的变量泵只对涉及特殊的控制方法才予以讲解）讨论变量机构和其变量原理。

## 3.1 比例控制排量调节变量泵

### 3.1.1 直接控制-直接位置反馈式排量控制

这种反馈连接方式相当于常规变量泵的伺服变量方式，即变量活塞跟踪先导阀的位移而定位，可分为位移直接反馈和位移-力反馈两种类型。图 3-1 中的 $F_c$为与输入信号相当的输入力，其可以是手动的、机械的或液压产生的。这种变量机构有以下的特点：

1）稳态时变量活塞和先导阀芯的位移相等。

2）变量活塞的响应速度，取决于先导阀的输出流量。

3）先导阀阀芯的通流面积是（$y-x$）的函数，所以总是在开口量很小的情况下跟踪（如图 3-1 所示，$y$ 为先导阀阀芯位移，$x$ 为变量活塞位移）。

4）先导阀阀口零位附近的流量增益和压力增益，决定这种方式的响应性能。

研究表明，以上所述特点除第 1）项仅适用于图 3-1a 所示的位移直接反馈型外，其余三项几乎是所有变量机构的共同特点。

图 3-1 说明了直接位置反馈式排量控制泵的工作原理，图中只画出接收输入

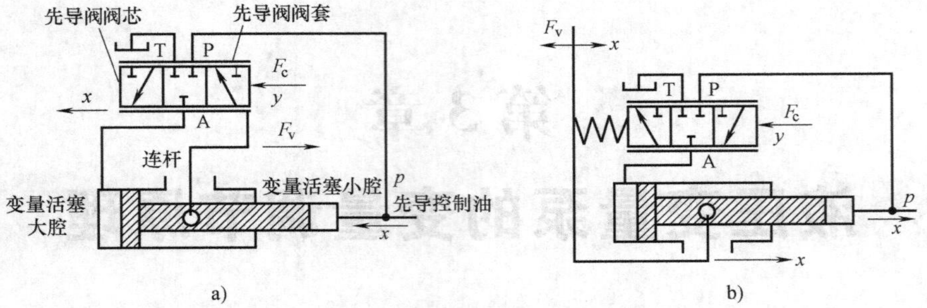


图 3-1　单向排量调节泵（变排量泵）原理
a）位移直接反馈　b）位移 – 力反馈

信号的变量控制阀和变量缸，并以变量缸的位移代表变量泵几何参数（斜盘倾角或定、转子之间的偏心距）的变化，它们是典型的三通阀控制差动缸——直接位置反馈机液伺服系统。在图 3-1a 所示的位移直接反馈中，变量控制的先导阀阀套通过连杆与变量活塞机构相连。位移直接反馈的原始状态为先导阀处于中位，变量活塞小腔直接作用着先导控制油压，变量活塞大腔（控制敏感腔）充满控制油液，变量活塞处于轴向力平衡状态，泵的排量与输入信号 $F_c$ 对应。设定 $x$ 方向为使排量调节参数增大方向。由输入信号增大时的慢动作分解可知，增大的输出力使阀芯左移，在将先导阀阀口（A→T）逐步打开时，变量活塞大腔的部分油液（与信号增量对应）通过打开的阀口流回油箱（先导阀处在右边的位置），引起变量活塞左移（先导阀阀口流量的积分决定变量活塞的位移）并带动先导阀阀套一起左移，将刚才打开的先导阀阀口重新关闭，进入一个新的平衡位置。这里，实现了泵的排量（变量活塞位移）与输入信号的近似线性的关系。

图 3-1b 所示为位移 – 力反馈控制原理，其通过反馈杠杆把变量缸的位移通过弹簧转换为力与控制力进行比较，在液压系统中，由于力与力的比较最容易实现，因此位移 – 力反馈控制原理得到了广泛应用。该结构在伺服阀与反馈杠杆之间装有一根弹簧，弹簧一直与反馈杠杆接触；先导级的位移输入一般由比例电磁铁给定，先导级的力平衡决定阀口开度，先导阀阀口流量的积分决定变量活塞的位移。此位移通过反馈弹簧使先导阀阀口关闭，使变量活塞定位在一个新的位置上。

德国 Rexroth 公司生产的 A4V 系列泵，是斜盘式结构的轴向柱塞式多功能变量泵，其排量控制具有多种形式，其中几种直接位置反馈式排量控制类型如图 3-2 所示。

A4V 系列泵的伺服变量系统通过伺服比例控制阀把控制压力转变为驱动液

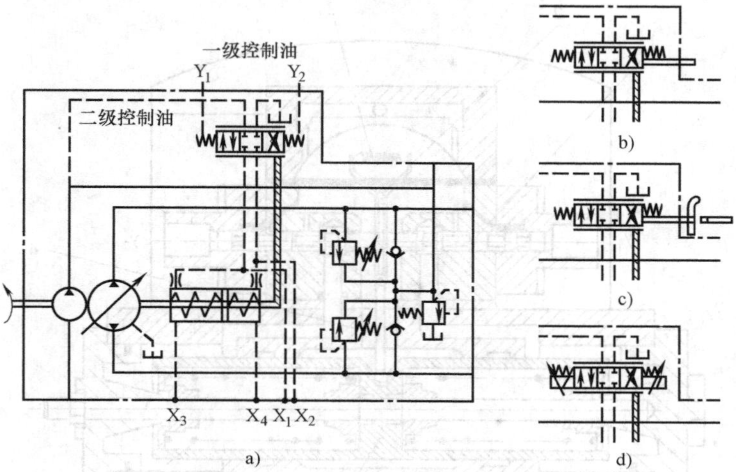


图 3-2　A4V 系列泵的双向变排量原理
a）先导液压控制　b）手动液压伺服控制　c）凸轮液压伺服控制　d）电液比例控制

压缸伸出杆的位移，再推动斜盘转动，以改变泵的排量。因此，该系统为力反馈闭环控制回路。控制油压力在变化范围内对应于斜盘倾角（泵的流量）的改变。该伺服系统有结构紧凑、响应快速等优点，易于实现远程控制。

伺服比例控制阀能够将输入的先导压力信号转化为伺服比例控制阀阀芯的位移量，由阀芯的位移变化进而导通控制油路与排量调节缸，排量调节缸中活塞的位移量又通过反馈机构作用于伺服比例控制阀阀芯。反馈机构（拨叉）由弹簧 3、弹簧拉杆 2 和反馈杆 4 组成，其中弹簧拉杆 2 分为左拉杆与右拉杆两个部分。由伺服比例控制阀阀芯 1、排量调节弹簧缸 6、反馈机构组成了位移反馈系统，用于控制泵的斜盘倾角，如图 3-3 所示。

伺服变量机构内部结构及工作过程如图 3-4 所示，该变量机构主要由两路先导控制压力油、伺服比例控制阀阀芯、拨叉及排量调节弹簧缸等组成。当伺服比例控制阀右端控制油路（$y_2$ 油路）接通时，先导压力推动伺服比例控制阀阀芯向左运动，打开伺服比例阀阀口，阀芯同时推动拨叉的左拉杆向左张开，此时拨叉上弹簧力与先导压差 $\Delta p$ 的推力平衡，如图 3-4a 所示。伺服比例控制阀阀芯向左运动，使得排量调节弹簧缸右腔与控制压力 $p_s$ 相连通，在控制压力 $p_s$ 的作用下排量调节弹簧缸的活塞向左伸出，推动斜盘转动，变量泵输出流量，同时在拨叉反馈杆的作用下推动拨叉右拉杆进一步向右张开，此时拨叉上弹簧力大于先导压差 $\Delta p$ 的推力，如图 3-4b 所示。

在弹簧力的作用下拨叉左拉杆向中闭合，同时推动伺服比例阀阀芯向中位移动，如图 3-4c 所示。此时拨叉上的弹簧力与先导压差 $\Delta p$ 的推力平衡，伺服比例

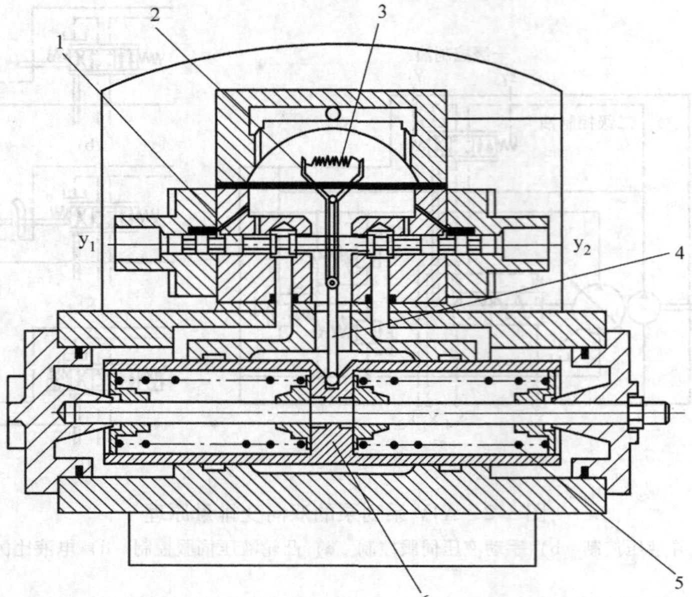


图 3-3　伺服变量原理图

1—伺服比例控制阀阀芯　2—弹簧拉杆　3—弹簧　4—反馈杆　5—对中弹簧　6—排量调节弹簧缸

控制阀阀芯为 O 型中位机能，排量调节弹簧缸左右两腔油液封闭，形成一定刚度的液压弹簧，排量调节弹簧缸的变量活塞稳定在某一位置（即变量泵稳定工作在某一排量下），直到先导压力发生变化。当伺服比例控制阀右边先导压力 $\Delta p$ 消失时，在弹簧力的作用下拨叉的左拉杆推动伺服比例控制阀阀芯向右运动，直到弹簧恢复至初始长度，使得排量调节弹簧缸右腔与 T 口相连通，左腔与控制压力 $p_s$ 连通，如图 3-4d 所示。

在排量调节弹簧缸对中弹簧力和控制压力 $p_s$ 及液压力的推动下，排量调节弹簧缸的活塞回到初始位置（排量为零），同时在拨叉反馈杆的作用下推动拨叉左拉杆向左张开，如图 3-4e 所示。此时拨叉上弹簧力大于先导压差（先导压力为零）的推力，拨叉右拉杆在弹簧力的作用下复位，同时推动伺服比例控制阀阀芯复位，如图 3-4f 所示。

A4V 系列泵根据先导控制阀的驱动方式，分为先导液压控制、手动液压伺服控制、凸轮液压伺服控制和电液比例控制，以及后面将要讨论的 DA 速度敏感控制等多种形式。A4V 系列泵的双向变排量控制特性曲线如图 3-5 所示。

对于先导液压控制（图 3-2a），变量缸的先导控制油（二级控制油）来自辅助泵。而变量活塞的位移取决于来自 $Y_1$ 与 $Y_2$ 两路先导阀控制油（一级控制

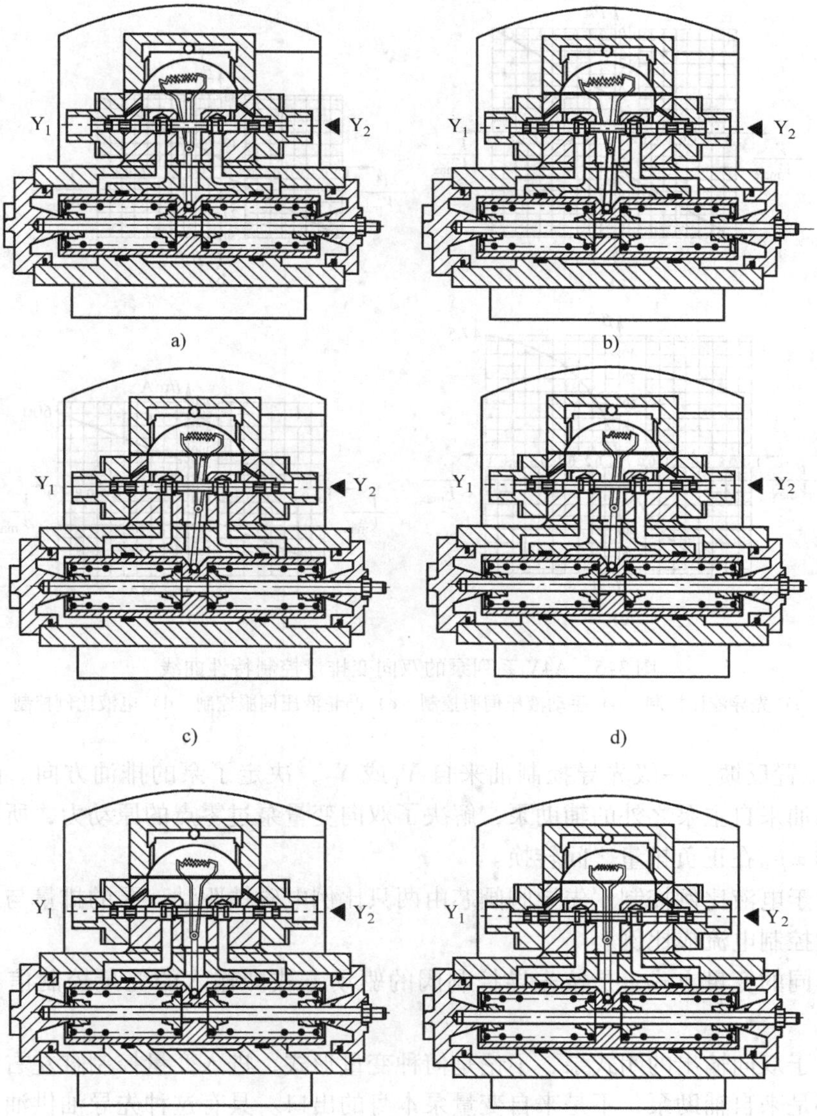


图 3-4　伺服变量机构内部结构及工作过程

a）拨叉弹簧力与先导压差的推力平衡　b）拨叉弹簧力大于先导压差的推力
c）伺服比例阀阀芯回到中位　d）弹簧力推动阀芯向右移动
e）反馈杆推动拨叉向左移动　f）拨叉弹簧力推动阀芯向中位移动

油）的压差 $p_{st}$。一般情况下，当一路通控制油时，另一路的油压为零，改变 $p_{st}$ 就可以无级地调节泵的排量，同时变量缸活塞和控制阀阀套直接连接，实现了

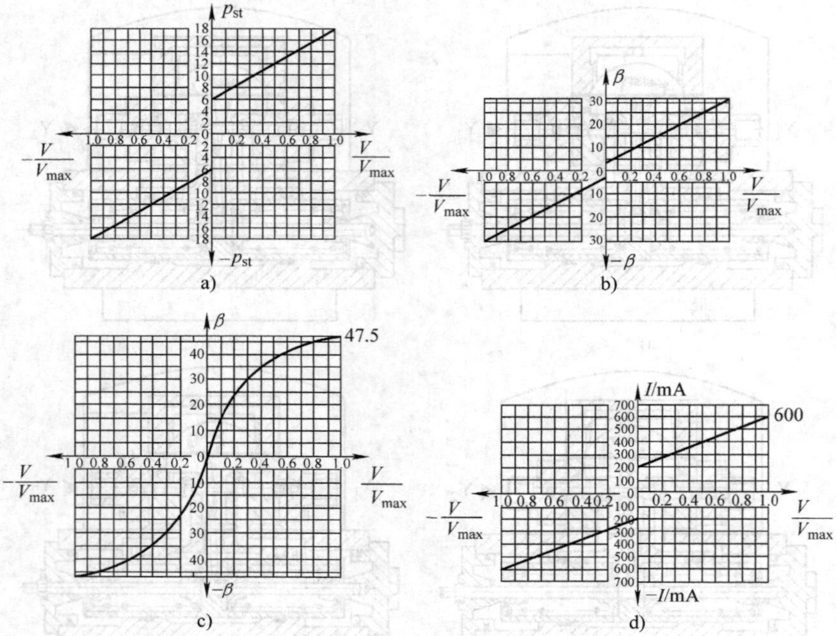


图 3-5　A4V 系列泵的双向变排量控制特性曲线

a）先导液压控制　b）手动液压伺服控制　c）凸轮液压伺服控制　d）电液比例控制

1∶1的位置反馈。一级先导控制油来自 $Y_1$ 或 $Y_2$，决定了泵的排油方向。由于二级控制油来自主泵之外的辅助泵，解决了双向变量泵过零点的原动力，所以主泵可根据 $\pm p_{st}$ 在正负排量之间转换。

对于电液比例控制，先导阀阀芯由两只比例电磁铁驱动，泵的排量与比例电磁铁的控制电流成比例。

不同的变量方式，是按先导控制阀的驱动方式即输入的变量控制信号来区分的。

对于双向输出的闭式泵，不论是何种变量形式，进入变量控制缸左右腔的先导油都是来自辅助泵，不是来自变量泵本身的出口。具有这种先导油供油方式的变量泵，一般称为外控式（也称他控式或外供式）变量泵。对于图 3-2 所示的这种双向变量泵，外控式较好地解决了所谓的双向变量过零位的难题。如果是内控方式（也称自控式或内供式，即先导控制油引自变量泵本身的出口），当输入要从正信号变为负信号时，斜盘的倾斜角就要相应地从正的角度变为负的角度，斜盘倾角从 $+\beta$ 变到 $-\beta$ 过程中要经过倾斜角为零的死点。在死点，由于斜盘倾斜角等于零，泵无流量输出，控制油无来源，变量机构无法离开零位而死机。一般情况下，如采用内控方式，必须增设蓄能器等，以保证变量机构过零位。

对于内控式单向变量泵，当然不存在过零位问题。但它的问题在于刚起动时，是否能产生变量控制所需要的控制油。为解决这个问题，一般都将内控式单向变量泵设计成原始状态时处于排量最大位置。否则，上一次泵停机时的随意性，可能使泵的变量机构处于排量最小位置，使泵无法在这一次正常起动运行。

对于图3-2所示的外控式双向变量泵，一般设计成其原始位置排量为零，而且多数是依靠弹簧复位来实现的。

从控制特性曲线（图3-5）可见，除了凸轮控制外，其他控制方式都存在一定的零位死区。对于先导液压控制与电液比例控制，其零位死区约占控制范围的1/3。

### 3.1.2 DG型两点式直接排量控制

这种控制方式是借助于连接控制口X的外部切换控制压力，使泵可以被设定到最大斜盘倾角，控制压力直接作用到变量活塞上，如图3-6所示。以德国Rexroth公司的A10V系列泵为例，最小控制压力至少需要5MPa。这种变量方式只能在最大排量 $V_{gmax}$ 和最小排量 $V_{gmin}$ 之间切换。在X口的切换压力 $p_{st}=0\text{MPa}$ 时对应最大排量输出 $V_{gmax}$，在X口的切换压力 $p_{st}\geqslant 5\text{MPa}$ 时则对应最小排量 $V_{gmin}$ 输出。

控制压力和系统的工作压力有关，如图3-7所示，工作压力提高，控制压力也需相应地提高，但控制压力最大不能超过28MPa。

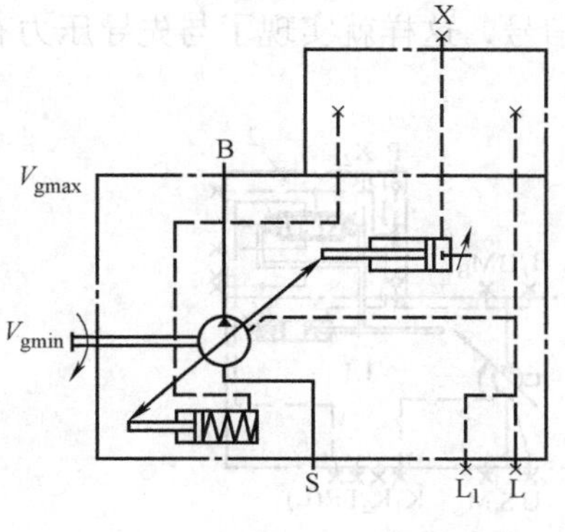


图3-6 DG型两点式直接排量控制原理图
B—压力油口 S—进油口
L、$L_1$—壳体泄油口（$L_1$口在工厂已堵死）

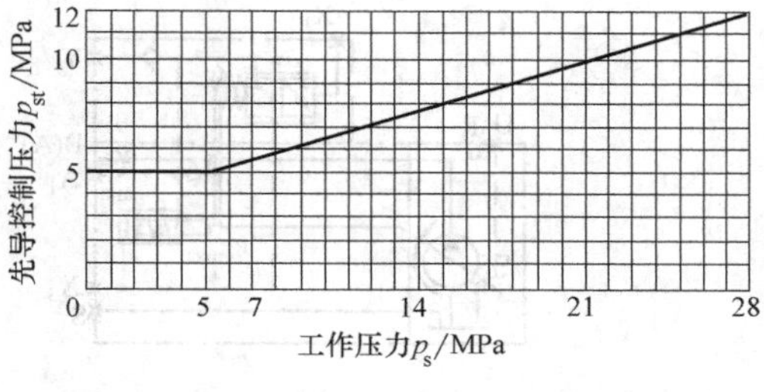


图3-7 工作压力和先导压力之间的关系

### 3.1.3 HD型液压排量控制

HD型液压排量控制可用于开式和闭式泵。A10VSO泵的HD型液压排量控制原理图如图3-8a所示，这种控制装置由一台控制阀和变量控制缸组成。用先导控制压力来控制泵的排量，在油口X1接先导控制压力，泵的排量与先导压力成正比，其控制原理是三通阀控制差动缸直线位移－力反馈。控制油口 $X_1$ 的压力作用在控制阀阀芯的左腔，推动阀芯向右移动，控制阀左位工作，来自系统的压力油经阀口进入控制缸的右腔，推动变量活塞杆左移，使泵的排量增大，随着变量缸活塞杆的左移，与活塞杆连接的反馈杆使控制阀的弹簧压缩，弹簧力增加，控制阀阀口开度减小，直到与控制压力平衡，阀口关闭，泵的排量因此确定在一个与控制压力成比例的位置。以 A10V 泵为例，通过改变油口 $X_1$ 的先导控制压力（最大的先导控制压力不应超过 $p_{stmax}=4MPa$），可以控制泵的排量由最小排量 $V_{gmin}$ 变化到最大排量 $V_{gmax}$。随着先导控制压力的增加，泵的排量也随之增加。设定的控制起始压力即最低先导控制压力可在 0.4～1.5MPa 之间选定。

若想用外部控制压力使泵改变排量，那么至少需要 4MPa 才能带动泵的变量机构从最小排量 $V_{gmin}$ 变到最大排量 $V_{gmax}$，所需的外部控制压力可以取自工作压力，也可以取自在 $Y_3$ 油口外加的控制压力。先导控制压力与排量之间成线性关系，如图 3-9 所示。

确定先导压力时必须要考虑的是，有效的先导压力指令信号等于实际先导压力与壳体压力之间的差，而对于 A4VSG 泵和 A4CSG 泵，则等于油口 $X_1$ 和 $X_2$ 之间的压差。

A4VSO 泵的 HD 型液压排量控制原理图如图 3-8b 所示。变量泵的控制活塞通过在油口 $X_2$ 施加先导油压力，泵的排量与先导压力成正比，由此产生的控制行程向先导压力阀阀芯发出一个弹簧压力反馈信号，这样就实现了与先导压力有关的比例控制行程运动。

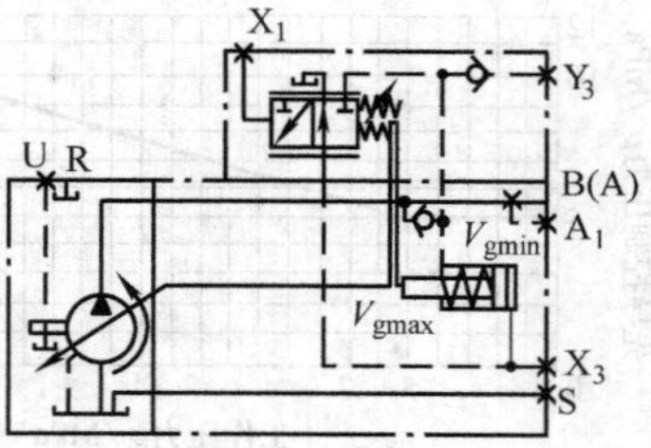


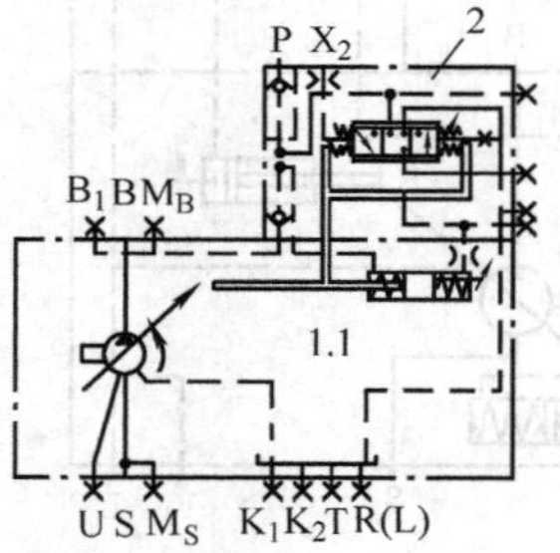


图 3-8　HD 型液压排量控制原理图

a）A10VOHD 泵　b）A4VOHD 泵

B—压力油口　S—泄漏油口　U—轴承冲洗油口　R—进气口（堵死）　$A_1$—高压控制油口

$X_3$—接压力切断阀（堵死）　$Y_3$—外部控制压力油口　$X_1$—先导控制压力油口

当先导压力信号丢失时，泵控制系统通过内置的弹簧定心机构回摆至初始最大排量位置。需要注意的是，先导控制装置中心的弹簧并不是安全装置。由于控制装置中的污染，如液压油中的污染物、磨损颗粒以及系统以外的颗粒等，阀芯可能会被卡在任意位置。在这种情况下，泵的流量不再按遵循机器操作员的命令输入。回路设计中应考虑有适当的紧急切断功能，可以使机器立即处于安全的状态（如停止）。

在 A4VSO 泵上所需的最小控制压力必须在 P 口外接。这样可以在泵自身控制压力不足的情况下在中位以外实现控制。一旦泵的 B 口输出压力 $p_B$ 大于 P 口外接压力，泵内部压力即开始提供控制压力。

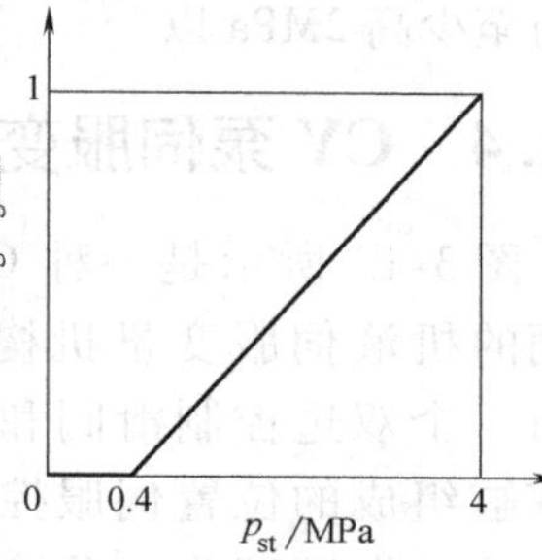

图 3-9　HD 型液压排量控制的调节曲线

A10VO 泵的 HD1 型和 HD2 型排量控制的输出特性曲线分别如图 3-10 和图 3-11 所示，其差别就在于从最小排量到最大排量所需的控制压力的变化范围不同。HD1 型是 1MPa，HD2 型是 2.5MPa。

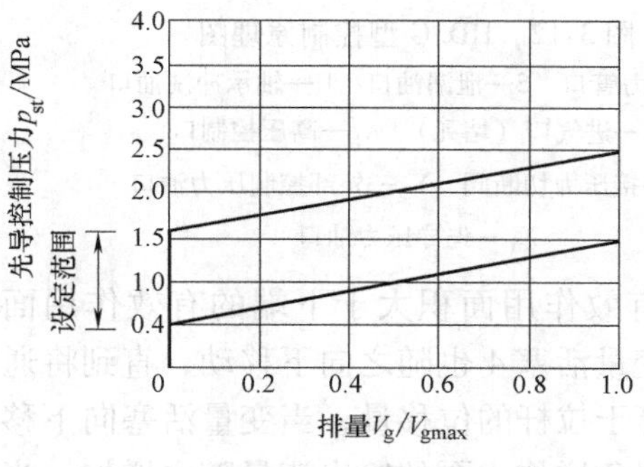

图 3-10　HD1 型排量控制的特性曲线

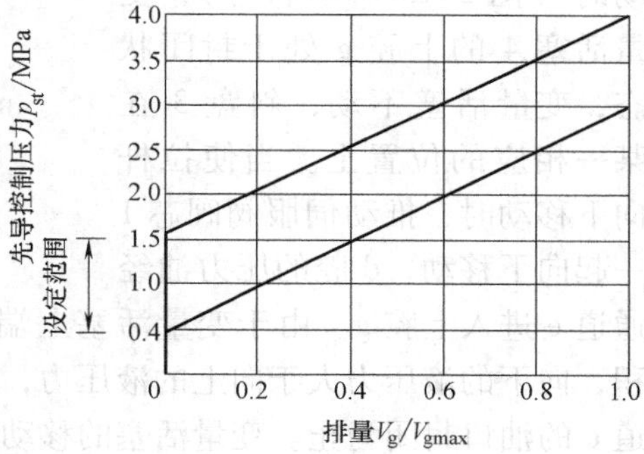

图 3-11　HD2 型排量控制的特性曲线

如果在 HD 型液压排量控制的基础上加上一只溢流阀，则称为 HD. G 控制，用于压力切断、遥控，其原理图如图 3-12 所示。

将一只远程溢流阀装在泵的控制油路上，可以实现压力切断功能。通常这只溢流阀与泵是分离安装的，要求连接直管长度不应超过 5m。HD. G 控制的工作原理是，当泵的出口压力未达到远程溢流阀的设定值时，泵的排量随控制压力成比例地变化。当泵的出口压力达到远程溢流阀的设定值时，溢流阀卸荷，排量控制缸右端相当于接通油箱，控制缸右腔压力降低，压力油推动控制缸使泵降到最小排量。此时泵保持恒压状态，即恒定在远程溢流阀设定的压力下。远程溢流阀可实现泵输出压力的远程遥控，通过远程溢流阀的压力调节旋钮可改变系统压力设定值，泵的输出压力不会超过远程溢流阀的压力设定值。

A10VO 泵的远程溢流阀的压力设定范围为 5～31.5MPa，应注意的是，在系统回路中用于限制最高压力的其他溢流阀，都必须设定为比远程溢流阀的压力设定值至少高2MPa以上。

### 3.1.4 CY泵伺服变量控制

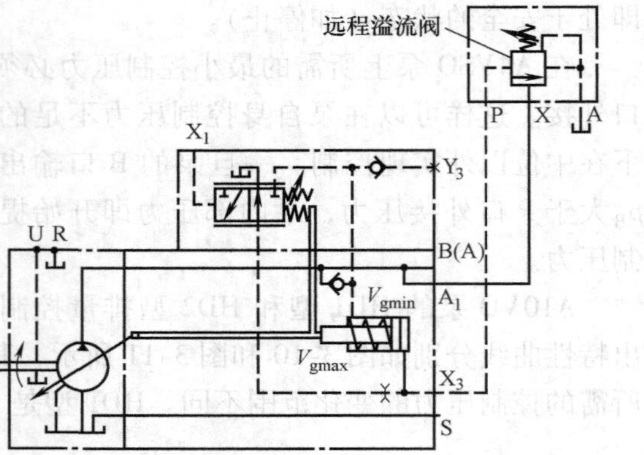


图3-12 HD. G型控制原理图

B—压力管口 S—泄漏油口 U—轴承冲洗油口

R—进气口（堵死） $A_1$—高压控制口

$X_3$—接压力切断阀 $Y_3$—外部控制压力油口

$X_1$—先导压力油口

图3-13所示是一种CY泵常用的机液伺服变量机构，它是由一个双边控制滑阀和差动活塞缸组成的位置伺服控制系统。其工作原理为：泵输出的压力油由通道经单向阀a进入变量机构壳体的下腔d，液压力作用在变量活塞4的下端。当与伺服阀阀芯1相连接的拉杆不动时（图3-13所示状态），变量活塞4的上腔g处于封闭状态，变量活塞不动，斜盘3在某一相应的位置上。当使拉杆向下移动时，推动伺服阀阀芯1一起向下移动，d腔的压力油经通道e进入上腔g。由于变量活塞上端的有效作用面积大于下端的有效作用面积，向下的液压力大于向上的液压力，故变量活塞4也随之向下移动，直到将通道e的油口封闭为止。变量活塞的移动量等于拉杆的位移量，当变量活塞向下移动时，通过轴销带动斜盘3摆动，斜盘倾斜角增加，泵的输出流量随之增加；当拉杆带动伺服阀阀芯向上运动时，阀芯将通道f打开，上腔g通过卸压通道接通油箱，变量活塞向上移动，直到阀芯将卸压通道关闭为止。它的移动量也等于拉杆的移动量。这时斜盘也被带动做相应的摆动，使倾斜角减小，泵的输出流量也随之相应地减小。由上述可知，伺服变量机构是通过操纵液压伺服阀动作，利用泵输出的压力油推动变量活塞来实现变量的，故加在拉杆上的力很小（约10N），控制灵敏。拉杆可用手动方式或机械方式操作，斜盘可以倾斜±18°，故在工作过程中泵的吸压油方向可以变换，因而这种泵就成为双向变量泵。

在上述的通过液压放大使变量活塞移动而改变泵流量的机液伺服变量机构中，控制杆靠手动、电动或机械方式控制，若用比例电磁铁等电－机械转换元件控制，则为电液比例变量泵。

### 3.1.5 EP型电液比例排量控制

以德国Rexroth公司生产的A4VOS变量泵为例，讨论电液比例变量泵的工作

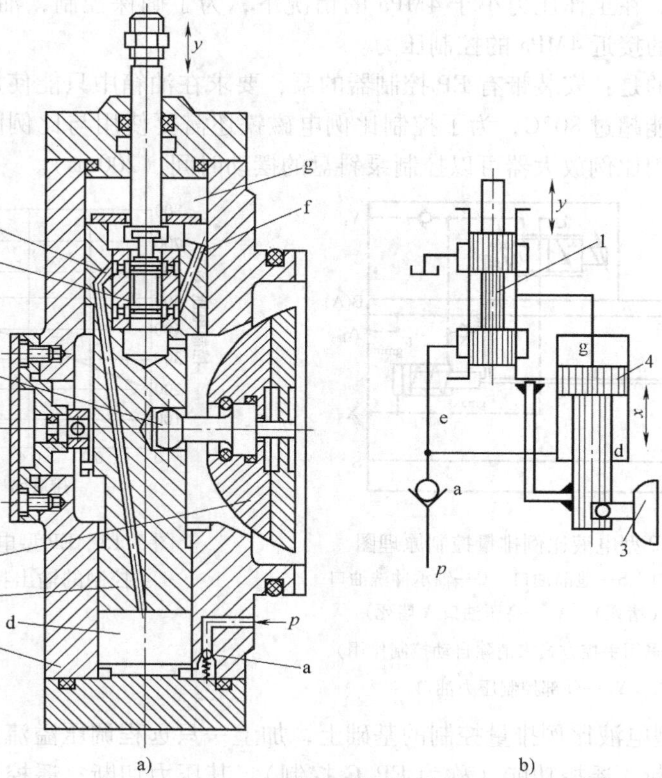


图 3-13　机液伺服变量机构
a）伺服机构结构图　b）液压伺服机构原理图
1—伺服滑阀阀芯　2—球铰　3—斜盘　4—变量活塞　5—滑阀

原理，EP 型电液比例排量控制原理图如图 3-14 所示。EP 电子控制变量泵主要由比例阀、变量活塞和变量反馈杆组成，使用带比例电磁铁的电子控制，泵的排量调节与输入电磁铁线圈的电流成比例，电磁力直接作用在控制滑阀上，推动泵的变量控制活塞实现变量。输入的电流所产生的电磁力使比例阀产生一个与输入电流成正比的开度，这样就有液压油通过打开的阀口进入变量活塞的无杆腔，变量活塞产生位移，使泵的排量增加，活塞位移通过反馈杆又作用在比例滑阀右侧的阀芯弹簧上，使弹簧被压缩，所产生的弹力与滑阀比例电磁铁所产生的电磁力相互平衡，这样滑阀阀芯在新的位置平衡，此位置对应泵的一个排量值。随着控制电流的增加，泵的排量增加。输入电流与泵的排量成比例，其输出特性曲线如图 3-15 所示。

驱动泵的斜盘摆角需要一定的液压驱动力，因此比例阀的控制压力要达到 4MPa 左右。控制压力可以取自泵自身输出的压力，也可以取自在油口 $Y_3$ 外加的控制压力。在工作压力小于 4MPa 的情况下，为了确保控制，油口 $Y_3$ 必须施加一个外部的接近 4MPa 的控制压力。

需注意的是：安装带有 EP 控制器的泵，要求在油箱中只能使用矿物油以及油箱温度不能超过 80°C，为了控制比例电磁铁还需要使用与比例阀配套的比例放大器，利用比例放大器可以控制泵斜盘的摆动时间（200ms）。

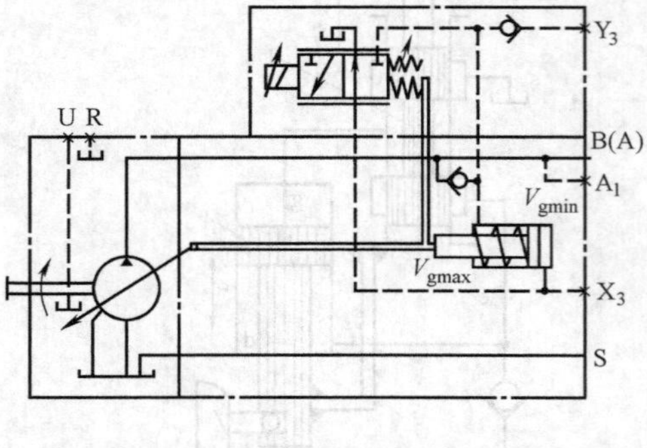


图 3-14　EP 型电液比例排量控制原理图

A、B—压力油口　S—泄漏油口　U—轴承冲洗油口　R—进气口（堵死）　$A_1$—高压油口（堵死）　$X_3$—优先口（采用手控方式来消除自动控制作用）（堵死）　$Y_3$—外部控制压力油口

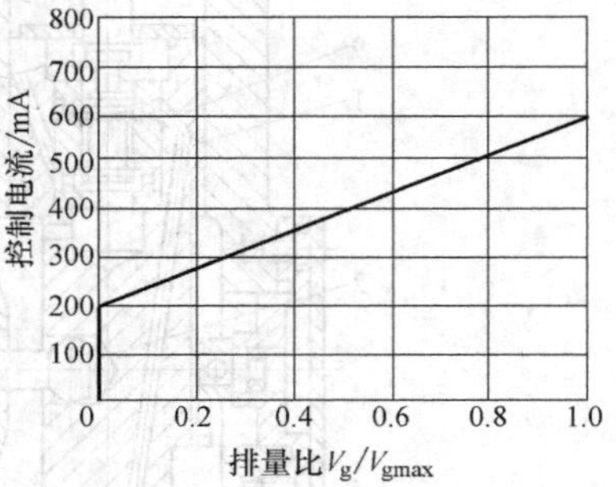


图 3-15　EP 型电液比例排量控制的输出特性曲线

在 EP 型电液比例排量控制的基础上，加上一只远程调压溢流阀，同样可以实现压力切断、遥控功能（称为 EP. G 控制）。其压力切断、遥控原理可以参考 HD. G 控制。

## 3.1.6　液压力控制的排量调节泵

当采用液压力作为输入信号时，控制压力既可以引自外控油源，也可以引自

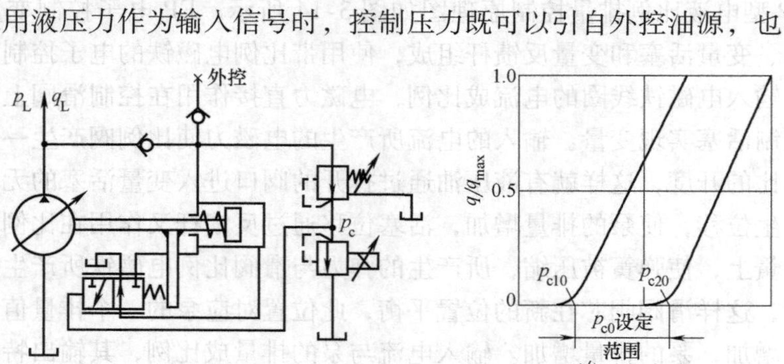


图 3-16　液压力控制的排量调节泵原理

a）原理图　b）特性曲线

变量泵的出口，并经减压阀与比例压力阀串联油路分压（图3-16a）。这种控制方式的输入信号就是比例压力阀的控制电流，所以也称为电控变量泵。但就控制原理而言，仍是位移-力反馈式排量调节原理，只是输入信号经过电流压力转换而已。在图3-16b所示的特性曲线中，横坐标是输入比例压力阀的电流，电流正比于作用于控制阀左端的压力值$p_c$，$p_c$值的设定范围如图中所示。

## 3.2 比例控制压力调节泵

### 3.2.1 基本功能与主要应用

压力调节泵通常称为恒压泵，其基本含义是，变量泵所维持的泵的出口压力（系统压力）能随输入信号的变化而变化。压力调节泵是变量泵中应用范围最广、生产量最大的品种，广泛应用于调压等系统，特别是在快速行程后需要小流量保压的周期性运行的系统中，具有明显的简化系统和节能效果。早期的限压叶片泵，也应归属于这个范畴，只不过其特性远不及现今的压力调节泵。压力调节泵在系统中处于不同运行状态时，表现出多样化的特性。如对此缺乏认识，常会在系统发生故障时，无法下手诊断。恒压泵的$p-q$曲线如图3-17所示，可以将压力调节泵的特性综合归纳如下。

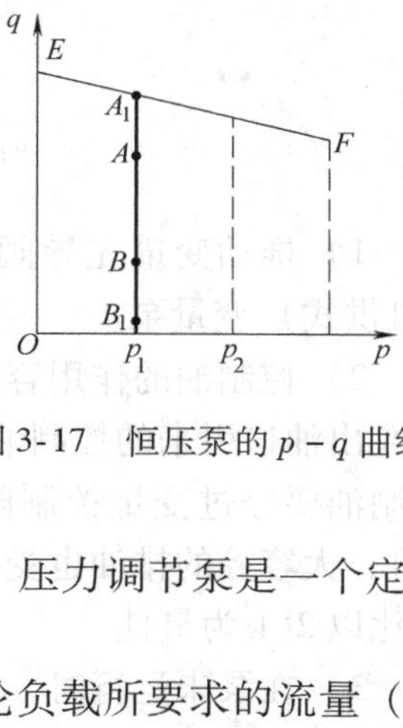

图3-17 恒压泵的$p-q$曲线

1）变量泵所维持的泵出口压力（系统压力）能随输入信号的变化而变化。

2）在系统压力未达到压力调节泵的调定压力之前，压力调节泵是一个定量泵，向系统提供泵的最大流量。

3）当系统压力达到压力调节泵的调定压力时，不论负载所要求的流量（在泵最大流量范围内）如何变化，压力调节泵始终能保持与输入信号相对应的泵出口压力值不变。

根据以上特性，压力调节泵的主要常见用途为：

1）用于液压系统保压，保压时其输出流量只补偿泵的内泄漏和系统泄漏。

2）用作电液伺服系统的恒压源，具有动态特性好的优点。

3）用于节流调速系统。

4）用于负载按所需流量变化，而要求压力保持不变的系统。

5）对于电液比例压力调节变量泵，更经常用于压力与流量都需要变化的负载适应系统等。

图3-18所示为恒压泵的工作原理图，其中图3-18a所示为直动式（直接作

用式），图3-18b所示为先导式。从原理图可知有如下要点。

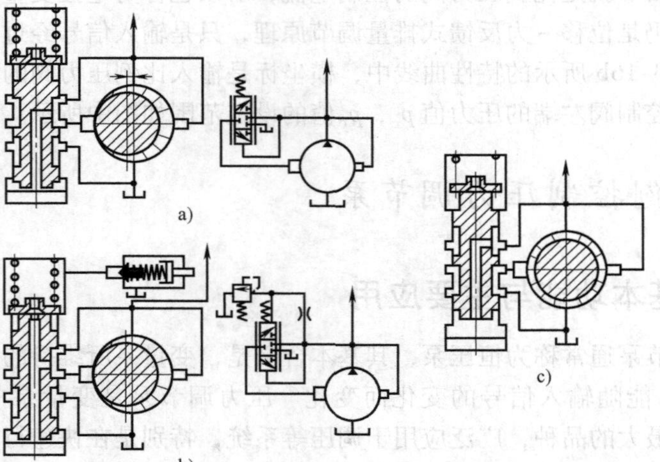


图3-18　恒压泵的工作原理图
a）直动式　b）先导式　c）三位控制阀结构

1）推动变量先导阀动作的控制油，来自变量泵本身出油口，属于自控式（自供式）变量泵。

2）控制油的作用容腔分大、小两个容腔（相当于变量缸的大、小容腔），从泵出油口引来的控制油，直接进入小容腔，即小容腔始终与泵的出口相连。而控制油要经过变量控制阀（又称为变量伺服阀），才能到达大容腔（控制敏感腔），大容腔的排油也受变量控制阀的调节。根据经验，大、小两个容腔作用面积比以2:1为最佳。

3）在泵未运行时，不论是直动式还是先导式，变量控制阀芯在弹簧力作用下都处于最下端位置，即大容腔与泵出口直接连通。当泵起动后，压力油同时进入有较大面积差的大、小容腔，使定子转子之间的偏心距为最大，泵向外排出最大流量。

4）当负载压力没有达到调定值时，先导阀阀芯处于原始关闭状态，当系统压力刚达到恒压调定值（图3-17中$p_1$）时，先导阀阀芯处于将动未动状态，即变量泵仍然向系统提供最大流量（图3-17中$A_1$点），这时变量泵准备进入恒压变量状态（工况）。

5）当变量泵到达恒压工况时，如果负载需要的流量减小了，如降到$A$点（图3-17），则对于从泵的出油口到负载这个被研究的容腔而言，需要的流量小于由泵提供的流量。由动态封闭容腔压力基本公式可知，此时泵出口的压力必然有短暂的升高现象，升高了的出油口压力作用到变量控制阀的底部，阀芯受力平衡状态被破坏，阀芯开始上升。阀芯不断上升，先是关小进入大容腔的阀口开度（阀芯中间台肩上沿起作用），直到完全关闭该阀口；此时，变量泵仍然以最大流量向系统供油，泵出油口压力没有下降，迫使阀芯继续上升，直到将大容腔通油箱的阀口打开（阀芯中间台肩下沿起作用），将封闭在大容腔中的油液流出一部分，使泵偏心距减小，即排量开始减小，直到变量泵输出的流量正好符合负载的需要值。根据基本压力公式可知，此时泵出口压力将恢复到与输入信号相对应的数值上。一旦泵出口压力降低，阀芯就开始下降；而泵出口压力恢复时，阀芯的中间台肩正好将进入大容腔的阀口完全关闭（一般为正遮盖），泵暂时稳定在相应流量下运行。这一过程在实际系统中是自动进行的，时间（反馈响应时间）通常只有几毫秒到几十毫秒，对没有特别要求的系统，常可忽略这一过程所产生的压力变化对实际系统运行的影响。

在掌握恒压泵原理的基础上，还要注意以下几点。

1）对恒压泵，输入信号是主动控制信号，泵的输出压力将受其控制而跟随变化。在进入恒压工况时，变量泵维持与输入信号对应的出油口压力不变，要克服的主要干扰是负载所需要的流量发生变化。

2）变量控制阀是一个像伺服阀、比例阀那样的连续控制阀。连续控制阀的阀口遮盖情况有正遮盖（一般比例阀采用）、零遮盖（伺服阀、伺服比例阀采用）和负遮盖（较少采用）三种。以往变量控制阀常用正遮盖，现今也有采用零遮盖的结构，如直接将伺服比例阀作为变量控制阀。但由于变量泵经常需要在某一个调定值下稳定运行一定时间，所以，不论是正遮盖还是零遮盖，控制阀一般需要三位结构，不应该是两位结构，如图 3-18c 所示。

3）直动式、先导式恒压泵的差异，与直动式、先导式溢流阀之间的差异是相似的。在这里，比较重要的是如果采用先导式恒压泵，就有可能使用比例压力阀，以实现在线控制。在图 3-18b 中，从液压桥路角度看，先导油路是典型的 B 型半桥。与先导式溢流阀一样，采用先导控制形式后，变量控制阀的弹簧主要起复位的作用。

4）曾广泛得到应用的限压式变量叶片泵也具有与压力调节泵相似的特性，但其工作原理有较大的差别。

如前所述，这类泵的特点之一是泵出油口压力的微小变化将引起输出流量的较大变化，以维持泵的输出压力在给定值附近。当负载所需流量变化较大时，由于变量调节不够灵敏（泵控比阀控响应要慢一些），输出流量跟不上负载流量的瞬时变化，将会引起压力的较大波动。因此，这类油源通常要配备蓄能器，以适应短期峰值流量的需要。同时，必要时应对脉动压力进行滤波处理。

恒压泵归纳起来主要有两种用法：

（1）主流用法 如图3-19b所示，运行于$AB$、$BC$区域，即$AB$段的定量泵供油（大流量）和$BC$段的恒压控制，达到节能效果。此时，安全压力$p_3$必须高于恒压压力$p_2$，如果$p_3$低于$p_2$，则恒压泵无法进入恒压工况，达不到节能目的。

（2）作定量泵使用（低压保持全流量输出）在变量泵产品中，恒压泵所占比例较大。由于生产批量大，供货期短，泵的可靠性提高和生产成本降低，使恒压泵的销售价降低。根据对比，100L/min附近规格的恒压泵的售价与同规格的定量泵很接近。所以，常有人采购同规格的恒压泵当作特殊的定量泵使用，一般仅运行于$AB$段。系统的调节压力$p_1$低于恒压泵的调定压力$p_2$，而将对应于$p_2$的恒压功能转变为安全限压功能。同时，采用调节恒压泵变量缸几何限位螺钉，来停泵改变流量，兼有手调变量的功能。

在未达到保压压力前即流量曲线下降段可实现高压对负载的推动，即负载降到设定值以下时可继续提供流量，这样的好处是可以补充系统的泄漏以及动态保压。因此恒压泵适用于低压快速动作、高压慢速进给和保压的场合，并具有节能的作用。

这里举一个恒压泵应用不当的例子。在某钢铁厂，弧形方坯连铸机液压系统采用恒压泵为动力源，以节约能源，降低系统发热。但在设备调试运行时，事与愿违，系统只要起动运行，油温就开始逐步升高，最后造成系统无法正常运行。据介绍，工厂对整个大系统进行了长达半月余的分割排查，一直找不到发热的故障原因。其实，问题出在图3-19所示作为安全阀的调定安全压力$p_1$低于恒压泵的调定压力$p_2$，恒压泵始终（包括低速工进）向系统提供最大流量，多余流量以压力$p_1$溢流发热。对于恒压泵，在系统压力未达到压力调节泵的调定压力之前，压力调节泵是一个定量泵，向系统提供泵的最大流量这个特性一般容易忽视。

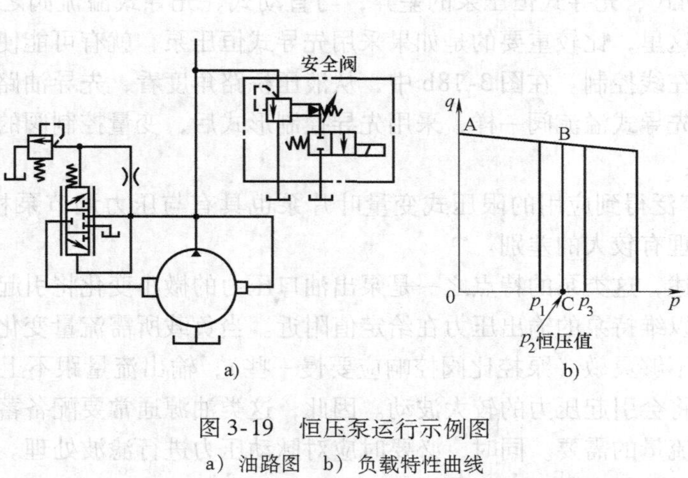


a）　　　　b）

图3-19 恒压泵运行示例图

a）油路图 b）负载特性曲线

在恒压泵应用中，还应注意到两个细节。第一，恒压泵进入恒压工况后，是根据负载的需要改变供往系统的流量，而保持系统压力基本不变。即恒压泵能稳定运行于负载特性曲线（见图 3-19b 中的 *BC* 线）上的任意点，并不是一进入压力调定点，流量就要很快变成零。变量泵压力切断功能不能与恒压功能等同起来，压力切断功能的作用是当系统压力达到其调定值时，通过压力切断阀的作用，将泵的输出流量降到可能的最小值，以保护系统，主要是避免溢流发热。可以认为这是一种新思维方式下的安全保护与节能措施。第二，就是恒压泵运行时可以根据负载的需要，不向负载提供流量，但不会出现排量为零的状况，有一定的小流量用于补充泵内部的泄漏。

如果实际工程系统需要两台恒压泵，这就需要根据恒压泵的一般规律和液压系统的其他规则一起通盘考虑，或者与变量泵的生产厂家协调（见 3.2.7 节的 DP 型同步控制）。

## 3.2.2 DR 型恒压变量控制

带恒压变量机构的泵属于压力调节泵的范畴，通常也称为恒压泵。由于推动恒压阀动作的控制油，来自变量泵本身的出油口，所以，属于自控式（自供式）变量泵。

变量泵的恒压变量控制是指当流量做适应性调节时，压力变动十分微小，可以向系统提供一个恒压源，恒压控制原理图如图 3-20a 所示，恒压阀 CP 控制泵的变量活塞的进油和回油，进而控制泵的斜盘倾角，从而使泵的排量发生变化。

在图 3-20a 中，假定恒压阀右端调压弹簧预压力的调定值为 $p_t$，泵的出口流量为 $q_p$，泵的出口压力为 $p_p$，则当 $p_p < p_t$时，恒压阀的阀芯在弹簧力的作用下左移，使变量活塞顶端与油箱相通，于是泵的输出流量达到最大，即 $q_p = q_{pmax}$；若负载流量 $q_L < q_{pmax}$，即泵的输出流量大于负载所需要的流量，则多余的流量将使系统的压力上升，从而使泵的出口压力上升，当 $p_p > p_t$（由于恒压阀的阀芯动作时行程很小，可认为恒压阀的阀芯弹簧的压紧力始终为其预压力的调定值 $p_t$）时，恒压阀 CP 的阀芯右移使变量活塞顶端引入压力油，于是泵的排量减小，最终在 $q_p = q_L$处停止动作，从而泵的出口压力下降，所以在 $q_L < q_{pmax}$时，$p_p = p_t$，此时恒压阀关闭，变量活塞停止运动，变量过程结束，泵的工作压力稳定在调定值。调节调压弹簧的预压力，即可调节泵的工作压力。据此，可以得到恒压控制的压力 – 流量特性曲线，如图 3-20b 所示。可见，不论负载流量 $q_L$多大，只要 $q_L < q_{pmax}$，则泵的出口压力基本不变，始终保持为恒压阀弹簧的调定压力 $p_t$，即压力 – 流量特性曲线基本垂直于横坐标，从而泵的流量总是与负载流量相适应。当系统要求的流量为零时，泵在很小的排量下工作，所排出的流量正好等于泵在调压弹簧预压力 $p_t$ 时的泄漏流量，泵的工作压力仍为 $p_t$。

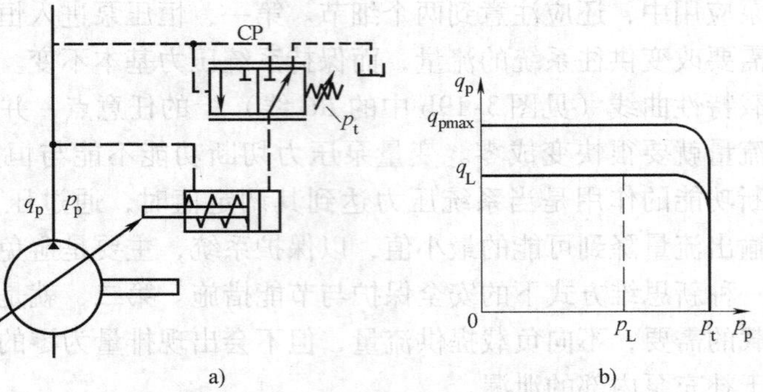


图 3-20　恒压控制原理图及其压力 – 流量特性曲线

a）恒压控制原理图　b）压力 – 流量特性曲线

图 3-21 所示的 DR 型恒压控制油路与常规油路（图 3-20）不同，即在最靠近变量缸敏感腔（大腔）的恒压控制阀 A—T 通路之间，并联了一个带液阻 $R_1$ 的通路，以及相应的液阻 $R_2$ 和 $R_3$。这种布局，将给变量控制及系统运行在快速性、稳定性等方面带来有利影响。例如：仅在恒压控制情况下，当 P—A 相通时，即在排量减小的控制过程中，变量控制油进入变量缸敏感腔，可视为 C 型半桥（先经变量控制阀阀口的可变液阻，并联一个由 $R_1$、$R_2$ 和 $R_3$ 三者串并联形成的固定液阻）的控制，适当地降低了控制增益，提高了稳定性（C 型半桥的特点），当 A—T 相通时，即在排量增大的控制过程中，变量缸敏感腔排出的油液经阀口与 $R_1$、$R_2$ 和 $R_3$ 三者串并联形成的液阻，提高了快速性和稳定性。

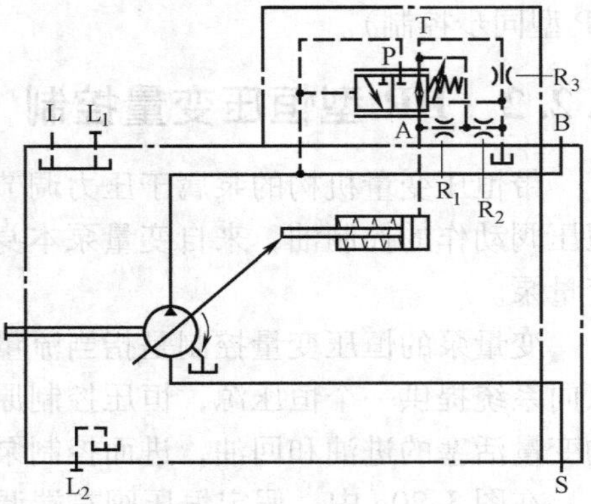


图 3-21　DR 型恒压控制原理图

B—压力油口　S—进油口

L、$L_1$—壳体泄油口（$L_1$ 堵死）

恒压变量泵在其变量控制范围内保持系统压力恒定，不受泵流量变化的影响，变量泵仅供应工作必需的油液体积。如果压力超过设定值，则泵排量控制装置自动摆回小角度。所需压力可直接在泵上设定（阀内装，标准型），也可在用于带遥控型单独的顺序阀上设定（属于 DG 控制类型，将在下面讨论），一般的压力设定范围为 5 ~35MPa。

压力控制用于在控制范围内使液压系统中的压力维持恒定，因而泵提供的只是系统所需要的油量，其压力可由控制阀进行无级调节。

当 DR 型恒压控制泵达到恒压设定值，即截止压力时，输出的流量可以为零，但并不表示斜盘在零位，而是在倾角很小的位置，使内部流量和内部泄漏相一致，并维持负载的压力。

DR 型恒压控制特性曲线如图 3-22 所示。

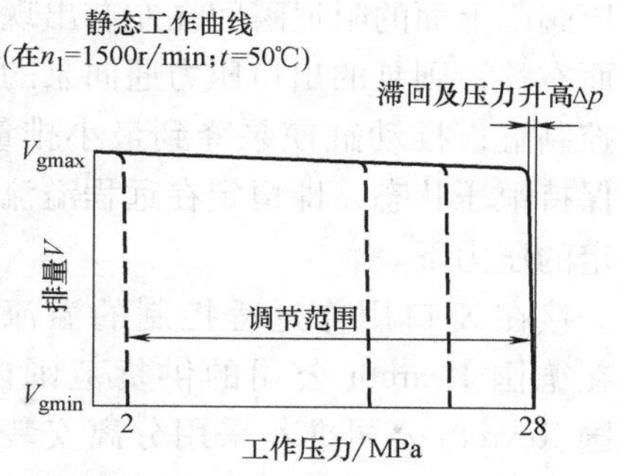


图 3-22 DR 型恒压控制特性曲线

在使用 DR 型恒压变量泵时，包括在回路中用于限制最高压力的任意一个压力溢流阀，所设定的安全压力都应当比恒压泵压力设定值至少高 2MPa。

使用恒压泵时应当注意：

1）在系统压力未达到恒压泵的恒压调定值时，一定是以最大流量向系统提供流量，也就是说，它起定量泵的作用。

2）恒压泵在进入恒压工况之前，排量（乘以转速就是流量）已经是最大了，所以，要变量的话，流量只会向减小的方向进行，也就是说恒压泵在恒压工况下运行时，其流量只能等于或小于最大流量。

3）当系统速度减慢，即要求的流量减小时，恒压变量泵的变量机构会自动将斜盘角度减小，达到系统需要的流量，并保持系统压力基本不变。当系统进入不再需要流量的保压阶段时，则恒压泵就输出只维持内部泄漏所需要的流量，不再向系统供油。

4）恒压泵要能正常工作，除了系统压力要达到调定值这个基本条件外，还要求这个基本条件要有实现的可能性，如果系统的溢流阀调定压力低于恒压泵的调定值，则恒压泵始终不可能进入恒压工况，成了一台排量最大的定量泵。

## 3.2.3 DR. G 型远程恒压变量控制

通过 DR. G 型远程恒压变量控制可以远程控制变量泵的工作压力。这种 DR. G型远程恒压控制也属于压力控制范畴，图 3-23 所示的远程恒压变量控制结构，实际上是在压力 - 流量复合控制变量的基础上改进而来的。原本上面的差压阀是用于恒流量（负载敏感）控制的，现在用液阻将 X 口与泵出口相连，X 口外接远程调压阀，并将上面的差压阀弹簧腔与回油之间的液阻堵死。这样一来，就形成了固定液阻在前、可变液阻（远程调压阀）在后的 B 型半桥，用来调节差压阀的调定压力（远程可调），也就是恒压压力。而下面那只阀正常工况下并不打开，起安全阀作用。也就是说，下面那只压力阀调定了泵的最高压力。

其工作原理是，当泵的出口压力未达到远程溢流阀的设定值时，差压阀不动，泵的排量保持最大值；与泵出口压力相比较的是固定液阻和可调压力阀阀口构成的 B 型液压半桥的输出压力，配用的弹簧仅起复位作用，不再是调压弹簧，

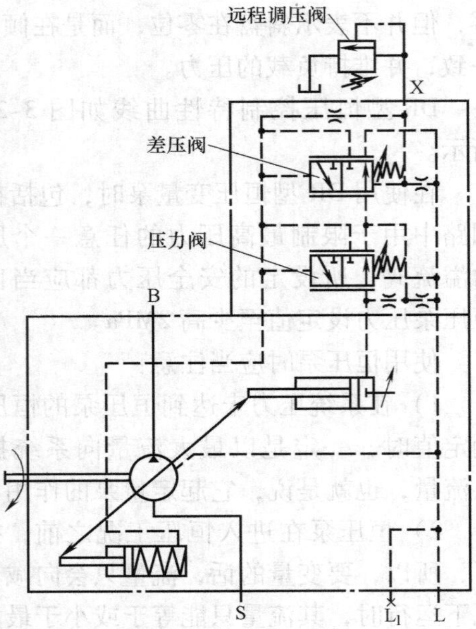


图3-23　DR. G型远程恒压变量控制原理图

刚度可大大降低。当泵的出口压力达到远程溢流阀的设定值时，溢流阀卸荷，差压阀因上面的阻尼瞬间在左右出现压差而右移，则泵的出口压力通向泵的排量控制缸，推动缸使泵降到最小排量，泵保持恒压状态，即恒定在远程溢流阀设定的压力下。

接在X口用作远程控制的溢流阀不在德国Rexroth公司的供货范围内，德国Rexroth公司推荐采用分离安装的溢流阀DBDH6。差压阀的标准设定压差为2MPa，先导控制流量需1.5L/min。如需另外的设定值（范围在1～2MPa），需在订货时写明。

阻尼孔的直径为$\phi$0.8mm，要求连接溢流阀的管道最长不得超过2m。

远程恒压控制特性曲线如图3-24所示，远程调压的范围为2～28MPa，同时也要求在回路中用于限制最高压力的任意一个压力溢流阀的设定安全压力至少比恒压泵压力设定值高2MPa。

如果将远程调压阀换成比例调压阀，那么设定的补偿压力可以通过输入到先导比例阀上放大器的外部电子信号连续调节补偿。

图3-25所示为Atos的PVPCCH控制轴向柱塞变量泵，其在远程调压阀位置

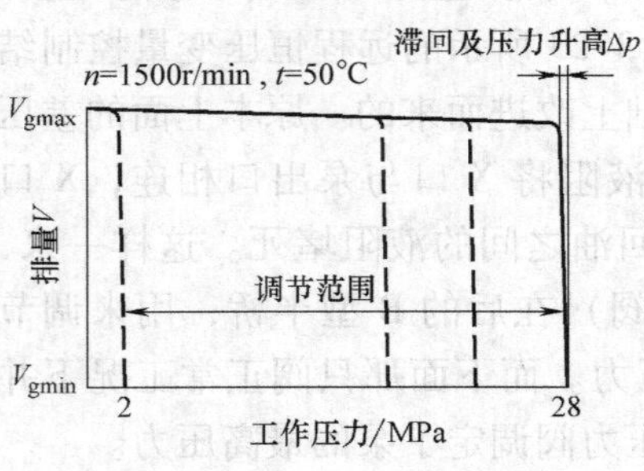


图3-24　远程恒压控制特性曲线

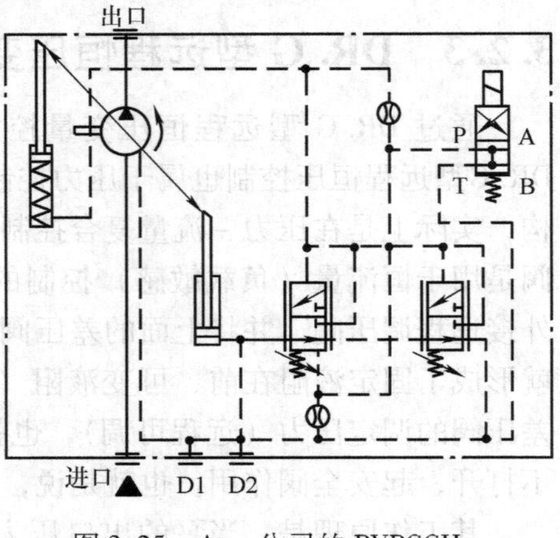


图3-25　Atos公司的PVPCCH控制轴向柱塞变量泵

安装有一只电磁卸荷阀。该泵主要用于需较长的卸载时间，有最低热耗及最低噪声要求的情况下。当电磁阀处于图示位置时，压力补偿阀的弹簧腔接回油箱，此时泵变量缸大腔接通压力油，泵输出只维持内泄漏所需的流量，不再向系统供油。

## 3.2.4　北部精机的 PVX 泵的双段压力补偿（2p）控制

通过一只装备于泵内的电磁阀可以得到两个独立的补偿压力。在电磁阀断电的情况下，低压设定为 $p_1$，控制工况和 DR. G 型恒压变量控制完全相同。当电磁换向阀得电（压力补偿阀弹簧腔中的压力升到系统输出高压）时，控制工况如同 DR 型恒压变量控制，高压设定为 $p_2$，其控制原理图与特性曲线如图 3-26 所示。

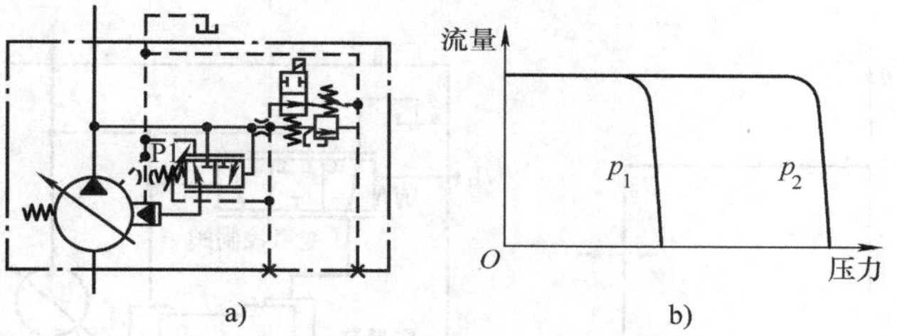


图 3-26　北部精机的 PVX 泵的双段压力补偿（2p）控制

a）控制原理图　b）特性曲线

## 3.2.5　北部精机的 PVX 泵的软起动压力控制（SS）

如图 3-27 所示，在低排量和低压下，SS 控制泵用软起动以减小起动转矩。起动时，电磁阀通电。泵出口压力油直接作用于泵的变量活塞上，使泵减小排量，这样在泵起始时以最小排量输出，这一控制也可以用于泵在长期无排量、无负载情况下使用。

在电磁阀断电的情况下，控制工况完全同 DR 型恒压变量控制。

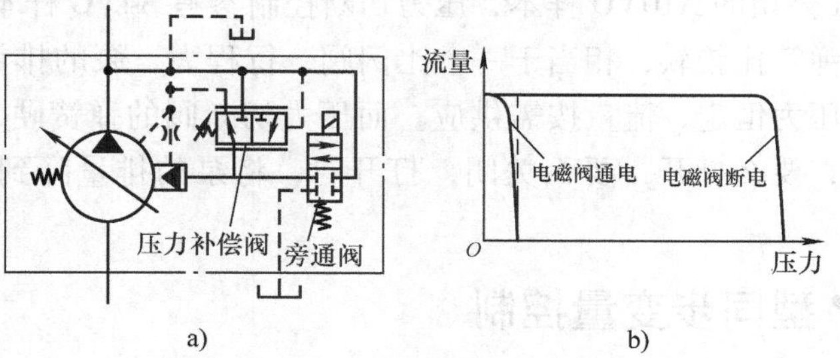


图 3-27　北部精机 PVX 泵的软起动压力控制

a）控制原理图　b）特性曲线

## 3.2.6　POR 型压力切断控制

压力切断控制是对系统压力限制的控制方式，属于压力控制范畴，有时也简称为压力控制。当系统压力达到切断压力值时，排量调节机构通过减小排量使系统的压力限制在切断压力值以下，其输出特性如图 3-28a 所示。如果切断压力值在工作中可以调节，则称为变压力控制，否则称为恒压力控制。图 3-28b 所示为压力切断控制的典型实现形式，当系统压力升高达到切断压力时，变量控制阀阀芯左移，推动变量机构使排量减小，从而实现压力切断控制。阀芯上的液控口可以对切断压力进行液压远程控制和电比例控制。工程机械作业中，在执行机构需要的流量变化很大的工况中，压力切断控制可以根据执行机构的调速要求按所需供油，避免了溢流产生的能量损失，同时对系统起到过载保护的作用。

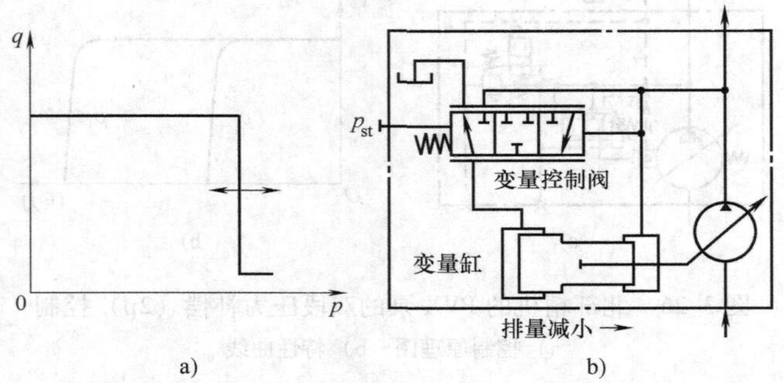


图 3-28　压力切断控制变量泵

a）输出特性　b）典型实现形式

恒压是一种控制功能，当系统工作压力达到其调节压力时，泵进入恒压工况，根据负载的需要提供流量，并维持压力不变。而压力切断是一种保护功能，只要泵的工作压力达到切断压力，泵自动将流量向 $V_{gmin}$ 方向变化（恒压控制参考德国 Rexroth 公司的 A10VO 样本，压力切断控制参考 A4VG 样本）。

恒压阀的弹簧比较软，相当于一个比例阀，行程大，泵的排量调节范围大，从而可以保证压力恒定，流量按需供应。而压力切断阀的弹簧硬，行程非常小，相当于开关阀，要么打开，要么关闭，打开时，将泵的排量降到很小，只补充泄漏。

## 3.2.7　DP 型同步变量控制

在大型系统中，经常使用很多泵，为了保证所有泵的同步工作，可采用具有同步控制变量机构的泵。A4VSO DP 泵是一种可并联使用的恒压控制泵。如图

3-29所示，并联使用时，各泵头阀的 $X_D$ 口（在节流阀 5 上）同时连接至外部远程溢流阀 4，通过该远程溢流阀 4 调定相同的泵出口压力。泵工作时，在满足执行机构对流量需要的同时保证压力恒定。

图 3-29 所示为德国 Rexroth 公司开发的 DP 控制原理图，具有以下优点。

1）所有的泵同步变量。

2）一个先导控制阀设定所有泵的恒压点。

3）所有的泵都是同样的结构、同样的设定、同样的参数。

4）负载分布均匀，提高泵的使用寿命。

5）使用切断阀，可以从主系统中切断或接通任何一个泵；泵主油路上的单向阀可以将该泵从系统中隔离开。

这种控制方式极大地提高了系统组合的自由度和操纵性能，可以方便地进行流量切换和参数设定，同时可以大幅度地提高系统的可靠性，已经在钢铁行业等可靠性要求较高的场合获得了广泛应用。

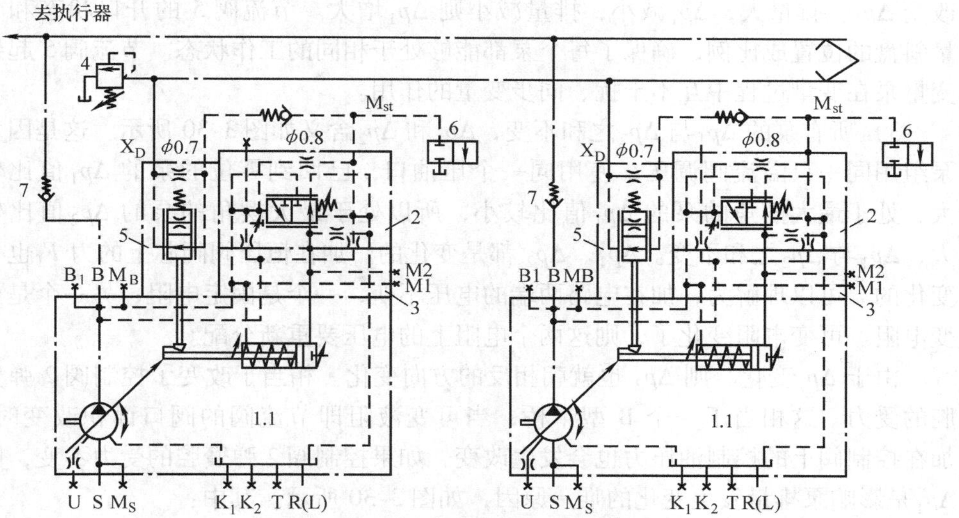


图 3-29　DP 型控制原理图

1—变量泵　2—控制阀　3—过渡块　4—远程溢流阀　5—节流阀
6—卸荷阀（若安装了此阀，同时要安装单向阀 7）　7—单向阀

DP 型变量控制系统主要由变量泵 1、控制阀 2、过渡块 3、远程溢流阀 4、节流阀 5、卸荷阀 6 和单向阀 7 组成。停机时，在变量活塞内弹簧的作用下泵处于最大排量状态。远程溢流阀 4 设定好泵出口压力后，负载压力在未达到设定值时，泵一直工作在最大排量状态（卸荷阀未卸载的情况下）；当负载压力升高到设定压力值时，远程溢流阀 4 开启溢流。此时，由于节流阀的节流作用，控制阀 2 前后产生压差，控制油经过控制阀 2 进入变量活塞的大腔，泵斜盘向小排量回

摆，直到泵出口压力达到设定值。此时，在满足执行机构对流量需要的同时，保证压力恒定。其调节工作原理如下：

1）多台泵采用一只溢流阀作为可变液阻，如图3-29所示（这些泵与常规液压泵并联合流后，必须用一个溢流阀来统一控制压力，各泵原来的溢流阀改为安全阀）。要求从油口 $X_D$ 到远程溢流阀4之间的管子应大致一样长，保证各泵的变量控制压力尽量一致。

2）节流阀5是一个取压液阻，节流产生的压力被引到恒压阀的弹簧腔，与弹簧一起构成恒压阀的开启阻力，以增大泵进入恒压区运行后的压差 $\Delta p$。随着泵斜盘摆角的逐渐减小，节流阀5的节流开口也逐渐变小，液阻增大，取压压力即作用于恒压阀弹簧腔的液压力逐渐增大。可见，节流阀5的作用及其所产生的液压力的变化规律与在恒压阀弹簧腔再增加一个弹簧等效。节流阀5用来保证控制阀2弹簧端控制力的变化，实际上与泵的排量成比例。直径为0.7mm的液阻和节流阀可变液阻并联形成压差 $\Delta p_1$，在泵排量变化时，能够改变节流面积，即改变 $\Delta p_1$。排量大，$\Delta p_1$ 减小，排量减小则 $\Delta p_1$ 增大。节流阀5的开口状态和变量斜盘的位置成比例，确保了每个泵都能够处于相同的工作状态。节流阀5起到变量泵在变量过程中互不干扰、同步变量的作用。

3）所有泵的 $\Delta p_1$ 与 $\Delta p_2$ 之和不变，$\Delta p_1$ 和 $\Delta p_2$ 含义如图3-30所示。这是因为泵组用同一只溢流阀调压，使用同一个压油口，已回到零位的泵的 $\Delta p_1$ 值比较大，处于最大摆角的泵的 $\Delta p_1$ 值比较小，所以处于最大摆角的泵的 $\Delta p_2$ 值比较大，$\Delta p_1$ 与 $\Delta p_2$ 之和不变。$\Delta p_1$、$\Delta p_2$ 都是变化的。加在恒压阀阀芯上的力 $F_f$ 也是变化的。可以理解为，加在电路两端的电压不变，一个是固定电阻，另一个是可变电阻。可变电阻变化了，则这两个电阻上的电压要重新分配。

由于 $\Delta p_1$ 变化，则 $\Delta p_2$ 也就朝相反的方向变化。相当于改变了控制阀2弹簧腔的受力。这相当于一个B型半桥，当可变液阻即节流阀的阀口面积改变时，加在控制阀上的控制油压力也会发生改变，如果控制阀2弹簧腔的受力不变，则 $\Delta p_1$ 是影响泵排量发生变化的唯一原因，如图3-30所示。其中：

$$\Delta p_2 X_A = F_f \tag{3-1}$$

式中　$\Delta p_2$——控制阀上端阻尼器两端的压差；

$X_A$——控制阀2的阀芯面积；

$F_f$——作用在控制阀2右端的液压力。

4）控制阀2弹簧腔的受力改变了，相应的泵的排量也就发生变化。$\Delta p_2$ 可变，阀芯位置也要变。

举一个例子，假设两个并联的泵都在恒压区工作，但一个排量大，一个排量小。分析排量大的泵的变化情况：排量大，则 $\Delta p_1$ 减小，$\Delta p_2$ 增大。控制阀2弹簧腔受力增大，则液压泵排量要减小，直到两个泵排量相等达到平衡。

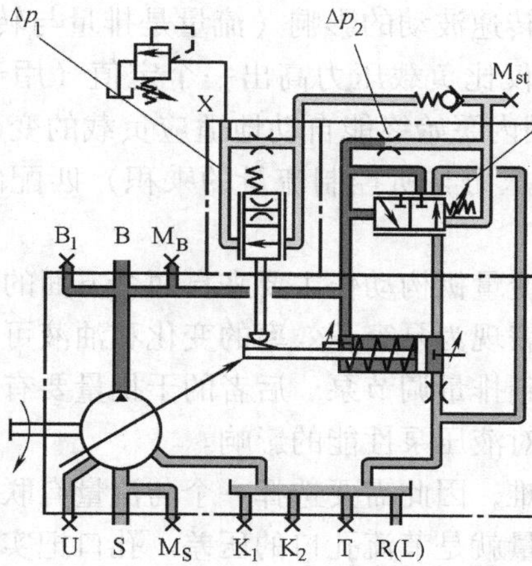


图 3-30　DP 型控制阀芯受力关系

如果控制阀 2 弹簧腔的受力不变，则 $\Delta p_1$ 是影响泵排量发生变化的唯一因素。

DR 型控制与 DP 型控制的压差 $\Delta p$ 不同，如图 3-31 所示。DP 型控制压差的增高是为了保证同步而做出的牺牲，增大压差 $\Delta p$ 的目的是增大调整误差的范围，降低泵组的调整精度，可使泵组的同步运行调整更加容易实现，并可以增强泵组的抗干扰能力。

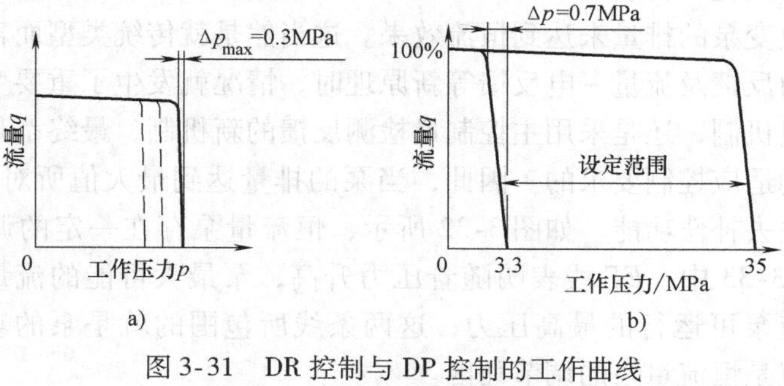


图 3-31　DR 控制与 DP 控制的工作曲线

a）DR 控制　b）DP 控制

若在图 3-29 中的 $M_{st}$ 油口连接一只卸荷阀 6，则可实现从主系统中任意切断或接通任何一个泵的功能。

## 3.3　流量控制泵

一般概念上的恒流量泵，以及所谓的功率适应泵、负载敏感泵等，都应属于流量控制泵的范畴。这类泵的基本特征是：泵输给系统的流量只与输入控制信号有关，而不受负载压力变化（泵内部泄漏流量与负载压力有关，油液的可压缩性与负载压力有关）或原动机转速波动的影响（流量是排量与转速的乘积）；同样重要的是，泵的排油口压力仅比负载压力高出一个定值（用于调节流量的节流阀定压差），在最高限压范围内泵始终能自动地适应负载的变化。也就是泵始终能工作在与负载功率（负载压力与所控制流量的乘积）匹配的工况，具有明显的节能效果。

对恒流量泵而言，引起其变量机构动作主要来自两个方面的干扰：负载压力变化与原动机转速波动。前者表现为泵容积效率的变化和油液可压缩性的变化影响，如果不进行补偿，就回归到排量调节泵。后者的干扰量要有一定的限制，应尽量避免原动机转速变化过大对液压泵性能的影响。

因为直接检测流量比较困难，因此需要选择一个与流量有联系、可替换的变量作为控制变量，这个控制变量就是节流孔口的压差。孔口把实际的控制变化的流量转换为压差，在液压回路中压差可以相对容易地被检测到。当控制回路保持压差恒定时，可以获得常值的流量。

按需流量控制泵具有如下优点：①执行机构的动作与负载无关；②发热量小；③泵的使用寿命延长；④系统工作噪声小；⑤控制机构部件精简；⑥能量消耗减少，尤其当系统工作在非全流量工况下时，节能效果最为明显。

实现流量泵上述基本功能的机制，与压力调节泵一样，是在干扰作用下，泵排油口流量的变化，将引起泵排油口压力的变化，从而自动使变量机构动作，最终也是通过改变泵的排量来达到恒流效果。这当然是就传统类型而言的，当采用流量位移 - 力反馈及流量 - 电反馈等新原理时，情况就发生了重要变化。但不论是传统的变量机制，还是采用主控制量检测反馈的新机制，最终都是依靠改变泵的排量来自动适应控制要求的。因此，当泵的排量达到最大值所对应的数值时，变量机构就失去补偿功能。如图 3-32 所示，恒流量泵存在一定的调节死区。在图 3-32 和图 3-33 中，*EF* 线表明随着压力升高，泵最大可能的流量值；*F* 点的垂直虚线对应泵可运行的最高压力；这两条线所包围的就是泵的功率域，*EFG* 三角形区域就是恒流量泵的调节死区。

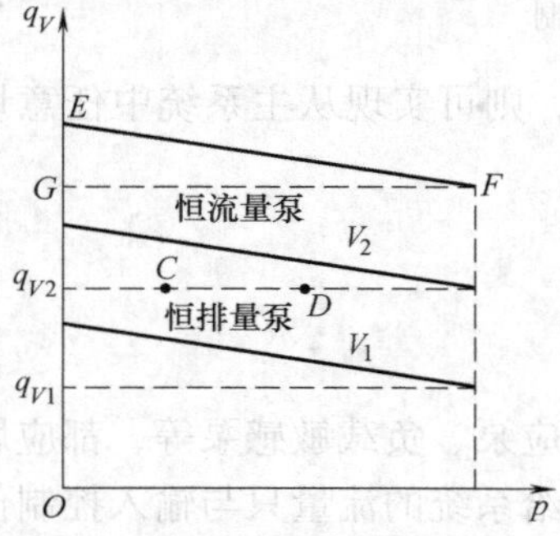


图 3-32　恒排量泵与恒流量泵

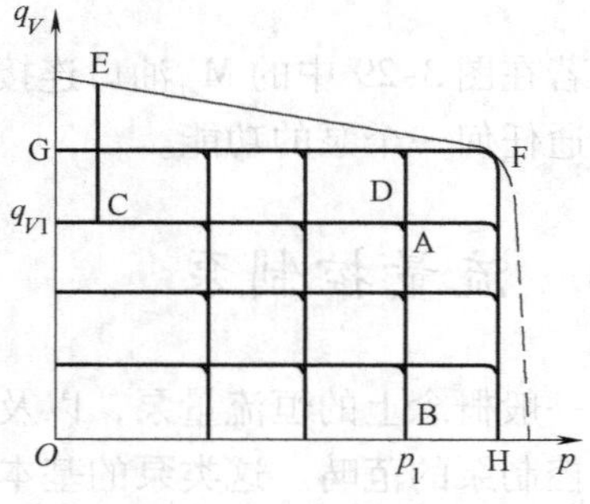


图 3-33　恒压恒流复合控制泵

### 3.3.1 传统压差控制型流量控制

传统压差控制型流量调节泵的基本特征是，在泵的排油口到负载之间设置一个节流阀（如手动节流阀、电液比例节流阀、电液比例方向节流阀等），用节流阀两端的压差来控制变量控制阀，进而推动变量机构（图3-34a），改变节流阀的输入信号，就可以改变泵的调定流量。实际上，节流阀两端的正常压差就等于变量控制阀一端弹簧力所对应的液压力。在一定的输入信号下，节流阀有对应的过流面积，当泵的输出流量与输入信号对应时，变量控制阀处于中位。如果出现干扰，如当负载压力升高，使实际输给负载的流量减小时，则在与输入信号对应的节流阀过流面积不变情况下，在节流阀处产生的压降就要比正常压差小，造成变量控制阀两端受力不平衡而使阀芯右移。即变量控制阀右位工作，变量缸大腔油液流出一部分，使泵的排量增大，直至通过节流阀的流量重新与输入信号对应，变量控制阀重新回到中位。如果出现负载压力降低的干扰，则有相反的类似自动调节过程，如图3-34b所示。

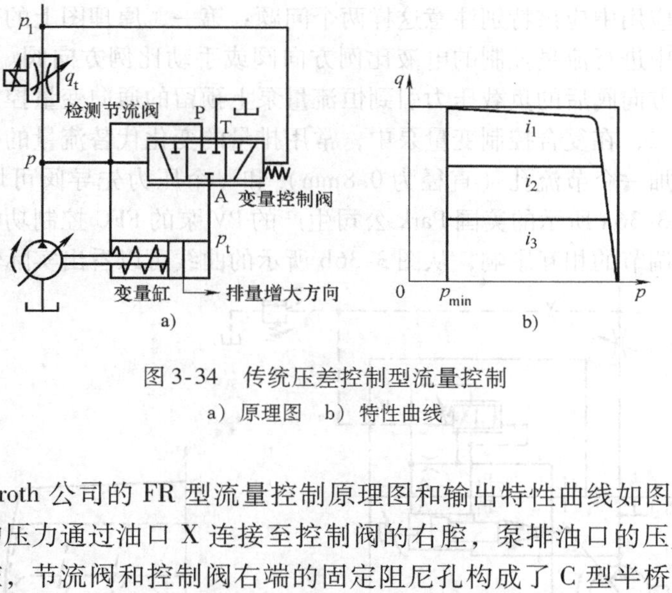


图3-34 传统压差控制型流量控制
a）原理图 b）特性曲线

德国Rexroth公司的FR型流量控制原理图和输出特性曲线如图3-35所示，节流阀出口的压力通过油口X连接至控制阀的右腔，泵排油口的压力则连接至控制阀的左腔，节流阀和控制阀右端的固定阻尼孔构成了C型半桥，用于调节控制阀右腔的压力。作用在阀芯上的力与节流阀的压差有关，当压差发生变化，如节流阀出口负载压力增加，造成流量调节阀右端压力增加，节流阀的压差减小，流量减小时，流量调节阀调节泵的排量，使输出流量增加并维持设定值保持不变。

传统压差控制型泵的流量控制精度虽然不高（3%~5%），而且消耗全流量时的压力损失为1.4~2.0MPa，但具有负载功率适应、结构简单及易于构成压力

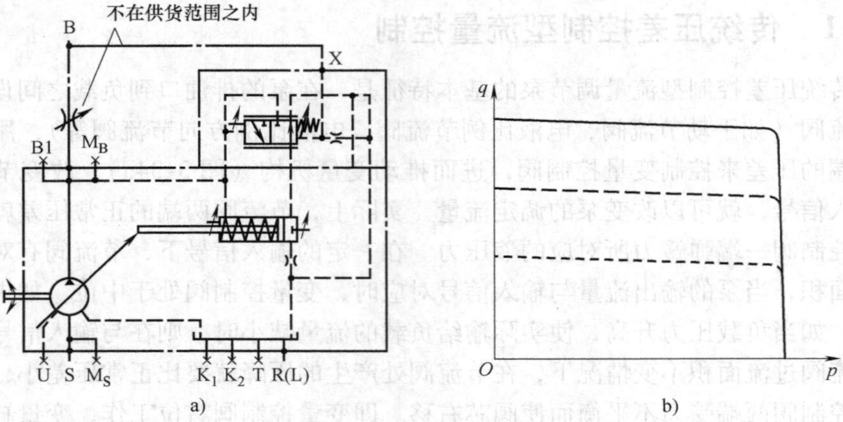


图 3-35　FR 型流量控制原理图和其输出特性曲线
a）原理图　b）输出特性曲线

与流量的复合控制等优势，目前仍然得到广泛的应用。

在工程应用中应该特别注意这样两个问题：第一，原理图上的节流阀，实际上就是系统中进行流量控制的电液比例方向阀或手动比例方向阀。构成系统时，只要将比例方向阀后的负载压力引到恒流量泵上预留的通向变量控制阀端面的接口即可。第二，在复合控制变量泵中，常用排量的变化代替流量的变化。

通过增加一个节流孔（直径为 0.8mm）和一个压力先导阀可增加压力调节功能，如图 3-36a 所示的美国 Park 公司生产的 PV 泵的 FFC 控制功能。基于流量调节和压力调节的相互影响，从图 3-36b 所示的曲线可以看出实际输出的压力调

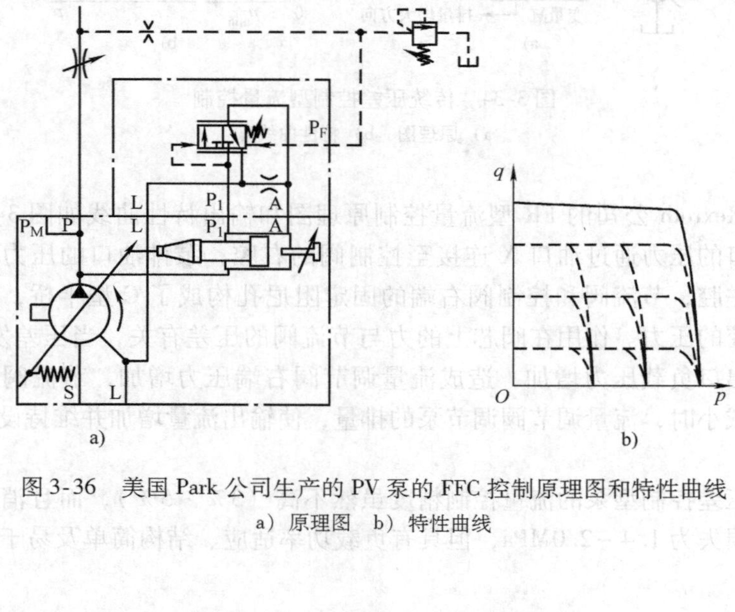


图 3-36　美国 Park 公司生产的 PV 泵的 FFC 控制原理图和特性曲线
a）原理图　b）特性曲线

节曲线与理想的压力调节曲线有些偏差，这一偏差直接取决于压力先导阀的特性。如果希望准确地限制压力，为了消除相互间的影响，可以使用两个分开的调节阀用于流量调节和压力调节，参见德国 Rexroth 公司的 DFR 型控制。

## 3.3.2 带有流量传感器的恒流量变量泵

图3-37所示为带有流量传感器的恒流量变量泵，其优点是控制精度较高，且全流量通过流量传感器的压力损失较低。

流量传感器主要由阀芯1、节流器（节流口）2和弹簧3组成。泵变量缸的有杆腔始终通高压油，变量缸的无杆腔与油口b相连。流量传感器利用了压差间接检测流量的原理，当负载压力 $p$ 升高时，流量传感器节流器（节流口）2的压差（$\Delta p = p_1 - p$）减小，意味着泵的流量减小，此时阀芯1的力平衡被破坏，在负载压力的作用下，阀芯1左移，泵出口的压力油通过油口a进入变量缸大腔，从而推动泵增大斜盘倾角提高排量，使泵出口压力 $p$ 增大，压差 $\Delta p$ 增至初始设定值，直至阀芯1达到新的平衡。反之，当系统压力 $p$ 下降时，流量传感器节流口2的压差（$\Delta p = p_1 - p$）增大，系统流量增加，则泵出口压力 $p_1$ 压缩弹簧，使阀芯向右移动，此时阀口c打开，变量缸无杆腔的油液回油箱，泵减小排量至设定值。

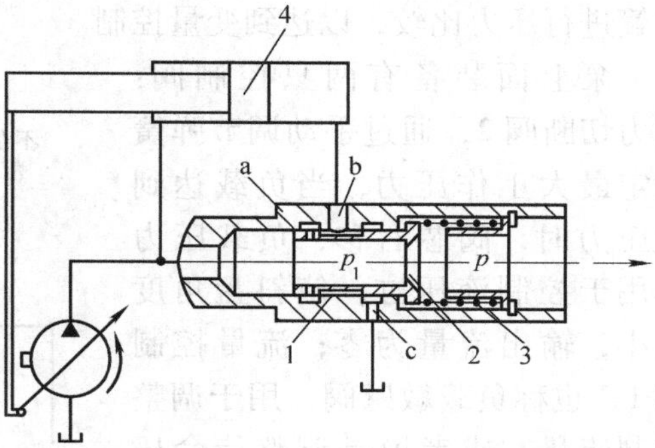


图3-37 带有流量传感器的恒流量变量泵
1—阀芯 2—节流器（节流口）
3—弹簧 4—变量缸 a、b、c—油口

## 3.3.3 电反馈型流量控制

通常的电反馈流量泵，是在泵排油口的上油路上串入流量传感器，此时有一定的压力损失。目前有不少产品，名义上是流量控制泵，而实际上是排量控制泵，即检测变量缸位移作为电反馈信号，实际上只是一个位置控制系统，并未在泵排油口主油路上设置流量传感器。

若用变量缸的位移量代表流量，并在泵出口设置压力传感器，则可形成全新概念的复合控制。这种形式有两个最基本的优点：一是泵出口主油路上不串接任何流量检测元件，因而主油路上没有因进行控制而带来的压力损失；二是这种电反馈形式，可方便地构成恒压、恒流、恒功率或压力－流量复合、压力－排量复合、压力－流量－功率复合等多种控制形式。不同形式只需增减相应的传感器，配置相应的电控器（或调用相应的功能），而变量泵的机械部分不用变动。

## 3.3.4　DFR/DFR1型压力-流量控制

DFR/DFR1型压力-流量控制属于排量控制范畴，有流量控制及压力切断两种功能，它应当属于复合控制型，为了讨论方便，将其放在这一节进行分析。其原理图如图3-38所示，用两台变量缸控制斜盘的角度，下面的缸是复位缸3，内有复位弹簧，其作用是在空载时靠弹簧力推动斜盘至最大排量；上面的缸是控制缸4，也称变量作用缸，缸径大于复位缸，因此有压力时可以与复位缸及复位弹簧进行压力比较，以达到变量控制。

泵上面装备有两只控制阀：压力切断阀2，通过手动调节弹簧设定最大工作压力，当负载达到此压力时，阀芯右移，负载压力作用于控制液压缸，使斜盘角度最小，输出流量为零；流量控制阀1，也称负载敏感阀，用于调整控制流量，或者说是调整待命压力或设定压差，通过串接在泵排出口的节流阀（手动节流阀、电液比例节流阀、电液比例方向节流阀、多路换向阀等）与装在泵装置上的流量调节阀一起实现泵的流量控制。这是因为节流阀两端压差=进口压力-负载压力。进口压力作用在流量控制阀左侧，

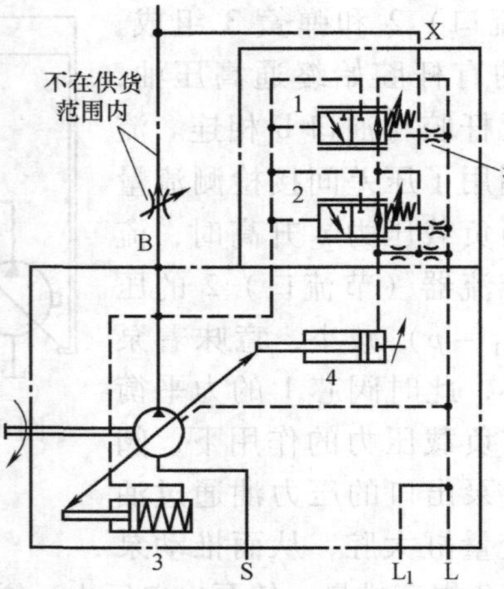


图3-38　DFR/DFR1型压力-流量控制原理图
1—流量控制阀　2—压力切断阀　3—复位液压缸
4—控制液压缸　B—压力油口　S—进油口
L、$L_1$—壳体泄漏口（$L_1$堵死）　X—先导压力油

负载压力作用在流量控制阀右侧，当流量控制阀受力平衡时，弹簧力=进口压力-负载压力=节流阀两端压差，这个压差是由流量控制阀右端的弹簧预先设定好的，是一个常数（每家公司生产的泵此值略有差异，A10V0泵的标准设定值为1.4MPa，此设定压力会影响泵的响应时间）。主泵输出适合负载需要的稳定流量。当节流阀的开度调定后，节流阀两端的压差若不变，则表示泵输出的流量与输入阀口开度信号相对应且恒定不变。而当负载压力变化等干扰作用时，节流阀口两端压差减小（或增大），说明泵的输出流量低于（或高于）输入信号的对应值，则变量控制系统起作用，增大（或减小）泵的排量，使泵输往负载的流量增大（或减小）直到与期望值相等，其只提供能维持恒定压差所需的排量，而压力切断阀优先于流量控制阀。

流量控制阀右边的阻尼，只有DFR1控制类型才有，使负载的一部分油回到

油箱，这样可以牺牲一些效率，起到减小压力冲击的作用，另外还有防止应用在多路阀系统闭中心时的压力阻塞的作用。压力阀2下的两个阻尼孔，左边的阻尼孔与压力阀的开口形成一个半桥，起到快速卸压和控制稳定性的作用，右面的旁通回路作用阻尼孔为卸压阻尼孔，其作用与流量控制阀右边的阻尼孔的作用相似。DFR型变量控制的内部油路连接如图3-39所示，其输出特性曲线如图3-40所示。

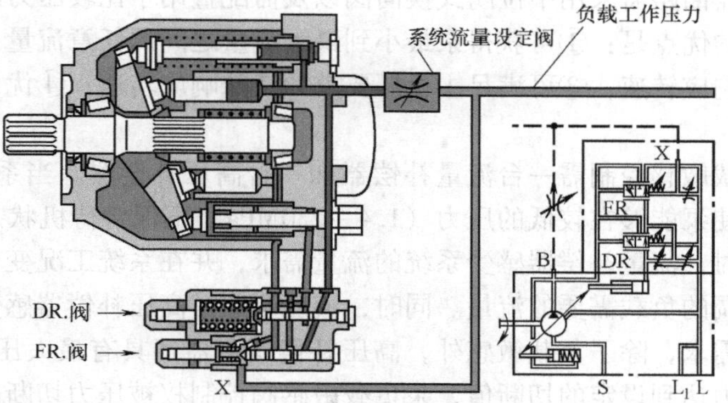


图3-39　DFR型变量控制的内部油路连接

## 3.3.5 DRS型恒压－负载敏感控制

在开式液压系统中，定量泵仅提供恒流量，排油口压力由系统负载决定。这样需要设置一个高压溢流阀，当系统达到溢流阀调定压力时，泵输出的流量从该阀流回油箱，这种系统浪费了大量的功率并产生了过多的热量。闭式变量泵液压系统按负载需要提供变化的流量，省掉了溢流阀，但缺点是在任何工况下，泵总是保持在最高压力。当系统为大流量、低压力的工况时，同样耗能过多。理想的方法就是在需要的压力条件下提供需要的流量，负载感应系统可实现这种要求。在液压系统中，负载感应是一种拾取或“感应”负载压力，然后反馈控制负载回路的流量，且不受负载变化的影响。根据执行机构的实际需求，在负载敏感调节器处通过弹簧设定一个固定压差。泵的输出流量

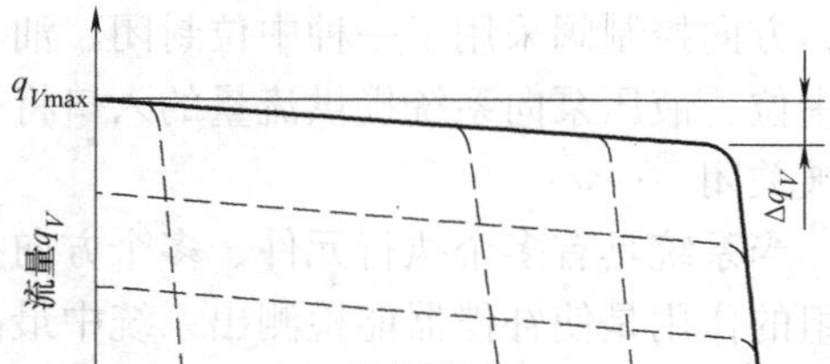

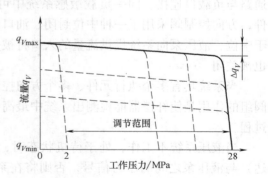


图3-40　DFR型变量控制的输出特性曲线（$n_1=1500\text{r/min}$，$t=50°\text{C}$）

取决于控制阀节流口的通流面积 $A$ 和其两端压降 $\Delta p$。在负载敏感控制机构的作用下，$\Delta p$ 始终与预设的固定压差保持一致。如果系统所需流量发生变化，泵的排量会自动做相应改变，负载及执行机构数量发生变化时泵也将给予自动补偿，减小操作者劳动强度。

简而言之，负载敏感系统是一种感受系统压力和流量需求，且仅提供所需求的流量和压力的液压回路，其结构和调节原理与 DFR 控制基本相同，所不同的是对多执行器回路需采用中位闭式换向阀以及需配置用于比较压力的梭阀组。负载敏感控制的优点是：①可获得泵最小到最大流量之间的任意流量；②可调整整机或主机的响应转速；③可满足主机厂要求的特殊响应转速；④优化了的精密控制能力。

实现负载敏感控制需一台流量补偿器和一台高压补偿器。当系统不工作时，流量补偿器使泵能够在较低的压力（1.4~2.0MPa）下保持待机状态。当系统转入工作状态时，流量补偿器感受系统的流量需求，并在系统工况变化时根据流量需求提供可调的负载需要的流量。同时，液压泵通过高压补偿器感受并响应液压系统的压力需求，除了负载敏感外，高压补偿调节器还具有最大压力限制功能。一旦系统压力达到设定的切断值，泵负载敏感阀控制权被压力切断阀取代，减小斜盘倾角，系统压力始终被限制在切断值上。此控制过程将持续至系统压力再次低于切断值，液压泵恢复负载敏感控制。

在负载感应系统中所使用的方向控制阀要求为中位常闭型，阀的内部有先导通路与负载口连接。同一负载敏感系统中可以有多个方向控制阀和多个执行元件，方向控制阀采用了一种中位封闭、油口正遮盖的形式。这意味着一旦滑阀处于中位，液压泵向系统提供流量的入口将被关闭；同时，接通液压缸的两个油口也被关闭。

当系统具有多个执行元件、多个方向控制阀时，还需要一些梭阀的组合。梭阀组的作用是使补偿器能检测出系统中最高压力回路，然后进行压力 - 流量调节过程。

当液压系统不工作，处于待机状态时，控制阀必须切断液压缸（或液压马达）与液压泵之间的压力信号，否则将在系统未工作时导致液压泵自动转入低压待机状态。当控制阀工作时，先从液压缸（或液压马达）得到压力需求，并将压力信号传递给液压泵，使泵开始对系统压力做出响应。系统所需的流量是由滑阀的开度控制的。系统的流量需求通过信号通道 $X_4$（图 3-41）、控制阀反馈给液压泵。这种负载感应式柱塞泵与负载敏感控制阀的组合，使整个液压系统具有根据负载情况提供所需压力与流量的特性。

负载敏感控制回路具有监控系统压力、流量和负载的能力；并且进行流量和压力参数的调节以求获得最高的效率。

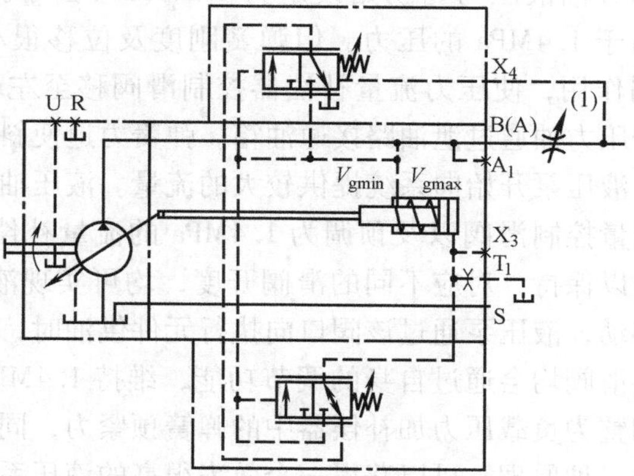


图 3-41　DRS 型控制原理图

$X_4$—负载敏感油口　B—压力油口　S—泄漏油口　U—轴承冲洗油口　R—进气口（堵死）

$A_1$—高压油口（堵死）　$X_3$—优先油口（堵死）　$T_1$—回油油口

泵控负载感应系统的负载感应基本原理是压力补偿，只是这种补偿是在泵中进行的，可以根据负载需要自动调整输出流量，其工作原理一般可分为三个阶段叙述：

（1）即将起动状态　由于系统中未建立起压力，调定压力为 1.4MPa 的弹簧迫使流量补偿器控制滑阀推至左端。为斜盘控制活塞与油箱之间提供了直通的油路，由于流量补偿器控制滑阀上没有抵抗弹簧力的压力作用，斜盘移至最大倾角。在此位置，液压泵将在最大排量下工作，可向系统提供最大流量。

当机器起动、液压缸或马达即将运转时，液压泵的流量提供给方向控制阀，但是由于控制阀为中位闭式的，液流被封闭在泵的出口与控制阀的进口之间。

液压泵的流量同样提供给补偿器。油液的压力作用于流量补偿器控制滑阀的左端以及最高压力补偿器控制滑阀的左端，当油液压力达到 1.4MPa 时，压力克服弹簧的预紧力使流量补偿器控制滑阀的阀芯向右移动。在其右移过程中，滑阀打开了一个通道，于是液压泵输出的压力油通过下面压力阀右位进入斜盘倾角控制活塞，克服控制活塞复位弹簧力使液压泵内斜盘回程至一个零排量附近的倾角，系统处于低压待机工况。在这一工况下，流量补偿器控制滑阀将左右振颤以维持作用于斜盘倾角控制活塞上所需的压力，作为控制作用的又一结果，也将对液压泵的供油量产生影响。在低压待机状态，液压泵只需提供足以补偿内部泄漏的流量，以维持作用于压力流量补偿器控制滑阀左端约为 1.4MPa 的等待压力。

（2）正常工作状态　现在，当方向控制滑阀移至左端时，液压缸内的压力油将通过方向控制滑阀内的油路流过负载感应梭阀，进入流量补偿器滑阀右端的弹簧腔。由于这部分油液压力与初始设定为1.4MPa（由于弹簧压缩量有所增加，此时应为略高于1.4MPa的压力。但弹簧刚度及位移很小，压力增量可忽略）的弹簧力一同作用，使压力流量补偿器控制滑阀移至左端。导致斜盘倾角控制活塞内的部分压力油通过泄油路接通油箱。弹簧力迫使斜盘倾角控制活塞到达一个新的位置，液压泵开始向系统提供较大的流量。液压油通过滑阀控制台肩所引起的压降与流量控制滑阀以及预调为1.4MPa的流量补偿器弹簧一同工作，使阀口前后压差得以保持，对应不同的滑阀开度，均可实现液压泵的流量控制。在方向控制滑阀移动，液压泵通过该阀口向执行元件供油时，无论阀的开度如何变化，流量补偿器滑阀均会通过自身的调节功能，维持1.4MPa的恒定压差。泵自动把输出压力调整为负载压力加补偿器中的弹簧预紧力，同时流量刚好满足负载要求。基于这样一种原理，可以获得一个效率很高的液压系统。这种液压系统仅提供必要的流量以保持系统中泵的输出压力高于系统工作压力1.4MPa。液压泵将自动调节排量及工作压力，满足系统对不同压力和流量的需求。

（3）高压待机状态　当液压缸的活塞运动至行程终端位置时，进入方向控制滑阀环槽的液流被阻止。控制滑阀两侧的压力趋于相等，作用于流量补偿器控制滑阀两端的压力也相等。预调定的1.4MPa弹簧力将流量补偿器控制阀芯推至左端。此时液压泵的输出液流再次处于封闭状态，导致泵压迅速升至最高压力阀调定的限定值，致使高压补偿器滑阀克服预调定的最高压力弹簧力移至右端，高压油通过该阀通路作用于斜盘倾角控制活塞上。活塞的运动使斜盘倾角转至排量近似为零的位置。液压泵仅提供保持高压的泄漏量。这种工况称为液压泵的高压待机状态。泵的排量自动降到近似为零（仍需部分流量满足泵的内泄），直到高压负载力消除或方向控制阀回到中位。

$\Delta p$的设定范围可以是1.4～2.5MPa，在零行程工作待命状态下的压力（感应孔口堵死）应稍微大于$\Delta p$的设定值。DRS型控制的静态特性曲线如图3-42所示。

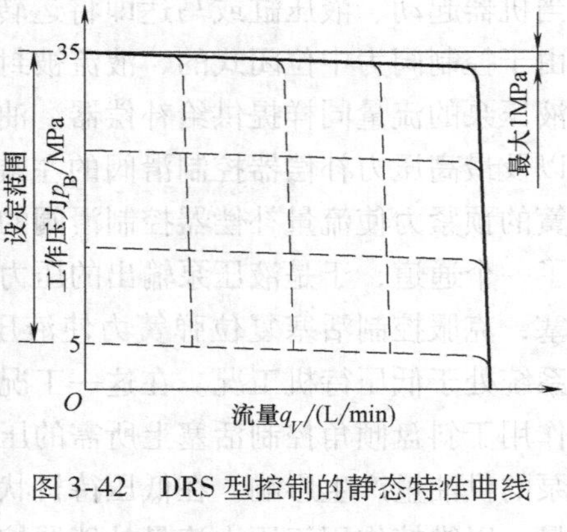

图3-42　DRS型控制的静态特性曲线

图3-43所示为DRS型控制实例，负载有两个（一台液压马达5和一台液压缸6），三台梭阀组成梭阀组，可以检测出系统中最高的工作压力并反馈至泵的负载敏感油口，变量泵可以根据检测到的压力自动调节其排量，输出系统所需要的流量和适应的压力，两只方向阀都是中位封闭型。

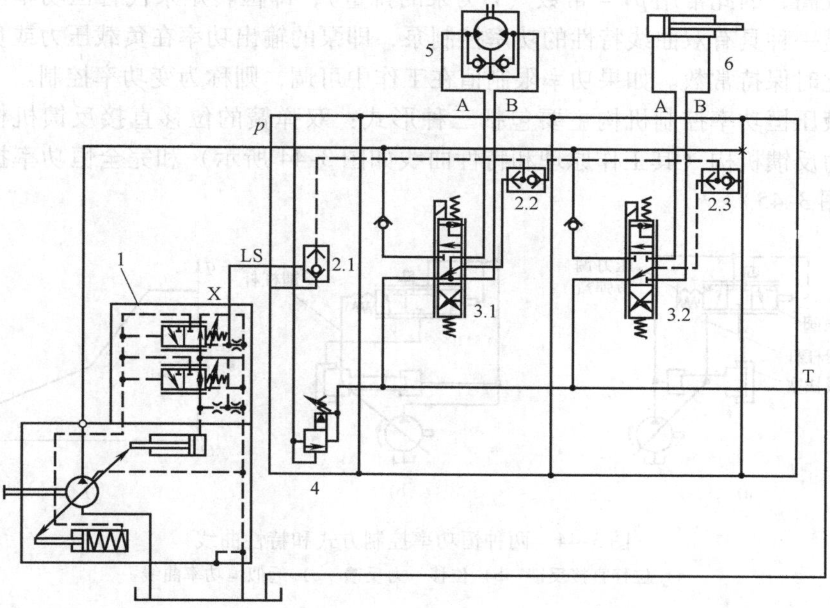


图 3-43　DRS 型控制实例

1—变量泵　2（2.1、2.2 和 2.3）—梭阀　3（3.1 和 3.2）—中位封闭型方向阀

4—安全阀　5—液压马达　6—液压缸

## 3.4　恒功率控制

为了充分利用原动机功率，使原动机在高效率区域运转，使用功率调节应是最简单的手段。无论是流量适应或压力适应系统，都只能做到单参数适应，因而都是不够理想的能耗控制系统。功率适应系统，即压力与流量两个参数同时正好满足负载要求的系统，才是理想的能耗控制系统，它能把能耗限制在最低的限度内。

因此，恒功率泵主要用在工程车辆中，用发动机作为原动力驱动泵。现今的功率调节泵，其控制系统结构得到改进，使之很容易复合压力、流量（多为排量）控制等功能，具有液压遥控、压力控制、流量控制、液压行程限制、机械行程限制、液压两点控制和电气先导压力控制等辅助功能，所以应用越来越广泛，并已超出传统工程车辆的范围。

流量乘以压力代表功率，$pq$ = 常数的双曲线（$q$ 为泵的体积流量）就是恒功率曲线。但在大多数情况下，系统中的泵均在较恒定的转速下运转，且泵的容积效率较高，因此常用 $pV$ = 常数（$V$ 为泵的排量），即恒转矩来代替恒功率。恒功率泵是一种具有双曲线特性的功率控制泵，即泵的输出功率在负载压力或负载流量变化时保持常数。如果功率限制值在工作中可调，则称为变功率控制。

液压恒功率控制机构主要包括三种形式：双弹簧的位移直接反馈机构、位移－力反馈机构（其工作原理和特性曲线如图 3-44 所示）和完全恒功率控制机构（图 3-45）。

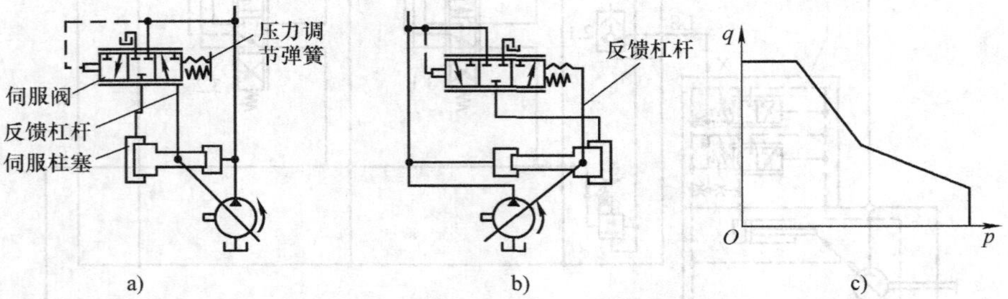


图 3-44　两种恒功率控制方式和特性曲线

a）位移直接反馈　b）位移－力反馈　c）近似恒功率曲线

要实现精确的恒功率输出特性是不容易的，在大多数场合也不必要。若只要求近似的恒功率特性，则其控制方案可以大大简化。采用双弹簧的两种控制方式都是让压力－流量呈不同斜率的两条直线变化，通过两条直线来近似双曲线。

总结起来液压恒功率泵控制要点是：

1）泵调节器是一种液压伺服控制机构，它至少要有两根弹簧，构成两条直线段，在压力－流量图上形成近似的恒功率曲线。

2）调节弹簧的预紧力可以调节泵的起始压力调定点压力 $p_a$（简称起调压力），调节起调压力就可以调节泵的功率。起调压力高，泵的功率大；起调压力低，泵的功率小。因此恒功率变量又称压力补偿变量泵。

3）只有当系统压力大于泵的起调压力时才能进入恒功率调节区段，发动机的功率才能得到充分利用。压力与流量的变化为：压力升高，流量减小；压力降低，流量增大。维持流量 × 压力 = 功率不变。

4）当泵的转速发生变化时，泵的流量（功率）也变化。

利用杠杆原理的完全恒功率控制机构理论上是可以让压力－流量呈理想双曲线变化的（工作原理见后续论述）。

图 3-44 所示的两种利用双弹簧来实现压力－流量呈不同斜率直线变化的控制机构，其原理是相似的，只是反馈方式不一样。这两种控制机构都是由伺服阀、伺服柱塞、压力调节弹簧、反馈杠杆等主要元件组成的。对于位移直接反馈控制机构而言，如图 3-44a 所示，伺服阀阀芯右端与阀体之间装有两根弹簧，之

间有一定间距，大弹簧一直与伺服阀接触，且有一定初始压缩量，作为控制机构的起调压力；小弹簧与伺服阀有一定间距。当负载压力小于起调压力时，斜盘倾角最大，泵输出最大流量。当负载压力增大，超过起调压力时，伺服阀平衡被破坏，阀芯右移，伺服阀处于左位，伺服柱塞大端接通高压油，伺服柱塞右移，斜盘倾角变小，泵输出流量减小，同时伺服柱塞通过反馈杠杆带动阀套右移，关闭伺服阀，达到平衡；当负载压力继续增加时，阀芯与大、小弹簧接触，此时弹簧总刚度增大，随着控制压力增加，泵输出流量继续变小，但此时由于弹簧总刚度增加，压力－流量变化直线斜率减小，控制压力减小时，动作过程与之相反。

对于位移－力反馈控制机构而言，如图 3-44b 所示，在伺服阀与反馈杠杆之间装有两根弹簧，之间有一定间距，大弹簧一直与反馈杠杆接触，且有一定初始压缩量，作为控制机构的起调压力；小弹簧与反馈杠杆间有一定间距。当负载压力小于起调压力时，斜盘倾角最大，泵输出最大流量。当负载压力增加，超过起调压力时，伺服阀平衡被破坏，阀芯右移，伺服阀处于左位，伺服柱塞左移，斜盘倾角变小，泵输出流量减小，同时伺服柱塞通过反馈杠杆压缩大弹簧，并与负载压力达到平衡；当负载压力继续增加时，反馈杠杆与大、小弹簧都接触，此时随着伺服柱塞的移动，反馈杠杆压缩大、小弹簧，弹簧总刚度增大，随着控制压力增加，泵输出流量继续变小，但此时由于弹簧总刚度增加，压力－流量变化直线斜率减小，控制压力减小时，动作过程与之相反。

## 3.4.1　川崎 K3V、K5V 系列变量泵调节补偿原理

日本川崎 K3V、K5V 系列变量泵以其高功率密度、高效率和多样的变量方式在挖掘机中得到广泛的应用。K3V、K5V 系列变量泵的变量方式包括恒功率控制、总功率控制、交叉恒功率控制、正负流量控制、变功率控制和负荷传感控制等，其核心都是通过机构的合理设计，实现流量与控制压力之间的比例关系。其中的双泵设计更广泛应用于挖掘机液压系统中。

**1. 结构组成**

以 K3V63DT－1QOR－HNOV 双联轴向柱塞泵为例，其结构原理图如图 3-45 所示，该液压泵是由两个可变量的轴向柱塞泵 2－1、2－2（斜盘式双泵串列柱塞泵）、一个齿轮泵 3、泵 2－1 调节器（机液伺服阀）6－1、泵 2－2 调节器 6－2和电液比例减压阀 8 等组成的。主泵用于向各工作装置执行机构供油，先导泵用于先导控制油路，泵调节器根据各种指令信号控制主泵排量，以适应发动机功率和操作者的要求，该泵还可通过电液比例减压阀 8 输出的压力对液压泵的变量起调压力点的大小进行调整，因此决定了液压泵的输出功率大小。每个机液伺服阀的开口是由补偿柱塞 7－1、7－2 和负流量控制阀 5－1、5－2 控制的。

当泵出口压力或功率控制油口的压力变化时，先导阀移动，并带动机液伺服

阀阀芯移动，进而使油液流入或流出变量缸大腔，实现变量泵的变量。变量活塞还将变量的位移反馈给伺服阀，实现变量活塞位置的闭环控制。电液比例减压阀位于泵2调节器上。

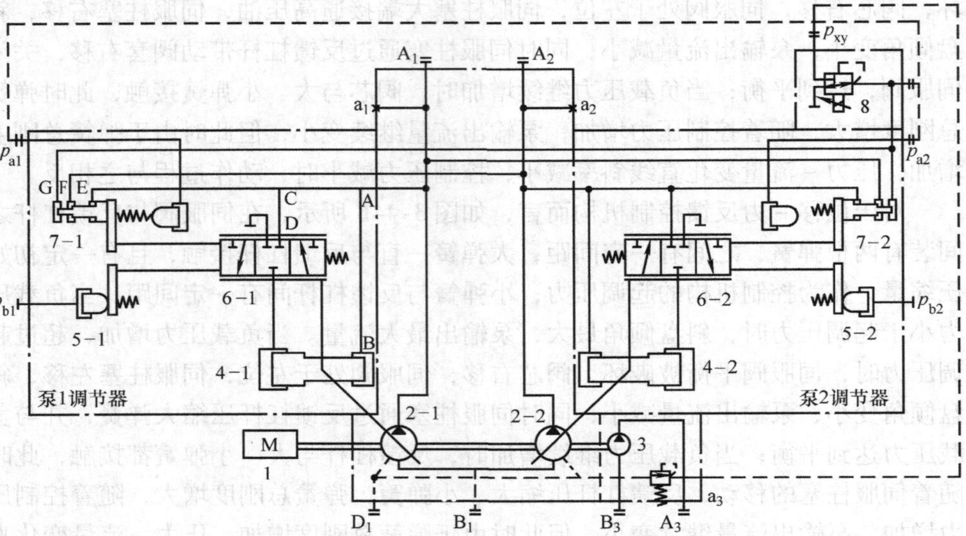


图3-45　K3V63DT－1QOR－HNOV 双联轴向柱塞泵结构原理图

1—发动机　2—轴向柱塞泵　3—齿轮泵　4—变量活塞　5—负流量控制阀　6—机液伺服阀　7—补偿柱塞　8—电液比例减压阀

泵调节器原理图如图3-46所示。以泵1调节器为例，泵调节器主要由补偿柱塞1、功率弹簧2、伺服阀4、反馈杆5、变量柱塞6、先导弹簧7及先导柱塞8组成。

K3V型液压泵中两个串联的柱塞泵是完全相同的，调节器中补偿柱塞1被设计成三段直径不同的台阶，三个台阶分别与两个柱塞泵和电液比例减压阀连接，这样当任何一个台阶上所承受的压力变化时，都会引起柱塞泵排量的变化。伺

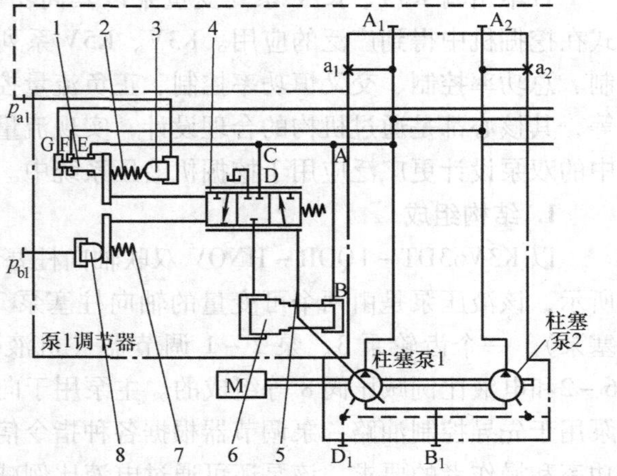


图3-46　泵调节器原理图

1—补偿柱塞　2—功率弹簧　3—功率设定柱塞　4—伺服阀　5—反馈杆　6—变量柱塞　7—先导弹簧　8—先导柱塞

服阀同时受到负流量控制中先导压力的控制，先导压力 $p_{i1}$（$p_{i2}$）的变化通过先导柱塞、先导弹簧作用于伺服阀上，伺服阀与伺服柱塞相连，通过改变伺服柱塞带动柱塞泵斜盘的倾斜角度来改变柱塞泵的排量。

由图 3-45 可知，川崎 K3V 变量泵的斜盘位置实际上受到四个分量的控制：

1）本泵出口压力 $p_1$ 的控制。

2）另一并联泵出口压力 $p_2$ 的交叉控制。

3）电液比例减压阀出口压力 $p_z$ 控制。

4）当无动作时，由回油路上的节流口反馈来的负流量－压力控制信号 $p_i$ 将泵斜盘推到最小角度，从而实现节能。

在四个控制分量中，前三个分量为联合作用，第四个分量为单独作用。

泵调节器的反馈杆与伺服柱塞连接并可绕其连接点转动。柱塞泵的液压油经以下三路进入泵调节器：一路液压油通过 A—B 进入伺服柱塞小腔，使伺服柱塞小腔常通高压，推动斜盘使柱塞泵保持在大排量；一路液压油通过 C—D 进入伺服阀，通过伺服阀的工作位置来改变柱塞泵的排量；一路来自柱塞泵 1 和柱塞泵 2 的液压油分别作用在补偿柱塞的台阶 E、F 上，对液压泵进行功率控制。

**2. 泵调节器的控制功能**

泵调节器具有总功率控制、交叉功率控制、负流量控制和功率转换控制功能，下面以泵 1 调节器为例分别介绍。

（1）总功率控制　当发动机转速一定时，液压泵的功率也是恒定的。功率控制是由补偿柱塞完成的，在补偿柱塞 E/F 台阶圆环面积上，作用着柱塞泵的压力 $p_1$ 和 $p_2$。随着两泵出口负载的增大，作用在补偿柱塞上的压力之和（$p_1+p_2$）达到设定变量压力后，克服功率弹簧的弹簧力使伺服阀阀芯向右移动，伺服阀左位工作，连接至伺服阀的压力油经 C—D 进入伺服柱塞大端，因为伺服柱塞大、小端直径不同，存在一个面积差，从而产生压差推动伺服柱塞向右移动，伺服柱塞带动柱塞泵的斜盘倾角减小，使柱塞泵向小排量变化，液压泵功率也随之减小，从而防止发动机过载。在排量减小的同时，伺服柱塞同时带动反馈杆逆时针方向转动，反馈杆带动伺服阀阀芯向左移动令伺服阀关闭，伺服柱塞大腔进油的通道关闭，调节完成，柱塞泵停止变量。

当柱塞泵压力 $p_1$ 或 $p_2$ 下降，即工作负载减小时，功率弹簧的弹簧力推动补偿柱塞向左移动，同时带动伺服阀阀芯向左移动，伺服阀右位工作，伺服柱塞大端通油箱，压力减小，伺服柱塞向左移动，带动柱塞泵的斜盘倾角增大，使柱塞泵排量增大，加快作业速度。伺服柱塞同时带动反馈杆顺时针方向转动，反馈杆带动伺服阀阀芯向右移动令伺服阀关闭，调节完成，柱塞泵停止变量。在双泵串联系统中，泵调节器是根据两泵负载压力之和（$p_1+p_2$），控制斜盘倾角使两泵的流量 $q$ 保持一致，总功率控制表达式如下：

$$P=p_1q+p_2q=(p_1+p_2)q \tag{3-2}$$

所以不论两泵的负载压力 $p_1$、$p_2$ 如何变化，都能使两泵的总功率保持恒定。通过总功率控制，可实现执行机构的轻载高速、重载低速动作，既能保证液压泵充分利用发动机输出功率又能防止发动机过载。但由于泵调节器同时调节两泵排量，使两泵输出流量相同，当液压挖掘机做单一动作时，其中一个泵就会输出多余的流量，因此将总功率控制与负流量控制联合起来可以减小总功率控制的弊端。

对于单个泵而言，假定本泵负载压力为 $p_1$，对应泵负载压力为 $p_2$，总功率控制包括两个方面：自身负载压力变化时的恒功率控制和对应泵负载压力变化时的变功率控制。如图3-47所示，假设只有 $p_1$ 在变化，$p_2$ 恒定，此时可以看成泵1排量沿直线1、2变化，近似恒功率；当 $p_2$ 增加时，泵1的恒功率调节曲线左移，泵1所吸收的发动机功率减少。

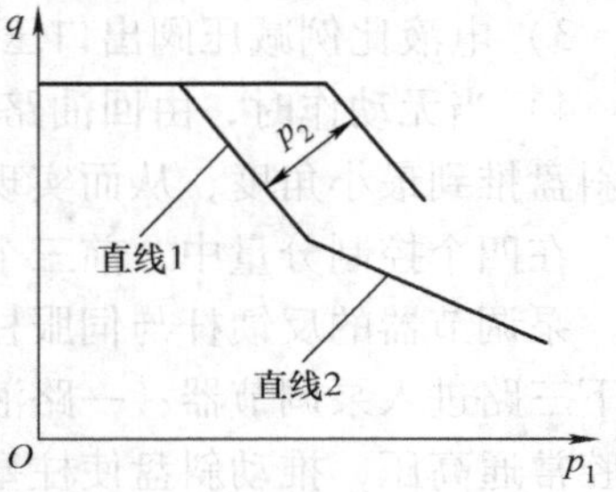

图3-47　控制压力－流量曲线

（2）交叉功率控制　如图3-45所示，为了保持发动机输送给双泵的功率恒定，左侧泵的高压油连接到右侧泵的调节器，左侧油泵的高压油连接到右侧油泵的调节器，实现两个泵功率的关联。两个泵各自的排量不仅与自身输出压力有关，同时还与另一个泵的输出压力有关。它是通过两个变量泵工作压力相互交叉控制实现的，相当于一个液压连杆将两个变量泵的功率连到一起。其既能像全功率系统那样充分利用发动机功率，又能像分功率系统那样（分功率控制由两个排量和控制结构完全相同的泵同轴串联组成，两个泵都可以实现恒功率控制，两个泵的流量可以根据各自负载单独变化，分别可以最多吸收发动机50%的额定功率，对负载的适应性优于全功率控制。但是当其中一个泵负载压力低于调定压力时，其回路的功率就不能充利用，造成发动机功率浪费）根据每个泵的负载状况调整输出流量。所以，功率交叉控制系统优于恒功率控制系统，它提高了低负载回路对实际负载功率的适应性和柴油机功率的利用率，使双泵之间动态的功率分配更适用于中、大型液压挖掘机，避免了两泵流量相等所带来的缺点，提高了中、大型挖掘机对作业效率的要求。功率交叉控制系统既能充分利用柴油机功率，又可以根据两个泵各自驱动液压回路的负载情况，向各回路提供不同的液压油流量，同时加大了工作装置的功率范围。交叉功率控制其在原理上是全功率控制，但两个泵的流量可以不同，像分功率控制那样控制各自的回路。

（3）负流量控制　K3V和K5V型液压泵具有负流量控制功能，如图3-48所示。例如：当挖掘机处于非工作状态时，多路阀中位卸荷回油，液压泵输出的液压油全部通过多路阀底部的负流量控制阀中的节流阀回油箱，故在节流阀前端会产生一个先导压力 $p_{i1}$（$p_{i2}$）反馈到泵调节器上。先导压力作用于先导柱塞上，先导柱塞克服先导弹簧的弹力推动伺服阀阀芯向右移动，伺服阀左位工作，伺服柱塞大腔进油，伺服柱塞向右移动，带动柱塞泵的斜盘倾角减小，柱塞泵的排量也随之减小，实现液压泵卸荷。

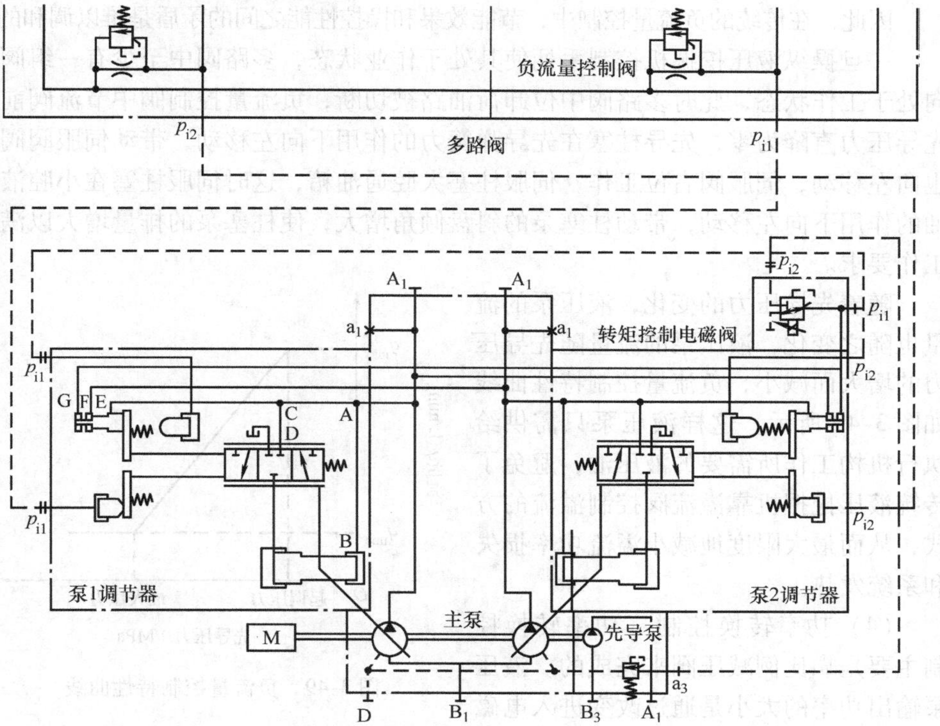


图3-48 负流量控制液压原理图

负流量控制是通过减少旁路回油量来降低中位损失和微操作时的节流损失，当多路阀阀芯在中位时，旁路回油口全开，泵的压力仅克服回油背压，负流量控制系统可以将空流损失降低到液压泵最大流量的15%。当多路阀由于阀芯移动而将旁路回油口封住时，负流量控制失效，此时泵以最大排量输出。

负流量控制系统与传统的恒功率变量系统相比较，克服了主泵总在最大流量、最大功率、最大压力下工作的极端状况，减少了系统的空流损失和节流损失，取得了明显的节能效果，然而操纵阀在中位时或调节过程中仍然存在功率损失。

在传统的负流量控制中，只能用机－液结构实现比例控制，因此不可避免地存在静态误差，最终影响系统的调速性，这是传统负流量控制的不足之处。增大比例控制系数，有助于减小静态误差，但受具体条件的限制，往往很难做到。

在采用了六通多路阀的系统中，阀口的流量特性受负载影响较大。如果泵的输出压力较高，则可降低这种影响，在负流量控制中，则表现为旁路回油压力的大小直接影响了系统的操纵性。旁路回油设定压力高，则泵的输出压力也高，系统调速性好，响应迅速，驾驶人操作时无滞后感；反之，系统调速性差，操作时的滞后感较强，但是旁路回油压力过高会增加流量检测节流口上的功率损失。

因此，在传统的负流量控制中，节能效果和操控性能之间的矛盾是难以调和的。

一旦操纵液压挖掘机控制手柄使其处于作业状态，多路阀中至少有一组阀换向处于工作状态，此时多路阀中位卸荷油路被切断，负流量控制阀中节流阀前的先导压力直降为零，先导柱塞在先导弹簧力的作用下向左移动，带动伺服阀阀芯也向左移动，伺服阀右位工作，伺服柱塞大腔通油箱，这时伺服柱塞在小腔液压油的作用下向左移动，带动柱塞泵的斜盘倾角增大，使柱塞泵的排量增大以满足工作要求。

随着先导压力的变化，液压泵的流量也随之变化，液压泵的流量随先导压力的增大而减小，负流量控制特性曲线如图 3-49 所示。这样液压泵只需供给执行机构工作所需要的液压油，避免了传统液压挖掘机靠溢流阀控制溢流的方式，从而最大限度地减小溢流功率损失和系统发热。

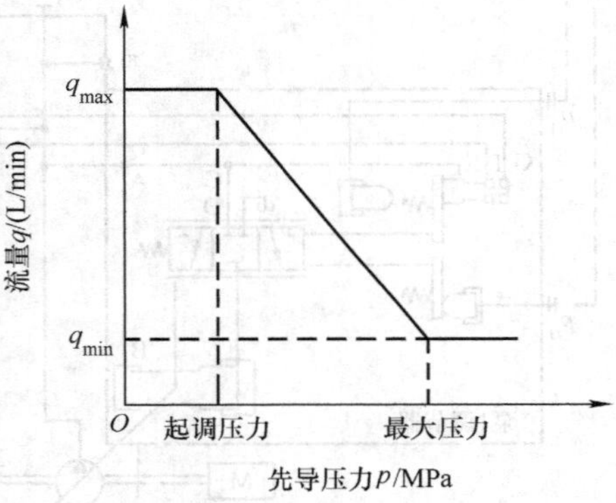


图 3-49　负流量控制特性曲线

（4）功率转换控制　功率转换控制主要是靠比例减压阀来完成的。液压泵输出功率的大小是通过改变进入电磁比例减压阀的电流大小来完成的，经过电磁比例减压阀的功率转换压力 $p_z$ 作用于补偿柱塞的台阶 G 和功率设定柱塞上，如图 3-45 所示。

如图 3-50 所示，补偿柱塞所受的向右的力是作用于补偿柱塞三个台阶面积 $A_1$、$A_2$、$A_3$ 的液压力之和，向左的力是功率弹簧力和功率设定柱塞面积 $A_4$ 的液压力之和，则补偿柱塞的受力平衡方程为：

$$p_1A_1+p_2A_2+p_zA_3=kx_0+p_zA_4 \tag{3-3}$$

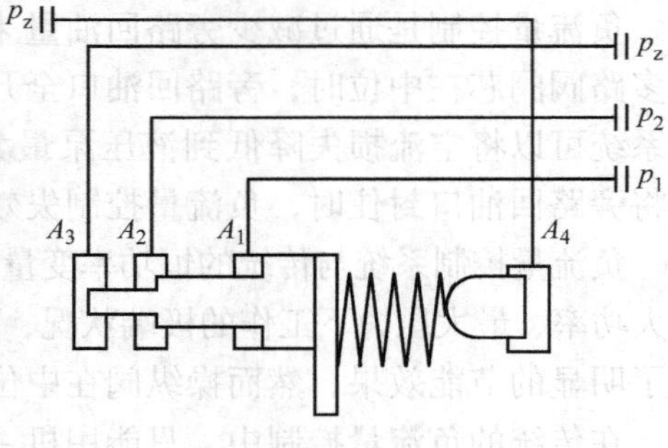


图 3-50　补偿柱塞受力图

式中　$k$——弹簧刚度系数；

$x_0$——弹簧的预压缩量。

如果改变电磁比例减压阀的功率转换压力 $p_z$，就可改变平衡方程的平衡点，使补偿柱塞开始移动时的柱塞泵压力 $p_1$、$p_2$ 发生变化，即液压泵输出功率的设定值发生改变。在正常工作情况下，比例减压阀输出压力为零，在补偿柱塞的右端仅有功率弹簧的弹力，左端仅有柱塞泵的压力 $p_1$ 和 $p_2$，防止发动机过载的功率控制如前所述。

为实现更高作业速度的要求，可使液压泵的功率接近发动机的额定输出功率，此时电磁比例减压阀输出一定的功率转换压力 $p_z$，如图 3-50 所示。随着功率转换压力 $p_z$ 的减小，补偿柱塞所受向左的力增大，补偿柱塞左移，这将会使柱塞泵的排量增大，加快工作速度。同时在防止发动机过载的功率控制时，柱塞泵的压力之和（$p_1 + p_2$）必须大于正常情况下的压力才能实现泵排量减小的调节，泵排量调节原理不变。功率转换控制原理如图 3-51 所示。因此，在实际工作中可根据负载情况改变输入电流的大小，从而改变功率转换压力 $p_z$，调整液压泵输出功率的大小，可以提高工作效率，节约发动机功率。

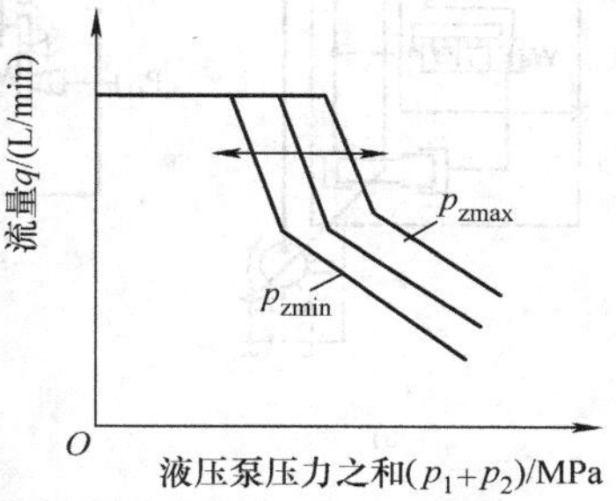


图 3-51　功率转换控制原理图

除以上控制功能外，K3V 和 K5V 系列液压泵还具有最大流量切断控制、高压切断控制、变功率控制等功能，正因为其多样的控制变量方式，K3V 和 K5V 系列液压泵广泛应用于液压挖掘机上。

图 3-52a 所示为总功率控制 + 压力切断，如果压力超过设置值，则靠压力切断控制泵出口流量自动减少。切断压力的标准设定值是 32MPa，调节范围为 2.1 ~ 32MPa。图 3-52b 所示为总功率控制 + 正流量控制，所谓正流量控制，就是 $P_{i1}$ 口的压力越高，泵的排量越大。图 3-52d 所示为负载敏感控制 + 总功率控制 + 变功率控制，其中 $P_L$ 油口为节流阀的出油口，$P_A$ 接节流阀进油口即泵出口压力，压差阀的压差标准设定值为 1.5MPa，调节范围为 1 ~ 2.1MPa。图 3-52e 所示为负流量控制 + 总功率控制 + 二级最大流量控制，可以通过施加外部的先导压力（仅用于负流量控制）获得二级最大流量控制。

## 3.4.2　A8VO 恒功率变量泵

A8VO 变量双泵配有采用了斜轴设计的两个轴向柱塞旋转组件，用在开式回路中进行液压传动。双泵共用一个壳体是 A8VO 液压泵的主要特性，其直接与发动机连接的安装方式降低了元件本身对主机安装空间的要求，摆脱了多元传动系统对分动箱的依赖。早期的 A8VO 泵只有机械连接的总功率和分功率两种用双弹簧调节的恒功率调节装置。20 世纪 80 年代，德国 Rexroth 公司开发出运用力矩平衡原理的杠杆摇臂式双曲线功率调节器，并逐渐增加了多种控制调节装置，如交叉调节、压力切断。双曲线功率调节器的工作曲线几乎是条理想的双曲线，理

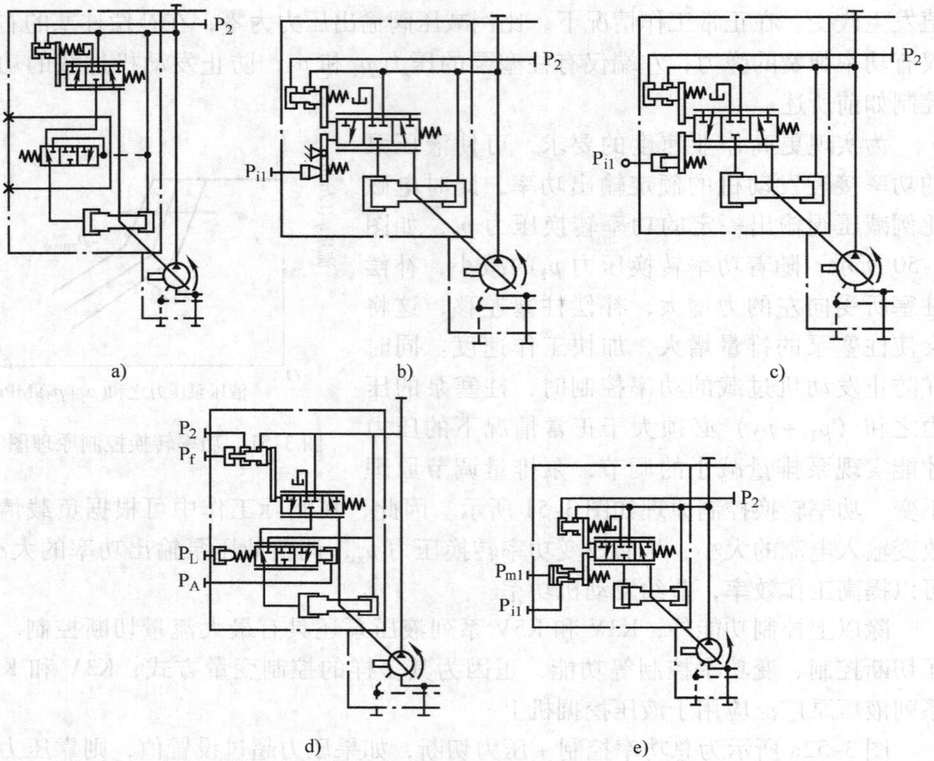


图 3-52　川崎泵的其他控制方式

a）总功率控制 + 压力切断　b）总功率控制 + 正流量控制　c）总功率控制 + 负流量控制

d）负载敏感控制 + 总功率控制 + 变功率控制　e）负流量控制 + 总功率控制 + 二级最大流量控制

论上没有功率损失，因此又被推广到 A7VO、A11VO 等泵上。然而，近年工程机械节能和电子化的发展，使得诸如极限负载调节大受青睐。极限负载调节使用在由多个泵组成的系统中，发动机无需功率储备，即使在变化的工作条件下，发动机功率也能得到充分利用。采用极限负载调节后，弹簧功率调节器所引起的功率损失能自动得到补偿，从而使昂贵的双曲线功率调节器成为没有必要。由于 A8VO 泵正越来越多地与极限负载调节结合起来，所以在双曲线功率调节器使用近 20 年以后，最新的 A8VO 泵又回归到使用成本较低的弹簧功率调节器。新的 A8VO 控制装置是一种简洁而多功能的装置，它以 LA 分功率调节为中心，可以液压连接而组合为总功率调节，可以通过液压或电子极限负载调节改变泵的设定功率，也可以通过液压外控，进行排量的负控制或正控制。

**1. A8VO 恒功率控制原理**

德国 Rexroth 公司的 A8VO 变量泵选择了双弹簧位移 – 力反馈控制方式，其控制原理与结构如图 3-53a 所示。图 3-53b 所示为 A8VO 变量泵的恒功率控制特性曲线。

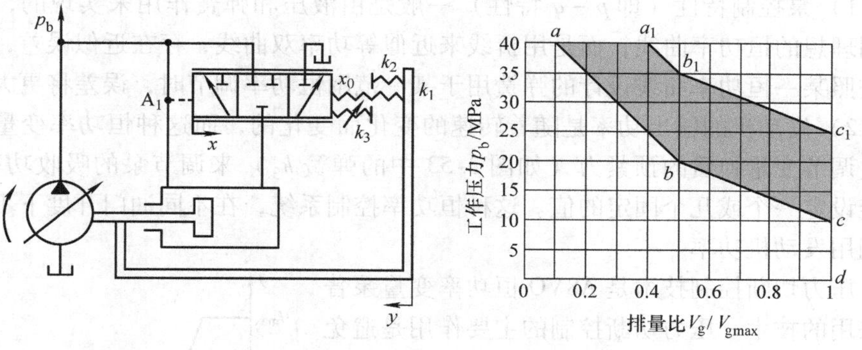


a)　　　　　　　　　　　　　　　　　　　b)

图 3-53　A8VO 双弹簧位移－力反馈控制

a）双弹簧位移－力反馈控制原理与结构　b）A8VO 变量泵恒功率控制特性曲线

由控制方式原理（图 3-53）可知，该控制方式的恒功率控制是通过三个弹簧来实现的，其中刚度为 $k_1$、$k_2$的弹簧是两个变量弹簧；而另外一个刚度为 $k_3$的弹簧就是用来设定变量泵恒功率值的。弹簧 $k_1$、$k_2$的安装位置不同，在被压缩过程中，弹簧 $k_1$一开始就会被压缩，而弹簧 $k_2$只有在弹簧 $k_1$已经被压缩了 $x_0$的位移后才会被压缩，即两者在有效行程上相差一个 $x_0$的位移。由控制特性曲线可知，其近似为双曲线，图中两条曲线为不同控制起点（$c$，$c_1$）条件下的控制特性，改变弹簧 $k_3$的压缩量便可在曲线 $abc$ 与 $a_1$、$b_1$、$c_1$之间得到不同的控制特性。

以曲线 $abc$ 为例分析研究 A8VO 变量泵恒功率动态调节过程：在起始状态下，变量泵位于排量最大状态；在泵的出口压力低于预设的起调压力之前，变量泵一直位于最大排量状态，即此过程变量泵在控制曲线的 $dc$ 段工作；当变量泵出口压力增加到大于弹簧 $k_1$设定的起调压力值时，变量控制阀阀芯右移，其左位工作，此时变量调节缸无杆腔与变量泵的出口压力接通，变量活塞在两腔差动作用下开始朝左滑动，变量泵排量将会降低。在变量控制阀芯右移与变量活塞左移的过程中，弹簧 $k_1$被压缩，故曲线 $cb$ 段的斜率由弹簧 $k_1$决定。若负载压力继续增加，当弹簧 $k_1$被压缩 $x_0$的有效位移时，弹簧 $k_2$也开始进入压缩状态，由于弹簧 $k_1$、$k_2$的共同作用，曲线斜率增大，进入 $bc$ 段。若负载压力继续增加，变量泵便工作在恒压状态下，输出一个最小排量，此时泵处于压力切断控制状态。在变量泵排量减小的过程中，弹簧 $k_1$或者弹簧 $k_1$、$k_2$被压缩的同时，变量控制阀阀芯右移也压缩弹簧 $k_3$，当变量控制阀阀芯两端的作用力平衡时，变量泵的输出流量在该负载压力下达到稳定状态。

由上述分析可以看出，这种恒功率控制系统，随着负荷变动，变量泵自动改变排量，具有响应快的优点，但存在以下不足之处：

1）泵控制特性（即 $p-q$ 特性）一般是由液压和弹簧作用来实现的，不能得到理想的恒功率曲线，而是用折线来近似等功率双曲线，存在近似误差，特别是按照某一恒功率曲线设计的弹簧用于某一范围恒功率调节时，误差将更大。

2）发动机的输出功率是随着转速的变化而变化的，而这种恒功率变量泵是通过调节变量弹簧的预紧力（如图3-53中的弹簧 $k_3$）来调节泵的吸收功率的，只能设定一个或几个固定的值。这种恒功率控制系统，在不同油门开度下不能充分利用发动机功率。

压力切断控制技术是A8VO恒功率变量泵普遍采用的技术。压力切断控制的主要作用是避免系统因为压力大而造成相关损害，同时压力切断可以完全避免系统在过载状态下的溢流损失（图3-54）。首先在系统中预设一个压力的极限值（$p_{CO}$），当由于故障或其他原因，使得变量泵的出口压力大于此预设值时，压力切断功能使得变量泵排量沿图3-54中的 $A-p_{DH}$ 线降到接近零排量（对应压力为 $p_{DH}$），而输出压力仍保持在系统压力附近，因此这种功能又称为“压力补偿”（Pressure Compensated），此时的排量只用于泵的内部泄漏。压力切断阀类似于系统中的安全阀，它的设定值一般高于系统正常运行压力10%左右。

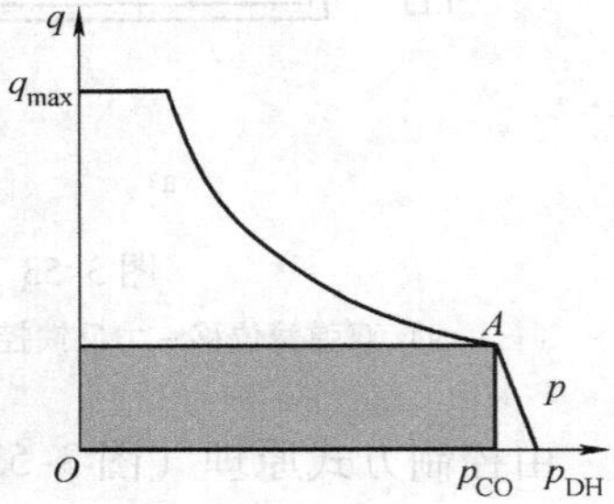

图3-54　压力切断

**2. 独立功率控制器**（分功率控制）**LA0、LA1**

在带有独立功率控制器LA0/LA1的变量双泵上，两台泵之间没有机械连接，即每台泵都装有单独的功率控制器。功率控制器根据系统工作压力来控制泵的排量，从而使泵不会超过规定的输入功率。

LA0：不带功率越权控制的独立功率控制器；LA1：带有通过先导压力进行功率越权控制的独立功率控制器。其中LA0分功率控制原理图如图3-55所示。

针对各个控制器的功率设定值可单独调整并且可以不同；每个泵可以设置为100%的输入功率。由图3-55可知，两个变量单泵1和2分别各有一套功率调节机构3。每个变量单泵输出流量只和自身回路压力相关，而不受对方回路压力的影响，即两个变量单泵相互独立地按照各自的控制特性曲线进行功率调节。分功率控制方式是将发动机的输出功率平均分配给两台泵，每台泵分到发动机输出功率的一半，两台泵之间没有相互作用，独立工作。但是这种控制方式容易产生一个问题，即其中一台泵获得的功率太大但是另一台却太小。

使用两个测量弹簧调节使泵输出近似为双曲线的功率特性。工作压力相对于测量弹簧和外部可调节弹簧作用在功率调节差压控制活塞的测量表面，外部可调节弹簧决定了功率设置值。

如果液压力总和超过弹簧力，就将控制流体供应给控制活塞，比例方向阀右位工作，变量调节缸无杆腔接通泵出口，差动作用使泵朝排量减小的方向移动，从而减少流量；与此同时，变量缸活塞又压缩弹簧，使恒功率调节器的控制活塞和比例方向阀复位，实现了行程反馈。当泵的压力继续升高时，上述过程再次重复，泵的输出流量进一步减少。未受到压力时，泵在复位弹簧的作用下摆回初始位置（$V_{gmax}$）。

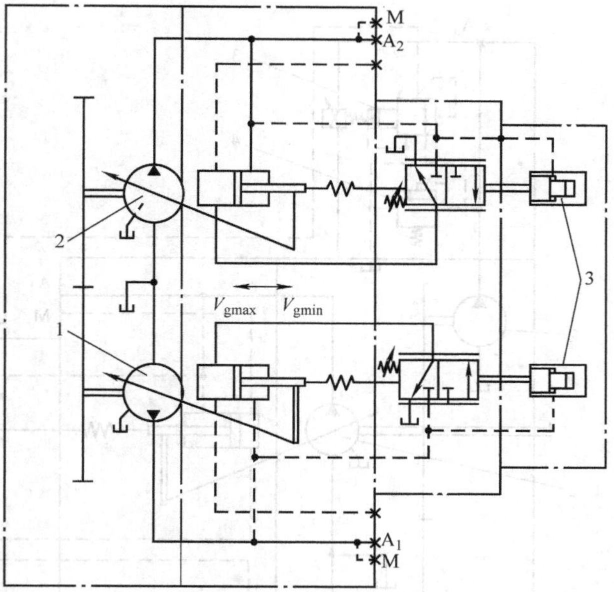

图 3-55　LA0 型分功率控制原理图

1—主泵 1　2—主泵 2　3—功率调节机构

带先导压力越权的 LA1 分功率控制原理图如图 3-56 所示，外部先导油压力（油口 $X_3$）作用于恒功率控制器 6 差压活塞的第三个测量表面，从而使设置功率减小（负功率越权控制）。使用不同先导压力可以改变机械设置基本功率。这表示可以有不同的功率设置。如果先导压力信号通过负载限制控制进行可变控制，则液压功率的总和等于输入功率。极限负载控制（也有称之为负载限制控制、极限功率控制）的原理是通过检测发动机掉速情况来调节变量泵变量机构。当电控系统检测到发动机的转速下降超过某一数值时，主动调节液压泵的吸收转矩，来保持发动机转速的相对稳定，这一过程通常是通过降低液压泵的排量来实现的，控制液压泵排量负功率越权控制的先导压力由图 3-56 中的电磁比例减压阀 3 的压力确定，控制电磁比例减压阀的电子信号必须通过外部电子控制器产生，当转速传感器检测到发动机转速下降设定数值时，将控制器输出到电磁比例减压阀的电流值减小，作用在恒功率控制调节器环形面的压力减小，最终使液压泵的排量变小，降低泵的吸收转矩，从而使发动机转速恢复到额定点附近。

极限功率控制可减小负载的变化对发动机转速的扰动，消除发动机的功率储备，维持输出转矩的相对稳定，提高发动机功率的利用率。

如无功率越权，则油口 $X_3$ 应与油箱相连。

A8VO LA0/LA1 型恒功率变量泵的压力－流量特性如图 3-57 所示，阴影部分由于控制初始值的改变，使该泵的功率调节有一定的范围。

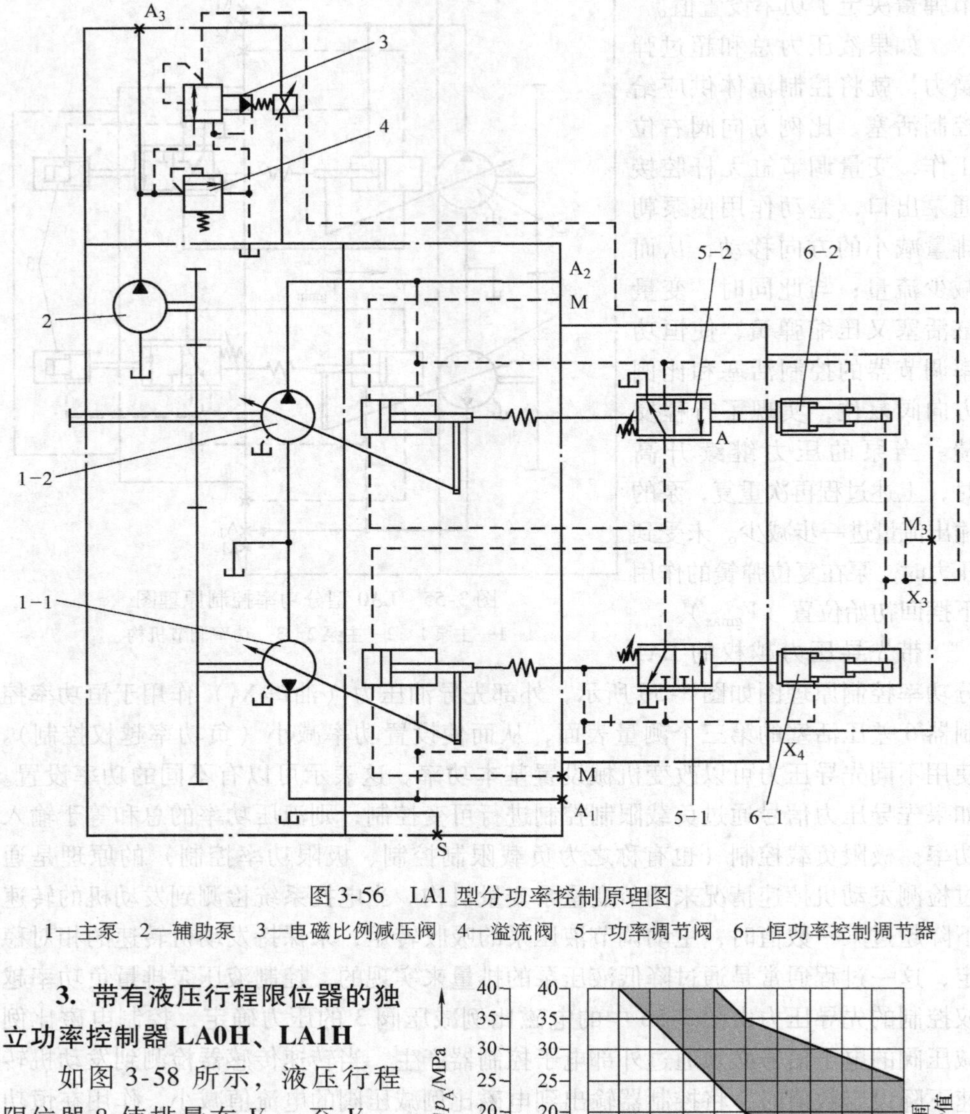


图 3-56　LA1 型分功率控制原理图

1—主泵　2—辅助泵　3—电磁比例减压阀　4—溢流阀　5—功率调节阀　6—恒功率控制调节器

### 3. 带有液压行程限位器的独立功率控制器 LA0H、LA1H

如图 3-58 所示，液压行程限位器 8 使排量在 $V_{gmax}$ 至 $V_{gmin}$ 的整个控制范围内无级可变。排量的设置与作用于油口 $X_1$（最高 44MPa）的先导压力 $p_{st}$ 成比例。功率控制器优先于液压行程限位器，即低于功率控制器特性时，根据先导压力调节排量。如

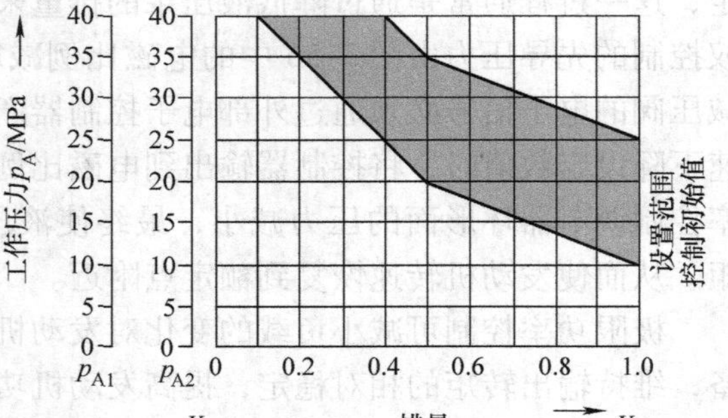


图 3-57　A8VO LA0/LA1 型恒功率变量泵的压力 - 流量特性

果设置流量或工作压力超过了功率控制器特性，则功率控制器优先于行程限位器，并随着弹簧特性减小排量。油口 $X_3$ 一般接负载限制控制。

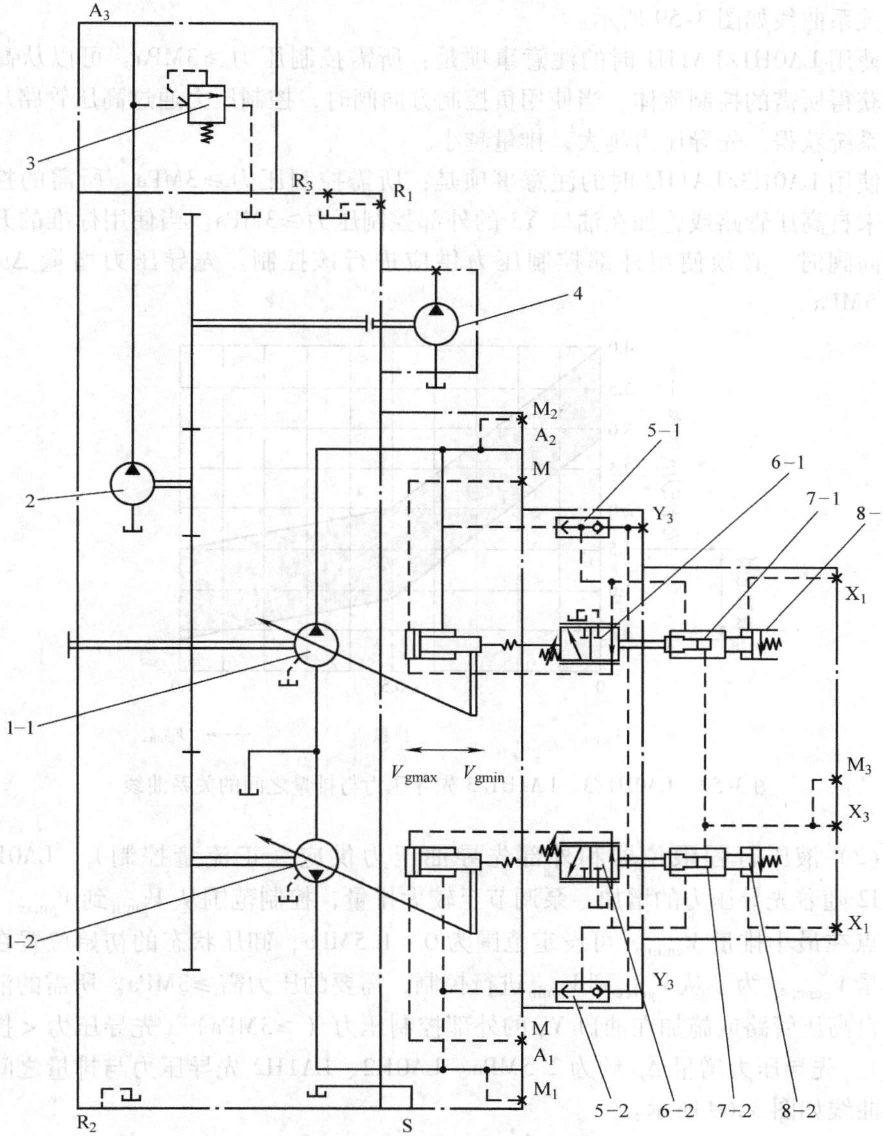


图 3-58　LA1H2 油路图

1—主泵　2—2 号辅助泵　3—溢流阀　4—3 号辅助泵　5—梭阀
6—功率调节阀　7—恒功率控制调节器　8—液压行程限位器

（1）液压行程限位器（负流量控制）LA0H1/3、LA1H1/3　随着先导压力的增加，泵调节至较小排量，控制范围从最大排量 $V_{gmax}$ 到最小排量 $V_{gmin}$，控制

起点在 $V_{gmax}$，可设定范围为 0.4～1.5MPa，控制起点取决于功率控制器设置。卸压状态的初始位置为最大排量 $V_{gmax}$。LA0H1/3、LA1H1/3 先导压力与排量之间的关系曲线如图 3-59 所示。

使用 LA0H1/LA1H1 时的注意事项是：所需控制压力≥3MPa。可以从高压管路获得所需的控制流体。当使用负控制方向阀时，控制压力通过高压管路从负控制系统获得。先导压力越大，排量越小。

使用 LA0H3/LA1H3 时的注意事项是：所需控制压力≥3MPa。所需的控制压力来自高压管路或施加在油口 Y3 的外部控制压力≥3MPa。当使用标准的开芯式方向阀时，必须使用外部控制压力供应进行该控制。先导压力增量 $\Delta p$ 约为 2.5MPa。

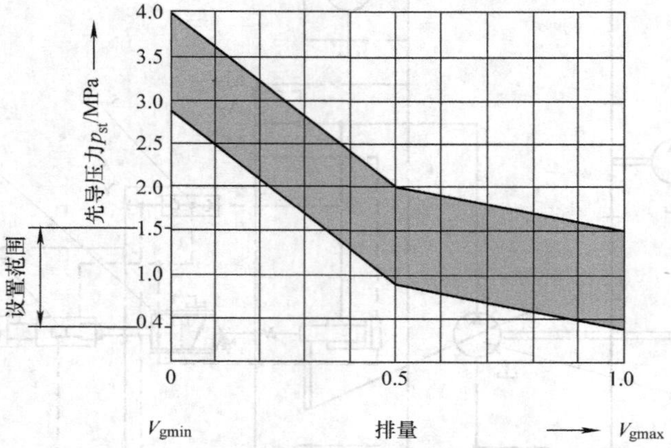


图 3-59　LA0H1/3、LA1H1/3 先导压力与排量之间的关系曲线

（2）液压行程限位器和外部先导油压力供应（正流量控制）　LA0H2、LA1H2 随着先导压力的增加，泵调节至较大排量，控制范围从 $V_{gmin}$ 到 $V_{gmax}$。控制起点在最小排量 $V_{gmin}$，可设定范围为 0～1.5MPa，卸压状态的初始位置在最大排量 $V_{gmax}$。为了从 $V_{gmax}$ 到 $V_{gmin}$ 进行控制，需要的压力需≥3MPa。所需的液压油来自高压管路或施加在油口 $Y_3$ 的外部控制压力（≥3MPa）（先导压力＜控制起点）。先导压力增量 $\Delta p$ 约为 2.5MPa。LA0H2、LA1H2 先导压力与排量之间的关系曲线如图 3-60 所示。

液压行程限制器的外部压力供应控制方式采用的是正流量控制，正流量控制具有的主要特点是：操纵多路换向阀的先导压力不仅用来控制换向阀的阀口开度，同时还被引至变量泵的变量机构来调节排量。待机时，泵只输出用来维持系统泄漏的流量。通过推拉先导手柄，系统中的先导液压回路会建立与之对应的先导压力来控制阀口开度，进而控制泵的排量，由此可知泵的输出流量与先导压力成正比。

主泵的正控制功能可根据不同的流量需求，由主控制器发出不同的信号，对应着X1口不同的先导控制压力，也对应着不同的主泵排量。这样一系列先导控制压力值和主泵排量值就形成了主泵的正控制特性曲线，如图3-60所示。

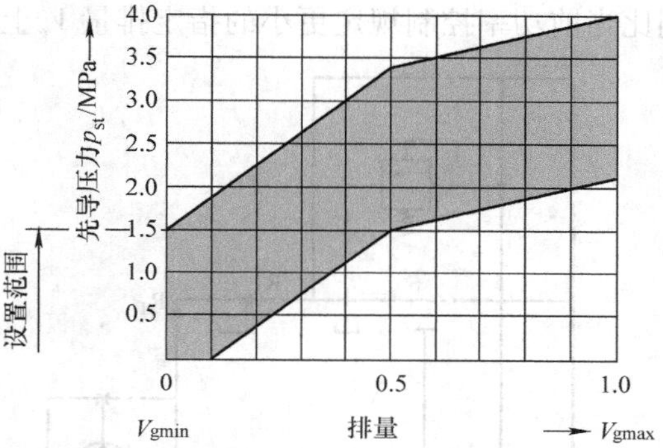


图3-60 LA0H2、LA1H2先导压力与排量之间的关系曲线

注意：如果有油口$Y_3$（H2+H3），必须总是将其连接至外部控制压力。如果没有外部控制压力供应，此口应接至油箱卸压。

**4. 带液压连接的分功率控制**（交叉功率控制方式）**LA0K、LA1K**

图3-61所示为A8VO LA1KH1型控制原理图，其实为带液压耦合器的独立功率控制器，两个独立控制器的液压耦合器提供总功率控制功能。然而，两台泵通过液压而不是机械耦合。

两个回路的工作压力分别作用在两个独立控制器的差压活塞上，使两台泵斜盘一起摆出或摆回（两台泵的出口压力通过内部通道不仅连接到各自的功率控制调节器控制活塞上，而且还分别连接到对方的功率控制器活塞上）。

如果一个泵以低于总输入功率的50%工作，其余功率可以传输至另一个泵，这样最高工作功率可达总输入功率的100%。

通俗来讲，就是液压泵的流量变化不仅受该泵所在回路压力变化的影响，也与另一回路的压力变化有关系，也就是两个回路的液压泵独立分功率控制与交叉控制结合进行恒功率调节变量。功率交叉控制系统的发动机功率分给两台泵，每一回路可分别拥有发动机功率的一半，当其中一台泵的需求降低或不工作时，另一台泵自动利用发动机功率直至100%。

交叉功率控制方式是在综合全功率控制以及分功率控制的优点的基础上开发出来的，它的原理和全功率控制是相同的，但是每台泵的流量却是不同的。

交叉功率控制结构是把两台排量和调节机构相同的泵串联起来，所以这种控制方式又可以像分功率控制一样每一台泵独立控制各自的回路。所以说，交叉功率控制不仅能将发动机的输出功率全部吸收，而且可以像分功率控制一样按照回路的负载压力实现对自身回路的独立调节，从而将发动机的输出功率充分利用起来。交叉功率控制相对于上面两种控制方式来说，它既可以最大程度地利用发动机的输出功率，又增强了低负载回路对实际功率的适应性。

通过附加的 H1/H3 液压行程限位器功能，每个斜盘旋转组件可以独立摆回到比当前功率控制规定更小的指定排量 $V_g$ 上。

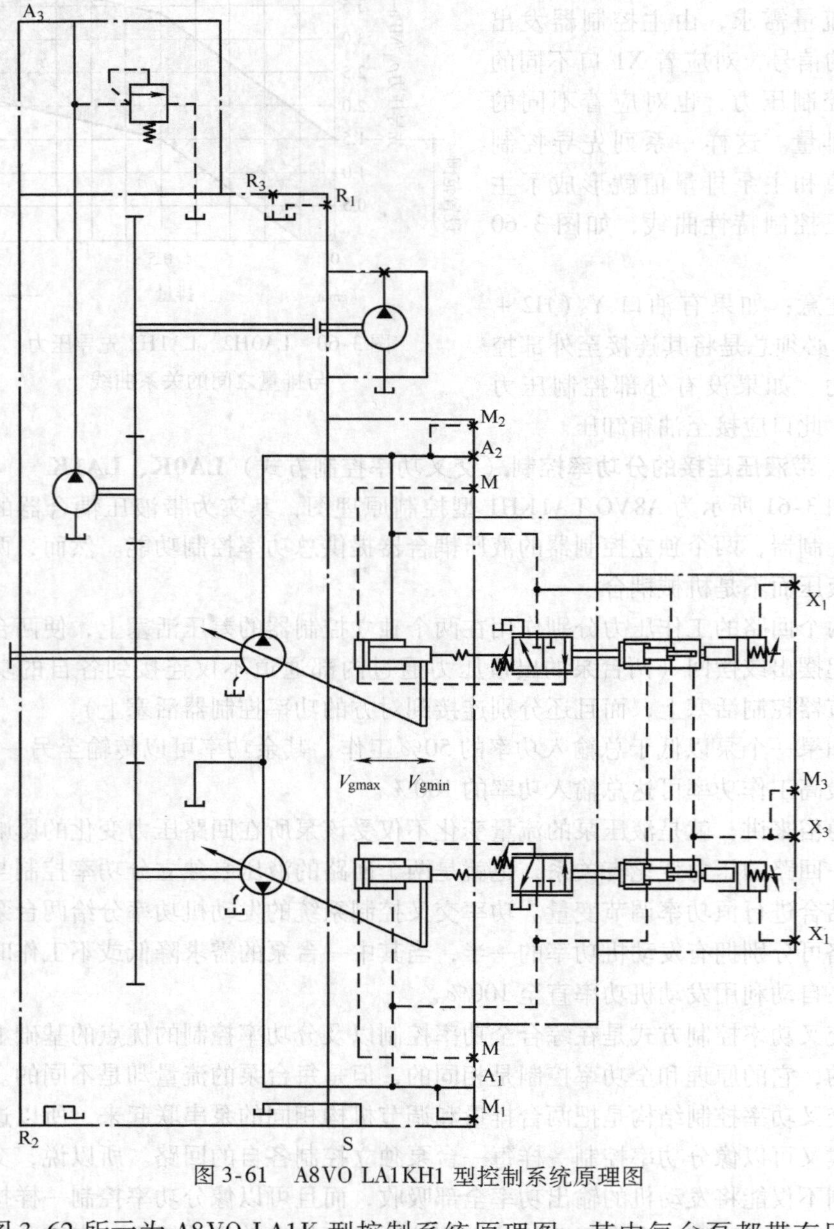


图 3-61　A8VO LA1KH1 型控制系统原理图

图 3-62 所示为 A8VO LA1K 型控制系统原理图，其中每台泵都带有压力切断阀 5，前已叙述，压力切断最大的好处是可以避免系统在过载状态下的溢流损失。

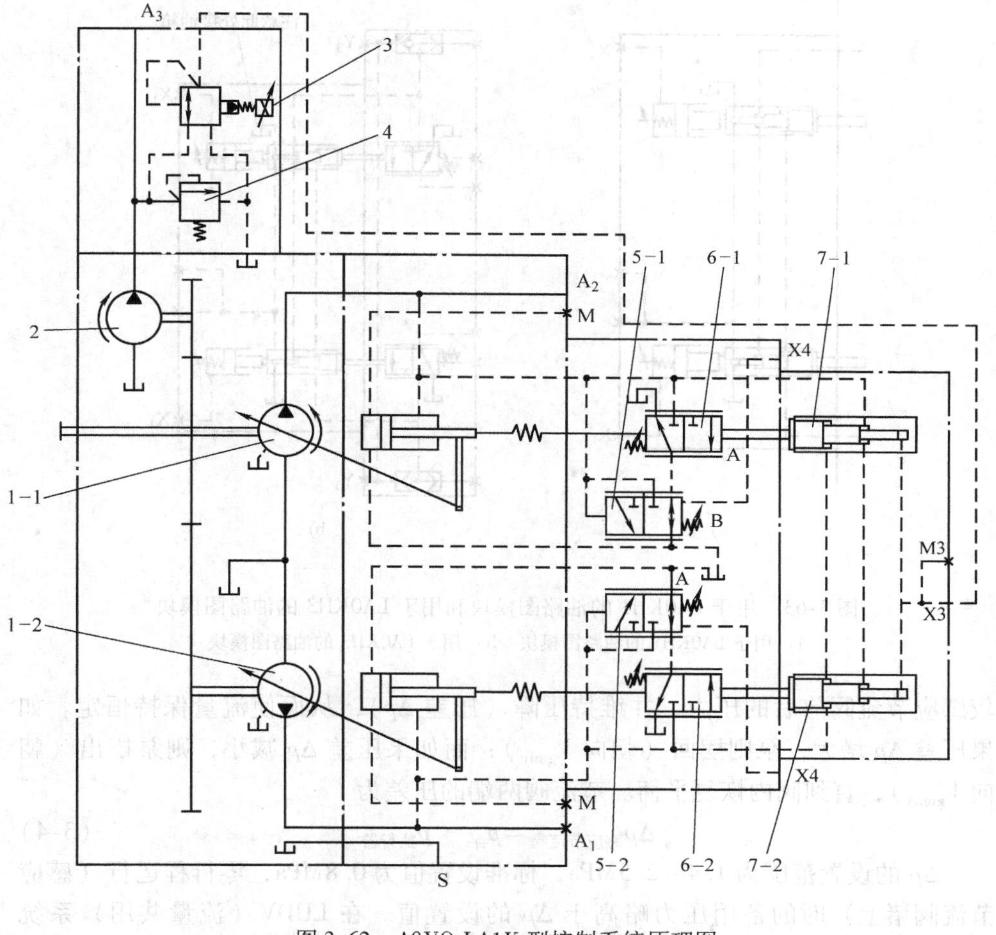


图 3-62　A8VO LA1K 型控制系统原理图

1—主泵　2—辅助泵　3—比例减压阀　4—溢流阀　5—压力切断阀
6—功率调节阀　7—恒功率控制调节器

用于 LA0KH1 的油路图模块和用于 LA0KH3 的油路图模块如图 3-63 所示。

**5. 带有负载感应的独立功率控制器 LA0S、LA1S、LA0KS、LA1KS**

负载感应控制器是一个以负载压力为导向的流量控制元件，根据执行器流量需求调节泵排量，带压力切断 + 恒功率控制 + 负载感应 + 极限负荷控制的控制原理图如图 3-64 所示。该泵输出流量取决于安装在泵和执行器之间的外部感应节流阀的开口横截面面积。该流量与低于功率特性曲线以及泵控制范围内的负载压力无关。感应节流阀通常为一个单独布置的负载感应方向阀。方向阀活塞的位置决定了感应节流阀的开口横截面面积，从而决定了泵的流量。负载感应控制器比

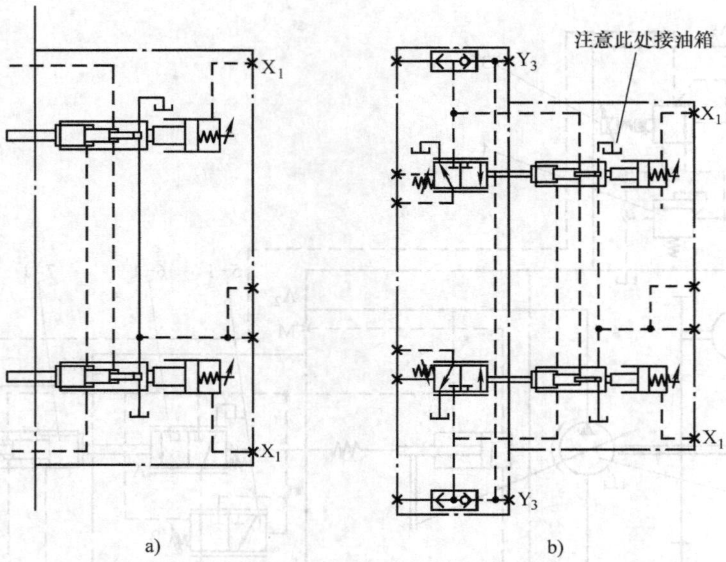


图3-63　用于LA0KH1的油路图模块和用于LA0KH3的油路图模块
a）用于LA0KH1的油路图模块　b）用于LA0KH3的油路图模块

较感应节流阀前后的压力，并维持压降（压差 $\Delta p$），从而使流量保持恒定。如果压差 $\Delta p$ 增大，泵则摆回（朝向 $V_{gmin}$）；而如果压差 $\Delta p$ 减小，则泵摆出（朝向 $V_{gmax}$），直到阀内恢复平衡。节流阀两端的压差为

$$\Delta p_{感应节流阀} = p_{泵} - p_{执行器} \tag{3-4}$$

$\Delta p$ 的设置范围为1.4～2.5MPa，标准设置值为0.8MPa，零行程运行（感应节流阀堵上）时的备用压力略高于 $\Delta p$ 的设置值。在LUDV（流量共用）系统中，压力切断装置内置在LUDV阀组中。

**6. EP型带比例电磁铁的电气控制**

通过带比例电磁铁的电气控制，利用电磁力将泵排量成比例地无级调节，控制系统原理图及特性曲线如图3-65所示。控制范围从 $V_{gmin}$ 至 $V_{gmax}$，随着控制电流的增加，泵调节至较大排量。没有控制信号（控制电流）的初始位置在最小排量 $V_{gmin}$，所需控制压力来自工作压力或外部施加给油口 $Y_3$ 的控制压力。为了确保在低工作压力（<3MPa）下也可进行控制，必须对油口 $Y_3$ 施加约3MPa的外部控制压力。

**7. 全功率控制方式**

如图3-66所示，两台液压泵1和2由一个全功率调节机构3来进行调节，使两台液压泵的摆角位置始终相同，从而实现同步变量。因此，两台泵的流量相

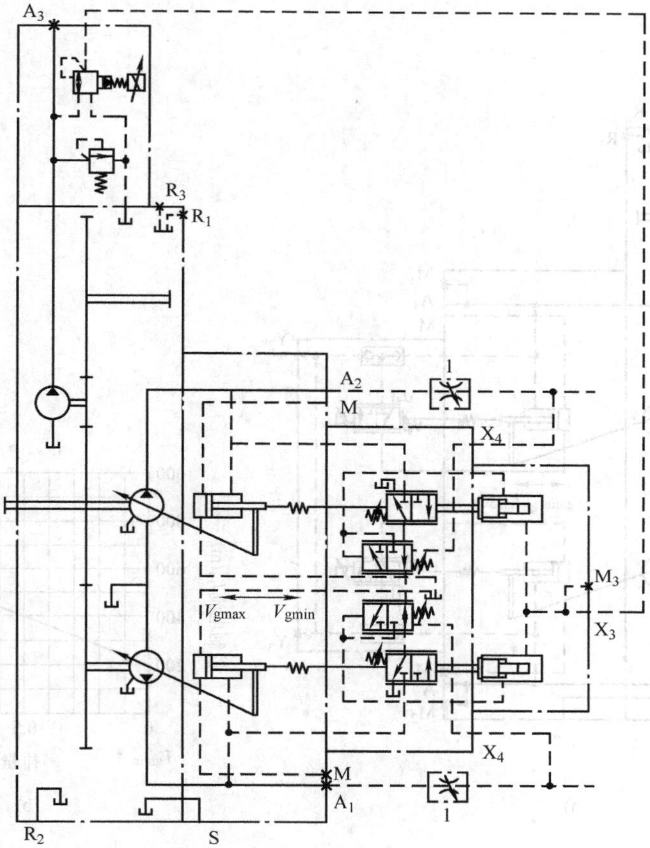


图 3-64　LA1S 型控制油路图
1—外部感应节流阀

同，决定液压泵流量变化的不是某一条回路的工作压力的单个值，而是系统的总压力。经压力平衡器（压力平衡器的原理图如图 3-67 所示）将两台液压泵的工作压力 $p_1$、$p_2$之和的一半作用到调节器上实现两泵共同变量。压力平衡器各段截面面积分别为 $A_1$、$A_2$和 $A_3$，且 $A_1=A_2=A_3/2$，双泵流量 $q_1=q_2=q$，由图 3-67 可知泵出口压力和排量关系：

$$p_1A_1+p_2A_2=p_3A_3 \tag{3-5}$$

所以

$$p_3=\frac{p_1+p_2}{2} \tag{3-6}$$

设泵的总功率为 $P$，则泵出口压力和流（排）量关系为

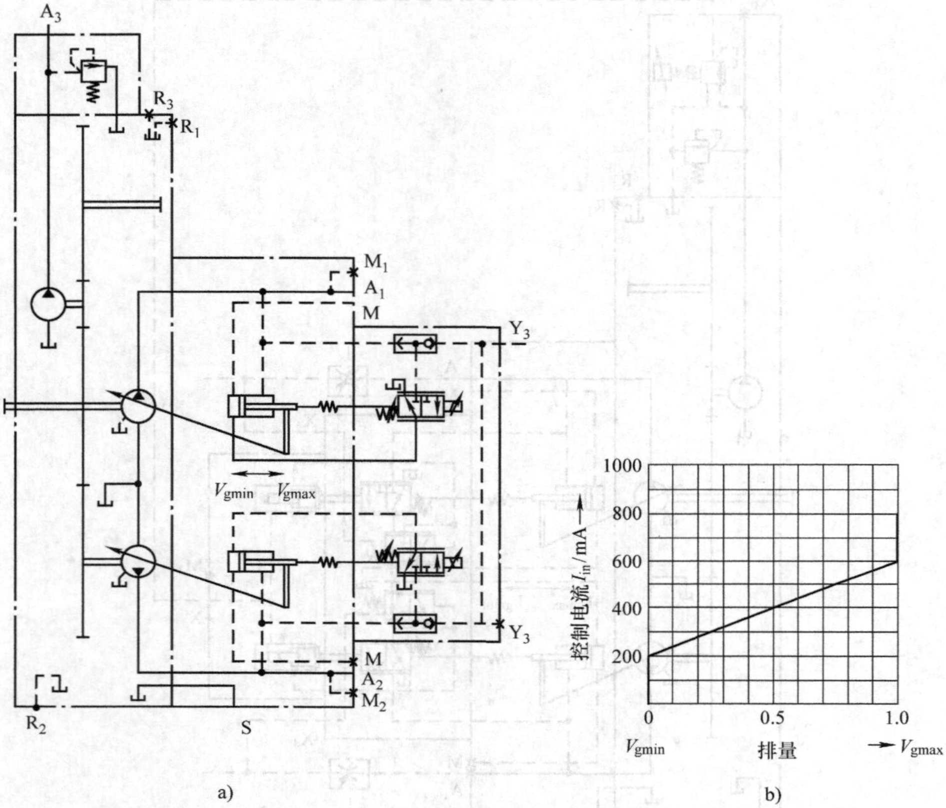


图 3-65　EP 型控制系统原理图及特性曲线

a）原理图　b）特性曲线

$$P=\frac{p_1+p_2}{2}\times 2q=(p_1+p_2)q=\text{const} \tag{3-7}$$

该系统的特点是两台液压泵的排量始终是相等的，能充分利用发动机功率；两台液压泵各自都能够吸收柴油机的全部功率，提高了工作装置的作业能力；结构简单。由于以上特点，全功率变量泵液压系统在挖掘机上曾经得到大量应用。不足是：工作时，若两台液压泵需要的压力、流量不相同，则处于高压的泵的流量大于系统需要的流量，多余油液从溢流阀流走，使系统发热并造成功率损失；而另一个低压泵又得不到最大流量，使执行机构达不到最大速度。另外，当实际使用功率小于总功率调节值时，系统仍然要按最大功率运转，多余功率则变为热能而损失掉。

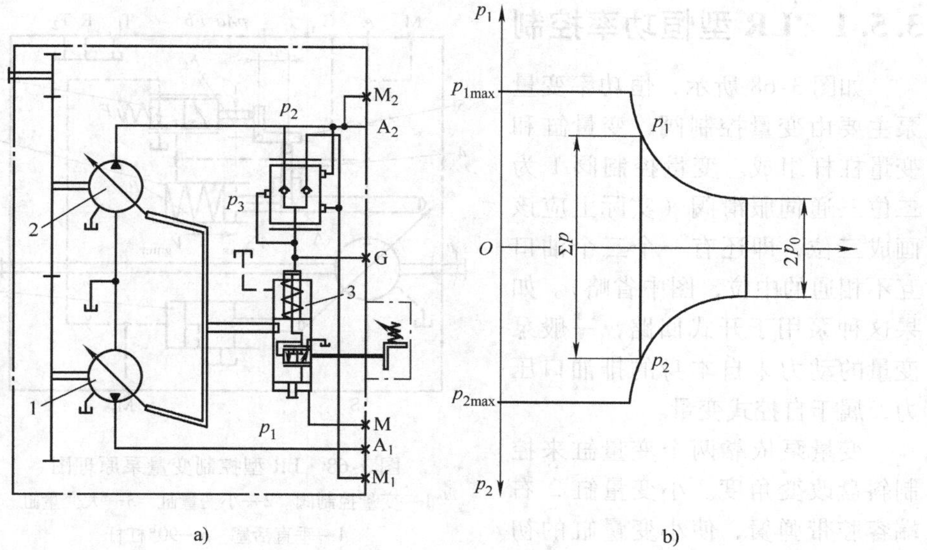


图 3-66　全功率控制

a）系统原理　b）系统特性

1—主泵 1　2—主泵 2　3—全功率调节机构

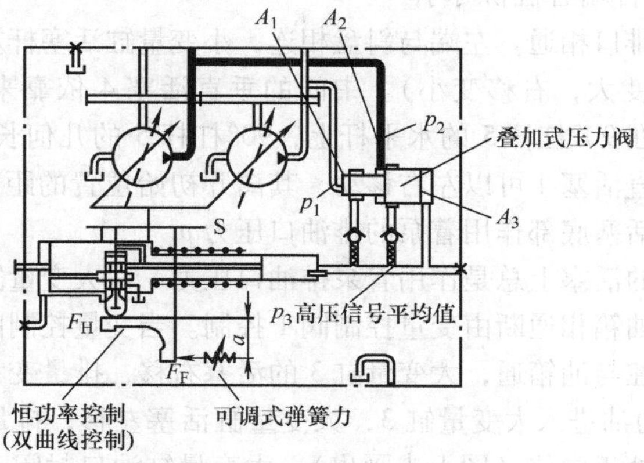


图 3-67　压力平衡器原理

## 3.5　德国 Rexroth 其他开式泵的恒功率控制方式

从结构上来说，A4V、A10V、A11V 属于斜盘式变量泵，而 A7V 属于斜轴式变量泵，都属于开式变量泵，这几种类型的泵都可以配置恒功率控制。A4VG 闭式泵也属于恒功率控制类型，这部分内容将在闭式泵的变量控制一节叙述。

## 3.5.1 LR型恒功率控制

如图3-68所示，恒功率变量泵主要由变量控制阀、变量缸和变量杠杆组成。变量控制阀1为二位三通伺服滑阀（实际上应该画成三位，即还有一个三个油口互不相通的中位，图中省略）。如果这种泵用于开式回路，一般泵变量的动力来自本身的排油口压力，属于自控式变量。

变量泵依靠两个变量缸来控制斜盘改变角度。小变量缸2右端容腔带弹簧，使小变量缸的初始位置处于排量最大位置，此时变量控制阀处于初始的右位，大变量缸3与油箱相通。

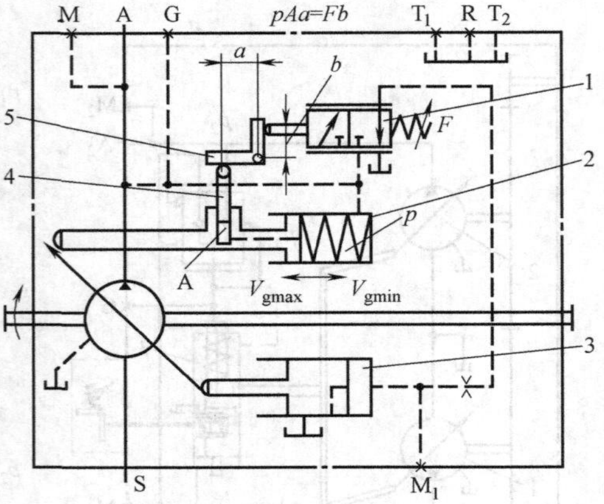


图3-68　LR型控制变量泵原理图

1—变量控制阀　2—小变量缸　3—大变量缸

4—垂直活塞　5—90°杠杆

M—测压油口（堵死）　A—压力油口　S—吸油油口

G—测压油口（堵死）　R—泄漏油口（堵死）

$T_1$、$T_2$—回油油口（堵死）

$M_1$—测压油口（堵死）

小变量缸2右端容腔除了弹簧，总是与泵的排口相通。左端与斜盘相连，小变量缸活塞杆左右移动，将改变斜盘角度（左移变大，右移变小）。中间的垂直活塞4依靠来自泵排油口的油压，将其头部顶在90°杠杆5的水平杆上，90°杠杆5的几何长度分别为$a$和$b$。在活塞移动时垂直活塞4可以左右移动，其离开初始位置的距离$a$，就表示泵排量的大小。垂直活塞底部作用着泵的排油口压力$p$。

小变量缸2的活塞上总是作用着泵排油口压力，而大变量缸3右端容腔与泵排油口压力油或油箱相通断由变量控制阀1控制。当变量控制阀1在右位时，大变量缸3右端容腔与油箱通，大变量缸3的活塞右移，排量变大；当变量控制阀1在左位，泵压力油进入大变量缸3，大变量缸活塞左移，排量变小。变量到位时，变量控制阀处于中位（图上未画出），大变量缸油口封闭，变量泵处于某稳定点。

其工作原理是：当泵功率未达到调定的恒功率值时，$p$、$A$和$a$的乘积（力矩）小于输入的$Fb$（$F$为弹簧设定值产生的弹性力），变量控制阀1处于右位，排量最大，此时泵输出最大排量。假如工作压力超过了弹簧的设定值，即当$pAa>Fb$时，在摇杆处的杠杆长度被减小，作用在90°杠杆5上的顺时针方向的力矩大于逆时针方向的力矩，90°杠杆使变量控制阀阀芯移动，压力油进入大变量缸3，使排量有所减少，直至重新回到逆向力矩等于小于顺向力矩的状态。工作压力可以按排量减少的量的相同比例增加，使驱动功率不会被超过，从而保持泵的输出功率为常数。

LR 型恒功率控制特性曲线如图 3-69 所示，调整变量控制阀弹簧，可以使初始压力的设定范围为 5 ~ 22MPa，即增加弹簧力，可以使恒功率控制特性曲线上移，增大了输出的恒功率的值。

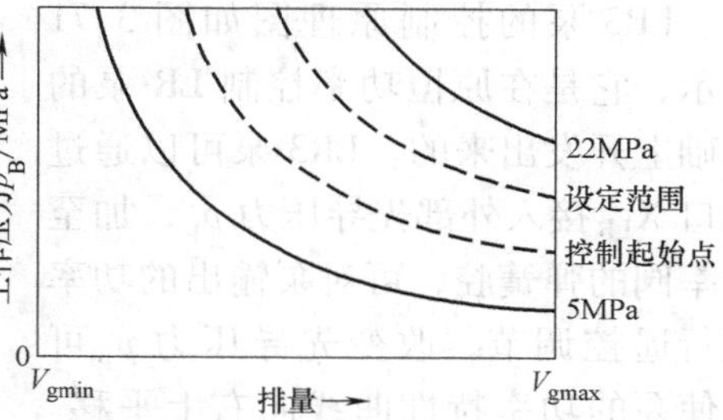

图 3-69　LR 型恒功率控制特性曲线

这里，只有恒功率控制，如果再加上恒压、恒流量控制，那么对全局而言在一个时刻只可能有一种控制方式，但功率控制优先。

通过改变变量控制阀的初始弹簧力可以改变恒功率变量泵的功率模式。A11VO 变量泵可以通过外部先导压力信号对控制设定值进行越权控制。该先导压力通过油口 Z 作用在功率调节器的调节弹簧上。通过不同的先导压力设定，可以对机械调节的基本设定值进行液压调节，以设定不同的功率模式。如果随后通过外部功率限制控制对先导压力信号进行调节，则所有使用装置的总液压功耗可与发动机的驱动功率匹配。

带负功率越权的功率控制（LG1）如图 3-70a 所示，由先导压力产生的力反作用于功率控制的机械调节弹簧。先导压力增加，则功率下降。

带正功率越权的功率控制（LG2）如图 3-70b 所示，由先导压力产生的力支持功率控制的机械调节弹簧。先导压力增加，则功率上升。

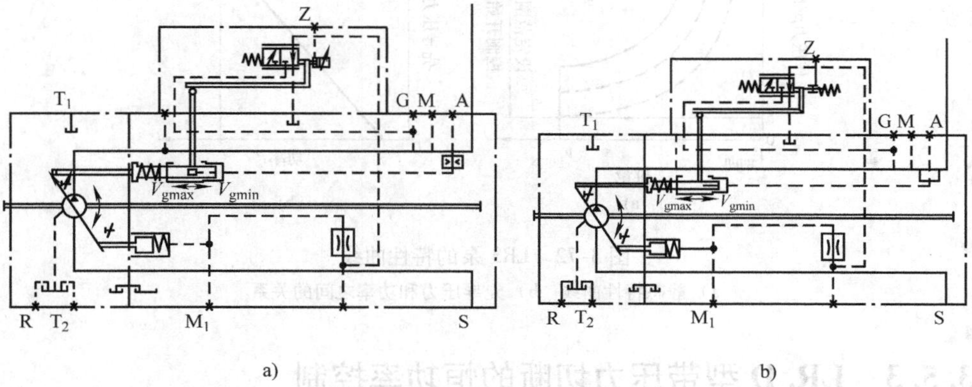


a)　　b)

图 3-70　越权控制
a）负功率越权控制　b）正功率越权控制

## 3.5.2 LR3型遥控恒功率控制

LR3泵的控制原理图如图3-71所示，它是在原恒功率控制LR泵的基础上开发出来的。LR3泵可以通过油口$X_{LR}$接入外部先导压力$p_p$，加至功率阀的弹簧腔，可对泵输出的功率进行遥控调节，改变先导压力$p_p$可以使泵的功率特性曲线向右上平移。改变先导压力相当于改变了弹簧的设定值。这种变量泵在无压力的初始位置时排量最大（$V_{gmax}$）。

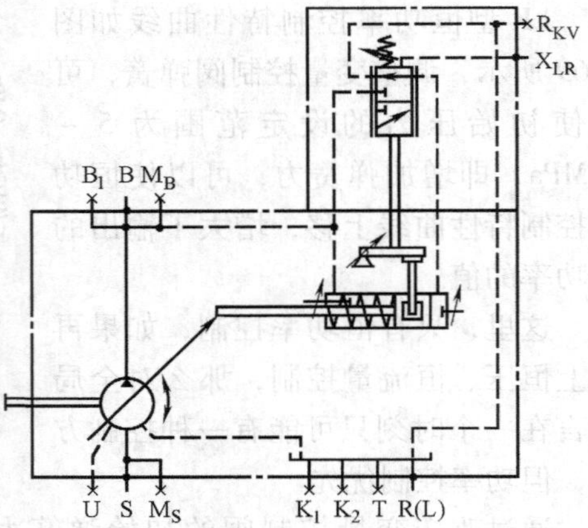


图3-71 LR3泵的控制原理图

控制的起始点与所施加的外部先导压力$p_p$可以成比例地改变。最大的外部先导压力通常有限制，例如A4VSOLR3泵不能超过10MPa。整个压力设定起始点的范围可达到5~35MPa。

基本的功率曲线（外部先导压力为零）由厂商在出厂前设定。

图3-72a所示为LR3泵的静态特性曲线，增大先导控制压力可以增大恒功率的控制值。先导压力与功率$P$之间为线性关系，如图3-72b所示。

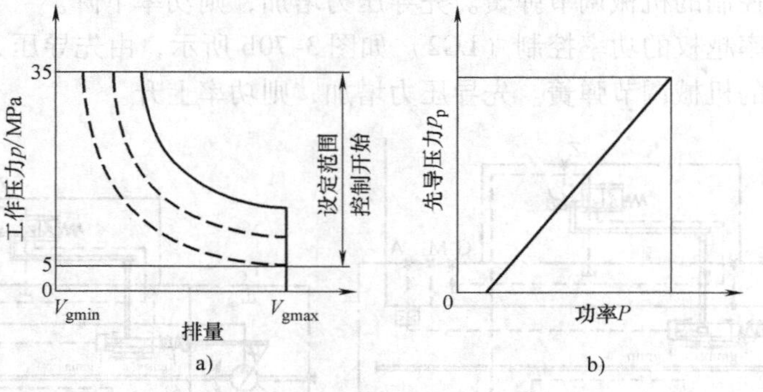


图3-72 LR3泵的特性曲线

a）静态特性曲线 b）先导压力和功率之间的关系

## 3.5.3 LR.D型带压力切断的恒功率控制

LR.D控制是在恒功率控制的基础上增加了一个压力控制阀4（图3-73）。压力控制阀的可变阀口与固定节流孔5组成了一个C型半桥，用来控制变量泵活塞腔的压力，如图3-73所示。在无压工况，泵处在排量最大$V_{gmax}$的初始位置。这种控制方式，压力切断控制优先于功率控制，也就是在工作压力低于设定压力的情况下，变量泵变量控制装置跟随功率控制功能。一旦泵的输出压力达到了压力控制设定值，此时压力控制阀4下位工作，泵出口压力油经阀口进入变量活塞的右腔，使泵的排量减少，泵进入压力切断控制模式，并仅输送所需要的流量来保持这个压力。一般这个压力有一个设定范围，如A10VSO系列泵压力设定范围为2～35MPa，而标准的设定值为35MPa。也就是如果工作压力不超过35MPa，为恒功率泵，一旦超过了35MPa，就为恒压泵，其静态特性曲线如图3-74所示。其中功率变量的起始点由恒功率阀2的弹簧调定，最高工作压力由压力控制阀4的弹簧调定。

从控制特性曲线中可以看出，改变压力控制阀4的弹簧设定压力，会使压力水平线上下移动，但最高到35MPa。

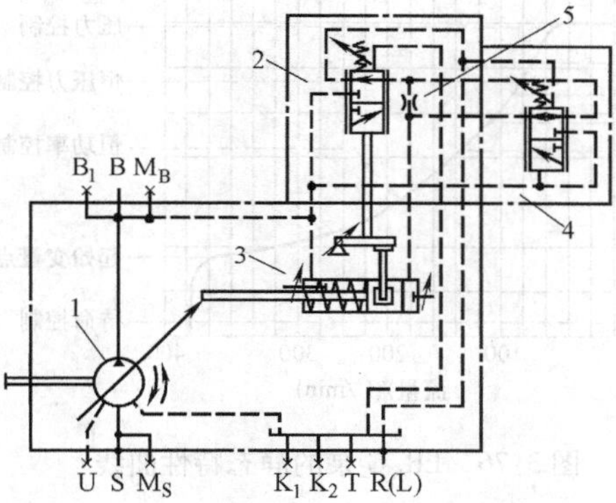


图3-73 LR.D泵的控制原理图
1—变量泵主体 2—恒功率阀 3—变量缸 4—压力控制阀 5—固定节流孔

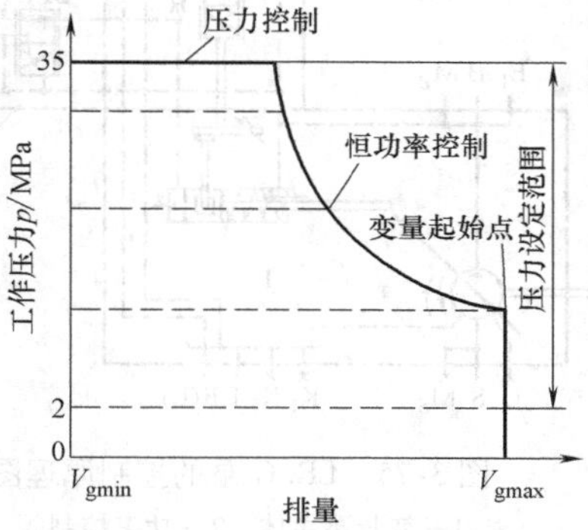


图3-74 LR.D泵的静态特性曲线

## 3.5.4 LR.G型带遥控压力控制的恒功率控制

LR.G控制是在LR.D控制方式的基础上增加了一台遥控压力溢流阀5（图3-75）。为了能够实现控制压力的遥控设定，外加的遥控压力溢流阀5通过管道被连到油口$X_D$。固定节流孔6与遥控压力溢流阀5的可变节流口一起构成B型半桥，改变遥控压力溢流阀的设定压力就可调整压力控制阀4弹簧腔的压力。遥控压力溢流阀5一般不安装在主泵上，需单独订货。

一旦系统压力控制溢流阀设定值加上遥控压力控制阀4的阀口的压差达到遥控压力的设定值，泵就会进入压力控制模式，控制原理同3.5.3节，可以通过改变遥控压力溢流阀的调整压力，实现远程压力遥控。对于 Rexroth 公司 LR2（3）G 型泵，压力控制阀阀芯的压差被设定为标准的 2MPa。一般要求控制管路最长不要超过 2m。这种控制方式，在无压条件下的初始位置是排量最大位置（$V=V_{gmax}$）。

注意，对于遥控压力的设定值是单独的溢流阀设定值加上在压力控制阀阀口两端的压差 $\Delta p$ 之和。例如：外部的压力溢流阀设定值是 33MPa，控制阀阀芯两端的压差是 2MPa，则遥控压力的改变值为 33MPa + 2MPa = 35MPa。

LR. G 泵的静态特性曲线见图 3-76，压力阀的阀口压差大约等于 2MPa，调整溢流阀的设定压力值，可以看到，随着总的设定压力的增加压力特性上移，工作压力水平线向上移动。

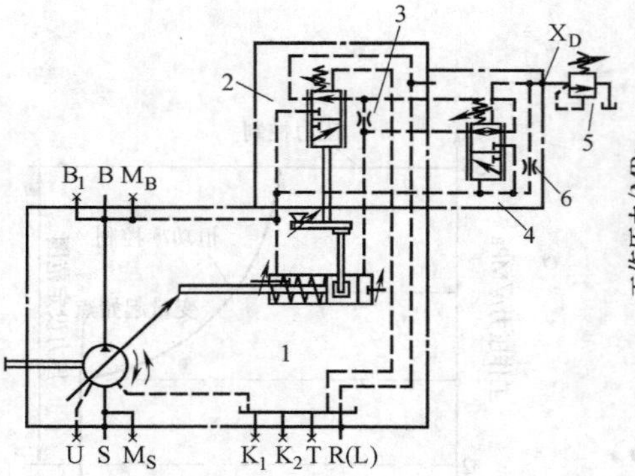


图 3-75　LR. G 泵的控制原理图

1—变量泵主体　2—功率控制阀

3、6—固定节流孔　4—压力控制阀

5—遥控压力溢流阀

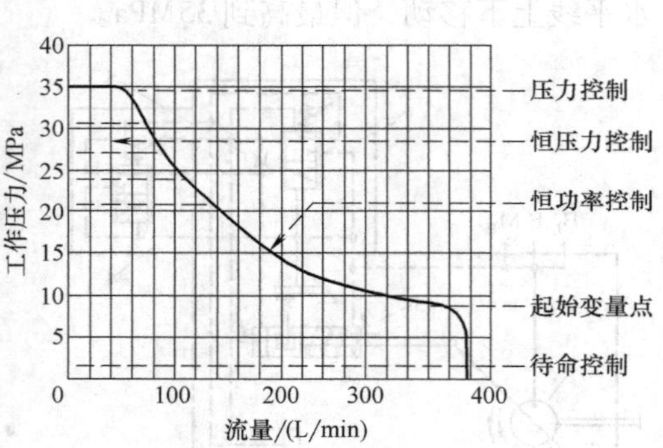


图 3-76　LR. G 泵的静态特性曲线

## 3.5.5　LR. M 型带行程限制器的恒功率控制

LR. M 泵的控制原理图如图 3-77 所示，它是在原恒功率控制变量泵的基础上增加了机械行程限位器，这种形式的变量泵除了功率控制功能之外，通过调节一个机械行程限位器可以无级地限制泵的最大排量 $V_{gmax}$，调整行程限位螺钉时必须在无压的条件下进行。这种变量泵在无压条件下的初始位置仍然是最大排量 $V_{gmax}$ 位置。

行程限制器的调整设定范围为 0 ~ $V_{gmax}$ × 100%（最大可以到 $V_{gmax}$ × 104%），标准设定值通常是 $V_{gmax}$，如图 3-78 所示。改变机械行程限位器的设定，会使静态特性曲线横轴的最大排量值发生改变。

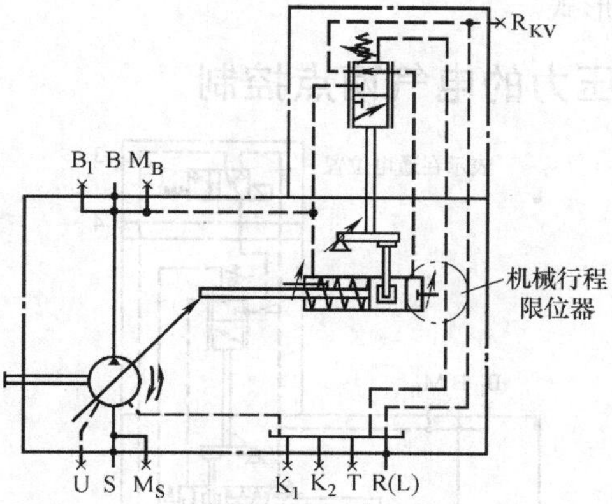


图 3-77　LR. M 泵的控制原理图

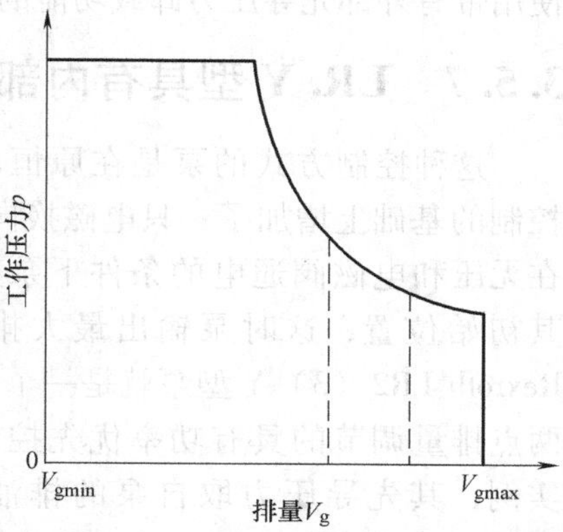


图 3-78　LR. M 调节静态特性曲线

## 3.5.6　LR. Z 型液压两点控制

LR. Z 泵的控制原理图如图 3-79 所示，它是在原有恒功率控制泵的基础上增加了换向阀 3 和辅助泵 4 组成的。具有这种控制方式的泵，在泵重新起动时，可以减小起动转矩，通常需要外部的先导控制压力。此泵初始位置是无压条件下（油口 $R_{KV}$ 无压）排量处在最大位置。在功率控制和压力控制时，油口 $R_{KV}$ 必须接油箱。

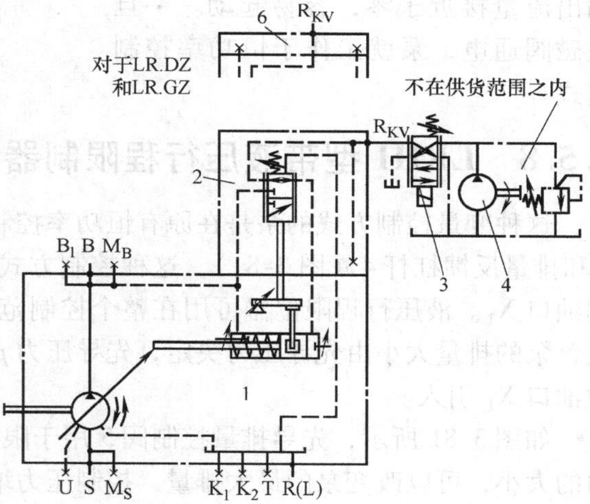


图 3-79　LR. Z 型液压两点控制

1—主泵　2—功率控制阀　3—换向阀　4—辅助泵

德国 Rexroth 的 LR2（3）Z 泵就是一个简单的两点控制类型，两点控制优先于恒功率控制。

油口 $R_{KV}$ 加压引起控制装置朝着排量变小的方向调节。若将油口 $R_{KV}$ 卸载到油箱，能使泵执行 LR2（3）恒功率控制功能。很显然，只有在起动时接通外控先导压力。$R_{KV}$ 接通压力油后，泵的排量最小，有利于泵电动机顺利起动，一旦起动过程结束，油口 $R_{KV}$ 就回油箱。

推荐的油口 $R_{KV}$ 处的先导压力 $p_p = p_{HD}$（输出压力）/2，但至少应为 2MPa。最小排量被厂家设定在 0～50% 最大排量处。对于长时间的待命状态，推荐使用带有外部先导压力卸载功能的 LR. G 形式。

## 3.5.7　LR. Y 型具有内部先导压力的电气两点控制

这种控制方式的泵是在原恒功率控制的基础上增加了一只电磁换向阀。在无压和电磁阀通电的条件下泵处在其初始位置，这时泵输出最大排量。Rexroth LR2（3）Y 型泵就是一个电气两点排量调节的具有功率优先控制的实例，其先导压力取自泵的排油侧，如图 3-80 所示。

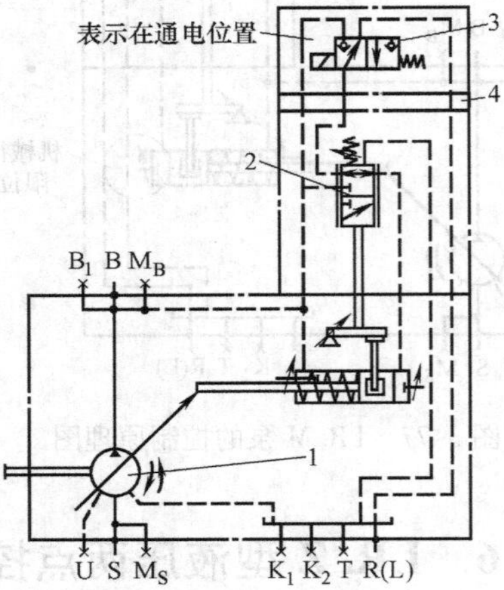


图 3-80　LR. Y 型控制原理图

1—主泵　2—功率控制阀

3—电磁阀　4—连接板

当电磁阀不通电时，泵起动后，一旦工作压力接近 0.4 ~ 1MPa，泵的斜盘就朝着最小排量 $V_{gmin}$ 方向摆动，输出流量接近于零，容易起动。一旦电磁阀通电，泵就工作于恒功率控制模式。

## 3.5.8　LRH1 型带液压行程限制器控制

这种变量控制方式的泵是在原有恒功率控制基础上，增加了先导排量控制阀 5 和排量反馈杠杆 4（图 3-81）。这种控制方式需要一个外部的先导控制压力加到油口 $X_1$。液压行程限位器可用在整个控制范围内，连续地改变或限制泵的排量，泵的排量大小由先导压力决定，先导压力 $p_{st}$ 最高为 4MPa，先导控制压力通过油口 $X_1$ 引入。

如图 3-81 所示，先导排量控制阀 5 用于限制最大排量，改变加到 $X_1$ 油口压力的大小，可以改变泵的最大排量。控制压力增加，先导排量控制阀 5 左位与压力油路接通，液压油经功率控制阀 2 通往变量缸，使最大排量减小。图 3-81 所示为负流量控制方式，即随着控制压力的增加，最大排量的设定值减小。泵排量减小的同时，通过排量反馈杠杆 4，使排量控制阀 5 阀芯向左移动，关闭进入变量缸 3 大端的油口，使主泵 1 输出排量为一调定值。减小的排量值与控制压力成正比。

这种控制方式中功率控制优先于液压行程限位器控制。例如：在双曲功率控制曲线以下，排量由先导压力控制，当一个设定的流量或者负载压力超过了功率曲线时，功率控制优先沿着双曲特性曲线减少泵的排量。

最高 4MPa 先导控制压力的引入，可以驱动泵的摆角至初始最小排量 $V_{gmin}$ 位置。所需的控制压力可以取自泵排油口工作压力，也可以取自加在油口 $Y_3$ 的外加控制压力。甚至在工作压力小于 4MPa 的情况下，为了确保控制，油口 $Y_3$ 必须施加一个外部的接近 4MPa 的控制压力，这样可以保证泵在起动时具有零排量输出。LRH1 型控制静态特性曲线和 LRH1 型控制先导压力与排量之间的关系分别如图 3-82 和图 3-83 所示。

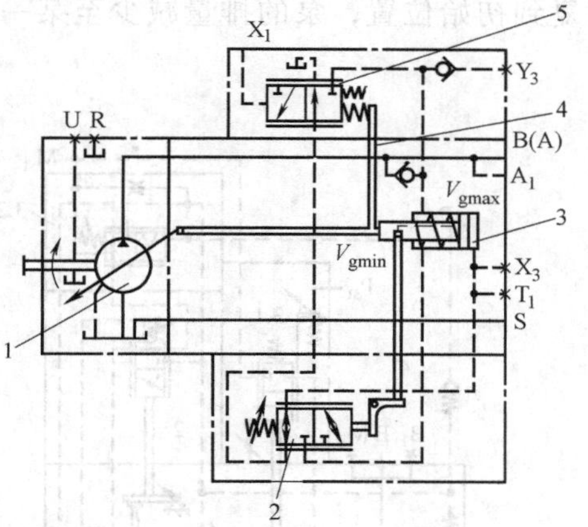


图 3-81　LRH1 型控制原理图

1—主泵　2—功率控制阀

3—变量缸　4—排量反馈杠杆

5—先导排量控制阀

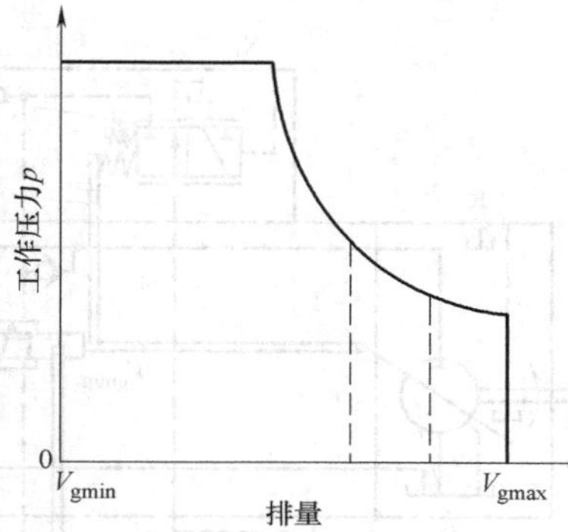


图 3-82　LRH1 型控制静态特性曲线

图 3-84 所示的 LRDH1 型控制增加了压力切断功能。增设的压力切断阀 2 设定了泵的最高压力，一旦系统压力超过了压力切断阀 2 左边弹簧的设定压力，压力油就通过压力切断阀 2 和功率控制阀 3 进入变量缸 4 的大腔，推动变量缸 4 的活塞杆左移使泵排量减小。

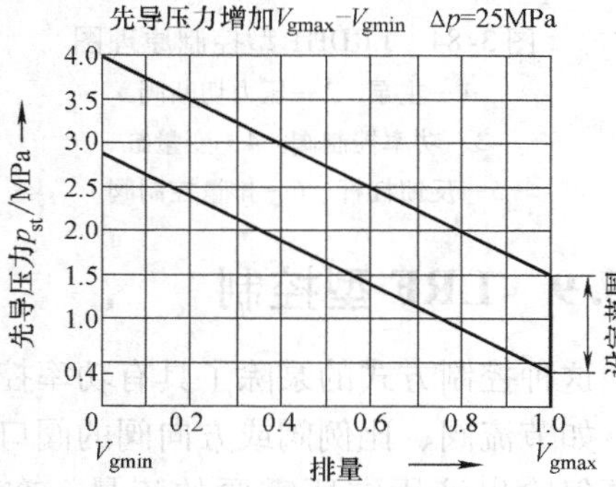


图 3-83　LRH1 型控制先导压力与排量之间的关系

另一种结构形式的 LRH 型控制原理图如图 3-85 所示，其主要由主泵 1、恒功率控制阀 2、先导阀 3.1、控制阀 3.2 和单向阀 4 组成。基本的设定值是 $V_{gmax}$。排量的变化与先导压力成比例，双曲线功率控制优先于先导压力信号，它用于确保指定的驱动功率保持恒定。先导压力由油口 $P_{st}$ 引入，用于控制先导阀 3.1 阀套的位置，先导压力变化，会改变先导阀 3.1 的阀口开度。控制阀 3.2 上面的固定阻尼和受先导压力和变量缸行程共同控制的先导阀 3.1 的可变阀口构成了 B 型半桥，用来控制控制阀 3. 2 弹簧腔的压力，当从油口 $P_{st}$ 外加的控制压力增大时，会推动先导阀 3. 1 的阀套移动一定的距离，从而改变先导阀 3. 1 的节流口开度。例如：先导控制压力增大，先导阀 3. 1 开度增大，阻尼减小，使控制阀 3. 2 的右腔压力减小，推动控制阀 3. 2 左位工作，变量缸活塞杆在压力油的作用下左移，与变量缸相连的杠杆机构同时带动先导阀 3. 1 的阀芯跟随移动，直至和阀套相同距离，此时先导阀 3. 1 又会恢复到初始位置，泵的排量减少至某一定值。

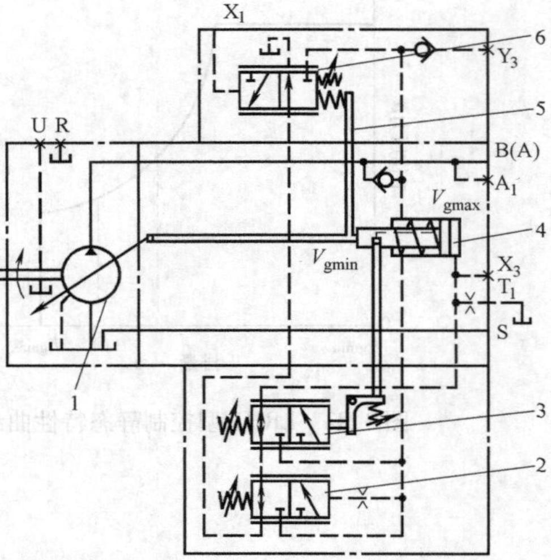


图 3-84　LRDH1 型控制原理图

1—主泵　2—压力切断阀
3—功率控制阀　4—变量缸
5—反馈杠杆　6—排量控制阀

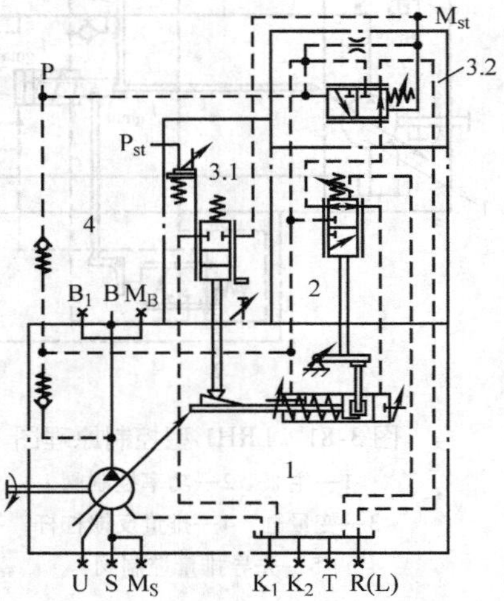


图 3-85　LRH 型控制原理图

1—主泵　2—恒功率控制阀
3. 1—先导阀　3. 2—控制阀
4—单向阀

## 3. 5. 9　LRF 型控制

这种控制方式的泵除了具有功率控制功能之外，借助于泵和执行器之间的压差，如节流阀、比例阀或方向阀的阀口两端的压差，可以控制泵的输出流量，此时泵仅输出液压缸所需要的流量。在无压条件下，泵的初始位置是排量最大（$V_{gmax}$）的位置。

如图 3-86 所示，泵的流量取决于节流阀 5 阀口的通流面积，通常节流阀 5 安装在液压泵和变量缸之间。这种控制方式使得在功率控制曲线之下和在泵的控制范围内泵的输出流量实质上不受负载压力的支配。节流阀阀口的通流面积决定了泵的流量。流量控制阀 4 检测阀口前后压降并保持压降（压差 $\Delta p$）为常数，因此可以控制流量。

在一定的输入信号下，节流阀5有对应的通流面积，当泵的输出流量与输入信号对应时，流量控制阀4处于中位。如果出现干扰，如负载压力升高使实际输往负载的流量减少，则在与输入信号对应的节流阀阀口通流面积不变情况下，在节流阀处产生的压降就要比正常压差小，造成流量控制阀4两端受力不平衡而使阀芯左移，即流量控制阀4右位工作，变量缸大腔油液流出一部分，使液压泵的排量增大，直至通过节流阀5的流量重新与输入信号对应，流量控制阀重新回到中位。如果出现负载压力降低的干扰，则有相反的类似自动调节过程。

阀口的压差用公式 $\Delta p_{阀口}=p_{泵}-p_{执行器}$ 计算。

作用在流量控制阀4上的标准的 $\Delta p$ 设定值接近1.4MPa，推荐的范围是1.4~2.5MPa。

由图3-87可以看出，节流阀5阀口的压差变化，会使特性曲线右端垂直部分沿横轴左右移动。

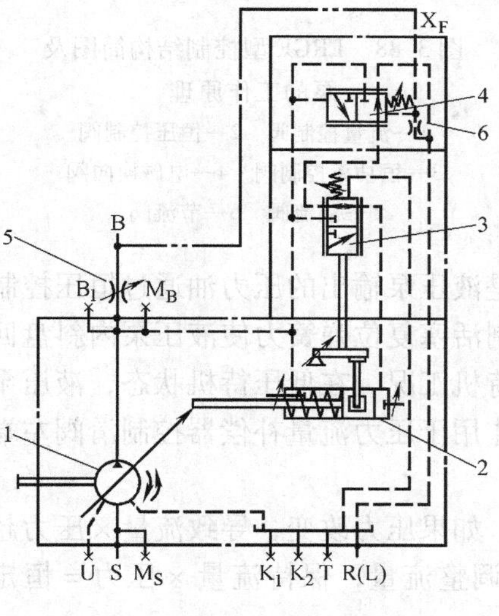


图3-86 LRF型控制原理图

$X_F$—流量控制先导压力油口

$M_1$、$M_2$—控制腔压力测量油口

S—吸油口 B—压力油口

1—液压泵 2—变量缸 3—功率控制阀

4—流量控制阀 5—节流阀 6—固定节流孔

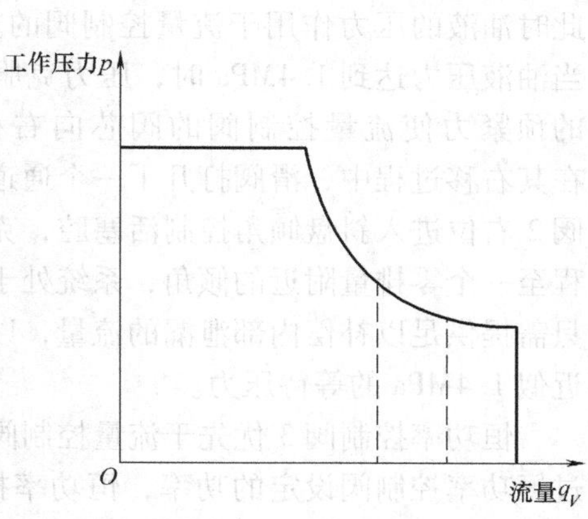


图3-87 LRF型控制静态特性曲线

## 3.5.10 LRGF型控制

LRGF型控制泵是在LRF型控制泵的基础上增加了一台方向阀4和一台溢流阀5，可以实现远程调压，如图3-88所示。

泵内部的变量机构主要由流量控制阀 1、恒功率控制阀 3、恒压控制阀 2、差动缸等部分组成。在 X 口装有一 $\phi 0.8\text{mm}$ 的阻尼孔，Y 口接远程控制阀，这种控制方式具有远程压力控制、待命控制、恒功率控制和流量控制功能，控制的优先权依次是压力、功率、流量。

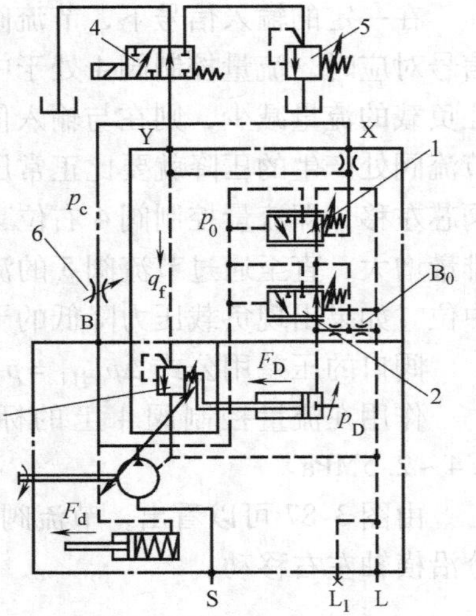


图 3-88　LRGF 型控制结构简图及泵的工作原理

1—流量控制阀　2—恒压控制阀
3—恒功率控制阀　4—电磁换向阀
5—溢流阀　6—节流阀

流量控制阀 1 的作用是维持节流阀 6 的前后压差为一个恒定值，通常为 1.4MPa。根据流量压力公式，如节流阀 6 的前后压差恒定，则流量恒定。改变节流阀开口面积的大小，就可以改变流量。其工作原理为：

待命控制：当机器起动、液压缸或马达即将运转，即电磁换向阀 4 处于当前位置时，流量控制阀 1 右侧弹簧腔压力接油箱，此时油液的压力作用于流量控制阀的左端，当油液压力达到 1.4MPa 时，压力克服弹簧的预紧力使流量控制阀的阀芯向右移动。在其右移过程中，滑阀打开了一个通道，于是液压泵输出的压力油通过恒压控制阀 2 右位进入斜盘倾角控制活塞腔，克服控制活塞复位弹簧力使液压泵内斜盘回程至一个零排量附近的倾角，系统处于低压待机工况。在低压待机状态，液压泵只需提供足以补偿内部泄漏的流量，以维持作用于压力流量补偿器控制滑阀左端近似 1.4MPa 的等待压力。

恒功率控制阀 3 优先于流量控制阀动作。如果压力改变，导致流量 × 压力超过恒功率控制阀设定的功率，恒功率控制阀调整流量，保持流量 × 压力 = 恒定值。流量控制阀则处于右位，不起作用。

恒压控制阀 2 又优先于恒功率控制阀 3 动作。当泵出口压力达到设定值时，该阀处于左位，直接把泵的排量减到最小，减少过载时的功率消耗，此时流量控制阀 1 和恒功率控制阀 2 都不起作用。

这种泵具有恒功率、恒压力、恒流量的特性，图 3-89 所示为其静态特性曲线。从图 3-89 可以看出，根据输出压力的不同，LRGF 变量泵的工作区间可分为恒定流量段（$a$—$b$）、恒功率段（$b$—$c$ 和 $c$—$d$）和恒压段（$d$—$e$），这三段分别由泵内部各阀来控制，调节原理分述如下。

（1）恒定流量段（$a$—$b$）　如图 3-88 所示，当负载压力 $p_c$ 低于恒功率控制阀 3 的开启压力时，恒功率控制阀 3 处于关闭状态，无流量通过，即 $q_f = 0$。流量控制阀 1 的阀芯两侧压力 $p_0=p_c$，在弹簧力的作用下处于右位，变量缸中的压力 $p_d=0$，此时变量机构推动泵的斜盘处于最大倾角（由调节排量的限位螺钉来调定），泵处于定量工作段。

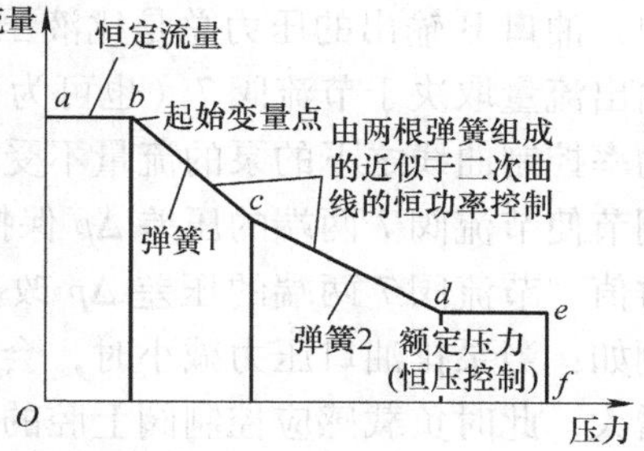

图 3-89　LRGF 型双弹簧功率控制静态特性曲线

（2）恒功率段（$b$—$c$—$d$）　当负载压力升高到 $p_c$ 能克服恒功率控制阀 3 的弹簧预紧力时，恒功率控制阀 3 打开，由于有流量 $q_f$ 通过，于是 $p_c<p_0$，当恒功率控制阀 3 开启到一定值，由压差（$p_0-p_c$）在流量阀控制 1 左端的作用力克服右端的弹簧预紧力时，流量控制阀 1 处于左位，有流量经恒压控制阀 2 和节流孔 $B_0$ 流向泄漏油口 L，因此 $p_D>0$，此时泵变量机构进入恒功率段。由于 $p_D$ 的作用，当活塞作用力 $F_D>F_d$ 时，推动斜盘倾角 $\theta_c$ 变小，泵的排量也随着变少；在此同时，通过变量缸的机械反馈，使恒功率控制阀 3 的弹簧（一大一小）预压力等效地增大，从而在泵的斜盘与恒功率控制阀 3 的先导阀之间形成了一个位移（角度）-力的负反馈，最终使斜盘倾角 $\theta_c$ 稳定在某一个平衡角度上。由于弹簧力与位移成正比，所以 $b$—$c$ 是直线；当工作到 $c$ 点时，小弹簧起作用，刚度增大，故变量泵在 $c$—$d$ 段工作。

（3）恒压段（$d$—$e$）　当 $p_c$ 高于恒压控制阀 2 的弹簧预紧力时，恒压控制阀 2 工作于左位，此时进入恒压段。由恒压控制阀 2 直接控制变量缸，由于恒压控制阀 2 先导级的弹簧刚度小以及阀芯直径大，这样很小的负载压力 $p_c$ 变化可以获得很大的流量增量，其效果近似于恒压。

（4）远程调压　LRGF 控制的泵可实现远程调压　溢流阀 5 用于远程压力控制，当电磁换向阀 4 接通时，左位工作，恒功率控制阀 3 的控制腔接到溢流阀 5，当系统压力达到溢流阀 5 的设定值时，溢流阀 5 开启，此时在压力油作用下，流量控制阀 1 左位工作，推动变量活塞向最小排量方向运动，泵几乎无流量输出，泵的压力维持在溢流阀 5 设定的压力。

电磁换向阀 4 断电时油口 Y 相当于直接接油箱，这相当于泵处在卸荷状态，此时泵的排量和压力最低。在起动时可以通过电磁换向阀 4 断电，实现泵的无载起动。

## 3.5.11　LRS 型带负载敏感阀和遥控压力控制

A4VO-LRS 变量泵是在恒功率控制的基础之上，增加了一台负载感应控制阀 4（图 3-90），其可以起到负载压力的变化与流量控制无关的控制作用。泵仅输出液压执行器所需要的流量，泵的输出流量与负载所需流量匹配。在图 3-90

中，油口B输出的压力总是比液压缸处的负载压力高出一设定的压差$\Delta p$。泵的输出流量取决于节流阀7（也可为比例阀或多路阀组）阀口的横截面面积，低于功率控制曲线之下的泵的流量不受实际负载压力影响。通过负载感应控制阀4的调节使节流阀7两端的压差$\Delta p$保持为恒定设定值，从而保持了泵输出的流量为常值。节流阀7两端的压差$\Delta p$改变，由孔口或阀口通流截面面积的改变引起。例如：当泵排油口压力减小时，会造成节流阀7阀口两端压差增大，使输出流量增大，此时负载感应控制阀上腔的压力减小，在泵排油口油压作用下负载感应控制阀下位接通，泵变量缸无杆腔进入泵排油口，使泵向减小排量的方向变化，实现泵的流量适应这种新的条件。

这种控制方式的泵在无压条件下的初始位置是排量最大（$V_{gmax}$）的位置。

溢流阀5和固定节流孔6可实现泵的压力控制。一旦负载压力达到了由溢流阀5设定的压力等级，系统将变为压力控制模式，而不考虑节流阀7的压差。这需要一个附加的固定阻尼孔6。在负载感应控制阀4处于标准的压差设定值1.4MPa、阻尼孔直径为0.8mm和节流阀7压差$\Delta p=1.4$MPa情况下，溢流阀的动作引起的先导流量消耗约为1.3L/min，连接到溢流阀5的管道长度不应超过2m。

其实控制是分三段起作用的：①在低压阶段，一般需要大流量以提高效率，此时只有负载感应控制阀4起作用；②随着工作压力的提高，为了避免泵的功率大到超过原动机功率产生闷车等现象，此时功率控制阀2开始起作用，维持泵的功率为恒定值；③设置了最高的控制压力，避免泵超压损坏，此时泵的流量输出减小，维持泵的排油口压力为设定的安全值，确保安全。因此这种泵的输出特性曲线分为水平的流量调节段、双曲线的功率调节段和垂直的压力调节段三段。在图3-91中，每段之间的切换主要由弹簧力、阀芯面积的相对值和泵的工作压力来确定。这种泵主要用于工程机械行业，能够最大限度满足工程机械的功率域，在确保安全的前提下发挥最大效能。

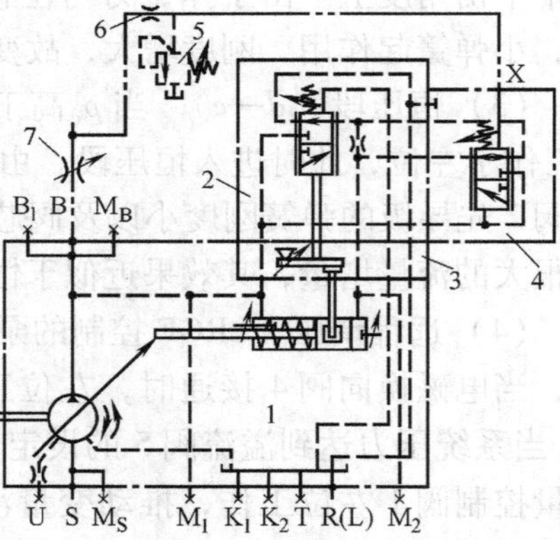

图3-90　LRS型控制原理图

1—A4VSO变量泵　2—功率控制阀　3—过渡连接板　4—负载感应控制阀　5—溢流阀　6—固定阻尼孔　7—节流阀

应注意：在设定遥控压力时，其设定值是溢流阀5设定的压力加上负载感应控制阀4两端的压差。例如：外部溢流阀设定值为33.6MPa，负载感应控制阀两端的压差是1.4MPa，则设定的遥控压力为其总和，即33.6MPa+1.4MPa=35MPa。

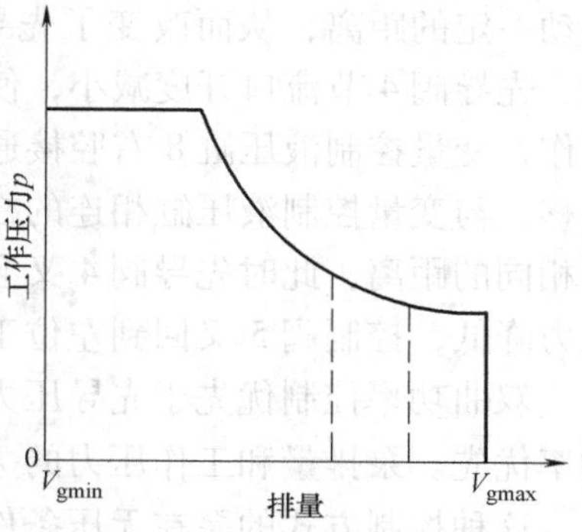

图3-91　LRS型控制静态特性曲线

## 3.5.12　LRN型液压行程控制

如图3-92所示，这种形式的变量泵主要由A4VSO泵1、功率控制阀2、先导阀4、控制阀5、单向阀6等组成。当P口接入控制压力油时，液压油压力克服控制阀5的弹簧力使控制阀左位工作，此时液压油经过控制阀5和功率控制阀2进入变量控制液压缸8右腔，推动活塞向减小泵的排量方向移动，直至最小排量位置，有利于空载起动。

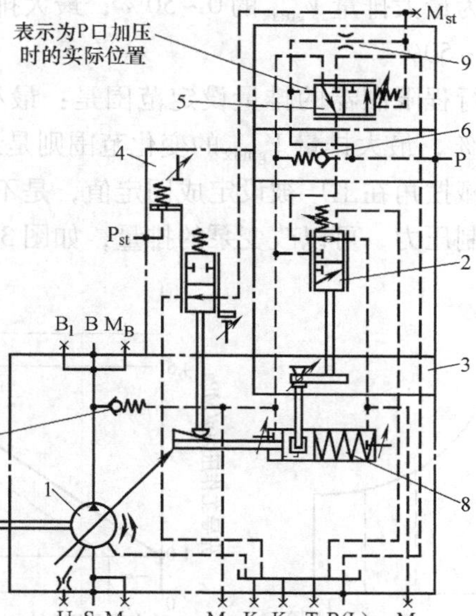

图3-92　LRN型液压行程控制职能原理图

1—A4VSO泵　2—功率控制阀　3—过渡连接板　4—先导阀　5—控制阀　6—单向阀

7—内部集成单向阀　8—变量控制液压缸　9—固定节流孔

P—控制压力油口　$P_{st}$—先导压力油口　$M_{st}$—先导压力测量油口

$M_1$、$M_2$—控制腔压力测量油口

变量泵的排量与在油口$P_{st}$外加的先导控制压力成正比地增加。这是因为先导阀4的可变节流口和固定节流口9构成了B型液压半桥，这使控制阀5的右腔压力成为可控的。当从$P_{st}$油口外加的控制压力增大时，会推动先导阀4的阀套

移动一定的距离，从而改变了先导阀4的节流口开度。例如：先导控制压力增大，先导阀4节流口开度减小，使控制阀5的右腔压力增加，推动控制阀5右位工作，变量控制液压缸8右腔接通油箱，变量控制液压缸左端在压力油的作用下右移，与变量控制液压缸相连的杠杆机构同时带动先导阀4的阀芯也会移动和阀套相同的距离，此时先导阀4又会恢复到初始位置，阀口全开，使控制阀5右腔压力降低，控制阀5又回到左位工作，但此时泵最大的排量值发生了变化。

双曲功率控制优先于先导压力信号，将保持预先设定的驱动功率为常值——功率优先。泵排量和工作压力的关系如图3-93a所示。

这种控制方式的泵在无压条件下的初始位置在最小排量 $V_{gmin}$ 处。

泵的排量可用安装于变量控制液压缸处的机械式摆角限制器调定，也可用先导阀4处的液压行程限制器调定。

泵的排量设定范围：变量控制液压缸处的机械式摆角限制器的最小排量 $V_{gmin}$ 的变化范围设定为最大排量 $V_{gmax}$ 的0~50%；最大排量的变化范围设定为最大排量 $V_{gmax}$ 的100%~50%。

先导阀4处液压行程限制器的排量设定范围是：最小排量 $V_{gmin}$ 的变化范围是最大排量的0~100%，最大排量 $V_{gmax}$ 的变化范围则是最大排量的100%~0。

最小和最大的机械摆角在工厂被设定成固定值，是不能进行调整的。

依靠改变先导控制压力，可以改变泵的排量，如图3-93b所示。

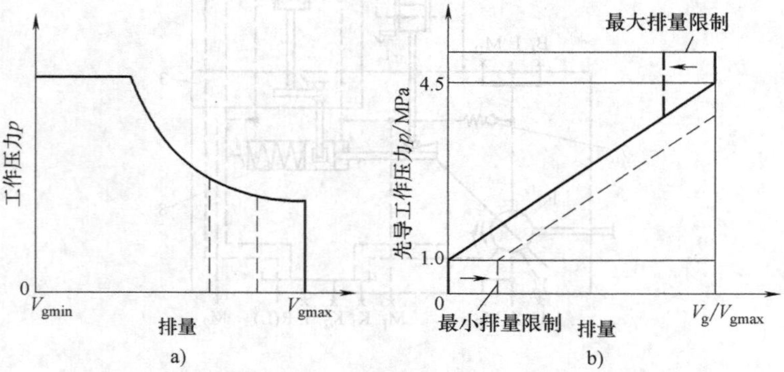


图3-93　LRN型控制静态特性曲线

a）排量和工作压力的关系　b）先导压力和排量的关系

## 3.5.13　LR.NT型带先导压力的液压行程控制与电气控制

如图3-94所示，泵在无压力条件下的初始位置是最小排量 $V_{gmin}$。为实现LR.NT这种控制功能，需要对油口P提供一个外部控制压力［控制压力（油口

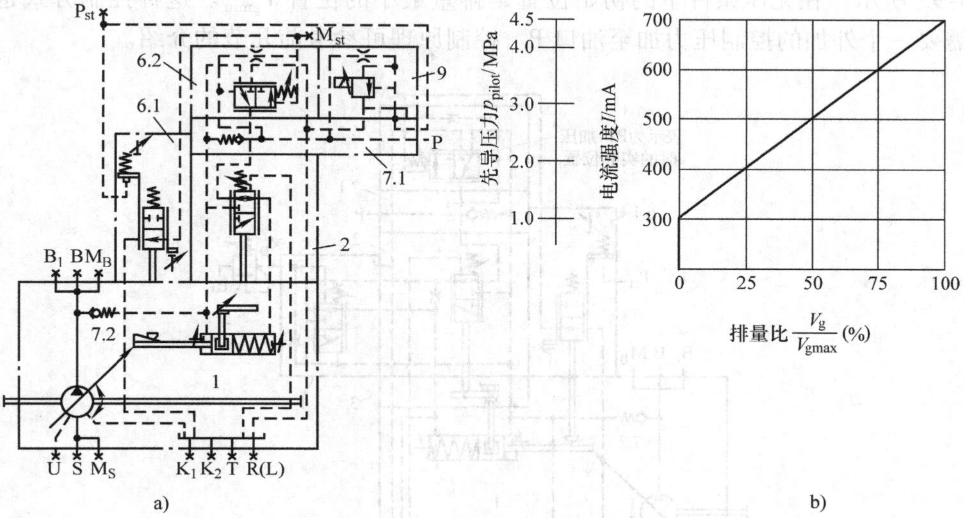


图 3-94 A4VSO LR. NT 型控制

a）系统原理 b）特性曲线

1—变量泵主泵 2—功率控制阀 6. 1—控制阀 6. 2—先导控制阀

7. 1—叠加板阀（用于安装带单向阀的比例阀） 7. 2—内置单向阀 9—比例溢流阀

P）最小 5MPa，最大 10MPa]，此时先导控制阀 6. 2 在外部控制压力的作用下被推至左位工作，此时油口 P 的控制油通过功率阀进入到变量控制缸大腔，使泵的排量为最小（一旦泵建立起压力，先导控制阀 6. 2 的控制油就由泵通过内置单向阀 7. 2 提供）。实际上先导控制阀 6. 2 上面的固定阻尼与控制阀 6. 1 组成了 B 型液压半桥，用于控制先导控制阀 6. 2 弹簧腔的压力，比例溢流阀（DBEP6）向 $P_{st}$ 的先导压力腔提供一个先导压力信号。该信号与阀的电磁铁电流成正比，当电流增加时，通往油口 $P_{st}$ 的先导压力也增加，此时控制阀 6. 1 阀套上移，控制阀 6. 1 的节流口变小，阻尼增加，使先导控制阀 6. 2 的右腔压力增大，推动先导控制阀 6. 2 右位工作，变量缸大腔接油箱，变量控制缸活塞左移是排量增加，与变量控制缸相连的杠杆机构同时带动控制阀 6. 1 的阀芯上移，直至和阀套移动的距离相同，此时控制阀 6. 1 又恢复到初始位置，泵的排量增加至某一定值。

电磁铁的电流，对于先导压力起着控制和限制的作用。这种控制，是通过某一电气指令值实现的；电流的控制则通过脉宽调制的方式进行。

同样，双曲功率控制优先于先导压力信号。

## 3. 5. 14 LR2GN 型控制

这种控制方式是双曲线恒功率控制 + 液压行程控制 + 遥控压力控制，如图

3-95 所示。在无压条件下的初始位置是排量最小的位置 $V_{gmin}$。这种控制方式也需要一个外加的控制压力加至油口 P。控制原理可参考前几节的介绍。

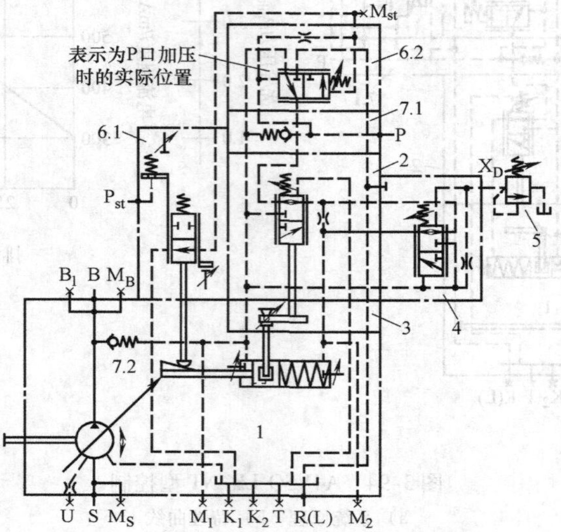


图 3-95　LR2GN 型控制原理图

1—A4VSO 主泵　2—功率控制阀　3—过渡连接板　4—用于遥控的先导控制阀　5—分离的压力溢流阀　6.1—先导阀　6.2—先导控制阀　7.1—单向阀　7.2—集成的单向阀　$X_D$—用于遥控压力控制的先导油口　P—控制压力油口　$P_{st}$—先导压力油口　$M_{st}$—先导控制压力测量油口　$M_1$、$M_2$—控制腔压力测量油口

## 3.5.15　LRC 型带交叉传感的越权控制

如图 3-96 所示，交叉传感控制是一种总功率控制系统，在该控制系统下，A11VO 泵和安装在通轴驱动上的相同规格的 A11VO 功率控制泵的总功率保持恒定。如果泵的工作压力低于设定的控制起点，则可以给另一台泵提供驱动功率，极限情况达到 100%。由此，总功率就会在两个系统间按需要进行分配。由压力切断或其他越权功能限制的功率没有考虑在内。

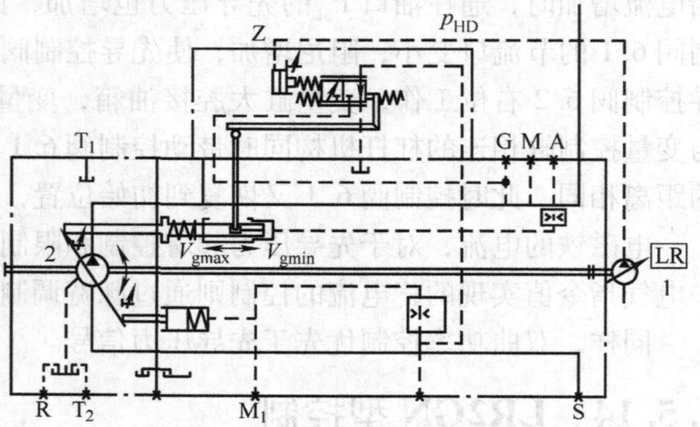


图 3-96　LRC 型带交叉传感的越权控制

半交叉传感控制功能：如果泵 1（A11VO）为 LRC

控制泵，而泵 2（通轴泵）为不带交叉传感的功率控制泵，则泵 2 所需的功率为总功率减去泵 1 的功率。泵 2 在总功率设置上具有优先权。必须指定泵 2 的规格和功率控制的控制起点，以确定泵 1 的控制等级。

## 3.6 压力、流量、功率（$p$、$q$、$P$）复合控制

目前变量泵发展的重要趋势，就是各种形式复合控制不断出现，并朝着系列化、标准化、电子化和专业化方向发展，特别在大功率系统中，复合控制是前述的排量（或流量）、压力、功率、速度敏感等功能的组合。新近又多引入压力切断、外信号排量控制（正、负流量控制）等复合控制。复合控制给系统简化、节能带来了明显的效益，特别是闭环电液控制变量泵的引入，使控制品质得以进一步提高。

### 3.6.1 传统型压力流量复合控制

在前面 3.3 节已经讨论的 DFR/DFR1 型压力 - 流量控制和 DRS 型恒压/负载敏感控制，以及 3.5 节中的 LRF、LRS、LRN 等控制都属于复合控制类型。图 3-97所示的 DFR 控制就是一个既可以控制压力又可以控制流量的典型复合控制变量泵，其工作原理和几个液阻的作用在前面已经做了详细的论述。

当仅在恒压控制情况下，P—A 连通时，即进入排量减小的控制过程，变量控制油进入变量缸敏感腔，可视为 C 型半桥的控制，适当地降低了控制增益，提高了稳定性（根据 C 型半桥的特性可知）；当 A—T 连通时，即进入排量增大的控制过程，变量缸敏感腔排出的油液流经阀口与 $R_1$、$R_2$和 $R_3$三者串并联形成的液阻，提高了快速性和稳定性。

当进行压力流量复合控制时，特别是在压力 - 流量的交叉点，恒压控制阀可能出现左右位过渡转换，或暂停于中位。如图 3-97 所示，来自恒流阀这种先于恒压阀前面的信号，由于存在从 $E$ 点（T 口前）经液阻 $R_1$到 A 口的通道，就可不受恒压阀 T—A 口遮盖、过渡情况等的影响，实现了改善性能的准零遮盖效应。

图 3-98 所示为 HAVEB7960 型压力 - 流量复合控制变量泵控制原理图。该系统的设计者明确提出，组装在泵中的变量调节装置（含外置电控器），必须检测压力系统的相关参量，并据此校正偏差，从而调节泵的排量。这里有两点说明：第一，这里所说的压力系统是指从主泵的出口到方向控制阀或执行器之间的压力容腔。此压力容腔的大小是区分短管型、长管型、长管型并配置蓄能器三种压力系统类型的根据。此压力容腔的大小，有时按电液类比的概念称为液容。第二个是所控制的系统参量，包括系统的压力、系统中通过节流孔的压差、系统中排量与压力的乘积。由于这些被控系统参量的特性不仅与泵而且与整个压力系统

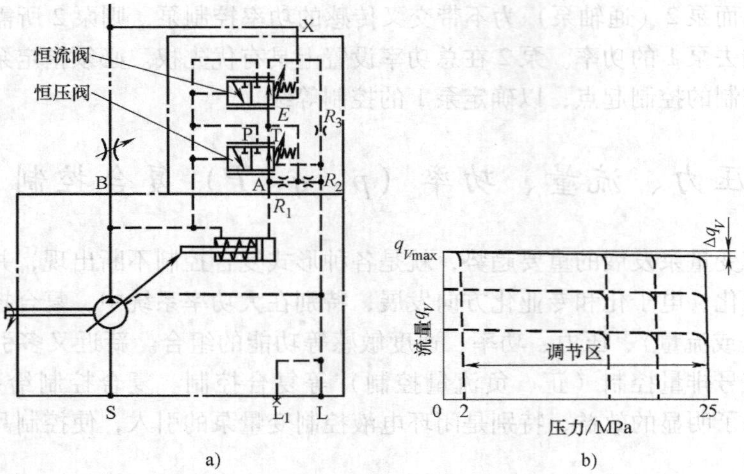


图 3-97　传统型压力－流量复合控制变量泵控制油路的优化方案
a）原理图　b）特性曲线

的构成，包括负载类型相关联，很显然，变量调节器必须与压力系统和负载特性相协调。

实际上，可以按照动态封闭容腔压力公式的概念，将这里所说的压力系统视为一个动态封闭容腔。此容腔的特性，包括系统的稳定性与快速性，势必受到作为向容腔输入油液的变量泵特性的直接影响。反过来，容腔的压力变化情况，也影响到泵的变量控制。

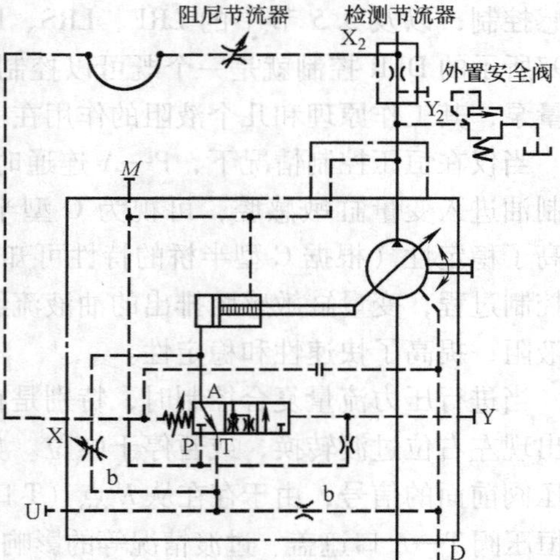


图 3-98　HAVEB7960 型压力－流量复合控制变量泵控制原理图

压力系统可分为三种类型：①短管型，主要为硬管，受压液体体积小；②长管型，主要为软管受压液体体积较大；③长管型并配置蓄能器，受压液体体积较大。

为了对压力系统进行调整，并考虑其稳定性，HAVE 变量泵的各种不同变量控制器根据不同的压力系统（液容），一般都提供了带旁路液阻 b（图 3-98）的油路。在受压容腔较小时，可将旁路液阻调大；在受压容腔较大时，最好将旁路液阻调小一点，以提高其调节精度。如果尽管调节了旁路液阻，还是出现振动，则可装入一个出流液阻 d（图 3-98），将减缓泵的振动，起到振荡激励器的阻尼作用。

### 3.6.2　电反馈多功能复合比例控制

电子闭环控制变量轴向柱塞泵可对压力、流量、功率进行连续闭环控制，控制精度小于 0.2%（传统比例阀控制精度为 2%），并具有很好的动态特性。对于复杂的液压系统，如果采用新型电子闭环控制柱塞泵，只要一个泵就可替代原有多个元件，不仅能实现比例调速、比例调压，还能实现比例功率调节。对于小流量、小功率的工艺，应用常规的元件，需要通过溢流阀溢掉多余的油液，这不仅造成能源浪费，还会带来系统发热，降低泵的容积效率，增加泄漏，对系统是非常不利的。若改用新型的电子闭环控制变量轴向柱塞泵后，可实现恒功率控制，提高了变量泵的性能，在节能、简化系统和提高可靠性等方面，显现出效果。

新型电子泵，与传统的伺服阀和比例阀控制的泵相比，有如下特点和优点：

1）具有高响应能力的压力/流量控制。

2）通过最小化节流损失节省了能量。

3）由于减少了元件的数量，简化了系统结构。

4）通过闭式电子控制回路实现了高精度无级变量控制。

5）使用数字控制系统。

6）流量及功率调整方便。

7）具有故障诊断功能。

8）易与计算机和 PLC 控制结合实现机电一体化。

德国 Rexroth 公司生产的电子泵主要有 HS（主泵 A4VSO）系列和 SYDFE（主泵 A10VSO）系列。新型电子泵控制系统可用于对轴向柱塞泵的摆动角、压力和功率进行电液控制。电子闭环控制轴向柱塞泵是由多种元件叠加复合在轴向柱塞泵上形成的组合体。根据使用环境、使用方法不同，有多种控制系统。通常还包括：①高频响的比例阀（带阀芯位移感应式位置传感器）；②感应摆动角的位置传感器；③压力传感器；④具有集成压力限制功能的预载阀以及内置的或外部的电气控制放大器（VT12350 或者 VT 5041－3X）。

如图 3-99 所示，变量泵的压力和斜盘倾角的闭环控制，是通过一个电控高频响比例阀 2 实现的。该比例阀通过对变量控制大缸 4 的控制，决定斜盘 1 的位置。泵的排量与斜盘的位置成比例。变量控制小缸 3 由弹簧 5 进行预压紧，并始终与泵出口的压力油相通。压力传感器测量值为压力实测值，与放大器的设定值比较后，输出信号控制泵。位置控制与压力控制相同。预加载阀为可选项，主要功用是在泵出口建立 2MPa 以上的控制压力，控制泵的斜盘倾角改变，达到变量的目的。如果没有选择预加载阀，则需要有大于 2MPa 的外部控制油压，或在泵

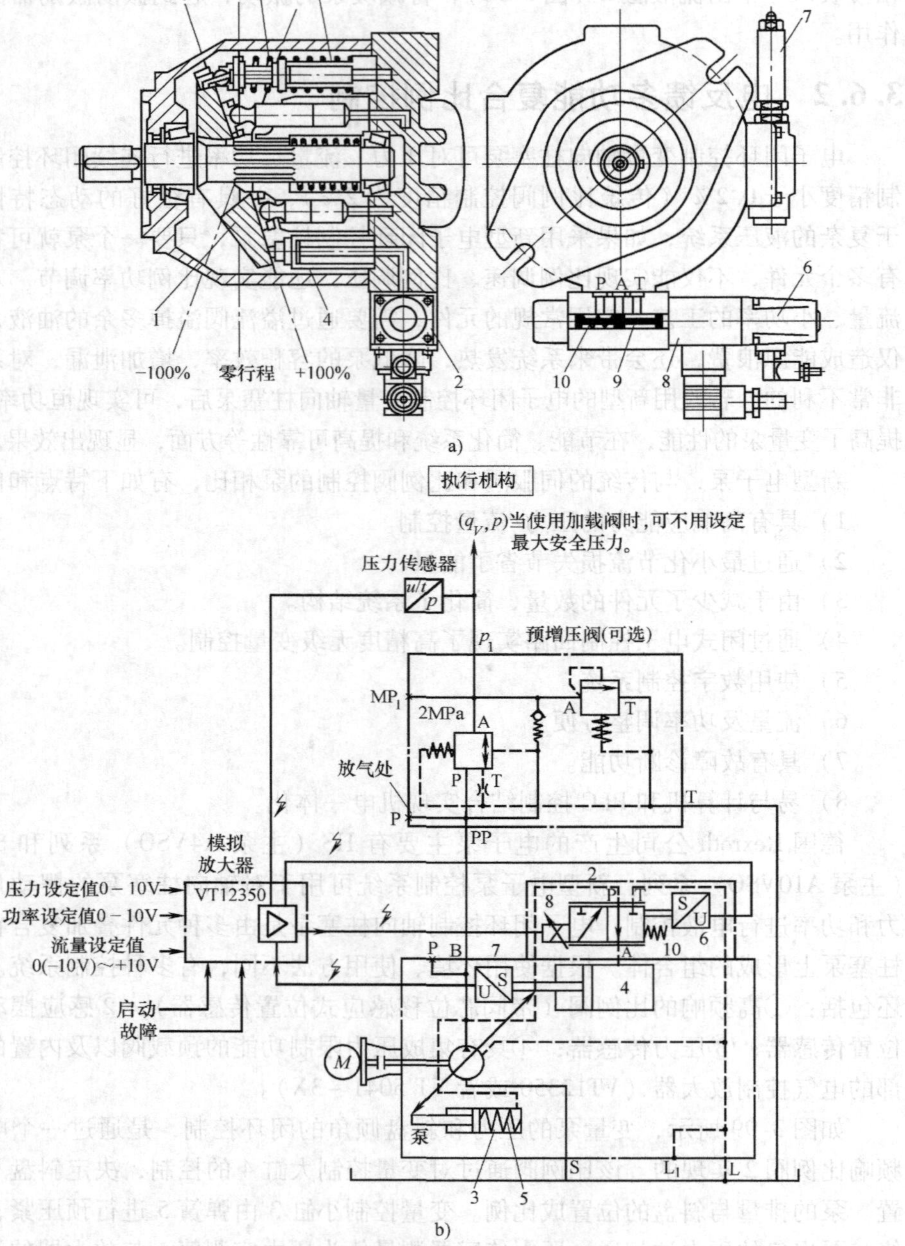


图 3-99　压力排量复合闭环控制泵

a）结构原理图　b）油路原理图

1—斜盘　2—电控高频响比例阀　3—变量控制小缸　4—变量控制大缸　5、10—弹簧　6—感应式传感器　7—位移传感器　8—比例电磁阀　9—比例阀阀芯出口增加一个 2MPa 以上的外控顺序阀。若没有预加载阀，也没有在泵出口建立 2MPa 以上的压力，泵将无法正常运行，这是设计中需要注意的问题。

当泵不工作和控制系统的压力为零时，由于弹簧 5 的作用，斜盘保持在 +100% 排量（最大）的位置；当泵起动后，如比例电磁阀 8 失电，该系统被切换到零排量压力，此时滑阀 9 被弹簧 10 推到初始位置，而泵的压力 $p$ 经过阀口 A 作用到变量控制大缸 4 上。变量控制缸上的泵压与弹簧 5 的作用力相平衡，使泵的压力在 0.8～1.2MPa 之间。这个基本设定，是在闭环控制电路不工作时实现的（零排量工作，如控制不起动）。

通过上位计算机给出信号指令，可以对泵的输出压力、泵斜盘的摆角和输出功率进行控制。这台电子泵采用的是 VT12350 型比例放大器，通过使用高响应的比例阀可用于对 A4VSO 轴向柱塞泵的摆角和压力进行闭环控制，并附加有功率限制功能。这种放大器具有模拟量指令信号输入和模拟量实际输出值输入端口，具有斜坡发生器输入可以被关掉的功能，预设的参数可以通过数字输入呼叫出，泵斜盘摆角和压力的指令值可以以斜坡信号的形式产生，振荡/解调电路可用于两个电感测量系统，具有计时的、电流调节的电流输出级，用于内部供电的可关断模式的电源，通过串口 RS485 可实现配置、参数化和故障诊断。

VT12350 型比例放大器的主要技术参数如下。

工作电压：DC 24V

输出电压：±25V；25mA

输出电流：最大 3.8A

模拟输入：±10V 或者 4～20mA

数字输入：log0：0～5V；log1：>15V

串口：RS485 或 RS232

允许的环境温度：0～50°C

储存温度范围：-20～70°C

该电控器属于欧洲制式的插板式结构。可分别对压力和斜盘 1 倾角的指令值进行输入（功率设定值的输入为可选项）。压力的实际值，通过一个压力传感器采样。装在泵上的一个位移传感器 7，提供泵斜盘倾角的实际值，得到的实际值经放大器处理，并与指令值进行比较。最小信号发生器，自动确保被选中的控制器只在需要的工作点起作用。

因此，在稳态工作中，系统参数中的一个参数（或压力、或倾角、或功率）可被精确控制，而其他两个参数则低于给定的指令值。最小信号发生器的输出信号作为阀闭环控制电路的指令值。滑阀阀芯实际位置由一个感应式传感器 6 提供。阀位置控制器的输出值经放大器的输出端输出，决定比例电磁阀 8 的电流，一旦到达工作点，比例阀阀芯 9 就被保持在中间位置。如果上级控制器需要增大倾角（增大流量），比例阀阀芯9需偏离中间位置（使变量控制大缸4通过阀口A—T放出部分油液），直到倾角达到需要的数值。通过增大比例电磁阀8的电流，来克服弹簧10的作用力使得阀芯移动。当需要减小倾角时，控制油经过比例电磁阀P—A通道补充进入变量控制大缸4。

变量活塞的位移可以由位移传感器检测出来，位移传感器采用差动变压器电感分压原理，交流电压由振荡器产生，并加至传感器上，实际信号即中间抽头的电压，一般为振荡电压的50%，并随铁心位移成比例地变化，经解调器解调后变成直流电压送往输入端，与给定信号进行比较，如图3-100所示。

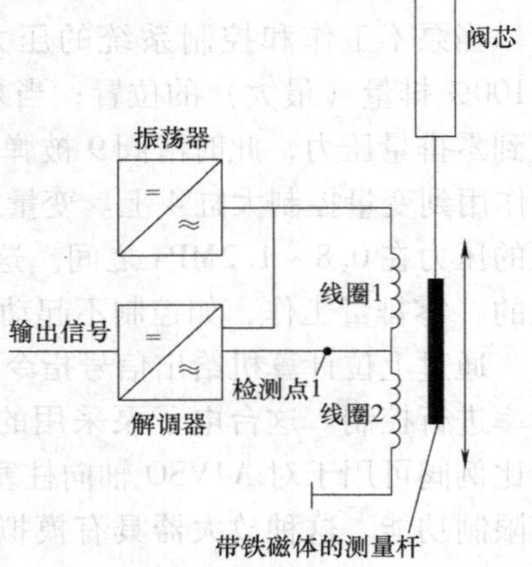

图3-100 位移传感器的原理图

比例放大器的原理图见图3-101。

电子泵的控制框图如图3-102所示。在可能的工作模式下，最多包括三个控制器可以连续地起作用，其分别是斜盘倾角控制器、压力控制器和功率控制器（可选），这些控制器会通过最小值比较器平滑地自动交替起作用。

电子泵的输出特性曲线如图3-103所示，可以实现压力、功率和排量的综合控制。

有以下三种方法提供泵变量控制的先导控制油液：

1）内部提供，不带预增压阀（仅适用于压力大于2MPa的系统）。

2）内部提供，带预增压阀（系统压力的0～100%）。

3）通过一只梭阀远程供油：通过一个梭阀连接块可进行内部/外部自动切换。

从上面的讨论中，应该特别留意的有这样几点：

1）变量泵的压力、斜盘倾角、功率等参数的复合闭环控制，只是通过一个电控比例阀来实现的，不像常规的那样，每个参数的控制对应一个变量控制阀。电控泵控制信号的处理完全由电控器完成，这是其重要的优势。

2）在同一个时刻，系统只能对其中的一个参数（或压力，或倾角，或功率特性曲线的曲率）进行精确控制，而其他两个参数则低于给定的指令值。

3）需要增大斜盘倾角（增大流量）时，比例阀阀芯9（图3-99，后同）需偏离中间位置，使变量控制大缸4通过比例阀阀口A—T通道，放出部分油液；

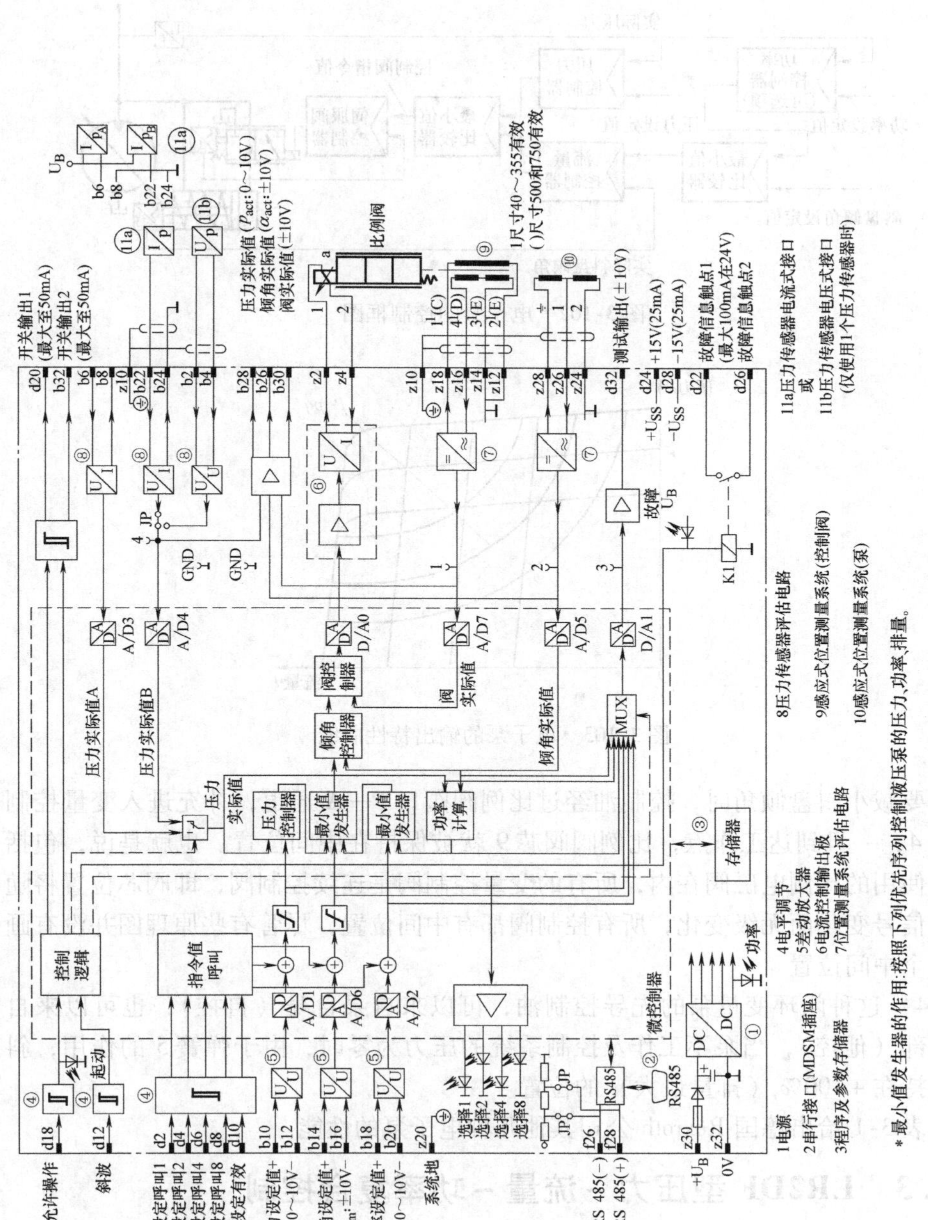


图 3-101 比例放大器的原理图

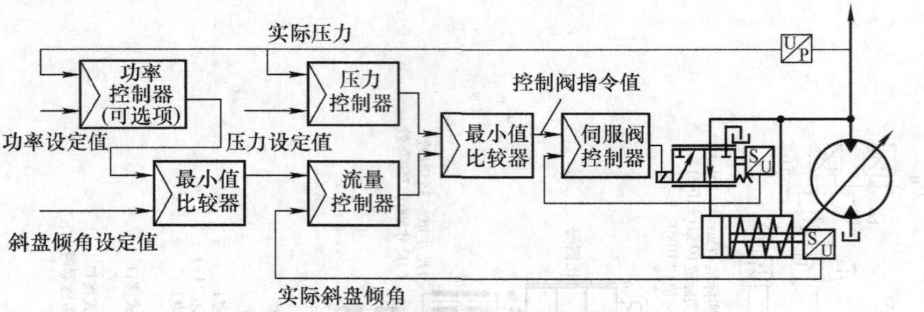


图 3-102　电子泵的控制框图

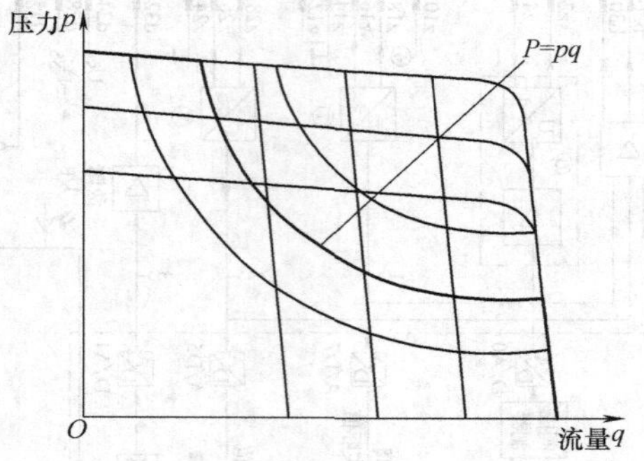


图 3-103　电子泵的输出特性曲线

当需要减小斜盘倾角时，控制油经过比例阀阀口 P—A 通道，补充进入变量控制大缸 4，一旦到达工作点，比例阀阀芯 9 就被保持在中间位置。也就是说，包括这里使用的比例电磁阀在内，所有的变量控制阀是连续控制阀，即阀芯位置将随输入信号变化而无级变化，所有控制阀都有中间位置，尽管有些原理图并没有画出这个中间位置。

4）这种闭环变量泵的先导控制油，可以来自泵自身（自控），也可以来自泵外部（他控），当泵不工作及控制系统的压力为零时，由于弹簧 5 的作用，斜盘保持在 +100%（排量最大）的位置。

表 3-1 给出德国 Rexroth 公司其他几种电子泵的性能。

## 3.6.3　LR2DF 型压力 - 流量 - 功率复合控制

图 3-104 所示复合变量泵中，恒流控制部分采用传统的方式，即以主油路上节流阀前后的压差变化，作为恒流阀 $q$ 的驱动力。其次，在恒压、恒流量与恒功率的复合控制中，恒功率功能优先于恒压与恒流量功能。从控制方式看，控制油引自泵的排油口，属于自供式，即在泵未起动的原始状态，依靠弹簧力使变量缸

表 3-1 其他几种电子泵的性能

| 型号 | 控制阀 | 控制对象 | 动态特性 | 静态特性 | 配置 |
| --- | --- | --- | --- | --- | --- |
| EO | 4WRA6 无反馈比例阀<br>动态特性：100%阶跃时间，6Hz，-3dB<br>静态特性：滞环<6%<br>重复精度<3% | 流量（$q$） | 泵排量：250mL/r<br>变量时间：EO1 为 400ms，EO2 为 250ms | 泵排量：250 mL/r<br>滞环：≤±1%<br>重复精度：≤±0.5%<br>线性度：≤2% | VT5035 模拟电子控制器<br>位移传感器：IW9-03-01 |
| HS3 | STW0070 高频响比例阀，电反馈，伺服阀阀芯结构<br>动态特性：100%阶跃时间，50Hz，-3dB<br>静态特性：滞环<1%<br>重复精度：<1%<br>灵敏度：≤0.5% | 流量、压力、功率（$q$、$p$、$P$） | 泵排量：250 mL/r<br>变量时间：HS3 为 120ms | 泵排量：250mL/r<br>滞环：≤0.2%<br>重复精度：≤±0.2%<br>线性度：≤1% | VT12350 数字电子控制器<br>位移传感器：IW9-03-01<br>压力传感器：HM14、HM15 |
| HS | 4WS2EM10 伺服阀<br>动态特性：100%阶跃时间，80Hz，-3dB<br>静态特性：滞环≤2.5%<br>灵敏度：≤0.5% | 流量（$q$） | 泵排量：250mL/r<br>变量时间：HS 为 120ms，HS1 为 120ms | 泵排量：250mL/r<br>滞环：≤0.2%<br>重复精度：≤±0.5%<br>线性度：≤0.2% | RS7 模拟电子控制器<br>位移传感器：IW9-03-01 |

处于排量最大位置。同时三个变量控制阀在原始状态时，也要能保证变量缸敏感腔（大腔）的油液，能在弹簧力作用下排往油箱。在图 3-104 中，节流阀 G 视为负载。与恒压阀 A—T 阀口并联的液阻 R，与图 3-97 中的液阻 $R_1$ 有类似的功能。

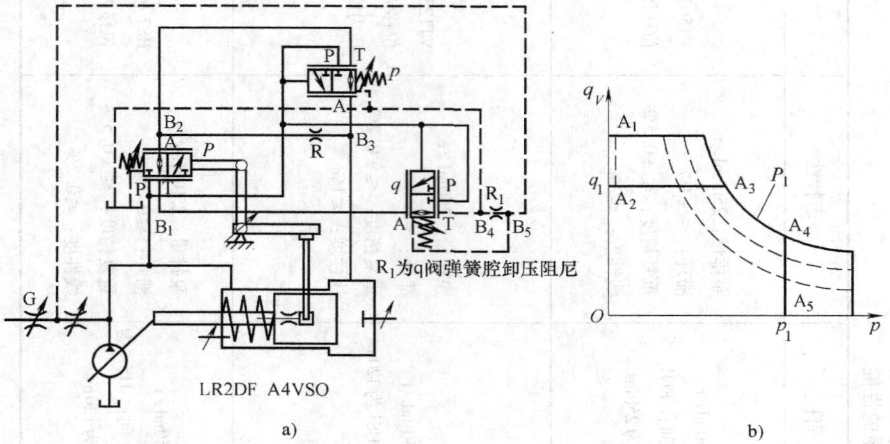


图 3-104　压力－流量－功率复合控制变量泵及其特性曲线

a）原理图　b）特性曲线

下面对 LR2DF 型复合控制泵的原理做一功能分析。

（1）原动机未起动的原始状态　$p$、$q$ 和 $P$ 三个功能阀（图 3-104）均处于弹簧位，即 $p$ 阀为右位，$q$ 阀为下位，$P$ 阀为左位。由于变量缸大腔（敏感控制腔）油液，在前次运行停车后可经 $B_3$、并联的液阻 R 和 $p$ 阀 A—T 口至 $B_2$，$P$ 阀 A—T 口，$q$ 阀 A—T 口至 $B_4$ 卸压。所以，在弹簧作用下变量机构处于排量最大位置。$p$、$q$、$P$ 三阀分别设定 $p_1$、$q_1$ 及 $P_1$ 值，如图 3-104b 所示。而负载节流阀 G 基本全开。在以下的讨论中，以关小、开大 G 阀的开口，来体现负载压力的升高、降低（恒流段）或负载所需流量的变小、增大（恒压段）。

（2）$A_1$—$A_2$ 段　泵一起动，将运行于低压、最大流量的 $A_1$ 点。适当关小负载节流阀 G，增大一点负载压力，变量泵将很快转移到 $A_2$ 点运行。在此段由于负载压力较低，远未达到 $p$ 阀及 $P$ 阀的调定值。对于高于 $A_2$ 点（$q=q_1$）的流量均大于调定值，取出的信号节流阀前后压差大于预定值，致使 $q$ 阀处于上位。泵的排油口压力油经 $q$ 阀、$P$ 阀左位，$B_2$ 点，并联的 R 与 $p$ 阀右位 T—A 阀口，至 $B_3$ 并进入变量缸大腔，使泵流量减小至 $A_2$ 点后，泵运行于相对稳定点。

（3）$A_2$—$A_3$ 段　到了 $A_2$ 点后，如不断关小负载节流阀 G，则泵的负载不断升高。在这个过程中，由于泵内部泄漏量的增大，使实际输出流量小于 $q$ 阀的设定值；恒流阀的敏感压力使 $q$ 阀切换成下位，变量缸中的部分油液经 $B_3$、$B_2$、$q$ 阀下位和 $B_4$ 点回油箱，以增大泵的排量，补偿由于压力升高引起内泄漏增加带来的实际供往负载流量的降低，保持供往负载流量不变（与输入信号相对应）。

（4）$A_3$—$A_4$ 段　到了 $A_3$ 点，若进一步关小负载节流阀，泵将沿 $A_3$—$A_4$ 段恒功率曲线运行。因为到 $A_3$ 点时，$pq$ 已经达到恒功率线，此时 $P$ 阀处于临界状态。进一步关小负载节流阀 G，亦即负载压力增大时，$pq$ 值超过设定的 $P$ 值，$P$ 阀动作成右位。这样一来，一方面压力油经 $B_1$、$P$ 阀右位 P—A 阀口至 $B_2$，经并联的 R 和 $p$ 阀右位 T—A 阀口至 $B_3$，从而进入变量缸大腔，使流量减小。另一方面，由于 $P$ 阀处于右位，切断了 $q$ 阀通过 $P$ 阀的 T—A 阀口对大腔的控制作用，尽管此时由于流量低于 $q_1$（上述压力油通过 $P$ 阀进入大腔所致），$q$ 阀处于下位。实际上此时泵出口压力控制油经 $B_5$ 和 $R_1$ 后，在 $B_4$ 点通油箱。而原来使排量增大的 $P$ 阀 T 口至 $q$ 阀 A 口段，也于 $B_4$ 点通油箱。由于 $R_1$ 的隔压作用，经 $R_1$ 的先导油流量是很小的。总之，在 $A_3$—$A_4$ 段，$p$ 阀未打开，$q$ 阀与变量缸敏感腔的连通被 $P$ 阀切断，只有 $P$ 阀在起调节作用。

（5）$A_4$—$A_5$ 段　到了 $A_4$ 点，若进一步关小负载节流阀 G，由于达到 $p$ 阀调定值，$p$ 阀起作用而切换成左位。压力油直接经 $p$ 阀 P—A 阀口进入大腔，使泵流量减小。由于此时负载节流阀 G 工作于定压差之下，关小节流阀阀口就意味着负载所需流量减小，$p$ 阀必须工作于左位（供给流量大于负载所需流量时，泵出口压力将升高）。很显然，此时 $pq<P$，所以 $P$ 阀处于左位而不起作用。由于 $q<q_1$，$q$ 阀总是处于下位。这样从 $p$ 阀来的压力油，在进入变量缸大腔以适应负载所需流量不断减小的趋势（不断关小负载节流阀 G 的开度）时，在 $B_3$ 点分流了一小股液流经 R、$P$ 阀 A—T 阀口，$q$ 阀 A—T 阀口至 $B_4$ 而流回油箱。同时，仍然有一股来自负载口的油液经 $R_1$ 与之合流。综上，在 $A_4$—$A_5$ 段对控制敏感腔而言，仅 $p$ 阀对其起作用，实现恒压功能。

总之 $p+q+P$ 复合泵在恒流量、恒功率和恒压三区段中，都只有一个功能阀对控制敏感腔起控制作用，其余两个功能阀不起干扰作用，最多带来一点附加的先导流量损失。

在图 3-104 中，变量缸部分还设置了最大和最小流量限制，改变 $p$、$q$ 和 $P$ 的设定值，都可改变 $p-q$ 图中的运行程序。

## 3.6.4 DFLR 型比例复合控制

在此介绍德国 Rexroth 公司的 A10VO28DFLR 变量泵。它的基泵为斜盘式轴向柱塞泵，可通过调节其斜盘的倾角来改变输出流量，其变量控制无需电气控制，仅采用机械液压机构，因而具有控制简单、可靠性高的优点，它的变量调节原理与 LR2DF 和 LRGF 型复合控制类似。

图3-105所示为A10VO28DFLR变量泵压力-流量特性曲线。从特性曲线可以看出，根据输出压力的不同，A10VO28DFLR变量泵的工作区间可分为恒流段*AB*、恒功率段*BCD*、恒压段*DE*，这三段控制特性通过内部各阀的协作而实现。特性曲线上两条虚线分别表示最大和最小功率曲线。在恒流段，液压泵以最大流量输出，*AB*段不是水平线的原因在于随着工作压力升高液压泵漏损增加，容积效率下降，而且泵出口压力影响到比例阀的开度，在恒功率段，泵的流量随输出压力的升高而减小，随输出压力的降低而增大，其负载和流量之间近似呈双曲线关系变化，泵的输出功率基本保持恒定；在恒压段，以近似恒压力输出，由于压力阀弹簧的作用，泵出口压力影响到压力阀的开度，故存在最大约0.4MPa的调压偏差。

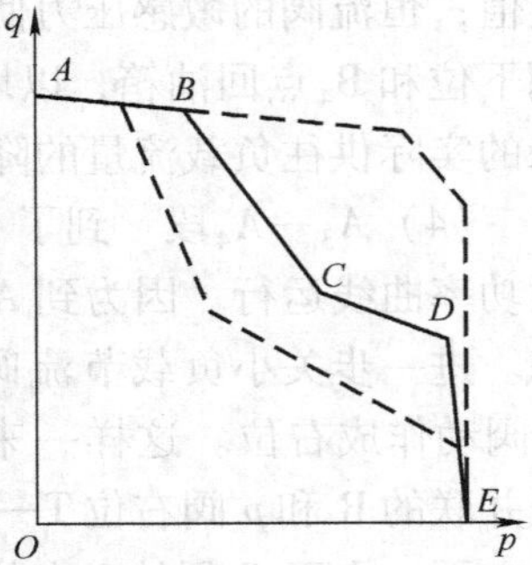

图3-105　A10VO28DFLR变量泵压力-流量特性曲线

图3-106所示为A10VO系列泵DFLR控制原理图，其中变量泵调节系统中的变量液压缸是该系统的执行元件，斜盘是系统的控制对象，变量泵输出的压力、流量、功率是这个系统的受控参数，变量机构上的控制阀是这个系统的控制元件。从图可看出该压力+流量+功率复合控制泵是通过压力阀8、流量阀7（压力阀8和流量阀7的控制弹簧也分别由一大一小两条组成，其中大弹簧较长、刚度较小，小弹簧较短、刚度较大，也是出于标准化要求以适应不同的控制要求）、功率阀5、节流阀2实现压力、流量、功率的复合控制。其中功率阀5（实际上是一只普通的直动式溢流阀）与压力阀8、流量阀7一样也具有压力设定可调弹簧，且采用的是双弹簧结构。在压力阀8、流量阀7、功率阀5、节流阀2四阀的共同作用下，该压力+流量+功率复合控制泵具有三个工作状态，即恒流量工作状态、恒压工作状态、恒功率工作状态。该压力+流量+功率复合控制泵的恒功率工作状态是

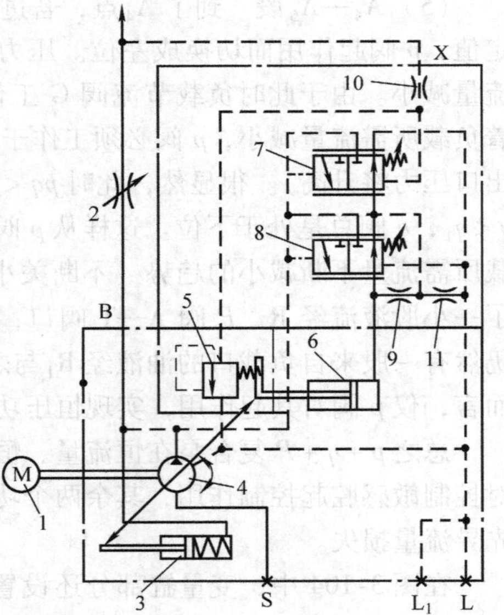

图3-106　A10VO系列泵DFLR型控制原理图
1—电动机　2—节流阀　3—小变量缸　4—主泵
5—功率阀　6—大变量缸　7—流量阀
8—压力阀　9~11—阻尼孔

一种近似的恒功率控制。根据压力 + 流量 + 功率复合控制泵原理图和其静态工作曲线示意图解释该压力 + 流量 + 功率复合控制泵的工作原理：

当系统压力 $p_L$ 低于功率阀 5 调定压力 $p_b$ 时，通过功率阀 5 的流量为零，流量阀 7 的阀芯两端压力相等，流量阀 7 处于右位，大变量缸 6 中的压力为零，此时小变量缸 3 在复位弹簧和无杆腔压力 $p_L$ 的共同作用下将斜盘倾角推到最大位置，输出最大流量，即图 3-105 中的 *AB* 段。

在 *AB* 段，泵处于恒流量工作阶段，这一阶段泵在不同工作压力下都保持泵出口流量的恒定，它是通过节流阀 2 两端的压差对流量阀 7 的阀芯作用力与流量阀 7 的弹簧预设压缩力的平衡控制流量阀 7 的阀芯左右位的移动，从而改变泵排量来保持出口流量的恒定。

*BD* 段是恒功率控制阶段，通过 *BC* 段和 *CD* 段两条斜率不同的直线近似模拟恒功率二次曲线。*B* 点是恒功率起调点，在 *BC* 段内，此时增大工作压力，工作压力作用于功率阀 5，推开功率阀 5 的阀芯，在功率阀 5 的第一根功率弹簧压缩力与工作压力平衡后停止运动，功率阀 5 的溢流量增大，流量阀 7 的阀芯右端压力降低，流量阀 7 的阀芯右移，流量阀 7 工作于左位，大变量缸 6 活塞端作用有高压油，大变量缸 6 活塞杆左移，排量减小。与此同时，大变量缸 6 通过反馈机构作用于功率阀 5，使得功率阀 5 的溢流量减小，流量阀 7 的阀芯右端压力增大，流量阀 7 的阀芯逐渐左移，大变量缸 6 运动速度逐渐接近零，流量在该工作压力下稳定。若在 *BC* 段内减小工作压力，在功率阀 5 功率弹簧压缩力的作用下，功率阀 5 的阀芯左移，功率阀 5 的溢流量减小，流量阀 7 的阀芯右端压力继续增大，流量阀 7 的阀芯继续左移，流量阀 7 的阀芯工作于右位，大变量缸 6 活塞端与油箱相通，大变量缸 6 活塞杆左移，排量减小。与此同时，大变量缸 6 活塞杆通过反馈机构作用于功率阀 5，功率阀 5 溢流量增大，流量阀 7 阀芯右端压力减小，流量阀 7 阀芯逐渐右移，大变量缸 6 运动速度逐渐接近零，流量在该工作压力下稳定。由于采用功率弹簧为线性弹簧，并忽略具体机构的一些非线性因素，*BC* 工作段压力与流量为线性关系。*CD* 段，因为两根功率弹簧同时处于工作状态，弹簧刚度为两弹簧刚度之和，*CD* 段压力与流量关系斜率增大，但仍为线性关系，此阶段工作过程与 *BC* 阶段相同。

在 *DE* 段，泵处于恒压工作阶段，这一阶段泵出口压力保持恒定，这是通过泵出口压力作用于压力阀 8 的阀芯左端的作用力与压力阀 8 的弹簧预设压力的平衡来控制压力阀 8 的阀芯左右位的移动，从而改变泵排量来保持泵出口压力的恒定。

如果传动系统要求在恒功率段的输出功率为 $P$，泵的空载流量为 $q_{max}$，则恒功率起始压力转折点的压力 $p_b = P/q_{max}$。

调整系统压力时不能一开始就将压力调到最高，以免损坏设备。步骤如下：

起动泵前，将功率阀 5、压力阀 8 的调节手柄全部松开，流量阀 7 的调节手柄一般不需要调整。起动泵后，观察泵的运行状态。确认正常后逐步提高压力阀 8 的压力，每次增加的压力不能太大，且增压后要观察泵运行一段时间，直到压力阀 8 的设定压力比系统的最大工作压力稍高。然后调整液压泵的恒功率特性，即将功率阀 5 的压力设定为 $p_b$。在调节恒功率特性时压力阀 8 应处于关闭状态。

图 3-106 所示系统中，一般应增设一个溢流阀作为安全阀使用。因为当变量泵失控时，液压泵处于定量泵工况，这时压力随负载上升，流量为泵的最大输出流量。这样，泵的驱动功率会迅速增加，可能会烧毁电动机、破坏液压泵或管路。安全阀可限制系统中的最高压力，保护系统不受破坏。

## 3.6.5　压力－流量功率复合控制变量泵的压力切断和正负流量控制

### 1. 恒功率功能

如图 3-107 所示，恒功率控制部分与前面的讲述相似，阀①为恒功率阀，其恒功率关系式为 $pAa=Fb$（$p$ 为泵的出口压力，$A$ 为通压力油的反馈杆底部面积，$a$ 是变量缸位移，$F$ 是功率输入信号，$b$ 是拐臂长度）。

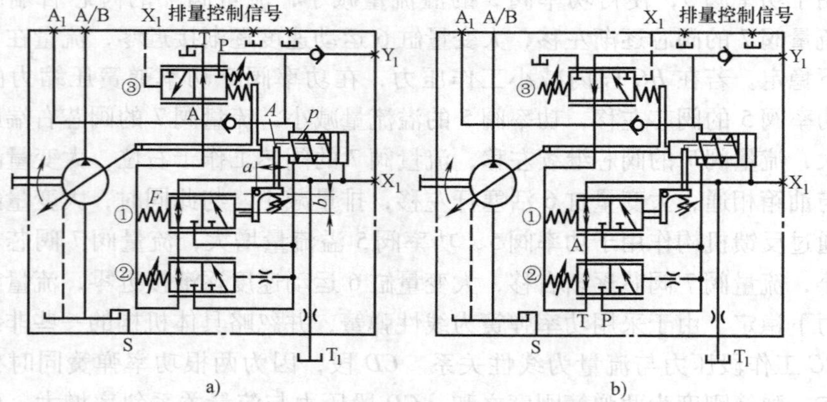


图 3-107　带压力切断、液控变量的恒功率控制泵

a）负流量控制　b）正流量控制

### 2. 关于压力切断功能

图 3-107a 中阀②为压力切断阀，主要功能是对系统进行过压保护，并消除过载时的溢流损失。与系统安全阀类似，它的调定值一般比系统正常运行压力高 10% 左右。由于故障或其他原因，当系统压力达到和超过切断阀的调定值时，阀开启，泵排油口压力油经过 P—A 流道进入变量缸敏感腔（大腔），即大、小腔

都接入泵出口压力油，但由于变量缸大、小腔的面积比大致为 2∶1，泵立即将排量降到零位附近，只输出补偿内部泄漏维持压力所需的小流量。此时，泵仍维持原来调定的压力，只是不再向系统提供工作流量，从而保护了系统的安全。需要注意的是，压力切断功能不能等同于恒压调节泵功能。对于恒压泵而言恒压是一种控制功能，当系统压力达到其调节压力时，泵进入恒压工况。恒压控制阀的作用并不是立即将泵的流量降到零流量附近，而是根据负载的需要提供流量，同时维持压力不变。只有当负载不需要流量时，才降低到零流量附近。而压力切断功能，是一种保护性功能，只要泵的压力达到切断压力，泵很快就将流量降到零位附近，不会根据负载的需要，停留在最大流量与最小流量之间的任意点运行。

**3. 负流量控制功能**

负流量控制与正流量控制是一种由外加液压信号对泵排量的控制。如图 3-107a所示，$X_1$油口引入外加控制信号。当达到阀③的调定值时，先导控制油将通过阀③的 P—A 通路，进入变量缸敏感腔，从而使排量减少。减少量与外控信号成比例。这种随着外加信号增大，流量相应减少的控制就称为负流量控制。

**4. 正流量控制功能**

如图 3-107b 所示，从 $X_1$ 油口来的外加信号作用在阀③的另一端，外加信号达到调定值时，打开阀③的 A—T 通道，使排量增大，这种控制就称为正流量控制。

## 3.7 闭式液压泵的变量控制方式

液压系统分开式和闭式系统，在闭式系统中使用的泵称为闭式液压泵。由于闭式系统具有结构紧凑、压力损失小和输入转速高等优点，使得它在系统流量大和用内燃机直接驱动的场合被优先采用。例如：在混凝土输送泵和车辆行走驱动上，已越来越多地采用闭式液压泵。

因为闭式泵的结构复杂，生产技术水平高，主要生产厂家为德国 Rexroth、Linde，美国 Saner - Sundstrand、Eaton - Vickers、Denison 等。

德国 Rexroth 公司的闭式泵可分为两大类，第一大类是 A10VG，公称压力为 30MPa，排量只有 18mL/r、28mL/r 和 45mL/r 三种，这是一种轻型的小型闭式液压泵，主要适用于工作条件较好的行走设备。

第二大类闭式液压泵是 A4V 系列，它分 A4VG、A4VBG、A4VSG 和 A4VTG 四种产品。A4VTG 泵是水泥搅拌运输车上的专用泵，排量只有 71mL/r 和90mL/r 两种，变量方式也只有机械和电气两种比例控制。A4VBG 泵是一种高压（公称压力达 42MPa），大排量（有 225mL/r 和 450mL/r 两种）泵，由于它的基本配置不含补油泵，故在系统中需外加补油，这种泵的变量控制只有比例调节，大都用于对变量方式要求不多的实验台或重型压机上。

A4VG 泵和 A4VSG 泵是应用最广泛的两种闭式泵，A4VG 有 28 ~250mL/r 八种规格，公称压力为 40MPa，而 A4VSG 有 40 ~1000mL/r 九种规格，其小排量密度稀，大排量密度高，公称压力为 35MPa。

A4VG 泵和 A4VSG 泵既有排量规格的互补，更有变量方式的互补。由于 A4VG 泵自带辅助泵，故可由其提供补油和控制变量机构动作的油源，这样主泵的变量方式基本上与自身的压力变化无关，也就是说主泵压力与排量之间无联系，当系统功率大且负载变化频繁时，这种变量方式既不利于提高作业效率，也会由于能量损失大而产生高温，这是闭式系统设计的大忌。A4VSG 泵本身不带辅助泵，故只能由外部向吸入端补油和向变量机构供油，考虑到 A4VSG 泵的排量较大，设计者考虑到了从主泵油路上取控制油，这样就能把主泵的排量控制和主泵的出口压力变化联系起来，可实现恒功率控制和恒压控制等节能控制方式，从而达到高效和降低系统温升的目的。由于可从主泵回路取控制油，故 A4VSG 泵理论上可实现开式泵的所有变量形式。

德国 Linde 公司的闭式液压泵有 BPV 和 HPV – 02 两种，BPV 泵的排量从 35 ~ 200mL/r 共五种，HPV – 02 泵的排量从 50 ~ 135mL/r 共四种，两种泵的额定工作压力都为 42MPa。德国 Linde 泵的变量形式除了排量比例伺服控制外，还有随转速升高增加排量的控制方式，在德国 Rexroth 的 A4VG 泵中，也具备这种控制方式。另外，还有一种主泵排量同时受系统工作压力和控制压力（由辅助泵提供）控制的变量形式，这一点上，它与 P6P 泵的控制方式有相似的地方。Linde 泵的一个突出特点是把过滤器作为了基本配置，这为系统设计人员提供了较大的方便。

美国 Denison 公司虽然不是生产闭式液压泵的主要厂家，但它生产的 P6P 泵却很有特色。Denison 与 Linde 公司生产的泵的共同优点是综合了 A4VG 泵和 A4VSG 泵的变量控制方式，但 Linde 公司生产的泵有较大的价格优势和总体布置优势，在闭式液压泵上有直接叠装过滤器的结构。

下面对典型的闭式泵的各种控制方式及其实现进行研究与分析，以期对静液压系统闭式回路的开发与创新提供借鉴，并为设计者在泵的选型方面提供参考。

### 3.7.1 Linde HPV M1 型闭式泵的手动机械变量调节

该泵属于机械液压控制（凸轮盘特性）类型，它的调节原理如图 3-108 所示。它可以与定量、变量液压马达组合在一起，通过调节控制杆利用凸轮盘控制泵的流量和流动方向，进而控制马达的输出速度。流体的流动方向取决于泵的旋转方向和斜盘越过的中心的方向。

用于闭式回路的所有辅助功能都集成或连接在主泵上，包括：

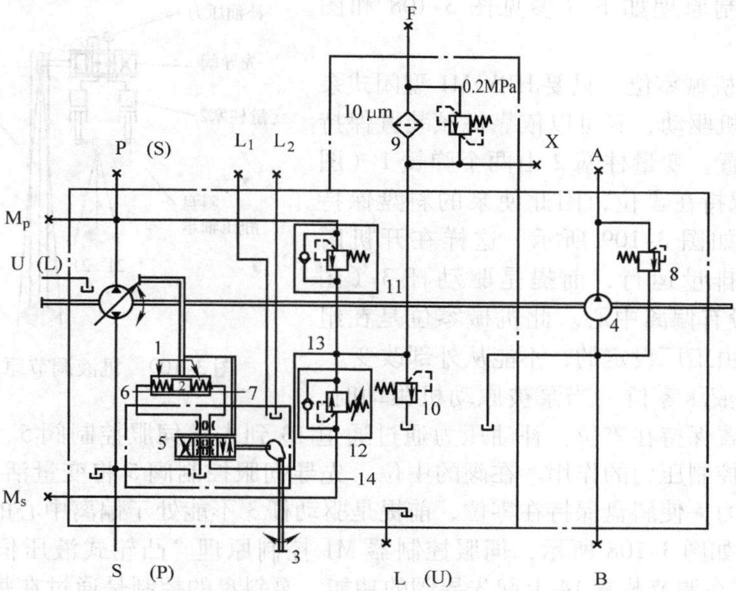


图3-108 Linde HPV M1型闭式泵调节原理

1—弹簧 2—斜盘控制活塞 3—驱动杆 4—补油泵 5—先导伺服控制阀 6、7—变量活塞 8—冷起动阀 9—过滤器 10—补油溢流阀 11、12—高压溢流阀和补油单向阀的组合 13—通道 14—M1型变量调节装置

P、S—高压油口 A—补油泵压力油口 B—补油泵吸油口 F—控制压力进油口 X—控制压力表油接口 $M_s$、$M_p$—高压油口压力表接口 L、U—泄漏（注油、排气）油口和从马达返回的冲洗油口 $L_1$、$L_2$— 排气口

1）M1型变量调节装置，控制主泵排量变化。

2）补油泵，为内啮合齿轮泵，内吸式或外吸式，为闭式回路补油和提供变量控制压力。

3）冷起动阀，用于保护可能接在A口与F口之间的冷却器，避免因油温过低或过滤器堵塞造成补油泵工作压力过高，该阀的调定压力高于补油溢流阀压力，冷起动阀的开启压力可以通过其调节螺钉改变±0.5MPa。

4）补油溢流阀，用来限制补油压力。

5）高压溢流阀/补油阀，将高压溢流阀与补油阀集成为一体。高压溢流阀限制闭式系统高压侧最高工作压力。补油泵通过补油阀向闭式系统低压侧补充因泄漏和冲洗而减少的油液，同时将油箱内经过冷却的油液与闭式系统中的油液进行置换。

6）过滤器，精度为10μm。所有补油泵泵出的流量经其过滤后注入主泵。每工作500h更换一次。

其控制原理如下（参见图 3-108 和图 3-109）：

（1）机械零位　只要 HPV M1 型闭式泵不被原动机驱动，其可以依靠机械装置保持在零位位置。变量柱塞 2 由两个弹簧 1（图 3-108）保持在零位，因此使泵的斜盘保持在零位，如图 3-109 所示。这样在开机瞬间，泵无排量运行，前提是驱动杆 3（图 3-108）没有偏离中心。此机械零位是在组装过程中由工厂设定的，不能从外部改变。

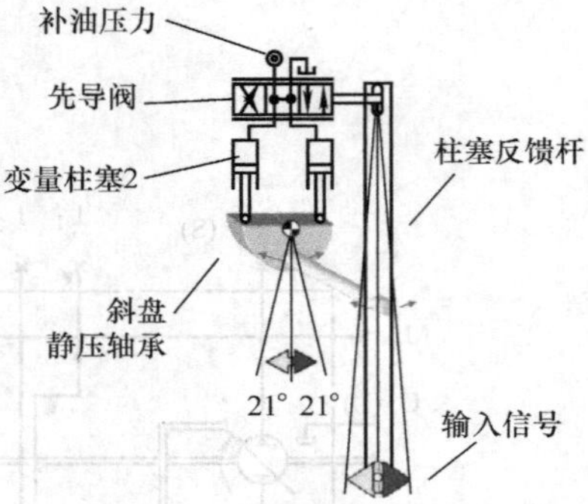

图 3-109　机液调节原理图

（2）液压零位　当泵被原动机驱动时，由液压装置保持在零位：补油压力通过通道 13 到先导伺服控制阀 5，补油压力在这里起控制压力的作用。在阀的中位，先导伺服控制阀 5 将变量活塞 6、7 接通控制压力，使斜盘保持在零位，前提是驱动杆 3 不能处于偏离中心的位置。

（3）如图 3-108 所示，伺服控制器 M1 控制原理"凸轮式液压伺服控制器 M1"集成在调节装置 14 上起先导阀的功能。泵斜盘的控制是通过在每一侧的变量活塞实现（见回路图序号 6 和 7）。先导伺服阀 5 借助于控制轴和凸轮偏离中位至一侧或另一侧，这取决于控制杆被移动至哪一侧。阀芯移动引导控制压力至相应的变量活塞（6 或 7），使一个柱塞充油并使另一个柱塞泄油，斜盘离开中间零位位置。当达到用控制杆预选的位置时，先导伺服阀 5 平稳地把压力油连接至控制柱塞（6 和 7），柱塞反馈杆起位移直接反馈作用，反馈杆将阀芯推回至中位，然后斜盘停止。因此控制杆的每一个位置都与斜盘的相应位置相对应。精确设计的凸轮曲线确保了手动控制的准确，图 3-110 为该泵的变量特性曲线。

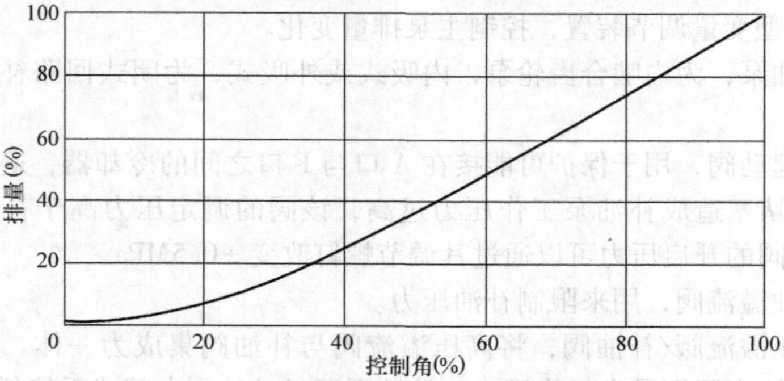

图 3-110　Linde HPV M1 型闭式泵控制特性曲线

## 3.7.2　Linde HPV E1 型闭式泵的电液变量调节

调节原理如图 3-111a 所示，先导伺服阀 5 由控制活塞 3 驱动，控制活塞 3 由

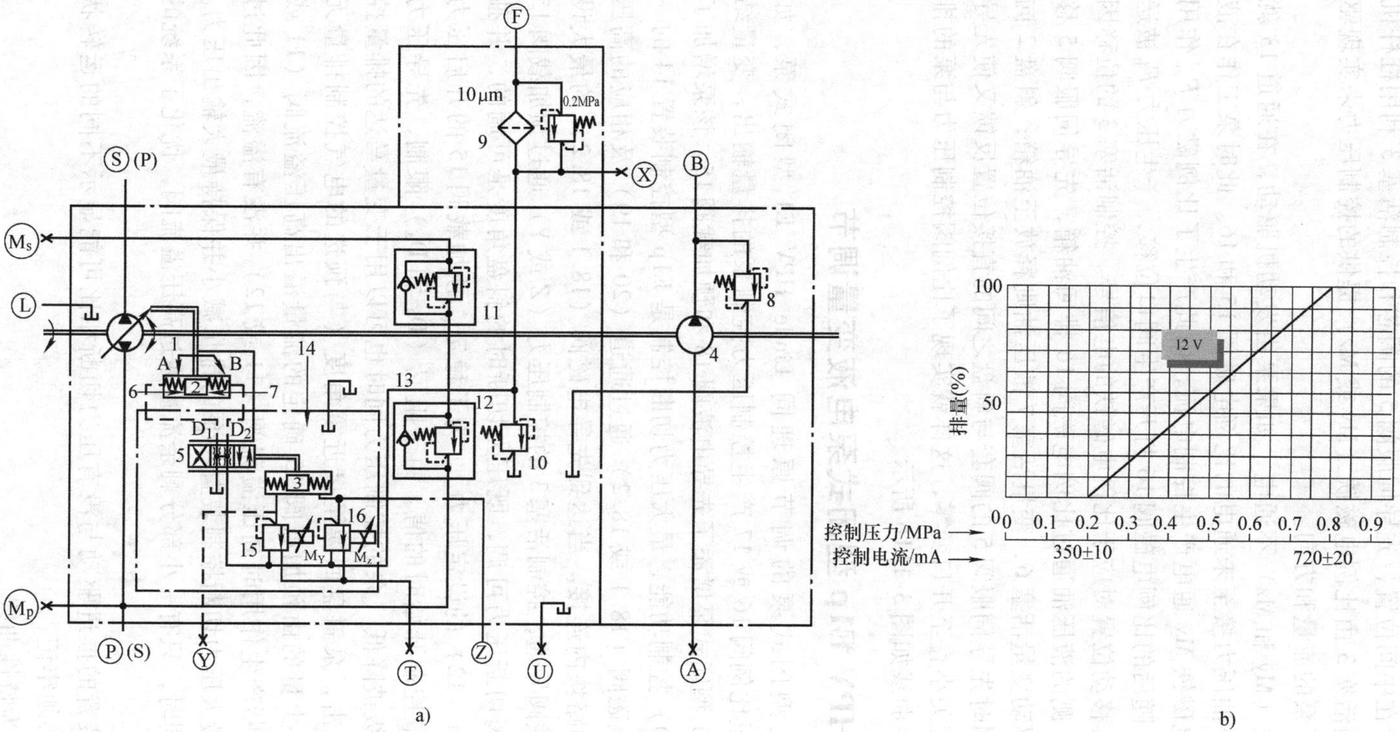

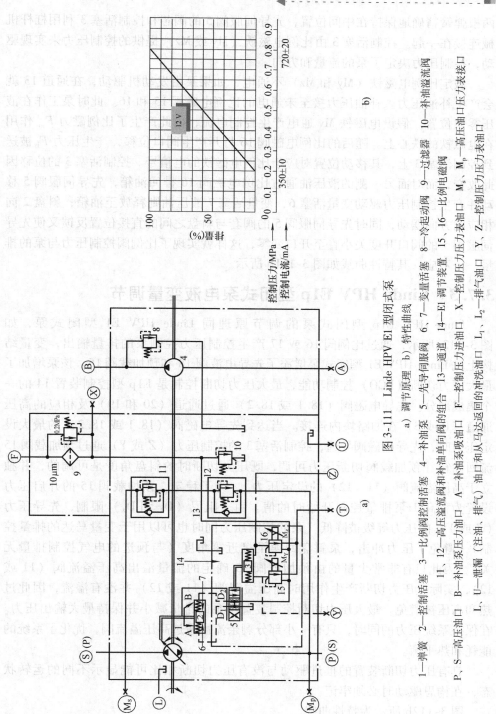

图 3-111　Linde HPV E1 型闭式泵

a）调节原理　b）特性曲线

1—弹簧　2—控制活塞　3—比例阀控制活塞　4—补油泵　5—先导伺服阀　6、7—变量活塞　8—冷起动阀　9—过滤器　10—补油溢流阀　11、12—高压溢流阀和补油单向阀的组合　13—通道　14—E1 调节装置　15、16—比例电磁阀

P、S—高压油口　B—补油泵压力油口　A—补油泵吸油口　F—控制压力进油口　X—控制压力压力表油口　$M_s$、$M_p$—高压油口压力表接口　L、U—泄漏（注油、排气）油口和从马达返回的冲洗油口　$L_1$、$L_2$—排气油口　Y、Z—控制压力压力表油口

两根弹簧精确地保持在中间位置，先导伺服阀5的阀芯和控制活塞3利用杠杆机械连接在一起。控制活塞3由比例电磁铁（My或Mz）提供的控制压力来实现驱动，控制压力决定了泵的流量和方向。

假定比例电磁铁（My和Mz）不通电，如果泵由发动机驱动，在通道13就会产生补油压力。补油压力接至未通电的比例电磁阀15和16。此时泵工作在液压零位位置。假设电磁铁My通电产生控制电流，由此产生了比例磁力 $F_m$ 作用在电磁铁的铁心上。随后的比例电磁阀16打开产生阀口位移，产生压力 $F_h$ 被送到控制活塞3上，其移动位置对应于比例电磁铁的电信号。控制活塞3的位移因此改变，而对面另一侧的液压油通过比例电磁阀16排回油箱，先导伺服阀5移动并产生控制压力驱动变量活塞6，变量活塞7液压油则释放至油箱；斜盘2向相应的方向摆动，同时先导伺服阀5的阀套与斜盘之间的直接位置反馈又使先导伺服阀5的阀口开度关小直至开口变零，这样就实现了比例阀控制压力与泵的排量一一对应，其特性曲线如图3-111b所示。

## 3.7.3　Linde HPV E1p 型闭式泵电液变量调节

Linde HPV E1p型闭式泵的调节原理同Linde HPV E1型闭式泵，如图3-112a所示，通过比例阀16或17产生控制压力控制泵的排量输出，变量结构上比Linde HPV E1型闭式泵增添了先导电液阀18和预加载阀15。该泵增加了最大压力切断（PCO）控制功能，最大压力切断控制是E1p型控制装置14的一个集成部分。先导电磁阀（18.1或18.2）通过通道（20和19）及相应的高压通道（P或S）在油路块内连接。当达到先导电磁阀（18.1或18.2）的最大设定压力时，先导电磁阀导通，控制活塞3的控制压力（$Z$ 或 $Y$）通过预加载阀15流回油箱［预加载阀切断压力可调，既压力切断时的斜盘角度是可调的，并独立于高压溢流阀（11、12）的设定压力］。为了稳定，预加载阀15的开启压力设置为稍高于泵排量控制开始时的值。由于阻尼（$D_3$ 和 $D_4$）限制，先导压力（$Z$ 或 $Y$）的压力等级被降低（泵的控制压力同时也可以用于变量马达的排量控制），避免了压力冲击，泵斜盘回摆至接近零角度（与预选的电气控制排量无关），因此只有非常少量的由预加载阀15确定的流量溢出高压溢流阀（11或12），实际上压力切断产生作用时高压溢流阀（11或12）并没有溢流，因此过热和高压被避免。最大压力切断控制装置将泵的排量减小并保持最大输出压力。在保持系统压力的同时，只有一小部分剩余流量通过高压溢流阀，优化了系统的能耗和热平衡。

具有压力切断装置的推进驱动与没有压力切断相比可能显示不同的运转状态，在构思驱动时必须牢记。

图3-112b所示为特性曲线。

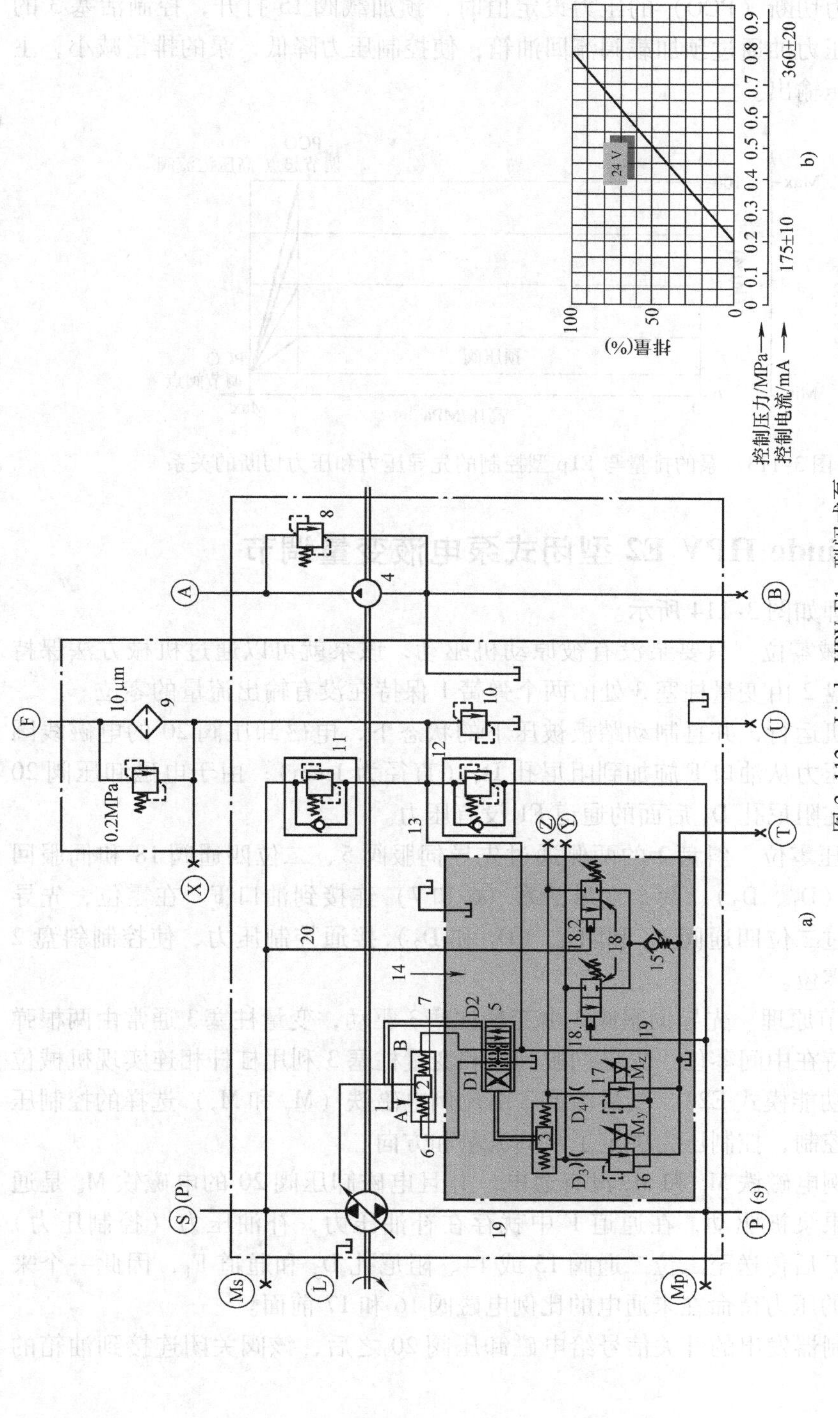


图 3-112　Linde HPV E1p 型闭式泵

a）系统原理　b）特性曲线

1—弹簧　2—斜盘控制活塞　3—比例电磁阀控制活塞　4—补油泵　5—先导伺服阀　6、7—变量活塞　8—冷起动阀　9—过滤器　10—补油溢流阀　11、12—高压溢流阀和补油单向阀的组合　13—通道　14—E1p 型控制装置　15—预加载阀　16、17—比例电磁阀　18—先导电磁阀　19、20—通道泵的排量与E1p控制的先导压力和压力切断的关系如图3-113所示，当系统压力达到压力切断（PCO）的压力设定值时，预加载阀15打开，控制活塞3的一部分先导压力油通过预加载阀流回油箱，使控制压力降低，泵的排量减小，主泵仍维持高压输出。

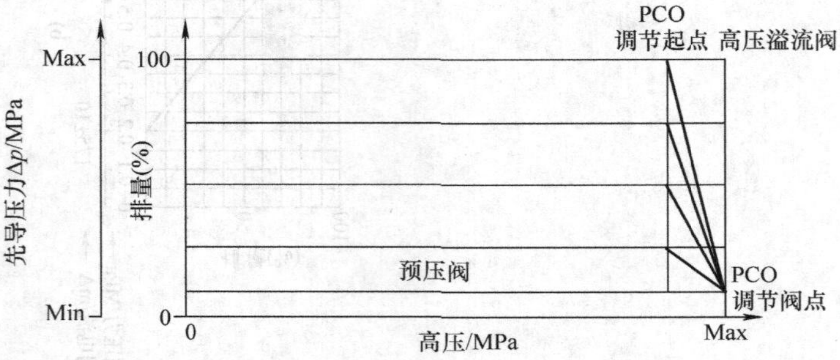


图3-113 泵的排量与E1p型控制的先导压力和压力切断的关系

## 3.7.4 Linde HPV E2型闭式泵电液变量调节

调节原理如图3-114所示。

（1）机械零位 只要泵没有被原动机驱动，该泵就可以通过机械方法保持在零位。斜盘2由变量柱塞3处的两个弹簧1保持在没有输出流量的零位。

在发动机运行，并且制动踏板被压下的状态下，电磁卸压阀20的电磁线圈断电。补油压力从油口F施加到阻尼孔$D_3$（直径为1mm）；由于电磁卸压阀20接通油箱，在阻尼孔$D_3$后面的通道F1没有压力。

（2）液压零位 斜盘2的两侧通过先导伺服阀5、二位四通阀18和伺服回路的阻尼孔（$D_1$、$D_2$）、两个变量活塞（6和7）连接到油口F。在零位，先导伺服阀5通过二位四通阀18和阻尼（$D_1$和$D_2$）接通控制压力，使控制斜盘2保持在它的零位。

（3）调节原理 先导伺服阀5由变量柱塞3驱动，变量柱塞3通常由两根弹簧精确地保持在中间零位。先导伺服阀5和变量柱塞3利用杠杆相连实现机械位置反馈（见功能模式E2）。变量活塞3由比例电磁铁（$M_y$和$M_z$）选择的控制压力实现位置控制，控制压力决定了泵的流量和方向。

假定比例电磁铁$M_y$和$M_z$没有通电，并且电磁卸压阀20的电磁铁$M_s$是通电状态，如果泵被驱动，在通道F中就存在补油压力，补油压力（控制压力）在通过通道F后传送至二位二通阀13或14、阻尼孔$D_3$和通道$F_1$，因此一个来自于通道F的压力待命在未通电的比例电磁阀16和17前面。

在电控制器发出的开关信号给电磁卸压阀20之后，该阀关闭连接到油箱的

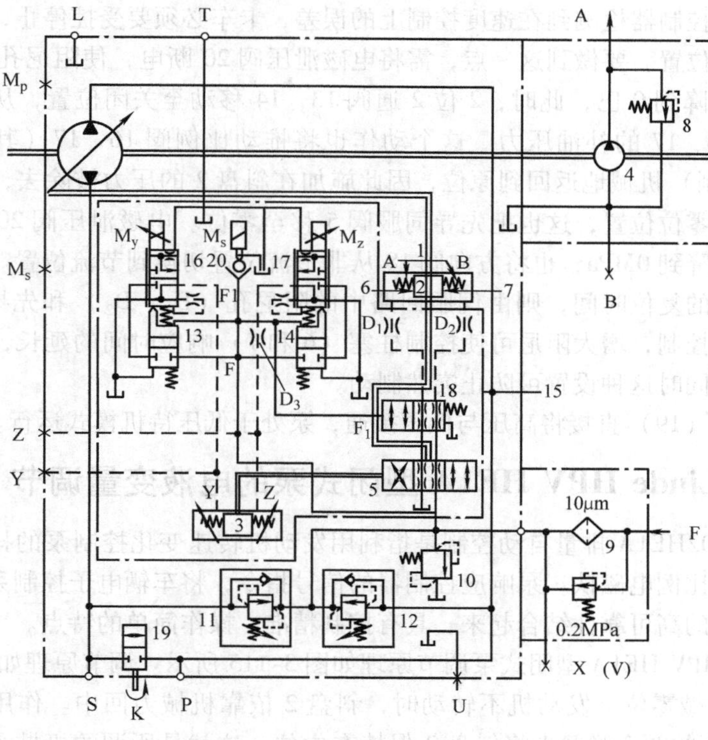


图 3-114　Linde HPV E2 型闭式泵的电液变量调节原理

1—弹簧　2—斜盘　3—变量柱塞　4—补油泵　5—先导伺服阀　6、7—变量活塞　8—冷起动阀　9—过滤器　10—补油溢流阀　11、12—高压溢流阀和补油单向阀的组合　13、14—二位二通阀　15—E2 控制装置　16、17—比例电磁阀　18—二位四通方向阀　19—短路阀　20—电磁卸压阀

通路，使得阻尼孔 $D_3$ 后面的补油压力也上升。二位二通阀 13 和 14 被设置到打开位置，实际上阻尼 $D_3$、电磁卸压阀 20 构成了一个 B 型液压半桥，用来控制二位二通阀 13、14 上腔的压力。当电磁卸压阀 20 关闭后，二位二通阀 13、14 上腔的压力增加，因此从通道 F 来的补油压力被施加到未通电的比例阀 16 和 17。同时，二位四通阀 18 从节流位置移到非节流的位置。

若用踏板来控制比例阀电磁铁，如踩下加速踏板用来控制相应的依赖踏板信号的电磁阀（$M_z$），则相当于电磁铁信号值的压力通过比例电磁阀 17 被加到变量柱塞 3 上。变量柱塞 3 移动，活塞另一侧的液压油通过相应的比例电磁阀 16 流回到油箱。变量柱塞 3 操控先导伺服阀 5，通过向斜盘 2 施加压力，使泵的排量增加，泵开始输送压力油。

朝零行程方向释放加速器踏板降低了在电磁铁处的电信号强度。其结果是，该比例电磁阀降低了去斜盘2的压力，斜盘的角度减小，被驱动的车辆被制动。

当电子控制器检测到在速度控制上的误差，卡车必须要受控停止，不依赖加速器踏板的位置。要做到这一点，需将电磁泄压阀20断电，使阻尼孔（$D_3$）后面的压力下降到0巴，此时，2位2通阀13，14移动至关闭位置，从而消除去往比例阀16，17的补油压力。这个动作也将推动比例阀16，17（其由电磁铁$M_y$，$M_z$控制）机械地返回到原位，因此施加在斜盘2的压力被除去，斜盘2被机械地推到零位位置，这也把先导伺服阀5移至零位。电磁泄压阀20打开以及伴随的压力降到0MPa，也将方向阀18从非节流位置切换到节流位置。

斜盘2的复位时间，则由伺服回路中的阻尼孔（$D_1$，$D_2$）和先导伺服阀5的节流阀口控制，增大阻尼可使控制柱塞（6和7）响应时间的延长，这也用于制动减速，同时这种设置可防止突然制动。

短路阀（19）直接将高压与低压接通，泵处于低压待机模式运行。

### 3.7.5　Linde HPV HE1A 型闭式泵的电液变量调节

HPV－02HE1A排量自动控制是指利用发动机转速变化控制泵的排量。该泵配置有两台比例电磁铁。泵响应控制器的信号指令，将车辆电子控制系统的灵活性和液压泵的高可靠性结合起来，具有控制精准、操作简单的特点。

Linde HPV HE1A型闭式泵调节原理如图3-115所示。调节原理如下：

（1）机械零位　发动机不转动时，斜盘2依靠机械力回中。作用在变量柱塞6、7外面的两个弹簧1将斜盘2保持在中位，这就是所谓的机械零位。如果比例电磁铁（$M_y$和$M_z$）不通电，在开机瞬间，泵零排量运行。机械零点在泵装配时调定，外部不可调。

（2）液压零位　发动机驱动主泵时，如果电磁铁$M_y$和$M_z$都不通电，或者泵驱动转速低于起调转速，尽管HE1A变量机构油路$K_2$中有了控制油压，但因初级柱塞3没有位移，先导阀阀芯5处于中位，变量柱塞6，7均承受控制油压$K_2$，斜盘保持在中位，主泵没有流量输出。这就是通常所说的液压零点。

如果初级控制柱塞3没有位移时先导伺服阀5的阀芯不在中位，当发动机转动时，控制压力$K_2$加在变量柱塞6或7上，斜盘产生一定摆角，无论$M_y$或$M_z$是否通电，主泵均有流量输出（液压零点飘移），这会影响设备的正常使用。

（3）补油回路　当发动机转动时，如果斜盘处于中位，泵的工作柱塞没有轴向移动，主泵不输出油液；补油泵4同时被驱动，从油箱吸油，并从A（F）口输出压力油。当油温过低或过滤器堵塞导致补油泵出口压力过高时，冷起动阀10开启，使该油路的压力不超过补油溢流阀8的设定值。补油泵4的输出流量通过精度为10μm的过滤器9进入主泵的控制和补油回路。节流孔$D_3$的上游$K_1$与截断阀13连接，其压力可在测压点$X_2$处测得。同时节流孔$D_3$的下游分别通

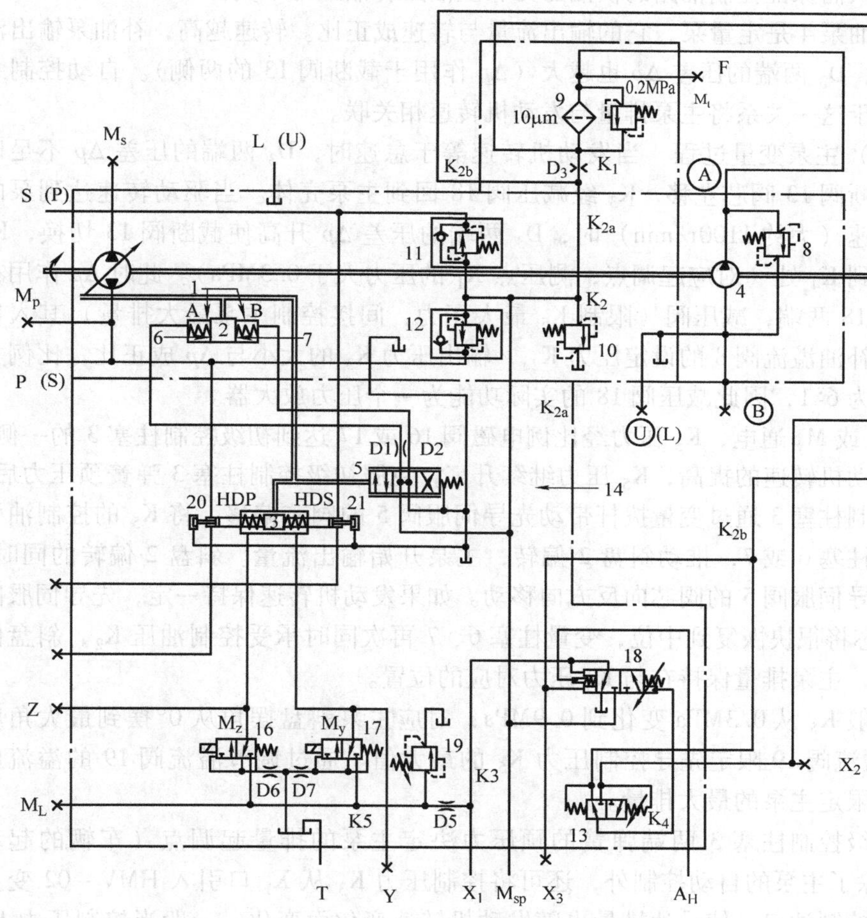


图 3-115　Linde HPV HE1A 型闭式泵调节原理

1—弹簧　2—斜盘　3—初级控制柱塞　4—补油泵　5—先导伺服阀　6、7—变量柱塞　8—冷起动阀
9—过滤器　10—补油溢流阀　11、12—高压溢流阀和补油阀总成　13—截断阀　14—E1 调节装置
15—预加载阀（在图中未显示）　16、17—比例电磁阀　18—减压阀　19—溢流阀　20、21—反馈柱塞
P、S—高压油口　B—补油泵吸油口　A—补油泵压力油口　F—补油/控制压力进油口　T、$A_H$—接油箱
$M_s$、$M_p$—高压油口压力表接口　$M_{sp}$—补油压力测量口　$M_L$—测压口/微动油口　$M_t$—温度测量口
L、U—泄漏（注油、排气）油口和从马达返回的冲洗油口　Y、Z—先导变量压力测量口
$X_1$—变量马达先导控制压力引出口　$X_2$、$X_3$—测压口

过 $K_{2b}$ 和 $K_{2a}$ 与截断阀 13 和减压阀 18 连接；$K_{2a}$ 还与高压溢流阀和补油单向阀的组合 11、12 相接，向主油路低压侧补油。补油泵的排量与主泵排量相匹配，确保有一小部分油液通过补油溢流阀 8 卸荷，使 $K_2$ 始终维持在补油溢流阀 10 的设

定值，从而保证控制油路的供油压力和主油路补油压力不变。

补油泵4是定量泵，它的输出流量与转速成正比。转速越高，补油泵输出流量越大，$D_3$ 两端的压差 $\Delta p$ 也越大（$\Delta p$ 作用于截断阀13的两侧）。自动控制泵正是基于这一关系将主泵排量与发动机转速相关联。

（4）主泵变量过程　当发动机转速等于怠速时，$D_3$ 两端的压差 $\Delta p$ 不足以推动截断阀13阀芯左移，$K_3$ 经减压阀18回到主泵壳体。当驱动转速达到泵的起调转速（大约1100r/min）时，$D_3$ 两端的压差 $\Delta p$ 升高使截断阀13切换，$K_1$ 压力达到 $K_4$ 处（对应起调点，测压点 $X_1$ 的压力大于0.3MPa）。此时 $\Delta p$ 作用在减压阀18两端，减压阀（限制 $K_5$ 最大压力，间接控制主泵最大排量）其入口压力为补油溢流阀8的设定压力 $K_{2a}$，输出压力 $K_3$ 的大小与 $\Delta p$ 成正比，比例关系大约为6∶1，因此减压阀18的实际功能为一个压力放大器。

$M_z$ 或 $M_y$ 通电，$K_5$ 压力经比例电磁阀16或17达到初级控制柱塞3的一侧。随着发动机转速的提高，$K_5$ 压力继续升高，克服初级控制柱塞3弹簧预压力后，初级控制柱塞3通过变量拨杆带动先导伺服阀5的阀芯偏移，将 $K_5$ 的控制油引入变量柱塞6或7，推动斜盘2偏转，主泵开始输出流量。斜盘2偏转的同时，带动先导伺服阀5的阀芯向反方向移动。如果发动机转速保持一定，先导伺服阀5的阀芯将很快恢复到中位，变量柱塞6、7再次同时承受控制油压 $K_2$，斜盘停止偏转，主泵排量保持在与 $K_5$ 压力对应的位置。

一般 $K_5$ 从0.3MPa变化到0.9MPa，对应主泵斜盘摆角从0°摆到最大角度21°，溢流阀19限定先导控制压力 $K_5$ 的最大值。通过调节溢流阀19的溢流压力，可限定主泵的最大排量。

初级控制柱塞3两端弹簧的预压力决定主泵的排量起调点（车辆的起动点）。除了主泵的自动控制外，还可将控制压力 $K_3$ 从 $X_1$ 口引入HMV-02变量马达的控制油口，使马达排量也随发动机转速变化而变化。一般当控制压力 $K_3$ 从0.8MPa变到1.4MPa时，HMV-02H1液控无级变量马达的排量从最大变到最小。马达起调压力与泵的变量控制压力有0.1MPa左右的重叠，保证车速变化的连续性。通过选用不同的阻尼孔 $D_3$，可改变 $K_5$ 压力（对应主泵排量）与发动机转速间的关系。如果马达排量不参与自动调节，一般设置成发动机转速为额定转速时，主泵达到最大排量（没有高压反馈时）。

（5）高压反馈（防止过载导致发动机熄火）　行车阻力所引起的高压同时反馈到泵变量装置，阻止斜盘摆角增大。HDP（HDS）高压油路的压力信号反馈到主泵变量机构上的反馈柱塞20、21上，其作用方向与先导控制压力 $K_5$ 加到初级控制柱塞3上的方向相反，以降低主泵排量，防止发动机过载。

初级控制柱塞3和反馈柱塞20、21设计原则：高压反馈作用后，发动机提供的转矩仍略小于主泵需要的转矩，因此调整过程为：高压反馈—发动机载荷降低但仍略有过载—转速下降—控制压力 $K_5$ 下降—斜盘的摆角减小—主泵需要的转矩减小—发动机产生的转矩与主泵吸收的转矩匹配。

不同功率的发动机对应的初级控制柱塞 3 与反馈柱塞 20、21 的面积比不同。因此 HElA 变量控制块不具有通用性。

（6）微动功能（微动阀不含在主泵总成中，需客户自行解决）　微动阀可以是一个可变节流阀，接在 HE1A 变量控制块的 $M_L$ 口和油箱之间，通过调整其开度在 $K_3$ 范围内任意调节 $K_5$ 压力，进而降低主泵排量（最小可到零排量）。这一功能使驾驶人可以参与主泵排量变化特性的调整，改变发动机转速与主泵排量的对应关系。微动功能在实际系统中有两个用途：①在维持车辆低速行驶的同时，提高发动机输出功率供给其他工作装置；②用于对车辆行驶速度要求精确的场合。

（7）高压回路　根据斜盘摆角方向不同（$M_y$ 或 $M_z$ 通电），液压油从 P 口（S 口）输出，建立高压。补油泵 4 输出油液通过高压溢流和补油阀总成 11（12）向主油路的低压侧补油。当 P 口（S 口）压力超过高压溢流阀和补油单向阀总成 12（11）的设定值时，高压溢流阀和补油阀总成 12（11）的溢流液压油经过高压溢流阀和补油阀总成 11（12）进入低压侧。由于 HDP（HDS）油路高压反馈的作用，主泵斜盘摆角已被减小，通过高压溢流阀的溢流量不大。

### 3.7.6　丹尼逊－威克斯闭式回路 TVXS 柱塞泵 SP 型控制

如图 3-116 所示，SP 控制是依靠比例电磁阀 4、伺服液压缸与斜盘倾角传感器组成电闭环反馈系统来控制泵的排量。所有控制值被记录为电信号，比例电磁阀和伺服液压缸转换控制放大器的输出信号到所需的设定值，比例电反馈可以实现非常精确的动态控制。

与主泵同轴驱动的补油泵 2.1 产生一个低压油流量，补油压力由补油压力溢流阀 2.2 设定。补油流量具有三个功能：第一，它提供了连续油流通过泵和马达的外壳，这种“壳体流动”可以保持静压传动系统冷却。一般壳体流动是从马达出发到泵，然后到热交换器，最后返回到油箱。第二，补油泵保持高压管路被加载，这确保即使在零位长时间运行之后，传动系统仍可保持在待发的状态。最后，当静压传动在正向或反向时，补油泵流量在低压侧为马达柱塞提供了背压。

主泵还集成有一台高压溢流阀 6，其由一台主阀和一对阻尼、一对先导压力溢流阀组成。阻尼和先导压力溢流阀组成了 B 型半桥，用于控制主阀弹簧腔的压力，一旦系统工作压力超过先导溢流阀的压力设定值，主阀就会被打开，保护传动免受高压冲击。冲洗梭阀 3.2 和补油溢流阀 3.1 直接把过量的补油泵流量送入泵的壳体，用此流量冷却泵。另外，热交换器、油箱、过滤器和油路对重载静压传动的操作也是必须的。热交换器一般装在壳体的流动出口和油箱之间，在油

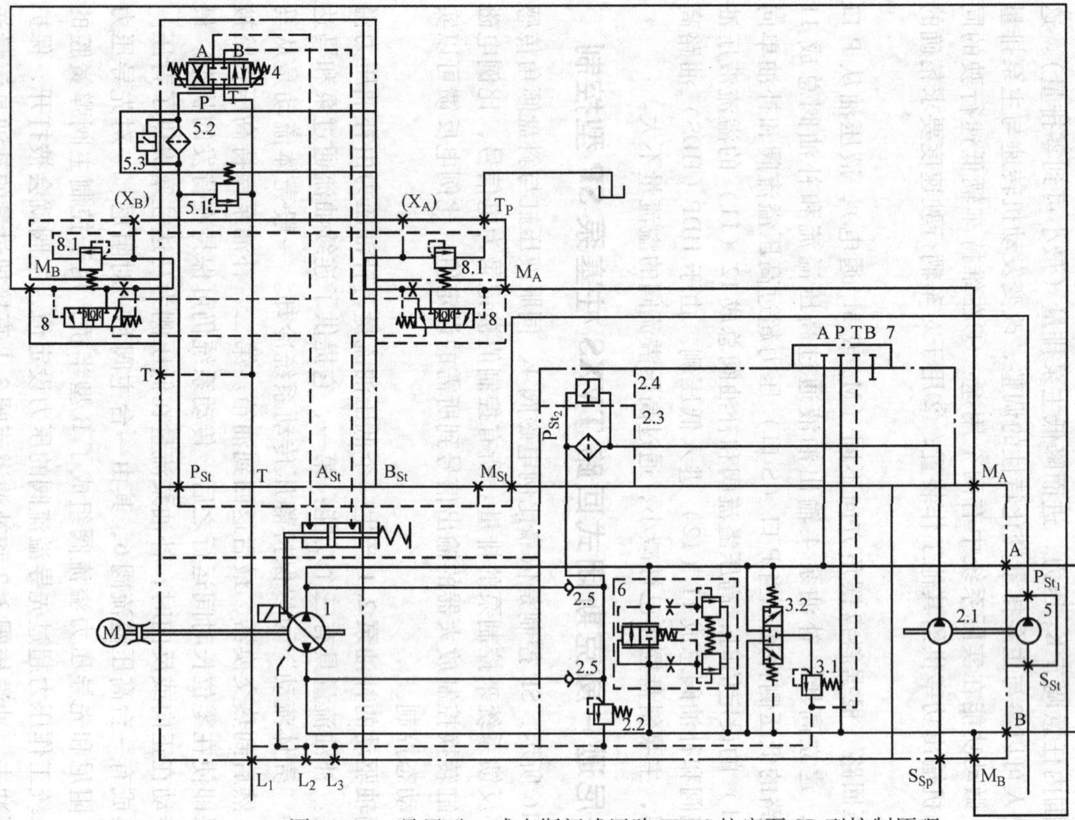

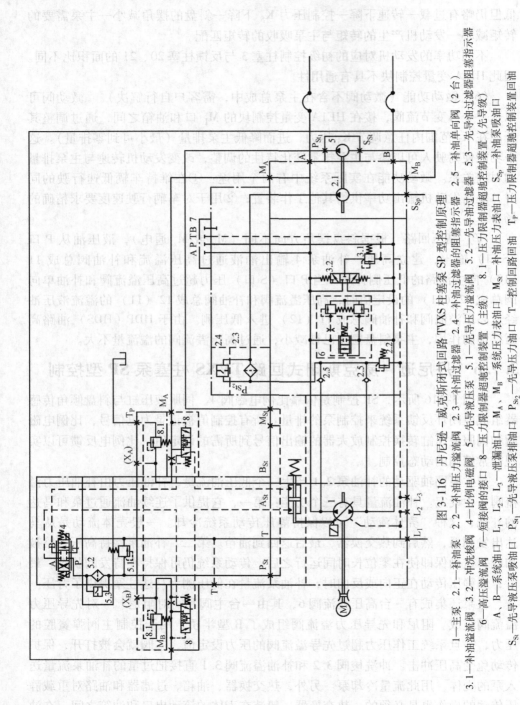

图 3-116　丹尼逊－威克斯闭式回路 TVXS 柱塞泵 SP 型控制原理

1—主泵　2.1—补油泵　2.2—补油压力溢流阀　2.3—补油过滤器　2.4—补油过滤器的阻塞指示器　2.5—补油单向阀（2 台）
3.1—补油溢流阀　3.2—冲洗梭阀　4—比例电磁阀　5—先导液压泵　5.1—先导压力溢流阀　5.2—先导油过滤器　5.3—先导油过滤器阻塞指示器
6—高压溢流阀　7—短接阀的接口　8—压力限制器超驰控制装置（主级）　8.1—压力限制器超驰控制装置（先导级）
A、B—系统油口　$L_1$、$L_2$、$L_3$—泄漏油口　$M_A$、$M_B$—系统压力表油口　$M_{St}$—补油压力表油口　$S_{Sp}$—补油泵吸油口
$S_{St}$—先导液压泵吸油口　$P_{St_1}$—先导液压泵排油口　$P_{St_2}$—先导压力油口　T—控制回路回油　$T_P$—压力限制器超驰控制装置回油

液进入油箱前冷却油液。换热器必须配有旁通阀，当壳体泄漏压力太高时打开阀。在冷起动时由于油黏稠，旁通阀尤其重要。油箱提供了空间用于当油变热时让油膨胀，并让夹带的空气逸出。过滤器安装在补油泵出口和阀块之间，用以过滤油中的污染物。

泵的工作可分成三个基本模式：零位、正转和反转。

（1）零位　静液压传动装置处于零位时该变量泵的排量为零。零排量时，无高压油被泵送到马达，马达输出轴停止转动。

补油泵无论在零位还是在正反转所有操作模式下均泵出油液。在零位，它从油箱吸取被冷却的和被过滤的油液送入系统。补油泵的流量填充泵的柱塞、高压管路和马达的柱塞。这种补油泵的流量是为了弥补内部泄漏，并保持油路做好起动待发的准备。在高压油路已准备好后，补油泵压力打开位于补油泵上的压力溢流阀，补油泵的流量通过泵壳并且流回到油箱，该流量用于冲洗并冷却泵。

（2）正转和反转　当流量在高压管路中引起马达轴旋转时，静液压传动可以处在正转/反转模式。在高压油路产生的流量是通过改变变量泵的斜盘倾角离开零位来创建的。随着斜盘倾角的变化，缸体旋转柱塞往复运动并产生流量。斜盘可倾斜至零位的任一侧。倾斜朝一个方向产生的流量，使马达正转。倾斜朝另一个方向使液流反向，马达反转。

除了控制方向，斜盘倾角也控制输出速度。通过改变斜盘角度改变泵的排量，以改变马达的速度。最大的斜盘倾角产生最大的排量和最快的马达转速。

压力限制器超驰控制装置（先导级）8.1 和阻尼组成了 B 型半桥，用于控制压力限制器超驰控制装置（主级）8 弹簧腔的压力，一旦工作压力超过了压力限制器超驰控制装置（先导级）8.1 的设定压力值，压力限制器超驰控制装置（主级）8 的非弹簧位工作，压力油会进入排量控制伺服液压缸使泵的排量回归至零位，起到了压力切断的作用。

先导液压泵 5 为主泵提供控制压力和流量，控制油经先导油过滤器 5.2 送至比例电磁阀 4，控制油的压力由先导压力溢流阀 5.1 设定。

### 3.7.7　P6P 型闭式泵调节原理

P6P 系列集成式泵与马达具备绝大多数闭式传动回路所需的全部元器件。如图 3-117，该液压泵包含主泵转子部件、伺服及补油泵、补油单向阀、变量机构以及集成控制阀块。集成控制阀块中含有伺服压力溢流阀、补油压力溢流阀以及压力补偿控制阀。集成式马达则由马达转子部件、热油梭阀以及低压补油溢流阀等组成。下面主要讨论 P6P 型闭式泵的调节原理。

泵运转时来自辅助泵的伺服压力油供给伺服变量机构，并且作用在差动溢流阀 2 上，由于阀芯上部面积大于下部的环形面积，阀芯处于关闭位置。伺服压力

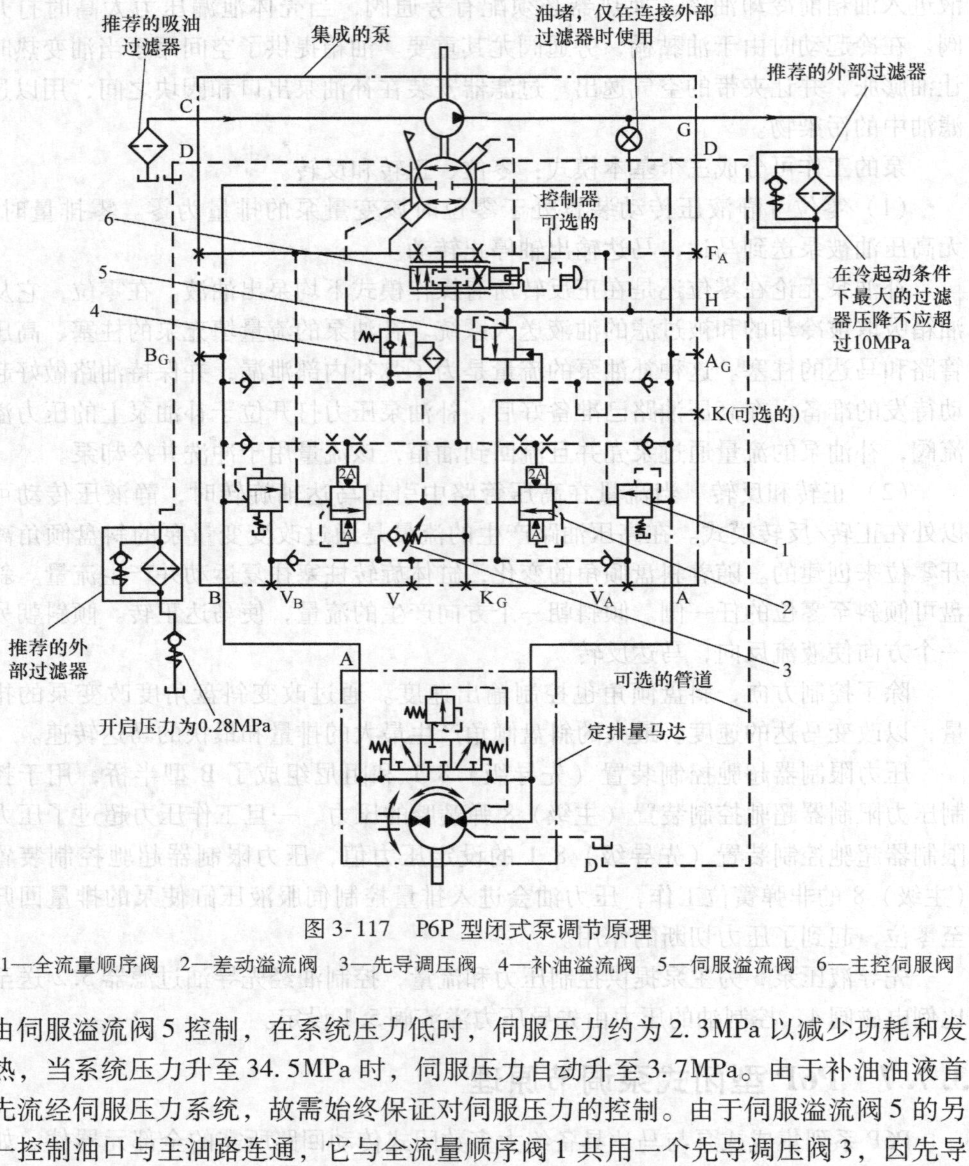


图3-117　P6P型闭式泵调节原理

1—全流量顺序阀　2—差动溢流阀　3—先导调压阀　4—补油溢流阀　5—伺服溢流阀　6—主控伺服阀

由伺服溢流阀5控制，在系统压力低时，伺服压力约为2.3MPa以减少功耗和发热，当系统压力升至34.5MPa时，伺服压力自动升至3.7MPa。由于补油油液首先流经伺服压力系统，故需始终保证对伺服压力的控制。由于伺服溢流阀5的另一控制油口与主油路连通，它与全流量顺序阀1共用一个先导调压阀3，因先导阀相同，先导阀压力又决定了主油路压力，因此可使伺服压力随系统压力的升高而升高，升高的比率为：系统压力每升高6.9MPa，伺服压力升高0.28MPa。伺服压力的这种随动变化，使泵在负载变化时，其伺服变量系统的性能不受影响。

伺服补油泵的输出流量到达伺服溢流压力阀的环形面积，当环形面积产生的压力超过弹簧力加上先导调压阀3的力以及补油压力溢流阀产生的力时，伺服溢流阀5开启，流量进入补油通道，通过单向阀向工作油路的低压侧补油，补油压力由补油溢流阀 4 控制。补油压力一般控制在 1.4MPa 左右。

工作压力补偿变量控制器——双向压力补偿变量功能是 P6P 型闭式泵的标准配置，两侧各有一个控制回路，A、B 两油口处的最高工作压力分别由串联在各自回路中的全流量顺序阀 1 和差动溢流阀 2 来控制。即使在由于机械故障，泵排量不能减小的情况下，全流量的溢流回路也能限制系统的过载（损坏）压力，故系统无须另加溢流阀。来自全流量顺序阀 1 的油液进入叶片执行器，产生伺服信号。工作油路的压力由先导调压阀 3 控制。先导调压阀 3 可以看作是全流量顺序阀 1 的先导阀，当高压端的压力超过先导调压阀 3 的调定值时，高压油顶开全流量顺序阀进入补偿油路中，将系统压力油引入变量缸的“回程腔”，补偿油路的压力由差动溢流阀 2 控制，其是“变量腔”内伺服压力的两倍，故将克服“变量腔”侧的伺服控制压力，推动斜盘向回程（摆角减小）方向摆动，使排量减小，必要时甚至超过中位，直至系统压力降低到调定值为止，防止压力超过调定的最高压力，从而减小泵的输出流量，直到工作油路的压力降低至先导调压阀 3 的调定压力，这就是 P6P 型闭式泵的压力补偿功能。在过载时，有最小的压力过量和油液发热，该控制在补偿时维持稳定的压力、流量与系统要求相匹配。

由上可以看出，P6P 型闭式泵的主泵排量受主油路压力和辅助泵提供的伺服压力共同控制，这是 Denison 公司特有的控制方式，它既保留了 A4VG 泵自带辅助泵的优点，又保留了 A4VSG 泵的排量和压力闭环控制方式，从而得到节能降温的效果。

典型的压力补偿变量响应时间：泵排量（$in^3/r$）6、7、8 为 0.05s；泵排量（$in^3/r$）11、14 为 0.07s；泵排量（$in^3/r$）24、30 为 0.10s。（$1in^3/r = 16.4cm^3/r$）

因为伺服压力也作用在差动溢流阀 2 的一个控制油口上，故补偿油路的压力也受伺服压力控制。在 P6P 型闭式泵的结构中，补偿压力大于 2 倍的伺服压力。当需调整补偿压力时，既可调节差动溢流阀 2 的弹簧，也可调节伺服压力。

### 3.7.8 丹佛斯带集成速度限制（ISL）的电比例调节（EDC）H1 型闭式泵

该泵主要集成有电比例控制器 1、补油泵 3、压力限制阀 4、高压溢流阀和补油溢流阀 6，以及由先导阀 5、单向阀 9、减压阀 8 和阻尼孔 10 构成的速度限制器，调节原理如图 3-118 所示。

在达到压力限制阀 4 的设定压力时，其通过使泵斜盘位置回中位提供系统压力保护。压力限制阀是一个非耗散（非发热）的压力控制阀。传动回路的每一侧都有一个独立设置的压力限制阀，允许在系统两个油口使用不同的压力设置。压力限制器的设定值是高、低压回路之间的压差。当压力限制器设置值达到时，压力油打开压力限制阀，通油至伺服活塞的低压侧迅速降低泵的排量，直到泵的

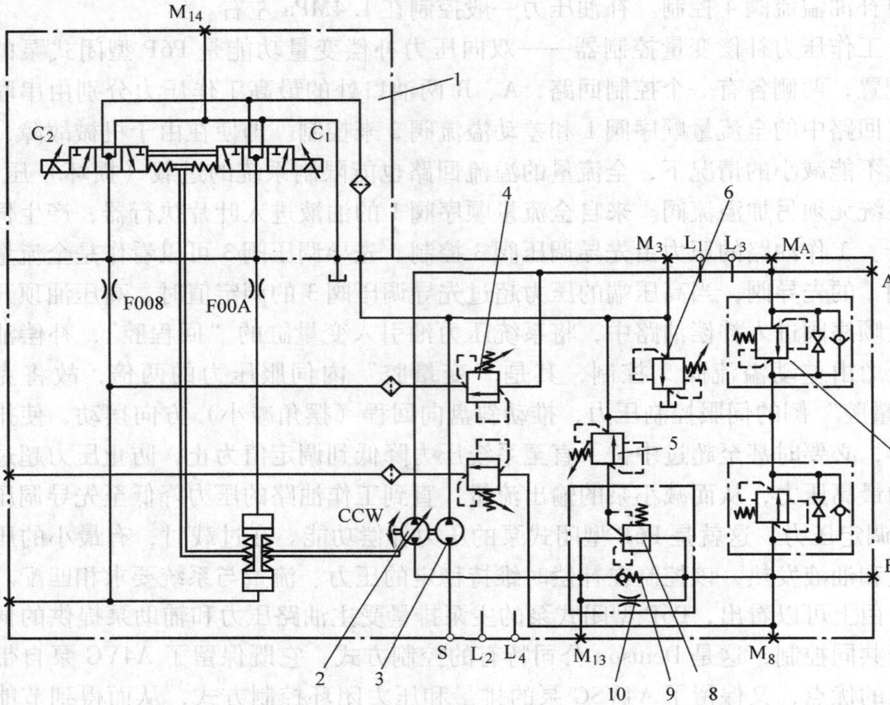


图 3-118　丹佛斯带集成速度限制（ISL）的电比例调节（EDC）H1 型闭式泵节原理
1—电比例排量控制器　2—H1 主泵　3—补油泵　4—压力限制阀　5—先导阀
6—补油溢流阀　7—高压溢流阀和补油单向阀总成　8—减压阀　9—单向阀　10—阻尼孔

排量下降引起系统压力低于压力限制器设定值为止。当负载处于停转状态时，主动的压力限制使泵柱塞回程至接近零行程。泵斜盘在必要的时候可移至任一方向调节系统压力，包括过冲程（超越控制）或过中心（系泊控制）控制。

高压溢流阀和补油单向阀总成中，高压溢流阀是耗散（发热）的压力控制阀，用于限制系统最高工作压力。补油单向阀的功能是补油至工作回路的低压侧。传动回路的每一侧都有一个专用高压溢流阀，其溢流压力是由工厂设定的，且不可调。当系统压力超过该阀的设定值时，液压油从高压回路流通至补油通道，并经由补油单向阀进入低压侧。允许在每个系统油口使用不同的压力设置。当一个高压溢流阀与压力限制器一起使用时，高压溢流阀压力设置值总是高于压力限制阀的设置值。

频繁操作高压溢流阀将在闭式回路中产生大量热量，并可能导致泵的内部组件损坏。

旁路功能：单泵高压溢流阀还提供了循环旁路功能，只要将两个高压溢流阀上的一个六角堵头旋出三个整圈，就可以把工作回路的A和B侧连接到公用补油通道。旁路功能可以使机器或负载被拖动而不会使泵轴或原动机转动（比如行走机械被拖行），但拖行时必须避免超速和过载。负载或车辆被拖行速度不应超过最大速度的20%，拖行的持续时间不超过3min。超速或持续时间过长都有可能损坏原动机。当不再需要旁路功能时，应注意重新旋紧高压溢流阀六角堵头至正常工作位置。

补油溢流阀6用于保持补油压力至指定的高于壳体的压力的数值。补油溢流阀是一台直接作用的锥阀式溢流阀，当压力超过指定值时补油溢流阀打开并排放液体至泵的壳体。在前进或后退时，补油压力会比在中位时略低。系统流量每增加10L/min，典型补油压力需增加0.12~0.15MPa。

电气比例排量控制（EDC）原理：泵斜盘位置正比于输入电指令信号，因此，车辆或负载速度（不考虑效率的影响）只依赖于原动机速度或马达排量。在三位四通伺服阀的每一侧安装有一台比例电磁铁，比例电磁铁通电后产生电磁力施加至阀芯，伺服阀输送液体压力到双作用伺服活塞的任一侧。伺服活塞两侧压差改变使斜盘旋转，可在一个方向上将泵的排量从全排量状态改变泵到相反方向的全排量状态。在某些情况下，如污染，控制阀阀芯可能卡住导致泵卡滞在某一排量下。紧挨着控制阀阀芯前的供油管路上，安装有一台过滤精度为125μm的过滤器。

H1电气比例排量控制是电流驱动的，需要使用脉宽调制（PWM）信号。脉宽调制允许电磁铁的电流被精确地控制。PWM信号使电磁铁推杆推压在控制阀阀芯上，其加压至伺服活塞的一端，而另一端排油。整个伺服活塞在压差的作用下移动斜盘。斜盘反馈连杆和一个线性弹簧提供斜盘位置力反馈给电磁铁。当斜盘位置弹簧反馈力正好平衡操作者输入电磁力指令的时候，控制系统达到平衡。由于工作回路的油压随负荷变化，控制装置和伺服/斜盘系统不断地工作以维持斜盘在指令的位置。

由于控制阀阀芯油口正遮盖，以及来自于伺服活塞组件的预加载荷和线性控制弹簧的原因，EDC包含了正的中位死区。一旦达到中位阈值电流，斜盘倾角就与控制电流成正比。为了最小化控制中位死区的影响，推荐使用传动控制器或操作者输入装置中包含有阶跃的电流来补偿一部分中位死区，该泵的特性曲线如图3-119所示。

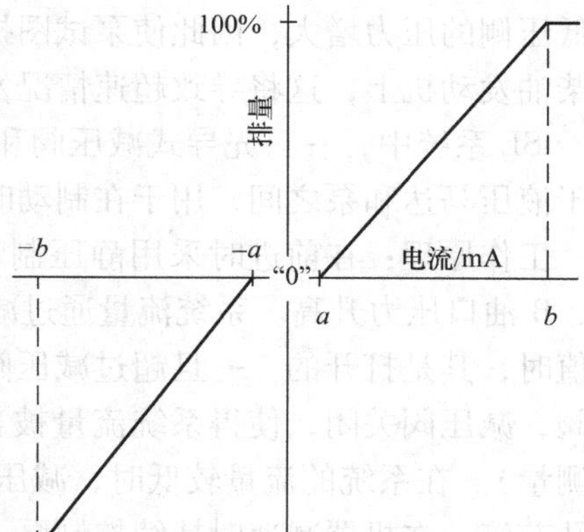


图3-119 丹佛斯H1型闭式泵的特性曲线

控制阀芯的中位位置通过对中弹

簧提供了一个主动的预加载压力施加到伺服活塞组件的每一端。当控制输入信号或者缺失或者被移除，或者补油压力丢失，弹簧加载的伺服活塞将自动使泵返回到中位位置。

在行走机械上装备有静液压驱动系统的柴油机超速会引起越来越多的问题。这种柴油机的超速现象往往出现在机器工作在下坡或制动模式的时候。其结果是，柴油发动机以及所附属元件超过了最大的允许速度，导致损坏。原因就是所使用的涡轮增压柴油发动机具有有限的制动转矩和较大的负载惯量。为了避免这种情况，丹佛斯公司开发了防止超速的系统，此功能被称为集成速度限制（ISL）。ISL是一种应用在大功率闭式泵（静压传动系统的一部分）上的发动机超速保护技术。

ISL的性能和对系统而言的优点是：

1）制动时使车辆充分减速。

2）保护柴油机和液压泵防止超速。

3）确保了柴油发动机制动能力的最佳利用。

4）因为它独立于驾驶人而起作用，提供了较高的驾驶舒适性。

5）节省了机械制动器。

6）对这个功能无需额外的静液压元件或其他元件（如减速器）。

由液压马达驱动的车辆在平地上或下坡高速行驶进行静液压制动时，通常是调节变量泵的排量使其通过流量低于（不满足）马达的需求，马达出口阻力增大，在马达轴上建立起反向转矩阻止车辆行驶，车辆动能将通过车轮反过来驱动马达使其在泵的工况下运行，并在马达出油口建立起压力，迫使泵按马达工况拖动发动机运转，车辆的动能将转化为热能由发动机和液压系统中的冷却器吸收并耗散掉。在制动模式下，此时马达进油口处于低压，而排油口处于高压，液压泵在低压侧的压力增大，因此使泵试图提高速度和建立转矩。该转矩通过泵轴传送到柴油发动机上，这将导致超速情况发生。

ISL系统中，一只先导式减压阀和一个阻尼孔安装在泵的端盖上。这些元件位于液压马达和泵之间，用于在制动时减小泵的最大压力。

工作原理：在前进时采用静压制动，由于来自马达的流量将进入泵的B油口，B油口压力升高。系统流量通过减压阀，在系统压力未超过先导阀的压力设定值时，其是打开的。一旦超过减压阀的压力设置值，就有流量通过减压阀的先导阀，减压阀关闭，使得系统流量被自动节流以调节泵的压力（可在M13测压口测量）。在系统的流量较低时，减压阀完全关闭，所有的系统流量将被旁通阻尼孔节流，在机器减速时持续控制泵，使泵入口压力减小。ISL被配置是基于在制动过程中，在不超过发动机最大转速时，发动机的总阻力转矩可用，也就是此时要充分利用发动机的制动效能，因此，避免了在静液压回路中产生高温。

随着系统流量减少，通过旁通阻尼孔的系统压力减小，泵的压力随着泵接近中位开始增大。假如在制动过程中，B 侧压力限制阀设定值被超过时，压力限制阀将流量接通到伺服活塞（于 M5 的测压口测量）的低压侧，使斜盘角度朝着最大，使泵的柱塞冲程增大至最大排量，以确保由液压马达传递的液压油被带走。

在所有情况下，ISL 的目的是限制产生在泵上和输入到发动机的转矩。先导阀的压力设定值和旁路阻尼孔的大小是可调节的，它们决定了有多少制动功率被转换成热并有效地从发动机“分流”出来。

当泵处于泵工况和流量正在通过 B 油口时（即车辆正在以相反的方向驱动时），流量通过一个集成的旁路（单向）阀，ISL 不被激活。

ISL 被配置是基于在制动过程中在所允许的最大发动机转速时总阻力转矩可用。发动机的阻力转矩通常可从它的制造商得到。在设置先导阀的压力设定值和旁通阻尼孔的大小之后，ISL 需进行现场实验调整，以证实其符合性能要求。

## 3.7.9　Rexroth －MA 型手动变排量控制

这种变量控制方式是通过手轮对泵进行无级排量调节，其结构最为简单。这种类型的变量泵一般在控制机构内部必须具有行程限位、行程角限位、零位对中等功能。MA 手动控制原理及其特性曲线如图 3-120 所示，这种控制方式在过零点之后泵可以换向输出流量。

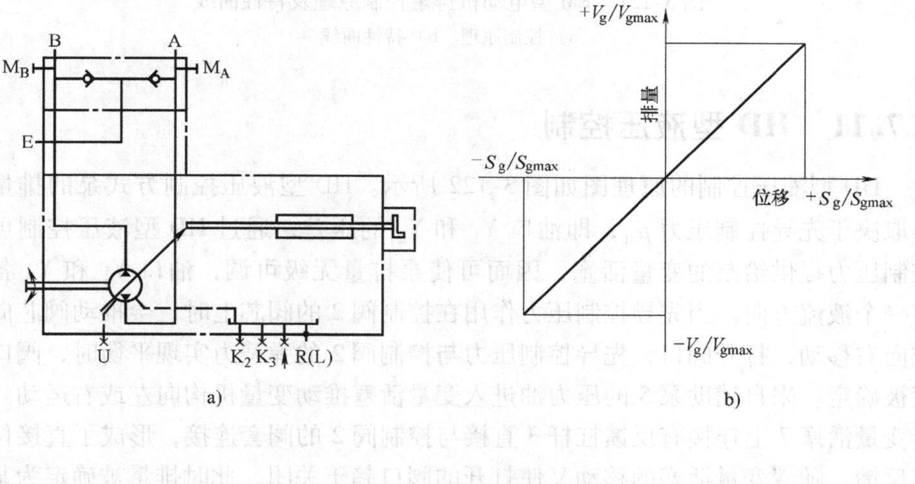


图 3-120　MA 型手动控制原理及其特性曲线

a）控制原理　b）特性曲线

A、B—压力油口　$M_A$、$M_B$—测量油口　E—辅助油口　$K_2$、$K_3$—泵壳体冲洗油口

R（L）—注油孔和排放孔　U—泵壳体冲洗油口

## 3.7.10　EM型电动机排量控制

通过带控制心轴的电动机可以对泵的排量进行无级调节。此种控制方式调节原理同手动调节，只是用电动机代替了手轮。通过螺旋丝杠将电动机的转动转换成驱动泵变量缸的位移，该系统可以利用编程序列控制，通过附带的限位开关或电位计选择各种中间排量输出。EM型电动机排量控制原理及特性曲线如图3-121所示。

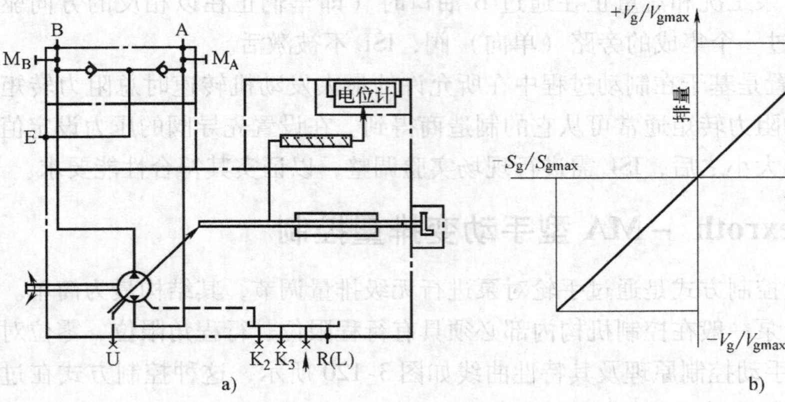


图3-121　EM型电动机排量控制原理及特性曲线

a）控制原理　b）特性曲线

## 3.7.11　HD型液压控制

HD型液压控制的原理图如图3-122所示。HD型液压控制方式泵的排量大小取决于先导控制压力 $p_{st}$，即油口 $Y_1$ 和 $Y_2$ 的压差，通过HD型液压控制可将控制压力提供给泵的变量活塞，因而可使泵排量无级可调，油口 $Y_1$ 和 $Y_2$ 各对应一个液流方向。当先导控制压力作用在控制阀2的阀芯上时，会推动阀芯向左或向右移动，打开阀口，先导控制压力与控制阀2的弹簧力实现平衡时，阀口开度被确定。来自辅助泵5的压力油进入变量活塞推动变量机构向左或右运动。由于变量活塞7上连接有反馈杠杆3直接与控制阀2的阀套连接，形成了直接位置负反馈，随着变量活塞的移动又使打开的阀口趋于关闭，此时排量被确定为某一个定值。图3-123为该种控制方式的特性曲线，先导压力必须达到一定值之后才能克服控制阀2对中弹簧的弹性力，因此曲线零位附近会有死区。泵排量的无级调节取决于先导控制压力，排量的大小正比于先导压力。

在图3-122中，油口 $Y_1$、$Y_2$ 的先导控制压力 $p_{st}$ 一般为0.6～1.8MPa。先导

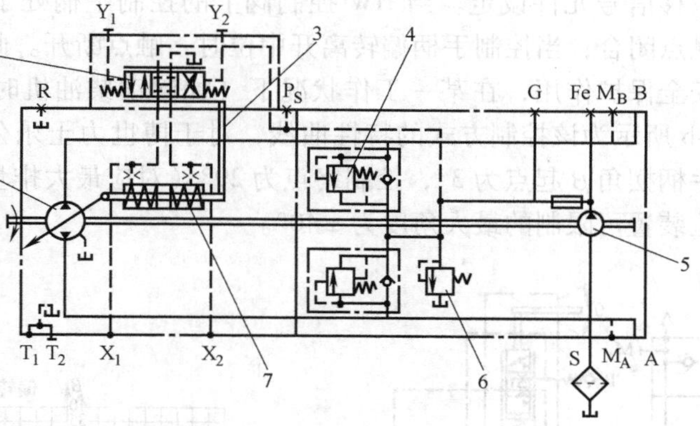


图 3-122 HD 型液压控制原理图

1—主泵 2—控制阀 3—反馈杠杆 4—安全阀 5—辅助泵 6—溢流阀 7—变量活塞

A、B—压力油口 $M_A$、$M_B$—测量油口 G—供油压力口 $X_1$、$X_2$—控制压力口 $Y_1$、$Y_2$—遥控口

$T_1$—漏油灌油口 $T_2$—漏油泄油口 R—排气口 S—吸油口 $F_e$—补油泵测压口 $P_S$—辅助油口

控制压力的起点为 0.6MPa，控制终点即到达最大排量时先导控制压力为 1.8MPa。该泵在使用前必须使排量控制机构回到零位。另外，在使用中应避免 HD 型液压控制装置受到污染，如液压油中的污染物、磨损颗粒以及系统以外的颗粒都会导致阀芯卡在任意位置，使泵的流量输入不再遵循操作员的指令。

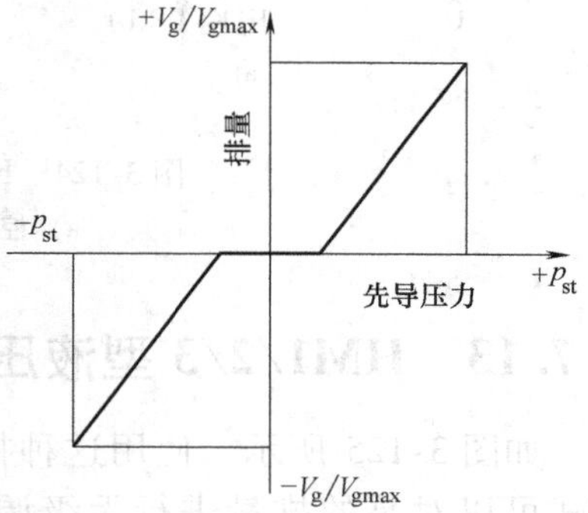


图 3-123 HD 型液压控制特性曲线

此种控制方式还有以下可供选项：控制特性曲线不同（HD1、HD2、HD3）；压力控制（HD. A、HD. B、HD. D）；远程压力控制（HD. GA、HD. GB、HD. G）；功率控制（HD1P）；电控压力控制（HD1T）等，可参考相应的产品样本。

## 3.7.12 HW 型液压控制、手动伺服

HW 型液压控制、手动伺服的控制原理如图 3-124a 所示，该控制方式取决于控制杆的操作方向，泵排量缸通过 HW 型控制装置获得控制压力，属于三通阀控制差动缸的原理。机械凸轮负反馈控制反馈弹簧的变形实现变量缸的定位，因而斜盘和排量可无级变量。每个控制手柄的操作方向对应一个相应的液流方向。控制手柄上的所需力矩为 0.85 ~2.1N · m。HW 型控制手柄的偏转角度限制

须由外装的位移信号元件设定。当 HW 控制阀上的控制手柄处于零位时，零位开关的开关触点闭合；当控制手柄偏转离开中位时，触点断开。此零位开关在传动中可起到安全保护作用，在某一工作状况下（如起动柴油机时）确保泵在零位。图 3-124b 所示为该控制方式的特性曲线，对于博世力士乐公司生产的 HW 型泵，控制手柄摆角 $\beta$ 起点为 3°，控制终点为 29°（对应最大排量 $V_{gmax}$），所安装的机械限位装置可限制的最大角度为 ±40°。

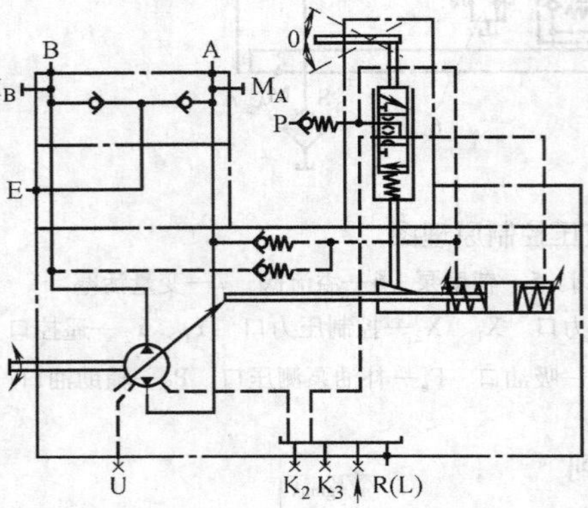

a)

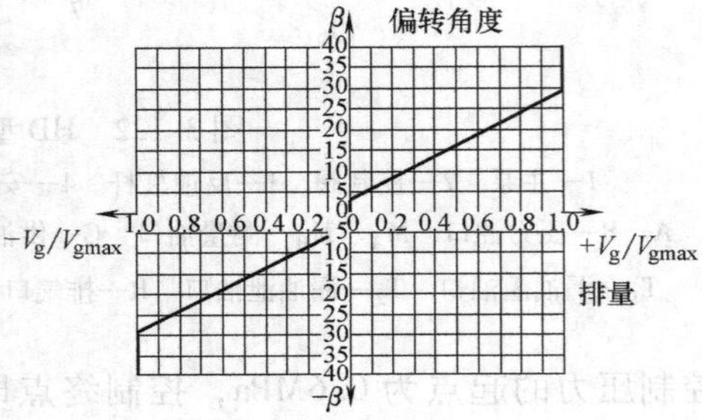

b)

图 3-124　HW 型液压控制、手动伺服

a）控制原理　b）特性曲线

## 3.7.13　HM1/2/3 型液压排量控制

如图 3-125 所示，使用这种控制方式可以对泵的排量进行无级调节，泵的排量取决于油口 $X_1$ 和 $X_2$ 中的控制体积。主要的应用有：①两点控制，实现正负最大排量和零排量控制；②用于伺服控制或比例控制的基本控制设备。

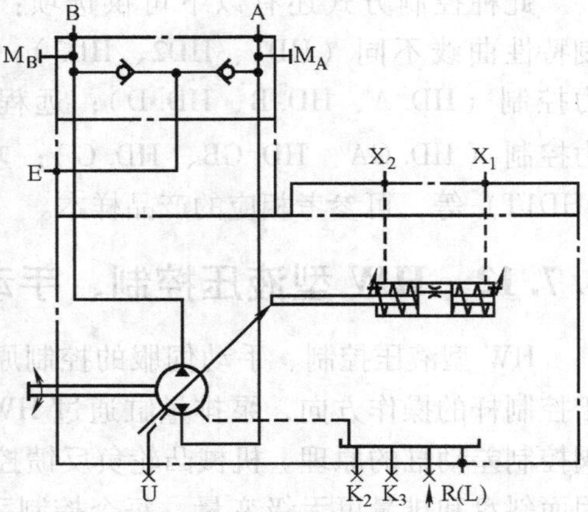


图 3-125　HM1/2/3 型液压排量控制

## 3.7.14　与转速有关的 DA 型控制（速度敏感控制）

DA 型控制（Automotive Drive and Anti Stall Control），是闭式油路纯液压

机械控制，是一种静压自动变速机构。

DA型控制可以实现车辆从静止状态到最大速度间的无级变速，驾驶人仅需通过手柄来选择前进、停止还是后退来控制车辆的行进方向，根据不同的油门踏板角度得到不同的车速，使驾驶人可以轻松简单地操作一台车辆。

在发动机转速较低的起步阶段，采用DA型控制方式的液压驱动车辆也可以发挥出全部的牵引力，避免了发动机过载过热。当车轮完全被堵住，车辆不能够移动时，变量液压泵自动调整斜盘的摆角归零，避免了液压系统过热。DA型控制还能够实现液压制动，在车辆的低速阶段，液压系统能够显著降低车辆的速度直至停止。

DA型控制包括自动驱动控制和防失速控制。

自动驱动控制：DA型控制的闭式液压驱动系统能够根据发动机转速的变化自行改变变量泵的输出流量，进而调整车速，实现车辆的自动变速功能。仅需操纵加速踏板，即可获得期望的车速调节，不再需要像传统方式那样连续地用齿轮换档，就可以实现前进、后退两个方向的连续驱动，简化了操作。使得行驶驱动如自动变速轿车，踩加速踏板起步，随着加速踏板被踩下，驱动泵提供更多的油液让车辆加速。

防失速控制：DA型控制的闭式液压驱动系统能够根据系统的工作压力变化自动控制变量泵的最大输入功率，使发动机不间断地输出最大功率来满足车辆牵引力和速度要求。对于车辆所有的除驱动液压系统之外的影响，如悬架液压系统、转向液压系统以及辅助液压系统，DA型控制都能够调整泵的排量来优先满足它们的功率需求。在发动机过载时自动减小变量泵的排量，能防止发动机熄火和失速。

两种功能不需要连接泵和加速踏板即可实现，不需要任何操纵杆或电子控制。

DA型控制完全内置于变量泵A4VG和A10VG中，再联合内置的微动阀能确保平滑的驱动特性。对叉车来讲，这就允许以最大的驱动舒适性小心地搬取货物同时也能快速加速达到高的物料运输量。

DA型控制原理图如图3-126所示。该控制方式内置的DA型控制阀5产生一个与泵（发动机）驱动转速成比例的先导压力。该先导压力通过一个三位四通电磁换向阀3传至泵的变量控制缸2上。泵的排量在两个方向均可无级调节，并同时受泵驱动转速的排油压力的影响。液流方向（即机器向前或向后）由电磁铁a或b控制。主回路高压溢流阀4主要对斜盘快速摆动时出现的压力峰值以及系统的最大压力提供保护，当系统中冲击压力超过高压溢流阀的设定压力时，液压油会打开溢流阀溢流至低压侧，使工作压力降低。高压溢流阀的设定压力等于工作压力+安全压力（安全压力≥3MPa）。压力切断阀7起压力调节作用，当达到设定压力时，将泵的排量调节到最小排量 $V_{gmin}$。压力切断阀防止高压溢流阀在车辆加速和减速时工作。压力切断阀的设定范围可以是整个工作压力范围内的任何范围。但是，该范围必须设置在比高压溢流阀的设定压力低 3MPa 的位置。

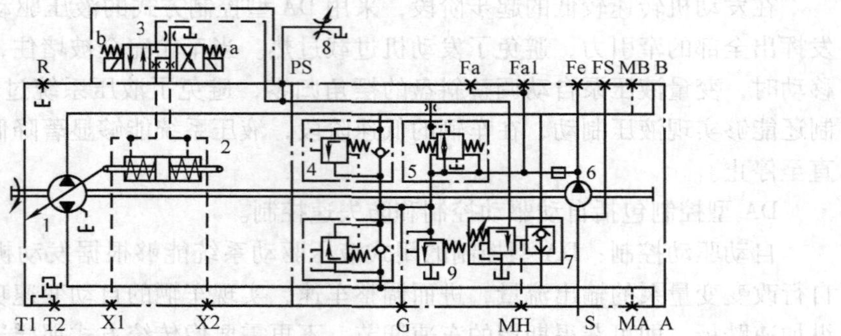


图 3-126　DA 型控制原理图

1—变量泵　2—变量控制缸　3—三位四通电磁换向阀　4—高压溢流阀　5—DA 型控制阀　6—辅泵　7—压力切断阀　8—微动阀　9—补油溢流阀

主泵上还同轴安装着一台辅泵 6，其作用是：

1） 向闭式油路低压侧补油。

2） 供给主泵变量调节用液压油。

3） 测量变量泵（柴油机）转速。辅泵输出流量与发动机转速成正比，根据辅泵流量就可算出发动机相应的转速。

当快速液压结构需要发动机高速转动时，为使车辆速度降低可控，应配置各种微动阀 8。

图 3-126 中件 5 为内置的 DA 型控制阀，又称速度敏感控制器，其结构原理图如图 3-127 所示。DA 型控制阀能将原动机的转速变化转换成变量泵的变量控制油压的变化，从而改变变量泵的排量，实现恒动率（恒转矩）控制。速度敏感控制器的速度信号，可以很方便地用测量原动机直接驱动的另一台定量泵（辅泵）的流量获得。定量泵（辅泵）输出与原动机（如柴油机）转速成正比的流量，在控制器的阻尼板 7 上形成压差 $\Delta p = p_1 - p_2$，以使控制阀口 6 打开，控制油经变量泵先导阀流向变量控制缸。控制油管路中的压力 $p_3$ 作用在孔板阀芯组件的环形面积 $A_3$ 上（输出的反馈力），方向从左向右，与阻尼板 7 前后压差所产生的从右向左的输入力平衡；从而决定孔板阀芯 3 的平衡位置。当原动机转速稳定时，重新关闭控制阀口 6。当原动机的转速下降时，孔板阀芯 3 上的压差变小，控制阀口 5 打开，变量控制缸中的油压降低，直至作用在孔板阀芯 3 上的

力重新平衡，控制阀口5重新关闭。通过速度敏感控制器的作用，原动机转速和变量控制油压 $p$ 与泵的变量倾角形成了比例关系。即原动机转速下降，使变量控制油压按比例下降，进而泵的排量也按比例下降；反之亦然。改变弹簧2的预压缩量，就可改变限转矩特性曲线。

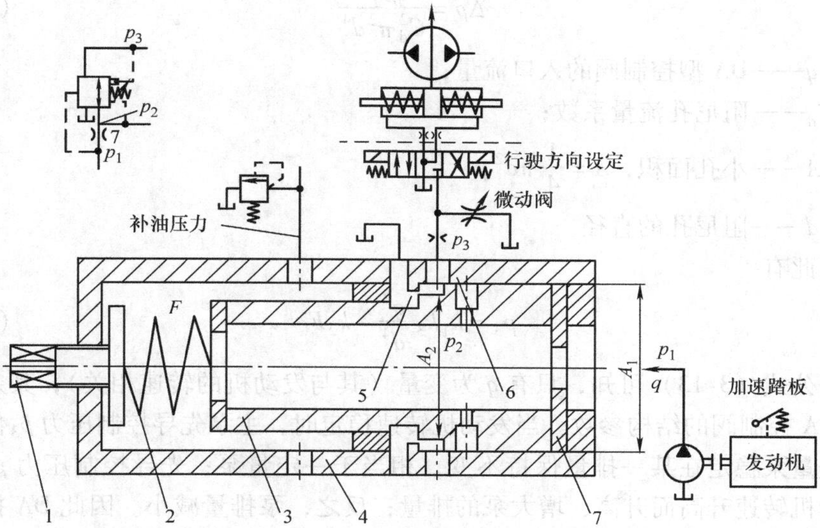


图3-127 DA型控制阀的结构原理图

1—调节螺杆 2—弹簧 3—阀芯 4—阀套 5、6—控制阀口 7—阻尼板

参考图3-127，阀芯上的受力平衡方程为

$$p_1A_1 = p_2A_2 + p_3A_3 + F \tag{3-8}$$

设 $\Delta p = p_1 - p_2$，又 $A_3 = A_1 - A_2$，则

$$\Delta pA_1 = p_3(A_1 - A_2) + F \tag{3-9}$$

$$p_3 = \frac{\Delta pA_1 - F}{A_1 - A_2} = \frac{A_1}{A_1 - A_2}\Delta p - \frac{F}{A_1 - A_2} = k_2\Delta p - k_2F \tag{3-10}$$

式中 $p_1$——DA控制阀的进口压力；

$p_2$——DA控制阀输出的补油压力；

$p_3$——DA控制输出的控制压力；

$A_1$——对应进口压力 $p_1$ 的作用面积；

$A_2$——对应 $p_2$ 的作用面积；

$A_3$——面积差，即 $A_3 = A_1 - A_2$；

$F$——弹簧力；

$\Delta p$——节流口前后的压差。

通过阀板阀口的流量为

$$q = C_{\mathrm{d}} A \sqrt{\frac{2}{\rho}\Delta p} \tag{3-11}$$

由此得

$$\Delta p = \frac{q\rho q^2}{C_{\mathrm{d}}^2 \pi^2 d^4} \tag{3-12}$$

式中　$q$——DA 型控制阀的入口流量；

$C_{\mathrm{d}}$——阻尼孔流量系数；

$A$——小孔面积，$A = \frac{1}{4}\pi d^2$；

$d$——阻尼孔的直径。

因此有

$$p_3 = k_1 k_3 \frac{q^2}{d^4} - k_2 F \tag{3-13}$$

由公式（3-13）可知，只有 $q$ 为变量（其与发动机的转速相关），其余参数都是 DA 控制阀的结构参数。当发动机转速稳定时，主泵先导控制压力 $p_3$ 保持不变，变量泵稳定在某一排量保持不变，相当于一定量泵；先导控制压力 $p_3$ 跟随着发动机转速升高而升高，增大泵的排量；反之，泵排量减小。因此 DA 控制也称为与发动机转速相关的速度敏感控制。

车辆的极限负载保护功能又是如何实现的呢？由前面的分析我们可以看出，当负载（压力）达到一定程度时，泵的斜盘若能自动向零位回摆，即可实现车辆的极限负载保护。根据泵的工作原理，工作中，泵的斜盘摆动受以下三个力的影响：①对中弹簧的力；②控制油通过变量活塞给斜盘的控制力；③泵工作压力给斜盘的作用力。对于普通的不带 DA 功能的泵，在配流盘无偏转的情况下，由于配油盘的高低压配流窗口相对于斜盘两侧的半圆轨道是完全对称的，由泵的高压侧工作压力对斜盘所产生的作用力矩是平衡的（$F_{\mathrm{a}} \times \mathrm{a} = F_{\mathrm{b}} \times \mathrm{b}$），因此泵工作压力给斜盘的作用力所产生的力矩为零（即对斜盘的摆动没有影响），如图 3-128a所示。

而有 DA 功能的泵，其配油盘的配油窗口相对于斜盘两侧的半圆轨道不是对称的，而是将配油盘沿着传动轴的旋转方向偏转一个角度 $\Delta\varphi$，则高压侧工作压力作用在斜盘上的反推力会增大（$F_{\mathrm{a}} \times \mathrm{a} < F_{\mathrm{b}} \times \mathrm{b}$），如果作用在排量调节弹簧缸活塞上的控制压力不能给斜盘提供足够的正推力的话，则变量泵会在高压侧工作压力反推力的作用下使斜盘向零位回摆，就实现了车辆的极限负载保护，如图 3-128b 所示。

如果把斜盘的受力按照图 3-129 等效成一个“杠杆”的话，就更加方便理

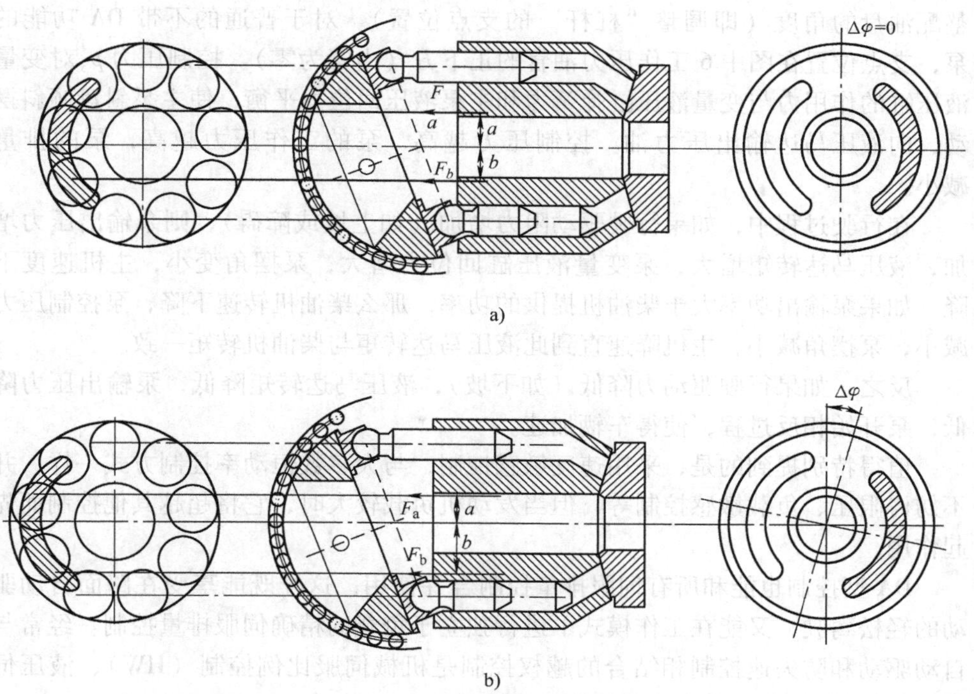


图 3-128 不带 DA 功能和带 DA 功能的配油盘

a）不带 DA 功能的配油盘 b）带 DA 功能的配油盘

解了。图 3-129 中，6 为泵的工作压力油管、5 为控制压力油管。图中的 9，就是我们常说的“时钟阀（Timing）”，其实它就是一个偏心的螺钉，可以用来调

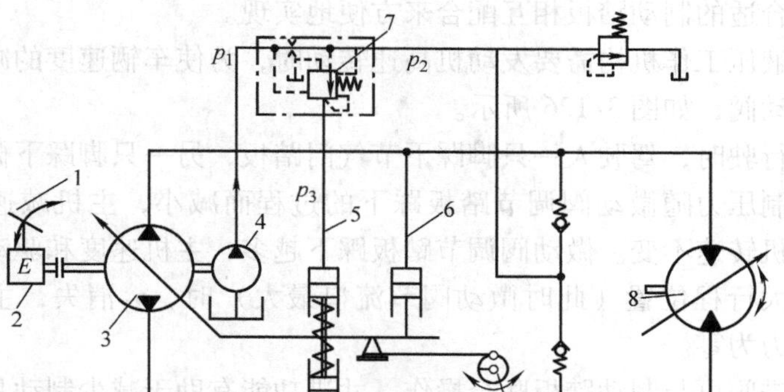


图 3-129 杠杠原理

1—加速踏板 2—发动机 3—主泵 4—补油泵 5—控制压力油管 6—工作压力油管 7—DA 控制阀 8—带 DA 功能的液压马达 9—时钟阀

整配油盘的角度（即调整“杠杆”的支点位置）。对于普通的不带DA功能的泵，支点位置在图中6工作压力油管的正下方（力臂为零）。控制压力$p_3$对变量液压缸的作用力与变量液压缸弹簧力和主泵液压回位力平衡，使主泵斜盘倾斜摆动，向液压马达输出压力油。控制压力越高，泵的工作压力越高，泵的排量减小。

在行驶过程中，如果行驶驱动阻力增加（如上坡或障碍），则泵输出压力增加，液压马达转矩增大，泵变量液压缸回位力增大，泵摆角变小，主机速度下降。如果泵输出功率大于柴油机提供的功率，那么柴油机转速下降，泵控制压力减小，泵摆角减小，主机降速直到此液压马达转矩与柴油机转矩一致。

反之，如果行驶驱动力降低（如下坡），液压马达转矩降低，泵输出压力降低，泵开始相反过程，使得车辆加速。

值得特别提到的是，采用速度敏感控制，与大多数恒动率控制方式一样，并不妨碍限压、负载敏感控制等，但当发动机负载较大时，它将超越其他控制而先起作用。

DA型控制也能和所有伺服排量控制合并使用，这样既能享受在路面自动驱动的轻松驾驶，又能在工作模式下进行独立于负载的精确伺服排量控制。经常与自动驱动和防失速控制相结合的越权控制是机械伺服比例控制（HW）、液压伺服比例控制（HD）和电比例控制（EP）。

某些工况，要求车辆行驶的速度很慢，而工作装置的速度很快。比如：叉车在堆放货物时，为了堆放准确而又能达到更高的工作效率，要求行走“微动”提升（下降）快速。还有一种工况，即车辆制动，可以充分利用闭式行走系统静压制动的特性，实现平稳制动。这两种功能，可以通过选择不同的DA型控制形式，并与合适的制动踏板相互配合来方便地实现。

当快速液压工作机构需要发动机高速转动时，为使车辆速度的减低可控，应配置各种微动阀，如图3-126所示。

在主机行驶时，驾驶人一只脚踩下节气门踏板，另一只脚踩下微动阀调节踏板，此时控制压力随微动阀调节踏板踩下的过程而减小，主机减速，驱动力降低，但柴油机转速不变。微动阀调节踏板踩下越多，主机速度和驱动力越小，到调节踏板最大行程位置（此时微动阀节流口最大）时，$p_3$消失，主机停止，此时主机驱动力为零。

制动寸进阀可与制动踏板联合操作，寸进功能有助于减少制动片的磨损。只需要通过寸进功能就能实现静液压驱动的软制动。静液压制动和制动踏板一起动作可以实现瞬间的硬制动。泵的控制模块是与制动回路连接在一起的，制动系统的压力增加，会导致行走泵的先导压力减小，从而导致行走泵的斜盘回摆。

如果实际情况要求寸进功能与制动踏板分开，那么需要使用旋转寸进阀。此功能最有代表性的应用是，行走速度很慢的条件下，某些工作系统仍需要很高的马达转速。例如：路面清扫车，当行走速度比较低时，需要工作泵满流量来驱动毛刷。行走泵的控制部分是通过液压方式与独立的旋转寸进阀相连的。寸进阀既能通过手柄操作，也可以通过踏板操作。推动手柄或踩下踏板，旋转寸进阀的角度会关联增加，减小了行走泵的流量。

力士乐还推出了带寸进功能的 DA 型控制杆，连续地推动寸进装置，可以把泵伺服缸的先导压力减小到零。通过这种方式，行走泵的能耗（流量和压力）也能在发动机高速旋转的条件下不断减小，寸进功能是与寸进踏板上的行走踏板相关联的。

## 3.7.15　Linde 公司的 HPV－02 CA 型和 HMV－02 EH1P CA 型控制

用发动机转速控制行走速度的机械，像伸缩臂叉车、轮式装载机、农用装载机和翻斗车等，有一个共同点：对行走驱动系统和驾驶人的操作都有很高的要求。由于这些机械在农业、建筑以及物料搬运领域有着非常广泛的运用，能熟练地操纵整机多个机构同时动作、提高工作效率，对机手而言显得尤为重要。

上述机械在各种工况下（如大块重物搬运、草捆精确堆垛、车辆在两地之间快速转移），行走始终是整机动作中最主要的部分，对作业效率有着决定性的影响。

简单、直观地操纵整机行走有利于提升驾驶的舒适性，大大降低驾驶人的工作强度，显著提高生产率，确保设备的充分利用。如果机手对机器操控自如，作业将更加高效，有利于设备收益最大化。

HPVCA 是一种带转矩/功率调整的依赖速度的泵控制结构，可与定量、变量或调整马达或带压力调节器的变量马达组合使用，其模块化设计在功能和控制方面提供了高度的通用性。

Linde HPV－02 CA 控制原理图如图 3-130 所示。$M_y$、$M_z$ 都未通电，发动机怠速，补油泵流量很小，通过 $D_3$ 和 $D_{3.1}$ 并联（采用两个液阻并联容易实现微调）转速感应阻尼孔的流量很小，控制压力和补油压力的压差很小（阻尼孔前的压力为控制压力，阻尼孔后的压力为补油压力），此时作用在开关阀 13 上的控制压力难以推动作用在开关阀 13 上另一侧的补油压力与弹簧力的合力，开关阀 13 关闭，此时补油压力经过阻尼孔 $D_4$，电磁阀 14、15 及开关阀 13 进入初级控制柱塞 3 的两腔，初级控制柱塞 3 两腔压力相同，泵排量为零。

在怠速情况下，当 $M_z$（或 $M_y$）未通电时，由于开关阀仍未打开，泵无排量输出。即使电磁铁 $M_z$（或 $M_y$）通电，电磁阀 14（或 15）左位通电工作，电磁阀 14、15 决定泵的液流方向。此时开关阀仍未打开，补油流量通过阻尼孔 $D_5$ 和

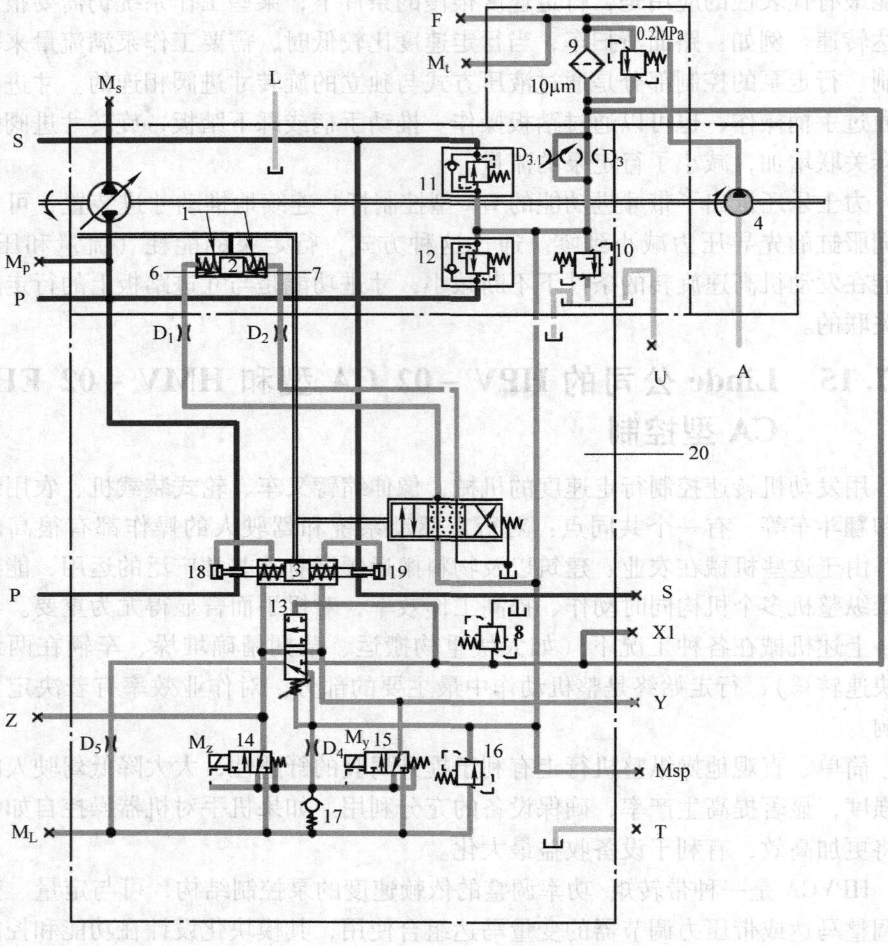


图 3-130　Linde HPV－02 CA 控制原理图

1—对中弹簧　2—斜盘　3—初级控制柱塞　4—补油泵　5—伺服阀　6、7—控制柱塞
8—控制压力溢流阀　9—过滤油器　10—补油溢流阀　11、12—高压/补油溢流阀　13—开关阀
14、15—电磁阀　16—功率限制阀　17—单向阀　18、19—反馈柱塞　20—CA 控制装置

开关阀 13 进入初级控制柱塞 3 两腔，泵排量机构仍无动作，如图 3-131 所示。

随着发动机转速升高，控制油压力增加，控制油和补油的压差变大，开关阀 13 打开（图 3-132），若电磁铁 $M_z$ 通电，控制压力油通过阻尼孔 $D_5$ 和电磁阀 14 进入初级控制柱塞 3 左腔，初级控制柱塞 3 右腔此时与补油压力连通，多余油液会通过补油溢流阀 10 回油箱。由于控制压力高于补油压力，初级控制柱塞 3 右移带动伺服阀 5 的阀芯右移，驱动阀变量活塞 2 右移，使泵的排量增加。泵输出排量增加，所拖动的马达转速也增加，同时泵 S 出口压力也反馈至初级柱塞的反

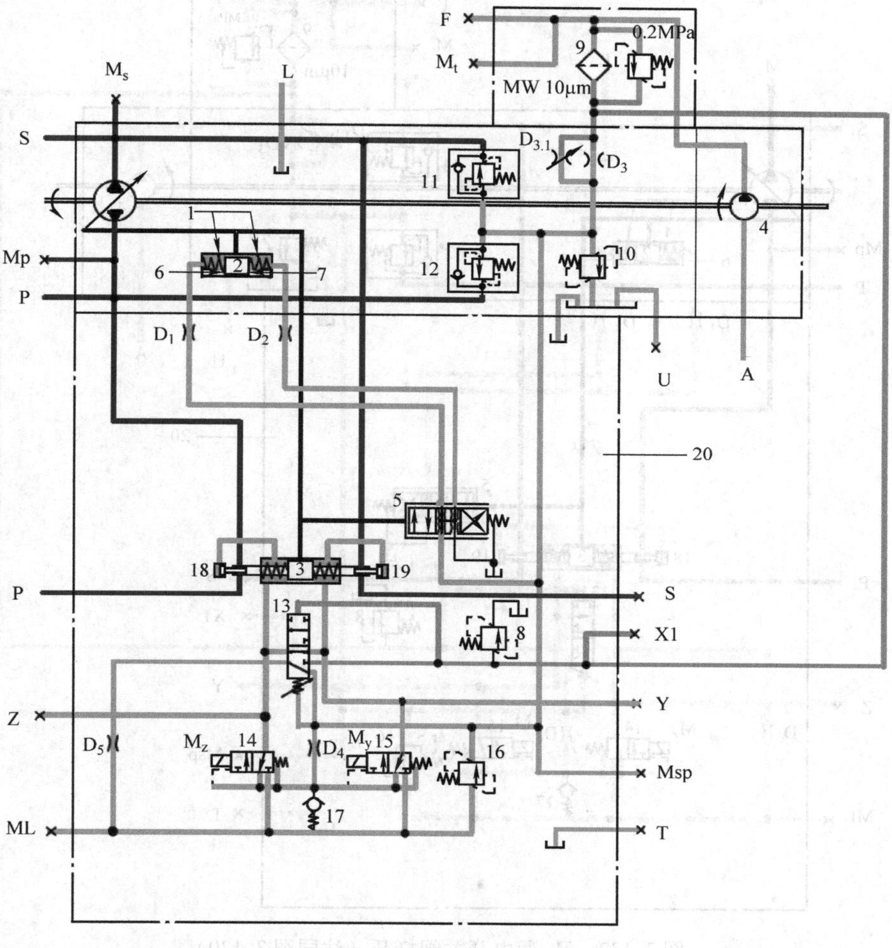


图 3-131　$M_z$ 通电，开关阀未打开（图注同图 3-130）

馈缸，形成反馈力，其力的平衡方程为（图 3-133）：

$$(p_c - p_b)A_1 = p_s A_2 + k\Delta x \tag{3-14}$$

式中　$p_c$——控制压力；

$p_b$——补油压力；

$A_1$——先导变量柱塞面积；

$p_s$——系统压力；

$A_2$——高压反馈腔面积；

$k$——弹簧刚度；

$\Delta x$——先导柱塞位移（对应泵排量）。

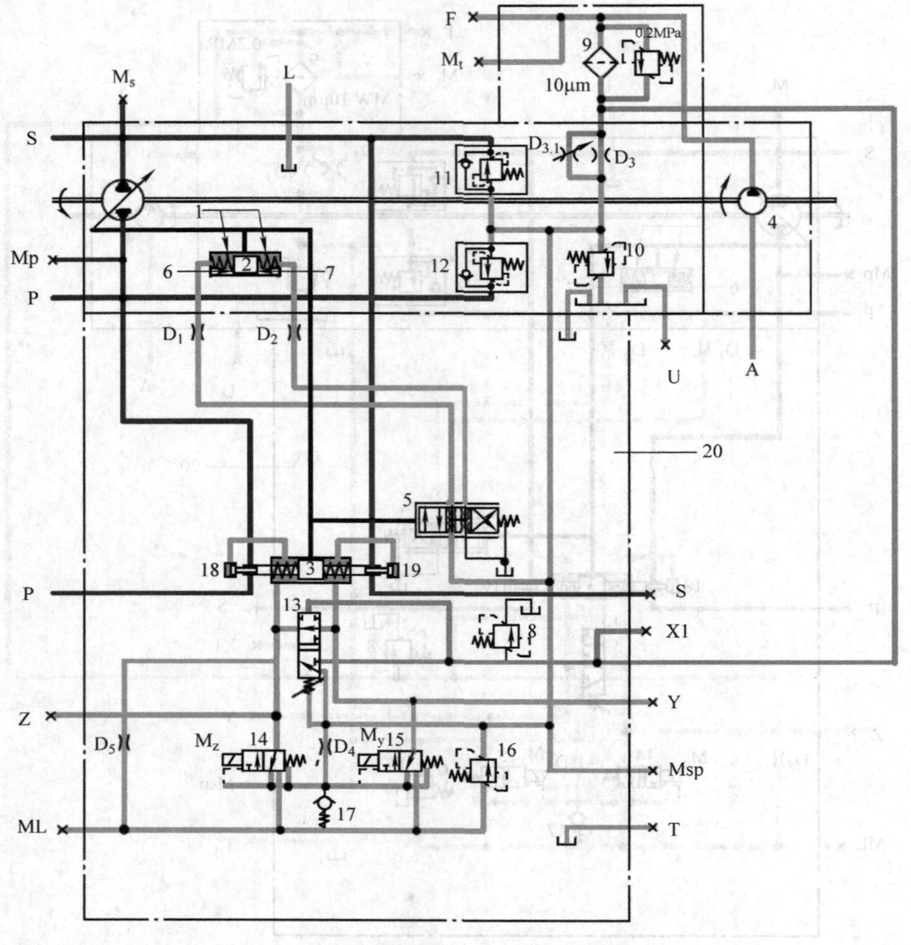


图 3-132　$M_z$ 通电开关阀打开（注同图 3-130）

公式（3-14）表明，若泵的输出压力（负载压力）不变，通过速度感应阻尼孔 $D_3$ 和 $D_{3.1}$ 的压差增大，则泵的排量增大，又压差与原动机的速度有关，速度越高，压差就越大，因此建立了原动机速度与泵排量之间的关系，即原动机速度越高，泵的排量越大，若负载增大，原动机的速度下降，则泵的排量随之下降，实现了速度感应控制。

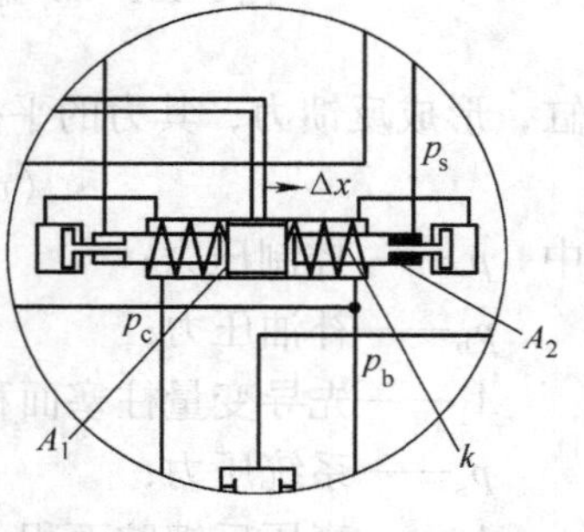


图 3-133　初级变量柱塞的力平衡

发动机转速继续升高，会造成控制压力升高，随之使泵的排量增加。这里阻尼孔 $D_5$ 和功率限制阀 16 组成 B 型半桥，用于控制控制油压力，调整功率限制阀 16 的设定压力值，可以调整最大的控制压力值，当其压力超过功率限制阀 16 设定的压力值时，功率限制阀 16 打开，初级控制柱塞 3 控制压力降低，使泵的排量减少，泵不会随发动机速度的增加而再增加排量，功率限制泵不会超载。

由于有功率限制阀 16 的存在，控制压差产生的最大推力会被限制在某一定值，因此，有公式（3-15）成立：

$$p_s A_2 + k\Delta x = 常数 \tag{3-15}$$

式（3-15）说明，泵输出的系统压力增加，必然导致泵的排量减小，反之，泵输出的压力减小，泵的排量会增大，使泵的输出近似为恒功率特性。

$M_y$ 通电会使泵向另一个方向控制排量，控制原理相同。

踩下微动踏板，微动阀（也称缓动阀，其就是一个可变节流孔）的节流开度发生变化，即踩下微动踏板可以改变可变阻尼孔的大小，如图 3-134 所示。此时阻尼孔 $D_5$ 和此可变节流孔构成了 B 型半桥，用于控制进入初级控制柱塞左腔的控制压力，通过它可以限制某个转速下的最大吸收功率。比如：在 2100r/min 下，把这个阀开到一定的开度，进入初级控制柱塞左腔的压力会降低为某一定值，由上面的公式（3-15）得到，泵的吸收功率不会超过由此值限定的功率值。控制压力的降低使泵的排量减少，使车辆减速制动，实现了微动控制。

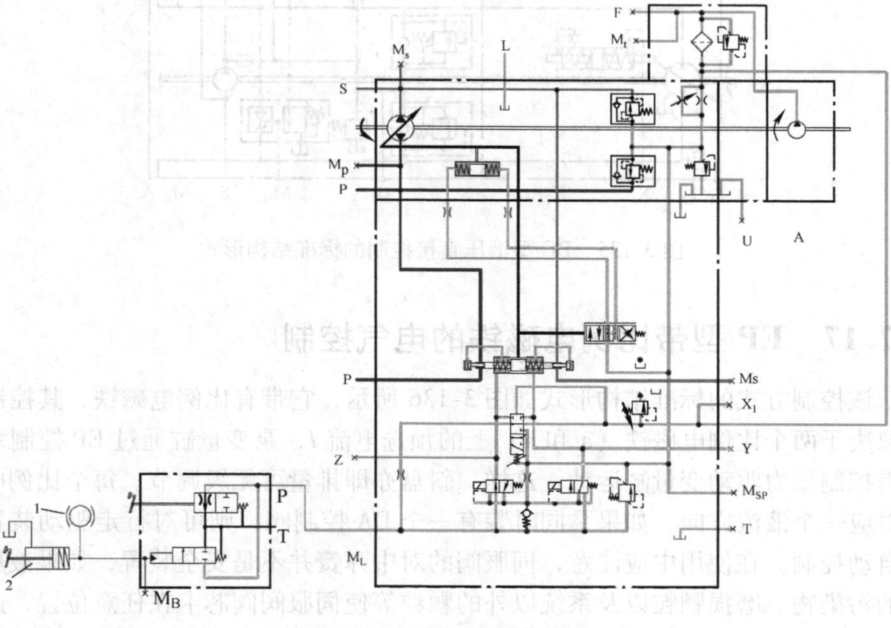


图 3-134　接微动阀和制动阀的情况

1—寸进踏板　2—制动器

踩下制动踏板的同时，除了机械制动以外，还使控制压力降至补油压力，使泵的排量归零，有辅助制动的作用。

注意到微动踏板节流阀的泄油口与补油压力连接，所以油口 $M_L$ 的最小压力与油口 $M_{sp}$ 的补油压力相同，单向阀 17 不会开启。单向阀 17 主要起到附加的安全功能，正常情况下此阀处于关闭状态，在爆管的情况下，控制压力降至零，该阀打开，使初级控制柱塞 3 的右腔压力也迅速下降，防止斜盘反摆导致车辆后退。

## 3.7.16　DG 型液压直接控制

该控制方式为液压直接控制，其标准结构形式如图 3-135 所示。通过油口 $X_1$ 或 $X_2$ 直接在行程缸上施加液压控制压力来调节泵的排量，液压控制压力产生的作用力与变量控制缸的定位弹簧相平衡使变量控制缸输出一定的位移，此位移确定了对应的泵排量值。这样，斜盘亦即泵的排量可在零至最大排量之间调节。

变量泵每个液流方向分配一个控制油口（$X_1$ 或 $X_2$）。在排量最大时所需的先导压力取决于工作压力和转速。另外，在使用 DG 型液压直接控制方式时，只有从油口 $P_S$ 供油，才能使用压力切断阀和 DA 型控制阀。

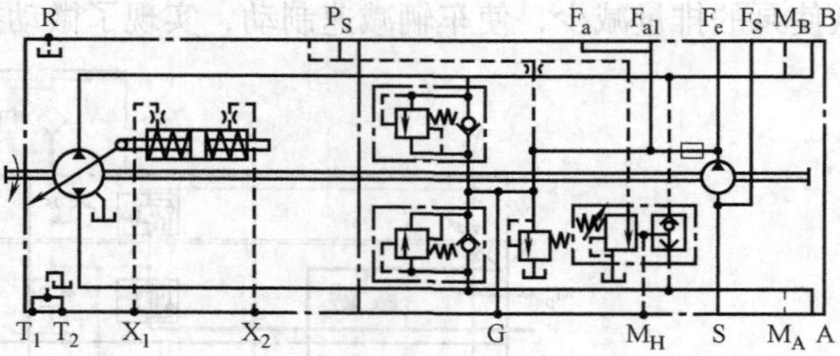


图 3-135　DG 型液压直接控制的标准结构形式

## 3.7.17　EP 型带比例电磁铁的电气控制

该控制方式的标准结构形式如图 3-136 所示，它带有比例电磁铁，其控制过程取决于两个比例电磁铁（a 和 b）上的预选电流 $I$，泵变量缸通过 EP 控制装置获得控制压力驱动变量缸运动。这样，斜盘亦即排量可无级调节。每个比例电磁铁对应一个液流方向。如果泵同时装有一个 DA 控制阀，则可对行走驱动装置进行自动控制。在使用中应注意，伺服阀的对中弹簧并不是安全装置，如果液压油中的污染物、磨损颗粒以及系统以外的颗粒等使伺服阀阀芯卡在任意位置，此时泵的流量将不再受操作者控制，应由紧急停车功能确保车辆的运动达到安全水平（如停止）。

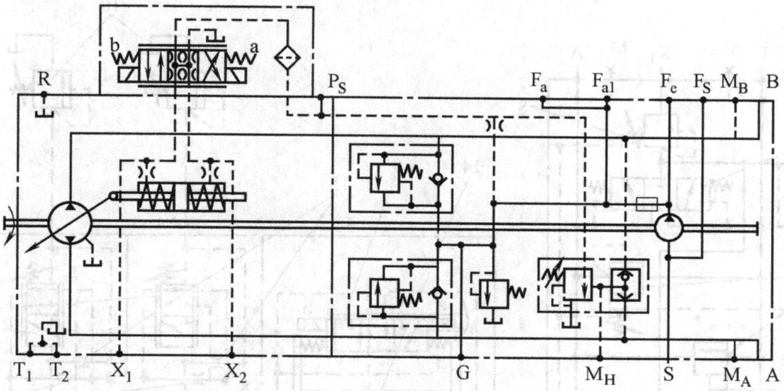


图3-136　EP型带比例电磁铁的电气控制的标准结构形式

## 3.7.18　EZ型带开关电磁铁的电气两点控制

图3-137为EZ型带开关电磁铁的两点电气控制的标准结构形式。该控制方式带有开关电磁铁，通过使开关电磁铁a或b通电或断电进行控制，可由EZ型控制装置为泵的变量缸供油。这样，斜盘亦即排量可在零与最大值两点调节。每个电磁铁对应一个液流方向。

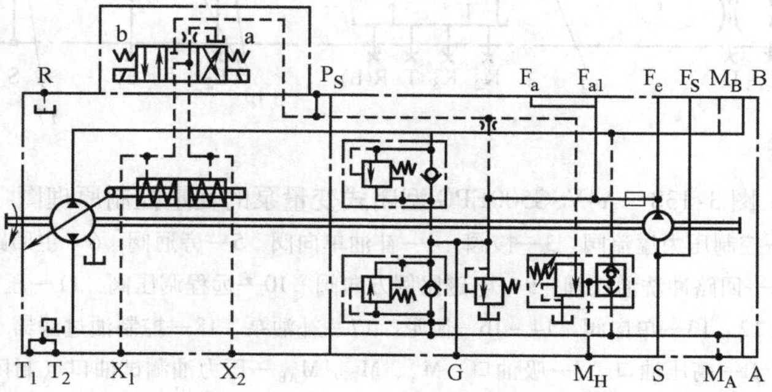


图3-137　EZ型带开关电磁铁的两点电气控制的标准结构形式

## 3.7.19　A4VSG500EPG型闭式泵的变量控制

图3-138所示为A4VSG500EPG型闭式泵的变量控制原理图。其主要由A4VSG主泵和带远程调压的电比例排量控制模块以及补油泵等组成。

主泵1是双向斜盘式轴向柱塞变量泵，其与电磁比例方向阀9、反馈杠杆、反馈弹簧、远程调压阀10、阻尼15一起构成了带远程压力遥控的电磁比例排量

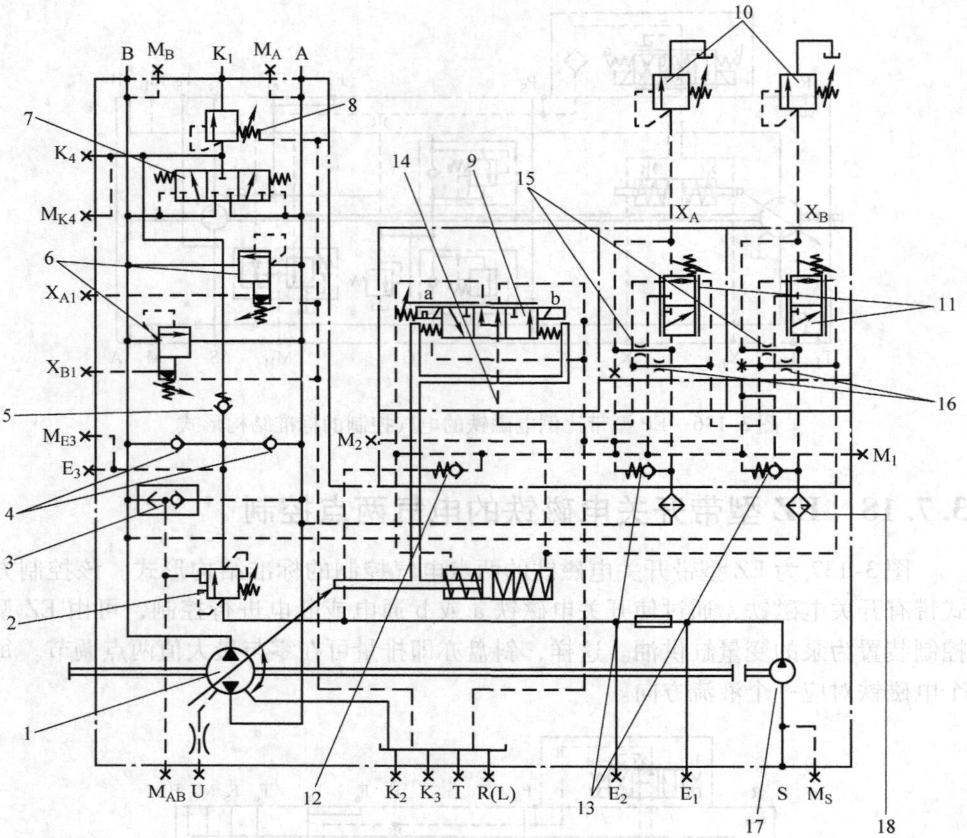


图 3-138 A4VSG500EPG 型闭式变量泵的变量控制原理图

1—主泵 2—控制压力溢流阀 3—梭阀 4—补油单向阀 5—旁通阀 6—主回路高压溢流阀 7—冲洗阀 8—回路冲洗溢流阀 9—电磁比例方向阀 10—远程调压阀 11—压力调节伺服阀 12、13—单向阀 14～16—阻尼 17—补油泵 18—控制油过滤器

A、B—高压油口 S—吸油口 $M_A$、$M_B$、$M_{AB}$—压力油测试油口（封闭） Ms—吸油压力测试油口（封闭） T—回油油口（封闭） $E_1$、$E_2$—接过滤器油口（封闭） $K_1$—冲洗油口 $K_2$、$K_3$—冲洗油口（封闭） R（L）—注油＋排气油口 U—轴承冲洗油口（封闭） $E_3$—外部补油流量油口（封闭） $M_{E3}$—补油压力测量油口（封闭），$K_4$—蓄能器油口（封闭） $M_{K4}$—回路冲洗压力测试油口（封闭） $M_1$、$M_2$—控制压力测试油口（封闭） $X_{A1}$、$X_{B1}$—高压溢流阀先导油口（封闭） $X_A$、$X_B$—远程调压先导油口（封闭）

控制变量泵。控制压力溢流阀 2 用来调节和控制泵刚起动时的控制压力值，在初始起动时，泵的控制油压力主要由控制压力溢流阀 2 设定，一旦系统高压建立，高压油与补油泵输出的压力油通过单向阀 12 进行比较，控制油则由主压力油路

提供，同时高压油通过梭阀使控制压力溢流阀 2 卸荷，补油泵此时仅以补油压力工作，起冲洗和置换作用。根据泵型号不同，初始控制压力也不同，基本都在 1.6 ~ 5MPa 之间。

补油泵 17 通过补油单向阀 4 向泵的低压侧补油，为了避免整个系统温度过高的问题，在主回路中设置冲洗阀（由低压优先的冲洗阀 7 和回路冲洗溢流阀 8 组成），让主回路强制少量溢流至油箱，提高冷却和散热的效果。

补油流量要大于泄漏量，多余部分就从冲洗溢流阀溢出。在系统中，影响冲洗溢流阀的冲洗流量参数有：温差 $\Delta T$、补油泵流量 $q$、油液比热容 $C$、密度 $\rho$、冲洗管道的有效横截面面积 $S$ 等，冲洗的流量一般是补油泵流量的 20% ~40%。

主回路高压溢流阀 6 主要起压力保护作用，当系统遇有冲击压力超过高压溢流阀压力时，液压油会打开溢流阀溢流至低压侧，使工作压力降低。

电磁比例方向阀 9 用于控制泵的排量无级变化，其与反馈杠杆和反馈弹簧组成闭环位移 - 力反馈系统，用来调节泵的排量无级变化，比例电磁铁 a、b 通电对应泵的流量输出方向，通过改变输入电压（或电流）的大小可实现泵的排量按比例输出。阻尼 15 与远程调压阀 10 组成了 B 型液压半桥，当远程调压溢流阀压力设定值改变时，压力调节伺服阀弹簧腔的压力发生变化，当系统工作压力超过弹簧腔弹簧压力加上远程调压阀设定压力时，压力调节伺服阀下位工作，输出压力油使液压泵排量减至最低，控制原理同开式泵 DR. G 控制。

与压力调节伺服阀阀口并连的阻尼 16，在压力调节伺服阀阀口切换瞬间，仍能提供一条控制通道控制泵的排量，即泵在远程调压设定点处仍能完成对排量的控制。

## 3.7.20 EO 型比例液压控制

EO 型比例液压控制也属于液压排量控制，其使用比例阀有助于与斜盘倾角的电反馈一起进行无级变量控制，其控制原理图如图 3-139a 所示。依靠直接驱动的比例方向阀，泵的排量正比于输入电信号指令值，实际泵的斜盘摆角的反馈信号（排量）由位移传感器检测并被反馈到输入端，组成闭环位置控制系统用于控制泵的排量，其特性曲线如图 3-139b 所示。

最大的斜盘摆角可以在中心的两边，在最大排量 $V_{gmax}$ 和最大排量的 50% 之间用止位螺钉调节。控制缸的对中弹簧被用于设定和调整在无压状态下的零位。电放大器采用的型号是 VT 5035 - 1X。

## 3.7.21 HS 型液压排量控制

图 3-140 所示的 HS 型液压排量控制是使用伺服阀或比例阀的液压排量控制。使用伺服阀有助于实现斜盘倾角的电反馈而进行无级变量控制。用电液伺服

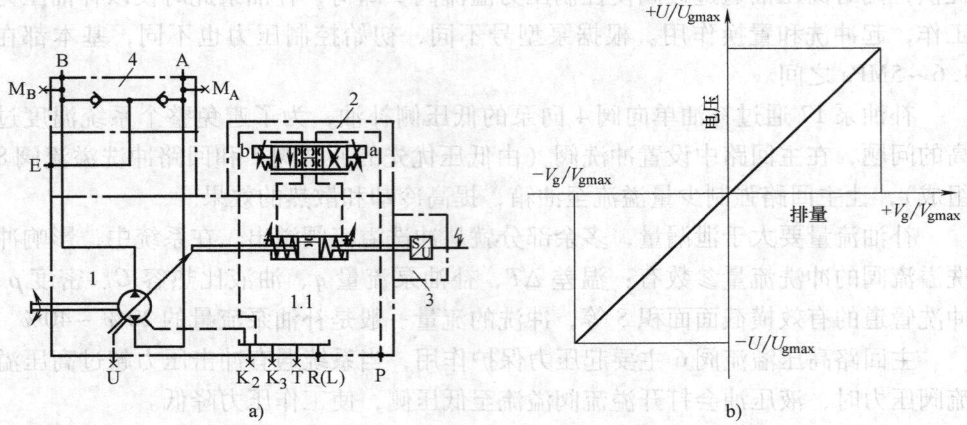


图 3-139　EO 型比例液压控制

a）控制原理图　b）特性曲线

1—带有控制装置的闭式变量泵　2—三位四通比例方向阀　3—电感式位移传感器　4—增压进油单向阀

阀调节变量缸使泵的排量正比于给定电信号值，实际泵的斜盘摆角的反馈（泵的排量）由一台嵌入式的位移传感器来完成。变量缸中的对中弹簧是标准的，它被用于设定和调节无压力下的零位。但在高压工作时不需要重新调整。在缸中心两侧的机械摆角限制器将排量限制在最大排量 $V_{gmax}$ 和 $V_{gmax}$ ×50%之间，其也是标准的。为了减少控制流量的消耗，控制腔被密封并可以通过油口释放掉。为了保护伺服阀，泵上提供了一个叠加式冲洗板，在冲洗完之后冲洗板必须移走，

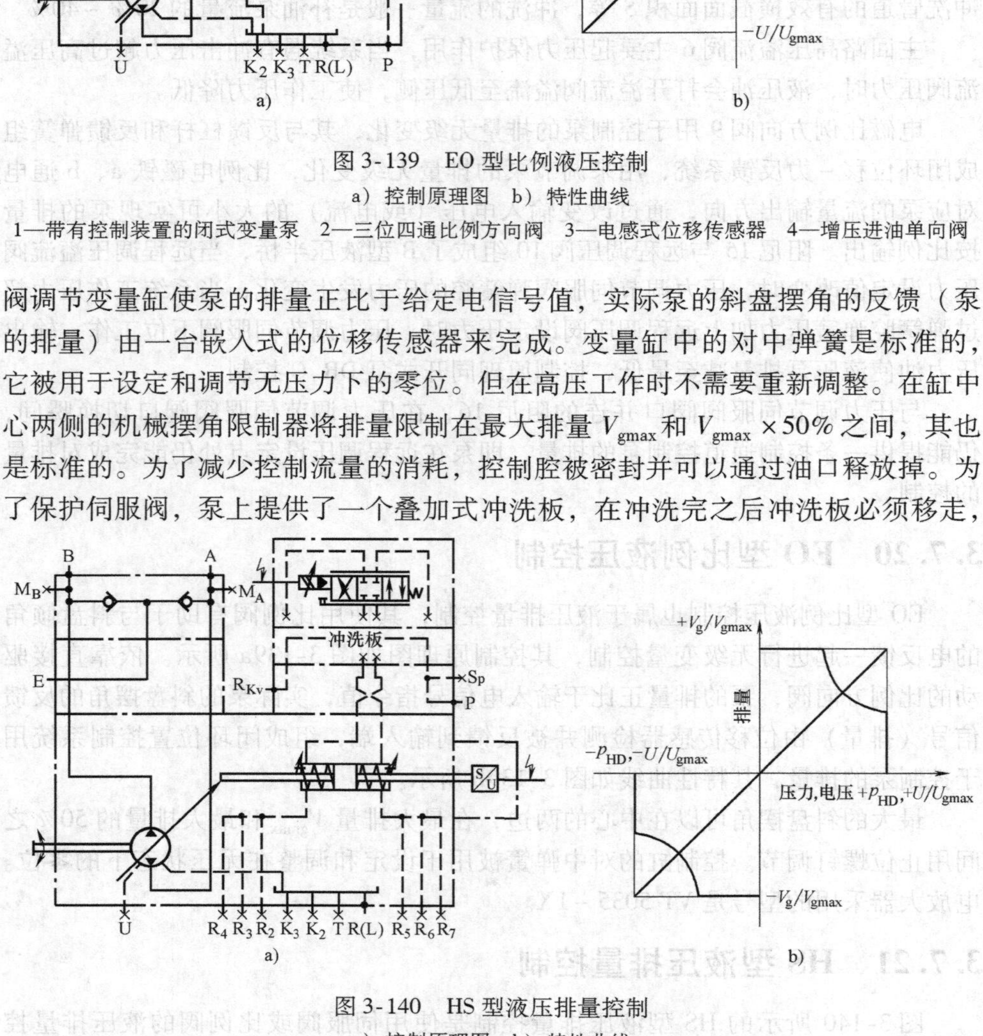


图 3-140　HS 型液压排量控制

a）控制原理图　b）特性曲线

而伺服阀应当直接用螺钉安装在底板上。可选伺服阀（HS/HS1）、比例阀（HS3）、短路阀（HS1K、HS3K）和不带阀（HSE、HS1E、HS3E）。HS3P 控制配备有附带的压力传感器，可进行附加的可电动调节的压力控制和功率控制。

## 3.7.22　DS1 型速度控制

DS1 型速度控制用来控制二次元件（即液压马达），以便此液压马达可以提供足够的转矩来维持所需的速度。连接到具有恒定压力的系统，此转矩与排量成比例，从而也与斜盘摆角成比例。控制原理图和特性曲线如图 3-141 所示。

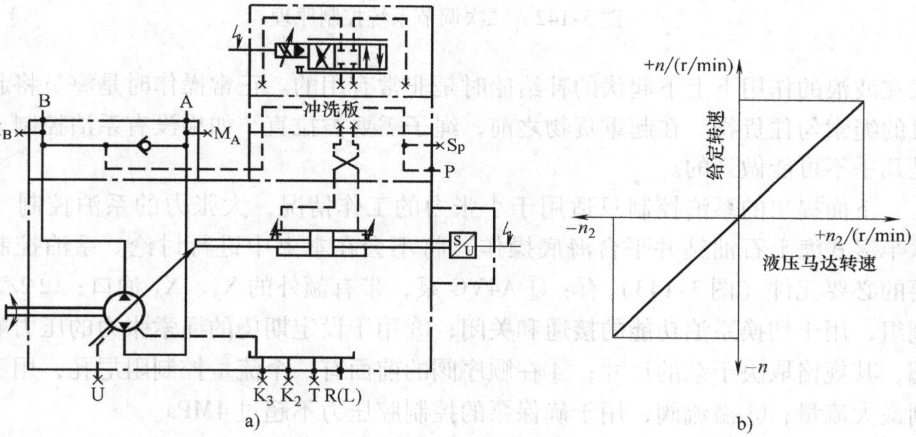


图 3-141　DS1 型速度控制
a）控制原理图　b）特性曲线

二次调节系统是通过调节一个接在定压网络中的变量液压马达的排量，来调节液压马达轴上的转矩，从而控制整个系统的功率流，达到调速和调节转矩的目的。也就是说，液压马达轴的转向以及轴上能量的流动方向及大小（传动系统向负载提供能量为主动工况，从负载吸收能量为制动工况），在容积传动系统中主要是通过改变泵的流量来实现的，而二次调节系统中是通过改变液压马达的转矩来实现的。

液压马达轴上连接有速度传感器，其检测到的实际速度信号 $n_{act}$ 与给定的速度信号 $n_{com}$ 相比较，得到偏差信号，此偏差信号被加到电液伺服阀上，控制液压马达的排量，来达到调节输出速度的目的。二次调节系统控制原理如图 3-142 所示。

## 3.7.23　德国 Rexroth 公司 A4VG 闭式泵的系泊控制

### 1. 绞车的系泊控制

绞车的系泊控制可以提供可调节的恒定缆绳张力，这对于岸上的起重机在卸

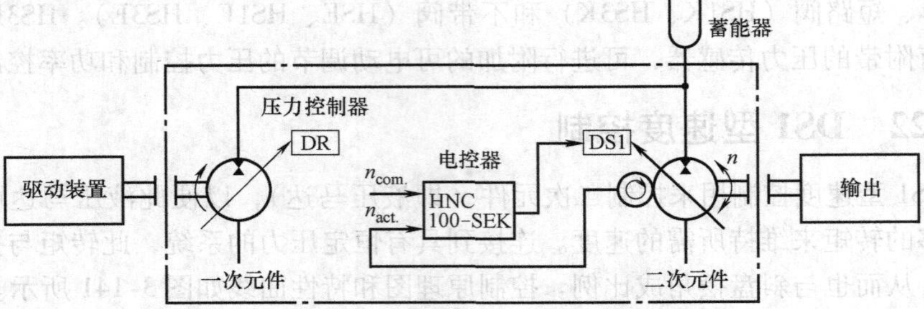


图3-142　二次调节系统控制原理

载在波浪的作用下上下起伏的补给船时是非常有用的。正常操作时是海员将起重机的绳索勾住货物。在起重货物之前，绳子需要被拉直，如果没有系泊控制，这是几乎不可能做到的。

下面提出的系泊控制只适用于小张力的工作情况，大张力的系泊控制（如从半潜式海上石油钻井平台海底操作）将不会在本书中进行讨论。系泊控制需要的必要元件（图3-143）有：①A4VG泵，带有额外的$X_3$、$X_4$油口；②2/2通阀组，用于切换系泊功能的接通和关闭；③用于设定期望的绳索张力的压力顺序阀，其规格取决于泵的尺寸；④在顺序阀的前面有一个流量控制阻尼孔，用于限制最大流量；⑤溢流阀，用于确保泵的控制腔压力不超过4MPa。

绞盘系泊控制的工作原理如图3-143所示，系泊控制模块通过泵的油口$M_B$获得系统压力信号。系统压力与绳索张力相一致。2/2通电磁阀模块通电切换激活系泊系统，压力顺序阀感应系统压力。只要超过所需的（设置的）系泊压力，压力顺序阀就打开。因此，它通过端口$X_4$传送压力到泵的右侧控制腔，当变量

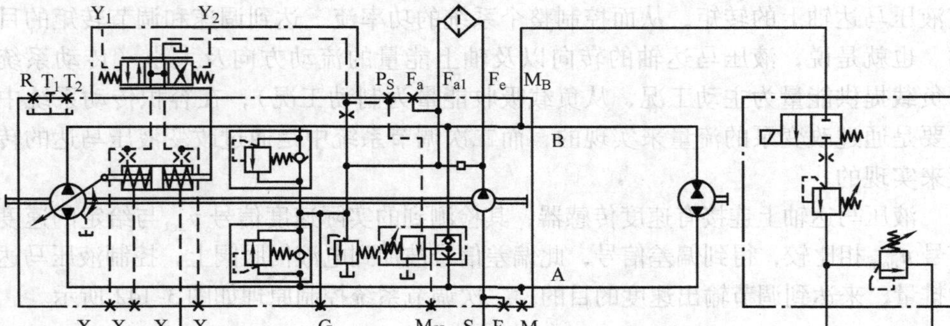


图3-143　系泊控制保持绞车张力恒定

缸右腔压力超过左侧控制腔的压力时，泵斜盘摆回，甚至至中位或者相反的方向，直到系统压力下降到所期望的系泊压力以下。因此，系统压力和绳索张力保持恒定。

**2. 回转驱动的系泊控制**

回转驱动的系泊控制提供了制动压力的安全保障。它主要被用于用先导压力操作的重型起重机上。它的工作原理与上述绞车相同，不同之处在于它能在两个方向运行。参考图 3-144 所示的原理图，假设前进时控制阀左位工作，则 A 口是高压，B 口是低压。在制动时，B 口变成高压，B 口高压油通过顺序阀进入变量缸右腔，使泵减少排量，甚至过中位，使泵变成马达工况，保证制动压力不超出，因为过大的制动压力会造成制动冲击。

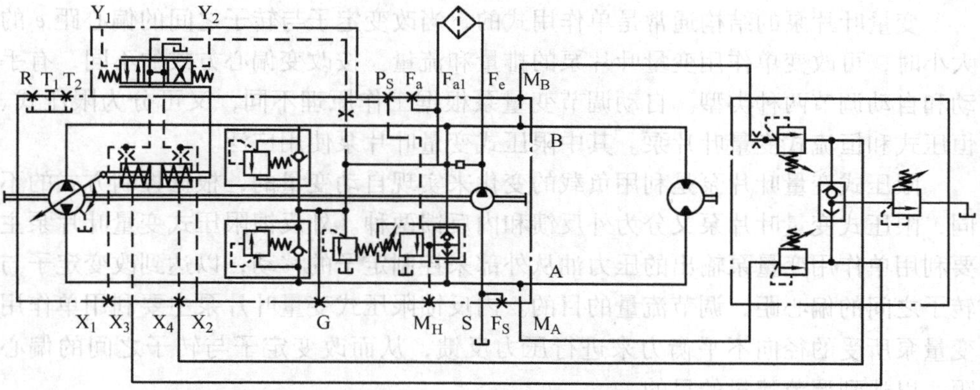


图 3-144　回转驱动系泊控制确保安全制动压力

# 第 4 章

# 液压变量叶片泵和径向柱塞泵的变量调节原理

变量叶片泵的结构通常是单作用式的，当改变定子与转子之间的偏心距 $e$ 的大小时，可改变单作用变量叶片泵的排量和流量。按改变偏心方式的不同，有手动和自动调节两种类型。自动调节变量泵根据工作原理不同，又可分为限压式、恒压式和恒流式变量叶片泵。其中限压式变量叶片泵使用广泛。

限压式变量叶片泵是利用负载的变化来实现自动变量的，根据控制方式的不同，限压式变量叶片泵又分为外反馈和内反馈两种。外反馈限压式变量叶片泵主要利用单作用变量泵输出的压力油从外部来控制定子的移动，以达到改变定子与转子之间的偏心距，调节流量的目的。内反馈限压式变量叶片泵主要利用单作用变量泵所受的径向不平衡力来进行压力反馈，从而改变定子与转子之间的偏心距，以达到调节流量的目的。

径向柱塞泵同单作用叶片泵一样也是通过改变转子与定子间的偏心距 $e$ 来改变泵的几何参数——排量，从而实现变量的，径向柱塞泵的偏心距 $e$ 与泵的排量参数 $V$ 是一一对应的。

## 4.1　变量叶片泵的变量调节原理

### 4.1.1　限压式内反馈变量叶片泵

内反馈式变量叶片泵的操纵力来自泵本身的排油压力。内反馈式变量叶片泵配流盘的吸、排油窗口的布置如图 4-1a 所示。由于存在偏角 $\theta$，排油压力对定子环的作用力可以分解为垂直于轴线 $oo_1$ 的分力 $F_1$ 及与轴线 $oo_1$ 平行的调节分力 $F_2$，调节分力 $F_2$ 与调节弹簧的预紧力、定子运动的摩擦力及定子运动的惯性力相平衡。定子相对于转子的偏心距、泵的排量大小可由力的相对平衡来决定，变量特性曲线如图 4-1b 所示。

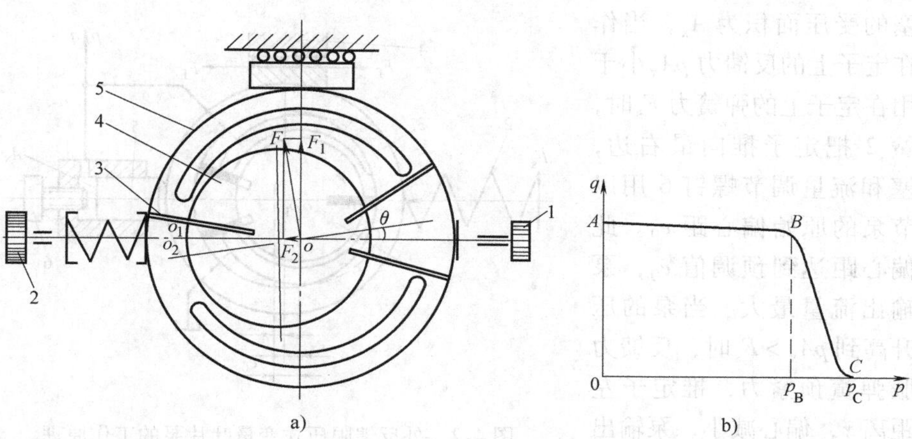


图 4-1　变量原理

a）控制原理图　b）特性曲线

1—最大流量调节螺钉　2—弹簧预压缩量调节螺钉　3—叶片　4—转子　5—定子

当泵的工作压力所形成的调节分力 $F_2$ 小于弹簧预紧力时，泵的定子环对转子的偏心距保持在最大值，不随工作压力的变化而改变，由于泵的泄漏，实际输出流量随其压力增加而稍有下降，如图 4-1b 中 $AB$ 段；当泵的工作压力超过 $p_B$ 值后，调节分力 $F_2$ 大于弹簧预紧力，随工作压力的增加，力 $F_2$ 增加，使定子环向减小偏心距的方向移动，泵的排量开始下降。当工作压力到达 $p_c$ 时，与定子环的偏心量对应的泵的理论流量等于它的泄漏量，泵的实际排出流量为零，此时泵的输出压力为最大。

改变调节弹簧的预紧力可以改变泵的特性曲线，如增加调节弹簧的预紧力，则使 $p_B$ 点向右移，$BC$ 段则平行右移。更换调节弹簧，改变其弹簧刚度，可改变 $BC$ 段的斜率，如调节弹簧刚度增加，则 $BC$ 段变平坦；如调节弹簧刚度减弱，则 $BC$ 段变陡。调节最大流量调节螺钉，可以调节曲线上 $A$ 点在纵坐标上的位置。

内反馈式变量泵利用泵本身的排出压力和流量推动变量机构，在泵的理论排量接近零工况时，泵的输出流量为零，便不可能继续推动变量机构来使泵的流量反向，所以内反馈式变量泵仅能用于单向变量。

## 4.1.2　限压式外反馈变量叶片泵

图 4-2 所示为外反馈限压式变量叶片泵的工作原理，能根据泵出油口负载压力的大小自动调节泵的排量。转子 1 的中心是固定不动的，定子 3 可沿滑块滚针轴承 4 左右移动。定子右边有反馈柱塞 5，它的油腔与泵的压油腔相通。设反馈

柱塞的受压面积为 $A_x$，当作用在定子上的反馈力 $pA_x$ 小于作用在定子上的弹簧力 $F_s$ 时，弹簧 2 把定子推向最右边，柱塞和流量调节螺钉 6 用以调节泵的原始偏心距 $e_0$。此时偏心距达到预调值 $e_0$，泵的输出流量最大。当泵的压力升高到 $pA_x > F_s$ 时，反馈力克服弹簧预紧力，推定子左移距离 $x$，偏心减小，泵输出流量随之减小。压力越高，偏心越小，输出流量也越小。当压力达到使泵的偏心所产生的流量全部用于补偿泄漏时，泵的输出流量为零，即使外负载继续增加，泵的输出压力也不会再升高，所以这种泵称为外反馈限压式变量叶片泵。

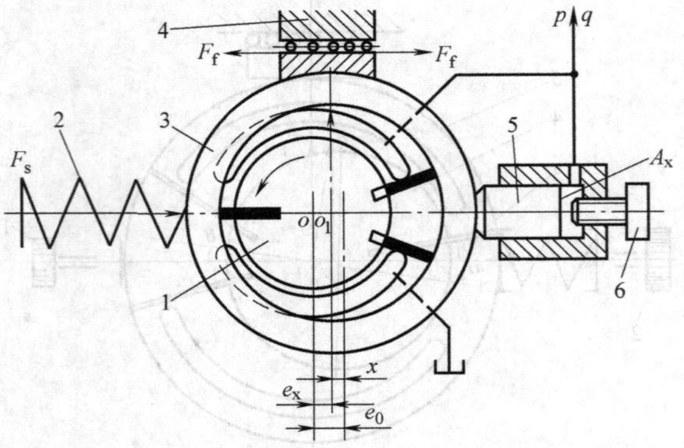

图 4-2　外反馈限压式变量叶片泵的工作原理

1—转子　2—弹簧　3—定子　4—滑块滚针轴承　5—反馈柱塞　6—流量调节螺钉

对外反馈限压式变量叶片泵的变量特性分析如下。

设泵转子和定子间的最大偏心距为 $e_{max}$，此时弹簧的预压缩量为 $x_0$，弹簧刚度为 $k_x$，泵的偏心预调值为 $e_0$，当压力逐渐增大，使定子开始移动时，压力为 $p_0$，则有

$$p_0 A_x = k_x(x_0 + e_{max} - e_0) \tag{4-1}$$

当泵的出口压力为 $p$ 时，定子移动了 $x$ 距离，也即弹簧压缩量增加 $x$，这时的偏心量为

$$e = e_0 - x \tag{4-2}$$

如忽略泵在滑块滚针轴承处的摩擦力 $F_f$，泵定子的受力方程为

$$p_0 A_x = k_x(x_0 + e_{max} - e_0 + x) \tag{4-3}$$

由式（4-1）得

$$p_0 = \frac{k_x}{A_x}(x_0 + e_{max} - e_0) \tag{4-4}$$

泵的实际输出流量为

$$q = k_q e - k_1 p \tag{4-5}$$

式中　$k_q$——泵的流量增益；

　　　$k_1$——泵的泄漏系数。

当 $pA_x < F_s$ 时，定子处于最右端位置，弹簧的总压缩量等于其预压缩量，定子偏心距为 $e_0$，泵的流量为

$$q = k_q e_0 - k_1 p \tag{4-6}$$

而当 $pA_x > F_s$ 时，定子左移，泵的流量减小。由式（4-2）、式（4-3）和式（4-6）得

$$q = k_q(x_0 + e_{max}) - \frac{k_q}{k_x}\left(A_x + \frac{k_x k_1}{k_q}\right)p \tag{4-7}$$

外反馈限压式变量叶片泵的静态特性曲线如图 4-1b 所示，不变量的 $AB$ 段与式（4-6）相对应，压力增加时，实际输出流量因压差泄漏而减少；$BC$ 段是泵的变量段，与式（4-7）相对应，这一区段内泵的实际流量随着压力增大而迅速下降，叶片泵处于变量泵工况，$B$ 点称为曲线的拐点，拐点处的压力 $p_B = p_0$ 值主要由弹簧预紧力确定，并可以由式（4-4）算出。

对既要实现快速行程，又要实现保压和工作进给的执行元件来说，限压式变量叶片泵是一种合适的油源。快速行程需要大的流量，负载压力较低，正好使用其 $AB$ 段曲线部分；保压和工作进给时负载压力升高，需要流量减小，正好使用其 $BC$ 段曲线部分。

## 4.1.3　PV7 型变量叶片泵

德国 Rexroth 公司的 PV7 型变量叶片泵属于外反馈限压式结构，主要由泵体 1、转子 2、叶片 3、定子环 4、压力控制器 5 和调节螺栓 6 组成。圆形的定子环 4 夹持在小调节活塞 10 和大调节活塞 11 之间。此环的第三个接触点是高度调节螺栓 7。被驱动的转子 2 在定子环 4 内转动。转子槽内的叶片由于离心力的作用压在定子环 4 上，其结构如图 4-3 所示。

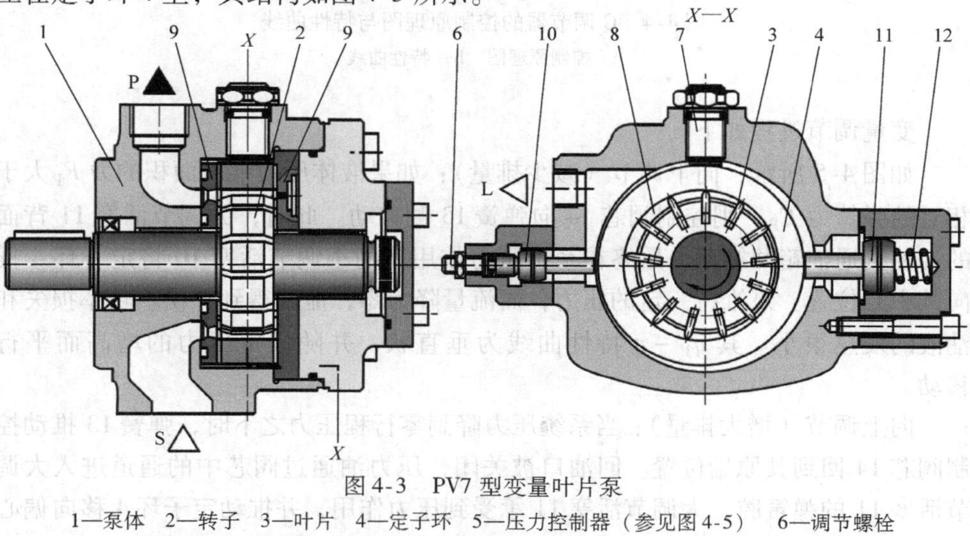


图 4-3　PV7 型变量叶片泵

1—泵体　2—转子　3—叶片　4—定子环　5—压力控制器（参见图 4-5）　6—调节螺栓
7—高度调节螺栓　8—油腔　9—配油盘　10—小调节活塞　11—大调节活塞　12—弹簧

在系统内建压的同时，小调节活塞10的背面通过油道始终受系统压力的作用。当泵排油时，大调节活塞11的背面通过控制阀芯14上的孔和系统压力相连。大调节活塞11的大端面将定子环4压在偏心位置。泵在压力低于由压力控制器5所设定的零行程压力时排油。控制阀芯14由弹簧13控制在一定的位置。

**1. PV7型变量叶片泵的C调节器调节原理**（机械式压力调节）

如图4-4所示，该变量泵的特点是当达到调节器所调节的压力时，伺服-调节泵的流量自动地与系统实际所需的流量相匹配。因此可以避免提供多余的流量，而只提供所需的流量，只要系统的压力低于调节器所调节的压力，偏移环就保持在最大偏心的位置上，那么泵以全流量输出。当系统的压力超过调节器所调节的压力时，调节阀开启并使调节活塞卸荷。偏移环被辅助活塞推向中心位置，直到满足在所调定的压力情况下系统所需的流量。

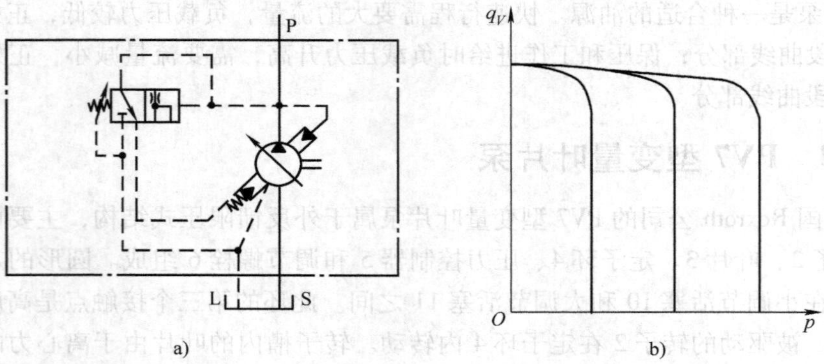


图4-4　C调节器的控制原理图与特性曲线

a）控制原理图　b）特性曲线

变量调节过程如下：

如图4-5所示，向下调节（减少排量）：如果液体压力乘以面积的力$F_P$大于相对的弹簧力$F_F$，则控制阀芯14向弹簧13侧移动。此时，大调节活塞11背面的油腔接通油箱并卸荷，始终在系统压力作用下的小调节活塞10将定子环4推向其中心位置。泵维持一定的压力，而流量降为零，泄漏得到补偿。功率损失和油液的发热很小。其$q_V-p$特性曲线为垂直状，并随设定压力的增高而平行移动。

向上调节（增大排量）：当系统压力降到零行程压力之下时，弹簧13推动控制阀芯14回到其原始位置。回油口被关闭，压力油通过阀芯中的通道进入大调节活塞11的弹簧腔，大调节活塞11承受到压力作用，并推动定子环4移向偏心位置。泵重新开始排油。

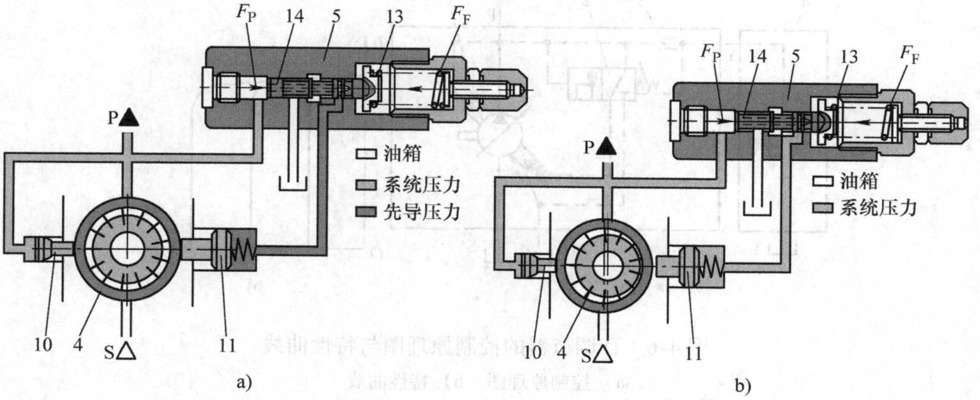


图 4-5　PV7 型变量叶片泵的调节过程

a）向上调节　b）向下调节

1～4 和 6～12（图注同图 4-3）　5—压力控制器　13—弹簧　14—控制阀芯

在 C 调节器的基础上，Rexroth 公司生产的叶片泵又推出了以下几种变量控制形式。

**2. PV7 型变量叶片泵的 D 调节器调节原理**（液压式压力遥控调节）

D 调节器的控制原理图与特性曲线如图 4-6 所示，其主要由主泵 1、伺服阀 2、固定阻尼 3 和远程调压溢流阀 4 组成，其中，阻尼孔 3（$\phi$0.8mm）和远程调压溢流阀 4 组成了 B 型半桥，通过调整远程调压溢流阀 4 的开启压力使伺服阀 2 弹簧腔的压力成为可控，此时伺服阀的弹簧仅起复位作用，刚度可大大降低。当泵的出口压力超过远程调压溢流阀的设定压力时，远程调压溢流阀卸荷，阻尼孔两端瞬间出现压差，在泵出口压力油的作用下克服弹簧力使伺服阀右位工作，泵降到最小排量。其工作原理与德国 Rexroth 公司的 A10VDR. G 控制原理相同。D 调节器的使用范围与 C 调节器的使用范围相似，泵可以安装在难以接近的位置上（如在油箱里）。操作人员在远处的控制台上可以通过远程调压溢流阀来调节所需的系统压力。但是应注意，增加的控制管路长度会延长调节时间，所以要求在 D 调节器和远程调压溢流阀之间的遥控管道不得长于 2m。若管道过长，除了会使沿程阻力损失增加外，还会造成控制容积的体积过大，使压力控制变得不灵敏。D 调节器的工作原理原则上与先导式溢流阀一样。

与 C 调节器（压力调节器）不同的是，在调节阀芯上保持与系统压力相平衡的力不但有调节弹簧力，而且还有附加的压力，该力是由外部的先导阀（溢流阀）与弹簧腔相连而得到的。在泵里真正的调节过程与 C 调节器的调节过程相同。

遥控调节器的 Y 口出于安全的原因决不能堵上，否则泵将马上不能调节。

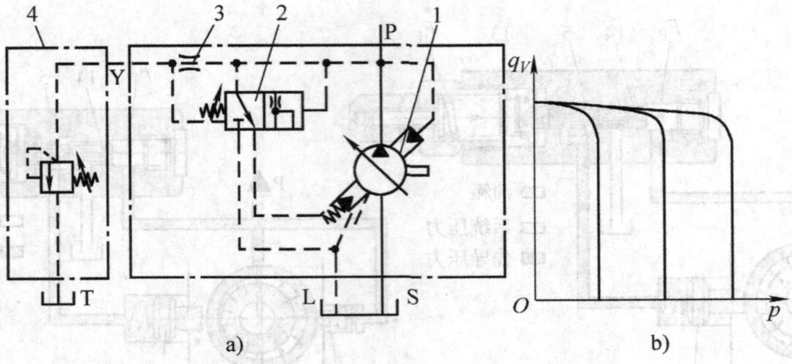


图4-6　D调节器的控制原理图与特性曲线

a）控制原理图　b）特性曲线

1—主泵　2—伺服阀　3—阻尼孔　4—远程调压溢流阀

若将远程调压溢流阀4换成比例溢流阀，则组成比例压力调节器，优点是其能在不同的给定值调节之间进行控制过程转换，调节压力可重复，而且调节时间短。比例调节器的工作原理与伺服-压力调节器相同。压力调节不是直接在调节器上进行，而是通过带有比例电磁铁的先导阀来进行无级调节。

**3. PV7的N调节器**（机械式流量调节）

流量可通过主油路-节流阀进行调节，流量调节与负载压力无关。控制原理如图4-7a所示，其主要由带调节伺服阀的主泵1和溢流阀3组成，其调节原理与德国Rexroth FR调节原理相同。节流阀2（不在泵上），通过将两个压力（节流阀2的前、后压力）引入到调节器阀芯上，更确切地说，使低压（节流阀后的压力）与调节器伺服阀弹簧一同与泵的压力相作用，当负载压力或者泵出口压力变化时，通过伺服阀自动调节泵的排量输出，来保证节流阀的压差保持常数。应注意，该调节过程不能在流量最大（$q_{max}$）时进行。为了保证一个好的调节特性，应在大约$\frac{2}{3}q_{max}$时进行。

图4-7中溢流阀3是必需的，它起到安全阀的作用。因为这种变量叶片泵不能将定子和转子之间的偏心距$e$调整为零，如负载压力减小时，为保证输出流量不变，泵应当减少流量输出，使泵的出口压力也随之减小，若此时泵不能继续减少流量输出，则不能实现流量调节。

节流阀2的压差被设置为1.3MPa左右，这个压力实质上是能使泵变量结构工作的最低调节压力，并且要求控制口X和节流阀出口之间的控制管道不得长于1.5m，这个要求也是为了要保证泵有足够快的响应时间。

图4-7b所示为该调节器的特性曲线。

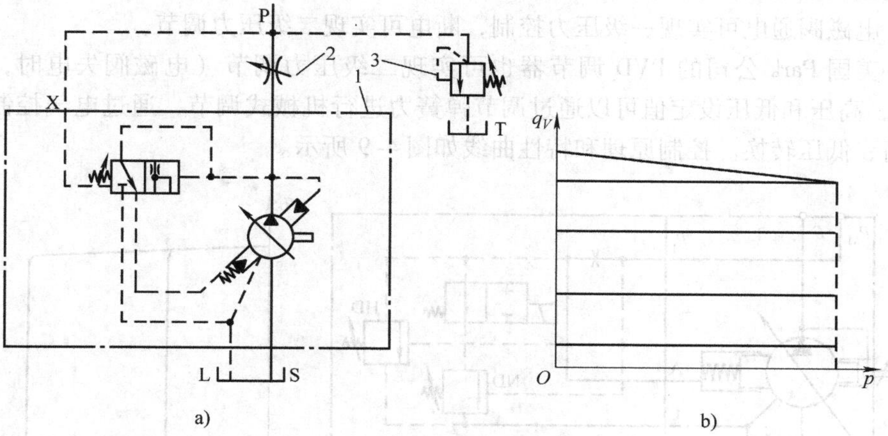

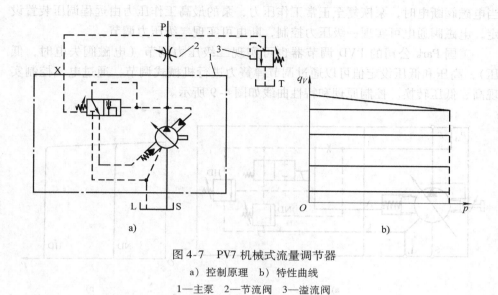

图 4-7　PV7 机械式流量调节器

a）控制原理　b）特性曲线

1—主泵　2—节流阀　3—溢流阀

**4. PV7 的 W 控制器调节原理**（电动切换式二级压力调节）

这种控制方式与 D 控制器控制原理相同，只不过多了一只二位三通电磁阀可以把控制口 X 直接回油箱，其控制原理如图 4-8 所示。当电磁阀通电时，伺服阀弹簧腔压力降为零，使得伺服阀右位工作，泵在最低排量工作，此时零行程压力约为 2MPa（取决于应用），常用于在最小零行程压力的情况下起动的泵。

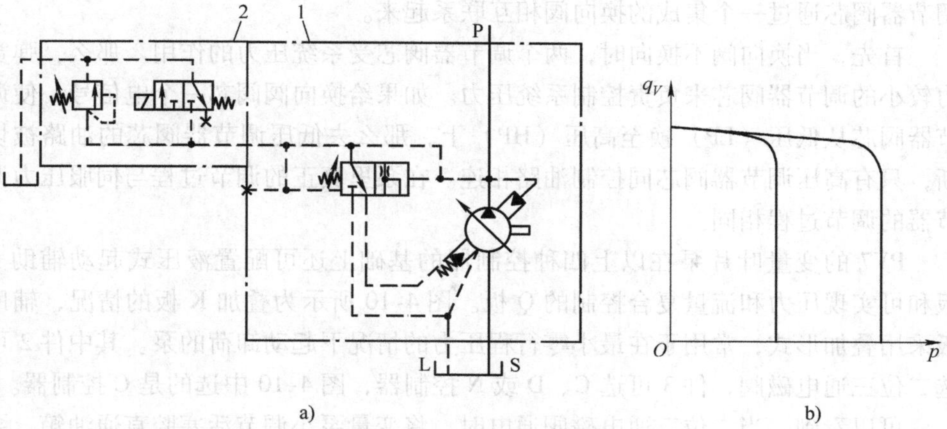


图 4-8　PV7 电动切换式二级压力调节原理

a）控制原理　b）特性曲线

1—主泵　2—远程调压装置

当电磁阀断电时，泵恢复至正常工作压力，泵的最高工作压力由远程调压装置设定，电磁阀通电可实现一级压力控制，断电可实现二级压力调节。

美国 Park 公司的 PVD 调节器也可实现二级压力调节（电磁阀失电时，低压），高压和低压设定值可以通过调节弹簧力进行机械式调节，通过电气控制实现高、低压转换。控制原理和特性曲线如图 4-9 所示。

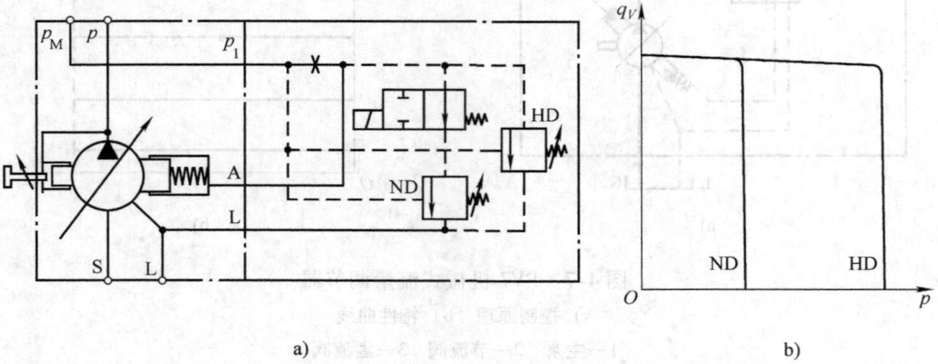


图 4-9　Park 公司的 PVD 调节原理
a）控制原理　b）特性曲线

双压调节器为用户提供了一种通过电气控制方式来选择两种不同压力的可能性。在液压系统中只有短时需要比系统压力更高的压力时，通过上述方法可以实现节能。双压调节器又可以称为双伺服压力调节器，分为低压级和高压级。两个调节器阀芯通过一个集成的换向阀相互联系起来。

首先，当换向阀不换向时，两个调节器阀芯受系统压力的作用。那么，弹簧力较小的调节器阀芯来负责控制系统压力。如果给换向阀阀芯一个电信号，使调节器阀芯从低压（LP）换至高压（HP）上，那么去低压调节器阀芯的油路被切断，只有高压调节器阀芯同控制油路相连。在泵里真正的调节过程与伺服压力调节器的调节过程相同。

PV7 的变量叶片泵在以上四种控制器的基础上还可配置液压式起动辅助 K 板和可实现压力和流量复合控制的 Q 板。图 4-10 所示为叠加 K 板的情况，辅助板采用叠加形式，常用于在最小零行程压力的情况下起动卸荷的泵。其中件 2 可选二位三通电磁阀，件 3 可选 C、D 或 N 控制器，图 4-10 中选的是 C 控制器。

可以看到，当二位三通电磁阀通电时，将变量泵小调节活塞腔直通油箱，泵会降至最小排量，零行程压力约为 2MPa。

图 4-11 所示为叠加 Q 板的情况，其中：件 1 为主泵，件 2 为用于连接压力控制和流量控制功能的 Q 板，件 3 为流量控制阀，件 4 可选 C、D、N 或 W 控制

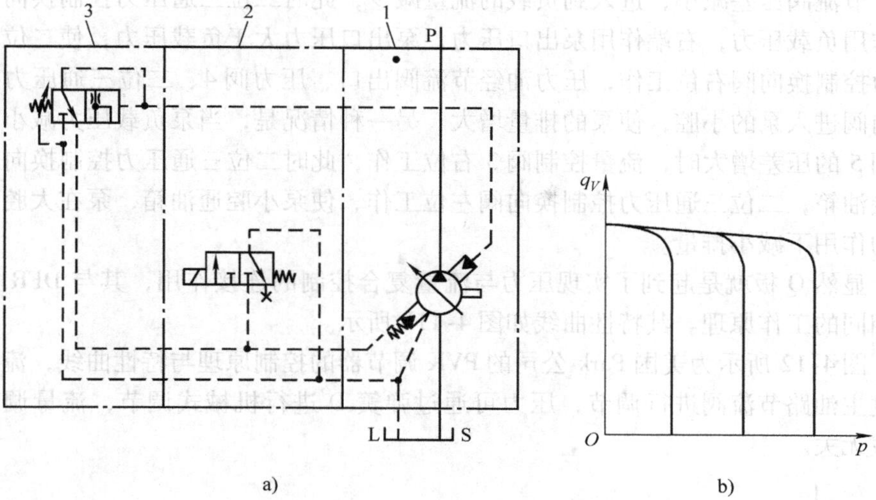


图 4-10　叠加 K 板的情况

a）控制原理　b）特性曲线

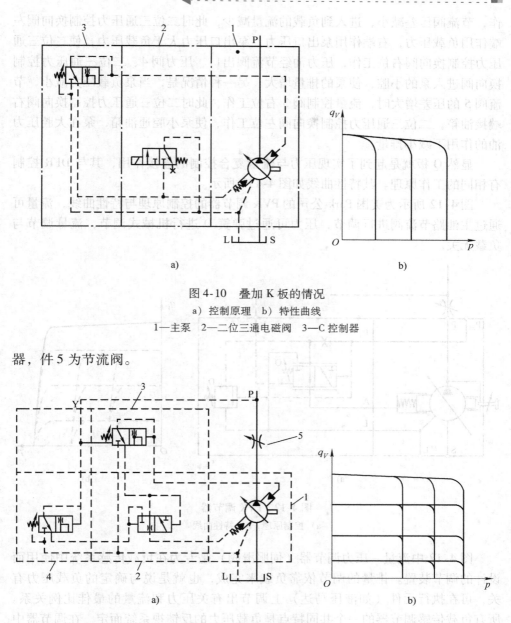

1—主泵　2—二位三通电磁阀　3—C 控制器

器，件 5 为节流阀。

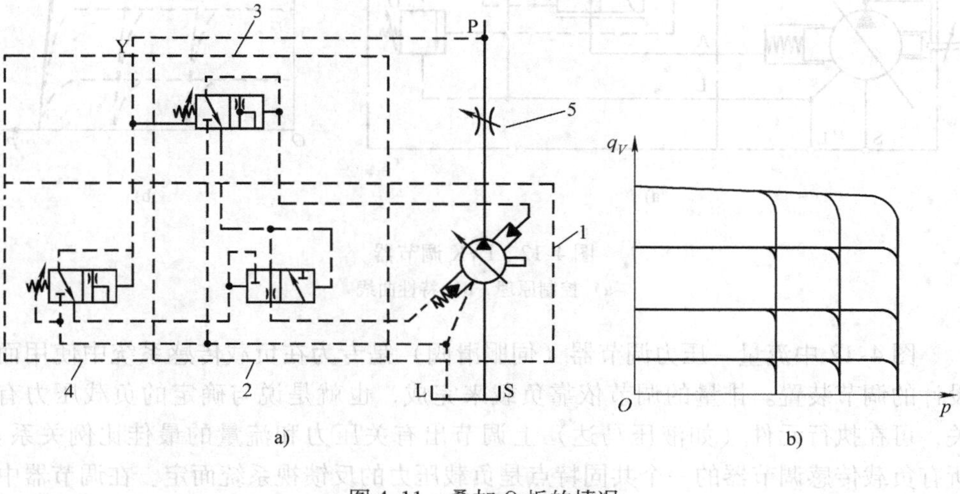


图 4-11　叠加 Q 板的情况

a）控制原理　b）特性曲线

在 Q 板 2 上装有一只二位三通压力控制换向阀，显然该阀在正常工作过程中应一直是弹簧位工作。调节过程是：当负载压力时，流量控制阀 3 弹簧位工作，节流阀压差减小，进入到负载的流量减少，此时二位三通压力控制换向阀左端作用负载压力，右端作用泵出口压力，泵出口压力大于负载压力，使二位三通压力控制换向阀右位工作，压力油经节流阀出口、压力阀 4、二位三通压力控制换向阀进入泵的小腔，使泵的排量增大。另一种情况是，当泵负载压力减小，节流阀 5 的压差增大时，流量控制阀 3 右位工作，此时二位三通压力控制换向阀右端接油箱，二位三通压力控制换向阀左位工作，使泵小腔通油箱，泵在大腔压力油的作用下减小排量。

显然 Q 板就是起到了实现压力与流量复合控制的连接作用，其与 DFR 控制有相同的工作原理。其特性曲线如图 4-11b 所示。

图 4-12 所示为美国 Park 公司的 PVK 调节器的控制原理与特性曲线，流量可通过主油路节流阀进行调节，压力可通过弹簧 D 进行机械式调节，流量调节与负载无关。

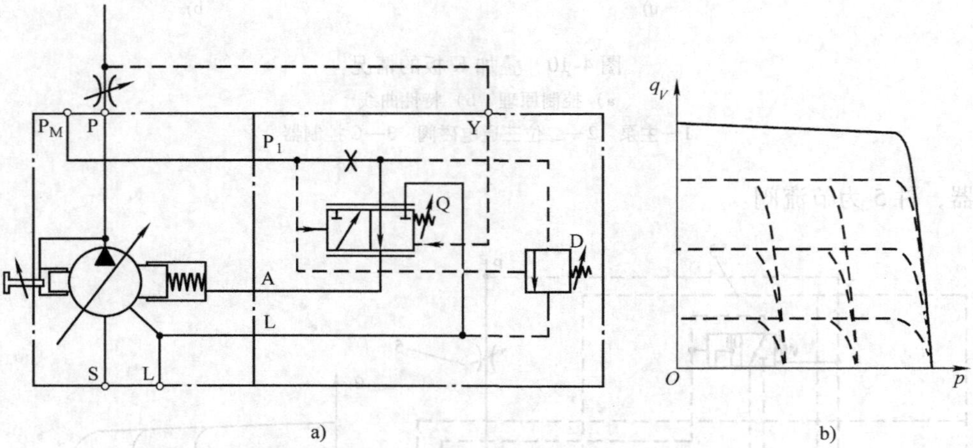


图 4-12　PVK 调节器

a）控制原理　b）特性曲线

图 4-12 中流量－压力调节器（伺服滑阀）是专为在负载传感系统中使用而设计的调节装置。排量的调节依靠负载来完成，也就是说与确定的负载压力有关，可在执行元件（如液压马达）上调节出有关压力和流量的最佳比例关系。所有负载传感调节器的一个共同特点是负载压力的反馈视系统而定。在调节器中设有两个基本调节功能：一是对流量所需压差的调节，二是对最高压力的调节。通过调节流量也能产生流经节流处的压差。如果执行元件上负载压力发生变化，或者更确切地说反馈的压力发生变化，那么泵会降低或提高其压力直到重新达到流量所调节的压差为止（通过压力调节功能），这一过程由最高压力至所调节的

压力是连续发生的。

## 4.2　径向柱塞变量泵的变量调节原理

本节将主要以美国 Moog 公司的生产的 RKP－II 径向柱塞泵为例，来讨论其变量调节原理。

### 4.2.1　RKP－II 泵的结构组成和工作原理

带压力补偿作用的 RKP－II 泵的结构组成和工作原理如图 4-13 所示。驱动轴 1 通过十字联轴器 2 将驱动转矩传递到转子 3 上，使转子不受其他的横向作用力。转子静压支撑在配流轴 4 上。位于转子上径向布置的柱塞 5，通过静压平衡的滑靴 6 紧贴着偏心定子 7。柱塞和滑靴通过球铰连接，并通过卡簧锁定。滑靴通过两个定位环 8 卡在定子上。泵转动时，柱塞和滑靴依靠离心力和液压力压在定子内表面上。当转子转动时，由于定子的偏心作用，柱塞将做往复运动，它的行程为定子偏心距的 2 倍。定子的偏心距可由泵体上的径向位置相对的两个柱塞（9、10）和压力补偿器 11 来调节。油液通过泵体油口进出泵，并通过配流轴上的流道进出活塞腔。支承驱动轴的轴承在内部只起支承作用，只受外力的作用。压力补偿器的设置确定了泵的压力，它通过调节泵的流量在零到满流之间变化来维持预先设置的压力。

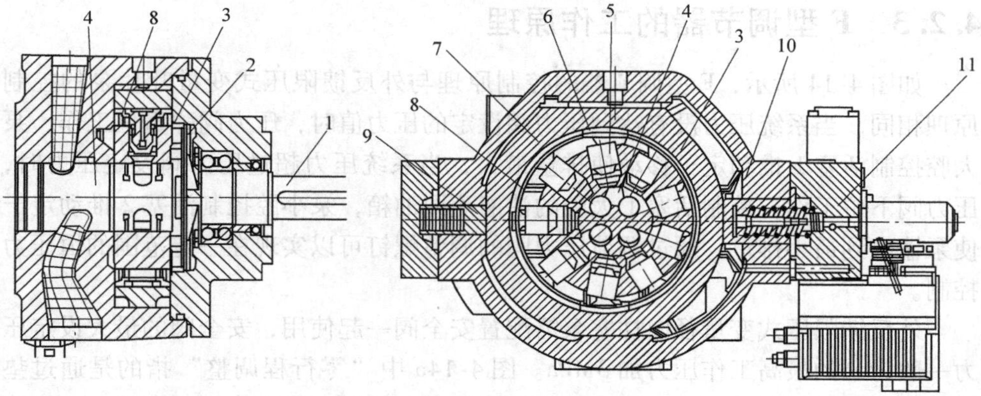


图 4-13　带压力补偿作用的 RKP－Ⅱ泵的结构组成和工作原理

1—驱动轴　2—十字联轴器　3—转子　4—配流轴　5—柱塞　6—滑靴　7—偏心定子　8—定位环　9、10—柱塞　11—压力补偿器

### 4.2.2　变量调节器（补偿器）选项

该系列泵提供了丰富的变量调节器选项，以便尽可能地满足不同的需求。表

4-1 列出了各选项及其简单说明。

表 4-1　变量调节器选项

| | 变量调节器选项及型号代码 | 描述/特性/应用 |
|---|---|---|
| 1 | 可调整式压力调节器，型号为 F | 适用于常压系统，可设定常压值 |
| 2 | 远程压力调节器，型号为 H1 | 适用于需要远程调控压力的常压系统 |
| 3 | 带系泊控制的压力调节器，型号为 H2 | 适用于需要通过系泊控制设定不同压力值的常压系统 |
| 4 | 压力和流量组合式调节器，型号为 J | 适用流量变化、压力对负载敏感的变量系统 |
| 5 | 带 P—T 切口制的压力和流量组合式调节器，型号为 R | 压力和流量组合式补偿，而且主动减小动态控制过程中的压力峰值 |
| 6 | 机械式行程调节，型号为 B | 适用于手工调节的定排量系统 |
| 7 | 伺服控制，型号为 C1 | 适用于通过手柄或伺服调节排量的系统 |
| 8 | 恒功率控制（力对比系统），型号为 S1 | 载荷增加时自动减小排量，从而防止电动机超负荷工作 |
| 9 | 带远程压力和流量控制的恒功率控制，型号为 S2 | 具有第 8 项所描述的功能外，还可以调整压力和流量的最大值 |
| 10 | 内含数字电路板，电液可调整调节器，型号为 D | 适用于流量变化且/或者有压力限制的变量系统 |

## 4.2.3　F 型调节器的工作原理

如图 4-14 所示，F 型调节器的控制原理与外反馈限压式变量叶片泵的控制原理相同，当系统压力没有达到压力阀设定的压力值时，压力阀弹簧位工作，泵大腔控制活塞 1 推动定子移动使排量最大，当系统压力超过压力阀设定压力时，压力阀下位工作，控制活塞 1 大腔的油液流回油箱，泵小腔控制活塞 2 推动定子使泵输出到最小排量，通过调节压力阀的调整螺钉可以实现在一定范围的恒压力控制。

外反馈限压式变量径向柱塞泵需配置安全阀一起使用，安全阀的最大设定压力一般为泵的最高工作压力加 3MPa。图 4-14a 中“零行程调整”指的是通过垫片厚度来调节控制活塞 1 大腔内弹簧的压缩量，使得系统工作在设定压力时保证泵零行程输出。

## 4.2.4　H1 型远程压力调节补偿器

如图 4-15 所示，把压力阀阀芯钻孔贯通并在其端部设置固定阻尼，并与外控先导溢流阀一起组成 B 型半桥，即可用来控制压力阀弹簧腔的压力，使泵输

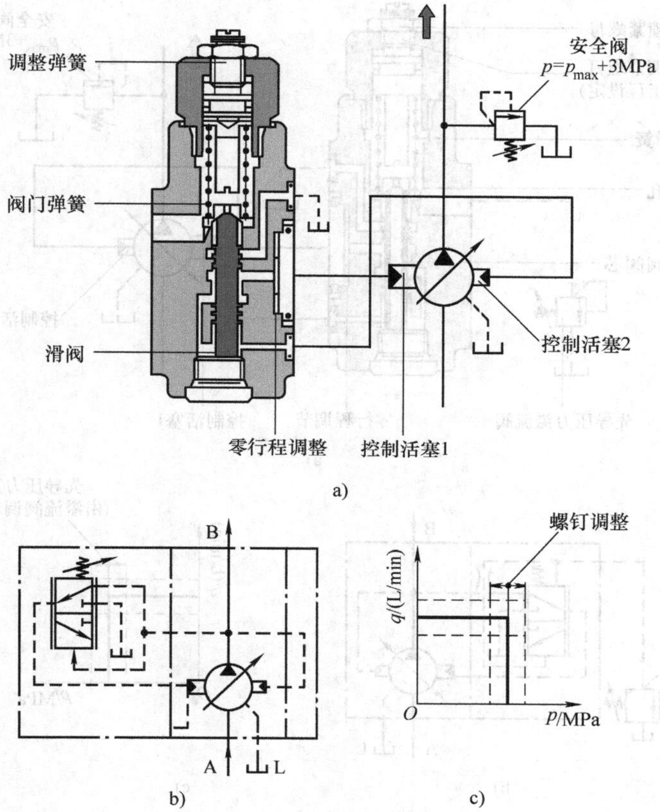


图 4-14　F 型调节器

a）结构简图　b）调节原理　c）特性曲线

出的压力实现遥控，控制原理同德国 Rexroth 的 A10VO 开式轴向变量柱塞泵的 DG 控制。先导压力溢流阀可以是手动调节，也可以是比例调节，其流量范围一般要求为 0.5 ~1.5L/min。此时压力阀的调整螺栓已经由厂家出厂设定好，不要试图改变，压力阀内的调整弹簧也被换成一个软弹簧。同样，系统中须设置安全阀，安全阀的最大设定压力一般为泵的最高工作压力加 3MPa。

## 4.2.5　H2 型带系泊控制的远程压力调节补偿器

压力控制也可作为系泊控制提供，系泊控制由压力补偿器和插入泵体之间的一块中板构成，中板的厚度对应于轴套的偏心距，如图 4-16 所示。单向调节原理同 H1 型。

在船舶、海洋石油领域的系泊绞车、移船绞车上，通常采用了一种远程遥控压力限制回路（RVPL）用于恒张力控制功能的实现。在恒张力系泊绞车以设定

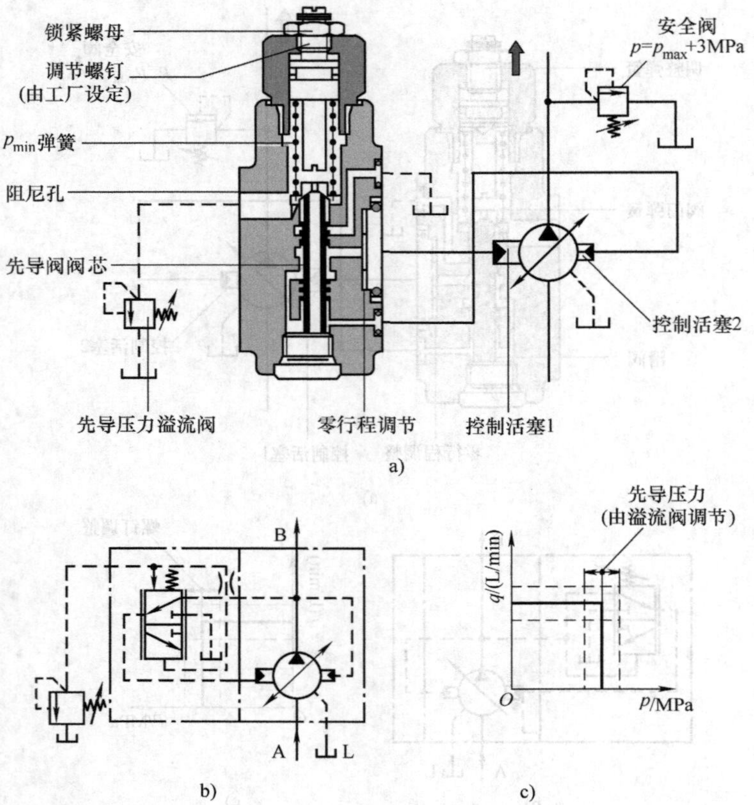


图4-15　H1型调节器
a）结构简图　b）调节原理　c）特性曲线

的速度收缆过程中，当绞车钢丝绳张力增加到RVPL系统设定点时，液压泵的排量将自动减小以维持设定压力；如果这时张力继续增加，RVPL系统将控制泵越过中点，绞车自动放缆以维持张力的恒定。RVPL系统就是通过上述带有系泊控制的变量泵拖动定量马达来实现的。

中板的厚度等于定子的偏心距，这样设置中板厚度的目的，主要是使泵能够实现对称的双向变量。参照该泵的结构简图（图4-16a）可知，中板加在了补偿器和泵的大变量控制活塞中间，其可使定子移动过中位，实现了过中位调节。该变量调节的特性通过其压力－流量特性曲线（图4-16c）可以看出，当系统压力达到设定值后泵会反向输出流量，使马达反转，使绞车放缆，保持张力恒定。

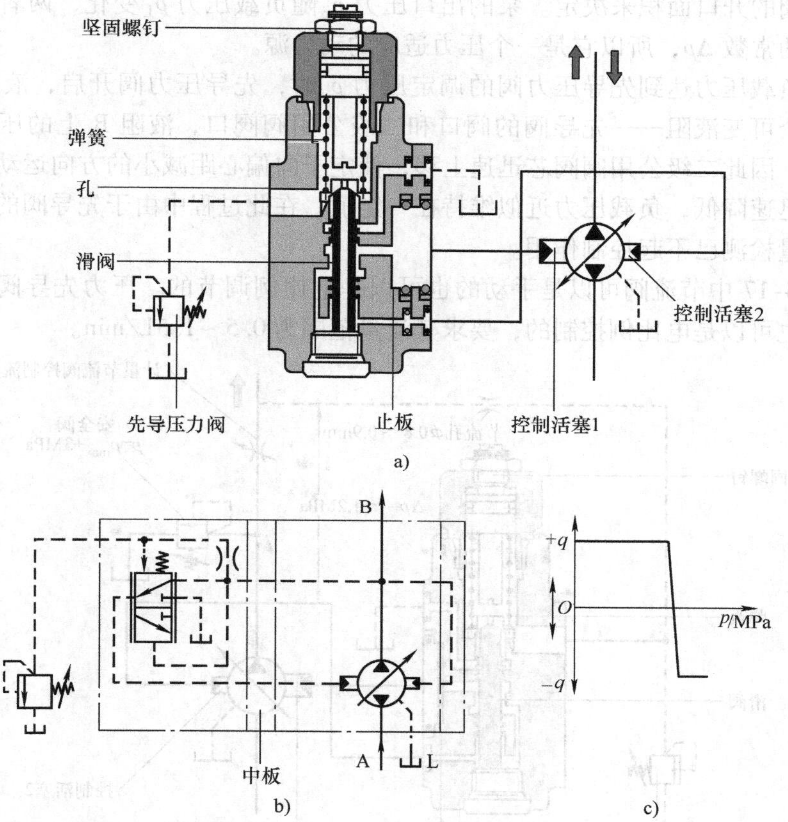


图 4-16　H2 型调节器

a）结构简图　b）调节原理　c）特性曲线

## 4.2.6　J1 型压力和流量联合补偿器（负载敏感型）

负载敏感控制机构主要由泵出口节流阀、先导压力阀和二级公用阀构成。节流阀和二级公用阀完成恒流调节过程；先导压力阀和二级公用阀完成恒压调节过程。此种结构由于采用了公用的二级阀，因此结构简单，调节方便。

二级公用阀阀芯上腔接节流阀出口，下腔接节流阀入口即泵出口，与节流阀一起构成一个特殊的溢流节流阀。在负载压力 $p_L$ 小于先导压力阀设定值 $p_y$ 时，先导压力阀不工作。此时负载压力 $p_L$ 的任何变动必将使通过节流阀的流量发生变化，导致节流阀的前后压差 $\Delta p = p_p - p_L$ 发生变化，从而打破了二级公用阀阀芯的平衡条件，使阀芯产生相应的动作，进而使定子的位置发生一定的变化，使泵的输出流量稳定在变化之前的流量，因此进入系统的流量不受负载的影响，只由节流阀的开口面积来决定。泵的出口压力 $p_p$ 随负载压力 $p_L$ 变化，两者相差一个不大的常数 $\Delta p$，所以它是一个压力适应的动力源。

当负载压力达到先导压力阀的调定压力 $p_y$ 时，先导压力阀开启，液阻 R 后关联两个可变液阻——先导阀的阀口和二级公用阀阀口，液阻 R 上的压差进一步加大，因此二级公用阀阀芯迅速上移，使定子向偏心距减小的方向运动，使输出流量迅速降低，负载压力近似维持在一定值。在此过程中由于先导阀的定压作用，流量检测已不起控制作用。

图 4-17 中节流阀可以是手动的也可以是电比例调节的。压力先导阀可以是手动的也可以是电比例控制的，要求其流量范围为 0.5～1.5L/min。

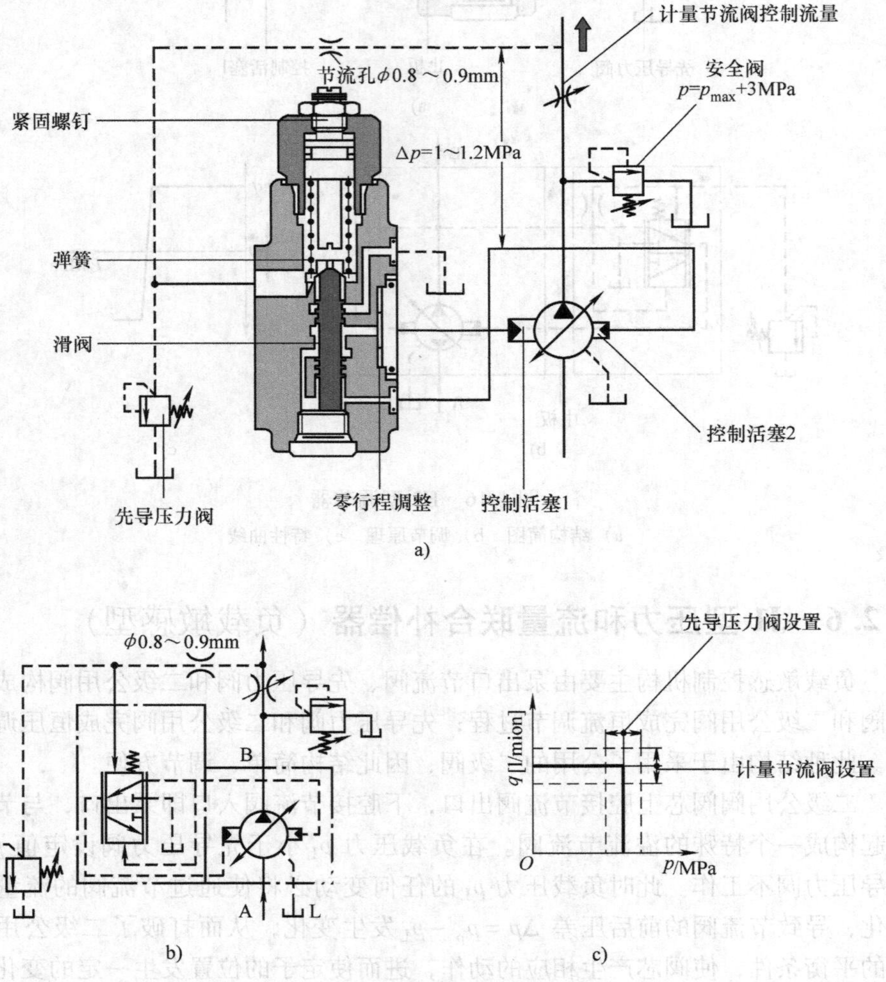


图 4-17　J1 型调节器

a）结构简图　b）调节原理　c）特性曲线

图 4-17 中，阻尼孔的直径为 0.8 ~ 0.9mm，泵出口安全阀的设定压力为 $p = p_{max} + 3MPa$，节流阀的压差设定值为 1.2MPa，同样，这样的设定值实际上就是能使变量泵起调的最低压力值，随着泵排量的增加此压差值也会随着增加。通常这个值在出厂时已经调整好了，所以在实际使用中不要再调整流量阀弹簧的压力设定值。

调整图 4-17 中节流阀的开度，可以使泵的压力－流量曲线上下移动，注意此种流量控制方式流量控制精度并不高。调整远程压力阀的设定值，可以使泵输出的最高压力左右移动。实际工作时泵会输出负载所需的流量和负载所需的压力再加上 1.2MPa 的节流阀压差。

## 4.2.7　带 P—T 切口控制的压力和流量联合调节补偿控制器

如图 4-18 所示，带 P—T 切口控制的压力和流量联合调节与 J1 型调节的区别在于伺服阀的结构由二位变成了三位。在正常的压力波动范围内，调节原理同 J1 型，当系统压力波动较大时，伺服阀最下位工作，泵出口压力直接通过伺服阀回油箱，因此其除具有 J1 型调节所具有的控制功能外，还可以主动减小动态控制过程中的压力峰值，这对于高压、大排量的液压系统消除压力冲击具有比较重要的作用。当多泵串联时，应该只装一个带 P—T 切口控制的补偿器，而且补偿器必须设置较高的压差，否则因为其失压会影响到其他泵的工作。

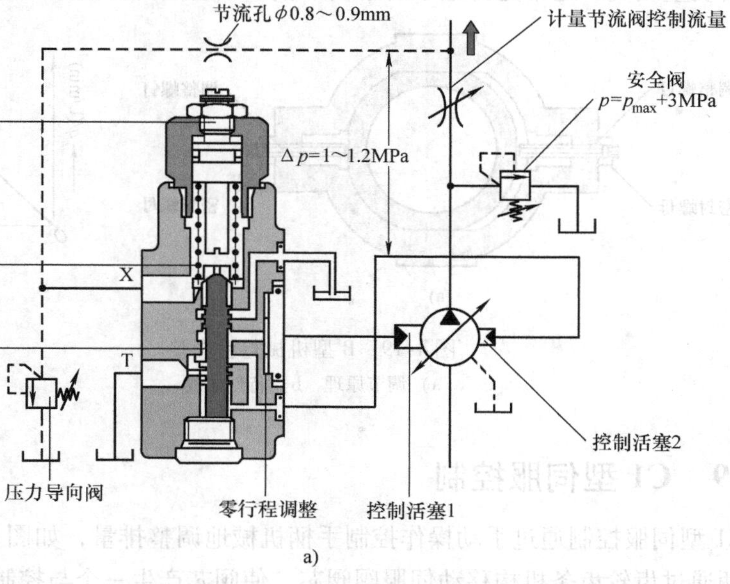


a)

图 4-18　带 P—T 切口控制的压力和流量联合调节补偿控制器

a）结构简图

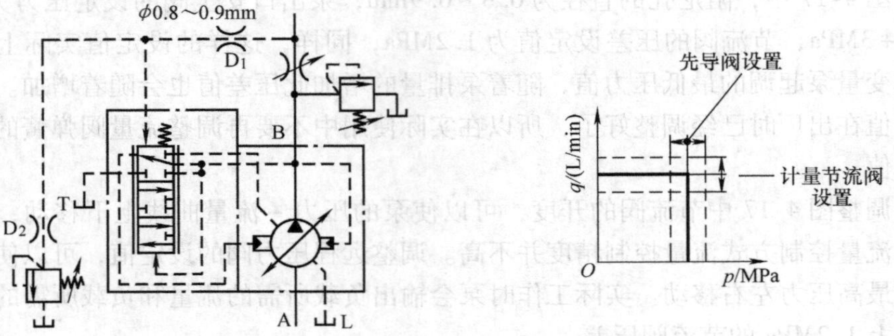


b)　　　　　　　　c)

图 4-18　带 P－T 切口控制的压力和流量联合调节补偿控制器（续）

b）调节原理　c）特性曲线

## 4.2.8　B 型机械行程调整

通过调整泵两侧的调整螺钉可以调整定子偏心距，从而调整泵的排量，如图 4-19 所示。当调整排量时，定子必须在两个螺钉中间。出厂时，泵的排量设置为最大。偏心距 $e$ 与泵的排量成正比，偏心移动单位位移产生的排量变化会随泵的规格发生改变，通常是排量小的泵调节偏心距引起的排量变化也小。

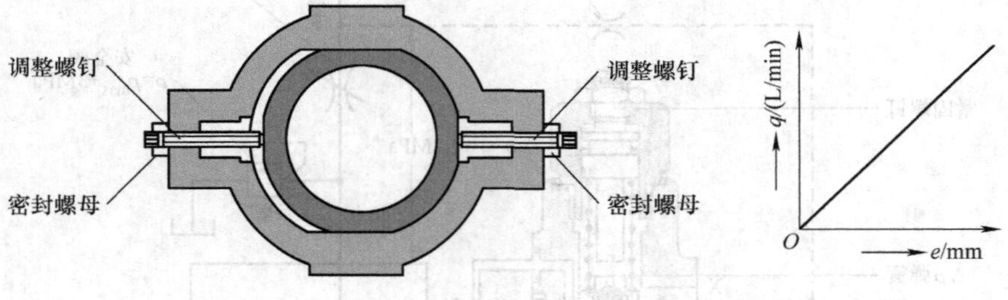


a)　　　　　　　　b)

图 4-19　B 型机械行程调整

a）调节原理　b）特性曲线

## 4.2.9　C1 型伺服控制

C1 型伺服控制通过手动操作控制手柄机械地调整排量，如图 4-20 所示。控制手柄通过齿轮齿条机构移动伺服阀阀芯，使阀芯产生一个与控制手柄角度成比例的开度，此时伺服阀输出压力油作用在泵大腔上产生偏心，压缩泵内弹簧使压力与偏心距 $e$ 对应，排量的大小则通过操纵控制手柄来控制。

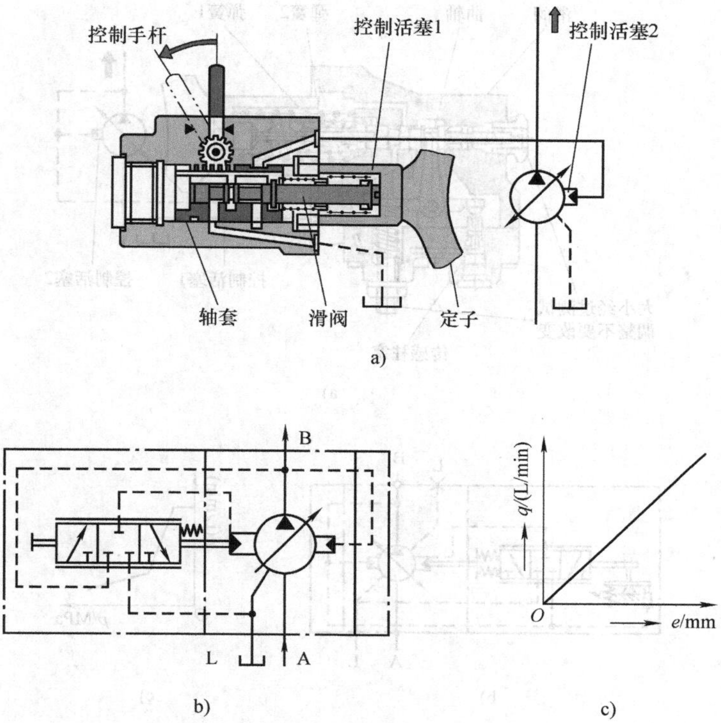


图 4-20　C1 型伺服控制
a）结构简图　b）调节原理　c）特性曲线

## 4.2.10　S1 型恒功率控制

如图 4-21 所示，S1 型恒功率控制属于双弹簧力反馈近似恒功率控制，调节原理在前面的章节里已经叙述。泵出口压力油作用在传感柱塞上，当泵出口压力增加时，通过机械机构推动阀芯移动，使大控制活塞的油液接通油箱，减少泵的排量输出。压力－流量曲线的斜率取决于两个弹簧的刚度。图 4-21 中控制阀左端的调整螺栓和传感柱塞旁的弹簧刚度调整螺塞已经过测试调整，因此不要改变，除非你想改变最大的输出功率曲线的形状。

## 4.2.11　S2 型带远程压力和流量限制的恒功率控制

如图 4-22 所示，S2 型带远程压力和流量限制的恒功率控制属于复合控制原理，通过调整遥控溢流阀的压力可以实现远程调压，通过调节节流阀开口面积的大小可以调节流量。图 4-22 中二位压力流量伺服阀兼作压力阀和流量阀使用，节流阀两腔的压差作用在该压力流量阀阀芯的两端，只要泵的压力没有超过远程

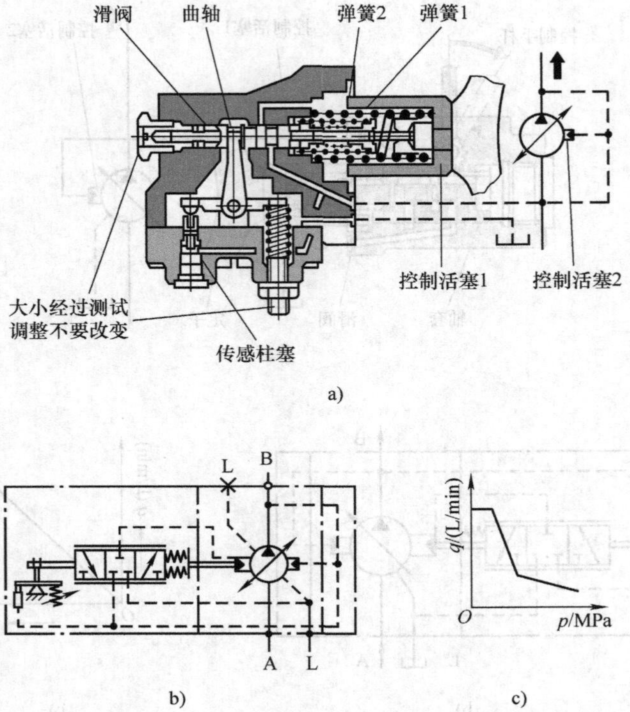


图 4-21　S1 型恒功率控制
a）结构简图　b）调节原理　c）特性曲线

溢流阀的设定压力，节流阀出口压力就会通过 $\phi$0.8mm 的阻尼孔作用在该伺服阀的右端，压力 - 流量伺服阀会根据节流阀出口压力的变化自动调节泵的排量，使节流阀压差保持恒定，从而保证负载流量恒定。恒功率阀可调节输出功率以保持恒定，即一旦系统输出功率超过了恒功率阀的设定值，则恒功率阀左位工作，使泵的排量减小。该系统是压力调节优先，因为一旦超压，压力 - 流量伺服阀左位工作，切断了恒功率阀的控制油路，功率阀不会再起调整作用。

## 4.2.12　D1 ~ D8 带内部数字电路板的电液控制

这种控制形式的泵配置了比例阀、压力传感器、位置编码器（可检测定子的偏心距），内嵌流量、压力调整、整定、综合功率控制和诊断电子放大器，可对泵的流量和压力以及输出功率进行动态和更为精确的控制，控制方式可以为模拟信号（0 ~10V）式或通过 CAN 总线的数字式，如图 4-23 所示。该泵既能作为 CANopen 装置运行，又能作为传统的模拟装置运行，因此可以与各种 PLC 结构兼容。在作业中可更改压力控制器的参数，从而可优化多缸连续工作过程的性

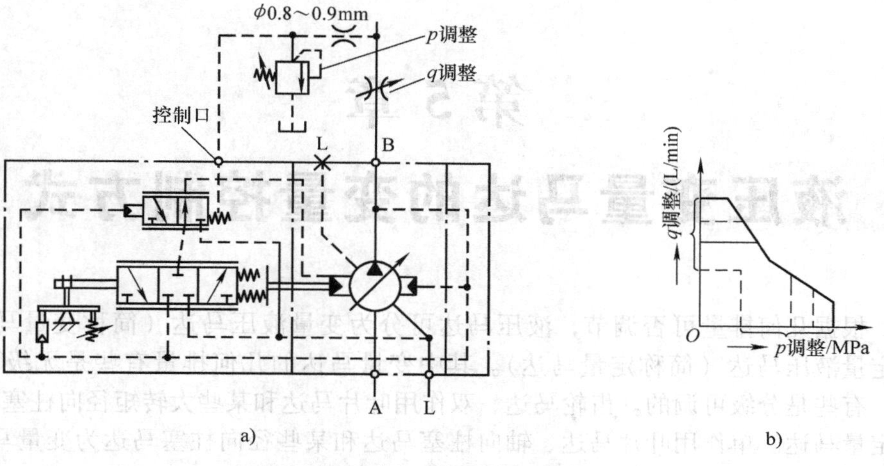


图 4-22　S2 型复合控制

a）调节原理　b）特性曲线

能。其中压力控制，有 16 个可选参数设置。用户可通过人机界面或计算机诊断常见故障。数字控制对于要求高动态和高可靠性的机械应用领域（比如注塑成型和金属成形）而言，是非常灵活且非常先进的解决方案。D2 控制当主泵系统压力较低时由辅助泵（齿轮泵）提供控制油，当主泵系统压力建立以后，控制油切换为由主泵提供。

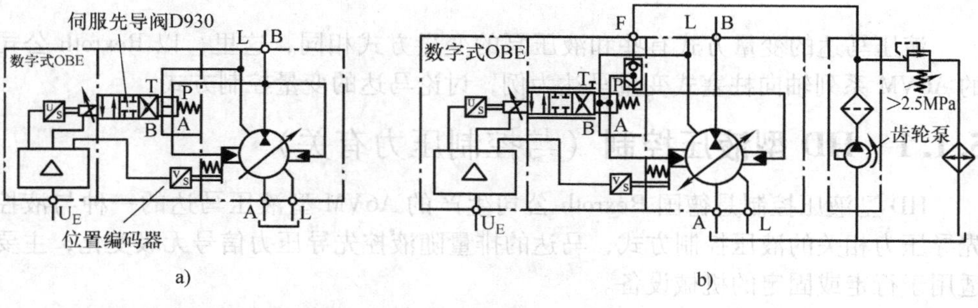


图 4-23　带内部数字电路板的电液控制

a）内部压力补偿 D1　b）外部压力补偿 D2

# 第5章 液压变量马达的变量控制方式

根据几何排量可否调节，液压马达可分为变量液压马达（简称变量马达）和定量液压马达（简称定量马达）。其中变量马达的几何排量有些是无级可调的，有些是分级可调的。齿轮马达、双作用叶片马达和某些大转矩径向柱塞马达为定量马达。单作用叶片马达、轴向柱塞马达和某些径向柱塞马达为变量马达。在变量马达当中，尤以轴向柱塞式马达的变量方式为最多。

液压马达输出的转矩取决于其排量和压差。液压马达的功率直接地正比于其转速，在需要高功率输出的场合，适宜选用高速马达（轴向柱塞马达属于高速马达）。作变量马达用时，可通过改变马达的斜盘倾角，从而改变马达的转矩，同时也改变它的转速和转向。斜盘倾角越大，产生的转矩越大，转速越低。采用变量马达，可以达到功率匹配、节能降耗的目的。

## 5.1 德国 Rexroth 公司的变量轴向柱塞马达

液压马达的变量方式有些和液压泵的变量方式相同，这里，以 Rexroth 公司的 A6VM 系列轴向柱塞式变量马达为例，讨论马达的变量控制方式。

### 5.1.1 HD 型液压控制（与控制压力有关）

HD 型液压控制是德国 Rexroth 公司生产的 A6VM 型液压马达的一种与液控先导压力相关的液压控制方式，马达的排量随液控先导压力信号无级变化，主要适用于行走或固定的机械设备。

图 5-1 所示为 HD 型液压控制原理图，液压马达起始排量为最大排量，液压马达的排量随着 X 口先导控制压力的变化可在最大和最小之间无级变化，改变先导压力的大小就可实现马达的排量的控制。其原理为：当向液压马达的 A、B 工作油口的任一个提供压力油时，压力油都能通过单向阀 2 或 3 进入变量缸 7 的有杆腔，变量缸 7 有杆腔常通高压。当 X 口先导控制压力升高时，先导控制压力油作用在先导压力控制伺服阀 1 的阀芯上的力将克服调压弹簧 4 和反馈弹簧 5 的合力，推动先导压力控制伺服阀阀芯向右移动，当先导控制压力升高至液压马达变量起始压力时，伺服阀 1 将处于中位。如果先导控制压力继续升高，伺服阀

阀芯将进一步右移，伺服阀 1 处于左位机能，液压马达工作压力油经伺服阀 1 进入变量缸无杆腔。由于变量缸 7 活塞两端面积不相等，当两端都受压力油作用时，变量缸活塞将向左运动，固定在变量缸活塞上的反馈杆 6 将带动配流盘及缸体摆动，使缸体与主轴之间的夹角减小，从而使液压马达排量减小。同时，反馈杆 6 压缩反馈弹簧 5，迫使伺服阀 1 的阀芯向左移动直到伺服阀 1 回到中位，变量缸无杆腔的油道被封闭，液压马达停止变量，将处于一个与先导控制压力相对应的排量位置。HD 型液压控制属于位移 - 力反馈控制，利用变量活塞的位移，通过弹簧反馈使控制阀芯在力平衡条件下关闭阀口，从而使变量活塞定位。

当 X 口的控制压力降低时，伺服阀阀芯上的力平衡被打破，弹簧力大于液压力，伺服阀 1 将由中位机能变为右位机能，变量缸无杆腔变为低压，在有杆腔压力油的作用下，变量缸活塞将向右运动，固定在变量缸活塞上的反馈杆 6 将带动配流盘及缸体摆动，使缸体与主轴之间的夹角增大，从而使液压马达排量增大。同时，由于反馈杆 6 随变量活塞向右移动，反馈弹簧 5 压缩量将减少，反馈弹簧作用在伺服阀 1 阀芯上的力将减小，伺服阀阀芯向右移动直到伺服阀 1 处于中位（在图 5-1 中未画出），变量缸 7 大腔的油道被封闭，液压马达停止变量。综上所述，当先导控制压力在变量起始压力和变量终止压力之间变化时，液压马达排量将在最大和最小之间相应变化。

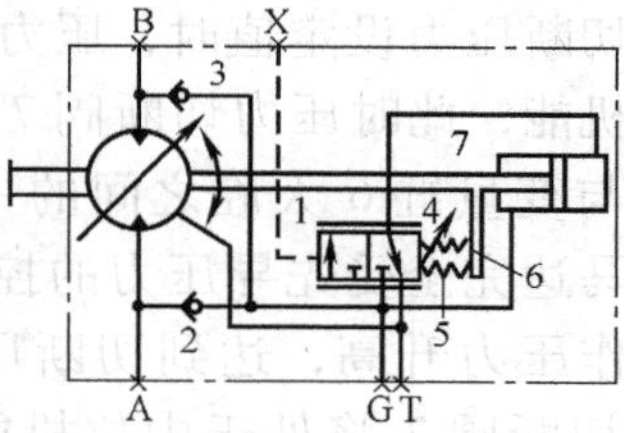


图 5-1 HD 型液压控制原理图

1—伺服阀 2、3—单向阀 4—调压弹簧 5—反馈弹簧 6—反馈杆 7—变量缸

作为液压马达来讲，排量减小时转速升高，压力增高。这个特性和泵正好相反。

HD 型液压控制方式有两种标准结构形式：

1）控制起点在最大排量 $V_{gmax}$ 位置，此时马达输出最大转矩和最低转速。

2）控制起点在最小排量 $V_{gmin}$ 位置，此时马达输出最小转矩和最高转速。

有两种方案供选用：

1）HD1——控制范围从排量最大（$V_{gmax}$）到排量最小（$V_{gmin}$）时，先导压差 $\Delta p_{st}$ = 1MPa，控制起点在 0.2 ~ 2MPa 内可调。标准设定值的控制起点压力为 0.3MPa，控制终点压力为 1.3MPa，最大的可允许先导压力为 10MPa，如图 5-2 所示。

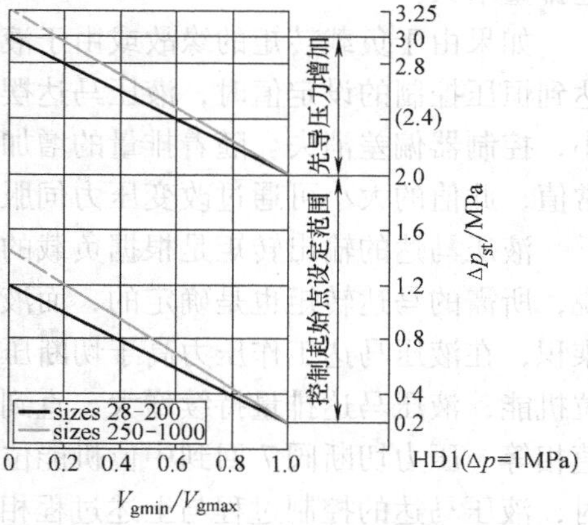


图 5-2 HD 型液压控制特性曲线

2）HD2——控制范围从排量最大到排量最小（$V_{gmax} \sim V_{gmin}$）时，先导压差 $\Delta p_{st} = 2.5\text{MPa}$，控制起点在 0.5～5MPa 内可调。标准设定值的控制起点压力为 1MPa，控制终点压力为 3.5MPa。

当用 HD 型液压控制方式进行双速控制时，最高先导压力可达 7.5MPa。

因为所需要的控制油取自于高压腔，因此，要使变量控制能够实现，至少需要相对于供油压力的压差 $\Delta p = 1.5\text{MPa}$，当工作压力 <1.5MPa 时，必须在 G 口通过外界单向阀供入 1.5MPa 以上的辅助压力。

## 5.1.2　HD1D 型液压控制 + 恒压变量调节

HD1D 型变量调节是在 HD 型液压控制的基础上增加了一台压力切断阀 7 而成的，如图 5-3 所示。当液压马达工作压力低于切断压力设定值时，压力切断阀 7 处于左位机能，此时压力切断阀 7 仅相当于伺服阀 1 与变量缸 6 大腔之间的一段油液通道，液压马达完全受先导压力的控制。当液压马达工作压力升高，达到切断压力设定值时，压力切断阀 7 将处于中位机能位置，此时，变量缸无杆腔油路被封闭，液压马达将保持当前的排量。当液压马达工作压力继续升高，压力切断阀 7 将处于右位机能位置，使变量缸无杆腔与低压油路接通，变量缸 6 活塞将在小腔压力油的作用下向右移动，使液压马达排量增大。

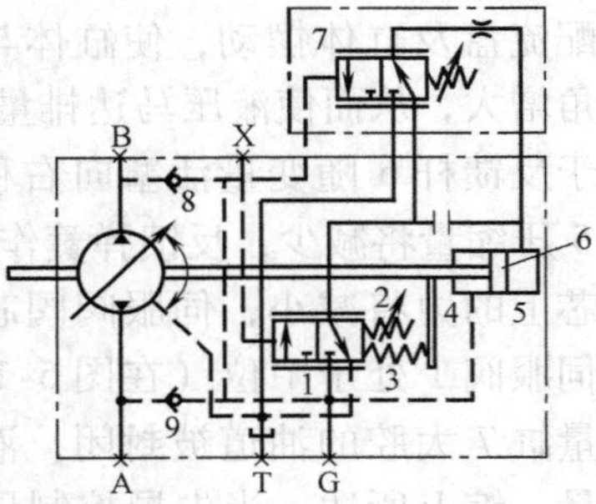


图 5-3　HD1D 型液压控制原理图

1—伺服阀　2—调压弹簧　3—反馈弹簧
4—反馈杆　5—变量缸　6—变量缸活塞
7—压力切断阀　8、9—单向阀

如果由于负载转矩的缘故或由于液压马达摆角减小而造成系统压力升高，在达到恒压控制的设定值时，液压马达摆向较大的摆角。由于增大排量导致压力减小，控制器偏差消失。随着排量的增加，液压马达产生较大的转矩，而压力保持常值，此值的大小可通过改变压力伺服阀 1 上弹簧的预压缩量确定。

液压马达的输出转矩是根据负载的需要而决定的，即对于一个确定的负载来说，所需的马达转矩也是确定的，而液压马达输出转矩是其排量与进出口压差的乘积，在液压马达工作压力高于切断压力设定值的情况下，伺服阀 1 一直处于右位机能，液压马达排量持续增大，直到液压马达工作压力下降到与切断压力设定值相等，压力切断阀 7 回到中位机能位置，液压马达停止变量。当外部负载减小时，液压马达的控制过程与上述过程相反，这里不再赘述。总之，液压马达的压力切断控制功能就是根据外部负载的变化自动改变液压马达排量，从而使液压马达的工作压力保持在设定范围之内。

先导压力控制与压力切断控制之间的关系是：先导压力控制和压力切断控制不能同时对液压马达起控制作用，在液压马达工作压力低于切断压力设定值时，液压马达将完全由先导压力来控制；当液压马达工作压力达到切断压力设定值后，液压马达将由压力切断阀自动控制。

这种具有压力切断功能的先导压力控制变量柱塞马达，将人工控制和自动控制有机地结合起来，克服了传统变量马达单一控制方式的缺点，提升了主机系统的操控性能和安全性能，从而提高了工作效率。

## 5.1.3　HZ 型液压两点控制

HZ 型液压两点控制方式与 HD 型液压控制方式的区别在于前者没有反馈弹簧，只按外控油的先导压力控制液压马达排量。HZ 型液压两点控制的原理图以及先导压力与排量之间的关系曲线分别如图 5-4a、b 所示。这种变量方式，就是从 X 油口通入先导控制压力油，只要先导油压力超过调压弹簧的设定压力，就会推动控制滑阀在左位工作，从负载口来的压力油进入变量缸活塞的右腔，推动液压马达斜盘倾角减小，由于无反馈弹簧的控制作用，变量缸活塞将一直向左运动到排量限定位置，液压马达将处在最小排量工作模式。而当先导压力油卸荷时，控制滑阀在弹簧的作用下回到右位，变量缸活塞右腔回油箱，在高压油的作用下，液压马达处在最大排量模式，实现最大和最小两点式排量控制。

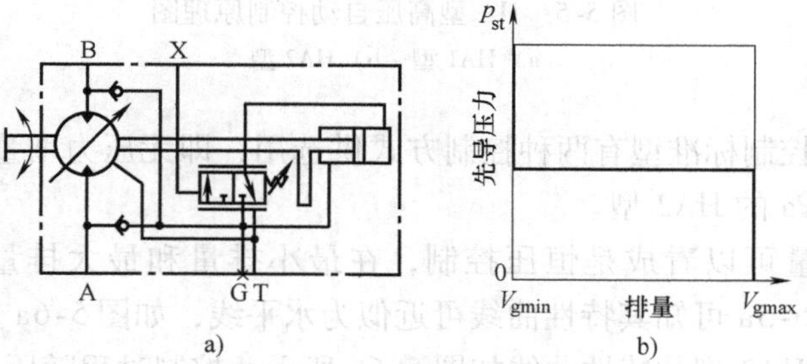


图 5-4　HZ 型液压两点控制
a）原理图　b）先导压力与排量之间的关系曲线

A6VMHZ 控制标准型也有两种：

1）控制起点在最大排量 $V_{gmax}$ 位置，此时液压马达输出最大转矩、最低转速。

2）控制起点在最小排量 $V_{gmin}$ 位置，此时液压马达输出最小转矩、最高转速。

变量机构的设定有 HZ1 和 HZ2 两种方案供选用：

1）HZ1——控制起点在 0.2 ~ 2MPa 可调。

2）HZ2——控制起点在0.5～5MPa可调，由排量最小$V_{gmin}$到排量最大$V_{gmax}$时，压差$\Delta p \leqslant 2.5$MPa，所需的控制油来自高压侧，因此需要一最低1.5MPa的工作压力。当工作压力小于1.5MPa时，必须在G口供入1.5MPa的辅助压力。

## 5.1.4 HA型高压自动控制

在与高压有关的自动控制中（图5-5），排量的设定值随工作压力的变化而自动改变。此种变量方式，当A或B口的内部工作压力一旦达到控制阀调压弹簧的设定压力值时，液压马达的排量由最小排量$V_{gmin}$向最大排量$V_{gmax}$转变，此种控制方式应用最广。控制起点在最小排量$V_{gmin}$位置（最小转矩，最高转速），控制终点在最大排量$V_{gmax}$位置（最大转矩，最低转速）。

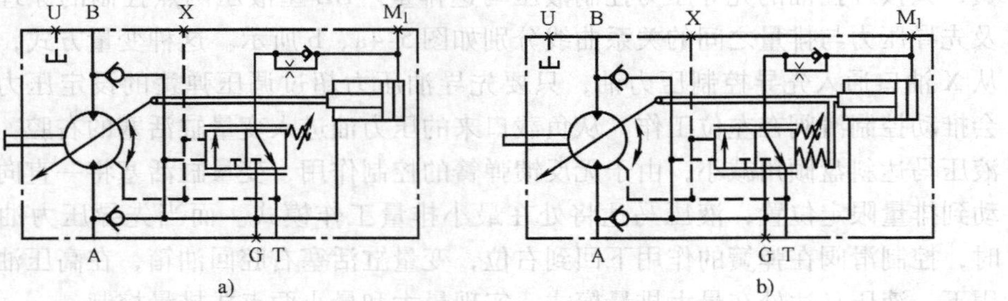


图5-5 HA型高压自动控制原理图

a）HA1型 b）HA2型

A6VMHA控制标准型有两种控制方式供选用，即无压力增量HA1型和压力增量$\Delta p = 10$MPa的HA2型。

无压力增量可以看成是恒压控制，在最小排量和最大排量时的压力增量≤1MPa，由图5-5a可知其特性曲线可近似为水平线，如图5-6a所示。压力增量$\Delta p = 10$MPa的HA2型的特性曲线如图5-6b所示，控制过程随压力增加排量也增加，即压力从控制起点$p_1$（排量为$V_{gmin}$）增加到$p_1 + 10$MPa时，其排量为$V_{gmax}$。比如从$V_{gmin}$（7°）变至$V_{gmax}$（25°）时，压力升高10MPa。

有两种标准结构：控制起点在$V_{gmax}$位置（最小转矩、最高转速）和控制起点在$V_{gmin}$位置（最大转矩、最低转速），控制起点的控制压力在8～35MPa之间可调。

假设马达的回油压力为零，由图5-6所示曲线可知：

$$V = kp + c \tag{5-1}$$

$$k = \frac{V_{smax} - V_{smin}}{p_{smax} - p_{smin}} \tag{5-2}$$

式中 $V$——马达的实时排量（mL/r）；

$p$——马达的实时压力（MPa）；

$V_{smin}$、$V_{smax}$——设定模式下马达排量的最小值和最大值（mL/r）；

$p_{smin}$、$p_{smax}$——设定模式下马达排量变化的起调压力和终点压力（MPa）；

$c$——常数。

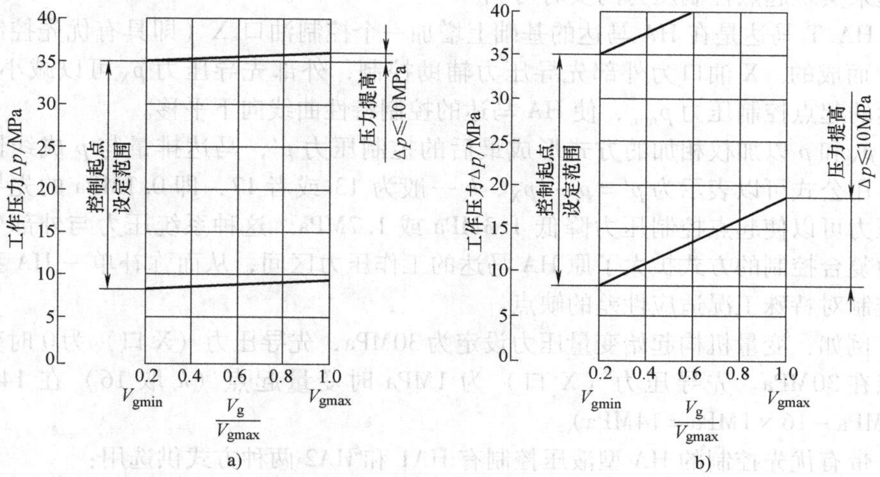


图 5-6 HA 型高压自动控制特性曲线

a）HA1 型 b）HA2 型

将起调点的压力和排量值（$p_{smin}$、$V_{smin}$）代入可得

$$V=\frac{V_{smax}-V_{smin}}{p_{smax}-p_{smin}}p+\frac{V_{smin}p_{smax}-V_{smax}p_{smin}}{p_{smax}-p_{smin}} \tag{5-3}$$

因此得到 HA 马达的输出转矩为

$$\begin{aligned}T&=\frac{Vp\eta_{mh}}{20\pi}=\frac{\eta_{mh}}{20\pi}\left(\frac{V_{smax}-V_{smin}}{p_{smax}-p_{smin}}p^2+\frac{V_{smin}p_{smax}-V_{smax}p_{smin}}{p_{smax}-p_{smin}}p\right)\\&=ap^2+bp\end{aligned} \tag{5-4}$$

式中 $\eta_{mh}$——马达的机械效率。

$$a=\frac{\eta_{mh}}{20\pi}\frac{V_{smax}-V_{smin}}{p_{smax}-p_{smin}},\ b=\frac{\eta_{mh}}{20\pi}\frac{V_{smin}p_{smax}-V_{smax}p_{smin}}{p_{smax}-p_{smin}}$$

由于马达输出转矩正比于系统压力的平方，所以输出转矩增高一定数值，系统压力仅升高一个较小值，因此 HA 马达具有较高的适应负载变化的能力。

事实上，马达的最小设定排量不会从零排量开始，一般不会低于全排量的 30%，也就是说马达从最小排量变化到满排量的起始压力和终点压力之差最多不会超过 7MPa。

HA 马达的起点压力为 8 ~ 35MPa，终点压力为 18 ~ 40MPa，可以在图 5-6 中任意两点之间建立一条斜率相同的控制曲线作为马达压力和排量的控制特性曲线，这样一旦起点压力设定，终点压力也就确定了。

普通的 HA 马达起点压力是由液压件供应商出厂前设定的，出厂后一般不允许变动，这就使得马达对具体工况的适应性变弱，一种改善的方法是使用 HA. T 马达来实现起点控制压力的实时可调。

HA. T 马达是在 HA 马达的基础上增加一个控制油口 X（即具有优先控制功能）而成的。X 油口为外部先导压力辅助控制，外部先导压力 $p_X$ 可以减小 HA 马达的起点控制压力 $p_{min}$，使 HA 马达的控制特性曲线向下平移。

$p_X$ 和 $p$ 以加权相加的方式形成最后的控制压力 $p'$，马达排量与 $p$ 成线性关系。用公式可以表示为 $p' = p - kp_X$，$k$ 一般为 13 或者 17，即 0. 1MPa 的先导控制压力可以使起点控制压力降低 1. 3MPa 或 1. 7MPa。这种系统压力与外部先导压力复合控制的方式扩大了原 HA 马达的工作压力区间，从而弥补单一 HA 型液压控制对特殊工况适应性差的缺点。

例如：变量机构起始变量压力设定为 30MPa，先导压力（X 口）为 0 时变量起点在 30MPa。先导压力（X 口）为 1MPa 时变量起点（$k$ 取 16）在 14MPa（30MPa − 16 × 1MPa = 14MPa）。

带有优先控制的 HA 型液压控制有 HA1 和 HA2 两种方式供选用：

1）HA1——在控制范围内，从控制起点到控制终点工作压力基本保持恒定，$\Delta p = 1$MPa。

2）HA2——在控制范围内，从控制起点到控制终点工作压力升高，$\Delta p = 10$MPa。

如果控制仅需达到最大排量，则允许先导压力为 5MPa。外控口 X 处的供油量约为 0. 5L/min。

“起控点”就是变量机构转换时的压力，虽然称为点，实际上是个范围，比如 15. 5 ~ 16. 5MPa，低于这个压力时液压马达在最小排量下工作，实际工作中也就是 50% 负载以下的情况，负载大、压力增高时，滑阀右移而增加排量，使马达输出转矩与负载平衡，而不会使压力进一步增高，也就是恒压。

## 5. 1. 5　EZ 型电动双速两点控制

液压马达排量处于 $V_{gmin}$ 或 $V_{gmax}$ 是通过控制电磁铁的通断来实现的。对于图 5-7 所示结构，电磁铁断电时，在压力油的作用下，变量缸有杆腔通压力油，无杆腔接回油，此时液压马达的排量最大，液压马达输出最大转矩和最低转速。当电磁铁通电时，控制滑阀左位工

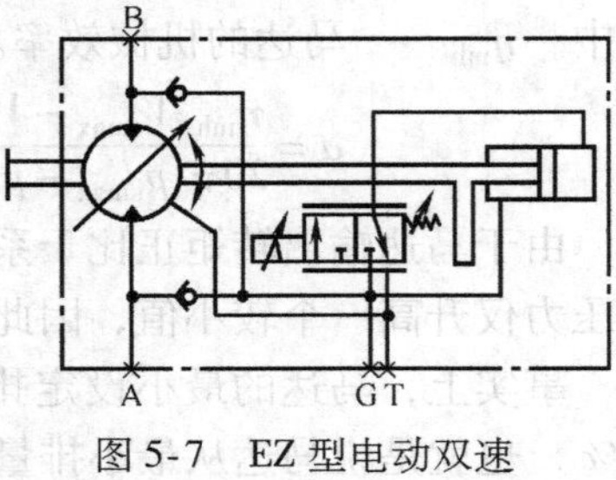


图 5-7　EZ 型电动双速两点控制原理图

作，变量缸无杆腔进油，由于变量缸的作用面积不一样，在油压的作用下，变量缸活塞向左移动，液压马达排量最小，此时液压马达输出最小转矩和最高转速。该控制方式有两种标准结构，即控制起点在 $V_{gmax}$ 位置（最大转矩、最低转速）和控制起点在 $V_{gmin}$ 位置（最小转矩、最高转速）。

有两种控制方案供选用，即 EZ1（控制电压为 DC 12V）和 EZ2（控制电压为 DC 24V）。

同样，所需的控制油来自高压侧，因此需要一最低 1.5MPa 的工作压力。当工作压力小于 1.5MPa 时，必须在 G 口供入 1.5MPa 的辅助压力。

### 5.1.6 EP 型电液比例控制

EP 型电液比例控制使用比例电磁铁或者比例阀，根据电信号对排量进行连续控制，被控制量正比于所施加的控制电流。

马达从最小排量变化到最大排量对应的压差 $\Delta p$ 对系统的性能和效率有较大的影响，它决定着马达的输出特性。$\Delta p$ 越小，系统越接近于恒压控制，若系统的流量保持稳定，则马达是恒功率输出，那么发动机和液压泵也处于恒功率输出状态，能充分利用发动机和液压系统的性能；$\Delta p$ 越大，马达偏离恒功率输出的差值越大，对系统的效率有一定的影响，因此从功率利用的角度希望 $\Delta p$ 取一个较小的值。但是如果压差 $\Delta p$ 过小，将使马达的刚性变差，一个小的压力波动就会引起排量的巨大变化，从而造成较大的速度波动，频繁的速度变化将对液压系统和整机的机械部件造成损害。

基于以上分析，设想根据不同的工况设计不同的 $\Delta p$，一来可以满足具体工况需要，二来也可以充分利用发动机的功率。而要实现压差 $\Delta p$ 可变的功能，采用 EP 型电液比例控制马达是较为简便可行的方法。

EP 型电液比例控制原理图如图 5-8 所示。根据电信号可以无级或者两点控制液压马达排量，其工作原理是向液压马达的 A、B 工作油口的任一口提供压力油时，压力油都能通过单向阀进入变量缸的有杆腔，即变量缸有杆腔常通高压。当比例电磁铁的电流增大时，电磁力作用在比例阀阀芯上，克服调压弹簧和反馈弹簧的合力，推动比例阀阀芯向右移动，比例阀处于左位机能，液压马达工作压力油经比例阀进入变量缸无杆腔。由于变量缸活塞两端面积不相等，当两端都受压力油作用时，变量活塞将向左运动，固定在变量活塞上的反馈杆将带动配流盘及缸体摆动，使缸体与主轴之间的夹角减小，从而使马达排量减小。同时，反馈杆将压缩反馈弹簧，反馈弹簧作用在比例阀阀芯上的力增大，迫使阀芯向左移动，直到与电磁力平衡，比例阀回到中位，变量缸无杆腔的油道被封闭，液压马达停止变量。此时，液压马达将处于比例阀电流相对应的排量位置；当控制电流降低时，比例阀阀芯上的力平衡被打破，弹簧力大于电磁力，比例阀将由中位机能变为右位机能，变量缸无杆腔变为低压，在有杆腔压力油的作用下，变量活塞将向右运动，固定在变量活塞上的反馈杆将带动配流盘及缸体摆动，使缸体与主轴之间的夹角增大，从而使液压马达排量增大。同时，由于反馈杆随变量活塞向右移动，反馈弹簧压缩量减小，反馈弹簧作用在比例阀阀芯上的力减小，比例阀阀芯向右移动直到比例阀处于中位，变量缸大腔的油道被封闭，液压马达停止变量。综上所述，当控制电流在变量起始压力和变量终止压力之间变化时，液压马达排量将在最大和最小之间相应变化。EP 型电液比例控制的特性曲线如图 5-9 所示。

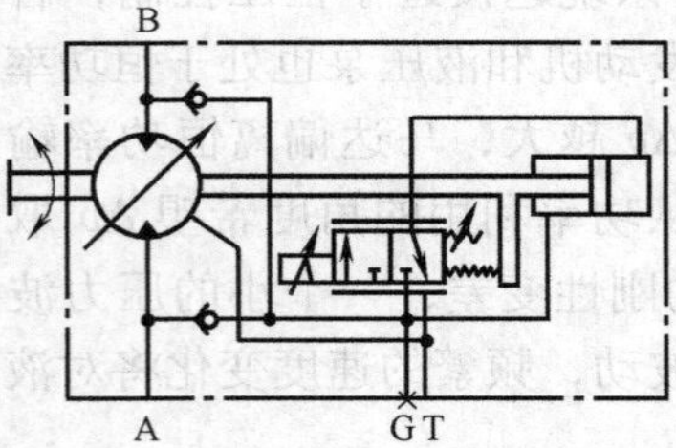


图 5-8　EP 型电液比例控制原理图

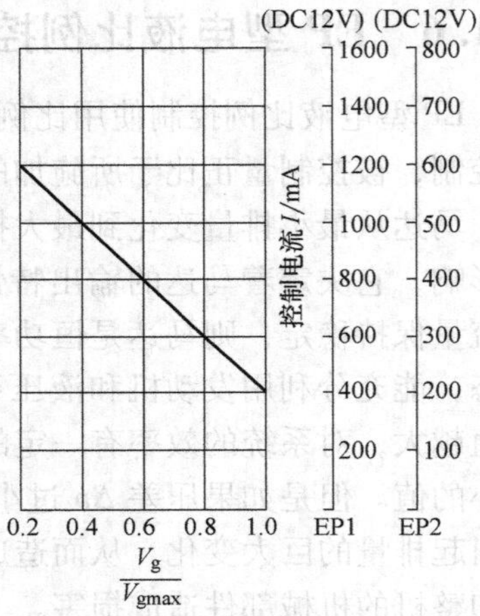


图 5-9　EP 型电液比例控制特性曲线

A6VMEP 控制有两种标准结构，即控制起点在 $V_{gmax}$ 位置（最大转矩、最低转速）和控制起点在 $V_{gmin}$ 位置（最小转矩、最高转速）。

有两种控制方案供选用，即 EP1（控制电压为 DC 12V，电流为 400～900mA）和 EP2（控制电压为 DC 24V，电流为 200～450mA）。

如果仅要求变量液压马达做两点（双速）控制，则只要使电流通断即可得到这两个位置（对第二种标准结构在 $V_{gmax}$ 位置断电，对第一种标准结构在 $V_{gmin}$ 位置断电）。

由于所需的控制油取自高压侧，因此工作压力至少超过供油压力 1.5MPa（当怠速时）。当工作压力小于 1.5MPa 时，需要由一个外部的单向阀通过油口 G 加上至少高于供油压力 1.5MPa 的辅助压力。

另有一种电控方式，即 EP. D 型液压比例控制，还具有恒压力控制功能，如图 5-10 所示。

恒压控制覆盖 EP 型液压比例控制功能，如果系统压力由于负载转矩（如负载瞬变）的缘故或由于液压马达摆角减小而升高，当压力达到了压力控制阀 3 的恒压设定值时，图 5-10 中压力控制阀 3 上位工作，压力油推动变量缸 6 的活塞使液压马达开始摆动到一个较大的排量角度。

排量增加导致系统压力减小，从而引起控制器偏差增大。当压力保持常数时，随着排量的增加马达的转矩也在增大。

压力控制阀的设定范围：当排量在 28～200mL/r 时为 8～40MPa；当排量在 250～1000mL/r 时为 80～35MPa。

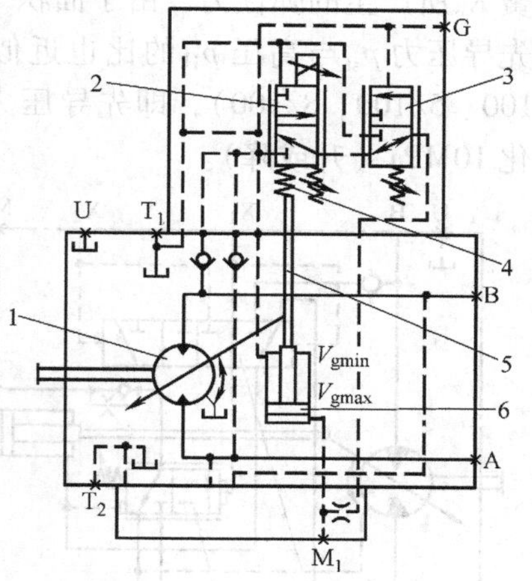


图 5-10　EP. D 型液压比例控制原理图

1—变量马达主体　2—比例阀　3—压力控制阀　4—反馈弹簧　5—反馈杆　6—变量缸

## 5.1.7　DA 型转速液压控制

带速度相关液压控制的 A6VM 变量马达用来与带 DA 控制的 A4VG 变量泵相结合用于静液压传动。由 A4VG 变量泵生成的与驱动转速相关的先导压力信号，和工作压力一起可用于调节液压马达的排量。泵转速的递增（提高原动机的转速 = 提高泵的转速 = 提高先导压力，即先导压力的递增）会导致马达摆至较小的排量（较低扭矩、较高转速），具体取决于先导工作压力。如果先导工作压力超过控制器上设置的压力设定点，则变量马达会摆动到更大的排量（较高转矩、较低转速）。

若按先导压力（轻载时，先导压力控制使伺服滑阀 2 左位工作，使马达排量减小，转矩减小，转速增加，车辆增速），变量起点是在最大排量 $V_{gmax}$ 处（到 $V_{gmin}$）；若按工作压力（重载时，工作压力升高，工作压力克服先导压力使伺服滑阀右位工作，使马达排量增大，使转矩增加，转速减小），变量起点是在最小排量 $V_{gmin}$ 处（到 $V_{gmax}$）。

加载油口 $X_1$ 和 $X_2$ 上的液控先导压力依靠行驶方向而定。泵的输入转速增高时，引起液控先导压力升高，同时也使工作压力升高。将 A4VG 变量泵确定的先导压力引到 $X_1$ 或 $X_2$ 油口，如图 5-11 所示。例如：$X_1$ 接通，行驶方向阀 1 上位工作，先导液压油通过行驶方向阀 1 作用在伺服滑阀 2 阀芯上腔，克服弹簧力和 A 口工作压力的合力使伺服滑阀 2 上位工作，A 口的工作压力油推动变量活塞使马达向减小排量方向转变（转矩减小，转速增加）。假如工作压力继续升高，作用在伺服阀阀芯下腔的工作压力乘以面积 $A_H$（图 5-12）所产生的作用力超过先导压力 $p_{st}$ 乘以面积 $A_{st}$，伺服阀下位工作，变量马达控制柱塞大腔液压油进油箱，则液压马达向增大排量的方向转变（转矩增大，转速降低）。忽略掉伺服阀

弹簧 $K_c$ 所产生的弹性力，由于面积 $A_H$ 与环形面积 $A_{st}$ 的比保持定值为3/100，因此先导压力 $p_{st}$ 与高压 $p_H$ 的比也近似保持定值为3/100（压力比 $p_{st}/p_H$ 有三种：3/100、5/100、8/100），即先导压力变化0.3MPa（升或降），工作压力相应地变化10MPa（升或降）。

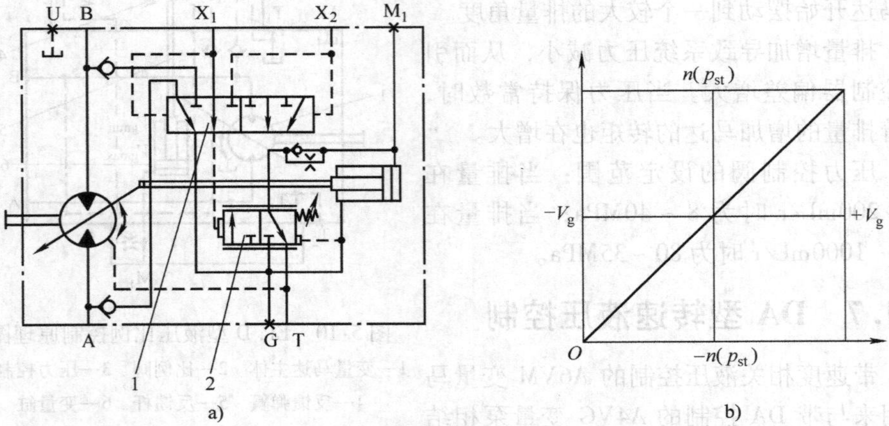


图5-11　DA型转速液压控制原理图及输出特性曲线

a）控制原理图　b）转速与排量之间的关系曲线

1—行驶方向阀　2—伺服滑阀

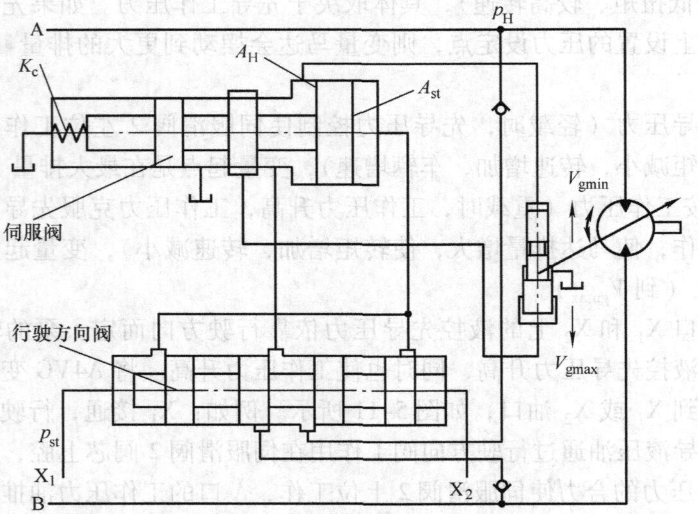


图5-12　DA型转速液压控制的实际结构

设计带DA型转速液压控制的驱动装置时，必须考虑A4VDA变量泵的技术数据。

在图5-13中，增加了开关电磁铁a，接通行驶方向阀取决于旋转方向（行驶方向），行驶方向阀由压力弹簧或开关电磁铁a控制，顺时针方向旋转时，工作压力在A油口，此时开关电磁铁a接通；逆时针方向旋转时，工作压力在B油口，此时开关电磁铁断开。通过在电磁铁b上施加电流，可以对变量装置进行过载控制，使液压马达切换到最大排量（转矩增大，转速降低）。把电磁铁b称为电气最大排量开关。

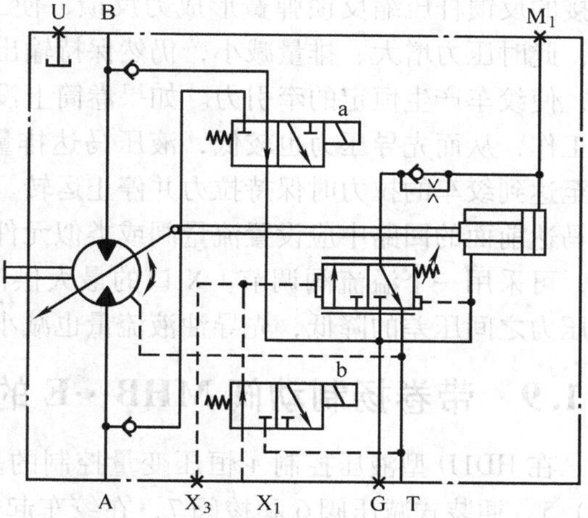

图5-13　电气最大排量开关

需要注意的是，控制初始值和控制特性受壳体压力的影响。壳体压力的增大会导致控制初始值的减小，从而实现控制特性曲线的平移。

DA型转速液压控制主要实现以下功能：①自动无级变速的车辆控制、怠速无排量、发动机升速（车提速）和爬坡自动降速；②自动功率匹配（高负载时自动降速）和合理的功率分配（行走与工作机构）；③极限载荷调节（最大载荷限制）；④人工功率分配；⑤其他，如最佳油耗等。

## 5.1.8　MO型转矩变量控制

MO型转矩变量控制主要用来驱动绞车，产生恒定的牵引力，控制起点在$V_{gmin}$位置（最小转矩，最高转速）。

这种变量控制方式通过改变液压马达的排量而得到恒定的转矩。如图5-14所示，工作原理是，若系统工作压力减小，那么作用在滑阀左腔的控制压力也减小，设置阻尼孔主要是为了防止工作压力变化太大时对伺服阀产生压力冲击，在控制滑阀弹簧的作用下，伺服阀右位工作，使得变量缸无杆腔接通油箱，此时变量缸活塞在有杆腔工作压力的作用下使液压马达排量增大，可以保持转矩不变。当工作压力增大时，压力油会克服弹簧力推动阀芯向右移动，伺服阀左位工作，使来自A或B油口的压力油进入变量缸的无杆腔，推动变量机构向减小排量的方向变化，与变量缸活塞杆

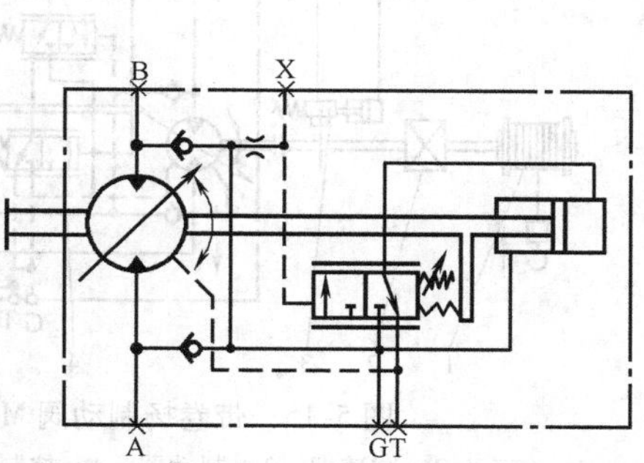

图5-14　MO型转矩变量控制原理图

连接的反馈杆压缩反馈弹簧形成力反馈，使工作压力和排量之间满足确定的关系，此时压力增大、排量减小，仍然保持输出转矩不变。恒转矩常用于绞车驱动上，使绞车产生恒定的牵引力。如果卷筒上没有拉力，则液压马达在较低的压力下工作，从而先导压力也较低，液压马达排量增大，转速降低，绞车减速运转，直至达到绞车的拉力时保持拉力并停止运转。为限制液压马达的最高转速，在液压马达前面的回路中应设置流量阀或类似元件。作为转矩变量本身的先导控制压力，可采用一个溢流阀调节。X口的最大供油量约为5L/min，随先导压力与工作压力之间压差的降低，先导油液流量也减小。

## 5.1.9　带卷扬制动阀MHB…E的变量马达（单作用式）

在HD1D型液压控制+恒压变量控制的基础上，系统添加了制动阀（平衡阀）5，插装式减压阀6和梭阀7，在绞车起升阶段，马达A口是高压，B口是低压，此时高压油通过梭阀7、减压阀6接通制动器制动液压缸，解除绞车制动，绞车带动重物起升。在这个过程当中，单作用滑阀式制动阀5的上位工作，不起制动作用。

出于安全考虑，起升卷扬驱动不允许使用控制起点为$V_{gmin}$（注：与高压相关的液压马达HA控制有2种标准的结构，一种是控制起点在$V_{gmax}$，一种控制起点在$V_{gmin}$。）的控制装置。这也是为了保证能使马达提供最大转矩，防止制动器打开。马达转矩不够，往往会造成重物下滑。起升回路如图5-15所示。

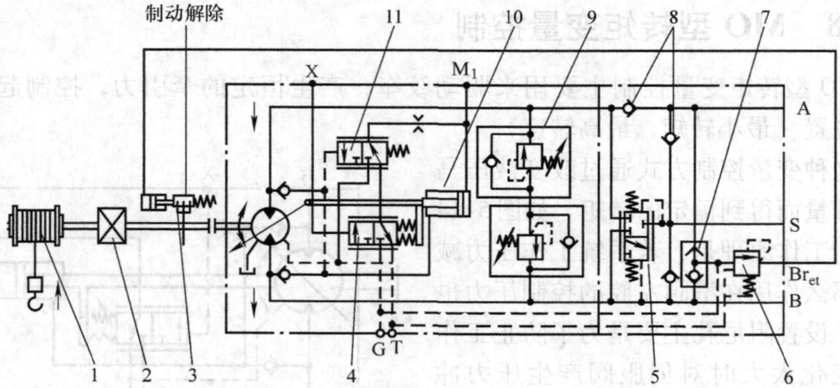


图5-15　带卷扬制动阀MHB…E的变量马达的起升回路

1—绞车　2—减速器　3—制动器　4—控制阀　5—单作用滑阀式制动阀　6—插装式减压阀　7—梭阀　8—单向阀　9—高压补油溢流阀　10—变量液压缸　11—压力切断阀

在绞车下降阶段，液压油反向，此时B口是高压，A口为低压，同样，高压油通过梭阀7、减压阀6接通制动器制动液压缸，解除绞车制动，绞车带动重物下降，但此时，高压油推动单作用滑阀式制动阀5的下位工作（制动阀开启的压力设定值是 2MPa，完全开启是 4MPa)。为了平衡重物的重力作用，在马达出口和制动阀之间形成了负载压力，起到了平衡和制动作用。制动阀原理与节流阀差不多，其利用内部阀口节流，从而控制流量大小。

实际上，根据力士乐的定义，制动阀和平衡阀属同一个概念（从力士乐 BVD 平衡阀的说明中已经体现），它在马达带载运行时起动态平衡作用，相当于抵消了负载，而使得马达运行平稳，否则马达在负载的作用下将加速运转，造成马达超速。同时它又有液压锁的功能，能可靠锁住马达。下降回路如图 5-16 所示。

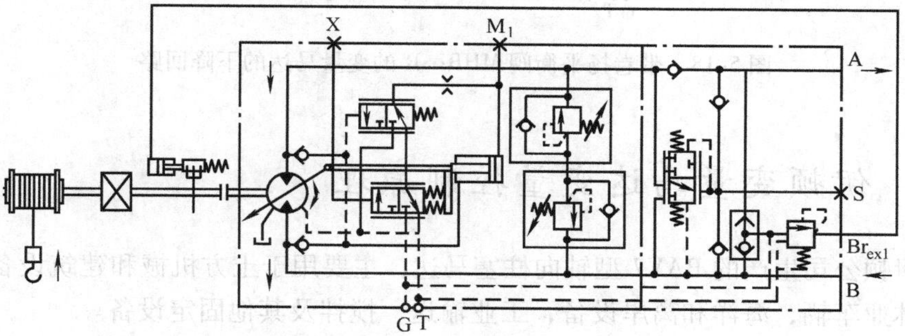


图 5-16　带卷扬制动阀 MHB…E 的变量马达的下降回路

## 5.1.10　带行走制动阀 MHB…R 的变量马达（双作用式）

起升、下降回路如图 5-17 和图 5-18 所示。这里，只是将单作用滑阀式制动阀换成了双作用滑阀式平衡阀，双向都可以起到平衡作用。但平衡阀在中位时，也就是泵在中位不输出流量时，由于重物的作用，马达工作于泵的模式，如图 5-18 所示，马达 A 口至平衡阀之间的压力会升高，由于马达的内泄漏，马达会产生 2r/min 的低速转动，使重物缓慢下降，此时 B 口被吸空，这时制动应该自动开始，刹住绞车使重物停止下降。

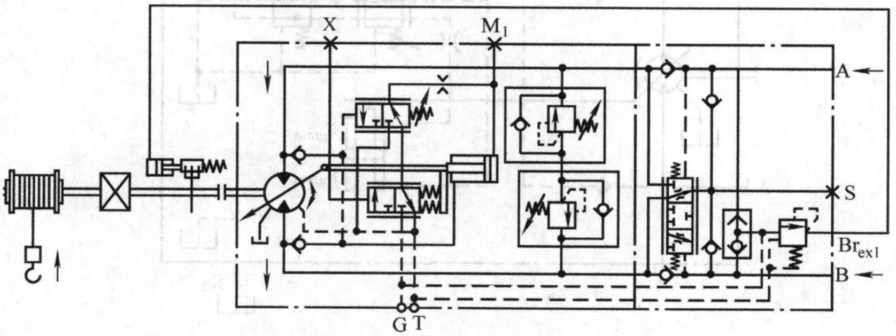


图 5-17　带卷扬平衡阀 MHB…R 的变量马达的起升回路

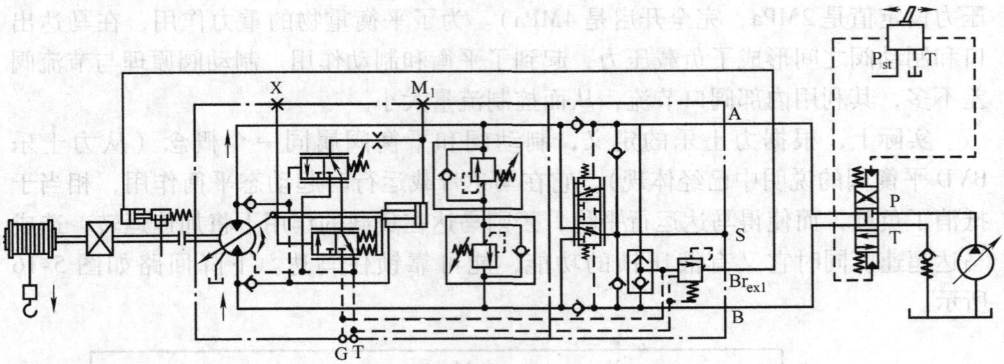


图 5-18　带卷扬平衡阀 MHB…R 的变量马达的下降回路

## 5.2　伊顿变量马达变量控制原理

伊顿公司生产的 BAV7 型轴向柱塞马达，主要用于土方机械和建筑设备，农业和林业车辆，海洋和离岸设备，工业输送、搅拌及其他固定设备。

### 5.2.1　HV 控制——具有压力优先的液压式两点控制

HV 控制主要利用一台伺服滑阀和一台液控换向阀实现马达的变量调节，液压原理图如图 5-19 所示。在油口 $X_2$ 不施加先导压力时，液压两点控制马达排量为最大排量 $V_{gmax}$，通过施加一个先导压力至油口 $X_2$，液压两点控制允许的马达

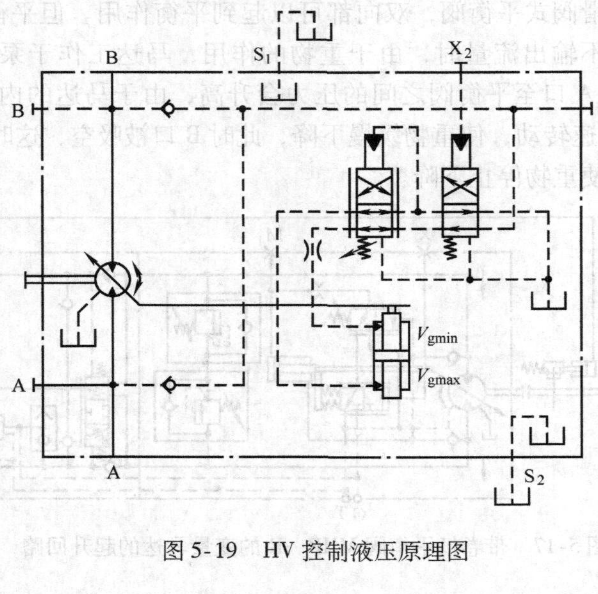


图 5-19　HV 控制液压原理图

排量被设定到最小排量 $V_{gmin}$。由于没有反馈弹簧，因此仅最大排量 $V_{gmax}$ 或最小排量 $V_{gmin}$ 两个位置可以被设置。

在油口 $X_2$ 上，所需最低先导压力为 1MPa，最大允许先导压力为 10MPa。在油口 $X_2$ 施加了控制压力，右边控制阀上位工作时，如果系统工作压力升高至超过左边伺服阀弹簧设定压力，伺服阀上位工作，压力限制装置使马达斜盘旋转到最大排量 $V_{gmax}$，这实现了所谓的压力优先控制。这种带压力优先控制的马达的优点是，当马达排量由最大排量 $V_{gmax}$ 降到最小排量 $V_{gmin}$ 时，若负载一定，由于排量变小，会导致压力升高，出现危险，高压会损坏泵或马达，因此压力优先可防止系统压力过高。

## 5.2.2　HR 控制——具有压力优先的液压比例控制

HR 控制可无级调整马达的排量，并使其正比于施加在油口 X2 的先导压力，液压原理图如图 5-20 所示。先导压力施加一个力作用在阀芯上，工作压力油进入马达排量调节柱塞缸上腔，使马达斜盘旋转，同时反馈杆产生位移压缩反馈弹簧实现力平衡。因此，马达排量被调整至与先导压力成正比。通常的斜盘旋转范围是从最大排量 $V_{gmax}$ 至最小排量 $V_{gmin}$。具有压力优先的 HR 控制类型的马达允许在达到左端压力阀设定值时斜盘旋转至最大排量 $V_{gmax}$，调节原理同 5.2.1 节。

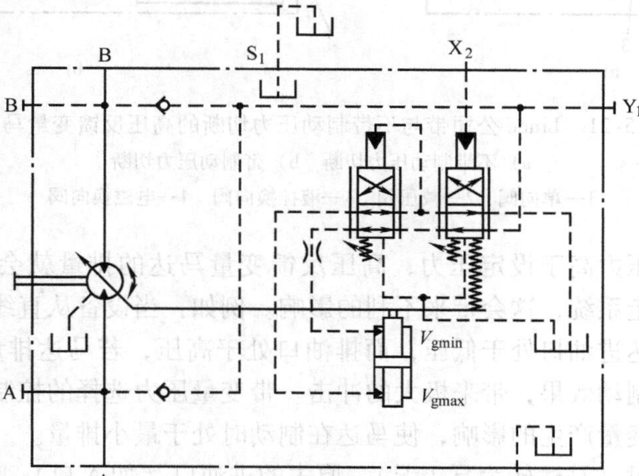


图 5-20　HR 控制液压原理图

# 5.3　Linde 变量马达的调节原理

德国 Linde 公司用于开式回路和闭式回路的液压变量马达主要有两种型号，

分别是高压斜盘式轴向柱塞马达 HMV－02 和 HMR－02。

一般液压马达都配备有冲洗阀，冲洗是用于以下目的：①降低开式回路及闭式回路中马达及系统的温度；②加快闭式回路高压管路中液压油与油箱中液压油的交换；③加强过滤和排出系统中的空气。

## 5.3.1　带制动压力切断的高压反馈变量马达

如图 5-21a 所示，高压反馈变量马达一般是将系统压力（A 口或 B 口）通过单向阀 1 和减压阀 2 反馈到马达的变量机构，当系统压力超过设定值时，将马达从最小排量变换到最大排量，也称为与高压相关的液压变排量控制（与 Rexroth 的 HA 型控制相同）。

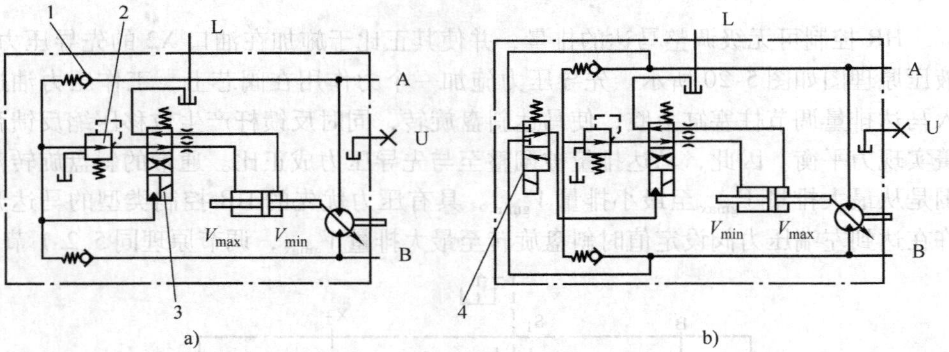


图 5-21　Linde 公司带与不带制动压力切断的高压反馈变量马达

a）不带制动压力切断　b）带制动压力切断

1—单向阀　2—减压阀　3—液控换向阀　4—电磁换向阀

只要系统压力高于设定压力，高压反馈变量马达的排量就会从最小变到最大。但对于行走系统，这会带来不利的影响。例如：当设备从直线行走转换到减速下坡时，马达进油口处于低压，而排油口处于高压，若马达排量切换到最大，会引发极强的制动效果，带来极大的冲击。带变量压力选择的控制器能阻止制动压力对马达的变量产生的影响，使马达在制动时处于最小排量。

马达制动时（马达转为泵工况），原先的进油口（如 A 口）变为低压，原先的出油口（B 口）变为高压，B 口的压力信号反馈到变量机构使马达转变为大排量，因而产生很大的制动力矩，势必造成制动冲击。制动压力阻断功能是使压力反馈信号（电磁换向阀 4 输出的压力）始终来自马达进油口（如 A 口）。制动时，B 口的高压信号不会反馈到变量机构，此刻马达保持在小排量状态，产生的制动力矩小，制动较平稳。完成这个功能可通过添加一台图 5-21b 所示的电磁换向阀 4 来实现。假设车辆前进，电磁换向阀 4 断电，A 口高压，B 口压力较低，不足以使液控换向阀 3 换向，此时 A 口的压力油会通过减压阀 2、液控换向阀 3 的弹簧位作用在变量缸的左端，使马达排量由小变大。在制动时，图 5-21b 中左端电磁阀依然通电，则 B 口的油压升高作用在液控换向阀 3 控制端上，B 口升高的压力使液控换向阀 3 换向，液控换向阀 3 下位工作，B 口压力油通过减压阀 2、液控换向阀 3 的作用在变量控制活塞右腔使马达排量减小，从而实现了平稳制动，电磁换向阀断电时完成压力补偿。反之，若车辆倒退，则需使电磁换向阀 4 通电，控制过程同上，此时是电磁换向阀通电时完成压力补偿。

## 5.3.2　HMV - 02 EH1P 型马达带高压反馈优先功能

这种马达主要用于闭式回路，与 HPV - 02CA 型自动控制泵（也可以用液控或电液控泵代替 HPV - 02CA 型自动控制泵，但必须具备高压反馈功能）组成系统，具有过压保护、电控最大排量超越和制动压力切断功能。该马达的主要控制原理是与高压相关的位移 - 力反馈原理，如图 5-22a 所示。在 X 口没有变量控制压力的情形下，变量伺服阀在阀芯弹簧力的作用下弹簧位工作，来自冲洗油路的控制油通过变量伺服阀进入变量马达变量柱塞左腔，使马达处于最大排量。X 口压力信号通常来自于自动控制泵的辅助泵，辅助泵产生的控制压力升高使控制阀开度增大，驱动变量活塞动作，改变马达排量，同时变量缸的位移通过杠杠反馈至阀芯弹簧实现位移 - 力反馈，控制原理同 Rexroth 的 HA2 型控制。

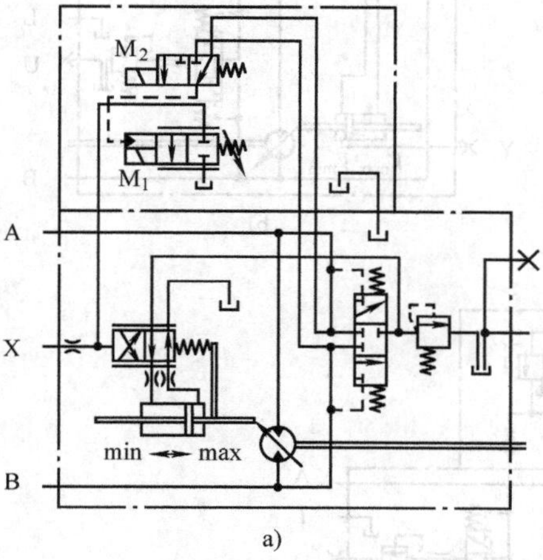


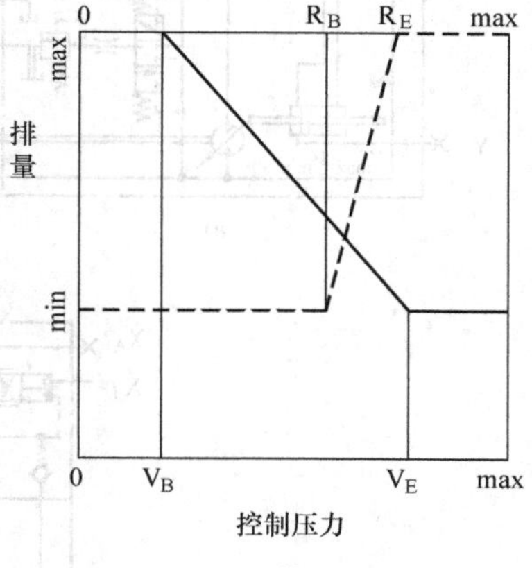


图 5-22　HMV - 02 EH1P 型马达带高压反馈优先功能原理图

a）调节原理　b）特性曲线

$V_B$—变量开始　$V_E$—变量结束　$R_B$—高压反馈变量压力超越开始　$R_E$—高压反馈变量压力超越结束

所谓过压保护功能，是指当系统工作压力升高超过电磁阀 $M_1$ 弹簧设定值时，工作压力使电磁阀 $M_1$ 换向，此时 X 口压力接通油箱，使控制伺服阀弹簧位工作，控制压力进入变量缸左腔使马达自动增大排量来满足相应的转矩需求。

电磁阀 $M_1$ 为电控最大排量锁定电磁阀，优先于控制压力信号，当其通电时，控制压力将会使马达固定在最大排量。

电磁阀 $M_2$ 为制动压力切断电磁阀。当其断电时，A 口压力作用在电磁阀 $M_1$ 控制端，执行正常正转（前进）操作控制，此时隔断了 B 口压力对电磁阀 $M_1$ 的影响。在反转（后退）时，电磁阀 $M_2$ 通电，执行正常反转操作控制，此时隔断了 A 口压力对电磁阀 $M_1$ 的影响。此构造可防止车辆/机器减速时突然制动或制动失控。

从图 5-22b 所示的特性曲线可知，随着外控口 X 的压力增加，斜盘的角度由最大向最小方向变化，一旦系统压力达到压力超越值，马达排量会马上增至最大排量。

## 5.3.3　大排量锁定 $V_{max}$ 控制

通过电信号、液压信号和气动信号，将马达固定在大排量，不受控制压力影响。图 5-23 所示的三种控制类型分别是：高压反馈马达电控大排量锁定、高压反馈马达液控大排量锁定和高压反馈马达气动大排量锁定。

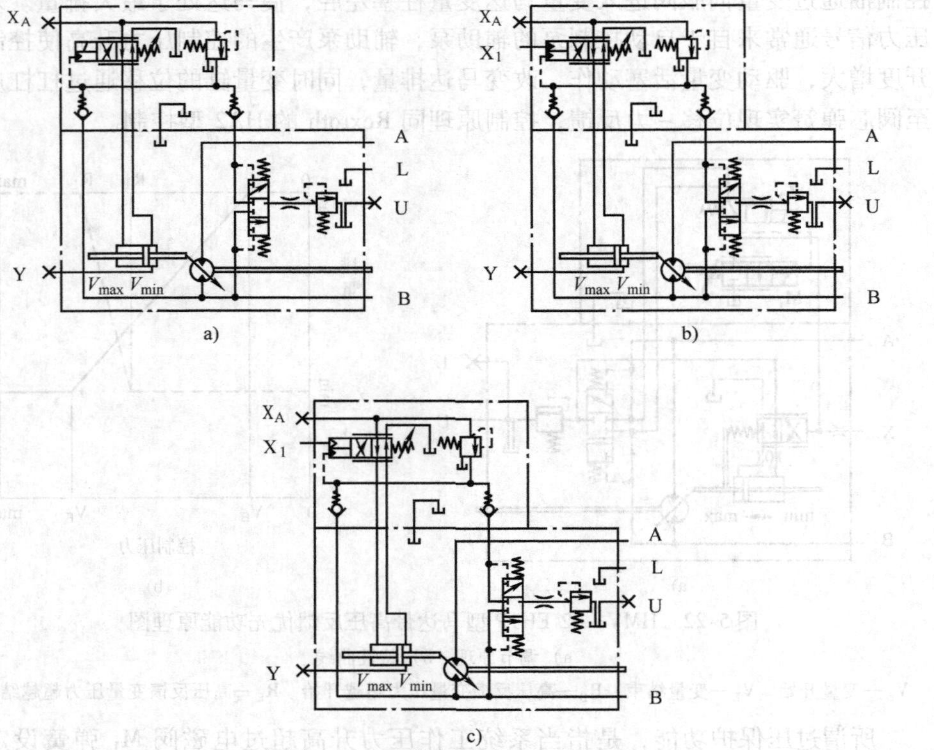


图 5-23　大排量锁定 $V_{max}$ 控制

a）高压反馈马达电控大排量锁定　b）高压反馈马达液控大排量锁定　c）高压反馈马达气动大排量锁定

# 5.4　Park 公司的变量马达

美国 Park 公司的变量马达主要有两种：V12 系列和 V14 系列，主要用于挖掘机、林业机器、采矿和钻探机器、轮式装载机和卷扬驱动等。

V12 系列是一种斜轴式变量马达。V12 系列产品既可以用于开式回路中，也可以用于闭式回路中。

V14 系列是新一代斜轴式变量马达，是 V12 系列马达的升级产品。它既可以用于开式回路，也可以用于闭式回路。

## 5.4.1　AD 型带制动防失效功能的压力补偿控制

AD 控制器带有电磁阀控制的越权功能。此外，AD 控制器还带有一个制动防失效阀，可以防止在制动模式下马达排量增加。

如图 5-24a 所示，越权装置由一台嵌入到 AD 控制器中的活塞 4 以及一个外部电磁阀 3 组成。电磁阀 3 得电后，系统压力会被引向活塞 4，接下来活塞会推动伺服控制阀 5 的阀芯。这导致不管系统压力如何（最低为 3MPa），都会使马达固定在最大排量位置。制动防失效的梭阀 2 也是 AD 控制器的一部分，由一个二位三通阀组成，两个油口 $X_9$ 和 $X_{10}$ 应连接到变量泵排量控制器的相应油口。制动防失效功能可以防止马达出口的压力影响压力补偿器。比如，如果在“正向”驾驶过程中油口 A 加压，那么油口 B 中的压力在制动时不会导致马达排量增加。与此类似，在“反向”驱动（油口 B 加压）时，油口 A 中的任何制动压力都不会影响控制器。图 5-24b 所示为 AD 控制的特性曲线。

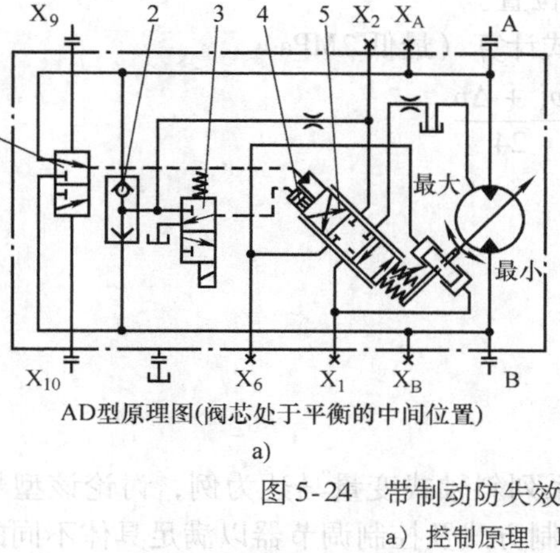

a)

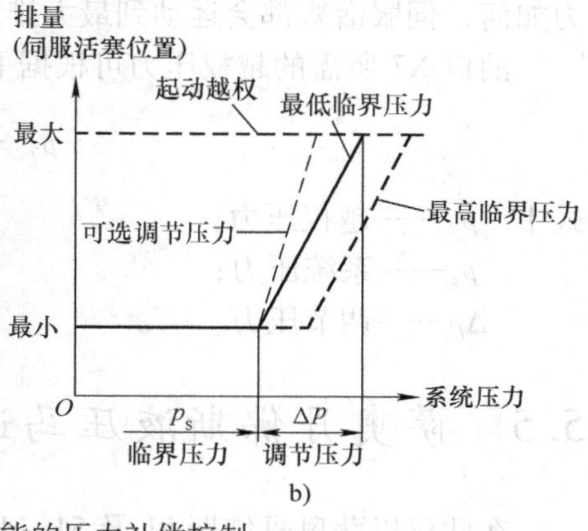

b)

图 5-24　带制动防失效功能的压力补偿控制

a）控制原理　b）特性曲线

1—制动防失效阀　2—梭阀　3—电磁阀　4—活塞　5—伺服控制阀

### 5.4.2　AH 型压力补偿控制

AH 型压力补偿控制器带有一个液压越权装置，它用于需要车辆在低速条件下实现高等级操控性能的静压传动系统，如图 5-25 所示。

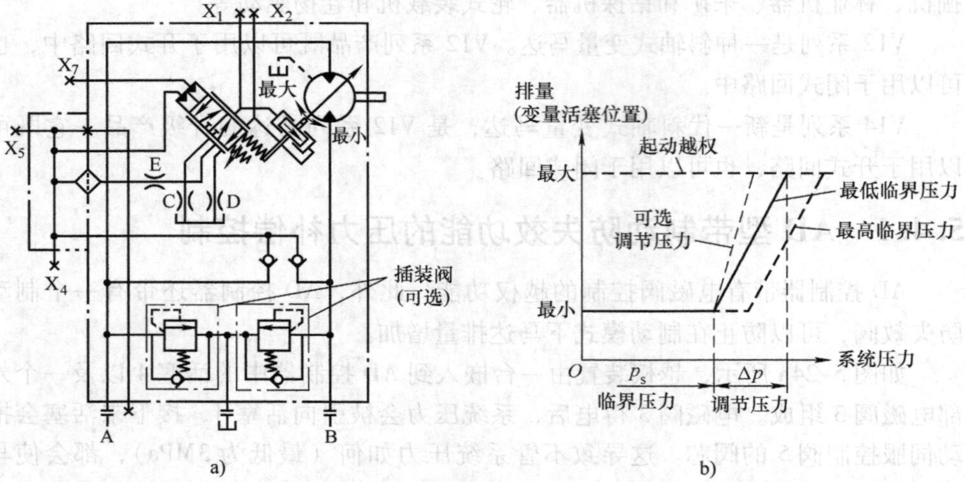


图 5-25　AH 型压力补偿控制（图示：越权油口 X7 未加压；补偿器向最小排量方向运动）

a）控制原理　b）特性曲线（AH 图示排量与系统压力的关系）

在系统压力未超过临界压力时，马达处于最小排量。当系统压力超过临界压力值时，马达排量会随系统压力发生变化，会从最小排量升至最大排量。

在给越权装置加压之后，如果伺服供油压力至少为 3MPa，那么不管系统压力如何，伺服活塞都会运动到最大排量位置。

油口 X7 所需的越权压力可根据下式计算（最低 2MPa）

$$p_7 = \frac{p_s + \Delta p}{24}$$

式中　$p_7$——越权压力；

$p_s$——系统压力；

$\Delta p$——调节压力。

## 5.5　萨奥丹佛斯液压马达

在此仅以萨奥丹佛斯 51 及 51－1 系列斜轴式变量马达为例，讨论该型号马达的变量控制方式。马达提供完整的控制方式及控制调节器以满足具体不同的应用要求。马达起始工作位为最大排量处，以确保马达能提供最大的起动转矩满足系统高加速要求。

可利用马达自身内部压力推动伺服控制机构实现变量。带压力补偿控制功能时，无论马达工作于马达工况还是泵工况，压力达到补偿设定值时压力补偿控制为优先控制方式。

也可选用压力补偿功能仅对马达工作于马达工况起作用，即当马达工作于泵工况时，压力补偿控制功能失效。

压力补偿控制功能特性是在整个调节范围内保持系统压力升度低（压力曲线斜度小），以确保马达在不同排量工作时能量的充分利用性，也可选用非集成于马达壳体的压力补偿控制器。

在所有马达上集成一个固定溢流设定值的回路冲洗阀（图 5-26）。回路冲洗阀的作用是从回路中低压侧排出闭式回路中的部分油液以满足系统工作液压油循环冷却及过滤要求。此内置式回路冲洗阀上安装有一个开启压力为 1.6MPa 的带阻尼孔的冲洗压力溢流阀。可选择不同尺寸阻尼孔的溢流阀以匹配不同系统对冲洗流量的要求。

确定补油泵流量时应考虑如下要求：系统中马达数目、最坏壳体条件下系统的效率、泵控制要求和其他外部工作回路要求。

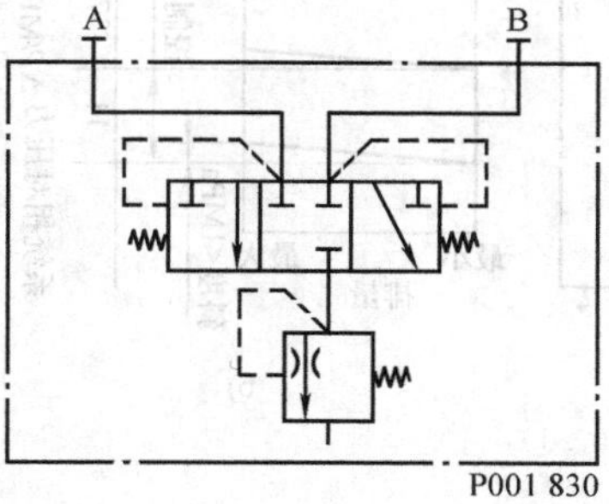


a)

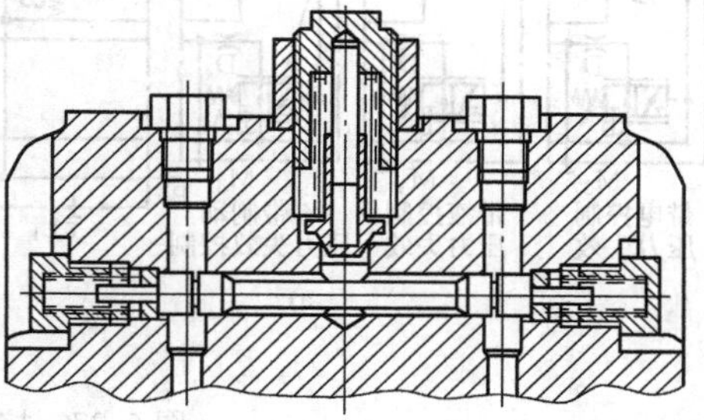

b)

图 5-26　回路冲洗阀结构图

a）原理图　b）结构图

计算补油泵流量的公式为：

$$q_{\mathrm{Flush}} = \frac{q_{\mathrm{charge}} - q_{\mathrm{leak}}}{2k_{\mathrm{M0}}}$$

式中　$q_{\mathrm{Flush}}$——每个马达冲洗流量；

$q_{\mathrm{charge}}$——工作转速时补油流量；

$k_{\mathrm{M0}}$——一个泵带动的马达数；

$q_{\mathrm{leak}}$——外部总泄漏流量，包括马达泄漏、泵泄漏 + 内部控制需求和外部工作回路需求。

其中对于变排量控制泵或20MPa时无反馈控制泵，内部控制需求流量为8L/min。外部工作回路需求指的是驱动如制动器、液压缸及其他泵所需的流量等。

所有51及51-1系列马达可选配机械式排量限制器，马达的最小排量已经在出厂时通过马达壳体上的锁定螺母预设定。

## 5.5.1　压力补偿控制TA**

马达排量根据系统压力变化在最小至最大排量之间自动调节，属于与高压相关的开环排量控制。调节器控制起始点在最小排量处，调节器控制终止点在最大排量处，调节器控制起始点设置范围为11～37MPa。

从调节器控制起始点（最小排量处）到最大排量处（控制终止点）的控制压力斜坡升幅小于1MPa，这样可以确保马达在整个排量范围内能量的充分利用，其控制原理和特性曲线如图5-27所示。

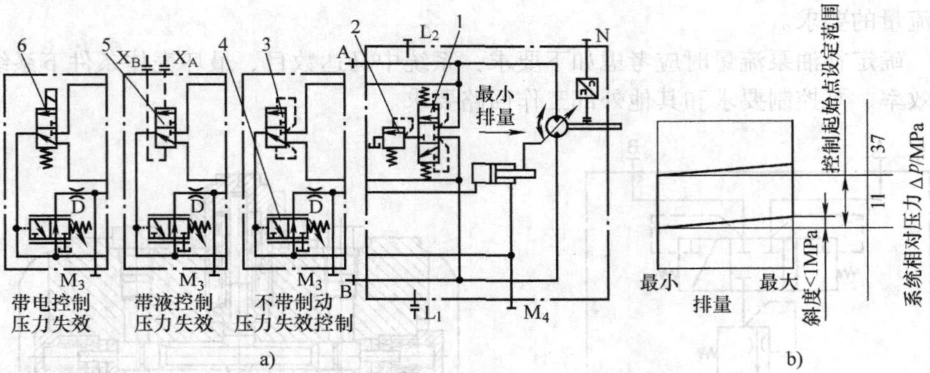


图5-27　控制特性TA**

a）控制原理　b）特性曲线

1—冲洗阀　2—冲洗溢流阀　3—梭阀　4—压力补偿控制伺服阀

5—液控换向阀　6—电磁换向阀　A、B—主压力油口　$L_1$、$L_2$—壳体回油口

$M_3$、$M_4$—伺服压力测压口　$X_A$、$X_B$—制动压力失效控制油口

D—阻尼孔　N—速度传感器

在压力补偿控制伺服阀4前的液控换向阀5或电磁换向阀6可以防止压力补偿器在减速（马达工作于泵工况）时起作用，此系统构造可防止车辆/机器减速时突然制动或制动失控。液控换向阀5的控制方式必须为外部双油路控制，控制信号应基于马达旋向及表5-1中的相关信息。

表 5-1 压力补偿控制 TACA

| 旋向 | 高压油口 | 控制压力作用油口 | 压力补偿功能 |
|---|---|---|---|
| 顺时针 | A | $X_A$ | 有 |
| 顺时针 | A | $X_B$ | 无 |
| 逆时针 | B | $X_A$ | 无 |
| 逆时针 | B | $X_B$ | 有 |

$X_A$、$X_B$ 油口之间的压差：最小压差 $\Delta p_{min} = 0.05MPa$，最大压差 $\Delta p_{max} = 5MPa$。

电磁换向阀 6 的控制方式也必须为外部电气控制信号，控制信号应基于马达旋向及表 5-2 中的相关信息。

表 5-2 压力补偿控制 TAD*

| 旋向 | 高压油口 | 电磁阀 | 压力补偿功能 |
|---|---|---|---|
| 顺时针 | A | 通电 | 有 |
| 顺时针 | A | 不通电 | 无 |
| 逆时针 | B | 通电 | 无 |
| 逆时针 | B | 不通电 | 有 |

## 5.5.2 液压双位控制 TH**

液压双位控制的控制原理及特性曲线如图 5-28 所示。在负载情况下，马达排量随 X1 口液压控制信号从最小排量切换到最大排量，反之亦然。

为使马达斜盘稳定在最小排量处时，X1 口的压力应在马达壳体压力 ±0.02MPa范围之内，即基本上等于壳体压力。

当 X1 口压力高于马达壳体压力 1 ~3.5MPa 时，马达切换至最大排量处。

在 X1 口不存在控制信号时，高压侧压力补偿优先控制（PCOR）取代其控制排量切换作用。

当系统高压侧压力达到压力补偿控制（PCOR）设定值时，马达排量向最大值增加。从 PCOR 起始设定压力（马达最小排量处）到马达切换到最大排量的压力升幅斜度不超过 1MPa，这样保证了马达在整个排量范围内功率的充分利用。PCOR 起始压力设定范围为 11 ~37MPa。

同样，该种控制形式也带有液控制动压力失效控制功能，可防止车辆/机器减速时突然制动或制动失控，控制原理同上。

## 5.5.3 电液双位控制 T1**、T2**、T7**

在负载情况下，马达排量随液压控制信号从最小排量切换到最大排量，反之亦然。电磁阀不工作时为最小排量，电磁阀工作时为最大排量，控制原理与特性

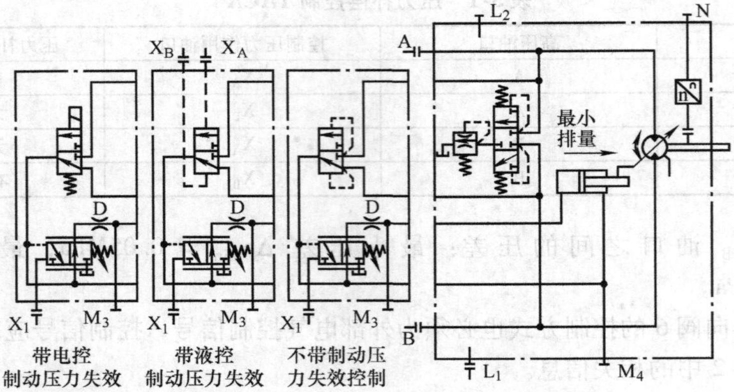


a)

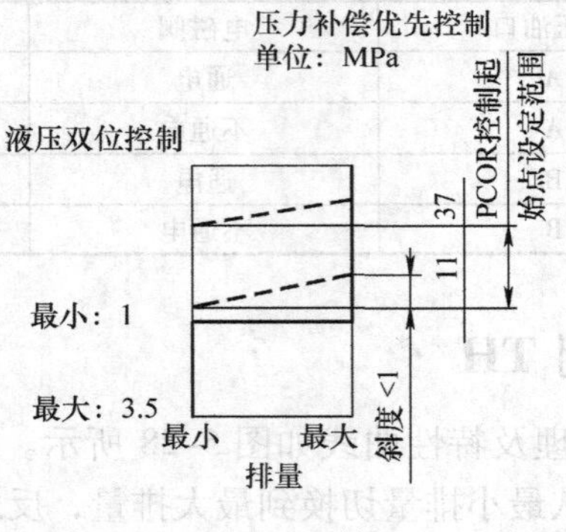


b)

图 5-28　液压双位控制 TH＊＊

a）控制原理　b）特性曲线

A、B—主压力油口　$L_1$、$L_2$—壳体回油口　$M_3$、$M_4$—伺服压力测压口　$X_1$—控制压力口，切换至大排量　$X_A$、$X_B$—制动压力失效控制油口　D—阻尼孔　N—速度传感器

曲线如图 5-29 所示。

同样，该种控制方式也带有压力补偿优先控制（PCOR）功能和液控制动压力失效控制功能。

## 5.5.4　电液比例排量控制 D7M1、D8M1

电液比例排量控制系统主要由变量控制伺服阀 1、电磁比例减压阀 2 和伺服阀 3 以及液控阀 4 构成。在负载情况下，马达排量随集成在马达上的电磁比例减压阀 4 输出的压力控制信号在最大排量及最小排量之间成比例调节，控制原理与特性曲线如图 5-30 所示。

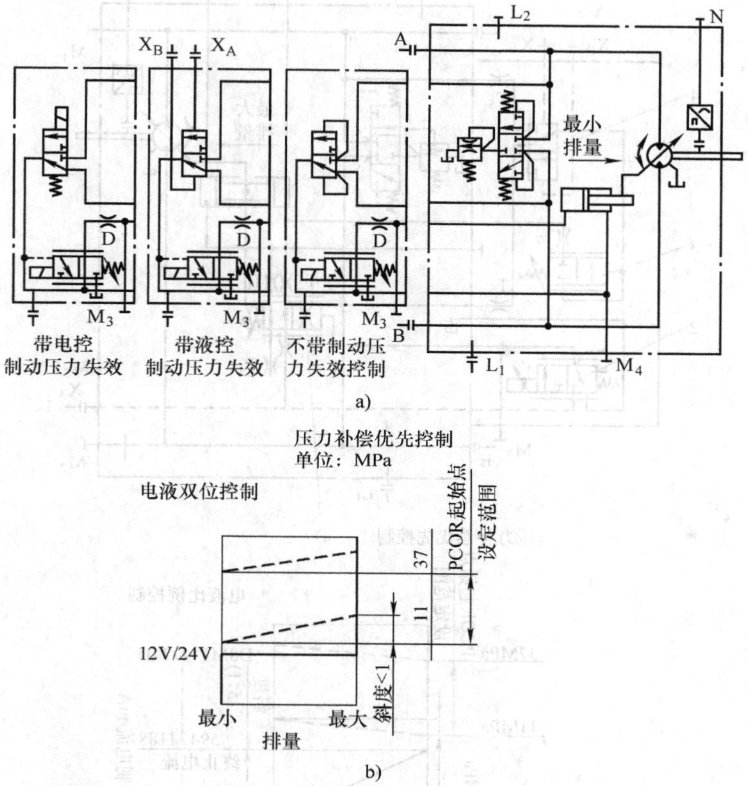


图 5-29　电液压双位控制 T1

a）控制原理　b）特性曲线

A、B—主压力油口　$L_1$、$L_2$—壳体泄油口　$M_3$、$M_4$—伺服压力测压口

$X_A$、$X_B$—制动压力失效控制油口　D—可选阻尼孔　N—速度传感器

电液比例减压阀的输入信号必须为脉宽调制信号（PWM），频率 $f = 100 \sim 200$Hz。电磁比例减压阀不工作时为最大排量，电磁比例减压阀满量程工作时为最小排量。同样该种控制方式也带有压力补偿优先控制（PCOR）及液控制动压力失效控制功能。

若 A 油口为高压，需 $X_B$ 油口供油，当系统压力超过了伺服阀 5 的弹簧设定值时，伺服阀 5 左位工作，压力油直接作用于变量活塞左端，使马达工作于最大排量。$X_B$ 油口供油，同时也切断了 B 油口的压力对压力补偿的影响，因此可以实现液控制动压力失效控制功能。

$X_3$ 油口外部伺服供油压力范围：最小压力为 2.5MPa，最大压力为 5MPa。$X_A$、$X_B$ 油口之间压差：最小压差 $\Delta p_{min} = 0.05$MPa，最大压差 $\Delta p_{max} = 5$MPa。

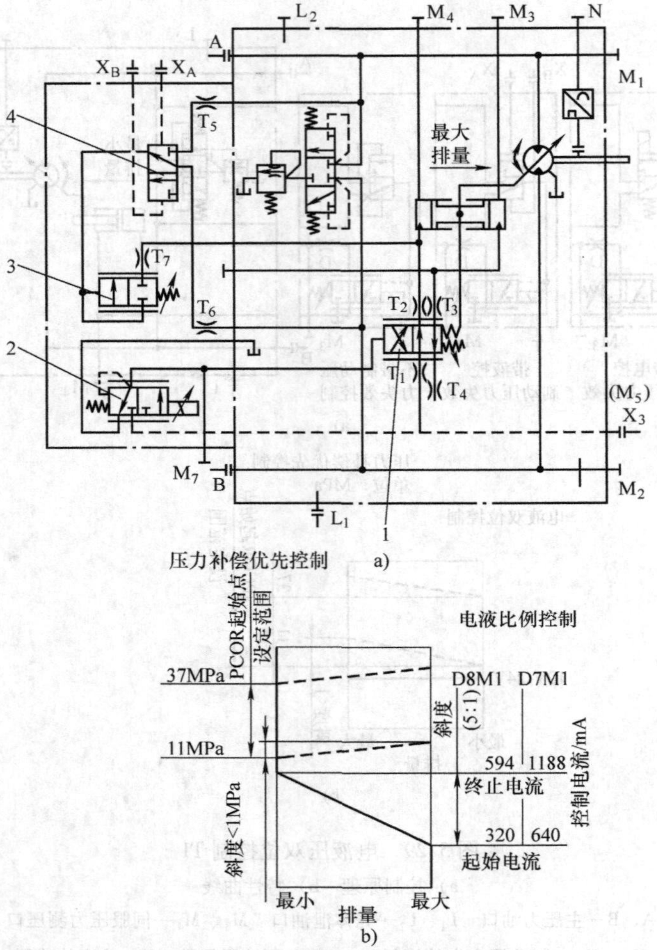


图 5-30　电液比例排量控制 D7M1

a）控制原理　b）特性曲线

1—变量控制伺服阀　2—电磁比例减压阀　3—伺服阀　4—液控阀

A、B—主压力油口　$L_1$、$L_2$—壳体泄油口　$M_1$、$M_2$—A/B 压力测压口　$M_3$、$M_4$—伺服压力测压口

$X_3$（$M_5$）—外部伺服压力供油口　$M_7$—控制压力测压口　$X_A$、$X_B$—制动压力失效控制油口

$T_1$ ~ $T_7$—可选阻尼孔　N—速度传感器

## 5.5.5　液压比例控制 H5＊＊

在负载情况下，马达排量随液压控制信号在最大排量及最小排量之间变化，反之亦然，控制原理与特性曲线如图 5-31 所示。控制起始点处为最大排量，控制终止点处为最小排量。控制油（油口 $X_1$）如果是外部供油，则控制油压力为绝对压力，外部控制油最大允许压力（油口 $X_1$）$p_{最大允许值}$ = 控制起始压力 +5MPa。

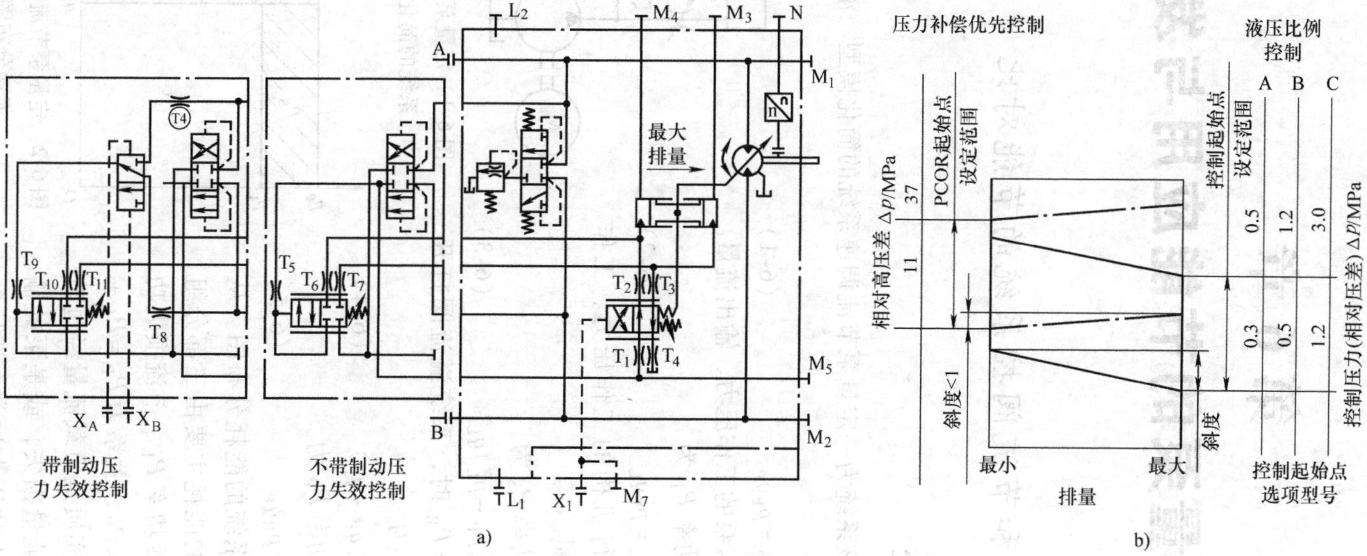

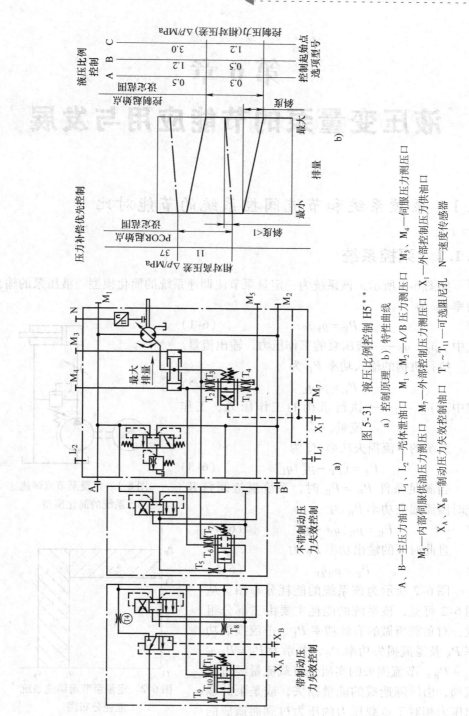

图 5-31 液压比例控制 H5 * *

a）控制原理 b）特性曲线

A、B—主压力油口 $L_1$、$L_2$—壳体泄油口 $M_1$、$M_2$—A/B 压力测压口 $M_3$、$M_4$—伺服压力测压口 $M_5$—内部伺服供油压力测压口 $M_7$—外部控制压力测压口 $X_1$—外部控制压力供油口 $X_A$、$X_B$—制动压力失效控制油口 $T_1$ ~ $T_{11}$—可选阻尼孔 N—速度传感器

# 第 6 章

# 液压变量泵的节能应用与发展

## 6.1 泵控系统和节流阀控系统的节能对比

### 6.1.1 泵控系统

如图 6-1 所示，该系统为一定量泵节流调速系统的简化模型。液压泵的输出功率 $P_P$ 为

$$P_P = p_P q_P \tag{6-1}$$

式中 $p_P$、$q_P$——液压泵的工作压力、输出流量。

执行机构的输入功率 $P_L$ 为

$$P_L = p_L q_L \tag{6-2}$$

式中 $p_L$、$q_L$——执行机构的工作压力、工作流量。

系统的节流损失功率 $P_S$ 为

$$P_S = (p_P - p_L) q_L \tag{6-3}$$

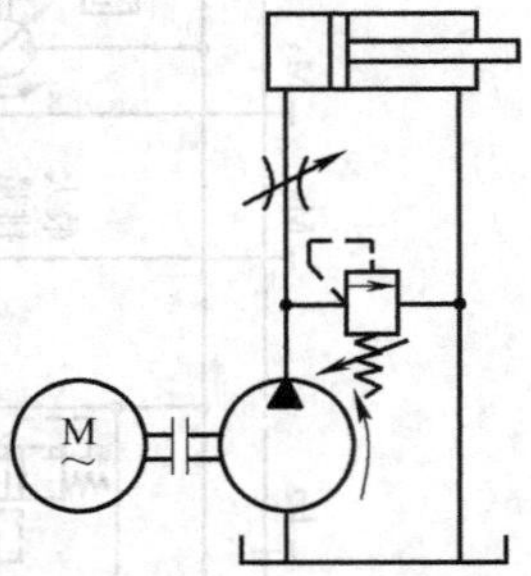


图 6-1 定量泵节流调速系统的简化模型

当满足条件 $P_P = P_R$ 时，系统溢流阀打开，此时溢流损失功率 $P_R$ 为

$$P_R = p_R (q_P - q_L) \tag{6-4}$$

且此时泵的输出功率 $P_P$ 为

$$P_P = p_R q_P \tag{6-5}$$

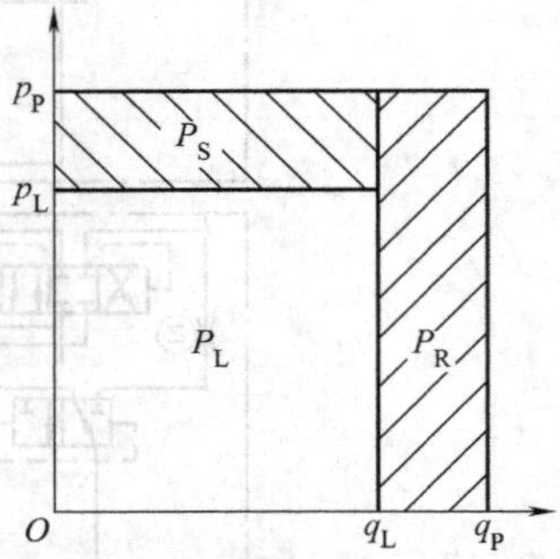


图 6-2 定量泵节流调速系统能耗分布图

图 6-2 所示为该系统的能耗分布图。从图 6-2 可见，该系统的能耗主要由三部分组成：对负载所做的有效功率 $P_L$、节流损失功率 $P_S$ 及溢流损失功率 $P_R$，关系为 $P_P = P_L + P_S + P_R$。节流损失的实质是负载流量经过节流阀，由压降造成的能量损失，或是泵的输出压力相对于负载压力的压力过剩而造成的

能耗，并且 $q_L$ 与 $p_L$ 之间存在如下关系：

$$q_L = KA(p_P - p_L)^m \tag{6-6}$$

式中 $K$——与节流口形式有关的流量系数；

$A$——节流阀开口面积；

$m$——与节流口形式有关的指数。

溢流损失反映的是由于泵的输出流量相对于负载速度有流量过剩而造成的能量损失。

## 6.1.2 阀控系统

阀控系统是基于节流作用，即压力损失来调节流量的。其基本公式为

$$q_L = kA_V\sqrt{p_V} = K_qA_V \tag{6-7}$$

式中 $q_L$——负载流量；

$A_V$——阀可变节流口面积；

$p_V$——阀压降，$p_V = p_S - p_L$（$p_S$ 为液压源压力，一般为恒值，$p_L$ 为负载压力）；

$K_q$——流量增益，$K_q = k\sqrt{p_V}$；

$k$——阀系数。

以惯性负载为主的负载压力 $p_L$ 在工作时变化很大。这样，在液压源恒值压力 $p_S$ 条件下，阀压降 $p_V$ 也将较大幅度地变化，这就增加了液压功率损失；同时也引起流量增益 $K_q$ 较大幅度地变化而使控制系统非线性严重。如果使阀压降 $p_V$ 在以惯性负载为主的系统工作过程中基本保持不变，则既可减小功率损失（节能）又可改善伺服系统的性能。

**1. 液压源流量－压力特性**

（1）理想节能液压源流量－压力特性　如果能使液压源压力 $p_S = p_L + p_V$（$p_L$ 为负载压力，$p_V$ 为阀压降）随 $q_S$ 变化时，始终保持 $p_V$ 为恒值，即 $p_V = p_{V0}$，那么就可解决液压功率损失过多的难题，如图 6-3 所示。其表达式为

$$p_S = f(q_S)\big|_{p_{Lm}} + p_{V0} \tag{6-8}$$

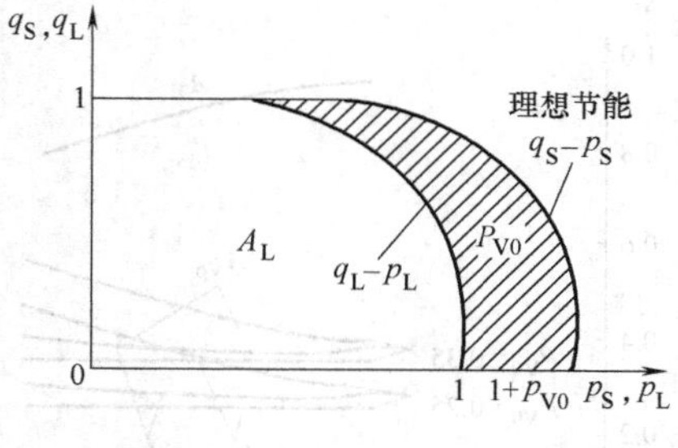


图 6-3　理想节能液压源的流量－压力特性图

式中 $p_{Lm}$——最大负载压力；

$q_S$——压力源的流量；

$p_{V0}$——压力源的压力与最大负载压力 $p_{Lm}$ 的差值。

这样，阀压降 $p_{V0}$ 产生的液压功率损失 $P_{V0} = p_{V0} \times 1$，$P_{V0}$ 曲线表示在图 6-3

上。但是，这样理想的曲线工程上是极难实现的。

（2）实用节能液压源的流量 - 压力特性　采用恒压、恒功率（转矩）复合型伺服变量泵，并把恒功率曲线的双折线改调成单折线，即可逼近理想流量 - 压力曲线，如图 6-4 所示。其表达式为

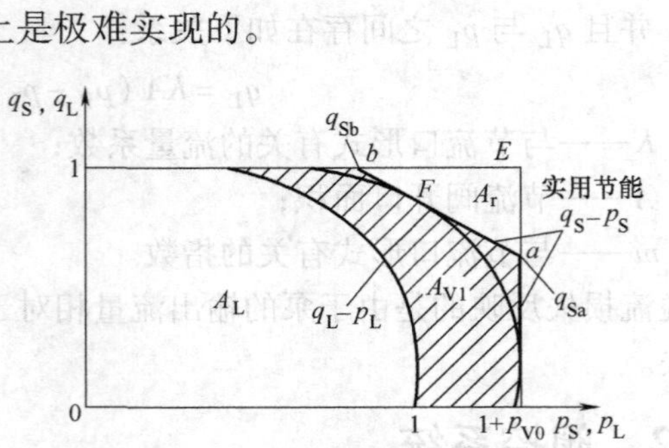


图 6-4　实用节能液压源的流量 - 压力特性图

$$p_S = \begin{cases} 1 + p_{V0} & 0 \leqslant q_S < q_{S\alpha} \\ 1 + p_{V0} - \varphi(q_S - q_{S\alpha}) & q_{S\alpha} \leqslant q_S \leqslant 1 \end{cases} \tag{6-9}$$

式中　$\varphi = \dfrac{1 + p_{V0} - p_{Sb}}{1 - q_{S\alpha}}$

图 6-4 所示曲线达到了节能和使流量增益变化很小的目的。折线 $a$—$b$ 可用在理想流量 - 压力曲线上作切线，并使面积 $A_r$ 值最大的数学方法计算求得。这样阀压降功率损失 $A_{V1} = A_{Vp} - A_r$（面积 $A_{Vp}$ 表示了阀压降 $p_V$ 引起的原理性液压功率损失）。

$A_{V1}$ 曲线表示在图 6-5 上，可见它比 $A_{Vp}$ 大为减小。

若令 $\eta_{Vp} = A_L/(A_L + A_{Vp})$ 和 $\eta_{Vt} = A_L/(A_L + A_{V1})$（其中 $\eta_{Vp}$ 为恒压源的伺服阀效率，$\eta_{Vt}$ 为实用节能液压源的伺服阀效率），从图 6-6 可知，$\eta_{Vt}$ 比 $\eta_{Vp}$ 提高了很多，$p_{1m}$ 所占比例越大效率提高就越多。例如：当 $p_{1m} = 0.8$ 时，效率提高 6% ~7%。

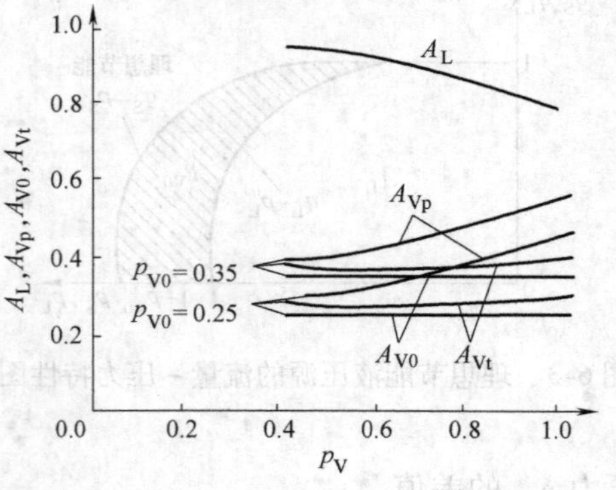


图 6-5　$A_L$、$A_{Vp}$、$A_{V0}$、$A_{Vt}$ 的压力曲线图

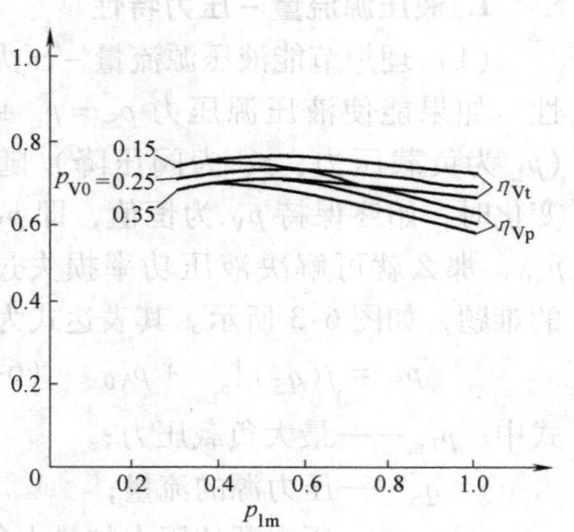


图 6-6　$\eta_{Vt}$、$\eta_{Vp}$ 的曲线图

**2. 节能效果分析**

可用两个指标来评价其节能效果：

（1）阀压降功率损失减小的比值 $d_n$

$$d_n = \frac{A_{Vp} - A_{Vt}}{A_{Vp}} = \frac{A_r}{A_{Vp}} \tag{6-10}$$

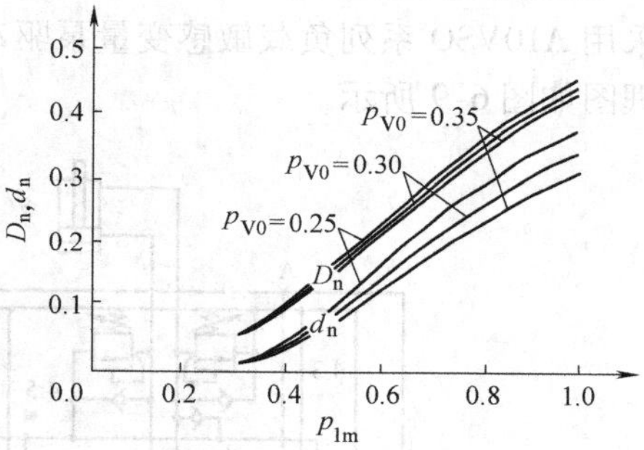


图 6-7　$D_n$、$d_n$ 的曲线图

图 6-7 表示了三种 $p_{V0}$ 值在不同 $p_{1m}$ 值时的比值 $d_n$，可见其节能效果明显。例如：当 $p_{1m}=0.8$ 时，节能效果达 25% 左右，可在较大程度上降低系统冷却的难度。

（2）液压源最大功率减小的比值 $D_n$

$$D_n = \frac{\text{实用液压源最大功率}(F\text{ 点})}{\text{恒压源最大功率}(E\text{ 点}) = 1 + p_{V0}} \tag{6-11}$$

$F$ 点的功率可通过数学运算求出，通过计算机计算绘图的 $D_n$ 曲线表示在图 6-7 上，其节能效果更为明显。例如：当 $p_{Lm}=0.8$ 时，最大功率可减小 35% 左右，节省主机功率，特别在运动车辆上更为明显。

# 6.2　A10VSO 变量泵节能技术

## 6.2.1　A10VSO 变量泵概述

A10VSO 系列泵主要用于开式系统，其结构为开式变量柱塞泵，控制方式有恒压、恒压恒流量、恒压恒流量恒功率及比例流量控制。A4V 及 A4VG \ A10VG \ A11VG 变量泵为闭式变量柱塞泵，可以双向变量，带有补油泵和低压溢流阀，两侧带高压安全阀及压力切断阀，控制方式有两点式电磁控制（EZ）、比例电磁控制（EP）、手动伺服控制（HW）、液控伺服控制（HD）及与转速有关的 DA 控制，主要用于工程机械的液压系统，如压路机行走及振

图 6-8　A10VSO 变量泵外形

动系统、混凝土搅拌输送车等。图6-8所示为A10VSO变量泵外形。

## 6.2.2　A10VSO变量泵节能原理及应用

### 1. 在装载机上的应用

采用A10VSO系列负载敏感变量泵驱动的ZL50装载机工作装置液压系统简化原理图如图6-9所示。

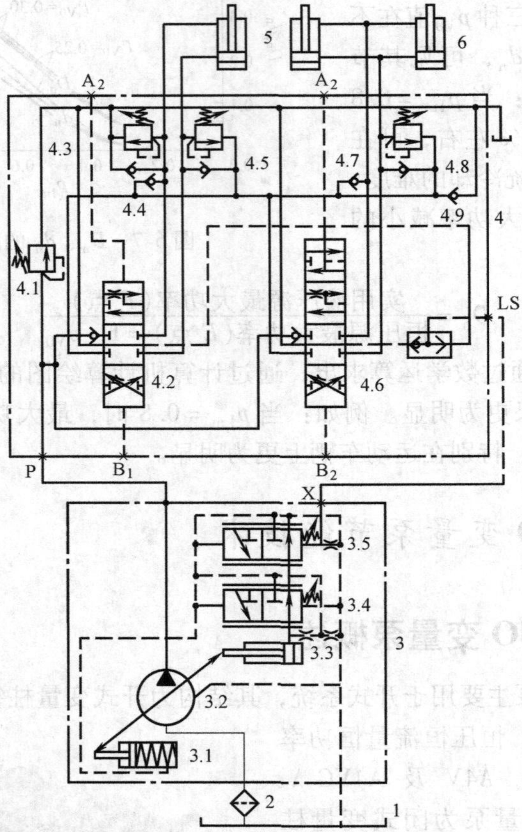


图6-9　采用A10VSO系列负载敏感变量泵驱动的ZL50装载机工作装置液压系统简化原理图

1—油箱　2—过滤器　3—负载敏感变量泵　4—负载敏感多路阀　5—铲斗液压缸　6—动臂液压缸

负载敏感多路阀4由多路换向阀4.2、4.6与集成在其上的过载补油阀（4.3、4.5、4.8）、单向阀（4.4、4.7）、背压阀4.9等组成。其中，多路换向阀4.2、4.6利用节流原理工作。过载补油阀4.3、4.5、4.8的作用是防止铲斗液压缸5双向过载和动臂液压缸6下落时过载。单向阀4.4、4.7与背压阀4.9的作用是为动臂液压缸6和铲斗液压缸5的有杆腔补油，以提高装载机放臂和卸料的时间，同时保证液压缸不吸空。需要注意的是，当铲斗液压缸5、动臂液压缸6同时工作时，变量泵3.2的输出压力只能与最高的负载压力相适应。为了使铲斗液压缸5和动臂液压缸6在各自需要的压力下工作，不出现干扰现象，就需要在负载压力较低的回路上采用压力补偿器。这里主要分析ZL50装载机工作装置液压系统在不同工况下因各部分的流量损失和压力损失而引起的功率损失。

**2. 在ZL50装载机工作装置液压系统上的节能分析**

负载敏感变量泵驱动的ZL50装载机工作装置液压系统在四种典型工况下的功率损失分析如下：

1）当铲斗液压缸5和动臂液压缸6不工作时，多路换向阀4.2和4.6处于中位，液压系统没有流量和压力的需求，变量泵3.2现只需输出泵的外泄漏及控制流量所需的很小流量。因此，液压系统的功率损失很小。

2）当单个执行元件工作（如动臂液压缸6）时，多路换向阀4.6处于工作位置，同时多路换向阀4.2处于中位。负载敏感多路阀4的负载敏感口$L_S$通过多路换向阀4.6的阀芯获得动臂液压缸6的负载驱动力，然后将动臂液压缸6的负载驱动力反馈到负载敏感变量泵3的负载敏感口X。负载敏感控制阀3.5根据动臂液压缸6的负载驱动力控制多路换向阀4.6节流口的进出口压差恒定，从而实现变量泵3.2的输出流量等于多路换向阀4.6节流口开口面积所需的流量。同时，变量泵3.2的输出压力等于负载压力加上多路换向阀4.6节流口处产生的压差，并始终跟随负载压力变化。因此，液压系统的功率损失只有在多路换向阀4.6节流口处产生的节流损失，此节流损失很小。

3）当铲斗液压缸5和动臂液压缸6同时工作时，两个液压缸的最大负载驱动力通过负载敏感多路阀4的负载敏感口$L_S$反馈到负载敏感变量泵3的负载敏感口X，负载敏感控制阀3.5根据两个液压缸的最大负载驱动力来调节变量泵3.2的输出流量。同时，变量泵3.2的输出压力等于最大负载压力加上与之相对应的多路换向阀节流口处产生的压差，并始终跟随最大负载变化。

4）当变量泵3.2的输出压力大于其最高安全工作压力（20MPa）时，变量泵3.2的排量会急剧减少，直到为零。因此，不会出现高压溢流损失。

从以上分析可以看出，负载敏感变量泵的输出压力、流量都会自动适应负载的需求。液压系统不存在溢流损失，只有在负载敏感多路阀节流口处产生的节流损失。压力油通过负载敏感多路阀节流口时产生的节流损失为

$$\Delta P_{\mathrm{j}} = \Delta pq \tag{6-12}$$

式中 $q$——负载敏感多路阀4的输入流量；

$\Delta p$——负载敏感多路阀4节流口的进出口压差，一般很小，仅为1~2MPa。

为了更加清晰地认识负载敏感变量泵驱动的液压系统的节能性，根据ZL50装载机工作装置液压系统的参数（泵排量100mL/r，发动机转速600~

2200r/min，系统的最高安全工作压力 17MPa），对定量泵驱动的 ZL50 装载机工作装置液压系统和负载敏感变量泵驱动的 ZL50 装载机工作装置液压系统在不同工况下的功率损失进行了近似计算，计算结果如图 6-10 所示。

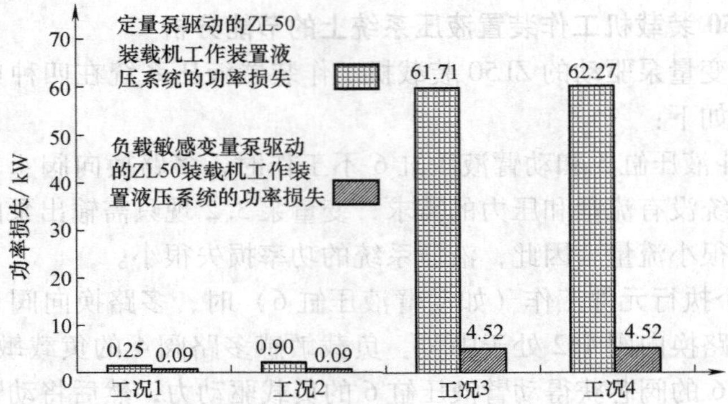


图 6-10　定量泵和负载敏感变量泵驱动的 ZL50 装载机工作装置液压系统的功率损失

工况 1—发动机怠速（600r/min），多路换向阀处于中位

工况 2—发动机额定转速（2000r/min），多路换向阀处于中位

工况 3—发动机额定转速（2000r/min），铲斗收斗并到达收斗限位

工况 4—发动机额定转速（2000r/min），动臂举升并到达举升限位

从图 6-10 中的计算结果可以看出，负载敏感变量泵驱动的 ZL50 装载机工作装置液压系统的功率损失比传统的定量泵驱动的 ZL50 装载机工作装置液压系统的功率损失小很多。这是由于在发动机转速一定时，定量泵全排量工作，当定量泵的输出压力超过系统的额定压力时会产生较大的溢流损失，而且多路换向阀的节流口压差随着发动机转速的增大而增大。而负载敏感变量泵驱动的液压系统不会产生溢流损失，多路阀的节流口压差是由负载敏感控制阀的弹簧力设定的。

## 6.2.3　A10VSO 变量泵节能技术的应用

利用主管路上节流阀的调节来实现流量调整，实际上只能实现最大流量的限制。除了采用比例节流阀外，对不同负载的适应性并不佳。如图 6-11 所示，若通过梭阀将负载压力取出，引入变量泵的流量阀，则可实现不同负载不同流量的控制。同时，在泵处于待机状态时，还有可能实现低压（与变量泵流量阀弹簧刚度有关），相当于压力为 1～2MPa 的小流量卸荷，大大减小了能耗。

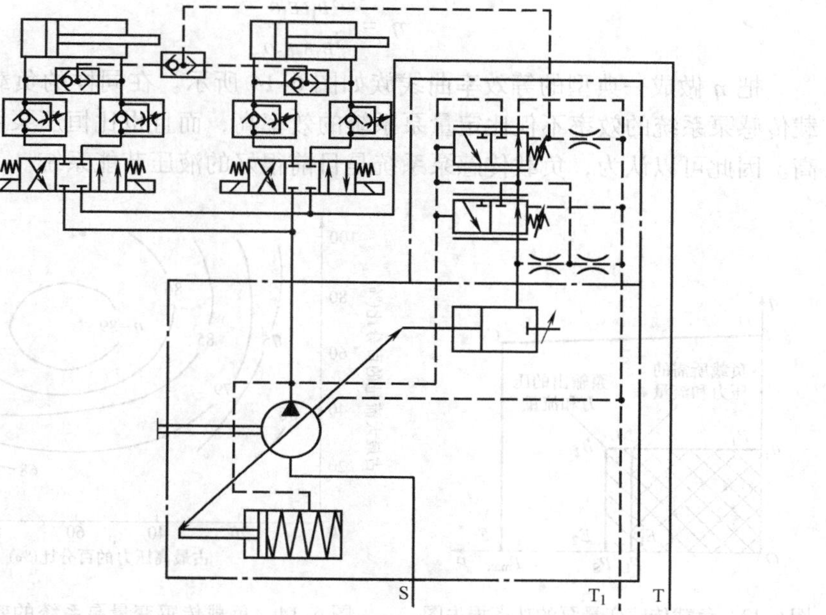


图 6-11 负载敏感控制系统原理图

## 6.3 变量泵系统的节能特性

### 6.3.1 负载传感变量泵

负载传感变量泵的压力 - 流量特性曲线如图 6-12 所示。由曲线可以看出，根据负载传感原理，泵可以输出比负载压力高出一个 $\Delta p$ 恒值的压力，泵输出负载所需要的流量。

**1. 负载传感变量泵的效率**

图 6-13 所示为负载传感变量泵的功率损失图。其中 $L$ 为负载工作点，$S_{B_1LE_1O}$ 为负载所需的功率，$p_L$ 为负载压力，$p_S$ 为泵的输出压力，$p_S-p_L$ 为泵输出流量经过阀的压力损失，故 $S_{LB_2E_2E_1}$ 为负载传感泵的功率损失，其效率为

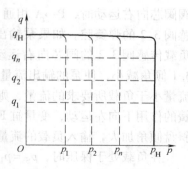


图 6-12 负载传感变量泵的压力 - 流量特性曲线

$$\eta = \frac{S_{B_1LE_1O}}{S_{B_1B_2E_2O}} \tag{6-13}$$

把 $\eta$ 做成一典型的等效率曲线族如图 6-14 所示。在同样的负载条件下，负载传感泵系统的效率不仅比定量泵系统的效率高，而且也比恒压泵系统的效率要高。因此可以认为，负载传感泵系统是目前很好的液压节能系统。

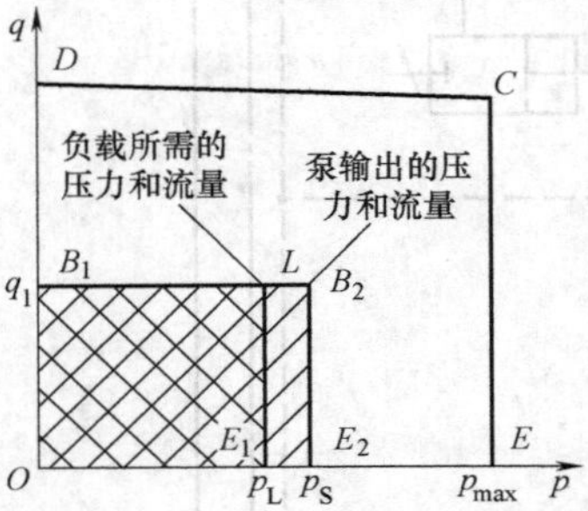


图 6-13　负载传感变量泵的功率损失图

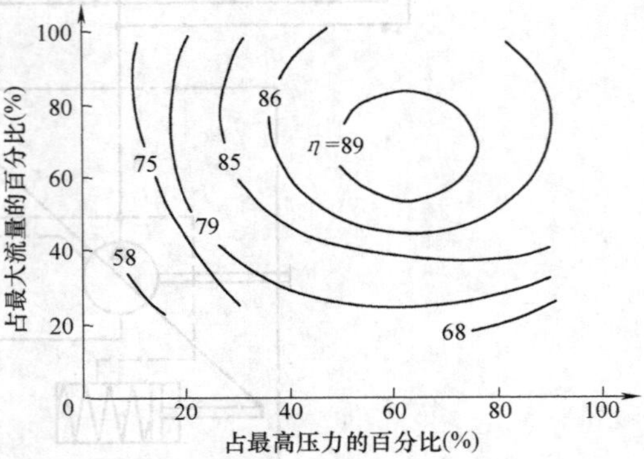


图 6-14　负载传感变量泵系统的效率曲线

**2. 负载传感变量泵的结构和原理**

最早的负载传感变量泵是日本大金公司在20世纪70年代末开发的V系列柱塞泵，其结构原理如图6-15所示。图6-15中1为负载缸，其所需的负载压力为 $p_L$、负载流量为 $q_L$。负载流量 $q_L$ 根据液压设备的工艺要求由比例阀2控制，可无级调整得出图6-12中的 $q_1$、$q_2$、…、$q_n$ 特性。

该系统通过比例阀2反馈负载压力 $p_L$ 至负载传感阀3.2的弹簧腔内。当比例阀阀芯向右运动时，P→A相通，C→T断开，负载压力 $p_L$ 通过D口进入负载传感阀3.2的弹簧腔。如果泵输出流量超过负载所需流量，则 $\Delta p = p_S - p_L$ 增加，负载传感阀3.2的阀芯向右运动，$p_S$ 经过通道G→E进入变量缸F，推动斜盘3.1倾角减小，使泵的输出流量减少至负载所需的流量为止。反之，如果泵输出流量小于负载所要求的流量，则 $\Delta p = p_S - p_L$ 减小，负载传感阀3.2的阀芯在弹簧的作用下向左运动，变量缸F中的油经过通道E→G至排油口 $T_1$ 回油箱，泵的斜盘倾角加大，输入负载的流量增加至其所需求的流量为止。

在负载处于保压时，$p_S = p_L$。负载传感阀不能开启，$p_S$ 推动恒压阀3.3（也相当于系统的安全阀）向右运动，$p_S$ 进入E至变量缸F，使泵的输出流量等于该系统的漏损量，以维持系统的压力，此时泵斜盘倾角接近于零，泵的功率消耗最小。当负载停止工作，泵处于空运行时，比例阀处于中位，负载传感阀3.2右端弹簧腔通过D→C→T回油箱，使该阀开启。$p_S$ 通过G→E→F进入变量缸，在

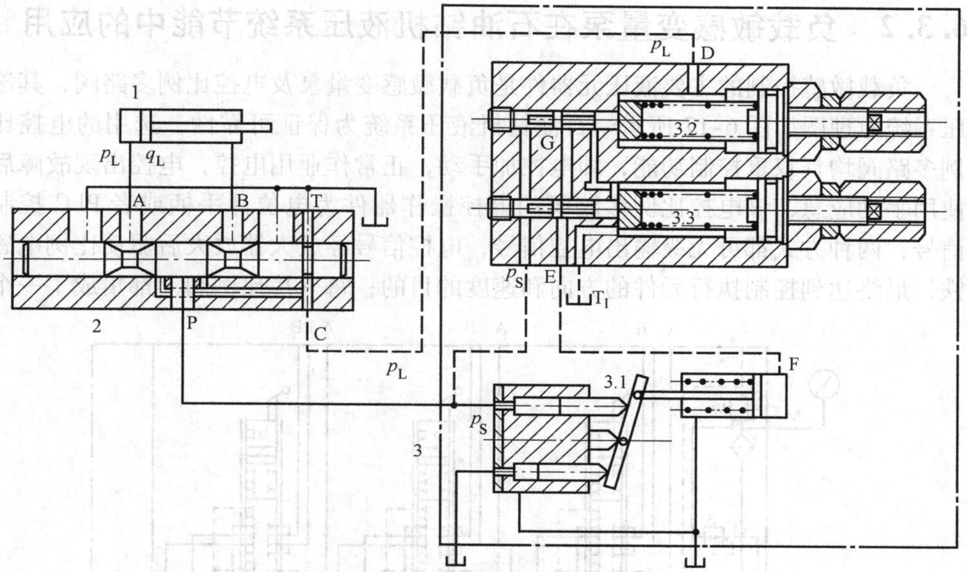


图 6-15　负载传感泵的结构原理图

1—负载缸　2—比例阀　3—负载传感器

斜盘倾角接近于零的条件下泵空运行，使泵空载功率消耗最小（此时泵的输出压力为负载传感阀 3.2 的弹簧调整压力。它应能保证推动变量缸和斜盘空载复位，通常为 1.5MPa 左右）。

通过以上分析，图 6-15 所示的负载传感系统有如下特点：

1）用比例阀 2 控制泵输出的流量，实现流量调节。

2）用负载传感阀 3.2 控制负载所需的压力。

3）用恒压阀 3.3 控制系统的最高压力。

4）在空载下系统能保证泵斜盘处于零倾角附近工作，使空载功率消耗最小。这样就保证了负载传感泵按图 6-12 所示的特性曲线工作，在任何参数下都具有很高的效率。

把图 6-15 转换为液压原理图，如图6-16所示。由于该系统中的三位五通比例阀 2 要通过泵的全流量，因而尺寸大、结构复杂、价格贵，只适用于小流量泵。

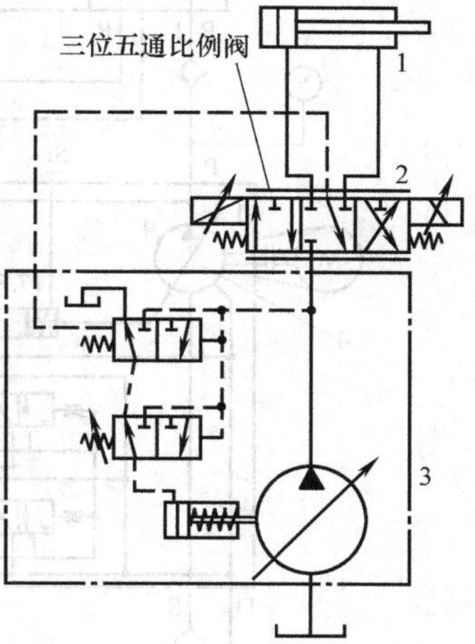


图 6-16　负载传感泵的液压系统原理图

1—负载缸　2—比例阀　3—负载传感器

## 6.3.2　负载敏感变量泵在石油钻机液压系统节能中的应用

负载敏感控制的主要液压元器件是负载敏感变量泵及电控比例多路阀，其液压系统原理图如图6-17所示。石油钻机液压系统为保证可靠性，选用的电控比例多路阀均具双重控制功能，即电控加手动，正常作业用电控，电控出现故障后使用手动应急，该电控比例多路阀的电控操作器件为电位计手柄或者 PLC 控制信号，两种方式都可无级输出电控信号，电控信号经放大器放大后驱动比例电磁铁，最终达到控制执行元件的方向和速度的目的；每一片比例阀上都集成了一个

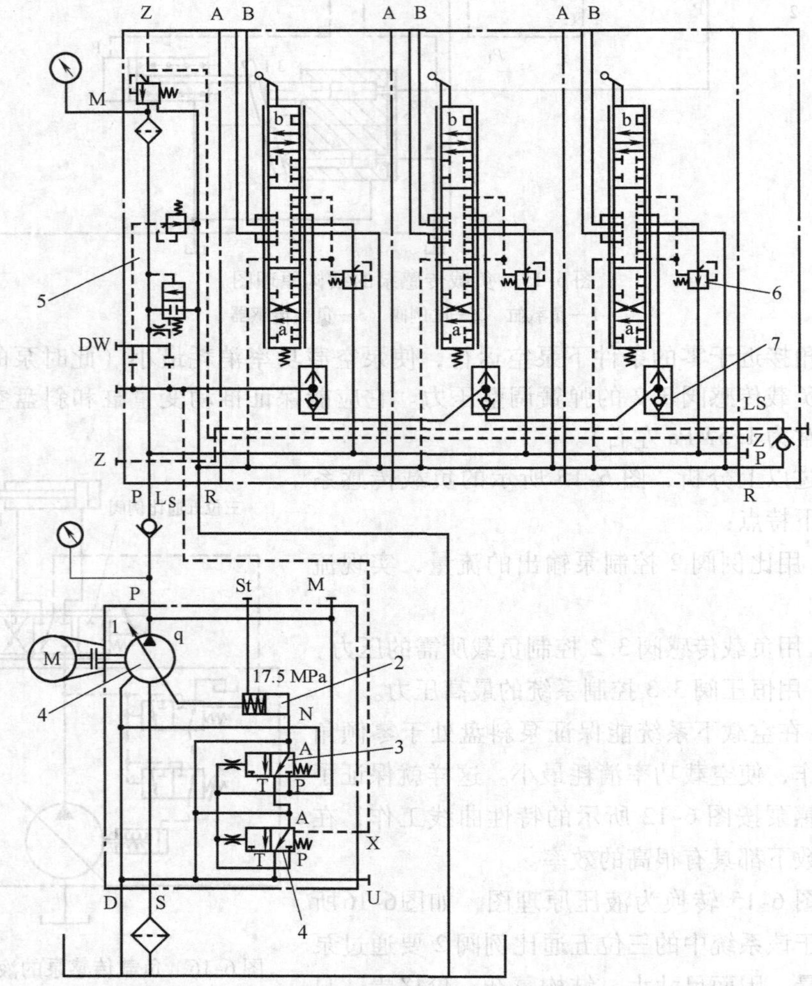


图6-17　负载敏感变量泵及电控比例多路阀的液压系统原理图
1—液压泵本体　2—变量机构　3—超压保护阀　4—负载压力反馈阀
5—电控比例多路阀　6—定差减压阀　7—梭阀

定差减压阀 6 和一个梭阀 7，定差减压阀控制阀片进出油口压差使其保持恒定，使得阀片的流量只与阀的开度有关，而与负载无关；梭阀用于比例阀动作时将压力信号经 $L_S$ 反馈给液压泵。

负载敏感变量泵除了液压泵本体 1 和变量机构 2 外，还集成安装有两个负载传感阀，一个是负责系统压力控制防止系统超压的超压保护阀 3，另一个是根据电控比例多路阀上 L 口反馈的压力实时调节泵排量的负载压力反馈阀 4，X 口为外部反馈压力信号输入口；液压泵刚起动时，在变量机构弹簧力的作用下，液压泵处于最大排量位置并以最大流量输出，输出的液压油在液压泵出油口 P 处分为了两支控制油路，一路由 $S_t$ 口进入液压泵活塞变量机构弹簧腔，另一路经 M 口分别进入超压保护阀的 $P_1$ 口和阀芯左端以及负载压力反馈阀的 $P_2$ 口及阀芯左端；当电控比例阀没有动作时，多路阀的负载反馈口 LS 无压力输出，即液压泵反馈输入口 X 也没有压力；液压泵在运转过程中，由于输出的油液无处卸载致使系统压力快速升高，当压力高于负载压力反馈阀 X 端弹簧的设定压力时，负载压力反馈阀打开，高压油经过 $P_2$ 口和超压保护阀后进入活塞变量机构右腔，克服活塞变量机构左端弹簧力及油压后推动变量活塞机构运动来减小泵排量，直到无流量输出。此时系统压力决定于负载压力反馈阀 X 端弹簧刚度，理论上该弹簧刚度越小越好，但实际考虑输出主管路压力损失和电控比例多路阀减压损失因素一般约为 4MPa。当操作电控比例阀动作时，电控比例多路阀阀片输出口的压力由内置梭阀 7 汇集到 $L_S$ 口，最后反馈到液压泵反馈输入口 X 口，在反馈压力与弹簧的作用下负载压力反馈阀逐步关闭，液压泵排量开始增加，液压泵输出口的压力也开始升高，当高到负载压力反馈阀阀芯两端平衡时，液压泵排量停止增加，使得液压泵做到按需输出。

当负载压力高于超压保护阀的设定压力时，超压保护阀被打开，系统压力经 $P_1$ 口导入变量活塞机构右腔，使液压泵排量减小直至为零。

从以上工作原理可以看出：

1）待机时系统压力约为 4MPa，流量几乎为零，待机能耗低。

2）调整电控比例多路阀的开度可以控制机具工作速度，而液压泵根据不同开度产生的不同的压力反馈来调节液压泵流量与之适应，减少了溢流损失。

3）负载超载时，液压泵处于高压零排量工况，也没有溢流损失。

因此负载敏感控制系统在任何工况下都具有节能的特性，且没有溢流导致的系统发热问题，克服了常规液压系统的许多缺点，很好地满足了待机能耗低、系统发热小、管路简洁、维修方便、可控性强等现实需求。在 BE550 钻机上尝试采用了负载敏感控制液压系统，该钻机在高达 50℃ 的环境温度下，且没有配备散热器的情况下将油温控制在 70℃ 以下，较好地满足了液压系统对高温环境的适应性；该系统的缺点主要是采购成本较高，但相对于整部钻机的造价其所占比例非常小，因而还是具有推广价值的。

## 6.4 工程机械闭式静压传动技术节能原理

随着能源的日益紧缺和人们对环保要求的不断提高，工程机械的节能性指标越来越受到用户的重视。对用户来说，节能性优越的工程机械，不仅在使用过程中能够节约大量的燃油，还可以提高发动机的功率利用率和传动元件的寿命和可靠性，降低机器故障率和维修成本，提高用户的投资回报率，对企业来说，则可以增强产品的竞争优势。液压技术的应用大大提高了工程机械的节能效果。据统计，两台功率相当的装载机，一台使用静压传动技术，另一台使用传统的液力传动，前者比后者可节约燃油60%～70%，液压技术的节能效果可见一斑。液压泵是液压系统的核心，其性能的好坏对整个液压系统的节能效果有着重要的影响。

### 6.4.1 节流调速回路能耗分析

节流调速的基本原理是调节液压回路中节流元件的液阻大小和配置分流支路，以控制进入执行元件的流量和工作速度。图6-18所示为由定量泵、节流阀和溢流阀组成的液压调速回路，节流阀和溢流阀在调速过程中要产生能量损失。

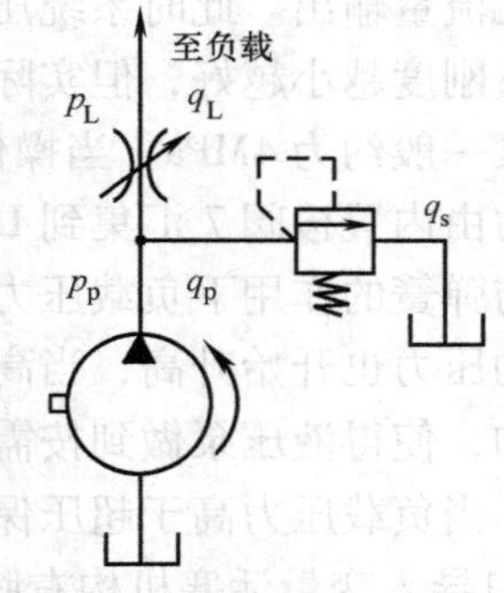

图6-18 由定量泵、节流阀和溢流阀组成的液压调速回路

忽略定量泵吸油口负压力，有

$$P_p = p_p q_p \tag{6-14}$$

式中 $P_p$——泵输出功率；

$p_p$——泵出口压力；

$q_p$——泵输出流量。

当溢流阀工作时，

$$q_S = q_p - q_L \tag{6-15}$$

式中 $q_S$——溢流阀通过流量；

$q_L$——负载流量（节流阀通过流量）。

油液通过溢流阀产生的功率损失为

$$\Delta P_S = p_p q_S \tag{6-16}$$

油液通过节流阀产生的压力损失为

$$\Delta p_c = \left(\frac{q_L}{KA}\right)^{\frac{1}{m}} \tag{6-17}$$

式中 $K$——节流阀流量系数；

$A$——节流阀开口面积；

$m$——与节流口形式有关的系数。

节流阀处的功率损失为

$$\Delta P_c = (p_p - p_L) q_L \tag{6-18}$$

负载消耗的功率为

$$P_L = p_L q_L \tag{6-19}$$

此时定量泵的输出功率 $P_p$ 分成三部分：负载消耗的功率 $P_L$、节流损失功率 $\Delta P_c$ 和溢流损失功率 $\Delta P_S$，即

$$P_p = P_L + \Delta P_c + \Delta P_S \tag{6-20}$$

其中负载的输入功率 $P_L$ 为系统输出的有用功；节流损失功率 $\Delta P_c$ 为负载流量流过节流阀时因压降产生的功率损失，或者说是定量泵的输出压力相对于负载压力过剩而造成的能量损失；溢流损失功率 $\Delta P_S$ 是泵的输出流量相对负载有流量过剩而造成的能量损失。液压系统的效率为

$$\eta = \frac{P_L}{P_p} = \frac{P_L}{P_L + \Delta P_c + \Delta P_S} \tag{6-21}$$

由式（6-21）可知，要提高液压回路的效率，应从降低节流损失功率（压力过剩）和溢流损失功率（流量过剩）两个主要因素着手，如果能够使泵的输出压力和流量都能随负载压力和速度的变化自动调节而不产生过剩，就可以使泵提供的功率得到充分利用，达到节能的目的，这就是负载敏感变量泵节能的理论基础。

## 6.4.2 负载敏感变量泵的节能原理

负载敏感变量泵能使泵的输出压力和流量自动适应负载需求，大幅度提高液压系统效率。其工作原理图如图 6-19 所示。

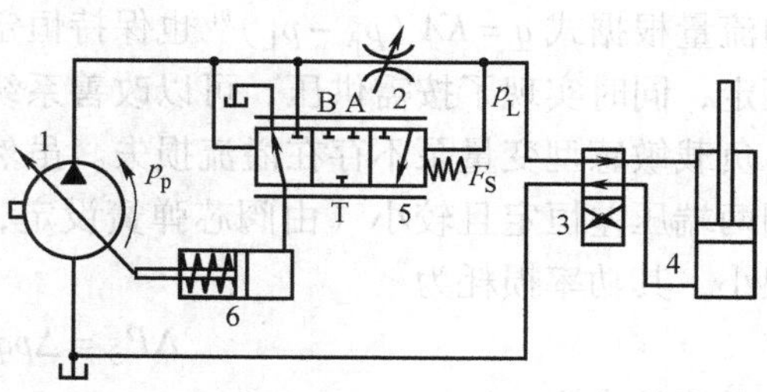

图 6-19 负载敏感变量泵的工作原理图

1—变量泵 2—节流阀 3—转向阀 4—液压缸

5—负载敏感控制阀 6—变量缸

节流阀的流量方程为

$$q = KA\ (p_p - p_L)^m \tag{6-22}$$

式中 $q$——负载流量；

$K$——流量系数；

$A$——节流阀开口面积；

$m$——与节流口形式有关的指数。

负载敏感控制阀5的阀芯在调节过程中发生的位移很小，弹簧的弹性系数也不大，因此可以认为阀芯弹簧的设定压力 $F_S$ 为定值，则阀芯在静止时的受力平衡方程为 $p_pA_F=p_LA_F+F_S$，即

$$\Delta p=p_p-p_L=\frac{F_S}{A_F} \tag{6-23}$$

式中　$F_S$——阀芯弹簧设定压力；

$A_F$——压力油作用在阀芯上的有效面积。

由式（6-23），结合图6-19，可以看出：

1）当阀芯弹簧压力设定后，阀芯在平衡位置时 $\Delta p$ 恒定。当需要改变负载速度时，只需改变节流阀2的节流口面积。例如：要提高负载速度，节流阀2开口面积 $A$ 增加，由于此时 $q$ 还未发生变化，$\Delta p$ 将减小，则

$$p_pA_F<p_LA_F+F_S \tag{6-24}$$

此时负载敏感控制阀5的阀芯将左移，A、T口接通，压力油进入变量缸6的右腔，推动缸活塞左移，使变量泵1的排量增加，流过阀2的负载流量 $q$ 增加，$\Delta p$ 增加，直至重新达到式 $p_pA_F=p_LA_F+F_S$ 的平衡条件，负载速度得到提高，完成了一轮调速过程，实现了按需供油。

2）当负载压力 $p_L$ 变化时，如 $p_L$ 减小，则 $\Delta p$ 增大，由于节流阀2开口面积不变，通过节流阀2的流量增加。则

$$p_pA_F>p_LA_F+F_S \tag{6-25}$$

此时负载敏感控制阀5的阀芯将右移，B、T口接通，变量缸6的右腔与油箱接通，变量缸活塞在弹簧推动下右移，使变量泵1的排量减小，节流阀2流量减小，$\Delta p$ 减小，$p_p$ 降低，直至重新达到式 $p_pA_F=p_LA_F+F_S$ 的平衡条件，$\Delta p$ 恢复到平衡状态时的设定值。这样在节流阀开度即截流面积固定的情况下，流过阀口的流量根据式 $q=KA(p_p-p_L)^m$ 也保持恒定，从而使得执行元件的动作速度保持恒定，同时实现了按需供压，可以改善系统的调速特性并节约能源。

负载敏感型变量泵不存在溢流损失。虽然系统节流损失依然存在，但由于节流阀两端压差恒定且较小（由阀芯弹簧设定，为1~2MPa），因此系统的节流损失很小，其功率损耗为

$$\Delta P_S=\Delta pq \tag{6-26}$$

系统效率为

$$\eta=\frac{p_Lq}{p_pq}=\frac{p_p-(p_p-p_L)}{p_p}=1-\frac{\Delta p}{p_p} \tag{6-27}$$

由于泵的出口压力 $p_p$ 由负载决定，所以负载压力越高，泵的出口压力越高，其回路的效率也就越高，液压回路的节能效果越好。另外，负载敏感变量泵工作时的压力只需比负载压力略高，而不必像恒压泵那样必须工作在一个较高的设定

压力，这有利于延长泵的寿命。负载敏感变量泵与压力补偿阀配合使用，可以实现单泵驱动多个执行机构的独立调速，各执行元件不受外部负载变动和其他执行元件的干扰。由于负载敏感调速系统不仅能实现按需供油，同时也能按需供压，是能量损失很小的调速方案，所以负载敏感变量泵系统非常适用于负载压力较高、调速范围较大的单泵单负载系统或负载差异较大的单泵多负载系统。

### 6.4.3 负载敏感变量泵在工程机械上的应用

由于负载敏感变量泵的流量能够根据工况和负载的变化自动调节，具有效率高、脉动小、噪声低等优点，非常适合工程机械负载变化剧烈、工况变换频繁的特点，所以在工程机械上应用非常广泛。图6-20所示为采用负载敏感变量泵的装载机转向液压系统原理图。转向节流阀6、负载敏感控制阀4、压力补偿阀3和变量缸2共同完成对泵的负载敏感控制。

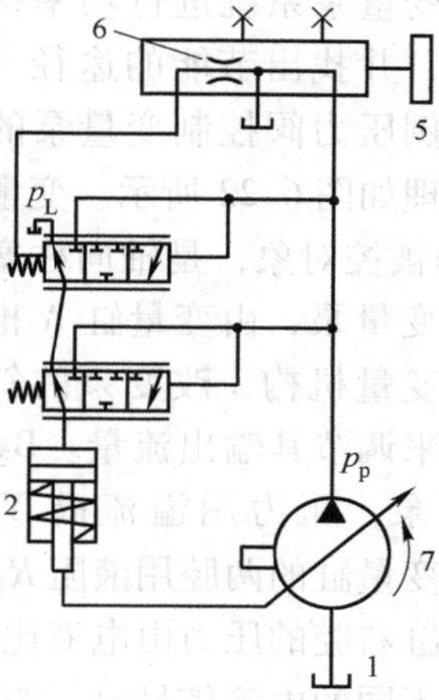


图6-20 采用负载敏感变量泵的装载机转向液压系统原理图

1—油箱 2—变量缸 3—压力补偿阀 4—负载敏感控制阀 5—方向盘 6—转向节流阀 7—变量泵

当一台负载敏感变量泵同时驱动多个执行机构时，泵的输出压力只能与最高的负载压力相适应，即负载敏感只能在压力最高的负载回路上起作用，对其他负载压力较低的回路采用压力补偿，使阀口压差继续保持恒定，实现多个执行元件的独立调整。图6-21所示为单泵驱动两个缸的工作原理简图。缸4的负载压力大于缸8，这时需要在缸8的工作回路中增加压力补偿阀7对两缸工作回路的压差进行补偿，这样两缸就可以在各自的负载压力下正常工作，避免了相互干扰。

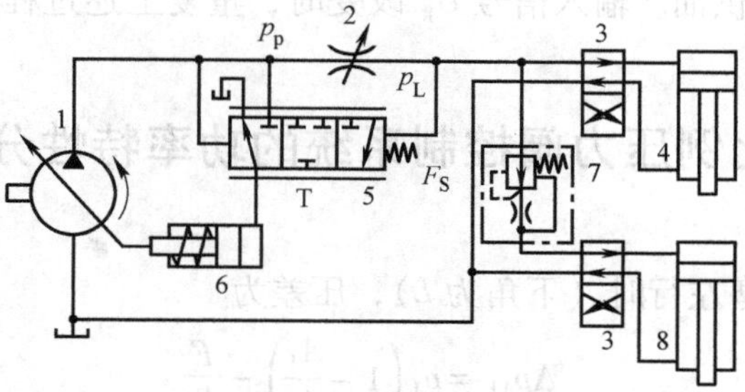


图6-21 单泵驱动两个缸的工作原理图

1—变量泵 2—节流阀 3—换向阀 4、8—液压缸 5—负载敏感控制阀 6—变量缸 7—压力补偿阀

# 6.5　电液比例压力阀控制变量泵系统的节能分析

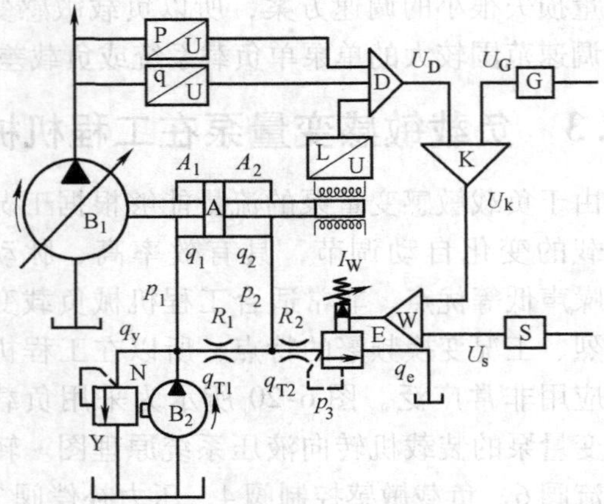


图6-22　电液比例压力阀控制变量泵的基本原理

随着我国经济的飞速发展，能源的消耗日益增加，节约能源已成为重要的研究课题之一。在此对电液比例压力阀控制变量泵系统进行功率特性分析，并找出节能的途径。电液比例压力阀控制变量泵的基本原理如图6-22所示。变量泵$B_1$为被控对象，是轴向柱塞式液控变量泵，由变量缸A推动泵的变量机构，改变泵的斜盘倾角来调节其输出流量。$B_2$为控制泵，压力用溢流阀Y调定。变量缸的两腔用液阻$R_1$隔开，造成两腔的压差，用这个压差推动变量机构。变量缸右腔的压力由电液比例压力阀E通过液阻$R_2$控制，当给电液比例压力阀输入不同的电流信号时，改变它的控制压力$p_3$，$p_2$也随之改变。

电液比例压力阀控制变量泵的电气控制原理是，按所需的流量给定信号$U_k$，与停止信号$U_S$相加输入给电液比例压力阀，控制压力$p_3$使变量缸活塞运动，用位置传感器测量出活塞的位置。这个位置信号指示出了变量泵排量的大小。同时按泵$p-q$特性曲线补偿泵的泄漏，然后输出一个泵的实际排量和压力的信号。当变量泵的实际排油量达到输入信号所要求的排量时，信号$U_k$、$U_s$正好抵消，电液比例压力阀的输入只有停止信号$U_s$。此时，变量缸活塞不动，变量泵便处于所要求的排量下供油。输入信号$U_k$改变时，重复上述过程，变量泵在另一排量状态下取得平衡。

## 6.5.1　电液比例压力阀控制系统的功率特性分析

**1. 计算压差**

1）变量缸活塞左行时（下角为$L$），压差为

$$\Delta p_{1L}=p_1\left(1-\frac{A_1}{A_2}\right)-\frac{F}{A_2} \tag{6-28}$$

式中　$F$——变量泵的变量力。

2）变量缸活塞右行时（下角为$R$），压差为

$$\Delta p_{1R} = p_1\left(1 - \frac{A_1}{A_2}\right) - \frac{F}{A_1} \tag{6-29}$$

**2. 计算液阻 $R_1$ 和 $R_2$**

从式（6-28）、式（6-29）可见，当变量缸活塞左行时压差较小，所以 $R_1$ 的值按左行时计算：

$$R_1 = \frac{A_2 L/t + q_{emin}}{C_d\sqrt{\frac{2}{\rho}}\sqrt{p_1\left(1 - \frac{A_1}{A_2}\right) - \frac{F}{A_2}}} \tag{6-30}$$

式中 $C_d$——流量系数；

$A_1$、$A_2$——变量缸两腔的作用面积；

$p_1$——变量缸两腔的压力；

$q_{emin}$——溢流阀的最小流量；

$\rho$——液压油的密度；

$L$——液压缸在 $t$ 时间内的行程。

变量缸活塞左行时流过 $R_2$ 的流量为 $q_e$。为了把流量的消耗限制在最小限度，所以取 $q_e = q_{emin}$。

$$R_2 = \frac{q_{emin}}{C_d\sqrt{\frac{2}{\rho}}\sqrt{p_2 - p_3}} \tag{6-31}$$

式中 $p_2 - p_3$——液阻 $R_2$ 的压差，尽可能取小，一般为0.3～0.5MPa。

以上是变量缸活塞左行时的计算，但变量缸活塞右行时压差较大，所以 $R_1$ 和 $R_2$ 的通过流量较大，并且是决定系统功率消耗的主要因素。

**3. 计算变量缸活塞右行时 $R_1$ 和 $R_2$ 的通过流量**

$$q_{T1R} = C_d R_1\sqrt{\frac{2}{\rho}}\sqrt{p_1\left(1 - \frac{A_1}{A_2}\right) + \frac{F}{A_2}} \tag{6-32}$$

$$q_{T2R} = q_{T1R} + q_2 = q_{T1R} + A_2 L/t \tag{6-33}$$

式中 $q_{T1R}$——变量缸活塞右行时通过液阻 $R_1$ 的流量；

$q_{T2R}$——变量缸活塞右行时通过液阻 $R_2$ 的流量；

$q_2$——变量缸右腔的流量。

**4. 计算各工况下的功率消耗**

功率消耗为

$$P_L = 1.15 p_1 (q_2 + q_{T2L} - q_1) \tag{6-34}$$

式中 $q_1$——变量缸左腔的流量；

$P_L$——变量缸活塞左行时的功率消耗。

$$P_R = 1.15 p_1 (q_1 + q_{T1R}) \tag{6-35}$$

式中　$P_R$——变量缸活塞右行时的功率消耗。

$$P_S = 1.15 p_1 q_{T1S}（变量缸活塞停止时注脚 S） \quad (6\text{-}36)$$

式中　$P_S$——变量缸活塞停止时的功率消耗。

**5. 计算总功率**

总功率为

$$P = 0.0018 p_1 (q_1 + q_{T1R}/\eta) \quad (6\text{-}37)$$

**6. 系统功率的特点**

由于系统的构造特点使系统在各种工况下流量不同，所以它们实际所需要的功率也不同。但是选择定量泵时只能按最大流量和最大功率来选择，这样必然在有的工况下功率用不完，只能以溢流的方式消耗掉，并造成系统发热。从系统可知：

$$\Delta p_{1R} > \Delta p_{T1S} > \Delta p_{1L} \quad (6\text{-}38)$$

$$q_{T1R} > q_{T1S} > q_{T1L} \quad (6\text{-}39)$$

即按变量缸活塞右行时选择定量泵，而变量缸活塞左行时功率损失最大。当变量缸活塞左行时：

$$\Delta P = (q_{T1R} - q_{T1L}) p_1 = K a_1 p_1 \sqrt{\frac{2}{\rho}} \left[ \sqrt{p_1\left(1 - \frac{A_1}{A_2}\right) + \frac{F}{A_2}} - \sqrt{p_1\left(1 - \frac{A_1}{A_2}\right) - \frac{F}{A_1}} \right] \quad (6\text{-}40)$$

根据以上分析可知，由于系统结构的限制，有很大一部分功率损耗掉了。因此，须对系统进行改进以降低消耗。为此，提出采用并联双液阻控制系统取代原系统。

## 6.5.2　并联双液阻控制系统的分析及节能

**1. 并联双液阻控制系统的提出**

由于原系统的功率特点是各种工况下功率消耗不等，必然有的工况下能量不能充分利用。设想将系统改为各工况下功率消耗相等，能量便可以得到充分的利用。从图 6-22 上可以看出大部分流量是在变量缸活塞右行时通过 $R_1$，变量缸活塞左行时通过 $R_1$ 的很少，因此要做到等功率消耗必须降低变量缸活塞右行时通过 $R_1$ 的流量，使它与变量缸活塞左行时的小流量相等。通过液阻的流量取决于液阻的大小和液阻两端的压差这两个条件，而液阻两端的压差正是驱动变量缸的动力，是必不可少的。要降低变量缸活塞右行时通过 $R_1$ 的油液流量，只有加大液阻。为此，提出用两个液阻代替原来的一个液阻 $R_1$，变量缸活塞右行时高压差用个大液阻 $R_{H1}$ 限制流量通过，使它的流量被限制与变量缸活塞左行时的通过流量相等。变量缸活塞左行时用 $R_{H1}$ 和 $R_{H2}$ 并联成与 $R_1$ 等效的液阻，使其通过双液阻的流量等于原来变量缸活塞左行时通过 $R_1$ 的流量。这样用双液阻的组合匹配成变量缸活塞左右行等流量的系统，也就是等功率消耗。只是在变量缸活塞停止时，使用一个液阻 $R_{H1}$ 通过的流量小于右行时的流量，其剩余的部分油液从溢流阀流回油箱。在变量缸活塞左行时用双液阻，右行及停止时用单液阻，这个转换由设置在油路上的平衡阀自动进行切换。其原理图如图 6-23 所示。

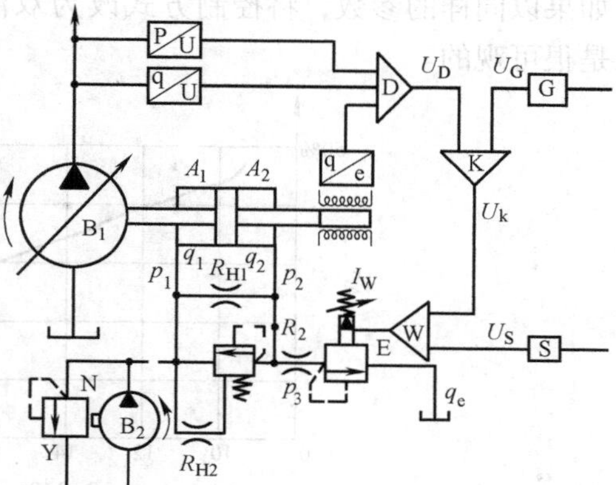


图 6-23　并联双液阻控制系统的原理图

**2. 双液阻的计算**

双液阻把变量缸活塞左、右行的流量匹配成流量相等并等于原系统左行的流量，所以计算液阻时按左行的流量计算。其左行的流量 $q_{T1L}=q_2+q_{emin}$，右行大压差用 $R_{H1}$ 单个液阻，即

$$R_{H1}=\frac{q_2+q_{emin}}{C_d\sqrt{\dfrac{2}{\rho}}\sqrt{p_1\left(1-\dfrac{A_1}{A_2}\right)+\dfrac{F}{A_2}}} \tag{6-41}$$

左行时双液阻 $R_{H1}+R_{H2}$，其中 $R_{H2}$ 为

$$R_{H2}=\frac{q_2+q_{emin}}{K\sqrt{\dfrac{2}{\rho}}\sqrt{p_1\left(1-\dfrac{A_1}{A_2}\right)-\dfrac{F}{A_2}}}-\frac{q_2+q_{emin}}{K\sqrt{\dfrac{2}{\rho}}\sqrt{p_1\left(1-\dfrac{A_1}{A_2}\right)+\dfrac{F}{A_2}}} \tag{6-42}$$

**3. 节能分析**

采用双液阻等功率消耗系统，泵的压力仍然保持原系统调定的数值，只是流量减少了。因此，所节省下来的流量与压力的乘积即为节约的功率，即

$$\Delta P=[(q_1+q_{T1R})-q_{T1L}]p_1 \tag{6-43}$$

式（6-43）中略去 $q_1$，与原系统相比，节能率为

$$\Delta P'=\left(1-\frac{q_{T1L}}{q_{T1R}}\right)\times 100\%=\left(1-\sqrt{\frac{p_1(A_2-A_1)-F}{p_1(A_2-A_1)+F}}\right)\times 100\% \tag{6-44}$$

从式（6-44）中看出，只有 $p_1$ 是可调的参数，其余参数都是固定的。$p_1$ 值越小节能的效果越好；$p_1$ 值越大，节能效果就越差。如图 6-24 所示，在原来的系统中，控制一台流量为 250L/min、压力为 21MPa 的变量泵 $B_1$，在生产实际中控制泵 $B_2$ 的容量为 17kW。按原系统计算，控制泵 $B_2$ 的实际功率只用 10kW 左

右，如果以同样的参数，将控制方式改为双液阻控制，可节能40%以上，节能效果是很可观的。

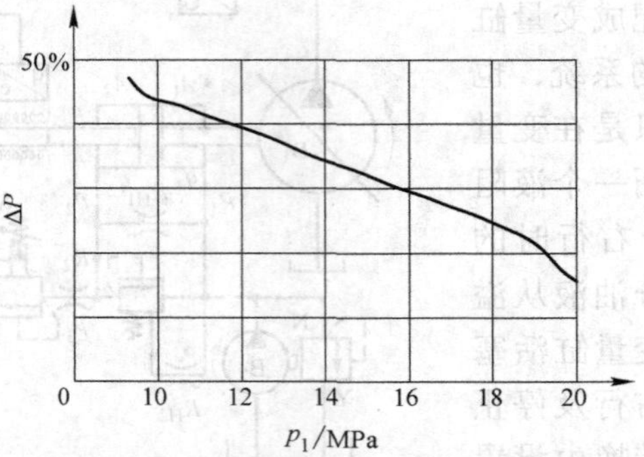


图6-24　双液阻等功率消耗系统液压泵的效率曲线图

# 6.6　挖掘机发动机-变量泵系统最佳经济匹配

液压挖掘机广泛应用于各种土石方作业中，由于其工作条件恶劣，载荷变化大，造成了较大的能量损失。能量损失主要包括：

1）发动机与液压泵功率不匹配造成的能量损失。

2）液压油的流量损失，包括液压系统泄漏产生的损失、当阀处于中位（液压挖掘机不工作）时的能量损失、超载时的溢流损失及微动操纵时的能量损失。

3）液压油的压力损失，包括液压油通过管道和接头等的沿程损失及挖掘机执行多个动作时，由于控制阀两端产生压差而造成的损失。减少液压挖掘机的能量损失，应主要从实现发动机与液压泵的功率匹配，减少挖掘机的流量损失，同时尽可能降低系统的压力损失入手，达到节能的目的。

## 6.6.1　挖掘机功率匹配原则与节能原理

发动机与变量泵的合理匹配，是实现液压挖掘机节能的前提条件。在液压挖掘机的实际工作中，频繁改变油门的位置并不能很好地解决两者的匹配问题，不利于柴油机的稳定工作，反而使能耗更大。因此，通过预先设定一定的油门位置，根据发动机转速的变化情况实时调节变量泵的排量，从而实现两者的合理匹配，成为减少挖掘机能量损失的出发点，控制系统框图如图6-25所示。

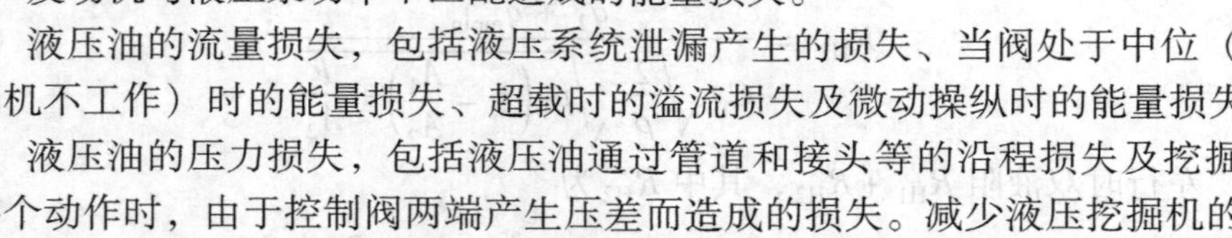

图6-25　挖掘机控制系统框图

## 6.6.2　挖掘机泵控制系统节能分析

液压挖掘机性能的优劣，主要取决于液压系统性能的好坏，而液压系统的效率和功率利用率是影响液压系统性能的主要因素。这里分析的泵控制系统采用微机控制，从几个方面提高了效率和功率利用率，节省了能量。

**1. 恒功率控制**

泵控制系统由变量泵、伺服缸、电磁阀、压力传感器、角度传感器、速度传感器、控制器等元件组成。压力传感器和角度传感器将检测的信号输入控制器，控制器则根据恒功率的原则，将输入信号与标准值进行比较，并向电磁阀输出控制信号，电磁阀根据控制信号进行开闭，从而控制了伺服缸的供油，改变了泵的斜盘倾角。如图6-26所示，当电磁阀6处于断开状态，电磁阀5处于接通状态时，来自先导泵8的油流入伺服缸7的小腔，大腔与油箱接通，泵排量减小，反之先导泵的油同时进入伺服缸的大小腔，伺服活塞下移，泵排量增大。该控制系统采用微机控制，在整个恒功率控制范围内始终保持功率为常数，压力、流量曲线为双曲线，而传统的恒功率泵由于通过油压与弹簧力平衡来决定斜盘倾角，只能得到近似恒功率的折线。

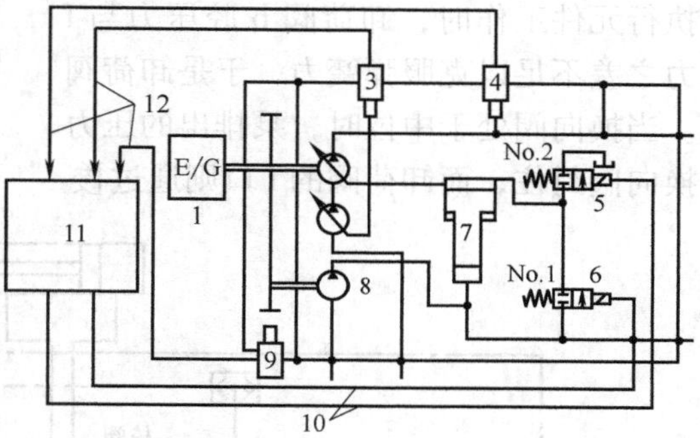


图6-26　泵控制系统的原理图

1—发动机　2—主油泵　3—角度传感器　4—压力传感器　5、6—电磁阀　7—伺服缸　8—先导泵　9—转速传感器　10—输出信号　11—控制器　12—输入信号

**2. 速度传感系统**

采用速度传感系统可以更充分地利用发动机的功率，并能有效防止发动机熄火。当油质好、工作条件优越时，发动机输出功率大，此时应增大泵排量，使之充分利用发动机的功率。反之，当油质不好或机器在高原作业时，发动机功率减小，应减小泵排量，防止发动机熄火。转速传感器9检测发动机转速，并输入控制器11（图6-26），若发动机转速高于额定值，则说明发动机输出转矩大于泵所需转矩，于是控制器发出信号控制电磁阀，增大泵排量；反之，当发动机转速低于额定转速时，控制器将控制电磁阀减小泵排量，防止发动机熄火。由于转速传感器的作用，泵的实际 $p-q$ 曲线如图6-27所示。

**3. 空载时泵卸荷**

泵卸荷，即泵的输出功率近似为零。实现卸荷的方法或是减小泵的输出压力，或是减小泵的输出流量，使泵在空载时的功率损失进一步降低。

实现上述功能的关键是采用压差（DP）传感器。卸荷阀和溢流阀的油路连接关系如图 6-28 所示。当换向阀处于工作位置时，卸荷阀油口 f 通过梭阀与执行元件工作腔相通，执行元件工作时，卸荷阀 b 腔压力与 f 腔压力之差不足以克服弹簧力，于是卸荷阀关闭。当换向阀处于中位时，泵排出的压力油被换向阀封住，而卸荷阀的 f 口则通过梭

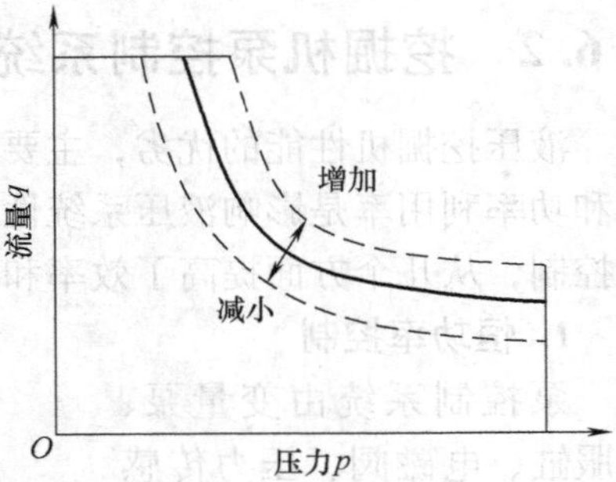


图 6-27　泵的实际 $p-q$ 曲线

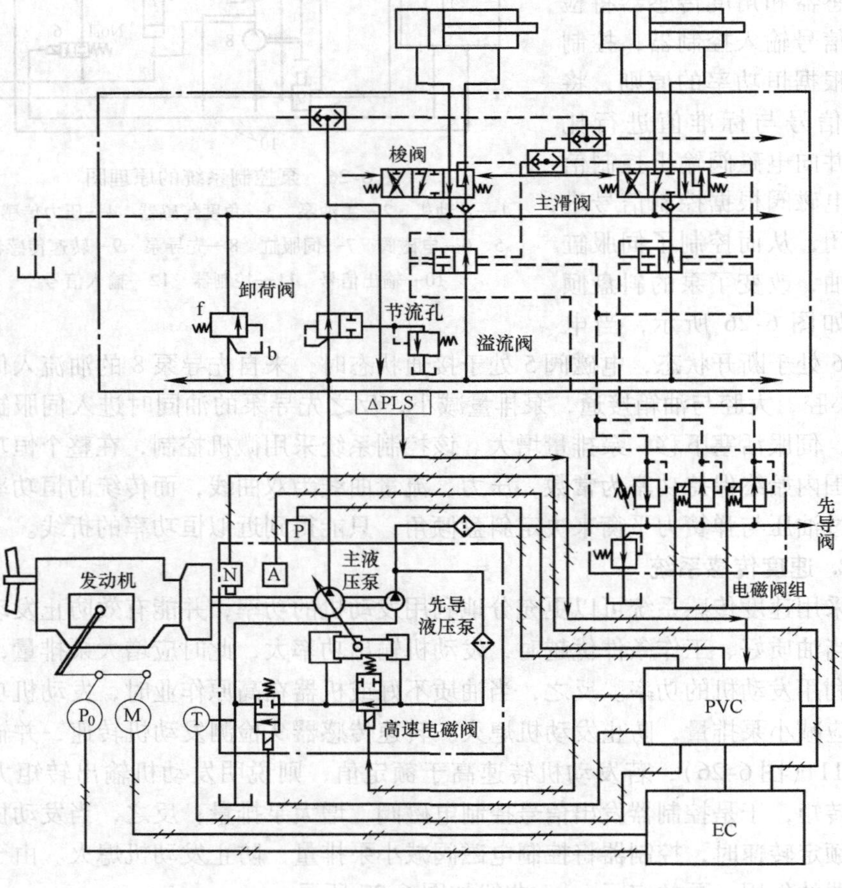


图 6-28　液压及控制系统原理图

阀及换向阀与油箱相通。当主液压泵压力达到卸荷阀弹簧调定压力 2MPa 时，卸荷阀打开，泵卸荷。与此同时，主液压泵的出口油压输入到压差传感器的 A 口，f 口油压输入到压差传感器的 B 口。卸荷阀开放时，B 口油压为零，A 口油压为卸荷阀的调定压力 2MPa，压差传感器将压差信号输入 PVC 控制器，当压差大于 1.5MPa 时，PVC 控制器便向电磁阀发出控制信号，减小主液压泵斜盘倾角，使主液压泵在最小排量下工作。此时主液压泵功率损失为卸荷压力与最小流量乘积，远小于传统的卸荷方式。

**4. 超载时泵卸荷**

当换向阀处于工作位置，执行元件正常工作时，卸荷阀关闭，此时压差传感器 A、B 口压差为主液压泵出口油压与执行元件油压之差，其值为管路压力损失。由于此压差小于 1.5MPa，PVC 控制器向电磁阀发出控制信号，说明已不是卸荷工况，于是增大斜盘倾角，主液压泵排量相应增加。在执行元件正常工作期间，压力传感器 P 将根据外负载变化控制主液压泵斜盘倾角，使压力与流量按恒功率规律变化。当执行元件超载或当液压缸运动到极限位置而换向阀仍处于工作位置时，溢流阀打开，油液经换向阀、梭阀、f 口处节流孔、溢流阀回油箱。由于 f 口处节流孔的作用，卸荷阀 b 口油压与 f 口油压之差大于卸荷阀弹簧力，卸荷阀打开，此时泵出口油压为溢流阀调定压力（33MPa）与卸荷阀弹簧力（2MPa）之和，即主液压泵压力为 35MPa，此压力输入压差传感器 A 口，而压差传感器 B 口油压为溢流阀调定压力 33MPa，A、B 口压差为 2MPa，由于此压差大于 1.5MPa，PVC 控制器向电磁阀发出控制信号，说明系统应该处于卸荷状态，于是主液压泵斜盘倾角减至最小（2°），近似于零排量。应该指出，由于恒功率控制，当执行元件超载时，泵流量已达恒功率控制的最小流量，采用了压差传感器，则使流量进一步减小（图 6-29），此工况虽然泵压力较大，但流量很小，所以功率损失较小。

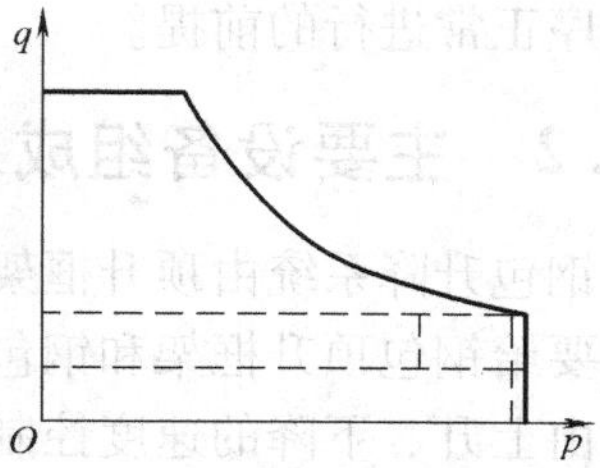


图 6-29　泵超载时流量变化曲线图

# 第7章 液压变量泵（马达）的应用举例

## 7.1 钢包液压升降系统比例变量泵的调速控制

随着钢铁工业技术的进步与发展，钢材市场竞争不断，为了适应市场的发展，需要进一步提高钢材质量，于是各工厂在炼钢的设备和工艺处理方面逐步增加了一些二次精炼手段，RH 精炼装置就是其中一种。

### 7.1.1 RH 钢包升降液压系统的设备用途

在 RH 精炼装置中，RH 钢包升降液压系统是一个重要的组成部分。RH 钢包升降液压系统是通过顶升钢包台车或框架来升降盛有钢水的钢包的。RH 真空槽浸渍管插入钢水液面下一定深度后进行真空脱气处理，待钢水处理结束后，再将钢包台车降到钢包台车轨道上。钢包台车运行的稳定性和可靠性是保证吹氧脱硫工序正常进行的前提。

### 7.1.2 主要设备组成及其功能描述

钢包升降系统由顶升框架和钢包升降液压系统两部分组成。钢包升降液压系统主要给钢包顶升框架和钢包进行液压传动和控制，系统主泵采用轴向柱塞泵。钢包由上升、下降的速度控制系统和控制阀块来控制。为了应对紧急事故，特设置手动阀台，其安装在主控室旁边，以方便操作人员需要时手动控制放下钢包。

该系统采用阀控泵式控制方法，这种泵将伺服阀、角度位置传感器集成在泵体上，通过独立的控制油路控制泵的斜盘倾角，以改变泵的排量，来实现系统的调速。斜盘的倾角变化范围为 $-15° \sim 15°$。当正角度输出时，主泵由电动机驱动，柱塞泵吸油，向升降缸提供压力油，钢包上升；当负角度输出时，柱塞泵反转，泵将系统中的液压油抽回油箱，液压缸在空钢包与缸体自重的作用下快速下降。其阀控泵装置如图 7-1 所示。斜盘倾角由位置传感器检测，其检测的信号与工况要求输出的电压信号相比较后，送入到调理电路进行处理，然后输入到比例阀的控制端，控制比例阀换向，从而控制进入变量控制缸油液的方向，实现斜盘的摆动。图中单向阀 4 是用来防止液压泵在反向吸油时系统油路中的压力低于大气压时而吸空。其变量机构的驱动系统采用单独的控制油路。

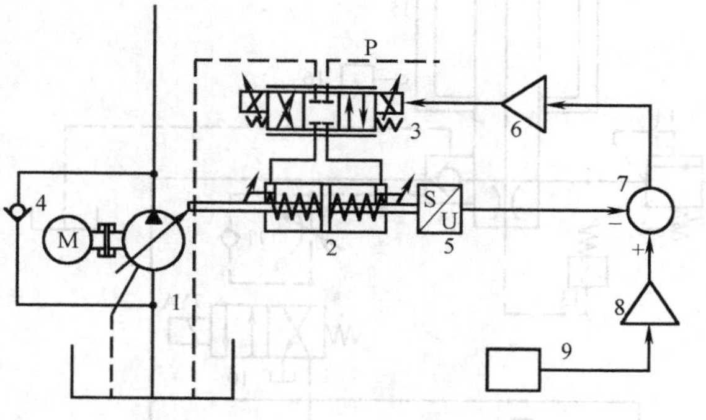


图 7-1 钢包升降系统阀控泵装置
1—变量泵 2—变量缸 3—比例阀 4—单向阀 5—位置传感器
6—调理电路 7—比较器 8—D－A 转换器 9—控制计算机

钢包液压升降系统的原理图如图 7-2 所示。在实际应用中，整个液压系统共有两套。一套工作，另一套备用（系统图未画出）以提高系统的可靠性。每套液压系统包含两个系统。图 7-1 所示的阀控泵装置就是两套液压系统的一套，其中两套系统同时向工作缸供油。系统的一个工况循环为：上升起动—上升加速—匀速上升—上升减速—上位停止—下降起动—下降加速—匀速下降—下降减速—复位。系统发出上升起动信号，1YA、3YA 通电，高压溢流阀 5 工作，变量泵 1 的排量逐渐增大，液压缸加速上升；当碰到行程开关 16 后，变量泵 1 保持排量不变，液压缸进入匀速上升阶段；当碰到行程开关 17 时，2YA、4YA 通电，低压溢流阀 6 工作，液压缸中的压力油开始溢流，变量泵 1 的排量逐渐减小，当达到一个较小值后，液压缸以慢速上升到顶端并停止，此时压力继电器 13 发信号使电磁铁 2YA、4YA 断电，变量泵 1 卸荷且斜盘倾角归零位，行程开关 16、17 以及上升起动信号复位。由于这时控制油不通，液控单向阀 12 关闭，液压缸工作腔被锁住，实现了钢包在高位的停止。钢包的下降过程由下降起动信号来控制，同时使 2YA、4YA、5YA、6YA 通电，液控单向阀 8、12 打开，此时泵开始反向吸油；由于低压溢流阀 6 的作用，一部分压力油经其流回油箱，系统的压力仍然很低；当下降碰到行程开关 17 后，泵排量增大到大排量区，电磁铁 1YA、2YA 通电，系统的压力升高，钢包开始匀速下降；当碰到行程开关 16 后，泵的排量又逐步减小，液压缸减速下降，直到回到初始位置，使压力继电器再次动作并发出信号，使系统的信号恢复到初始状态。钢包液压升降系统的速度工况图如图 7-3 所示。

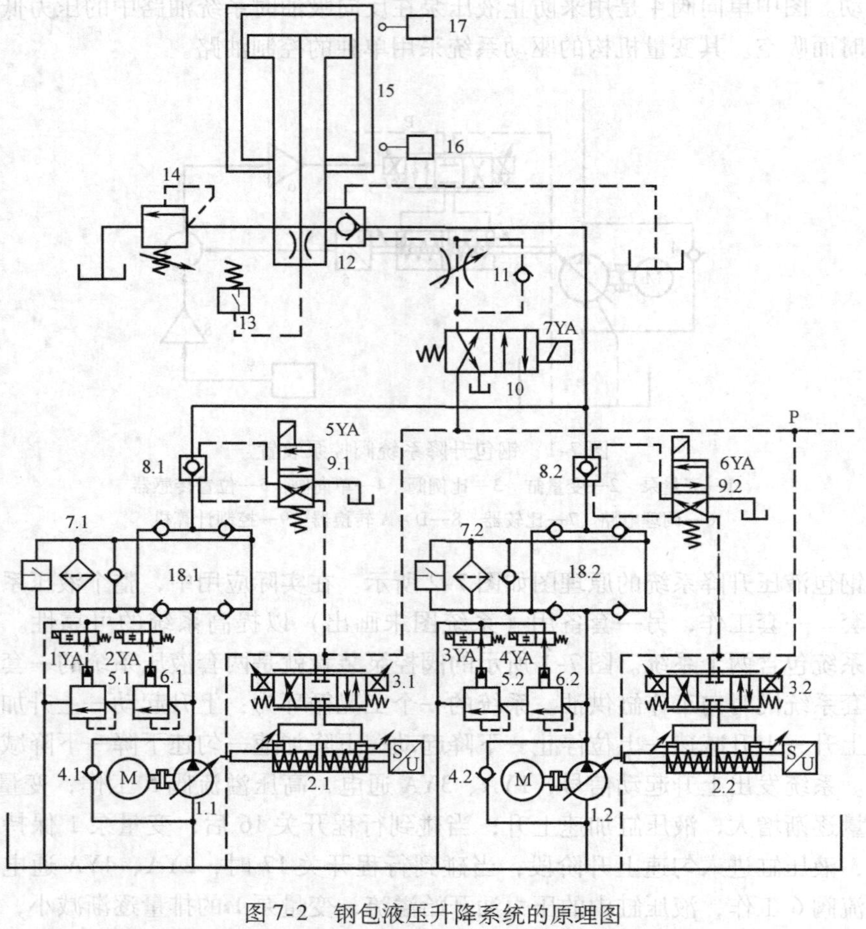


图 7-2　钢包液压升降系统的原理图

1—变量泵　2—变量缸　3—比例阀　4—单向阀　5—高压溢流阀　6—低压溢流阀　7—过滤器　8、12—液控单向阀　9、10—换向阀　11—单向节流阀　13—压力继电器　14—溢流阀　15—液压缸　16、17—行程开关　18—液压锁阀

在钢包液压升降系统中采用比例变量泵进行速度调节，可以避免传统速度控制中因工作速度切换带来的压力冲击，特别是运行速度多变或对运行速度要求平稳的系统中，这种速度调节方式具有很大的优势，缺点是成本高，液压系统比较复杂。

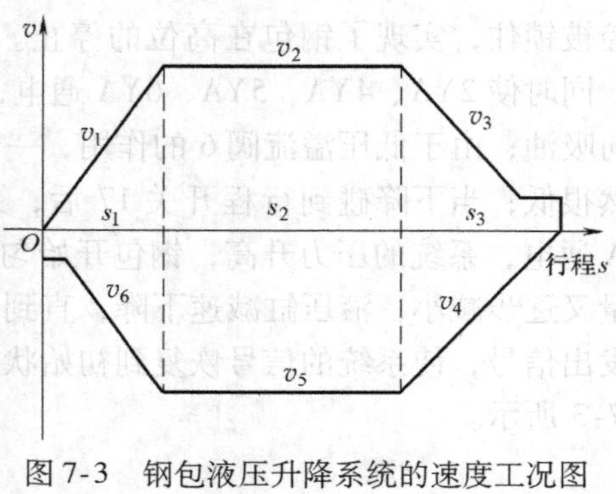


图 7-3　钢包液压升降系统的速度工况图

## 7.2 带 DA 型控制的 A4VG 变量泵在工程机械上的应用

自行式框架车驱动系统是由两台 A4VG180 闭式变量泵与六台 A6VM107 变量马达组成的闭式液压系统，其中 A4VG180 闭式变量泵采用伺服超弛控制方式，A6VM107 变量马达采用与高压和外部先导压力相关的复合控制方式（HA2T），马达经过驱动桥将转矩传至轮胎，驱动桥带减速与差速功能。自行式框架车闭式液压驱动系统原理图如图 7-4 所示。

变量马达的高压自动变量控制（HA2T）是一种适合牵引车辆自适应控制的最基本变量控制方式，简单可靠，使用方便。采用 HA2T 型控制的变量马达一经参数设定再无需其他控制环节，可以在开环条件下工作。马达排量随负荷压力自动变化，具有与变矩器类似的工作性能。

所谓超弛控制就是当自动控制系统接到事故报警、偏差越限、故障等异常信号时，超弛逻辑（Override Logic）将根据事故发生的原因立即执行自动切手动、优先增、优先减、禁止增、禁止减等逻辑功能，将系统转换到预先设定好的安全状态运行，并发出报警信号。在自行式框架车闭式液压驱动系统中运用伺服超弛控制技术是将车辆自动驱动及失速控制（DA 型控制）与液压伺服比例排量控制（HD 型控制）组合起来使用，从而车辆既具有路面行走驱动时的操作简易性，又能实现工作模式下独立于负载的精确伺服排量控制。其中，转速与压力复合控制（DA 型控制）优先于伺服比例排量控制（HD 控制），伺服比例控制限制了变量泵的最大排量，即车辆的最高行驶速度。同时，DA 型控制的自动驾驶功能和极限负荷功能仍然适用。

A4VG180 闭式变量泵的伺服比例排量控制，又称 HD 控制，与两条先导压力控制油路（$y_1$ 与 $y_2$ 油口）中的压差 $\Delta p$ 相关，两端的先导压差 $\Delta p$ 的大小决定了伺服比例阀打开的方向和阀口开度，通过控制伺服比例阀阀口的开度可以改变排量调节弹簧缸中活塞的位移，进而改变泵斜盘的倾角，达到改变泵排量的目的。同时变量活塞的位移又能够影响伺服比例阀阀口的开度，该控制系统是一个位置反馈式闭环控制系统。

变量泵的伺服比例控制阀在给定压差下，即给定了变量泵可能达到的最大排量，但此时变量泵能否到达此最大排量还受到 DA 型控制的制约，在发动机转速达到一定值，提供的控制压力足以克服变量泵中排量调节弹簧缸对中弹簧力和工作压力作用在斜盘上的反馈力时，变量泵的排量将维持在这个可能达到的最大排量上不变，将不随发动机转速的继续升高而增加，体现了变量泵的超弛控制特性。

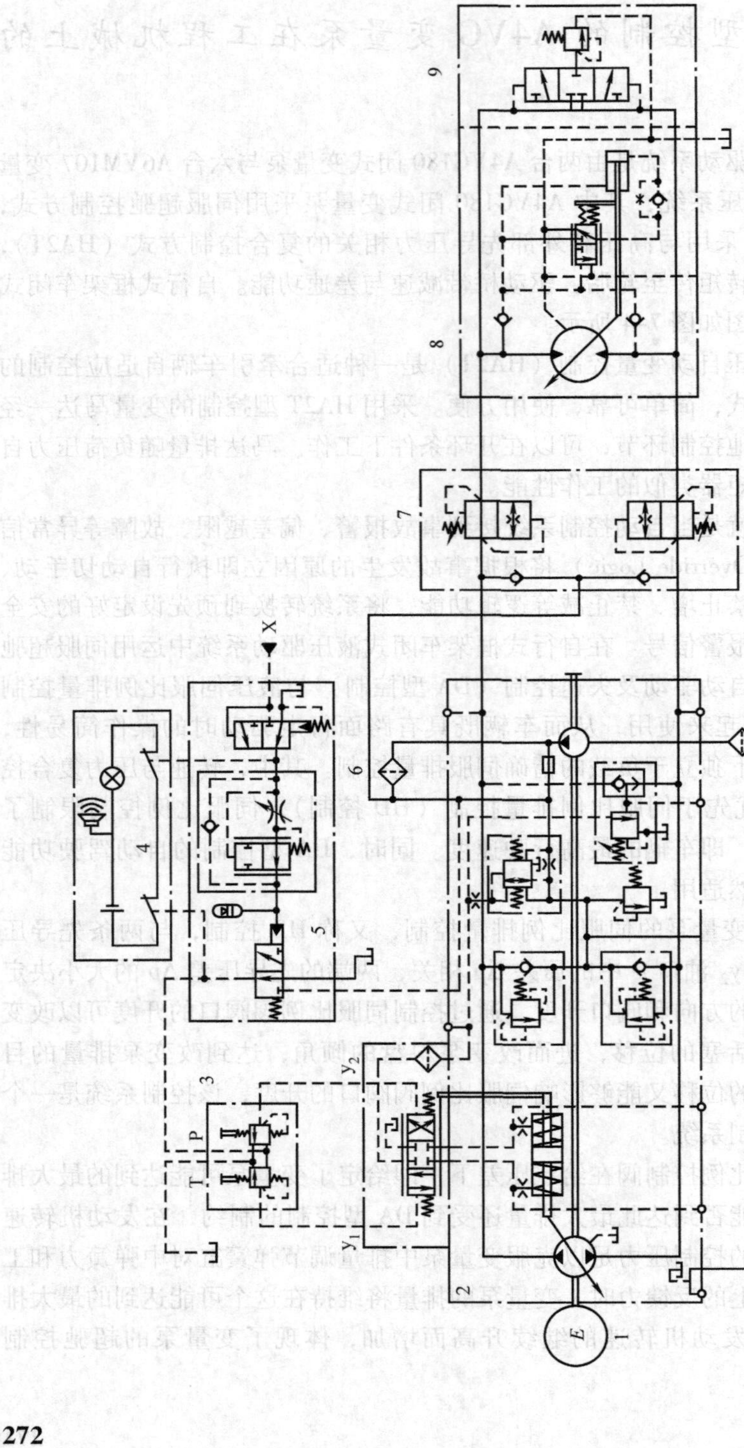


图 7-4　自行式框架车闭式液压驱动系统原理图

1—发动机　2—变量泵　3—液压先导控制阀　4—预警电气系统　5—液压延时控制阀组　6—过滤器　7—驱动限速阀　8—变量马达　9—冲洗阀　10—液压油箱

DA型控制是一种与发动机转速或自动行驶有关的控制系统。内置DA控制阀阀芯产生一个与泵驱动转速成比例的先导压力 $p_3$。该先导压力油通过一个伺服比例阀进入泵的定位缸。泵的排量在液流的两个方向均无级调节，DA型控制阀的先导压力与泵的驱动转速和排油压力有关。先导液流方向由通电电磁铁控制。带DA型控制阀调节的变量泵适应工程车辆的各种不同行驶状态，实现自动功率分配和功率的充分利用，实现自适应，DA型控制原理参见第5章。

负载压力 $p$ 和DA型控制阀输出的控制压力 $p_3$ 与主泵排量的特性曲线如图7-5所示。

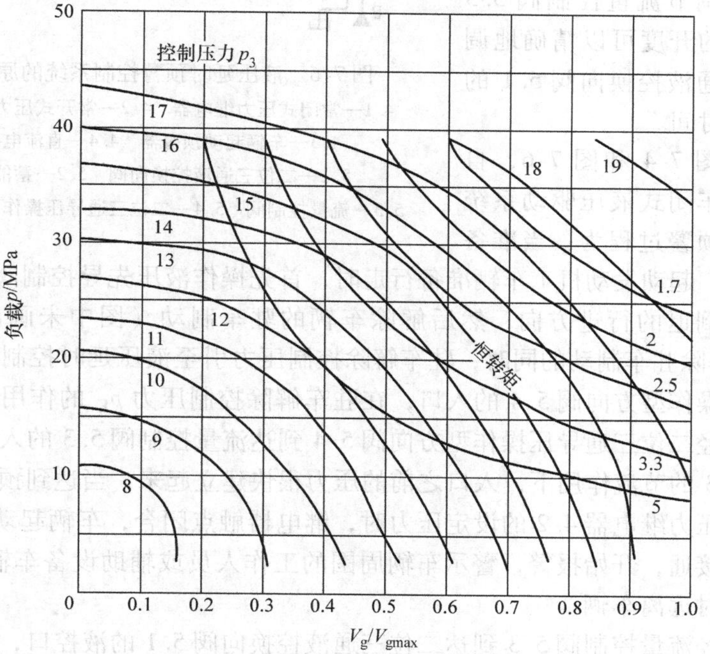


图7-5　负载压力 $p$ 和DA型控制阀输出的控制压力 $p_3$ 与主泵排量的特性曲线

自行式框架车作业环境比较恶劣，工作现场的噪声大、光线弱等，使驾驶人不能全方位的观察到车体周围的所有情况，从安全性的角度出发，为本车的闭式液压驱动系统设计了一种液压延时预警控制系统，可以在车辆行走之前自动发出声光报警信号，警示车辆周围人员及辅助设备车辆即将进行运输作业，请及时避让，防止意外事故的发生。

液压延时预警控制系统的原理图如图7-6所示，该系统包括了预警电气系统和液压延时控制阀组。其中，预警电气系统由常闭式压力继电器4.1、常开式压力继电器4.2、车辆起动预警器4.3和直流电源4.4串联组成；液压延时控制阀组集成了二位三通液控换向阀5.1、蓄能器5.2、流量控制阀5.3和二位三通导压操作型方向阀5.4，控制压力 $p_K$ 为车辆驻车解除控制压力。

回路中流量控制阀5.3是一个全流量可调型压力补偿流量控制阀，并且带单向阀功能。通过调节流量控制阀5.3中节流阀的开度可以精确地调节二位三通液控换向阀5.1的延时开启时间。

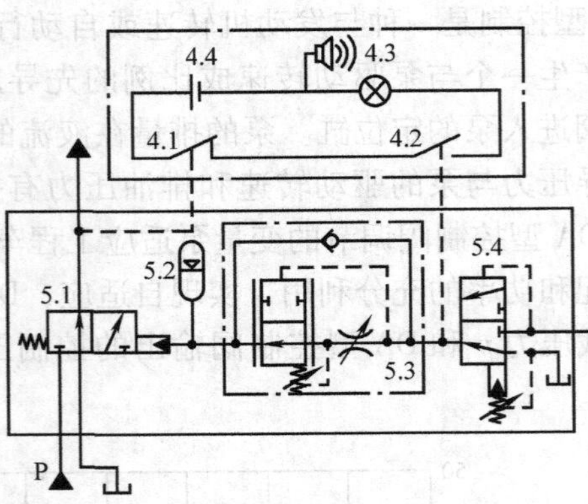


图7-6　液压延时预警控制系统的原理图

4.1—常闭式压力继电器　4.2—常开式压力继电器

4.3—车辆起动预警器　4.4—直流电源

5.1—二位三通液控换向阀　5.2—蓄能器

5.3—流量控制阀　5.4—二位三通导压操作型方向阀

结合图7-4和图7-6，自行式框架车闭式液压驱动系统延时起动预警过程为：当准备工作完成，起动发动机1车辆准备行走时，首先操作液压先导控制阀3，确定车辆前进或倒退的行进方向，然后解除车辆的驻车制动（图中未画出驻车制动阀），在解除驻车制动的同时，驻车解除控制压力引至液压延时控制回路中二位三通导压操作型方向阀5.4的入口，在驻车解除控制压力 $p_K$ 的作用下工作在上位，油液经二位三通导压操作型方向阀5.4到达流量控制阀5.3的入口，在流量控制阀5.3的节流作用下，入口之前的压力很快建立起来，当达到预警电气系统中常开式压力继电器4.2的设定压力时，继电器触点闭合，车辆起动预警器4.3电源电路接通，开始报警，警示车辆周围的工作人员或辅助设备车辆即将起动，请注意即时远离车辆。

油液经流量控制阀5.3到达二位三通液控换向阀5.1的液控口，同时流入并联接入的蓄能器5.2，在流量控制阀5.3中节流阀和压力补偿阀的作用下，流量控制阀对进油流量具有较高精度的调节，通过调节进入由流量控制阀5.3出口与二位三通液控换向阀5.1的液控口之间以及与蓄能器5.2组成密闭容积压力建立过程来滞后控制二位三通液控换向阀5.1的开启，当二位三通液控换向阀5.1开启后，液压先导控制阀的P口流量接通，流量经液压先导控制阀3（图7-4中）到达闭式液压变量泵变量控制伺服比例阀的一个液控口，进而控制闭式液压变量泵的输出排量，车辆行走。同时，在车辆开始行走时，液压先导控制阀3的P口压力已经建立起来，当达到常闭式压力继电器4.1的设定压力时，继电器触点断开，车辆起动预警器电源电路切断，预警过程结束。

当车辆停止时，驻车解除控制压力 $p_K$ 被切断，二位三通导压操作型方向阀

5.4 恢复到下位工作，蓄能器 5.2 中的油液经流量控制阀 5.3 中的单向阀和二位三通导压操作型方向阀 5.4 流回油箱，二位三通液控换向阀 5.1 的控制压力消失，恢复左位工作，液压先导控制阀 3 的 P 口接回油箱，闭式液压变量泵变量控制伺服比例阀控制压力切断，停止排量输出，车辆恢复到驻车状态。

## 7.3　比例液压变量泵系统在注塑机上的应用

随着工业发展，注塑机控制系统也得到同步发展。近年来，各塑料机械生产厂家为了适应国内塑料加工行业的结构调整，需要降低加工成本，提高加工效率。为了迅速满足市场的需求，缩短国产注塑机与国际注塑机之间的差距，20 世纪 90 年代以来，国内的注塑机行业广泛应用了电液比例控制技术，实现了对压力、流量的比例控制，改善和提高了系统的控制精度、动态响应和稳定性等，包括比例压力、比例流量、比例压力流量复合、比例流量方向复合以及二通、三通比例插装阀在内的比例控制技术日益趋于稳定和成熟。

在电液比例控制技术中，最重要的元件之一是比例变量泵，属容积调速控制系统范畴。为了简化液压系统设计，降低能量消耗，减少节流、溢流损失和系统发热，提高系统效率，日本 YUKEN 及德国 Rexroth、Bosh 等公司先后研制开发了多种比例变量泵。在国外，比例变量泵系统已成功地应用于部分高性能的注塑机上。这一技术在国内注塑机行业也得到推广和应用，本节以震德塑料机械有限公司节能型机型 CJ80MZV 为例，介绍比例变量泵在注塑机的应用情况。

图 7-7 所示为应用了比例变量泵的注塑机的液压原理简图，其中 1 为负载敏感型的比例变量柱塞泵。与阀控系统相比，这种系统的构成更为简单，由原来的定量泵组合比例压力、比例流量控制转变为比例变量泵，同样可进行比例压力、比例流量等多种控制。比例变量泵系统工作时，通过改变 $I_1$ 和 $I_2$ 两个控制电信号，控制和调节泵的排量，向负载提供所需的压力和流量，控制方便。

系统工作时，通过改变 $I_1$、$I_2$ 两个电信号，对比例变量泵的排量参数（斜盘倾角）进行控制和调整，就可向系统提供驱动负载所需要的压力和流量。其工作原理是：当系统需要调节流量时，先给变量泵上的电液比例先导溢流阀输入一个电信号 $I_1$，如果系统的工作压力在溢流阀设定的压力范围内变化，比例先导溢流阀能可靠地关闭，泵的出口压力与负载压力保持压差 $\Delta p$，在最高的限压范围内能适应负载的变化，系统处于流量调节的状态。随给定的电信号 $I_2$ 的不同，比例节流阀保持相应的开口，在确定进出口压差的情况下，其输出流量只与电信号 $I_2$ 有关，而与负载压力变化或泵（马达）转速波动的影响无关。对于特定的电信号 $I_2$，若比例节流阀的进出口压差保持不变，则说明泵的输出流量与输入信号相对应。而当负载压力改变时，比例节流阀口两端压差增大（或减小），表明泵的输出流量高于（或低于）输入其对应的电信号值，此时泵的出口压力反馈给变量机构，变量活塞推动变量柱塞泵改变斜盘倾角，从而减小（或增大）泵的排量。当系统进入保压工况时，通过改变比例先导溢流阀的输入电信号 $I_1$ 就可得到与之成比例的泵的输出压力。在这种状态下，变量柱塞泵的斜盘倾角很小，泵输出的流量很小，只维持保压压力。

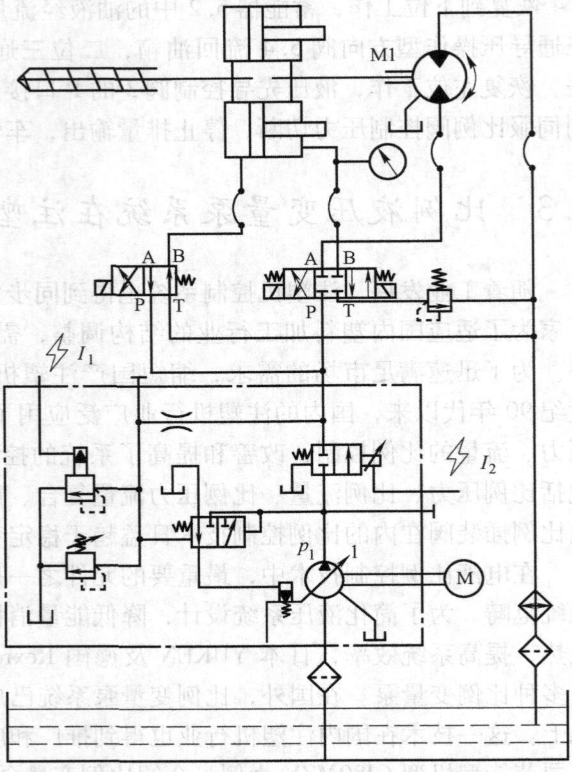

图 7-7　应用了比例变量泵的注塑机的液压原理简图

比例变量泵系统的应用，实现了注塑机液压系统由阀控系统向泵控系统的转变，使常规的节流调速系统转变为比例变量调速系统，整机的控制性能指标得到了改善和提高。比例变量泵系统除具有常规比例控制系统的优点外，更具有如下优点：

1）系统发热降低，液压元件使用寿命延长。比例变量系统几乎无节流和溢流损失，系统运行时发热大大减少，油温稳定性进一步提高。可节省冷却水的消耗及厂房冷却设施的投资费用，且低油温使密封元件寿命大大提高。

2）能量消耗减少，系统效率提高。比例变量泵系统具有良好的自适应性，其输出的压力和流量能够与负载需求相一致，解决了节流调速系统的流量、压力不适应问题，能量损耗大大减少，系统效率提高，节能效果十分明显。

3）可实现数控比例背压的控制，塑化效果得到了改善。

4）液压系统污染度指标降低，系统故障明显减少，运动稳定性大大提高。

同时还应考虑该系统在应用中的几个关键问题：

1）噪声问题。噪声由比例变量柱塞泵的结构与工作原理所决定。一般而言，泵的输出压力、流量脉动较大，导致系统的噪声比较明显。在使用时，必须从系统配置上采取一定措施，如采用蓄能器等元件以减小输出脉动，采用吸声材料等来降低系统噪声。通过采取各种措施，可以使系统的噪声降低到常规液压系统的水平。

2）液压系统污染度的控制。在比例变量泵系统中，污染度指标直接影响到泵的使用寿命。为此，系统的污染度指标必须控制在按 NAS1638 油液污染度等级标准规定的 NAS8 级以内，要达到这一要求，必须按系统工程原理去规划实施，控制系统设计、制造、安装、调试及使用的全过程，才能保证系统长期稳定工作。

3）响应速度的调整。与定量泵组合 PQ 比例阀的液压系统相比，由于控制原理和系统结构的差异，比例变量泵系统的响应速度相对比较慢，特别是卸压特性，差别比较明显。为了解决这一问题，在系统设计时，增加了卸压回路，提高了系统的响应速度。

## 7.4 负载敏感泵与比例多路阀在大型养路机械上的应用

在较先进的工程机械中，为了提高控制精度、节约能量、降低油温，在运动时同步动作的几个执行元件互不干扰，通常都采用负载敏感泵与比例多路阀的技术。负载敏感泵采用压力和流量联合控制，其输出流量不受负载压力和转速的影响，并且出口压力与负载压力相匹配。该泵具有突出的节能优点和恒流特性，已广泛应用于工业系统中。常用的普通多路阀液压系统，使用定量泵时，采用溢流阀溢流，这时系统的功率损耗较大（图 7-8），而使用带有流量调节器负载敏感多路阀，会减少一部分功率损耗（图 7-9）。如使用负载敏感泵和比例多路阀，则可使流量和压力与系统所需达到最佳匹配要求（图 7-10）。这是目前大流量液压系统首选的控制方案。

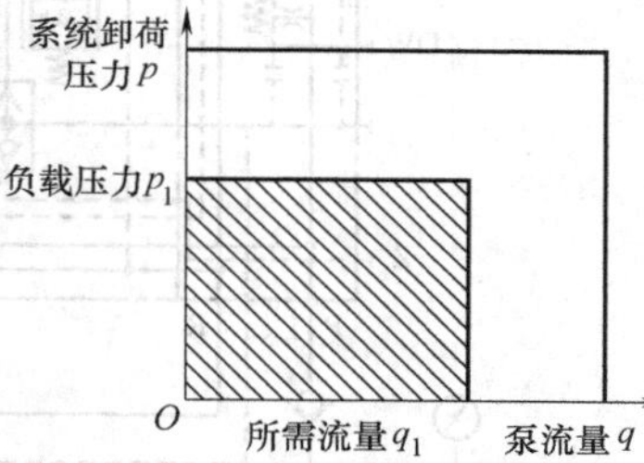


图 7-8　普通多路阀用于定量泵系统的效率

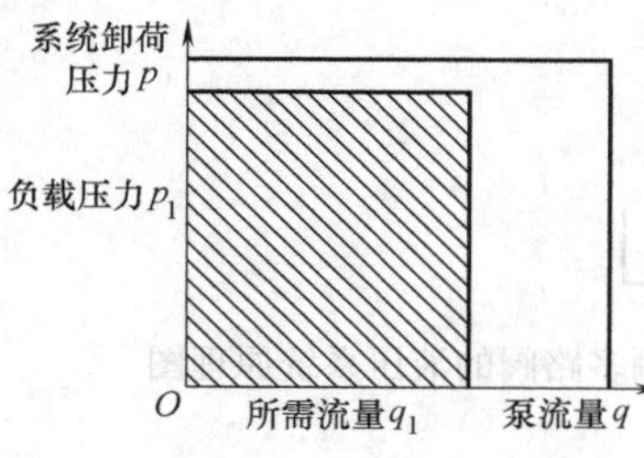


图 7-9　比例多路阀用于定量泵系统的效率

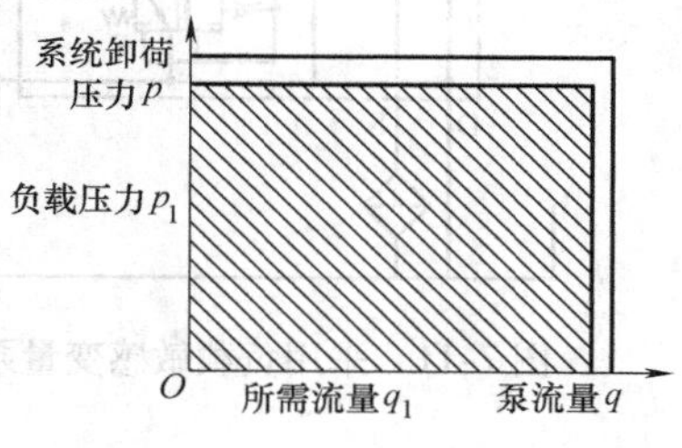


图 7-10　比例多路阀用于变量泵系统的效率

随着科学技术的发展，钻机的控制越来越人性化、智能化，钻机液压系统也正在不断地改进。将先进的负载敏感变量泵与电控比例多路阀组合应用到钻机主液压系统中，与常规恒压变量泵与手动换向阀或电控换向阀组合的钻机液压系统相比，在安全、节能、可控性、远程控制及反应速度等方面均具有明显的优势。

图 7-11 所示为采用负载敏感变量泵和电控比例多路阀的液压系统原理图。

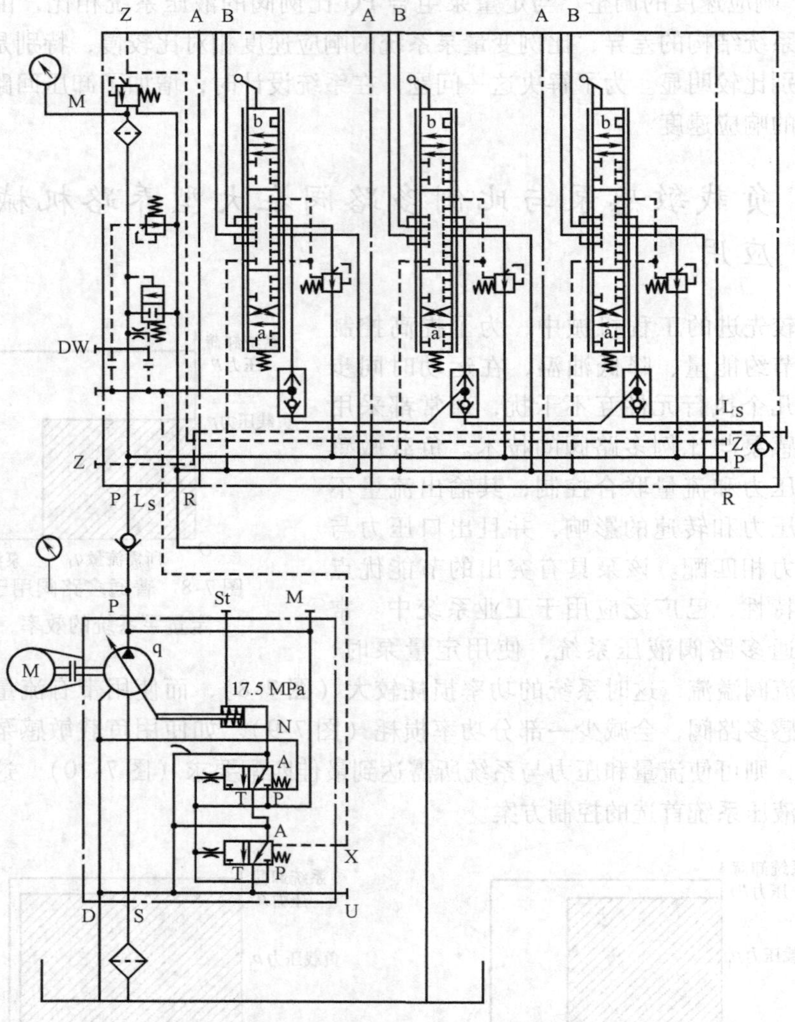


图 7-11　采用负载敏感变量泵和电控比例多路阀的液压系统原理图

为了降低待机压力和能耗，满足管路简洁、维修方便、能远程控制、可控性强等要求，对系统做了进一步改进，主要采用负载敏感变量泵和电控比例多路阀来实现。

电控比例阀具有比例电控和手动控制双重控制功能，通常使用电控功能，手柄仅做应急使用。该电控比例阀主要通过电位计（电控手柄）输出无级可调的电信号，经放大器进行功率放大后驱动比例电磁铁，从而控制阀芯换向和开度，使得执行元件的方向和速度可调。因此电控比例阀不仅可控性好，而且能实现远程控制，从而使得阀体可就近布置，解决了管路简洁、维护方便的问题。

负载敏感变量泵类似于恒压变量泵，但其比恒压变量泵多一个负载传感阀。该泵集成了压力切断阀和负载传感阀。当起动泵时，泵的输出油液经 St 进入泵变量执行机构，使泵以最大排量输出；随着泵的运转，系统压力逐渐升高；由于电控比例多路阀不动作，故多路阀负载传感口 $L_S$ 无压力反馈至泵，当系统压力升高到能克服负载传感阀 X 端弹簧的压力时，负载传感阀被打开，高压油经负载传感阀和压力切断阀后进入泵变量执行机构的无杆腔，从而减小泵排量，直至为零，并在此压力下待机；当电控比例阀动作时，阀的输出压力经负载传感口 $L_S$ 反馈至负载传感阀的弹簧腔，负载传感阀被关闭，变量执行机构无杆腔压力卸荷，泵排量增加，以满足执行机构的流量需求。因此系统待机压力决定于负载传感阀弹簧刚度，系统工作时负载传感阀左端即为泵输出压力，右端为系统压力经管路压力损失和电控比例阀减压损失之后的压力，所以克服负载传感阀弹簧的压力时所需的压力略大于管路压力损失和电控比例阀减压损失之和，一般约为 4MPa，在待机状态压力、流量均处于较低值，能耗少。

## 7.5 钢坯修磨砂轮转速电液比例变量泵（马达）调节系统

在钢材生产过程中，在坯料轧制或锻造之前，必须对坯料表面的氧化皮、脱碳层和缺陷（夹渣、裂纹、折叠等）进行清理。钢坯修磨机就是为这一工艺过程设计的专用机床。钢坯表面一般起伏不平，而氧化皮厚度基本相同。在全修磨时，要求砂轮能适应钢坯表面起伏不定的变化，以保证以最少磨去金属量来彻底清除钢坯表面的氧化皮，要求砂轮加载系统有良好的跟随特性，以实现等厚修磨。钢坯修磨的要求主要是高效和低成本。

（1）高效　可用金属切除率来评价，即单位时间内磨除的金属质量。

（2）低成本　可用磨削比来评价，即磨除金属质量与消耗的砂轮质量之比。

这两项指标与磨削过程中的工艺参数（如砂轮的速度、修磨压力、工件进给速度及砂轮的尺寸和性能）有很大的关系。砂轮转速采用液压无级调速，可以减小砂轮加载机构的质量，有利于提高加载系统的跟随特性。

## 7.5.1　液压无级调速系统的构成及调节原理

采用电液比例变量泵定量马达的砂轮转速调节原理图如图 7-12 所示。系统的动力由 A7VI60EP 电控比例轴向柱塞泵和 ZBHI60 轴向柱塞泵提供，砂轮直接由 ZMH160 轴向柱塞马达驱动。采用砂轮转速反馈以提高调速系统的刚度，转速采用 ZD8 磁电式传感器进行测量。二位三通比例电磁方向阀和变量液压缸等组成变量泵的变量机构。当对比例电磁铁线圈施加电流 $i$ 时，比例阀阀芯上会产生一个正比于电流 $i$ 的电磁推力 $F$，当电磁力 $F$ 与作用于阀芯上的弹簧力相平衡时，变量液压缸则平衡在某一位置。变量液压缸与阀芯之间通过弹簧进行力反馈。变量液压缸不同的位置对应于变量泵的不同排量，当液压泵的转速不变时，通过改变比例电磁铁的输入电流 $i$ 来改变变量泵的输出流量，即改变了液压马达的转速。

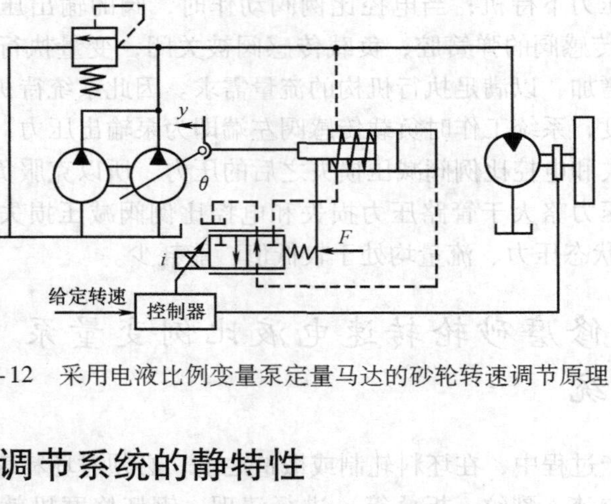


图 7-12　采用电液比例变量泵定量马达的砂轮转速调节原理图

## 7.5.2　转速调节系统的静特性

在设计系统时，可以先根据砂轮转速公式 $n_m = 60v_s/(\pi D)$（$D$ 为砂轮的直径，$v_s$ 为砂轮的线速度），系统要求的转速 $n_{mmin}$ 和 $n_{mmax}$，确定系统的调速范围；然后，选择设计系统，当系统中的各个元件确定后，可以通过定量泵的排量 $q_{p1}$，变量泵的排量 $q_{pmin}$、$q_{pmax}$，定量马达的排量 $q_3$ 以及电机动转速 $n_p$，根据公式 $n_{mmin} = n_p(q_{p1}+q_{pmax})/q_m$ 和 $n_{mmax} = n_p(q_{p1}+q_{pmax})/q_m$ 求出转速的最大、最小值，与初始设计值相比较，看是否满足系统的设计要求。

为了提高系统的速度刚度，系统应采用图 7-13 所示的闭环控制，其补偿器采用 PID 控制，由于该系统无积分环节，为消除系统的误差，补偿器中包含了积分器。当稳态时，积分器输出为 $u_g$，即 $u_g \approx u_f$，$\Delta u \approx 0$。钢坯修磨砂轮转速调节系统的框图如图 7-13 所示。

由图 7-13 可获得马达的转速为

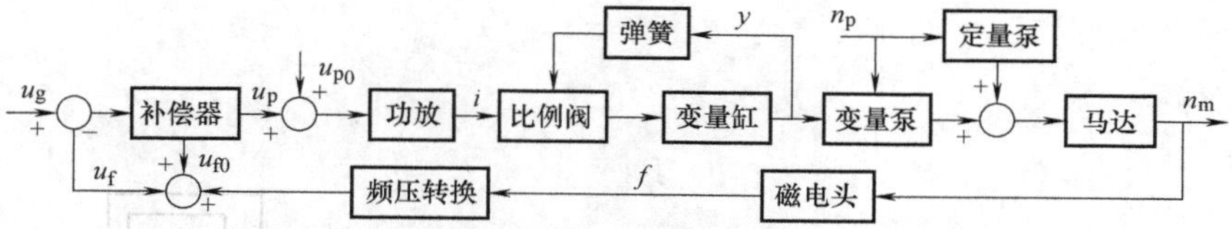


图 7-13　钢坯修磨砂轮转速调节系统的框图

$$n_m = \frac{K_u K_p n_p}{q_m} u_p + \frac{K_u K_p n_p}{q_m} u_{p0} + \frac{q_{p1} + q_{p0}}{q_m} n_p \tag{7-1}$$

式中　$n_m$——马达转速；

$K_p$——马达排量的变化范围与电流范围比，$K_p = \dfrac{q_{pmax} - q_{pmin}}{i_{max} - i_{min}}$；

$q_{p0}$——变量泵的等效常值排量；

$q_m$——定量马达的排量；

$K_u$——功率放大器增益，$K_u = 66\text{mA/V}$；

$u_{p0}$——变量起点设置电压，$u_{p0} = 50\text{V}$ 或 11V。

反馈电压为

$$u_f = \frac{K_u K_p K_f n_p}{q_m} u_p + \frac{K_u K_p K_f n_p}{q_m} u_{p0} + \frac{K_f (q_{p1} + q_{p0})}{q_m} n_p + u_{f0} \approx u_p \tag{7-2}$$

式中　$K_f$——频压转换器的放大系数。

采用变量泵、定量马达可以实现砂轮转速的无级调节，有利于提高砂轮系统的跟随性。此外，砂轮的无级调速还为最终实现恒线速度控制提供了条件，从而提高了钢坯修磨的生产率。

# 7.6　LUDV 负载传感系统在液压挖掘机上的应用

## 7.6.1　概述

液压挖掘机在工作时，既要保证液压挖掘机动臂、斗杆和铲斗各自的单独动作，又要使它们相互配合实现复合动作；工作装置动作和转台回转既能单独进行，又能实现复合动作，以提高挖掘机的工作效率。其动作复杂，采用传统的液压系统，不论是用定量泵还是变量泵，都会有一部分液压油经溢流阀溢流，这样不仅浪费能源，而且也会造成系统发热。同时因为液压挖掘机的作业对象及工况千变万化，各工作装置所需的工作压力和流量也各不相同，因此，经常出现轻载荷的工作装置抢占重载荷工作装置的液压油的现象，致使复合动作难以实现，如挖掘机行走时，由于左、右履带载荷不同，导致拐弯打滑现象，不能实现直线行走。LUDV 负载传感系统就是为解决这一难题而设计的。某一型号的液压挖掘机的液压系统原理图如图 7-14 所示。LUDV 系统简图如图 7-15 所示。

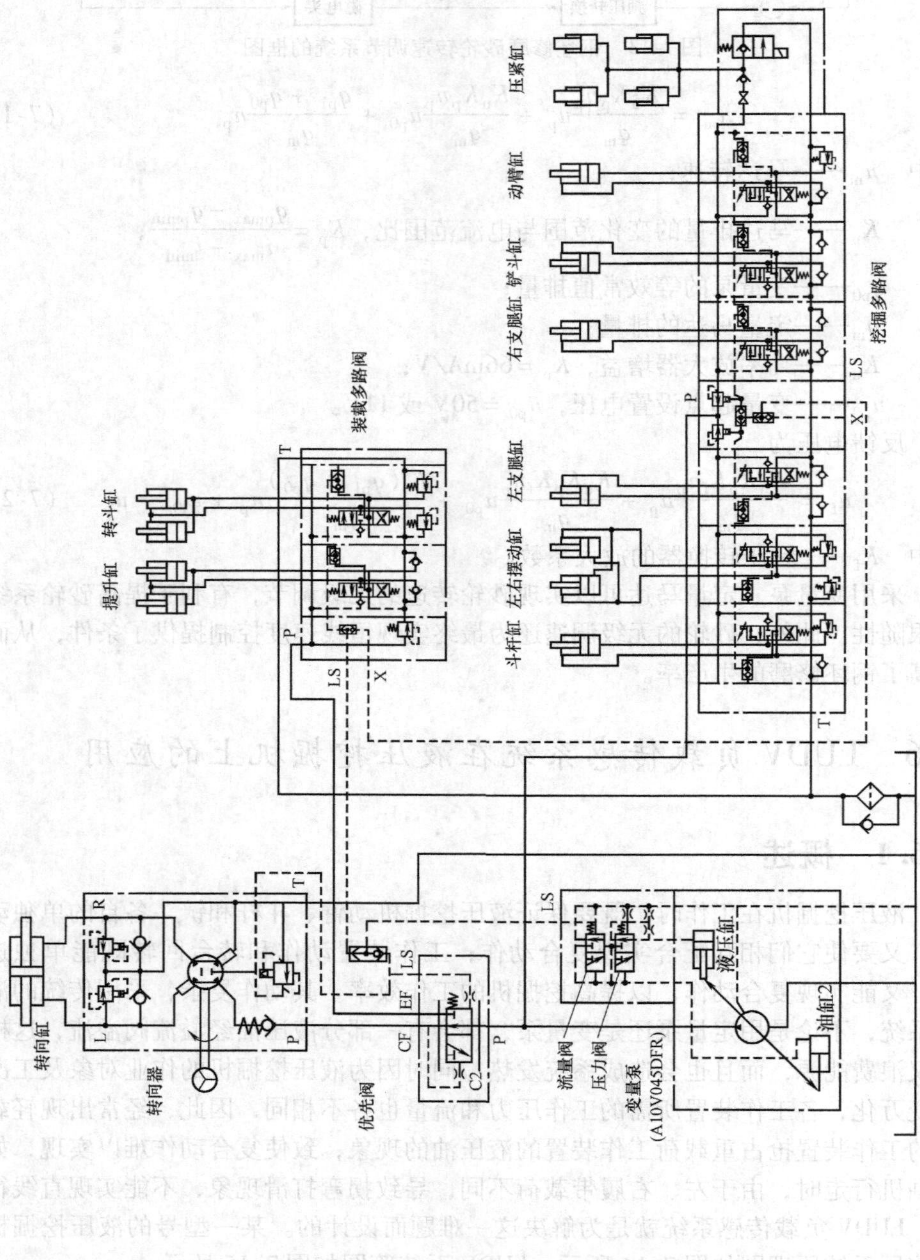


图 7-14　某一型号的液压挖掘机的液压系统原理图

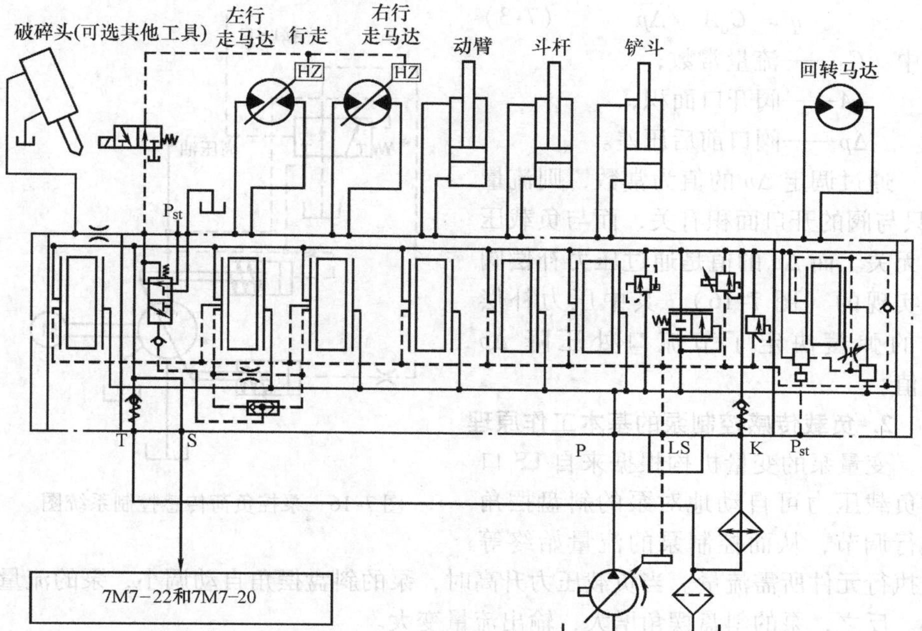


图 7-15　挖掘机的 LUDV 系统简图

## 7.6.2　负载传感控制系统

在介绍 LUDV 负载传感控制系统之前，先了解一下普通的负载传感控制系统。20 世纪 90 年代以来，负载传感控制系统开始应用到液压挖掘机上，通常其组成是变量泵、中闭式负载传感多路阀、卸荷阀、压差传感器及电气控制几部分，其控制阀无论在中位是开式还是闭式，都附有压力补偿阀。负载传感控制系统由负载传感控制阀和负载传感控制泵两个部分组成。

与传统的液压系统相比较，负载传感控制系统具有以下几个优点：

1）能量消耗小。采用负载传感变量系统，泵能够根据负载的情况对自身的排量进行调节，由压差传感器检测负荷压力，通过泵阀控制器发出指令，根据负载的需求调节液压泵排量，使泵输出压力始终比负载压力高出不大的恒定值，从而保证液压泵输出功率与负载相适应，减小能量损失。

2）流量控制精度高，不受负载压力变化的影响。

3）能实现对不同负载压力的多个执行元件同时进行快速和精确的控制，各个执行元件互不干涉。泵控负载传感控制系统图如图 7-16 所示。

**1. 负荷传感控制阀的基本原理**

负荷传感控制阀的基本原理为伯努利流量方程：

$$q = C_d A \sqrt{\Delta p} \qquad (7\text{-}3)$$

式中　$C_d$——流量常数；

$A$——阀开口面积；

$\Delta p$——阀口前后压差。

通过调定 $\Delta p$ 的值为常数，则流量 $q$ 只与阀的开口面积有关，而与负载压力无关。而 $\Delta p$ 的值是通过压力补偿阀来实现的（图 7-16），其中压力补偿阀的弹簧决定了节流口处压降 $\Delta p$ 的值。

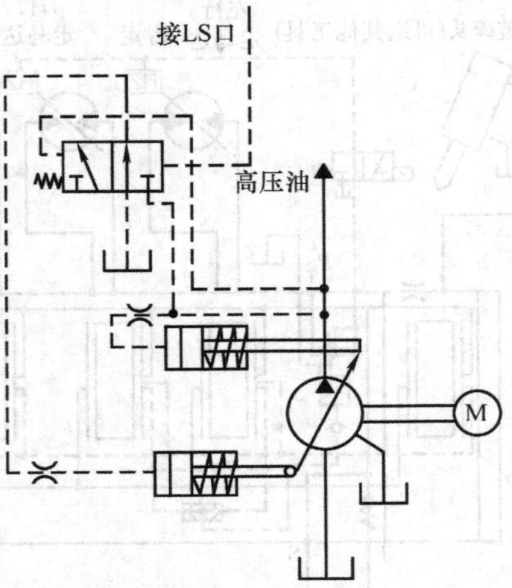


图 7-16　泵控负荷传感控制系统图

**2. 负载传感控制泵的基本工作原理**

变量泵的变量机构根据来自 LS 口的负载压力可自动地对泵的斜盘摆角进行调节，从而控制泵的流量始终等于执行元件所需流量。当负载压力升高时，泵的斜盘摆角自动调小，泵的流量减小。反之，泵的斜盘摆角增大，输出流量变大。

**3. 负载传感控制系统的缺点**

在液压挖掘机系统中采用负载传感控制，为了保证工作正常，泵输送的压力必须与最高负载压力相适应，即负载传感控制只在最高负载回路中起作用，而对其他负载压力较低的回路采用压力补偿，以使阀口压差保持定值。阀口全打开，使工作系统要求的流量超过泵的供油能力的极限时，最高负载回路上的执行元件速度会迅速降低直至停止，从而使挖掘机失去复合动作的协调能力。

## 7.6.3　LUDV 系统的工作原理及其与普通负载传感控制系统的区别

力士乐公司在 LUDV 系统中设置了负载传感分流器，以克服普通负载传感控制系统的缺点，其主要作用是保证在供油不足时所有执行元件的工作速度按比例下降，以获得与负载压力无关的控制。负载传感控制（LS）系统与负载传感分流器控制（LUDV）系统的工作原理分别如图 7-17 和图 7-18 所示。

如图 7-18 所示，LUDV 系统中的压力补偿阀位于节流孔 $A_1$ 和 $A_2$ 之后，故 LUDV 系统又称为带次级压力补偿阀的负载传感控制系统。在图 7-17 中，两个执行元件的负载压力分别传感到各自换向阀的压力补偿阀，其中较高的压力经梭阀再传送到变量泵。而在图 7-18 中，最高负载压力不但传送到变量泵中，也传送到各个压力补偿阀。图 7-17 中采用的是基于定差减压原理的压力补偿阀，而图 7-18 中采用的是基于比例溢流原理的流量分配型压力补偿阀，最高负载压力作为比例控制信号传递给所有的压力补偿阀；同时负载传感控制器也在最高负荷压力作用下，对液压泵的排量进行控制，使泵的输出压力高出最高负载压力一个固定值。这样，所有的多路阀阀口的压降都被控制在同一值。即使泵出现供油不足的情况，执行机构的速度会下降，但由于所有阀口的压降是一致的，各工作机构的工作速度还会按阀的开口面积保持比例关系，从而保证挖掘机动作的准确性。在一般情况下，LS 系统、LUDV 系统的工作性能基本相同，但当执行元件所需流量超过泵输出流量极限时，LUDV 系统中各节流孔压差 $\Delta p$ 始终保持相等，流量总是与节流孔面积成正比，所有执行元件将以同一比率减速，并能独立平稳地工作，保持驾驶人预定的工作运动轨迹，而与负载和泵流量大小无关。

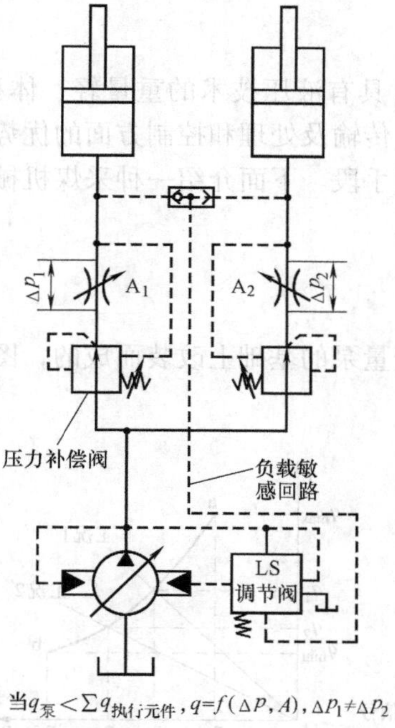


图 7-17　负载传感控制（LS）系统的工作原理

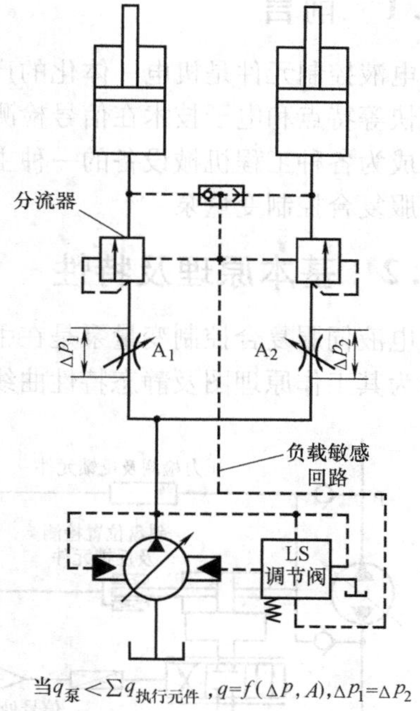


图 7-18　负载传感分流器控制（LUDV）系统的工作原理

## 7.6.4　LUDV 系统的应用

流量分配型压力补偿阀的出现，使得单泵多执行机构的负载传感控制系统变得更加实用。因此，采用这种阀的负载传感控制挖掘机普通采用了单泵供油方式，从而省掉了复杂的合流控制功能，使得液压系统和泵的结构变得更简单实用。

湖南山河智能机械股份有限公司在新研制的SWE85液压挖掘机上采用了德国Rexroth公司的LUDV闭式系统，基于SX14（主阀）和A11VO9（主泵）的LUDV系统虽然在欧洲应用较为广泛，但在国内还是第一次，它充分利用了发动机的效率，降低了能量消耗。从使用情况来看，各执行元件的动作相互独立，互不干扰，操作者能轻松地实现各种复合动作，降低了劳动强度，提高了作业效率。

## 7.7 电液伺服复合控制变量泵的应用

### 7.7.1 前言

电液控制元件是机电一体化的产品，同时具有液压技术的重量轻、体积小、响应快等特点和电子技术在信号检测、放大、传输及处理和控制方面的优势。目前已成为各种工程机械设备的一种主要的控制手段。下面介绍一种采煤机械的电液伺服复合控制变量泵。

### 7.7.2 基本原理及特性

电液伺服复合控制变量泵是在手动斜盘变量泵的基础上改装而成的，图7-19所示为其工作原理图及静态特性曲线。

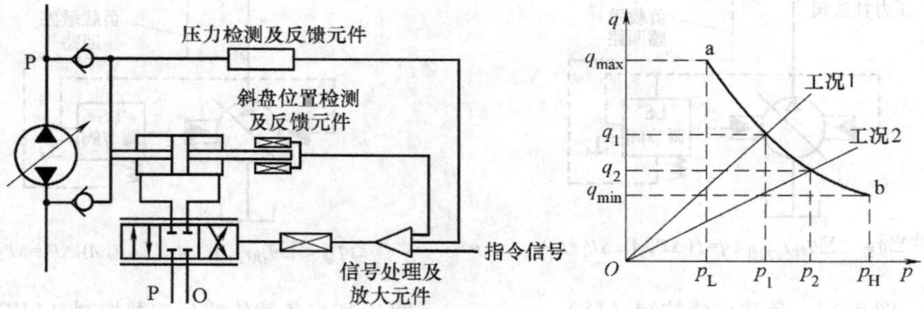


图7-19　电液伺服复合控制变量泵的工作原理图及静态特性曲线

该电液伺服复合控制变量泵的基本原理是，以泵的出口压力$p$作为反馈信号，与指令信号进行比较，通过电液伺服变量机构来控制变量泵的斜盘倾角，实现对变量泵排量的调节，使变量泵按图7-20所示的特性曲线工作。当泵按照调节指令信号工作在工况1下时，泵的输出流量的流量为$q_1$、压力为$p_1$，则输出功率$P_1 = p_1 q_1 / (60\eta)$。如果变量泵的出口压力增大至$p_2$，则$p_2$通过压力检测及反馈元件形成电信号反馈到电液伺服变量机构来调节变量泵的排量，使变量泵的

输出降低至 $q_2$，而功率 $P_2 = p_2q_2/(60\eta) = p_1q_1/(60\eta)$ 则保持不变，从而实现泵的恒功率控制。当泵的出口压力 $p$ 大于设定的最高工作压力 $p_b$，即 $p > p_b$ 时，泵的排量迅速变为零，泵停止向外供油，起到了压力安全保护的作用。若泵的出口压力小于设定的最小工作压力，即 $p < p_L$，则泵会在恒定的流量 $q_{max}$ 下工作，而不受出口压力 p 变化的影响，实现泵在恒流量下的输出。

在图 7-19 中，信号处理及放大元件的功能是电压信号设定、比较处理、放大。为了提高泵的动态性能，设置了动压超前反馈校正网络，对网络参数进行了动态优化设计，以提高泵的动态性能。由于采用了高速、高精度的电液伺服变量机构，并加以适当的电反馈调节，这种复合控制变量泵具有良好的输出特性和动态性能。图 7-20 和图 7-21 所示为这种变量泵输出流量的频率响应特性和阶跃响应特性。

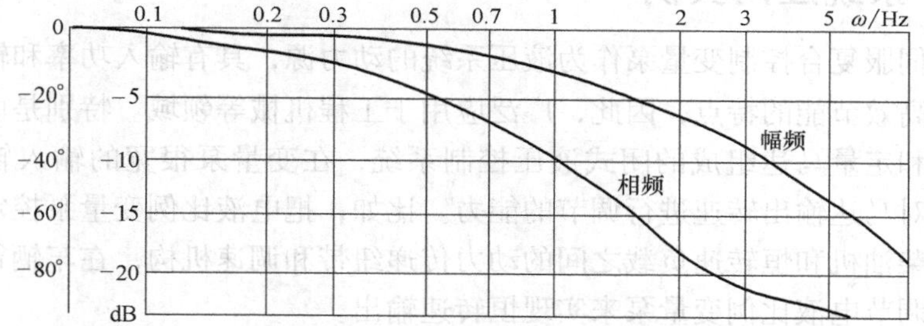


图 7-20　电液伺服复合控制变量泵输出流量的频率响应特性

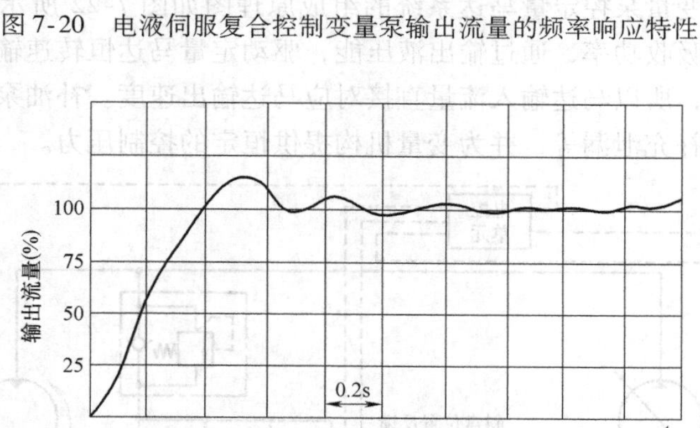


图 7-21　电液伺服复合控制变量泵输出流量的阶跃响应特性

电液伺服控制变量泵具有以下特点：

1）由图 7-19 可知，泵的输出压力与流量成双曲线关系，输出的功率为恒值，即 $P_p = pq =$ 常数，因此该变量泵也称为恒功率变量泵。采用电液伺服的调节方式，可使液压系统的输出速度（或转速）自动随外负载的改变而改变，处在理想的工作状态。

2）电液伺服变量机构具有精度高、响应快的特性，可用于高精度机械的液压系统中。

3）变量泵的输出流量、压力和功率能进行复合控制，很好地适应外负载的变化，既节能，又高效，还可实现压力安全保护，是一种高适应性的复合控制变量泵。

4）信号的检测、反馈和放大采用电子技术，具有结构简单、体积小及适应性和灵活性较好的特点，可根据需要设置不同的调节器以改善泵的性能。

不过，由于该变量泵采用了高精度的电液伺服阀，因此对工作油液的清洁度要求比较高，使用时要注意系统油质的过滤与维护。

### 7.7.3　系统应用实例

电液伺服复合控制变量泵作为液压系统的动力源，具有输入功率和输出功率相匹配、高效节能的特点，因此，广泛应用于工程机械等领域。特别是由电液比例变量泵和定量马达组成的闭式液压控制系统，在变量泵很宽的输入转速范围内，具有对马达输出转速进行调节的能力。比如，把电液比例变量泵控定量马达系统作为柴油机和恒转速负载之间的动力传递纽带和调速机构，在车辆行驶过程中，通过调节电液比例变量泵来实现恒转速输出。

电液比例变量泵控定量马达系统的组成原理图如图7-22所示。电液比例变量泵从柴油机吸收功率，通过输出液压能，驱动定量马达恒转速输出。由于马达为定排量马达，所以马达输入流量直接对应马达输出速度。补油泵用于液压系统冷却、散热和补充泄漏等，并为变量机构提供恒定的控制压力。

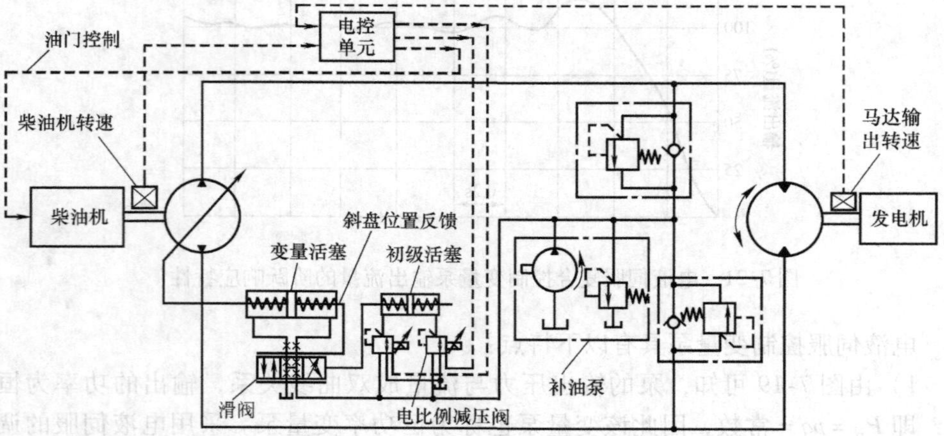


图7-22　电液比例变量泵控定量马达系统组成原理图

柴油机转速或负载的变化均引起马达输出转速的波动。此时，电控单元根据柴油机转速和马达输出转速的变化调整变量泵的控制信号，电液比例变量泵控制机构根据控制信号调节变量泵斜盘倾角来补偿上述变化，保持马达输出转速恒定。变量柱塞、滑阀和斜盘位置反馈组成了一个闭环位置控制系统。

变量泵控系统的恒速控制模型主要由阀控柱塞位置闭环控制模型和泵控马达模型两部分组成。

# 第 8 章 液压变量泵（马达）的选择、安装、调试和故障排除

## 8.1 液压变量泵、马达的选择与计算

### 8.1.1 功率范围的计算

变量泵与标准定量泵的主要区别是输出功率不同，变量泵的输出功率范围是随负载的变化而变化的，而定量泵的输出功率相对恒定，在小流量动作情况下，变量泵的输出功率很低，而定量泵的输出功率基本恒定。如果在系统中配备高响应变量泵系统，可以令液压系统输出与系统整机运行所需功率匹配，无高压节流溢流能量损失，可达到很好的节能效果。同时，相同电动机功率可配用更大排量的泵，可令整机速度加快。

在大型液压系统中，应多使用变量泵，以满足节能的需要。下面以我国生产的YCY14－1 型轴向柱塞泵为例，来说明其功率范围的计算过程。YCY14－1 型轴向柱塞泵由主体部分和变量机构两大部分组成，其变量机构为压力补偿式，即采用双弹簧控制泵的流量和压力特性，使两者近似恒功率关系变化，其调节特性如图 8-1 所示。

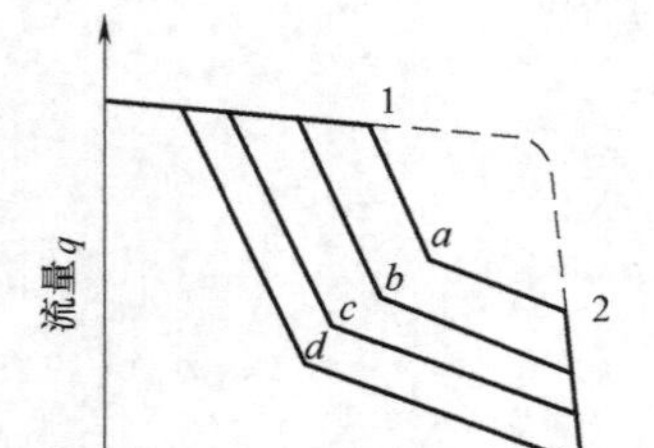


图 8-1　YCY14－1 型轴向柱塞泵的调节特性

由图 8-1 可以看出，液压泵的使用参数可以在一定的范围内变化，即在不超出其临界线的情况下，泵可以在任意点处工作。变量泵的这种特性提供了灵活、方便的使用条件。可以根据系统的要求，计算出一个特定的功率，并选择适当的电动机与泵相配。这样，一种泵就可以由不同功率的电动

机来带动，从而节约了能源。

对开式回路，计算变量泵的功率范围时可以取两个特定的值：①最大流量：功率拐点时的功率值（图 8-1 中曲线 $a$ 的 1 点）；②最大工作压力：流量拐点（国产泵为 $q\times40\%$）时的功率值（图 8-1 曲线 $a$ 的 2 点）。

另外，对变量泵驱动功率的计算不一定按额定流量计算，应分别计算液压系统在一个工作循环中各工况所消耗的功率，然后以消耗的最大功率来计算泵的驱动功率。泵的轴功率 = 泵的有效功率/泵的总效率，而电动机功率 = 泵的轴功率 × 电动机功率储备系数（1.05～1.2）。

图 8-2 所示为某型号泵的转速与总效率的关系曲线，该曲线是在温度为 49℃、全流量和进油口压力为 0.1MPa 时测得的。图 8-2 说明，在不同的压力和转速下泵的效率是不同的，这一点在实际使用中应当注意。

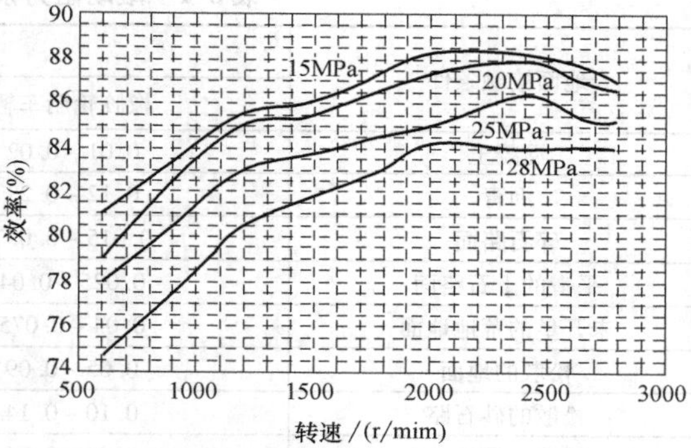

图 8-2　某型号泵的转速与总效率的关系曲线

对于闭式回路静压驱动情况，在选择合适的泵（马达）的功率时，首先需要计算车辆或机器所需的驱动功率，然后选择泵（马达）功率大于或等于所计算的功率。如果液压马达和负载之间的齿轮减速比是未知的，或者用户希望自己选择最终的驱动速比，可以使用这种方法来选择泵和马达。

常见的几种主要闭式回路工况下的车辆或机器的驱动功率计算如下：

1）在正常的工作速比范围内，当最大车辆牵引力和最大车辆速度给定时，车辆的驱动功率可以用以下公式计算：

$$P_E = \frac{F_E v_{max}}{C_1 \eta_r} \tag{8-1}$$

式中　$P_E$——车辆的功率（kW）；

$F_E$——在正常的速比范围内的最大车辆牵引力（N）；

$v_{max}$——最大车辆速度（km/h）；

$C_1$——转换系数，若转换成 kW，则 $C_1=3600$；

$\eta_r$——最终的传动速比效率。

2）当在工作范围内车辆牵引杆最大拉力和最大车辆速度明确给定时，车辆的驱动功率可以用下式计算：

$$P_D = \frac{(F_D + F_R)v_{max}}{C_1\eta_r} \tag{8-2}$$

$$F_R = \rho G_{VW}$$

式中 $F_D$——车辆牵引杆的最大拉力（N）；

$\rho$——滚动阻力系数；

$G_{VW}$——车辆总重（N）。

滚动阻力系数 $\rho$ 值与地面接触条件及与车辆是轮式驱动还是履带驱动有关，列在表8-1中。

**表8-1 滚动阻力系数 $\rho$**

| 地面接触条件 | 滚动阻力系数 $\rho$ | |
|---|---|---|
| | 橡胶轮胎车辆 | 履带车辆 |
| 混凝土 | 0.01～0.02 | 0.03～0.04 |
| 沥青 | 0.12～0.22 | 0.03～0.04 |
| 碎石路面 | 0.015～0.037 | 0.035～0.045 |
| 平滑的土石路面 | 0.025～0.04 | 0.025～0.05 |
| 未开垦的荒地地面 | 0.04～0.075 | 0.04～0.08 |
| 松散的地面 | 0.05～0.09 | 0.06～0.08 |
| 松散的砂石路 | 0.10～0.14 | 0.10～0.12 |
| 泥地－硬地基 | 0.04～0.06 | 0.05～0.09 |
| 泥地－软地基 | 0.15～0.18 | 0.10～0.13 |
| 钢 | 钢轮（铁轨车）0.004 | |

3）假如最大车辆爬坡能力和最大车辆速度在工作范围内被明确指定，车辆的驱动功率可用以下公式计算：

$$P_e = \frac{F_e v_{max}}{C_1\eta_r} \tag{8-3}$$

$$F_e = G_{VW}\sin\theta + F_R\cos\theta$$

$$\theta = \arctan(G/100)$$

式中 $F_e$——需要爬坡车辆的牵引力（N）；

$\theta$——坡度角（°）；

$G$——爬坡能力（以百分数表示的数值中百分号前的数字）。

很明显，在车轮上可用的牵引力必须大于所遇到的总阻力。若不是如此，传动装置应当减小齿轮速比以增加牵引力。爬坡能力可用式（8-4）计算：

$$G = \frac{102000 T_m i_D}{r G_{VW}} - \rho \tag{8-4}$$

式中 102000——转换系数；

$T_m$——液压马达转矩（N·m）；

$i_D$——包括轴和传动机构的总减速比；

$r$——被加载驱动轮胎的半径（mm）；

$G_{VW}$——车辆的总重（N）；

$\rho$——用百分比表示的滚动阻力系数。

举例：

马达转矩为117N·m，总的速比为12∶1，轮胎半径为400mm，车辆总重为45000N，在混凝土路面上爬坡行驶，那么爬坡能力为

$$G=\frac{102000T_m i_D}{rG_{VW}}-\rho=\frac{102000\times117\times12}{400\times45000}-1.5=6.5$$

4）假如不知道牵引力、牵引杆拉力，也可以用式（8-1）来计算机器的功率（沥青压实机或载人车辆除外）。其中 $F_E$ 的计算公式为

$$F_E=\mu W_{da} \tag{8-5}$$

式中　$F_E$——移动驱动轮（或轨道）的车辆牵引力（N）；

$W_{da}$——驱动轮（或轨道）承受的车辆重力（N）；

$\mu$——轮子（或轨道）和地面之间的摩擦因数。

$\mu$ 值与地面接触条件和选用的车辆行走方式有关，见表8-2。

**表 8-2　黏附性摩擦因数 $\mu$**

| 地面接触条件 | 黏附性摩擦因数 $\mu$ | |
|---|---|---|
| | 橡胶轮胎车辆 | 履带车辆 |
| 混凝土 | 0.8~1.0 | 0.45 |
| 沥青 | 0.8~1.0 | 0.5 |
| 碎石路面 | 0.7~0.9 | 0.55 |
| 干黏壤土 | 0.5~0.7 | 0.9~1.0 |
| 湿黏壤土 | 0.4~0.5 | 0.7 |
| 湿沙土或沙砾 | 0.3~0.4 | 0.35 |
| 散沙 | 0.2~0.35 | 0.3 |
| 坚实的土地面 | 0.5~0.6 | 0.9~1.0 |
| 松散的土地面 | 0.4~0.5 | 0.6 |
| 草地 | 0.4 | N/A（不确定） |
| 钢 | 钢轮（铁轨）车辆0.15~0.25 | |

5）假如输出轴的转矩和转速已知，机器的驱动功率可以用下面的公式计算得到：

$$P_T=\frac{T_{max}n_{max}}{C_2\eta_r} \tag{8-6}$$

式中　$P_T$——机器的功率（kW）；

$T_{max}$——轴的最大转矩（N·m）；

$n_{max}$——轴的最大转速（r/min）；

$C_2$——功率单位转换系数，$C_2=9549.3$。

更换电动机时应使用最大的制动转子力矩（静态力矩）。

6）若提升力和绳速在正常的工作范围内是已知的，对一台绞车的驱动功率可以用式（8-7）计算：

$$P_P=\frac{F_P v_s}{C_3\eta_r} \tag{8-7}$$

式中　$P_P$——绞车的功率（kW）；

$F_P$——提升力（N）；

$v_s$——绳速度（m/s）；

$C_3$——转换系数，$C_3=1000$。

## 8.1.2　液压变量泵的选择

在选择泵时，除了要求泵的输出功率要满足能拖动负载要求之外，还需要考虑以下一些因素。

液压变量泵的输出压力应是执行器所需压力、配管的压力损失、控制阀的压力损失之和。它不得超过样本上泵的额定压力。强调安全性、可靠性时，还应留有较大的余地。样本上泵的最高工作压力是短期冲击时允许的压力。如果每个循环中都发生冲击压力，泵的寿命会显著缩短，甚至泵会损坏。一般来说，在固定设备中液压系统的正常工作压力可选择为泵额定压力的70%～80%，车辆用泵可选择为泵额定压力的50%～60%，以保证泵足够的寿命。

泵的流量与工况有关，选择泵的流量须大于液压系统工作时的最大流量。液压变量泵输出流量的选择应考虑执行器所需流量（有多个执行器时由时间图求出总流量），溢流阀的最小溢流量、各元件的泄漏量的总和、电动机掉转（通常为1r/s左右）引起的流量减少量，液压泵长期使用后效率降低引起的流量减少量（通常为5%～7%）。

另外，泵的最高工作压力与最高转速不宜同时使用，以延长泵的使用寿命。产品说明书中提供了较详细的泵参数指导性图表，在选择时，应严格遵照产品说明书中的规定。

泵的总效率对液压系统的效率有很大的影响，应该选择效率高的泵，并尽量使泵工作在高效工况区。转速关系着泵的寿命、耐久性、气穴、噪声等。泵的效率值是泵的质量的体现，压力越高、转速越低则泵的容积效率越低，变量泵排量调小时容积效率降低。转速恒定时泵的总效率在某个压力下最高，变量泵的总效率在某个排量、某个压力下最高。

虽然样本上已标明允许的转速范围，但最好是在与用途相适应的最佳转速下使用。特别是在用发动机驱动泵的情况下，油温低时若低速则吸油困难，又有因润滑不良引起卡咬失效的危险，而高转速下则要考虑产生气蚀、振动、异常磨损、流量不稳定等现象的可能性。

转速剧烈变动还对泵内部零件的强度有很大的影响。在开式回路中使用时，需要泵具有一定的自吸能力。发生气蚀不仅可能使泵损坏，而且还会引起振动和噪声，使控制阀、执行器动作不良，对整个液压系统产生恶劣影响。

在确认所用泵的自吸能力的同时，必须在考虑液压装置的使用温度条件、由液压油黏度计算出的吸油管路阻力的基础上，确定泵相对于油箱液位的安装位置并设计吸油管路。另外，泵的自吸能力就计算值来说要留有充分裕量。

另外，闭式系统的结构紧凑、压力损失小和输入转速高，它在系统流量大和用内燃机直接驱动的场合被优先采用。

对于闭式传动的液压变量泵可按以下步骤选择计算，首先需计算液压马达的输出速度。

1）液压马达的输出速度：

对于车辆驱动

$$n_m = \frac{v_{max} i_{DR} m}{r_R} \tag{8-8}$$

式中 $n_m$——马达输出转速（r/min）；

$m$——转换系数，$m=2.65$；

$r_R$——驱动轮的加载半径（mm）；

$v_{max}$——最大的车辆速度（km/h）；

$i_{DR}$——最终速比。

对于齿轮箱轴驱动

$$n_m = n_s i_{DR} \tag{8-9}$$

式中 $n_s$——齿轮箱驱动轴输出转速（r/min）。

对于绞车驱动

$$n_m = \frac{v_s i_{DR} C_2}{R_{Reff} C_3} \tag{8-10}$$

式中 $v_s$——绳速度（m/s）；

$R_{Reff}$——绞车的有效轮毂半径（m），见式（8-25），必须取它的最小值。

2）泵的排量必须满足所计算的马达转速的要求，泵的转速为

$$n_p = n_e i_{DR} \tag{8-11}$$

式中 $n_p$——泵的输出转速（r/min）；

$n_e$——满负荷发动机调节转速（r/min）；

$i_{DR}$——最终传动比。

泵的排量为

$$V_{\mathrm{p}}=\frac{n_{\mathrm{mn}}V_{\mathrm{m}}}{n_{\mathrm{p}}\eta_{V\mathrm{p}}\eta_{V\mathrm{m}}} \tag{8-12}$$

式中 $V_{\mathrm{p}}$——泵的排量（$\mathrm{cm^3/r}$）；

$n_{\mathrm{mn}}$——必要的马达转速（r/min）；

$V_{\mathrm{m}}$——马达排量（$\mathrm{cm^3/r}$）；

$n_{\mathrm{p}}$——泵的输入转速（r/min）；

$\eta_{V\mathrm{p}}$——泵的容积效率；

$\eta_{V\mathrm{m}}$——马达的容积效率。

马达和泵的容积效率可以通过特性曲线得到或者取96%和97%的值，对变排量马达使用94%的值。

3）假如输入到泵的传动比没有变化，选择泵的排量为最接近于用以上公式计算的排量。

4）假如输入轴传动速比可以改变，选择泵排量等于马达的排量，并按下面方法计算输入轴的传动比：

$$i_{\mathrm{DR}}=\frac{n_{\mathrm{mn}}V_{\mathrm{m}}}{n_{\mathrm{e}}V_{\mathrm{p}}\eta_{V\mathrm{p}}\eta_{V\mathrm{m}}} \tag{8-13}$$

对变量马达使用最小的排量设定。

最后还必须检查泵的功率极限压力，检查步骤如下。

1）计算有效的输入至泵的转矩：

$$T_{\mathrm{p}}=\frac{P_{\mathrm{i}}C_2\eta_{\mathrm{ir}}}{n_{\mathrm{ir}}i_{\mathrm{DR}}} \tag{8-14}$$

式中 $T_{\mathrm{p}}$——输入至泵的转矩（N·m）；

$P_{\mathrm{i}}$——额定输入功率（kW）；

$\eta_{\mathrm{ir}}$——输入传动比效率。

2）使用以上计算值计算泵的功率限制压力：

$$p=\frac{2\pi T_{\mathrm{p}}\eta_{\mathrm{tp}}}{V_{\mathrm{p}}} \tag{8-15}$$

式中 $p$——泵的功率限制压力（MPa）；

$\eta_{\mathrm{tp}}$——泵的转矩效率（取0.95）。

所选泵的功率限制压力不能大于由式（8-15）计算的结果。

## 8.1.3 液压马达的选择

选定液压马达时要考虑的因素有工作压力、转速范围、运行转矩、总效率、容积效率、滑差特性、寿命等性能及在机械设备上的安装条件、外观等。

确定了所用液压马达的种类之后，可根据所需要的转速和转矩从产品系列中选出能满足需要的若干种规格，然后利用各种规格的特性曲线查出（或算出）相应的压降、流量和总效率。接下来进行综合技术经济评价来确定某个规格。如果原始成本最重要，则应选择流量最小的，这样泵、阀、管路等都最小；如果运行成本最重要，则应选择总效率最高的；如果工作寿命最重要，则应选择压降最小的；也许最佳选择是上述方案的折中。

需要低速运行的液压马达，要核对其最低稳定转速。如果缺乏数据，应在有关系统的所需工况下进行实际试验后再定取舍。为了在极低转速下平稳运行，液压马达的泄漏必须恒定，负载也要恒定，要有一定的回油背压（0.3～0.5MPa）和至少 $35mm^2/s$ 的油液运动黏度。

马达的轴承寿命与转速、载荷有关，轴承寿命计算见式（8-16）和（8-17）。

$$L_{new} = L_{ref}\frac{n_{ref}}{n_{new}} \tag{8-16}$$

$$\frac{L_{new}}{L_{ref}} = \left(\frac{P_{ref}}{P_{new}}\right)^{3.3} \tag{8-17}$$

式中 $L_{new}$——轴承实际寿命（h）；

$L_{ref}$——额定工况下的轴承的寿命（h）；

$n_{new}$——实际转速（r/min）；

$n_{ref}$——额定转速（r/min）；

$P_{new}$——实际轴上载荷（N）；

$P_{ref}$——额定轴上载荷（N）。

根据这些关系，如果实际转速减半，则轴承寿命延长为原来的两倍。轴上载荷每减小10%，则轴承寿命延长40%。

需要液压马达带载起动时，要核对堵转转矩。

用液压马达制动，如起重机下放重物或静液传动系统在溜坡时，液压马达工作于泵工况。这时，在给定的压降下制动转矩与液压马达有效转矩的关系如下：

$$T_{br} = \frac{T_{moteff}}{\eta_{hm}^2} \tag{8-18}$$

式中 $T_{br}$——制动转矩（N·m）；

$T_{moteff}$——液压马达的有效转矩（N·m）；

$\eta_{hm}$——液压机械效率。

按式（8-18）算出的制动转矩不得大于马达的最大工作转矩。

为了防止工作于泵工况的制动液压马达发生气蚀或丧失制动能力，应保证液压马达的吸油口有足够的补油压力。这可以靠闭式回路中的补油泵或开式回路中的背压阀来实现。当液压马达驱动大惯量负载时，为了防止停车过程中惯性运动的液压马达缺油，应设置与液压马达并联的旁通单向阀补油。

需要长时间防止负载运动时，应在液压马达轴上使用液压释放机械制动器。

最后，还应考虑液压马达承受侧向载荷的能力，以及对运转方向变换的反应等因素。若将过大的功率容量与超速运转可能性联系起来考虑，则将造成漏损增加，但在适当的转速范围内，较大的功率容量允许降低系统压力，这样会减小漏损和摩擦力，获得一个平滑的工作系统，对提高系统工作压力和载荷能力也留有余地。

选择液压马达的基本公式为

$$P = pq/61.2 \tag{8-19}$$

$$T = pV_m/(2\pi) \tag{8-20}$$

$$q = nV_m/\eta_V \tag{8-21}$$

式中　$P$——马达功率（kW）；

$p$——油液压力（MPa）；

$q$——油液流量（L/min）；

$T$——转矩（N·m）；

$n$——转速（r/min）；

$V_m$——排量（mL/r）；

$\eta_V$——容积效率。

同样当液压马达用于闭式回路静压驱动系统时，液压马达的选择计算按如下步骤进行：

1）在静压传动中所选液压马达功率范围额定值等于或者大于所计算的车辆、机器、绞车等的功率范围。

假如液压马达被用在小于其额定转速或额定压力的，则其额定功率 $P_{Rem}$ 必须成比例地降低。假如发动机超速系数不是所用的系数1.2，那么 $P_{Rem}$ 值也必须成比例地改变，以适应所计算的发动机超速的正确值。液压马达的额定功率值可由下式计算：

$$P_{Rem} = \frac{T_{me} n_m \eta_{Vm}^2 \eta_{Vp}^2}{9549.3 E_{os}} \tag{8-22}$$

式中　$T_{me}$——液压马达在额定压力和最大排量下的实际输出转矩（N·m）；

$n_m$——液压马达的额定转速（r/min）；

$\eta_{Vm}$——液压马达的容积效率（定量马达取0.97，变量马达取0.94）；

$\eta_{Vp}$——泵的容积效率（取0.96）；

$E_{os}$——发动机超速系数（取1.2）。

2）假如用户指定了最终的速比，基于转矩选择液压马达，可以明确地给出想得到的牵引力、牵引杆拉力、爬坡度、轴转矩或绞车轮毂的转矩。

① 计算最大的输出转矩或绞车轮毂转矩。

对于车辆驱动

$$T_w = F_e r_R \tag{8-23}$$

式中 $F_e$——爬坡车辆需要的牵引力（N）；

$T_w$——车轮轴转矩（N·m）；

$r_R$——驱动轮的加载半径（m）。

对于绞车

$$T_d = F_p R_{Reff} \tag{8-24}$$

其中

$$R_{Reff} = [r_d + 0.5d_c + (n_c - 1)d_c] \tag{8-25}$$

式中 $d_c$——缆绳直径（mm）；

$n_c$——在轮毂上缆绳的缠绕圈数；

$R_{Reff}$——绞车的有效轮毂半径（m）；

$T_d$——绞车的轮毂转矩（N·m）；

$F_p$——缆绳的牵引力（N）；

$r_d$——轮毂半径（m）。

式（8-24）、式（8-25）中的尺寸如图 8-3 所示。

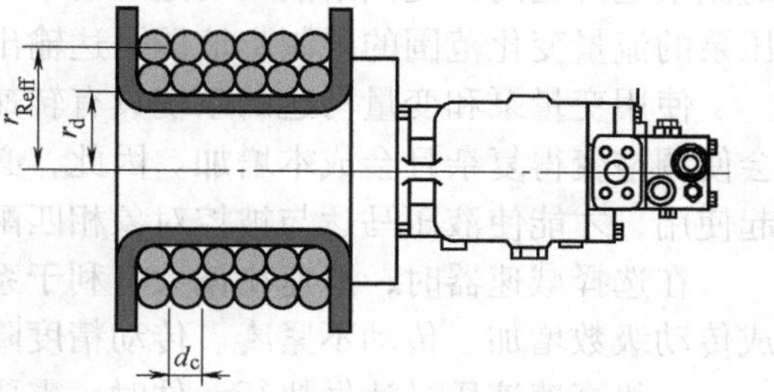

图 8-3 绞车的有效轮毂半径计算

② 计算必需的液压马达转矩。

对于车辆驱动

$$T_m = \frac{T_W}{i_{DR}\eta_r} \tag{8-26}$$

式中 $T_m$——提供最大的车辆牵引力、轴转矩或绳拉力所必需的液压马达转矩（N·m）；

$i_{DR}$——最终传动比；

$\eta_r$——最终的传动速比效率。

对于齿轮箱驱动

$$T_m = \frac{T_s}{i_{DR}\eta_r} \tag{8-27}$$

式中 $T_s$——轴的最大转矩（N·m）。

对于绞车驱动

$$T_m = \frac{T_d}{i_{DR}\eta_r} \tag{8-28}$$

式中 $T_d$——绞车轮毂转矩（N·m）。

③ 选择一台输出额定转矩等于或大于以上计算转矩的液压马达，参见样本查取液压马达的额定转矩。一般选择基于额定转矩的液压马达，除非考虑到使用软管和安装方面的要求，可以使用低压。

### 8.1.4 最终驱动速比的选择

通常，可以使用不同的液压泵和液压马达组合来满足不同系统的要求。定量泵和定量马达配合使用，结果是泵产生固定的液压功率，液压马达输出的转矩和转速是恒定的（假定原动机的输入转速是恒定的）。但液压马达通常都有一个最低的稳定输出转速，当负载的转速低于这个最低转速时，需要用减速器降低转速并提高输出转矩。

定量泵和变量马达组合使用，结果是输入到液压马达的液压功率固定，但是液压马达的转速和输出转矩是可变的。这说明还可通过改变液压马达的排量来改变输出转速，这就是减小液压马达排量，增加液压马达输出转速，但是排量减小也会造成液压马达输出转矩的下降，这往往也是采用减速器的原因。

变量泵和定量马达一起使用，结果是液压马达输出恒定的转矩，但因液压泵的流量是可变的，提供给液压马达的功率和液压马达轴的转速是可变的。由于液压泵的流量变化范围的限制，液压马达输出转速往往也会高出负载的实际转速。

使用变量泵和变量马达的系统具有转速、转矩和功率均可变的灵活性，但也会使调整变得复杂且会成本增加。因此，必要时需要机械减速装置与液压马达一起使用，才能使液压马达与被控对象相匹配，满足负载低速大转矩的要求。

在选择减速器时，总速比偏大有利于系统的稳定性以及低速性能，但也会造成传动级数增加、传动不紧凑、传动精度降低等。

一般高速液压马达做执行元件时，需要确定的因素较多，不像直接驱动选液压马达那样简单。基于得到的车辆牵引力、轴转矩或者绳拉力的技术要求，可选择最终驱动速比。下面介绍一种选择减速比的步骤。

（1）计算最大的驱动轮转矩（轴转矩）

对于车辆驱动，见式（8-23）。

对于绞车驱动，见式（8-24）。

（2）计算最大的液压马达转矩

$$T_{\mathrm{m}}=\frac{V_{\mathrm{m}}p\eta_{\mathrm{tm}}}{200\pi} \tag{8-29}$$

式中 $T_{\mathrm{m}}$——液压马达的转矩（N · m）；

$V_{\mathrm{m}}$——液压马达的排量（$cm^3/r$）；

$p$——系统压力（MPa）；

$\eta_{\mathrm{tm}}$——液压马达的转矩效率（取0.95）。

（3）计算最终传动速比

对于车辆驱动

$$i_{DR} = \frac{T_W}{T_m \eta_r} \tag{8-30}$$

对于齿轮轴驱动

$$i_{DR} = \frac{T_s}{T_m \eta_r} \tag{8-31}$$

对于绞车驱动

$$i_{DR} = \frac{T_d}{T_m \eta_r} \tag{8-32}$$

典型的最终驱动效率为 85% ~90%。直齿齿轮每次啮合接近 2% 的效率损失，锥齿轮每次啮合有 7% ~12% 的效率损失。

（4）用于车辆驱动应用的多级齿轮速比的计算

$$i_{DR1} = \frac{T_d}{T_m \eta_r} \tag{8-33}$$

式中　$i_{DR1}$——最终驱动第一级齿轮速比。

计算系数 $K$：

$$K = \frac{P_{Rem}}{H_{pe}} \tag{8-34}$$

式中　$H_{pe}$——发动机的额定功率值；

$P_{Rem}$——标准发动机功率；

$K$——所选液压马达的功率范围和所用的标准发动机功率的比值。

而

$$\begin{cases} i_{DR2} = \dfrac{1.05 i_{DR1}}{K} \\ i_{DR3} = \dfrac{1.05 i_{DR2}}{K} \\ i_{DR4} = \dfrac{1.05 i_{DR3}}{K} \end{cases} \tag{8-35}$$

注意：以上的多级齿轮速比的计算，是基于经计算提供的齿轮速比在输出速度和输出转矩上能给出相同的增量。以上计算给出了在连续的齿轮变速之间有 5% 的重叠。这些计算仅用来指导选择多速齿轮减速器。

速比分配时，还要考虑以下因素：各级传动比在合理范围内；各级传动尺寸协调，结构匀称合理；尽量使传动装置外廓尺寸紧凑，或重量最轻；尽量使各级大齿轮浸油深度合理；传动零件不产生干涉碰撞。

## 8.1.5　液压马达的制动和超速计算

### 1. 液压马达的制动

在有些应用场合，要求负载停止后，实现某种形式的机械定位，这在某种程度上可用方向阀来实现，采用闭式中位的方向阀来控制液压马达的换向运动。当方向阀切换时，回路处于平行箭头机能，液压马达轴和负载顺时针方向旋转，当负载要求停止时，方向阀回中位即可。如果负载较轻，它将马上停止，并在系统中产生很小的冲击，但若负载很重，则会带来另外的问题。

如果连接在液压马达轴上的负载很重，在方向阀回中位时将产生过度的冲击，这是由于负载的惯性试图把油液推出液压马达出油口而造成的。

当重载的油液产生很大的推力，而油液又无处可去时，液压马达出油口将产生很大的冲击压力。由于重载，负载将不会马上停止，惯性的作用将使它继续旋转直到产生足够的压力造成液压马达泄漏，这可能持续1~2s或更长的时间。

液压马达不能用于负载的严格定位，一旦在重载工况下停止，由于在液压马达和辅助阀件中会产生泄漏，它将持续转动一段时间。如果负载必须保持到位，则需使用制动器一类的机械装置。

液压马达回路的一个需要注意的问题是，对连接在液压马达传动轴上负载的控制，制动阀可使液压马达负载避免超速，并使液压马达产生最大的制动力矩。制动溢流阀传感负载压力，能自动响应负载的要求。

如图8-4所示，制动溢流阀由阀体、阀芯、控制活塞、偏置弹簧和弹簧调节装置组成，阀体上带有一次、二次油口和直控、遥控通道。制动溢流阀是一种常闭阀，假定弹簧偏置的阀芯调节到直控压力为5.5MPa时开，这样，当直控通道中的压力达到5.5MPa时，控制活塞向上运动推动阀芯，将制动溢流阀打开。而当压力降到低于5.5MPa时，制动阀溢流关闭，这种动作方式与直控式平衡阀相同。

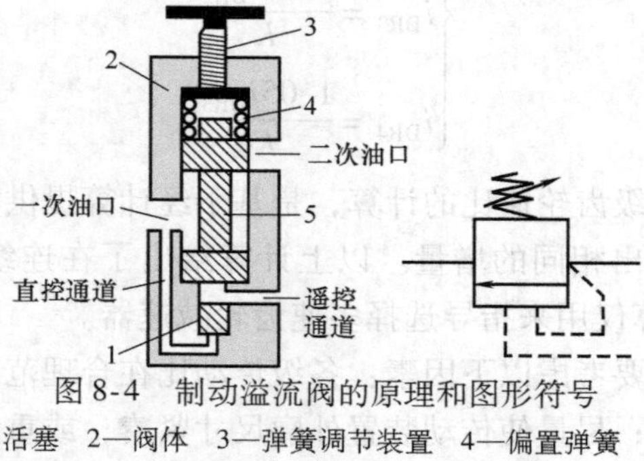


图8-4　制动溢流阀的原理和图形符号

1—控制活塞　2—阀体　3—弹簧调节装置　4—偏置弹簧　5—阀芯

控制活塞的作用面积比阀芯的截面面积小得多，面积比通常是8∶1。遥控通道一般连接至马达的另一侧工作管道，引入的遥控压力作用于阀芯弹簧腔的对侧端部，仅需要 0.7MPa 左右的压力便可将阀打开，因为它作用在阀芯的底端，作用面积是控制活塞面积的 8 倍。

使用制动溢流阀的液压马达回路如图 8-5 所示。假定制动阀压力设定在 5.5MPa，则当液压马达进油口管路中的压力达到 0.7MPa 时，制动阀打开，液压马达进油口的压力将完全用于转动负载（假定这个压力高于 0.7MPa），如果负载转速出现失控，则液压马达进油口压力下降，制动阀关闭，并直到产生 5.5MPa 的背压才会重新开启，阻力加大，使负载减速。

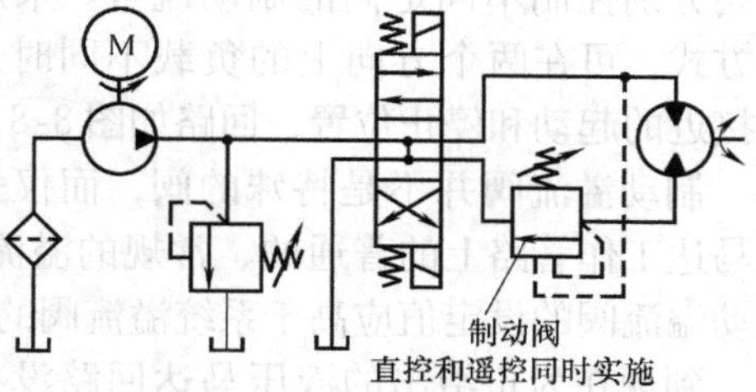

图 8-5　使用制动阀的液压马达回路

制动阀是常闭的压力控制阀，它的动作直接与液压马达负载的需求相关。

有时要求制动功能是通过选择而不是自动执行。例如：在卷扬机系统中没有超速负载，而只是定期要求制动，对于这种情况，可使用方向阀来选择制动功能。

制动是通过切换方向阀来完成的，通常由阀的中位执行，O 型中位机能将使液压马达的出油口关闭，当液压马达出油口压力升高到制动溢流阀的设定值时，制动阀开启，对液压马达实施制动，回路如图 8-6 所示。

如果液压马达要求双向制动，可通过两个单向阀将一个制动溢流阀连接至液压马达的两个管路上，这样，不管液压马达的旋转方向如何，均可由同一个制动阀完成两个方向的制动，如图 8-7 所示。

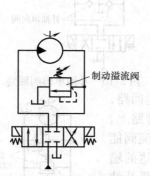

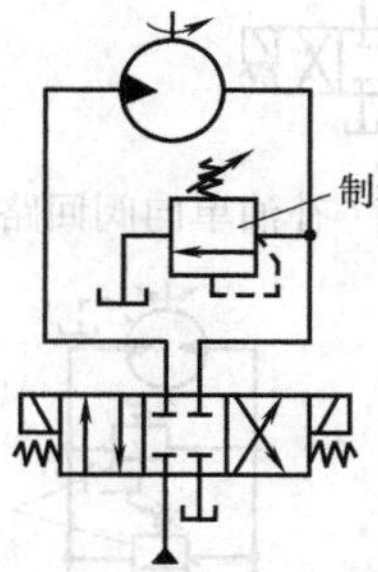

图 8-6　使用方向阀实现制动的回路

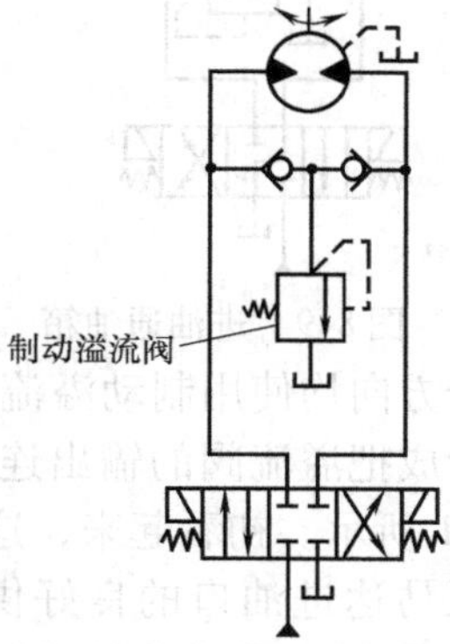

图 8-7　双向制动回路

在有些应用场合必须使用两种制动压力，如卷扬机，其一个方向为加载，而另一个方向为卸荷，这就要求有两个不同的制动压力，从而能有效地使用它的循环时间。

当要求有两种不同的制动压力时，应在液压马达的两个工作管路上分别连接制动溢流阀，两个阀分别控制不同走向的制动流量。采用这种制动方式，可在两个方向上的负载不同时，实现比较接近的起动和停止位置，回路如图 8-8 所示。

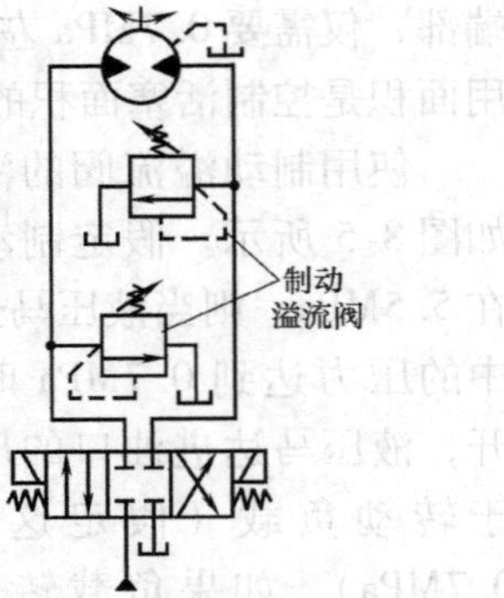


图 8-8　两种不同的制动压力回路

制动溢流阀并不是特殊的阀，而仅是位于液压马达工作管路上的普通的、常规的溢流阀而已。制动溢流阀的设定值应高于系统溢流阀的设定值。

到现在为止给出的液压马达回路没有考虑液压马达会产生气蚀问题。像液压泵一样，当液压马达转动时，如果其进油口没有足够的供油，就会产生气蚀现象，这就意味着，在实施液压马达制动的时候，液压马达进油口就不能关闭。

对于单转向的液压马达回路，只要将液压马达进油口通过方向阀的中位与油箱连接，就能满足这个要求。在制动过程中，只要液压马达进油口的压力低于大气压力，就能够从油箱中吸进油液，如图 8-9 所示。

在双向液压马达回路中，在制动期间，向液压马达进油口提供油液的通常做法是，在每条工作管路上均安装一个 0.034MPa 的低压或更低压的单向阀，如图 8-10 所示。

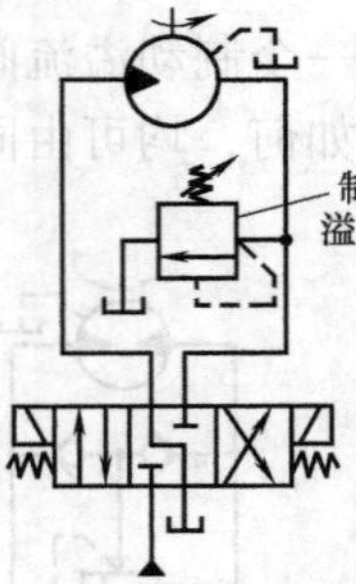


图 8-9　进油通油箱

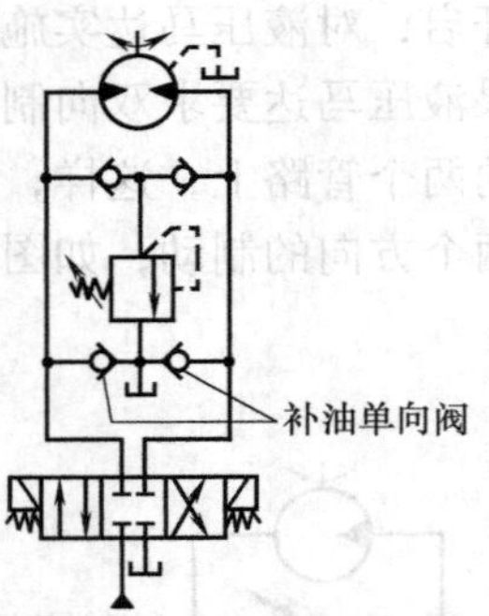


图 8-10　补油单向阀回路

两个方向均使用制动溢流阀的双向液压马达回路，可以设计成把溢流阀的输出连接到相对的工作管路上，如图 8-11 所示。初看起来，这些“交叉”的溢流阀能保持液压马达进油口的良好供油，因为液压马达的输出油液又回到液压马达的进油口，但此时仍需要补油单向阀，因为有些油液通过液压马达的内泄漏，从泄油口流出，还有些通过方向阀泄漏掉。这些交叉溢流阀加补油单向阀的配置是常用的双向液压马达回路配置。

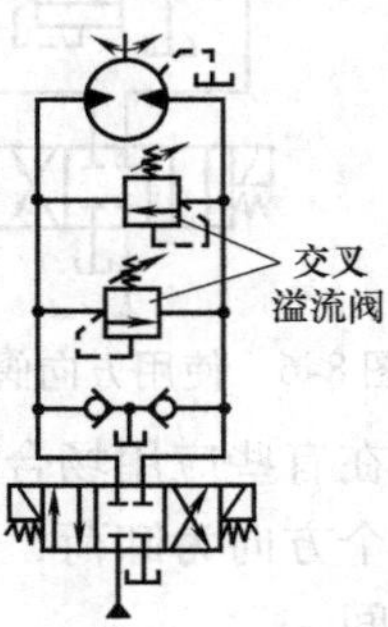


图 8-11　交叉溢流阀回路

**2. 超速计算**

对于已经确定的液压泵、液压马达，最终传动比和已决定的输入传动比，在驱动超越负载期间还要检查传动装置的性能，检验液压马达和泵不应出现超速现象。

1）计算液压马达的最高转速并比较液压马达样本中的最大额定转速，对变量马达使用最小的排量设定。

$$n_{\mathrm{mmax}}=\frac{n_{\mathrm{e}}E_{\mathrm{os}}i_{\mathrm{DR}}}{D_{\mathrm{m}}\eta_{V\mathrm{p}}\eta_{V\mathrm{m}}} \tag{8-36}$$

$$E_{\mathrm{os}}=\frac{n_{\mathrm{emax}}}{n_{\mathrm{e}}} \tag{8-37}$$

式中　$n_{\mathrm{e}}$——满负荷时发动机转速（r/min）；

$n_{\mathrm{emax}}$——满负荷时发动机最高转速（r/min）；

$n_{\mathrm{mmax}}$——在驱动超越负载条件下，最大的发动机转速（r/min）。

通过式（8-37）计算应保证

$$n_{\mathrm{mmax}}\leqslant n_{\mathrm{me}} \tag{8-38}$$

式中　$n_{\mathrm{me}}$——液压马达的最大额定转速（r/min），可查马达产品样本。

2）检查泵的转速：

$$n_{\mathrm{pmax}}=n_{\mathrm{e}}E_{\mathrm{os}}i_{\mathrm{DR}} \tag{8-39}$$

式中　$n_{\mathrm{pmax}}$——泵的最高转速（r/min）。

要求

$$n_{\mathrm{pmax}}\leqslant n_{\mathrm{pe}} \tag{8-40}$$

式中　$n_{\mathrm{pe}}$——泵的最高额定转速（r/min），可查泵的产品样本。

3）假如超速条件存在，必须修改系统，重新检查所有的计算并重新考虑车辆或机器的技术要求。

**3. 压力超越控制或功率限制**

回路中是否要使用压力超越控制或功率限制，可依据以下几点来判断。

1）当泵的功率极限压力超过 24MPa 时，通常要对泵使用压力超越控制或功率限制，以防止传动系统在高压溢流阀设定的条件下长期工作。

某些类型的车辆，如饲料收获机、联合收割机等有较大功率的发动机，通常提供功率最大的百分比用于推动辅助部件，而不是用于驱动。然而，发动机的全部功率都用于驱动车辆行走机构的静压回路的这种情况是可能存在的。在这种负载条件下，传动装置要求提供功率驱动车辆行走，其可能导致系统达到了溢流阀的设定压力。因此，最好的是提供一种控制方法（比如压力超越控制或功率限制），减少泵的冲程而不是溢流大量的液流（导致极高的流体温度）通过高压溢流阀。在压力超越控制或功率限制工作期间，传动系统将在速度符合负载的条件下供给车轮转矩。

2）假如应用场合有加速大惯量负载或者势能负载存在，需操作者用较高的速比操作机器而不是在期望的工作范围内操作，压力超越控制或功率限制将是必要的。一台机器有较高的惯性负载被加速的例子是矿山机械，一个可能工作在较高的速度范围而不是正常工作范围的典型机器是拖拉机。

3）当传动系统用于无人看管的长时间驱动时，泵应使用压力超越控制和功率限制，这种驱动应用的类型包括传送带驱动、电梯驱动和自动装载机。

## 8.2 变量泵的调节方法

由于变量泵和变量马达的类型较多，限于篇幅，只对几种常见类型的变量泵的调节方法做一简单介绍，以下内容仅作现场调节时参考，调节详情请参考相应液压泵（马达）的产品使用维护说明书。

### 8.2.1 恒压变量泵的调节方法

恒压变量泵一般用于这样的液压系统：开始阶段要求低压快速前进，然后转为慢速靠近，最后停止不动并保压，液压机就是这样的。恒压变量泵设定的压力就是系统保压所需要的压力。这里，对“液压系统压力由负载决定，而由溢流阀加以限定”的原则应该是符合的。为了更好地理解，可以考虑修改为“系统压力由负载决定，而由恒压变量泵加以限定”。像液压机的例子，压力制件的反力可以很大，具体施加压力的大小可由恒压变量泵调节。

恒压变量泵是在达到泵的设定压力后才开始变量，此时流量成陡线下降。下面以德国 Rexroth A10VO DR 型恒压变量泵为例叙述其调节方法。

1）在泵出口的压力测量口上安装系统压力测压表。

2）起动泵，将执行器液压缸完全伸出达到系统憋压工况，此时泵输出最高压力，输出流量为零。

3）松开泵的锁定螺钉后旋转泵的调节螺钉，直到测压口的测压表显示的压力值满足要求。顺时针方向旋转增加压力，逆时针方向旋转降低压力；旋转一圈，压力设定改变值大致为5.5MPa，如压力不能调高，可能需先调整外部系统溢流阀，外部系统溢流阀设定压力必须高于泵恒压泵的设定压力，以确保工作正常。

4）保持泵调节螺钉不动，螺钉的拧紧力矩应为7～11N·m。

5）停止泵，拆下测压表后将系统恢复为正常工作状态。

溢流阀此时做安全阀来用，溢流阀的设定压力要高于恒压变量泵的调定压力，高多少要看系统情况，一般高1MPa或略大；千万不能小于恒压变量泵的调定压力，否则恒压变量泵进不了恒压工况。恒压变量泵在未达到调定压力之前，实际上是以最大排量的定量泵工作。

恒压变量泵进入恒压工况（达到其调定压力）后，能根据系统的需要提供最大流量以下的流量，系统要多就多提供，系统要少就少提供，而保持系统为恒定压力。像保压系统，当其不需要流量时，泵的流量只要满足内泄漏就行了。

现在有些样本，将变量泵的压力切断功能与恒压功能等同起来，实在是误解，因为压力切断功能是一旦达到设定切断压力，泵的输出流量很快就降到零。恒压变量泵能提供系统所需的流量，并不是要么最大，要么为零。

如果是多台恒压变量泵并联，请查阅产品样本中的规定，进行压力调节。

## 8.2.2 负载敏感变量泵的调节方法

以 A10VO DFR 型变量泵为例，在泵上有两只阀，一只是压力阀，用于控制压力调整；另一只是流量阀，用于控制流量调整（对 DRS 控制类型也可以采用相同的调节方法）。

**1. 压力阀的设定**

压力阀的设定（图 8-12）过程：

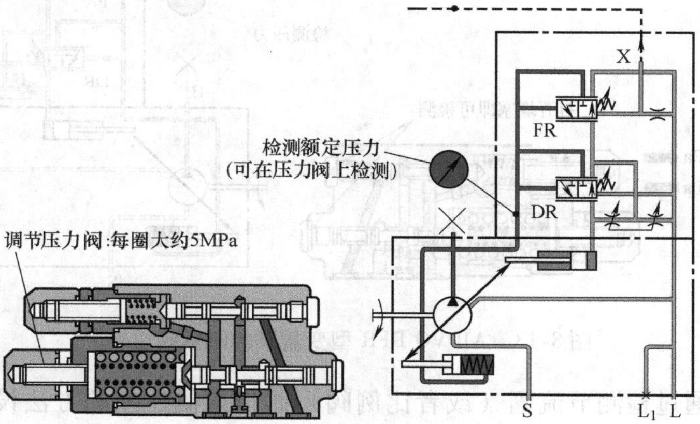


图 8-12 A10VO DFR 型变量泵的压力阀设定

1）关闭流量阀。

2）关闭泵出口，或者起动泵将缸完全伸出达到系统憋压工况。

3）松开泵的锁定螺钉后，旋转泵的调节螺钉，直到测压口的测压表显示的压力值满足要求。顺时针方向旋转增加压力，逆时针方向旋转降低压力；旋转一圈，压力设定改变值大致为 5MPa，如压力不能调高，先调整外部系统溢流阀，外部系统溢流阀设定压力必须高于泵的设定压力。

4）可在压力阀上直接检测额定压力，也可在泵的出口处测压点安装压力表检测额定压力。

5）将压力阀的调整螺钉拧紧力矩设定为7～11N·m，然后锁紧调压螺钉的锁紧螺母。

**2. 流量阀的设定**

流量阀的设定如图8-13所示。设定步骤如下：

1）将X油口泄压到油箱（对DFR型泵关闭X油口也可以）。

2）关闭泵高压油口；

3）流量阀设定的标准压差为1.4MPa，当X口泄压到油箱时，考虑到流量阀阀口压降，这时可设定泵出口的零位压力为（1.6±0.1）MPa，为“待命压力”设定值。

4）检测泵的出口压力，可打开流量阀上的螺塞检测，也可以在泵的出口处测压点检测。

5）将流量阀的调整螺钉的拧紧力矩加至7～11N·m，然后锁紧调整螺钉。

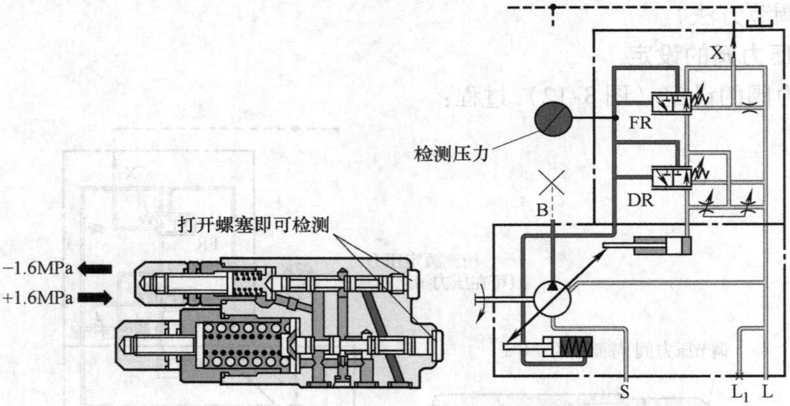


图8-13　A10VO DFR型变量泵的流量阀设定

也可以通过检测节流阀（或者比例阀）阀口两侧压差的方法设定流量阀的压差，如图8-14所示。设定步骤如下：

1）将X油口接至节流阀的出口。

2）在节流阀的进口（泵的出口）和节流阀的出口接压力表。

3）检测负载压力，即X油口的压力（LS信号）。

4）检测泵出口的压力（最高压力）。

5）调整流量阀的调整螺钉，直至两表压差为（1.6±0.1）MPa。

6）将流量阀的调整螺钉的拧紧力矩加至7～11N·m，然后锁紧调整螺钉。

## 8.2.3　A4VSO DP泵的调试

1）对于进行U口冲洗的情况，将U口内的节流塞顺时针方向拧到底；松开

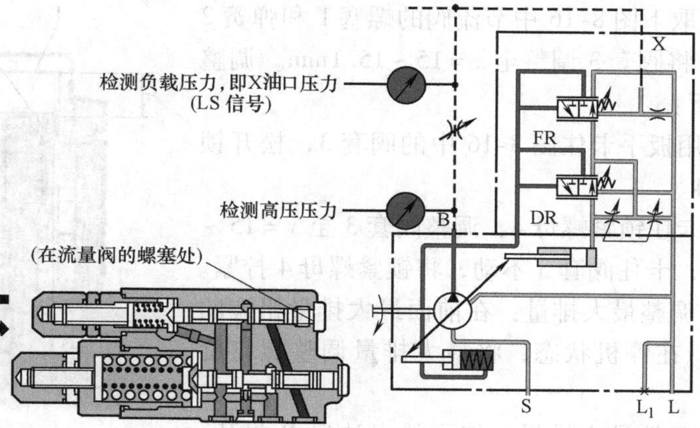


图 8-14　用压差设定

泄油管螺母，开启循环泵，确认泵壳体充满油液，拧紧泄油管螺母。

2）点动电动机检查电动机转向是否与泵旋向一致，若不一致，调整接线至一致。

3）最大排量粗调：在泵不运转的情况下，取下图 8-15 中最大排量调整的保护帽 1，松开调整螺钉的锁紧螺母 3，用扳手卡住锁紧螺母 3 不动，松开调整限位螺钉 2 至变量活塞接触到端盖处（此时调整螺钉也与变量活塞接触）。注：可通过感知调整螺钉力矩的变化找到此临界状态。

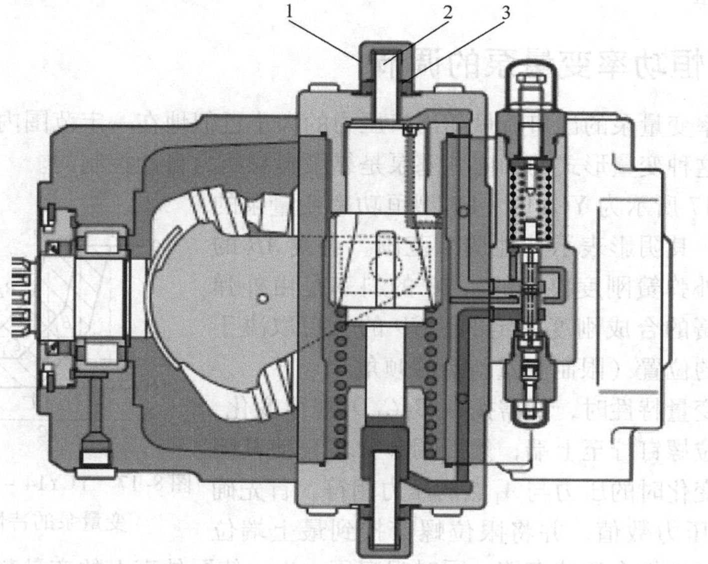


图 8-15　A4VSODP 泵结构图

1—保护帽　2—限位螺钉　3—锁紧螺母

4）取下图8-16中节流阀的螺塞1和弹簧2测量$x$，将阀套3调整至$x=15\sim15.1$mm。调整方法如下：

① 用扳手卡住图8-16中的阀套3，松开锁紧螺母4。

② 卡住锁紧螺母4，调整阀套3至$x=15\sim15.1$mm，卡住阀套3不动，将锁紧螺母4拧紧。

5）调整最大排量：在前面最大排量粗调的基础上，在停机状态，将最大排量调整螺钉旋进1圈。

6）调整最小排量：将泵的出油口B封死，调整最小排量限位螺钉至B口压力约为2MPa。

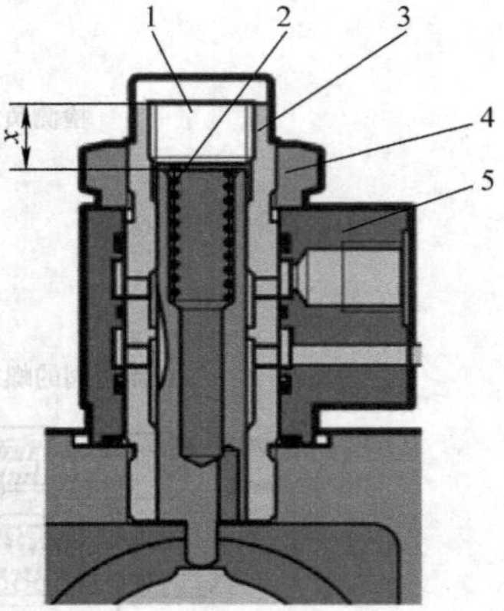


图8-16　节流阀结构图
1—螺塞　2—弹簧　3—阀套
4—锁紧螺母　5—阀体

7）调整压差控制阀：将泵出油口B封死，先导油口X直接通油箱（如果有卸荷阀，将其打开即可），调整控制阀至B口压力为3.3MPa左右（偏差±0.1MPa）。

8）斜盘回摆速度（最小排量摆回最大排量）的调整，在泵出油口B压力达到10MPa时，顺时针方向旋进调整螺钉至泵从最大排量变到最小排量，然后慢慢地逆时针方向松调整螺钉至泵摆回到最大排量，再将调整螺钉松出1圈，这是标准设定。外松调整螺钉，增大控制阀芯的行程，会使斜盘回摆速度（最小变最大）变快。

## 8.2.4　恒功率变量泵的调节

恒功率变量泵的出口流量随出口压力的大小近似地在一定范围内按恒功率曲线变化，这种变量形式的轴向柱塞泵是靠泵本身压力自动控制的。

图8-17所示为YCY14－1B型恒功率变量泵的特性曲线，其阴影表示特性调节范围。直线$AB$的斜率是由外弹簧刚度决定的，$BC$的斜率是由外弹簧和内弹簧的合成刚度决定的，$CD$的长短取决于限位螺钉的位置（限制变量斜盘的倾角）。

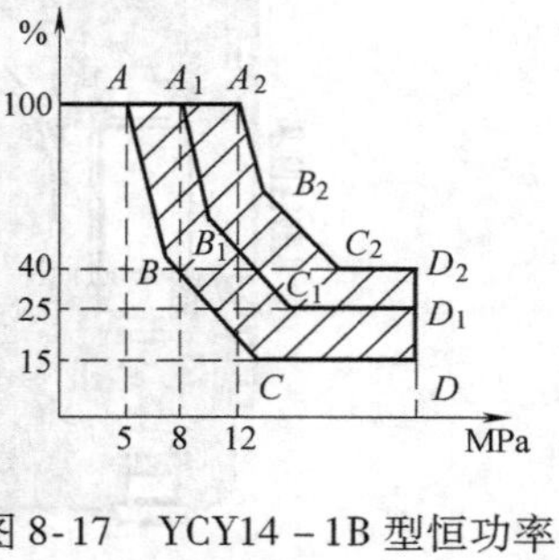


图8-17　YCY14－1B型恒功率变量泵的特性曲线

调节变量特性时，如需按$A_1B_1C_1D_1$规律变化，可先将限位螺钉拧至上端，然后调节弹簧套使其流量刚发生变化时的压力与$A_1$点的压力相符，首先确定$A_1$点的压力数值，并将限位螺钉拧到最上端位置，然后拧动组合调节套筒，同时观察压力表，使泵外壳上的变量刻度盘开始转动时，压力表所示压力与$A_1$点选定值相符合，这样就调定了$A_1$点。因为直线

$A_1B_1$的斜率一定，故$B_1$点自定，射线$B_1C_1$的方位随之确定，射线末端为$C_1$点。只要调节限位螺钉碰到心轴，使其以后工作压力即使继续增加，而流量到此不再变小即可。最后，由系统中溢流阀调定$D_1$点。这样，折线$A_1B_1C_1D_1$完全确定，十分简便。因此，只要$A_1$和$D_1$两点的流量、压力调好了，该泵就自动地按$A_1B_1C_1D_1$特性曲线变化。

这种变量形式的特性曲线是近似地按恒功率变化。上述特性的转换点$A_1$和$D_1$的参数可按以下方法计算。

例如：根据某一机器的工艺特性要求，已知泵的最大压力为$p_{max}$，在$p_{max}$时$D_1$点的流量为$q_1$，泵在低压时流量为$q_{max}$，则泵在$A_1$点的压力为

$$p_1 = \frac{p_{max} q_1 \eta_{pmax}}{q_{max} \eta_{p1}} \tag{8-41}$$

式中　$\eta_{p1}$——泵在$p_1$时的总效率；

$\eta_{pmax}$——泵在$p_{max}$时的总效率，可取$\eta_{p1}/\eta_{pmax} \approx 1$。

原动机的功率可以按$P = p_{max}q_1/(60\eta)$计算，其中$\eta$可取0.8～0.9（当$q_1$较小时取小值，较大时取较大值）。

## 8.2.5　LRDF 型恒压＋恒流量＋恒功率控制泵变量调节方法

下面以 A10VO28 LRDF 系列泵为例叙述其恒压、恒流量、恒功率调整和设定方法。如图 8-18 所示，该控制系统主要由主泵 1、恒功率阀 4、恒压控制阀 8、流量控制阀 7 和变量液压缸 3 等部分组成。变量泵控制系统中的变量液压缸 3 是该系统的执行元件，斜盘是该系统的控制对象，变量泵输出的压力、流量、功率是这个系统的受控参数，变量机构上的控制阀是这个系统的控制元件。该系统中的恒功率阀 4 实际上是一个普通的直动式溢流阀，只是其控制弹簧与变量液压缸 3 的变量活塞有机械联动，当变量活塞伸出时压紧控制弹簧，增大恒功率阀的设定压力，反之则调小设定压力，控制弹簧由一大一小两根组成。恒压控制阀 8 和流量控制阀 7 的控制弹簧也分别由一大一小两根组成，其中大弹簧较长、刚度较小，小弹簧较短、刚度较大，以适应不同的控制要求。

A10VO28 DFLR 系列泵的恒功率控制是用双弹簧来实现的，如果传动系统要求在恒功率段的输出功率为$P$，泵的空载流量为$q_{max}$，则恒功率起始压力转折点的压力$p_p = P/q_{max}$。调整系统压力时不能一开始就将压力调到最高，以免损坏设备。首先需在泵上安装压力表、手动溢流阀和流量计。手动溢流阀安装在泵出口作负载，流量计及压力表用来读取压力和流量数值。

调节功率的步骤如下：

1）把 X 油口及 P 油口连接。

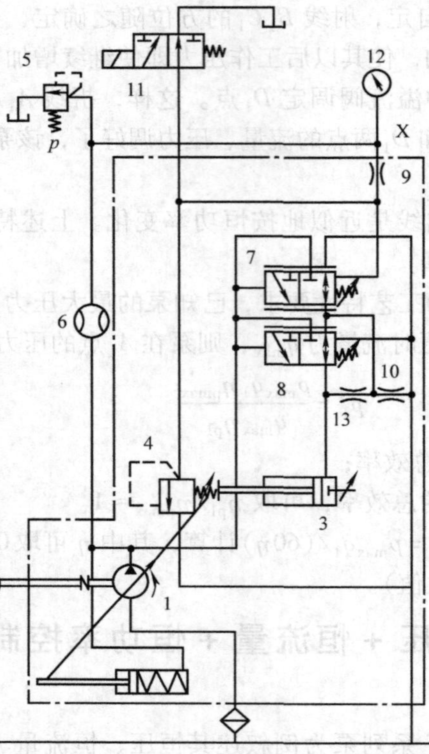


图 8-18　A10VO28 LRDF 系列泵的控制系统原理图
1—主泵　2—电动机　3—变量液压缸　4—恒功率阀　5—手动溢流阀　6—流量计
7—流量控制阀　8—恒压控制阀　9、10、13—阻尼孔　11—换向阀　12—压力表

2）手动溢流阀 5 全开，换向阀 11 通电。

3）泵起动。

4）手动溢流阀 5 加压直至恒功率控制的起点压力。

5）调整泵体上的恒功率阀 4，将一级弹簧顺时针向里调节（感觉调到起调压力以上即可）直至流量计显示流量开始发生变化；将溢流阀调至起调压力向上一点。回调一级弹簧至起调压力，至此一级弹簧调节完毕（在此过程中流量应保持在最大）。将溢流阀压力向上调节，取出不同的几组 $p$、$q$ 数据（$p$ 应大于起调压力）作出 $p-q$ 曲线，然后调节二级弹簧使其尽量接近恒功率曲线。

6）流量控制阀 7 和恒压控制阀 8 的调节请参照 DFR 类型调节内容。

## 8.2.6　川崎 K3V 泵的功率调整

下面以 K3VL112 型功率限制器为例来说明功率的调整过程。请记住：调节功率时，每降低（升高）1kW，调节角度可能是不一样的。例如：从 33kW 调至

32kW 与从 32kW 调至 31kW，调节角度是不同的。图 8-19 说明了把泵输入功率从 42kW 调整至 40kW 的过程。

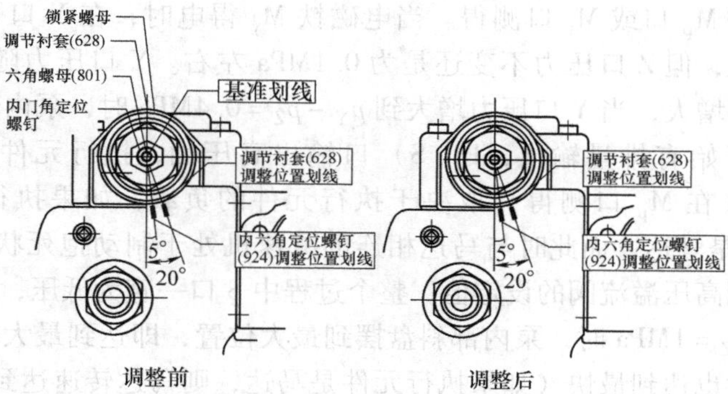


图 8-19　K3VL112 型功率限制器的调整

为了在现在的设定位置做上记号，应在调节器壳体、锁紧螺母、调节衬套、六角螺母、内六角定位螺钉的端面上划线（基准划线），并以调节器壳体上的基准线为基准沿逆时针方向转到 20°的位置和 5°的位置上分别划上线。

松开锁紧螺母。这时，为了使调节衬套不跟着转动，用扳手把调节衬套夹住。将调节衬套旋松 20°（从基准线旋到调节衬套的调整位置划线的地方）。

请注意：一边不要使调节衬套跟着转动，一边将锁紧螺母用规定的力矩（102N · m）安装紧固好。

松开六角螺母。这时，为了使内六角螺钉不要跟着转动，用内六角扳手把内六角螺钉固定住。

将内六角螺钉旋紧 15°（从调节衬套的调整位置划线并按旋转方向旋到 5°的位置）。注意：一边不要使内六角螺钉跟着转动，一边将六角螺母用规定的力矩（16N · m）安装紧固好。

至此调整结束。

当然如果有条件的话，可以调整后用测试仪测出其压力 - 流量曲线。一般情况下，不建议调整主泵功率，非要调整的话，如果是双泵，必须前后泵一起调整，尽量做到调整状态一致。

## 8.2.7　Linde 泵无零点的处理方法

所谓液压泵无零点，是指在发动机一开始运转，但没有执行任何动作的情况下，就有机构开始动作或有压力输出。从泵本身来讲就是斜盘没有在中间位置，而是有一定的倾角。

Linde 闭式泵的变量过程（参见图 3-114）：电磁铁 $M_y$ 和 $M_z$ 没有得电之前，Y 口和 Z 口的压力相等，约为 0.1MPa。泵内斜盘在零位，泵不输出高压油。主油路的 P 口和 S 口压力相等，约为 2MPa，此压力可在过滤器安装座的 X 口测得，也可以在 $M_p$ 口或 $M_s$ 口测得。当电磁铁 $M_y$ 得电时，在 Y 口可测得变量压力油开始增大，但 Z 口压力不变还是为 0.1MPa 左右。Y 口压力随着电磁铁 $M_y$ 电流的增大而增大，当 Y 口压力增大到 $p_Y - p_Z = 0.4$MPa 时，泵内部的斜盘才开始摆动，泵开始有排量输出，P（S）口输出高压油，执行元件开始动作。P（S）口压力（在 $M_p$ 口测得）取决于执行元件的负载，如果执行元件被卡死（如执行元件是马达，而此时与马达相连的减速机处于制动抱死状态），则 P 口压力将上升到高压溢流阀的设定值，整个过程中 S 口一直为低压，约为 2MPa。

当 $p_Y - p_Z = 1$MPa 时，泵内部斜盘摆到最大位置，即达到最大排量，执行元件的运动速度也达到最快（如果执行元件是马达，则马达转速达到最快）。如果电磁铁 $M_z$ 得电，则 Z 口的控制压力开始上升（0.1MPa→0.4MPa→1MPa），S 口输出高压油，执行元件向相反的方向转动。

我们可以按以下步骤来调节泵的零位：

第一步：先将泵上的电磁铁 $M_y$ 和 $M_z$ 的电缆插头拔下，然后试机。如果故障消除，则说明是电控方面的问题，可能是控制器的问题，也可能是操作面板上的按钮没有在中位。如果故障未消除，则可排除不是电控方面的问题，说明问题出现在液压系统中，执行第二步。

第二步：将电磁铁 $M_y$ 和 $M_z$ 拆下来，用 2mm 的内六角扳手捅一捅泵内部的小阀芯（图 8-20）。或用镊子将其夹出来清洗。如果故障消除，则说明是由于油液清洁度不够，使阀芯卡滞在阀套内。阀芯卡在阀套内就相当于电磁铁一直得电一样，所以泵会一直有排量输出，这种故障原因比较多见。如果故障没有消除，则执行第三步。

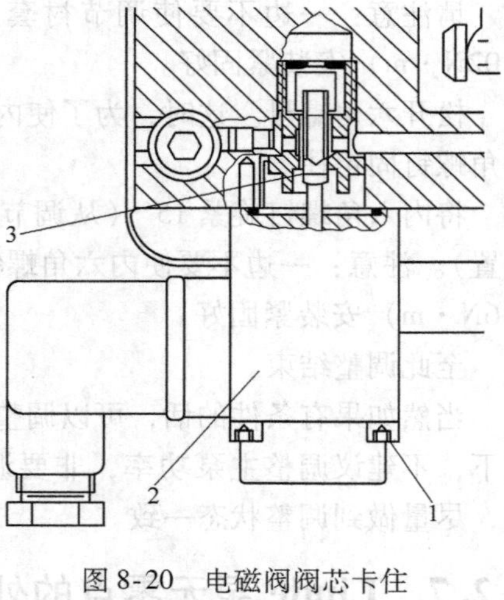

图 8-20　电磁阀阀芯卡住
1—紧固螺钉　2—电磁铁　3—电磁阀阀芯

第三步：调整液压零点。用游标卡尺测量泵上液压零点调节阀的长度，即图 8-21 中的 $x$ 值。当 $x$ 值为 14.75mm 时，说明液压泵的零点是正确的；当 $x$ 值不是 14.75mm 时，说明液压泵的零点发生了漂移。将液压零点调整过来，问题即可解决。

## 8.2.8　Linde HPV－02 CA 型泵的调节

**1. 对带有 CA 型控制的 HPV－02 泵功率限制阀的调节**

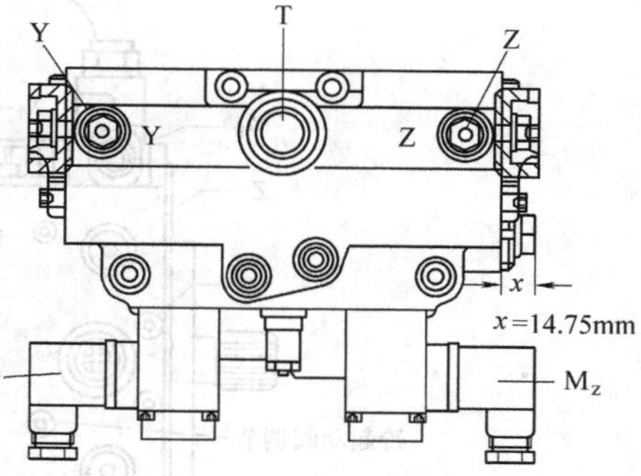


图 8-21　液压零点调节阀的长度

在整个调试过程中，应使车辆的驱动系统保持在空档位置，为了保证这个条件，电磁铁 $M_y$ 和 $M_z$ 建议都不要通电连接，这项实验必须在正常工作油温下进行。

1）安装一台 0～5MPa 的压差表，将表的高压侧连接至 $M_L$ 油口，低压侧连接至 $M_{sp}$ 油口，油口和功率限制阀的位置如图 8-22 所示。

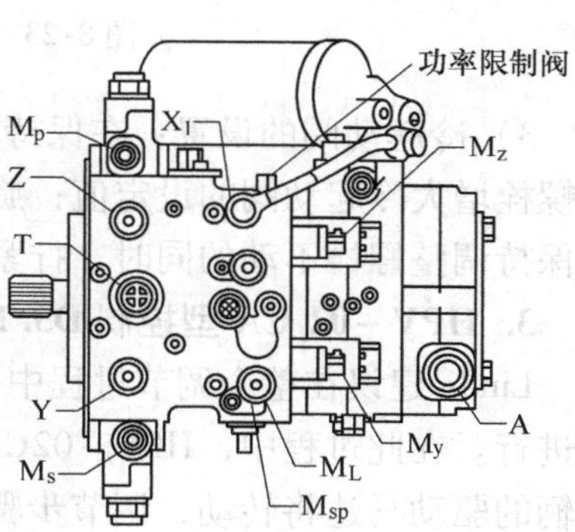


图 8-22　油口和功率限制阀的位置

2）监测压差表期间，从怠速开始逐渐增大发动机转速一直到最大转速，在发动机达到最大转速时从压差表读出的压力值就是功率限制阀的设定值，可以联系 Linde 技术服务中心确定该值。

3）功率限制阀的设置。在保持调整螺栓不动的情况下松开锁紧螺母，在保持调节螺栓就位的同时，突然用力快速地打开功率限制阀阀体的上部。注意不要移动阀体的这一部分超过 1/8 圈，移动过度可能会导致阀被拆下。在保持阀体不动时，旋进调节器，增大功率限制阀的设置值，或旋出调节器减小设置值。

在保持调整螺栓不动的同时，拧紧功率限制阀的上部。在保持调整螺栓不动的情况下拧紧锁紧螺母，至此调节完毕。

**2. 冷起动阀的调节**

在整个调节过程中车辆的驱动系统必须保持在空档位置。为了确保这个条件，建议将两个电磁铁 $M_y$ 和 $M_z$ 断电，此调试也必须在工作油温下进行。

1）在泵过滤块的测试油口 $M_t$ 上安装一只 0～5MPa 压力表。

2）在此期间监测油口 $M_t$ 的压力。从怠速一直到最大转速逐渐增大发动机的转速，在最大转速期间，油口 $M_t$ 的压力值就是冷起动阀的设置值，可以联系 Linde 工程师确定该值。油口和冷起动阀的位置如图 8-23 所示。

为了防止损坏过滤器，油口 $M_t$ 的压力值必须低于 4MPa。

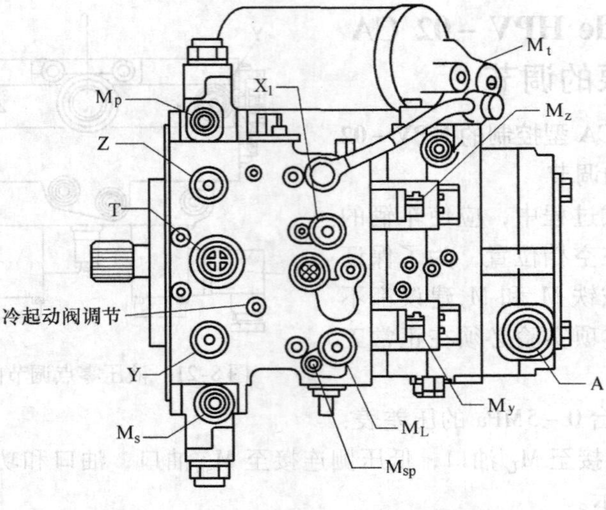


图 8-23　油口和冷起动阀的位置

3）冷起动阀的设置：在保持调整螺栓固定不动时，松开锁紧螺母，旋进调整螺栓增大冷起动阀的设定值；旋出调整螺塞，将减小冷起动阀的设定值，然后在保持调整螺栓不动的同时，拧紧锁紧螺母。

**3. HPV-02 CA 型控制 D3.1 可变节流孔调节**

Linde 建议在整个调节过程中，车辆应被升离地面，此测试必须在工作油温下进行。在此过程中，HPV-02CA 型泵将会起动运转，结果是在测量/调整期间车辆的驱动马达将转动，调节步骤如下：

1）在监测发动机转速期间，慢慢增加发动机转速，直到车辆的驱动马达（多个）开始旋转。

2）在驱动马达开始转动时记录发动机的转速。此转速值是泵的调节开始转速，其必须与车辆指定的值相匹配，可联系 Linde 工程师去得到这个值。

3）D3.1 可变节流孔的调节：松开锁紧螺母，同时保持调整螺栓不动；转动调整螺栓旋进，可降低规定的开始转速；转动调整螺栓旋出，可增加规定的开始转速，然后在保持调整螺栓不动的同时，拧紧锁紧螺母。

**4. 带 CA 型控制 HPV-02 泵的开关阀调节**

Linde 建议在整个调节过程中，车辆应被升离地面，此测试必须在工作油温下进行，在此过程中，HPV-02CA 型泵将起动运转，结果是在测量/调整期间车辆的驱动马达将转动。调节步骤如下：

1）安装 0～5MPa 压力表接在泵控制测试油口 Y 上。

2）伴随着车辆抬离地面，使电磁铁 $M_z$ 通电。

3）在此期间监测发动机的转速和油口 Y 的压力，缓慢地从怠速开始增加发动机转速；油口 Y 的压力会随着发动机转速增加而增大，然后突然回落到补油压力，记录在油口 Y 的压力突然下降到补油压力时的发动机转速。

4）该发动机转速值必须等于"发动机怠速转速"和"泵的调节开始时发动机转速" ±20r/min 之间的中点值。

5）开关阀的设置：开关阀和相应油口的位置如图 8-24 所示。在保持调整螺栓不动时松开锁紧螺母，旋进调整螺栓增大开关阀的设定值，旋出调整螺栓减小开关阀的设定值，然后在保持调整螺栓不动的同时，拧紧锁紧螺母。

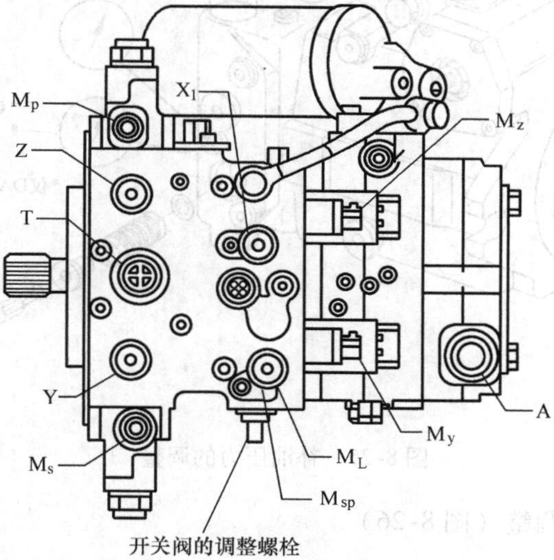


图 8-24　开关阀和相应油口的位置

## 8.2.9　A4VG 闭式泵的调整

调整步骤如下：

（1）工具准备

1）如果有流量计、压力传感器、转速传感器、温度传感器等专业的测试仪器最好。如果没有，至少要准备 3 种规格的压力表：0 ~ 60MPa（2 个）、0 ~ 6MPa（2 个）、−0.1 ~ 0.6MPa（2 个），分别用来测量工作压力、补油压力、壳体压力及吸油压力。

2）六角扳手、呆扳手（规格 13 等）各一套。

3）根据泵上各油口尺寸，准备合适的测压接头。

（2）补油压力调整（图 8-25）

1）在泵的 G 口连接 0 ~ 6MPa 的压力表，发动机转速在 1000r/min。

2）调整补油溢流阀到要求数值。若外部可调的补油溢流阀顺时针方向调整螺钉可以增大压力，则逆时针方向为减小压力；若补油溢流阀外部不可调，只能取出阀芯通过加垫片调高压力，减垫片调低压力。注意：应根据工作情况设定数据。对于DA型控制类型，起动压力设定值是1.8MPa（公称压力，在最大速度下峰值压力为4MPa）。

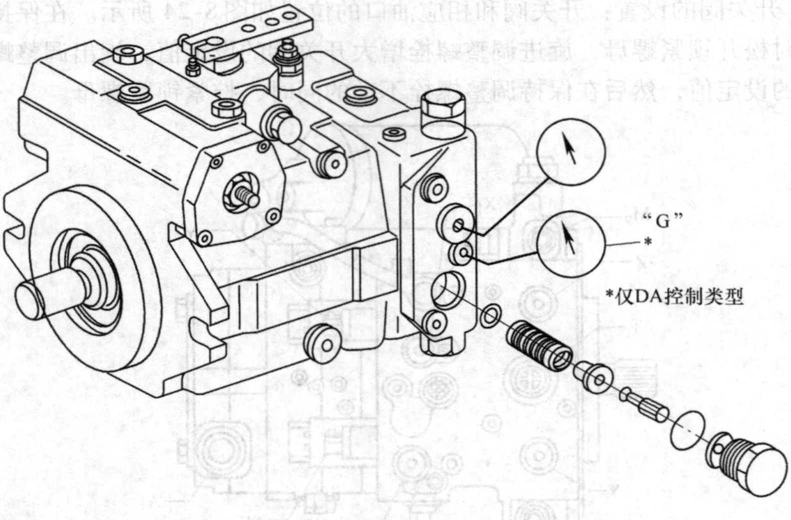


图8-25　补油压力的调整

（3）机械零位调整（图8-26）

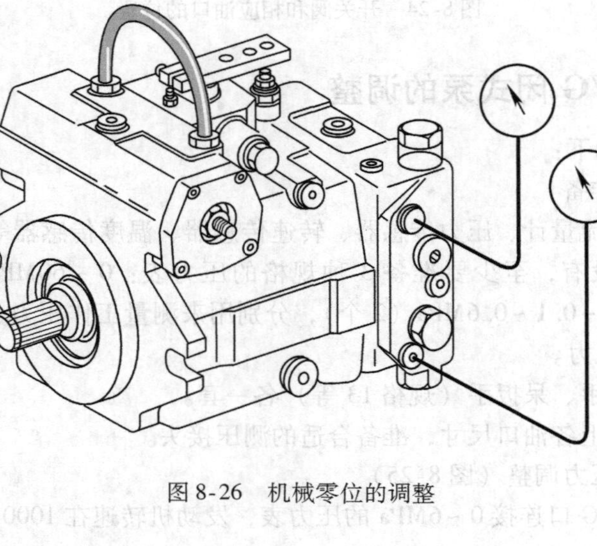

图8-26　机械零位的调整

1）用合适的软管短接变量活塞上的 $X_1$ 和 $X_2$ 油口，消除来自液压中位残存的压力信号。

2）分别在泵的 $M_A$ 和 $M_B$ 油口连接 0 ~ 60MPa 的压力传感器。

3）起动车辆，调整变量活塞端盖上的机械零位调整螺钉直至 $M_A$、$M_B$ 处的两个压力表读数相等（误差在 0.5MPa 以内）。注意查明零位死区宽度。

（4）液压零位调整（图 8-27）

1）分别在变量活塞上的 $X_1$ 和 $X_2$ 油口连接 0 ~ 6MPa 的压力表。

2）起动车辆，不给控制阀信号，调整控制阀上的零位调整螺钉直至在堵住驱动油口情况下 $X_1$ 和 $X_2$ 处的两个压力表读数相等（误差在 0.2MPa 以内）。另外，偏心调节时，不要转过 ±90°。

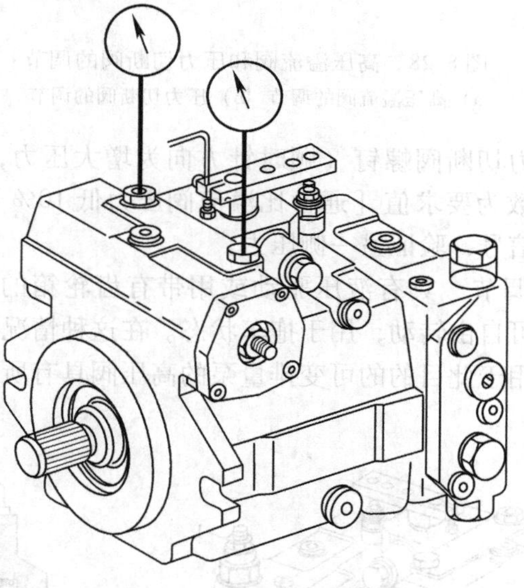

图 8-27　液压零位的调整

（5）高压溢流阀调整（图 8-28b）

1）分别在泵的 $M_A$ 和 $M_B$ 油口连接 0 ~ 60MPa 的压力传感器。

2）将压力切断阀调整螺钉顺时针方向拧到底。

3）起动车辆，使发动机转速达 1000r/min，泵最大排量（控制信号最大），调整相应的高压溢流阀螺钉（顺时针方向为增大压力，逆时针方向为减小压力）至传感器读数为要求值；照此方法，调整另一侧压力。注意：因为油温会很快升高，故应在很短的时间内进行调整。

（6）压力切断阀调整

1）分别在泵的 $M_A$ 和 $M_B$ 油口连接 0 ~ 60MPa 的压力传感器。

2）起动车辆，使发动机转速达 1000r/min，泵最大排量（控制信号最大），

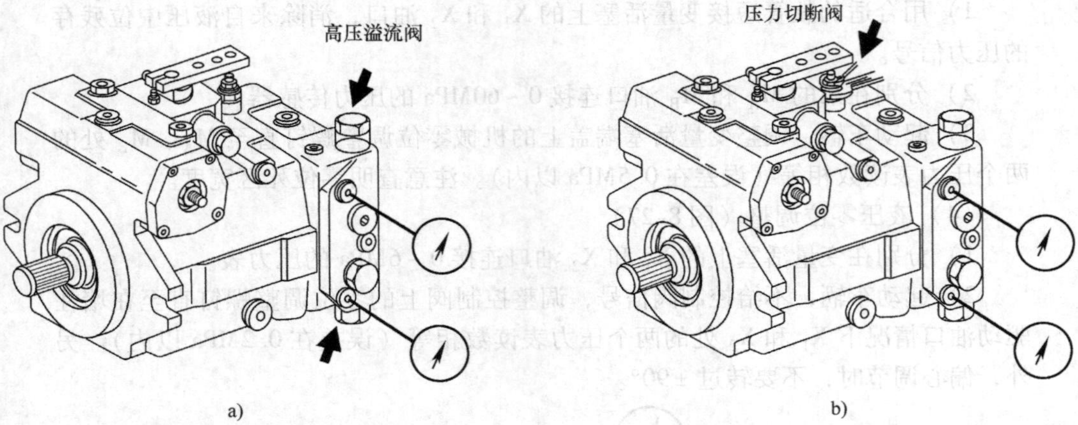


图 8-28　高压溢流阀和压力切断阀的调节
a）高压溢流阀的调节　b）压力切断阀的调节

逆时针方向调整压力切断阀螺钉（顺时针方向为增大压力，逆时针方向为减小压力）至传感器读数为要求值［通常比溢流阀压力低10%（2.5～3MPa）］。给控制阀相反的控制信号，验证另一侧压力。

（7）旁通阀的调节　具有液压驱动或用带有齿轮箱的静液压驱动的车辆，旁通阀打开时车轮可自由转动，用于拖车状态。在这种情况下，行驶驱动被接通至自由轮的位置。用于此目的的可变排量泵的高压阀具有所谓的旁路功能，参见图 8-29。

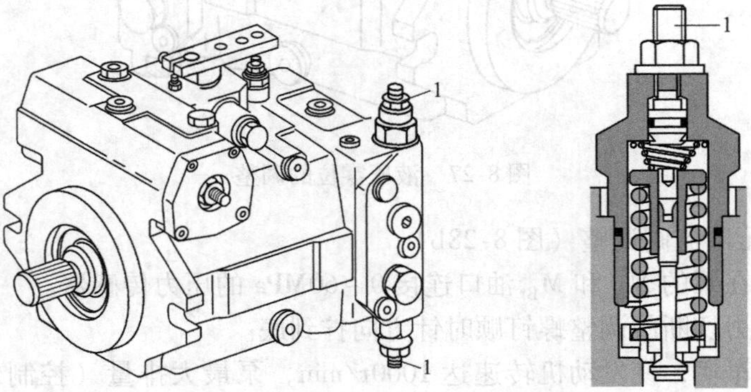


图 8-29　旁通阀的调节

拧松调节螺钉 1，旁通阀被释压打开，使液压油短路自由循环。拧紧螺钉 1，直到它与螺母水平，接通旁通阀旁通。

拖曳时，不应超过最大 2km/h 的牵引速度，更高的容许速度依赖于液压马达速度或选择的齿轮箱，牵引距离不得超过 1km。由于在液压排油回路中没有可用的补油，在液压马达转子组件的发热必须要被考虑在内。

拖曳操作结束后要把调节螺钉 1 调回到原来位置上，拧紧螺母。

# 8.3　电液比例液压泵试验

## 8.3.1　试验回路

电液比例液压泵的测试系统对试验油液、测试仪器、仪表、试验装置的动态要求以及准确度等级与电液比例压力阀试验系统相似，只是试验系统的油源即为被试电液比例液压泵本身。

电液比例液压泵具有双向和单向两大类，其试验回路也有闭式和开式两种形式，如图 8-30 和图 8-31 所示。

（1）闭式试验回路　图 8-30 所示为电液比例液压泵的闭式试验回路。图中被试液压泵 3 是双向比例液压泵，比例溢流阀 11 和比例节流阀 12 是加载阀，它们与电磁阀 13.1 组成负载阶跃加载单元，四个单向阀 9 是组成双向闭式回路功能的方向元件。

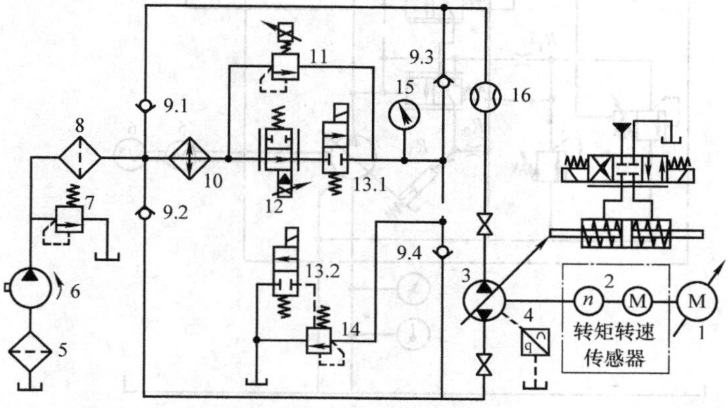


图 8-30　电液比例液压泵闭式试验回路

1—电动机　2—转矩转速仪　3—被试液压泵　4—泄漏流量传感器　5—补油泵进口过滤器　6—补油泵　7—溢流阀　8—过滤器　9（9.1～9.4）—单向阀　10—冷却器　11—比例溢流阀　12—比例流量阀　13（13.1 和 13.2）—电磁阀　14—安全阀　15—压力表　16—耐高压流量计

闭式回路与开式回路的区别在于：闭式回路中被试液压泵出口的油液经过负载后不是返回油箱，而是直接回到被试液压泵入口。因此，被试液压泵不需要直接从油箱吸油。为了使系统压力稳定，溢流油液以引回油箱为好。由于管路及液压元件的泄漏、损耗，回油流量不能满足被试液压泵吸油量的要求，这部分的差值流量需要由补油泵6提供。显然，该补油泵的流量比被试液压泵流量小得多，油箱的体积也相对减小了。

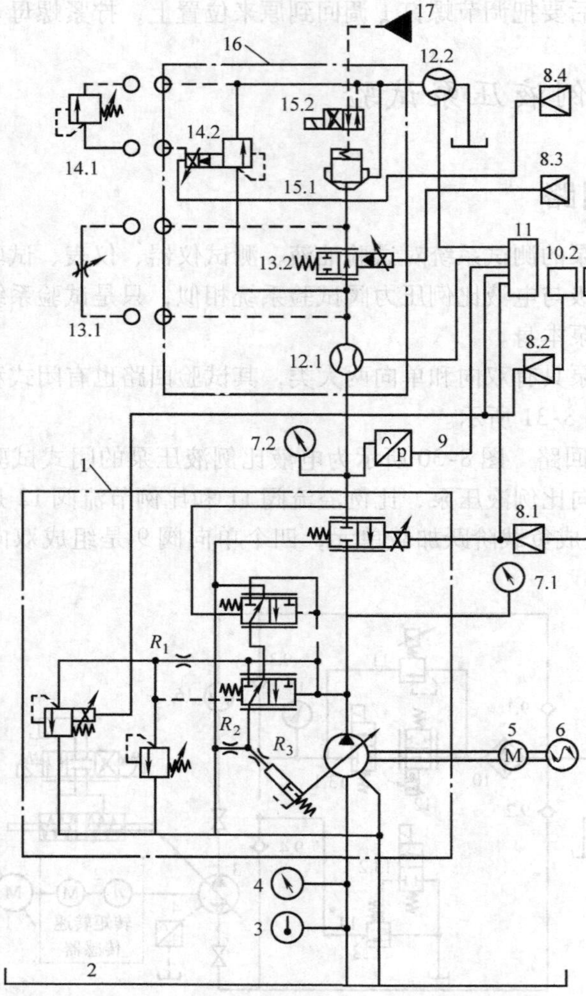


图8-31 电液比例液压泵的开式试验回路

1—被试液压泵 2—油箱 3—温度计 4—真空表 5—电动机 6—转速仪 7（7.1和7.2）—压力表 8（8.1～8.4）—放大器 9—压力传感器 10（10.1和10.2）—信号源 11—记录仪 12（12.1和12.2）—流量计 13（13.1和13.2）—电液比例节流阀 14（14.1和14.2）—电液比例溢流阀 15（15.1和15.2）—快速切换阀单元 16—加载阀块 17—控制油源

（2）开式试验回路 图8-31所示为电液比例液压泵的开式试验回路。图中被试液压泵1是具有自吸能力的电液比例负载敏感型变量柱塞泵。

1）电液比例溢流阀14（配有作为安全阀使用的手调先导阀）为常备加载

阀，必要时可更换成手调加载溢流阀，进行手动调节负载压力。系统的安全保护功能由带有先导式安全阀的电液比例溢流阀 14 实现。

2）电液比例节流阀 13 为另一个常备加载阀，必要时也可更换成手调加载节流阀。

3）流量计 12.1 集成在加载阀块 16 内，以减小液压泵出口至加载阀之间的容腔，从而提高进油腔压力飞升速率。

4）15.1 与 15.2 组合成快速切换阀单元，加载阀块 16 中的流量计 12.1、电液比例节流阀 13、电液比例溢流阀 14 与快速切换阀单元 15 组成负载阶跃加载装置。

开式回路是被试液压泵直接从油箱吸油，试验油液经负载单元后回油箱。这样，油液在油箱中可充分沉淀和逸散气泡，油温相对可以稳定一些，此回路适宜于自吸能力较强的液压泵。对于自吸能力弱的液压泵，需另加低压供油辅助液压泵（或使油箱油面高于泵的吸油口水平面），供油液压泵的流量至少应为被试液压泵流量的 1.25 倍。

## 8.3.2　比例液压泵的主要性能及测试

### 1. 比例液压泵的特性

比例液压泵的品种多，其输出参数有排量、压力、流量以及这三个参数的复合。如果用 $x_i(t)$ 表示比例液压泵的输入信号，$x_o(t)$ 表示比例液压泵的单个输出参数，采用描点或连续记录法，可得比例液压泵的控制特性，如图 8-32 所示。

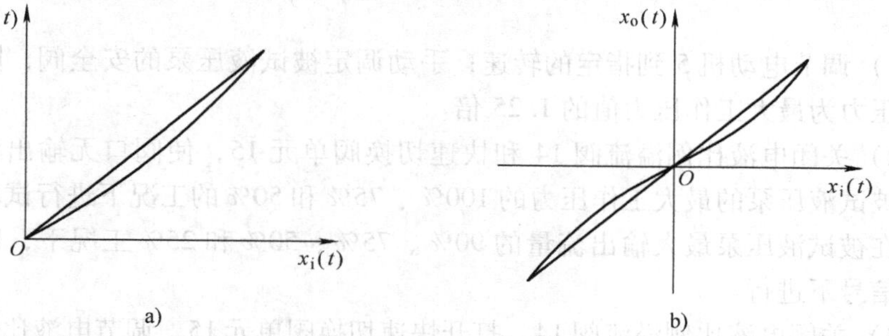


图 8-32　比例液压泵的控制特性示意图

a）单向比例液压泵的控制特性　b）双向比例液压泵的控制特性

单向比例液压泵的输入信号 $x_i(t)$ 的变化范围为 0 ~ 10V；双向比例液压泵的输入信号 $x_i(t)$ 的变化范围为 ±10V。比例排量控制泵的输出信号 $x_o(t)$ 表示排量；比例压力控制泵的输出信号 $x_o(t)$ 表示压力；比例流量泵的输出信号 $x_o(t)$ 表示流量；对于压力、流量复合控制泵而言，它的输出信号 $x_o(t)$ 可以表示压力、流量，测定时分两种输出量工况进行。

测试比例压力泵的控制特性时，关闭比例溢流阀加载元件，用比例流量阀加载。

测试比例排量泵的控制特性时，以比例溢流阀为加载元件，处于溢流工况，排量可以通过变量泵的变量缸上的位移传感器测得，也可通过流量计测得。

测试压力、流量复合控制泵时，需要分两种输出量工况进行。例如：液压泵在某一设定压力值下，测其的输出流量与输入信号的关系的稳态流量控制特性。测试过程中，可以在不同的设定压力值下重复测试，也可以测试在液压泵的某一设定流量下的输出压力与输入信号的关系的稳定压力控制特性。同样，测试过程中，可以在不同的设定流量值下重复测试。

**2. 电液比例负载敏感型变量泵的性能检测**

压力、流量复合控制型的电液比例泵的性能检测比较复杂，参照ISO17559《液压传动－电控液压泵特性试验方法》，以电液比例负载敏感型变量柱塞泵为例，介绍它的基本性能测试方法。

（1）流量－压力稳态特性试验方法　参阅图8-31所示的电液比例液压泵的开式试验回路。对于图中的电液比例负载敏感型变量柱塞泵（压力流量复合控制泵，即被试液压泵1），它的输出信号$x_o(t)$分别为压力和流量信号，输入信号也分别来源于放大器8.1、8.2。

除非试验过程有特别规定，平时应保持试验回路中电液比例溢流阀14和电液比例节流阀13处于空载和无阻尼状态。如果电液比例溢流阀14加载，则关闭电液比例节流阀13。如果用电液比例节流阀13加载，则开启快速切换阀单元15。

1）调节电动机5到指定的转速；手动调定被试液压泵的安全阀，限制最大稳态压力为最大工作压力值的1.25倍。

2）关闭电液比例溢流阀14和快速切换阀单元15，使阀口无输出流量。分别在被试液压泵的最大工作压力的100%、75%和50%的工况下进行试验，试验也要在被试液压泵最大输出流量的90%、75%、50%和25%工况下，以及最小流量信号下进行。

3）关闭电液比例溢流阀14，打开快速切换阀单元15，调节电液比例节流阀13，逐渐改变输出压力，使控制泵的工作压力从最大工作压力，经过最大工作压力的75%和50%工况点，到最大的最低可控压力工况点，直至电液比例节流阀13完全打开时的输出压力点，然后，按相反方向返回做一遍相应试验。

4）分别调整3次被试液压泵压力指令值和5次被试液压泵输出流量指令值，绘出15条曲线，组成图8-33所示的负载敏感电液比例泵的压力－流量特性曲线。

5）应用下述公式计算和记录相对于输出压力的可调节流量的变化率：

$$\delta_q = \frac{\Delta q_{e1}}{q_0} \times 100\%$$

式中　$\delta_q$——可调节流量的变化率，以百分数表示；

$\Delta q_{e1}$——输出流量变化的最大范围（图 8-33）；

$q_0$——对如下所述的输入流量指令信号的最低可控压力处的输出流量。

6）分别计算在最大输出流量的75%和50%以及最小流量指令信号时的数值（这些数值是相对于输出压力的可调节流量变化率 $\delta_q$）。

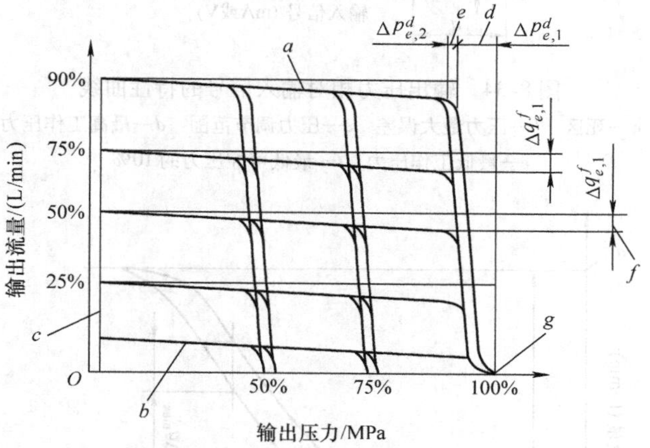


图 8-33　负载敏感电液比例泵的压力－流量特性曲线

*a*—最大流量指令　*b*—最小流量指令　*c*—最低可控压力　*d*—从恒压工况开始点到无流量点之间的压差　*e*—恒压工况开始点的滞环　*f*—输出流量变化的最大范围　*g*—最高工作压力

（2）稳态控制特性试验方法

1）稳态控制压力特性试验。完全关闭电液比例溢流阀 14。按小于 0.02Hz 左右的三角波周期增大和减小输入压力的电信号，使比例泵从最低可控压力运行到最高工作压力。绘制出输出压力对于输入压力电信号的特性曲线，如图 8-34 所示。从图中可以得出被试液压泵具有比例压力控制功能时的输出压力死区、滞环、压力调节范围、最高工作压力，以及最低工作压力等技术指标。

2）稳态控制流量特性曲线。选取输出压力电信号和输入流量电信号，并把它们调整到最大值。调整输出压力电信号到最高工作压力的75%，调整流量输入电信号到最大值，关闭电液比例节流阀 13，同时使用电液比例溢流阀 14。按小于 0.02Hz 左右的三角波周期增大和减小输入流量的电信号，以零输出流量到最大输出流量，再回到零输出流量，绘制输出流量对于输入流量电信号的特性曲线，如图 8-35 所示。从图中可以得出被试液压泵具有比例流量控制功能时的输出流量的死区、滞环、最大输出流量、流量的可调范围等主要技术指标。

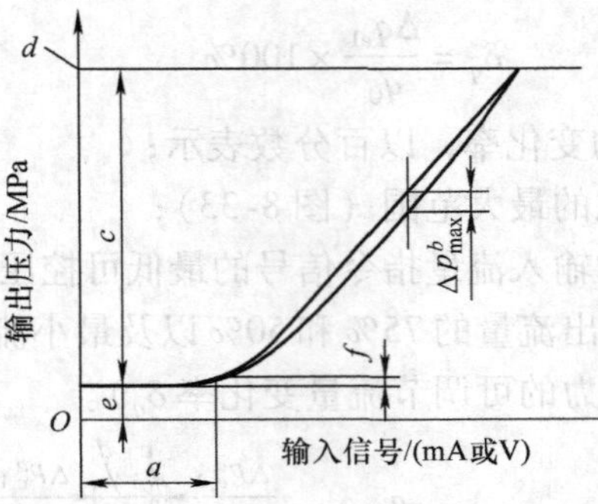


图 8-34　输出压力相对输入信号的特性曲线

*a*—死区　*b*—压力最大误差　*c*—压力调节范围　*d*—最高工作压力

*e*—最低工作压力　*f*—最低可控压力的10%

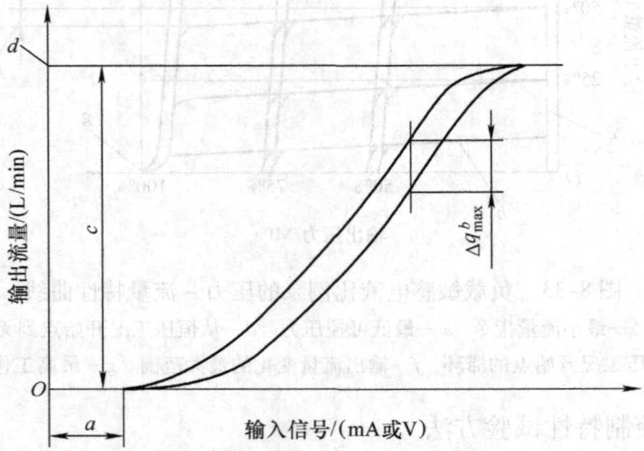


图 8-35　输出流量相对输入流量电信号的特性曲线

*a*—死区　*b*—输出流量最大误差　*c*—输出流量可调整范围　*d*—最大输出流量

**3. 阶跃输入信号的输出响应试验**

复合控制比例泵的输入信号阶跃响应特性试验，同样有输出压力、输出流量分别对输入电信号阶跃响应特性，以及它们的相应的负载阶跃响应特性等试验。它们的特性曲线与比例阀的相应特性曲线类似（图 8-36、图 8-37）。

**4. 频率响应**

（1）输出压力频率响应特性测试　试验应在两种不同情况下完成，一种是电液比例溢流阀 14 完全关闭，另一种是电液比例溢流阀 14 打开 50%。完全关闭电液比例溢流阀 14，调整无流量点压力到最高工作压力的 50%，并以此压力值为中心，用一个频率足够低的幅值为最高工作压力的 ±5% 和 ±12.5% 的正弦输入信号。

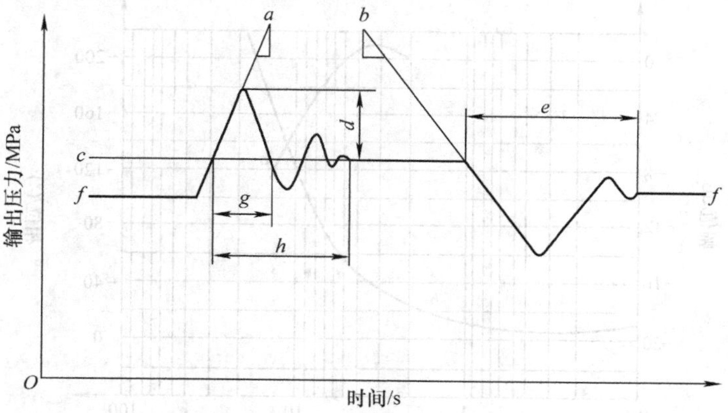


图 8-36　负载压力正负阶跃变化时的压力响应特性曲线

*a*—压力上升率　*b*—压力下降率　*c*—无流量点压力　*d*—超调值（上升）
*e*—调整时间（下降）　*f*—无流量点压力的 75%　*g*—响应时间　*h*—调整时间（上升）

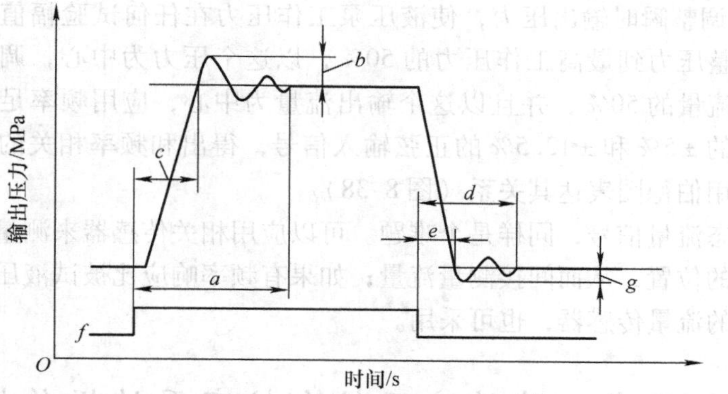


图 8-37　输出信号对输入电信号的阶跃响应特性曲线

*a*—调整时间（上升）　*b*—超调（上升）　*c*—响应时间（上升）
*d*—调整时间（下降）　*e*—响应时间（下降）　*f*—输入信号（I 或 U）　*g*—超调（下降）

完全关闭电液比例溢流阀 14，调整无流量点压力到最高工作压力的 50%，并打开电液比例溢流阀 14，获得最大输出流量的 50%。调整压力到最高工作压力的 50%，并以这个压力值为中心，应用一个频率足够低的幅值为最高工作压力的 ±5% 和 ±12.5% 的正弦输入信号。正弦波输入信号的频率范围为 1/20 到 10 倍于被试液压泵的穿越频率，扫描速度应和检测装置相匹配。得出和频率相关的幅值比和相位滞后值，并用伯德图表达其关系（图 8-38）。

（2）输出流量的频率响应测试　选择输入压力电信号，并把它调整到最高工作压力。调整电液比例节流阀 13 到相应上限流量，把压力调整到最高工作压

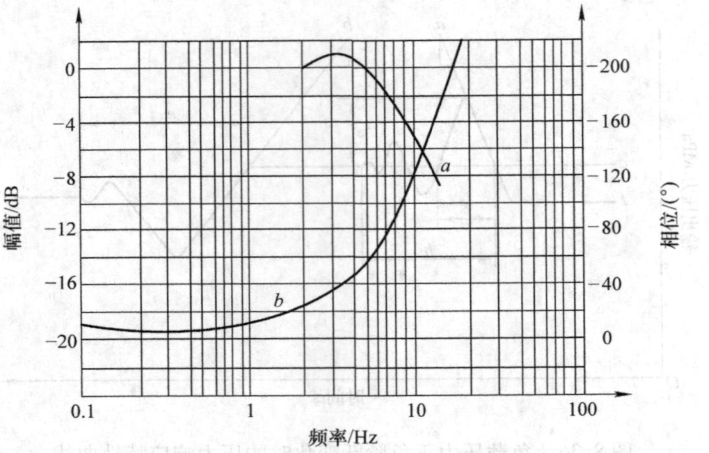


图 8-38 输出信号的频率响应伯德图
*a*—幅值曲线 *b*—相位曲线

力的50%。调整瞬时输出压力，使液压泵工作压力在任何试验幅值和频率时都不超值。调整压力到最高工作压力的50%，以这个压力为中心，调整输出流量到最大输出流量的50%，并且以这个输出流量为中心，应用频率足够低的幅值为最大流量的±5%和±12.5%的正弦输入信号，得出和频率相关的幅值和相位滞后值，并用伯德图表达其关系（图8-38）。

检测动态流量信号，同样是个难题。可以应用相关传感器来测量诸如泵的偏心盘或斜盘的位置，从而间接测量流量；如果有频率响应比被试液压泵频率响应快3~10倍的流量传感器，也可采用。

## 8.4 用于开式回路的液压轴向柱塞泵的操作规程

下面将以德国Linde公司的变量液压轴向柱塞泵为例，讲述开式系统的操作规程。

在液压驱动系统中，选择正确的元件至关重要；同时，系统设计的好坏会直接影响元件的操控特性，特别是元件的使用寿命和可靠性。液压系统的设计、运输、安装、调试和维护保养都要由专业人员实施并由技术专家进行指导。

在实际操作时还应特别注意以下几点：

1）元件配置和技术参数许用范围（安装、接线、环境和运行条件）。具体见产品技术参数表、装配图样、备件目录、元件铭牌以及订单中元件配置说明。

2）安装及安全规程。

3）正确使用工具提升和搬运工具。

4）配备个人安全防护装备。

除了闭式回路本身具有的液压制动功能外，还必须安装一个辅助的制动装置，用于驻车制动，或在停车作业时保持车身静止。

如果机械传动链终端的摩擦阻力太小（如在湿滑的路面上行车），或者液压马达输出轴与机械传动链脱离，则会导致液压制动效果减弱或丧失。

## 8.4.1　管路及安装说明

液压系统的安装应依照系统图、布管图、元件的技术参数、安装图样以及安装要求进行。当设计系统的电控部分时，应特别注意相关电控元件的使用要求，如给电控元件提供指定的电压等。液压管路应使用符合 DIN EN10305 - 1/6（ISO3304）规定的冷拔无缝钢管，或符合 ISO/TR 17165 - 2 的具有相当压力等级的胶管。钢管应去除毛刺、洗净并吹干。氧化生锈的管子应经酸洗、中和；胶管不洁时应刷洗后冲净。

保证清洁度是安装整个液压系统时的重要环节。依照常规，液压元件的油口需由生产厂家在彻底清洗后用塑料堵头或封盖封好；完工的管子不得用碎布封堵，而应使用塑料薄膜、塑料带或塑料堵头封闭；绝对不得使用清洁用的棉纱封堵油口。

## 8.4.2　轴向柱塞泵的机械连接

### 1. 关于机械连接的一般说明

液压元件在驱动系统中的机械连接通过其壳体上的安装法兰和输入/输出轴来实现。液压元件通过其输入轴（泵）或输出轴（马达）与机械传动系统连接，主动轴和被动轴之间不得有夹角。有关传递转矩和轴向力的允许值见技术参数表、装配图和产品目录。应避免泵（马达）的输入轴（输出轴）承受径向力。如果出于某些原因传动系统中的径向力不可避免（如动力需要经过皮带或链条传递），请务必在系统设计初期与厂家联系。

### 2. 输入/输出轴

Linde 02 系列泵或马达的轴端花键多采用符合 ANSI B92.1 的渐开线齿形。无论是安装还是拆卸元件，均不得敲击或撞击（如用锤子敲打）元件轴头，否则会对元件内部轴承造成损伤。

在由多个部件连接组成的转矩传递链中，一般必须采用适宜的弹性联轴器来减小主动轴或从动轴旋转时产生的振动。弹性联轴器须与系统的动态传递特性相匹配，确保不产生共振。

**3. 万向节**

务必注意生产厂商的安装说明。为避免产生扭转振动，必须注意主动轴与中间轴的夹角等于从动轴与中间轴的夹角，并保证两端的万向节叉在同一平面内。注意只使用通过动平衡检测的万向节，并保证正确安装。

**4. 附加取力口（PTO）**

所有 Linde 02 系列的变量泵均在其输入轴的后端留有辅助取力口（PTO）。可以在该接口上连接辅助泵。应确保运行中任何时候 PTO 传递的转矩均不大于允许值（见元件技术参数或产品样本）。

## 8.4.3 安装形式

在系统设计阶段和随后的系统安装时，需注意在首次注油、排净空气之后的各种运行状态下，泵、马达壳体能始终保持充满液压油。无论在系统运行中，还是短时或长时间不工作，壳体内的油不能被排光。如有必要，需在设计系统前了解更多关于元件安装位置的信息。

**1. 高压反馈泵 HPR－02**

高压反馈泵应水平安装。在设计吸油管路时，务必使吸油管路直而短，尽量避免转弯。油箱内的液压油应具有一定的压力。安装位置在油箱之上时必须首先征求厂家的许可。最大输入转速也直接受吸油压力的影响，如图 8-39 所示。

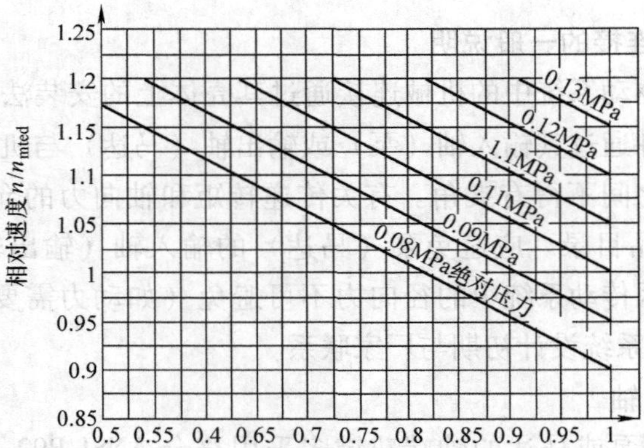


图 8-39 吸油速度

**2. 液压马达 HMF/A/V/R－02**

除了主轴垂直向上，其余安装形式任选。主轴垂直向上时，需采取特殊措施，否则可能导致轴承和轴封干摩擦运转。液压马达经改造可实现垂直安装，但须另行咨询。

## 8.4.4　管路连接

**1. 高/低压油路，最大压力**

为使系统可靠工作，需根据元件工作油口和辅助油口的允许压力等级，选用具有相应强度的胶管、钢管和接头。

**2. 吸油管路**

在设计吸油管路时，务必使吸油管路直而且短，尽量避免转弯。如果油路不得不转弯，转弯半径应尽可能大。应该使液压油箱中的吸油口截面最大，并平缓过渡，而泵上的吸油口应最小。如果在管路中安装有开关阀，其不能减小管路的内径。必须保证油箱吸油口比油箱底部高出至少 100mm。为了增大油箱吸油口的吸油面积，应将其斜切 45°。为了避免混入空气，油口和液面要保持足够的距离，建议此距离大于 200mm。吸油管路由液压软管及其他构件组成。必须注意管路的紧固，以防止空气进入系统。

**3. 泄油口、泄油管路和壳体压力**

壳体泄油管路的布置应能使液压元件的壳体内始终充满液压油。泵或马达的两个泄油口 L 和 U 中至少有一个口要和油箱连接。泄油管路不能和回油管路共用一根油管，且必须插入油箱液面以下。所有的泄油管路和排气管路的截面尺寸都不能减小，并且在连接时应增加管路的尺寸。泄油管路的尺寸必须保证即使在低温时壳体压力也接近于零。Linde 公司的元件在工作中，其壳体内的压力不能超过 0. 25MPa（绝对压力）。

在样机开发阶段，只要征得 Linde 公司许可，冷起动时，短时间内壳体内的压力允许超过 0. 25MPa。

**4. 补油泵的吸油管路**

吸油管路的布置应近可能直、简短，并避免转弯。在确定吸油管通径以及油箱安装位置时，应保证吸油压力高于允许的真空度（ -0. 02MPa）。

在此特别强调，壳体注油不充分会即刻损坏轴向柱塞元件。因此，请检查液压系统中元件的安装位置，以保证起动前元件壳体内注满液压油。

## 8.4.5　液压油、过滤精度和使用温度

适用的液压油：

1） 符合 DIN 51524 标准的 HLP 矿物油。

2） 符合 ISO15380 的可降解生物油（视需求而定）。

3） 其他液压油（视需求而定）。

液压油的技术参数见表 8-3。

表8-3 液压油的技术参数

| | |
|---|---|
| 工作温度/℃ | -20~90 |
| 工作黏度/(mm²/s) | 10~80 |
| 最佳工作黏度/(mm²/s) | 15~30 |
| 最高黏度（短时起动）/(mm²/s) | 1000 |

液压油的推荐黏度见表8-4。

表8-4 液压油的推荐黏度

| 工作温度/℃ | 黏度(40℃)/(mm²/s) |
|---|---|
| 30~40 | 22 |
| 40~60 | 32 |
| 60~80 | 46或68 |

建议仅使用经油品制造厂商确认的适用于高压系统的液压油。了解系统工作温度是正确选用液压油的先决条件。系统工作时，所选用的液压油的工作黏度应该尽量落在上述最佳范围内。

注意：受压力和转速影响，元件内部泄漏油的温度始终高于回路温度。必须保证系统中任意点的工作温度不超过90℃。如遇特殊情况无法满足此要求，请与厂家联系。

绝对禁止将矿物油和生物油混合使用。

为了确保液压元件的使用性能和高效率，有必要根据ISO4406来确定工作油的清洁度。

高清洁度的液压油能够延长液压系统的使用寿命。如果因为某些原因无法达到上述的清洁度要求，请务必与厂家联系。

## 8.4.6 初次起动

在初次起动系统前，请仔细、彻底地阅读相关操作规程。正确仔细地完成初次起动步骤是保障系统无故障运行、达到设备预期使用寿命的前提。同时建议遵守ISO4413（液压传动、设计的一般规则）。

清洁度：在给油箱加注液压油前，再次检查油箱及整个系统的清洁状况。如有必要，应重新清洗整个系统，同时也应确保所加注的液压油能达到要求的清洁度。

旋向：起动发动机前应确保HPR-02型泵的旋向正确。如果是电动机驱动，则必须确保电动机的电路连接正确，接线图一般标识在接线盒盖上。

绝对不要通过起动发动机来检查泵的旋向是否正确，如果输入旋向与HPR-

02 型泵的旋向相反，则泵的回转组件而因缺少润滑而立即磨损，进而导致整个泵彻底损坏。

首次加油：在起动发动机前应确保液压泵、马达壳体已注入液压油。加载前，整个系统必须完成加油和排气程序。HPR－02 型泵的吸油口和壳体是不相通的，液压元件在加载前，必须经过注油和排气程序，所有需要的系统测试元件应安装好。

使用加油设备向系统加油时，即使是刚从油桶或油罐中取出的液压油，其清洁度也只能达到 23/21/18 的等级。因此，建议在初次注油时使用加油设备，加油设备上必须安装有过滤精度与系统过滤器相当的过滤器。

直接使用油桶或油罐来对液压油箱加油时，必须通过系统的过滤器进行。绝对禁止为了加快注油速度而移除此过滤器。

整个系统的加油和排气：在加油过程中请小心不要过量加油，将油箱液面加到液位计的中间位置之上。在加油的过程中，将液压泵和马达的泄油口油管松掉，以进行排气。由于液压系统的安装位置的影响，系统的注油能够自动进行。给液压油箱施加一个低于 0.02MPa 的压力能够帮助系统进行排气。当发现从泵和马达壳体排出的液压油不再含有气泡时，拧紧泵和马达的泄油管，将放出的油回收，并将油迹擦净。液压系统的注油和排气过程即算完成。应按法规的要求处理收集到的废弃液压油，不得再次使用！

在发动机起动前，务必遵循以下要点：

1）如果在吸油管路中安装有开关阀，务必将此阀开启。

2）车辆挂空档，并加以固定；或用千斤顶使驱动轮离开地面。根据车辆种类及特性对其和周围采取安全防护措施。在起动时刻，无关人员必须与车辆保持足够的安全距离。

3）如果设有安全手柄，应将它打到锁定位置。

初次起动：初次起动发动机，先让它运行数秒，注意在运行期间观察是否有不正常的噪声。发动机以低怠速运转，HPR－02 型泵在空载状态下运行。如果使用的是电动机，先让电动机运转 5s，然后断开电动机。如有故障发生，务必查出引起故障的原因。

关闭发动机，检查液压油箱的油位，必要时加以补充。排出液压元件中的空气，将排出的油回收，并将油迹擦净。在再次起动发动机前，确认管路已经拧紧。

重新起动发动机，将发动机转速调整到 1500r/min。空载情况下执行系统的动作，监测液压油箱的液面，必要时加以补充。关闭发动机，在再次起动发动机前，确认管路已经拧紧。

再次起动发动机，并以最大转速运转。空载情况下执行系统的动作，监测液压油箱的液面，必要时加以补充。

关闭发动机，再次起动发动机前，确认管路已经拧紧并且没有泄漏。

再次起动发动机，并以最大转速运转。空载情况下执行系统的动作，确保工作装置平稳运行，没有振荡。系统温度上升到工作温度后，向系统加压，再次测试系统动作，监测液压系统的温度。

系统初次起动成功，关闭发动机。提示：让发动机停止运行约30min，系统内的剩余空气只有在发动机停止运行后才能逐渐经液压油箱逸出。

如果再次起动并执行动作后发现液压油箱仍然有气泡产生，务必查明产生气泡的原因。

再次建议，检查所有的管接头及SAE连接法兰的锁紧螺栓是否紧固，即使它们并没有产生泄漏。以要求的拧紧力矩来将它们紧固。该检查工作必须在系统空载情况下进行。

在低温情况下起动系统：这种情况下的起动和上述的起动步骤一样。除此之外，必须注意低温及高黏度对系统的影响（请参阅关于油品、黏度和清洁度的内容）。机器的制造商必须遵循所有这些要求。

现在，整个液压传动系统已经可以使用了。

## 8.4.7 维护保养

### 1. 检测和维护点

在系统设计的初始阶段就应考虑将来系统检测和维护保养的便利性。应给所有的检测和维护点留有方便操作的空间，否则在今后系统的维护和拆装作业时，污染物容易进入系统，导致系统故障甚至元件损坏。简单、方便的维护保养能够节省时间和资金。

设计系统时应在高压和低压管路或阀块上留有测试点。可以通过设置液位计或直接观察检测液面高度。需要进行维护和保养的主要有过滤器、放油螺塞和磁性螺塞。

### 2. 回油过滤器的更换

建议在初次起动完成以后马上更换液压系统的回油过滤器。之后，系统运行1000~2000h即需更换，请遵循制造商的建议。在更换过滤器时必须注意，确保没有任何污染物进入系统。

### 3. 液压油的更换

较高的工作油温，加之冷却器的冷却，频繁的冷热交替会导致液压油中所含水分从油中析出，缩短液压油的使用寿命。系统使用的液压油品由系统工作的安全及可靠性来决定。建议系统工作至需要更换液压油的时间时，对油品进行分析。

具体更换液压油的时间应该遵循设备制造商的建议。根据不同的应用领域，更换液压油的工作时间为 1000～3000h。

加油可通过排放油箱、冷却器、泵和马达壳体中的油来进行。存留在两条主管路中的液压油不需要更换（不得打开主管路），首次加油的操作规程在换油时同样适用。

## 8.5　用于闭式回路的液压轴向柱塞元件的操作规程

除遵循用于开式回路的液压轴向柱塞元件的操作规程的内容之外，对闭式回路还需提出其特殊的操作要求。

### 8.5.1　HPV 02 变量泵

如果主轴处于水平位置，最好变量机构朝上，以便更好地排出变量机构内的空气。

### 8.5.2　高、低压管路，最高压力

为使系统可靠工作，需根据 Linde 公司的元件工作油口和辅助油口的允许压力等级，选用具有相应强度的胶管、钢管和接头。

### 8.5.3　排气口、回油管路和壳体压力

壳体回油管路的布置应能使液压元件的壳体内始终充满液压油。壳体内的压力在工作时不得持续超过 0.25MPa（绝对值）。只要征得 Linde 公司许可，冷起动时，短时间内壳体内的压力允许超过 0.25MPa。

### 8.5.4　带外吸式补油泵的 HPV 泵

将泵壳体上两个回油口 L、U 中处于较高位置的一个接回油箱。在 T 口与油箱相连时，仍须按上述规则将回油口 L 或 U 中的一个接回油箱。补油流量之外多余的液压油通过补油溢流阀注入泵壳体，将聚集在泵壳体内的空气带入油箱。同样，将马达壳体上的两个回油口 L、U 中处于较高位置的一个接回油箱。回油管接入油箱的位置应在油箱液面高度以下。

### 8.5.5　带内吸式补油泵的 HPV 泵

系统排气时，将泵上三个油口 T（位于泵控制块上）、L、U 中处于最高位置的一个接回油箱。布管时回油管的走向应始终向上，以确保泵壳体内的空气顺畅地排入油箱。

马达壳体上的油口L和U中位置较高的一个必须与泵壳体上油口L和U两者中位置较低的一个相连。

### 8.5.6 外吸或混合吸油的补油泵吸油管路

吸油管路安装布置时应注意管路应尽可能直、短且少弯曲。在确定吸油管通径以及油箱安装位置时，应保证补油泵工作时A（B）口的吸油压力高于允许的真空度（-0.02MPa）。

### 8.5.7 闭式回路静压传动

泵的主油口通过液压胶管或无缝钢管与液压马达主油口相连。液压油被泵输送到马达，然后从马达返回到泵，形成一个闭合回路。系统运行时，泵和马达内泄部分需由补油泵补充。由于泵和马达的内泄量非常小，还要借助液压马达上的冲洗阀（见液压马达功能说明）再排出一部分闭合回路中的油液，增大补入闭合回路的流量，对闭合回路进行强制冷却。补油泵同时为泵和马达的变量机构提供控制油源。

液压马达输出轴的转速和旋向取决于：

1）液压泵的旋向。

2）泵斜盘摆角的方向及大小。

泵的旋转方向已标注在其壳体和铭牌上。要改变泵的旋向只能通过改装HPV型泵和补油泵来实现。系统工作压力取决于液压马达负载。液压泵和液压马达的各种变量调节方式参见相关技术参数（产品样本）。

### 8.5.8 初次起动

在起动发动机前应认真、完整地阅读使用说明书。正确仔细地完成初次起动步骤是保障系统无故障运行、达到设备预期使用寿命的前提。

在给油箱加注液压油的前一刻，再次检查油箱及整个系统的清洁状况。如有必要，应重新清洗整个系统。同时也应确保所加注的液压油绝对清洁。

驱动旋转方向：在起动发动机前，应再次确认HPV-02型泵的旋向是否与选定的方向一致。

使用电动机驱动时，必须检查电动机电路连接是否正确，接线图一般标识在接线盒盖上。

绝对不要通过起动发动机来检查泵的旋向是否正确。如果输入旋向与HPV-02型泵的旋向相反，则补油泵无法建立起补油压力，缺少润滑，泵的回转组件会立即磨损，进而导致整个泵彻底损坏。

首次加油：在起动发动机前应确保泵、马达壳体已注入液压油。加载前，整个系统必须完成加油和排气程序。

测量工具：系统调试时应随时监测补油压力的压力表。拧下过滤器底座 X 口上的螺塞，接量程为 0 ~4MPa 的压力表。

建议首次加油时使用加油机。加油机一般由流量约 5L/min 的齿轮泵、2.3MPa 的溢流阀（如在补油溢流阀设定压力 1.9MPa 的基础上，最少增大 0.4MPa）及一个 10μm 或更高精度的过滤器组成。

## 8.5.9　闭式系统首次加油（用加油机）

准备工作（油口位置如图 8-40 所示）：

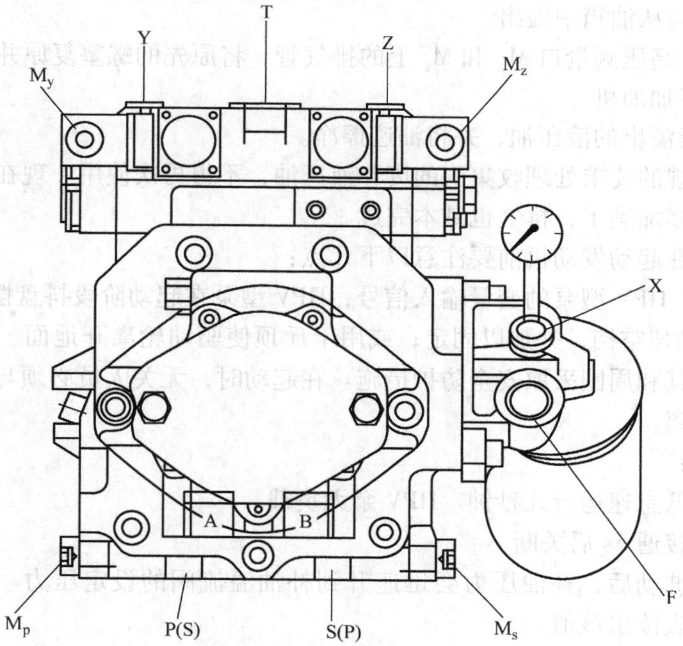


图 8-40　HPV－02E1 型变量泵的油口位置

P、S—高压油口　B—补油泵吸油口　A—补油泵出油口　F—补油及控制油注入口　T—油箱连接口排气口　X—补油压力测量口　Y、Z—控制压力测量口　$M_y$、$M_z$—比例电磁铁　$M_p$、$M_s$—高压测量口

1）在 X 口接压力表。

2）将加油机输出口与 F 口连接。

3）拧松冷却器排气螺栓。

4）拧下 HPV 型泵测量口 $M_p$ 和 $M_s$ 上的螺塞。接上两根细管作排气管并将它们引到接油桶里。

5）拧松液压马达上油口 L、U 中未被占用的一个的螺塞。如果本步骤在实际中不易操作，则应事先在马达壳体中加入清洁的液压油。

整个系统的加油和排气：使用加油机。一般说来，整个系统将被全部充满液压油。加油机输出的油经补油溢流阀注入泵壳体、油箱和马达壳体。同时经泵的补油阀给两条主油管加油。注意加油机溢流阀的压力设定要比补油溢流阀的压力高至少0.4MPa。在加油过程中应注意观察液压油箱液面高度，以免加油过量。

1）起动加油机。

2）观察液压马达和冷却器的排气螺塞。当溢出的液压油不再含有气泡时立刻将其拧紧。

3）添加液压油至油箱液位计的中间位置。注意观察液面高度，若添加过量，则油液会从油箱中溢出。

4）拆下高压测量口 $M_p$ 和 $M_s$ 上的排气管，将原先的螺塞复原并拧紧。

5）拆下加油机。

6）收集溢出的液压油，并将油迹擦净。

应按法规的要求处理收集到的废弃液压油，不得再次使用。现在液压系统中液压油差不多加满了，排气也基本完成。

注意，在起动发动机前要注意以下几点：

1）断开HPV型泵的变量输入信号，HPV型泵在起动阶段斜盘摆角应为零。

2）车辆挂空档，并加以固定；或用千斤顶使驱动轮离开地面。根据车辆种类及特性对其和周围采取安全防护措施。在起动时，无关人员必须与车辆保持足够的安全距离。

第一步：

发动机低怠速运行几秒钟。HPV泵无负载。

电机：接通5s后关断。

短暂的波动后，补油压力会迅速升到补油溢流阀的设定压力。可从接在X口上的压力表读出该值。

关闭发动机，检查液压油箱的油位，必要时加以补充。

如果补油压力达不到设定值，应立刻关掉发动机，并在重新起动前找到故障原因。

在重新起动前应等待大约5min，并检查整个系统有无漏油。

在高压测量口 $M_p$ 和 $M_s$ 接两根较细的排气管，并将这两根管引到油桶里。如果不方便接排气管，可将 $M_p$ 和 $M_s$ 口上的螺塞拧松约两圈，使两根主油管中的空气可以排出。

接通HPV泵的变量输入信号。

第二步：

- 发动机低怠速运行；

- HPV 泵无负载，补油压力稳定在设定值；
- 将发动机转速调到约 1500r/min，5 ~ 10s 后关闭；
- 拆下高压测量接口 $M_p$ 和 $M_s$ 上的排气管，将原先的螺塞复原并按规定的紧固力矩拧紧。
- 检查液压油箱的油位，必要时加以补充。

第三步：

- 发动机低怠速运行；
- HPV 泵无负载，补油压力稳定在设定值；
- 发动机调到额定转速；
- 慢慢改变 HPV 泵的斜盘摆角，从一端最大到另一端最大的调节时间约 30s。这时系统压力应不会达到最大值；
- 马达的冲洗阀开始作用，当 A，B 口压差约为 2MPa 时，主油路中一定数量的液压油会从冲洗阀中溢出，同时带出主油路中残余的空气；
- 关闭发动机。拆下 X 口上的压力表，将原先的螺塞复原并拧紧。再次检查系统有无渗漏；
- 检查液压油箱的油位，必要时加以补充。

提示：让发动机停止运行约 30min，系统内的剩余空气只有在发动机停止运行后才能逐渐经液压油箱逸出。

整个静压传动系统准备就绪，可开始使用。

## 8.5.10 闭式系统首次加油（不用加油机）

准备工作：

1）在起动发动机前应确保液压泵马达壳体已充油。

2）向油箱加入液压油。

3）通过泵的 T 口或 L（U）口给 HPV 型泵壳体排气，通过马达的 L（U）口给 HMF 型马达壳体排气。

4）X 口接压力表。

5）拧松冷却器上的排气螺塞。

6）拧下 HPV 型泵高压测量口 $M_p$ 和 $M_s$ 上的螺塞，接上两根较细的软管，并引到接油桶里，作排气用。

注意，在起动发动机前要注意以下几点：

1）断开 HPV 型泵的变量输入信号，HPV 型泵在起动阶段斜盘摆角应为零。

2）车辆挂空档，并加以固定；或用千斤顶使驱动轮离开地面。根据车辆种类及特性对其和周围采取安全防护措施。在起动时，无关人员必须与车辆保持足够的安全距离。

第一步：

1）起动发动机两次，每次5～10s。

2）使用电动机驱动时，接通电源并马上关断（点动）。

3）短暂的波动后，补油压力会迅速升到补油溢流阀的压力设定值。补油压力可在压力表上读出（X口）。

4）检查液压油箱的油位，必要时加以补充。

5）如果补油压力达不到设定值，应立刻关掉发动机，并在重新起动前找到故障原因。

6）在重新起动前应等大约5min，并检查整个系统有无漏油。

7）再次起动发动机两次，每次5～10s。

8）补油压力会立刻上升。可从接在X口上的压力表上读出该值。

9）检查液压油箱的油位，必要时加以补充。

第二步：

1）发动机以低怠速运行，HPV型泵应无负荷。

2）使用电机驱动时，接通5s后再关断。

3）补油压力立刻上升，可从接在X口上的压力表读出该值。

4）提高发动机转速到约1500r/min，并在5～10s后切断。

5）拆下高压测量口 $M_p$ 和 $M_s$ 上的排气管，将原先的螺塞复原并按规定的紧固力矩拧紧。

6）检查液压油箱的油位，必要时加以补充。

7）在重新起动前应等待大约5min，同时检查整个系统有无漏油。

8）接通HPV型泵的变量输入信号。

第三步：

1）发动机怠速运行。

2）HPV型泵无负载，补油压力稳定在设定值。

3）将发动机调到额定转速。

4）慢慢改变HPV型泵的斜盘摆角，从一端最大到另一端最大的调节时间约为30s。这时系统压力应不会达到最大值。

5）马达的冲洗阀开始作用，当A、B口压差约为2MPa时，主油路中一定数量的液压油会从冲洗阀中溢出，同时带出主油路中残余的空气。

6）关闭发动机。拆下接口X上的压力表，将原先的螺塞复原拧紧，再次检查系统有无渗漏。

7）检查液压油箱的油位，必要时加以补充。

提示：应让发动机停止运行约30min，因为系统内的剩余空气只有在发动机停止运行后才能逐渐经液压油箱逸出。

应按法规的要求处理收集到的废弃液压油，不得再次使用。

现在液压系统注油和排气工作完成，可开始使用。

## 8.6　丹尼逊（DENISON）PV/PVT 系列泵的维护、维修及故障诊断

PV/PVT 系列泵是适用于开式回路的轴向柱塞式变量泵，PVT 系列是 PV 系列泵的带后驱动及侧面油口配置的派生系列。

PV/PVT 系列泵的变量形式有：压力补偿（恒压）变量、带遥控口的压力补偿变量、负载传感变量以及转矩限定（相当于恒功率）变量，泵的连续工作压力可以达到 28MPa。

### 8.6.1　最大壳体压力

在泵工作过程中应仔细观察泵壳体内的压力。如果在高速运行时快速地补偿（压力切断排量归零时），可能引起壳体压力剧增。如果泵排出液压油被送入一闭中心的系统，当闭中心控制阀迅速关闭时，应当使用泵上提供的两条泄漏管路，并使用直接的、短的泄漏管道直通油箱，并在主油路上使用溢流阀。最大壳体压力随着输入转速升高会变小，一般不要超过 0.07MPa（注意不同厂家的泵对壳体压力的要求是不同的）。

### 8.6.2　泵的安装

该系列泵在任何安装位置都可以正常工作。泵的安装毂盘和两个螺栓的安装法兰符合 SAE 标准，除非安装图样上另有说明。泵轴必须与驱动电动机同心，并应使用千分表进行同轴度检查。配套的导向轴肩和联轴器必须同心。如果轴与负载之间没有使用弹性联轴器刚性连接，此同轴度要求则是特别重要的。

### 8.6.3　花键连接

在使用泵脚架安装时，该轴能承受总的指示器读数为 0.06mm 的最大角偏差；在使用法兰安装时则能承受 0.03mm 的最大角偏差。在内和外花键轴的角度偏差每 1mm 半径必须小于 ±0.002mm/mm，联轴器接口安装时必须润滑。建议使用锂二硫化钼或类似的油脂润滑。内花键应硬化到 HRC27 ~ 34，并且必须符合 SAE - J498C，平根侧 5 级配合。

### 8.6.4　平键连接

须使用高强度热处理平键，替代的平键必须硬化到 HRC27 ~ 34。键角必须

进行0.075~1mm的45°倒角，去除键槽中的倒圆。

### 8.6.5 偏载能力

当泵轴上有径向负载时，不推荐使用PV系列泵。假如这不可避免，可就近咨询DENISON液压服务商。

### 8.6.6 管道连接

连接入口和出口管路到泵的后端盖（油口连接块）上，详见安装图样。最大的壳体压力在连续工作的情况下为0.07MPa，断续工作时为0.1MPa。

壳体压力不能超过吸油口入口压力0.1MPa。当连接壳体的泄漏管道时，在回到油箱之前泄漏管道要经过泵的最高点。如果没有做到这一点，应安装一个0.03MPa的壳体单向阀，以确保壳体在任何时候都充满液压油。

壳体的泄漏管道必须具有足够大的尺寸，以防止回油背压超过0.1MPa，泄漏油管应返回到油箱液面以下，并尽可能远离吸油管。所有液压管道，无论是金属管还是软管，必须有足够的尺寸和强度能自由通过泵出的流体。入口管道直径过小将使泵不能在额定速度下运行。出口管路直径过小将引起压力损失和发热，建议使用柔性软管。

如果使用刚性管道，弯管工艺必须准确，以消除在泵油口油路块处或流体管道连接处的应力和应变。在任何可能的地方必须消除管路的急弯。所有系统管道都必须用溶剂或等效物在安装泵之前进行清洗，确保整个液压系统中无灰尘、棉纱及其他异物。注意：不要使用镀锌管，因为镀锌涂层持续使用后可能会剥落。

### 8.6.7 系统溢流阀

尽管PV系列泵有非常快的使柱塞冲程回零的补偿响应，但出于安全考虑，在所有使用场合还需要使用溢流阀。

### 8.6.8 推荐的油液

推荐用于这些泵的工作介质应具有石油基，含有添加剂，能提供抑制氧化、防锈、防泡沫和脱气功能，如DENISON液压标准HF-1中描述的特性。指定使用抗磨损添加剂的液压油，见DENISON液压标准HF-0。

油液黏度在冷起动时最大1600$mm^2/s$，在低压、低流量的情况下，如果可能应选择低速。在满功率时油液黏度最大160$mm^2/s$，最低10$mm^2/s$，若要获得最大寿命黏度的最优值推荐30$mm^2/s$。

油液黏度指数最低限度90V.I。较高的值会扩展使用工作温度的范围，但可能会缩短油液的使用寿命。

油黏温度由所用油液的黏度特性决定。由于高温会降低密封性能，降低油液的使用寿命并造成危害，因此在壳体泄漏油口油液的温度不应超过 82℃。

## 8.6.9　维护

泵是自润滑的，预防性维护仅限于通过经常更换过滤器维持系统液压油的清洁。保持所有配件清洁并拧紧连接管道，不要在超过建议的限制压力和速度下运行。如果泵不能正常工作，则应在试图拆泵之前检查故障排除表。拆卸修理可通过参照分解图、磨损部件重新工作的限制和组装程序来完成。

## 8.6.10　油液的清洁度

油液必须在运行之前和工作期间不断清洗，依靠过滤器保持 ISO17/14 清洁度等级。这大约相当于 NAS1638 的 8 级。此油液清洁度等级通常可以通过有效地利用 10μm 的过滤器过滤来实现，更高的清洁度等级将显著延长元件的使用寿命。由于污染物的产生可能随应用而改变，每一种应用情况都必须进行分析，以确定适当的过滤器，维持所需的清洁度等级。油液清洁度的标准见表 8-5 和表 8-6。

**表 8-5　油液清洁度的标准（NAS1638）**

| 等级 | | 00 | 0 | 1 | 2 | 3 | 4 | 5 | 6 | 7 | 8 | 9 | 10 | 11 | 12 |
|---|---|---|---|---|---|---|---|---|---|---|---|---|---|---|---|
| 颗粒尺寸 | 5 ~ 15μm | 125 | 250 | 500 | 1000 | 2000 | 4000 | 8000 | 16000 | 32000 | 64000 | 128000 | 256000 | 512000 | 1024000 |
| | 15 ~ 25μm | 22 | 44 | 89 | 178 | 356 | 712 | 1425 | 2850 | 5700 | 11400 | 22800 | 45600 | 91200 | 182400 |
| | 25 ~ 50μm | 4 | 8 | 16 | 32 | 63 | 126 | 253 | 506 | 1012 | 2025 | 4050 | 8100 | 16200 | 32400 |
| | 50 ~ 100μm | 1 | 2 | 3 | 6 | 11 | 22 | 45 | 90 | 180 | 360 | 720 | 1440 | 2880 | 5760 |
| | >100μm | 0 | 0 | 1 | 1 | 2 | 4 | 8 | 16 | 32 | 64 | 128 | 256 | 512 | 1024 |
| 最大颗粒尺寸 | >5μm | 152 | 304 | 609 | 1217 | 2432 | 4864 | 9731 | 19462 | 38924 | 77849 | 155698 | 311396 | 622792 | 1245584 |
| | >15μm | 27 | 54 | 109 | 217 | 432 | 864 | 1731 | 3462 | 6924 | 13849 | 27698 | 55396 | 110792 | 221584 |

**表 8-6　油液清洁度的标准（ISO）**

| 等级 | | 8/5 | 9/6 | 10/7 | 11/8 | 12/9 | 13/10 | 14/11 | 15/12 | 16/13 | 17/14 | 18/15 | 19/16 | 20/17 | 21/18 | 22/19 |
|---|---|---|---|---|---|---|---|---|---|---|---|---|---|---|---|---|
| 最大颗粒尺寸 | >5μm | 250 | 500 | 1000 | 2000 | 4000 | 8000 | 16000 | 32000 | 64000 | 130000 | 250000 | 500000 | 1000000 | 2000000 | 4000000 |
| | >15μm | 32 | 64 | 130 | 250 | 500 | 1000 | 2000 | 4000 | 8000 | 16000 | 32000 | 64000 | 130000 | 250000 | 500000 |

注：所有的测量结果采用的是 100mL 样本的大小。

## 8.6.11　新泵的安装起动过程

新泵起动时应严格按照以下步骤进行：

1）阅读并理解说明书，识别元件及其功能。

2）目视检查元件和可能的损坏管路。

3）检查油箱的清洁度，排空并按要求清洗。

4）检查液位并根据需要将过滤后的干净油液加入油箱。

5）在开始试车之前，用干净的油液灌满泵的壳体。

6）检查驱动的对中性。

7）如果油液冷却器包括在油路中，检查并起动它，检查油液的温度。

8）降低压力补偿器和安全阀的压力设定值，确保精确的压力读数可以在适当的地方读出。

9）如果在系统中有电磁阀，检查其动作。

10）起动驱动泵的电动机，确保泵壳内正确地填满油。

11）排除系统中的空气，再次检查油位。

12）在低压下无载循环机器并观察动作（如果可能的话，应在低转速下进行）。

13）逐步地增大压力，检查所有管路的泄漏情况，尤其是泵和马达的入口管路。

14）做出正确的压力调整。

15）逐渐地增加速度，警惕由于声音的改变，系统冲击和在流体中存在有空气所指示的故障，直至设备正常运行。

## 8.6.12 故障诊断

元件和油路的故障往往是相互关联的。一个不正确的油路可能会伴随看似正常的运行，但可能会导致在回路中特定元件出现故障。元件的故障是现象，而不是问题的原因。表8-7～表8-15列出了各种故障的原因、描述和处理方法。

表8-7 系统噪声或振动异常的原因和处理方法

| 故障原因 | 故障描述 | 处理方法 |
|---|---|---|
| 油箱中液位过低 | 油箱中油液不足将导致吸空 | 加液压油至合适位置 |
| 系统中有空气 | 系统中含气量过高会产生噪声或导致 控制信号不稳定<br>在吸油管处泄漏<br>低液位<br>湍流<br>回油管路高于液位<br>蓄能器有气体泄漏<br>加压油箱的吸油管道上存在的过高的压降 | 排出空气并拧紧管接头，检查吸油管路是否漏气 |

（续）

| 故障原因 | 故障描述 | 处理方法 |
|---|---|---|
| 泵吸油管路压力/真空度过低 | 吸油工况不合适导致泵性能异常，流量输出低。如吸油管路横截面过小、吸油高度过高、弯头阻力、横截面收缩、吸油管路渗漏、气泡、油箱截止阀未打开及过滤器阻力过大等 | 改善泵吸油管路的压力/真空度 |
| 旋转组件产生气穴 | 油液温度太低<br>油液太黏<br>油液密度太大<br>轴转速过高<br>吸油管路直径太小<br>吸油过滤器容量太小<br>吸油过滤器过脏<br>操作高度太高<br>增压或补油压力过低<br>动态条件下补油流量太小 | 提高油液温度<br>更换合适的油液<br>降低泵的转速<br>更换大直径吸油管道<br>清洗或者更换过滤器 |
| 联轴器 | 联轴器松动或对中不正确，导致噪声或振动异常 | 维修或更换联轴器，确认联轴器选择正确 |
| 轴安装未对中 | 轴与连轴器偏心，导致噪声或振动异常，弹性元件故障<br>固定装置变形<br>轴向障碍<br>过大的径向负载 | 轴正确对中安装<br>消除径向负载 |
| 液压油黏度超过限定值 | 液压油黏度过高或温度过低，导致泵吸油不足或控制调节不正确 | 工作前系统预热，或在特定的工作环境温度下，选用合适黏度的液压油。具体见样本推荐的液压油 |
| 液压马达转速或速度过低 | 制动噪声，内密封件损坏，动力装置损坏 | 更换马达内密封件，修复动力装置 |
| 发动机故障 | 转动方向错误，转速过高，轴承游隙，轴承损坏 | 维修发动机 |
| 变量泵故障 | 泵转速过高，进气，气蚀，机械损坏<br>柱塞和滑靴松脱或故障<br>轴承故障<br>不正确的配流盘的选择或转位<br>排量控制部件腐蚀或磨损 | 维修变量泵 |

表 8-8 工作元件响应迟缓的原因和处理方法

| 故障原因 | 故障描述 | 处理方法 |
| --- | --- | --- |
| 外部溢流阀设定压力过低 | 外部溢流阀设定压力过低导致系统响应迟缓 | 根据机器推荐要求，调节外部溢流阀设定压力。外部溢流阀设定压力应高于恒压阀设定压力，以确保工作正确 |
| 恒压阀及负载敏感流量阀（LS 阀）设定压力过低 | 恒压阀设定值过低将导致泵不能满排量输出。负载感应流量阀（LS 阀）设定压力过低，将限制泵输出流量 | 调整恒压阀及负载感应流量阀 LS 的设定压力 |
| 负载敏感流量阀（LS 阀）控制压力信号不正确 | 负载敏感流量阀（LS 阀）控制压力信号不正确，导致泵不能正确工作 | 检查系统管路，以确保返回泵的负载敏感流量阀（LS 阀）控制压力信号正确 |
| 系统内泄漏 | 内部组件磨损导致泵不能正确工作 | 如需维修，与指定维修商联系 |
| 液压油黏度超过限定值 | 液压油黏度过高或温度过低将导致泵吸油不足或控制压力调节不正确 | 工作前预热系统，或在特定的工作环境温度下，选用合适黏度的液压油。具体见样本推荐的液压油 |
| 外部系统控制阀失灵 | 外部系统控制阀可能导致系统响应不合适 | 维修外部方向控制阀，如有必要更换 |
| 泵壳体压力过高 | 高泵壳体压力可导致系统反应迟缓 | 检查保证泵壳体回油路通畅 |
| 泵吸油压力/真空度不合适 | 吸油真空度过高将导致低输出流量 | 检查吸油压力是否合适 |

表 8-9 系统温度过高的原因和处理方法

| 故障原因 | 故障描述 | 处理方法 |
| --- | --- | --- |
| 油箱液位过低<br>不合适的挡板<br>绝缘的空气毯阻碍了散热<br>从临近的设备吸收热量 | 油箱中油液不足，难以满足系统冷却需求<br>油液在油箱内散热的路线太短<br>辐射热增加了油液温度 | 加液压油至合适位置，确认油箱大小是否合适 |

（续）

| 故障原因 | 故障描述 | 处理方法 |
|---|---|---|
| 散热器及风扇 | 空气流量不足或空气温度过高，以及散热器选型不合适，不能满足系统冷却需求<br>水关掉或流量太小<br>水太热<br>风扇阻碍或者由于淤泥或者水垢沉淀物限制了效能 | 清洗，维修散热器，如有必要更换 |
| 外部溢流阀设定不当（设定值太低）<br>由回油背压，磨损的零件引起的不稳定性 | 油液通过外部溢流阀溢流将增加系统发热 | 根据机器推荐重新调整溢流阀设定压力。外部溢流阀设定压力应高于泵上恒压阀的设定压力<br>修复溢流阀 |
| 泵吸油压力/真空度不合适 | 高吸油真空度将增加系统发热 | 改善泵吸油工况/真空度 |
| 发动机转速过高 | 发动机转速过高 | 调整发动机转速 |
| 变量泵故障 | 内部泄漏，由磨损导致的内部损坏<br>流体黏度太低<br>不正确的安装，油口配流故障 | 维修液压泵<br>当需要时重新检查壳体的泄漏流量并修理<br>正确安装 |

**表 8-10　输出流量过低的原因和处理方法**

| 故障原因 | 故障描述 | 处理方法 |
|---|---|---|
| 油箱液位过低 | 油箱中油液不足将限制泵输出流量，并导致泵内部组件损坏 | 加液压油至合适位置 |
| 液压油黏度超过限定值 | 液压油黏度过高或温度过低将导致泵吸油不足或控制调节不正确 | 工作前预热系统，或在特定的工作环境温度下，选用合适黏度的液压油。具体见样本推荐的液压油 |
| 检查外部溢流阀设定过低 | 外部溢流阀设定压力低于恒压阀设定压力，导致泵输出流量过低 | 根据机器推荐重新调整溢流阀设定压力。外部溢流阀的设定压力应高于泵恒压阀的设定压力 |
| 恒压阀及负载敏感流量阀（LS 阀）设定压力过低 | 恒压阀设定压力过低将导致泵不能满排量输出 | 调整恒压阀及负载敏感流量阀（LS 阀）的设定压力 |
| 泵吸油压力/真空度过高 | 高吸油真空度将导致泵输出流量过低 | 改善泵吸油工况/真空度 |
| 电动机输出转速过低 | 低输入转速将降低泵输出流量 | 调整泵输入转速 |
| 泵旋向不正确 | 泵旋向不正确将导致输出流量过低 | 使用正确的泵旋向 |

表 8-11 压力、流量不稳定的原因和处理方法

| 故障原因 | 故障描述 | 处理方法 |
|---|---|---|
| 系统中含有空气 | 系统中含气量过高将导致泵工作异常 | 加压至恒压阀的设定压力，便于系统排气。检查吸油路是否存在泄漏，排除空气渗入点 |
| 控制阀芯卡住 | 控制阀芯卡住将导致泵工作异常 | 检查阀芯在安装孔内是否运动灵活。清洗或更换 |
| 负载感应流量阀（LS 阀）设定压力不合适 | 低负载感应流量阀（LS 阀）设定压力不合适将导致系统不稳定 | 调整负载敏感流量阀（LS 阀）设定压力至合适值 |
| 负载感应流量阀（LS 阀）控制信号管路堵塞 | 负载感应流量阀（LS 阀）控制信号管路堵塞，干扰泵正常控制信号 | 排除堵塞物 |
| 外部溢流阀或恒压阀设定压力不合适 | 恒压阀设定压力与外部溢流阀设定压力差异太小 | 调整外部溢流阀或恒压阀的设定压力至合适水平。高压溢流阀设定压力必须高于恒压阀设定压力，以确保系统工作正常 |
| 外部溢流阀故障 | 外部溢流阀振颤将导致返回泵控制信号不稳定 | 调节或更换溢流阀 |
| 液压马达故障 | 内部或外部渗漏，由脏物导致的磨损，动力源损坏，滑靴磨损，黏滞效应，负载方向交替变化，液压马达排量过小或过大 | 更换液压马达 |
| 原动机故障 | 发动机不规则变化过大，发动机空转转速过低，电动机频率波动 | 调整发动机转速，检查电网频率 |
| 变量泵故障 | 吸入空气，内部泄漏，由脏物导致的磨损，动力装置损坏，控制器不稳定 | 检查变量泵装置，检查控制器 |
| 流量不足 | 油箱液位太低 | 重新灌注液体 |
| | 吸油管泄漏 | 拧紧管接头 |
| | 不合适的行程调节 | 设定合适的排量设定值 |
| | 泵功能恶化 | 修理或更换 |
| 补偿器不稳定 | 泵出油口缺少单向阀 | 在泵的压油路上 0.3m 处安装 0.2 ~ 0.3MPa 的单向阀 |

表 8-12　系统压力不能达到恒压阀设定值的原因和处理方法

| 故障原因 | 故障描述 | 处理方法 |
|---|---|---|
| 恒压阀设定压力不当 | 系统压力不能达到恒压阀设定值 | 调整恒压阀设定压力 |
| 外部溢流阀设定压力不当 | 外部溢流阀设定压力低于泵上恒压阀的设定压力 | 根据机器推荐，重新调整溢流阀设定压力，外部溢流阀设定压力必须高于泵上恒压阀设定压力 |
| 恒压阀控制弹簧损坏 | 弹簧折断、损坏或未安装都可导致泵工作异常 | 如有必要，更换弹簧 |
| 恒压阀控制阀芯磨损 | 恒压阀控制阀芯磨损将导致内泄漏 | 如有必要，更换阀芯 |
| 恒压阀控制阀芯安装不正确 | 恒压阀控制阀芯安装不正确将导致工作异常 | 正确安装控制阀芯 |
| 恒压阀被污染 | 污染物可能影响恒压阀阀芯换向，清洗恒压阀控制组件 | 采取合适的措施排除污染 |
| 补偿器调节螺钉松动 | 螺钉松动导致调压阀不起作用 | 拧紧调节螺钉 |
| 油箱液位低 | 吸油不足 | 重新灌注油液 |
| 泵功能恶化 | 泄漏增加，容积效率下降 | 检查泄漏流量<br>修理或更换 |
| 压力不上升 | 错误的转动方向 | 改变转动方向 |
| | 油箱液位太低 | 重新灌注液体 |
| | 补偿器和溢流阀的设定压力错误 | 重新调节并锁定 |
| | 溢流阀或补偿器故障 | 修理或更换 |
| | 吸油管堵塞 | 检查和清洗吸油过滤器 |
| | 泵功能恶化 | 修理或更换 |

表 8-13　高吸油真空度的原因和处理方法

| 故障原因 | 故障描述 | 处理方法 |
|---|---|---|
| 油液温度过低 | 低温导致油液黏度升高，进而引起吸油真空度增加 | 工作前预热系统 |
| 吸油粗过滤器堵塞 | 吸油粗过滤器堵塞或压降过高将导致高吸油真空度 | 清洗过滤器/排除堵塞物 |
| 吸油管路真空度过高 | 管接头或弯管过多，管路过长将导致吸油真空度过高 | 去掉部分管接头，简化布管油路 |
| 液压油黏度超过限定值 | 液压油黏度过高将导致泵吸油不足 | 工作前预热系统，或在特定的工作环境温度下，选用合适黏度的液压油。具体见样本推荐的液压油 |

表 8-14 压力冲击的原因和处理方法

| 故障原因 | 故障描述 | 处理方法 |
| --- | --- | --- |
| 压力冲击 | 溢流阀磨损 | 需要修理 |
| | 补偿器磨损 | 需要修理 |
| | 单向阀响应慢 | 更换或重新定位 |
| | 过大的失压能量速率 | 改善失压控制 |
| | 过大的管道容量（管道体积，管道伸展，蓄能器效应） | 减少管道尺寸或长度<br>释放空气 |
| | 缸筒掉出 | 重新检查泵的固定，旋转组件，泄漏管道 |

表 8-15 泵磨损过高故障及处理办法

| 故障原因 | 描述 | 处理方法 |
| --- | --- | --- |
| 泵磨损过高 | 过大的负荷 | 减少压力设定值<br>减小速度 |
| | 在流体中有污染颗粒 | 按要求进行过滤器的维护<br>选择精密的过滤器<br>防止污染的液体被导入系统<br>避免油箱开口暴露<br>更换合适的油箱空气过滤器<br>不合适的管道替代 |
| | 在工作温度范围流体过稀薄或过黏稠<br>由于时间/温度/剪切效应导致流体的分解<br>使用错误的流体的添加剂<br>因为化学老化添加剂的功效被破坏 | 使用合乎要求的流体介质<br>降低温度<br>使用正确的添加剂<br>更换新介质 |
| | 错误的修理方法 | 选择正确的零件<br>选择正确的安装步骤、合适的零件<br>选择正确的修理步骤、零部件尺寸及正确的零件表面处理措施 |
| | 在流体介质中出现不想要的水分 | 用油水分离器分离凝结的水分<br>更换失效的空气过滤器和滤网<br>检查热交换器是否泄漏，及时修理或更换<br>采用正确的方法清洗管路和油箱<br>避免在补充的流体介质中含有水分 |

## 8.6.13　泵的拆卸

请按照以下过程拆卸液压泵，元件名称请参考分解图（图 8-41）。泵需进行拆卸检查应只限于以下情况。

1）故障或漏油导致损坏或造成磨损；

2）上述故障排除方法没有解决的问题。

拆卸的必要性是要更换或修理磨损部件，应当指出的是，装配和拆卸应在干净的环境下进行。

注意：在泵中的弹簧组件通常设置在压缩状态，每当拆卸时对任何操作人员都具有危险，这是因为在拆卸时弹簧突然释放弹出，可能会使操作者遭受伤害。

通常没有必要更换安装在缸体 3 中的回程弹簧 18，除非绝对必要。

拆卸后，内部零件应涂清洁的油膜并保持远离污物和水分。

建议对泵上的调节螺钉 22 突出部分的长度，控制器组件 28（控制器组件 28 指 C、F、L 压力补偿器（图 8-49、图 8-50），J、K 扭矩限制器（图 8-43）以及 T 功率限制器（图 8-51）上的件 11（J、K 扭矩限制器除外）和 18（如可用）进行测量，并记录测量结果。因为这些信息将在组装过程中是有用的。拆卸时必须小心，以避免掉落，损坏或污染加工零件和压力补偿器。

泵的拆卸步骤如下：

1）排出壳体 1 中的液压油。

2）用泵上部的泄漏油口定位泵。

3）对于串联泵，除去外部泵、PVT 后配套附件 69 和联轴节 70。

4）松开六角螺母 45，取下调节螺钉 22 和螺纹密封圈 54。

5）卸下固定控制组件 28 上的四个螺钉也就是组件 28（组件 28 分别指的是 C、F、L 压力补偿器，以及 T 功率限制器）上的螺钉 13，然后取下 28 组件上的 O 形圈件 10 及整个控制组件 28。如果泵包含扭矩限制器，从扭矩限制器拆卸连接补偿器的管道。拆下固定扭矩限制器与泵壳之间的四个螺钉，然后拆下扭矩限制器组件。

6）卸下四个内六角螺钉 46。先松开两个对角位置的螺钉，然后再松开另外两个对角位置的定位螺钉。卸下螺钉，小心地抬起后端盖组件（油口油路块）2。如果垫圈 24 粘附到块上或壳体上，用锤子轻敲相对压力补偿器侧的后端盖组件（油口油路块）。

注意：由于配流盘 4 可能会吸附到后端盖组件（油口油路块 2）上，不允许配流盘掉落并损坏。

7）平缓地从缸体表面中取出配流盘 4。

8）把泵水平放在工作台上，泵轴置于水平位置。同时拆下带有柱塞和滑靴组件 5 的缸体 3、球铰 14、回程盘 15、销 56。

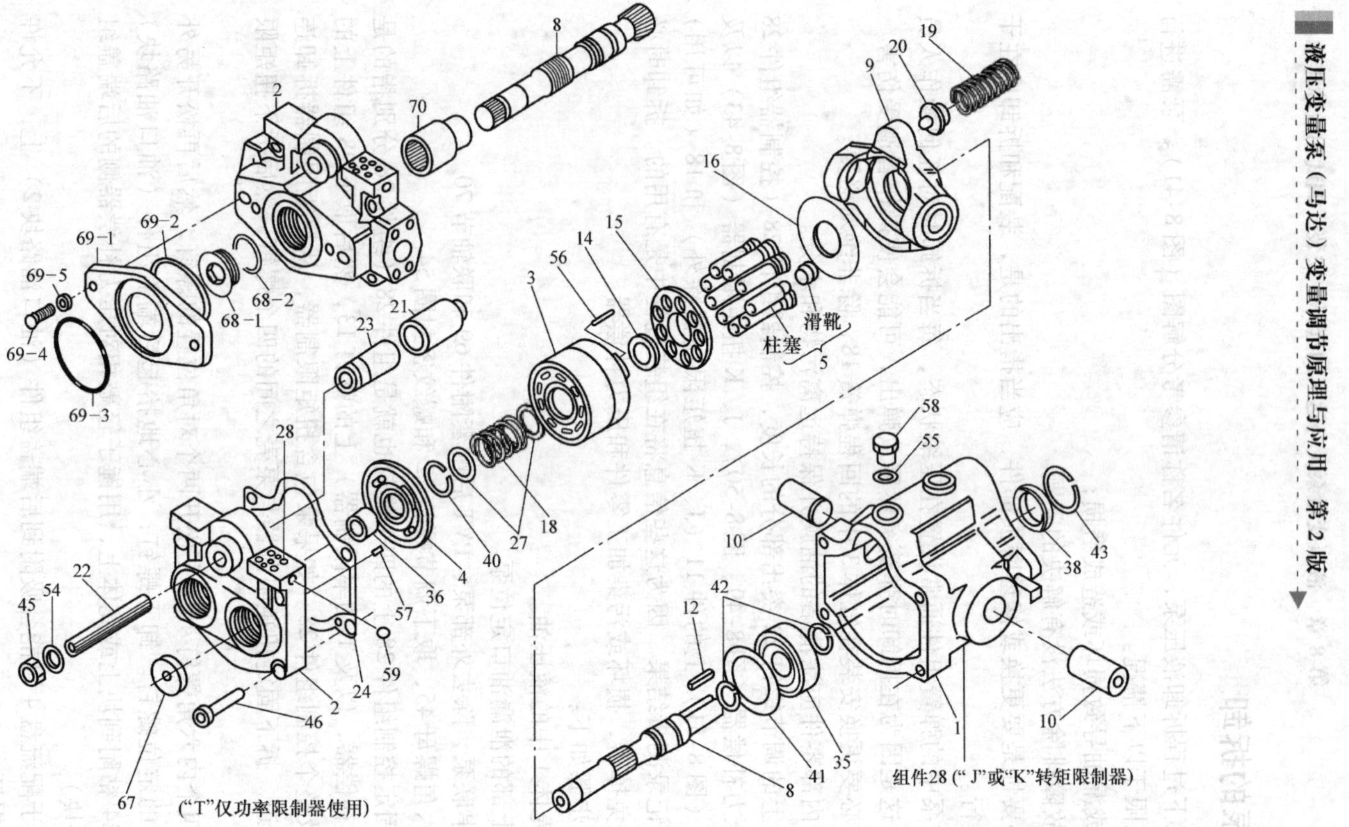

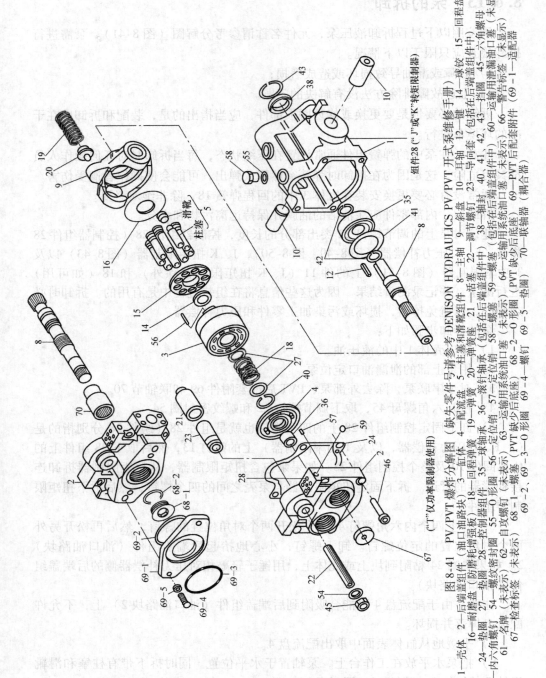

图 8-41　PV/PVT 爆炸分解图（缺失零件号请参考 DENISON HYDRAULICS PV/PVT 开式泵维修手册）
1—壳体　2—后端盖组件（油口油路块）　3—缸体　4—配流盘　5—柱塞和滑靴组件　8—主轴　9—斜盘　10—耳轴　12—键　14—球铰　15—回程盘　16—耐磨盘（防磨耗增强板）　18—回程弹簧　19—弹簧　20—弹簧座　21—活塞　22—调节螺钉　23—导向套（包括在后端盖组件中）　24—垫圈　27—垫圈　28—控制器组件　35—球轴承　36—滚针轴承（包括在后端盖组件中）　38—轴封　40、41、42、43—挡圈　45—六角螺母　46—内六角螺钉　54—螺纹密封圈　55—O 形圈　56—定位销　57—定位销　58—螺塞　59—螺塞（包括在后端盖组件中）　60—运输用泄漏油口塞（未显示）　61—名牌（未表示）　62—自攻螺钉（未表示）　63—运输用系统油口塞（未表示）　64—运输用系统油口塞（未表示）　66—警告标签（未显示）　67—检查标签（未表示）　68-1—螺塞（PVT 缺少后底座）　68-2—O 形圈（PVT 缺少后底座）　69—PVT 后配套附件（69-1—适配器　69-2、69-3—O 形圈　69-4—螺钉　69-5—垫圈）　70—联轴器（耦合器）

9）将缸体 3 放在干净的布或塑料膜上。在取出柱塞之前，初步检查一下柱塞的间隙。握住回程盘 15 的侧面，轻轻取出柱塞和滑靴组件 5。

10）建议对回程盘 15 在移除第一个活塞时做标记，为了保证滑靴边缘和回程盘 15 之间的配合，柱塞应按移出的顺序去放置。

11）拆下球铰 14 和定位销钉 56 。

注意：通过使用给定的顺序 1）～11），可对泵进行必要的检查。优先于检查，拆解下的零件作如下处理。

① 把壳体 1 轴朝下放至在固定装置上，覆盖一个防尘的塑料薄膜。

② 把带有组合有导向套 23 和滚针轴承 36 的后端盖（油口油口块）2 放至在工作台上。导向套必须朝上放置，盖上防尘塑料薄膜。

③ 将压力补偿器 28 的加工面，朝上粘到后端盖组件（油口油路块）2 上，把防尘的塑料薄膜覆盖在压力补偿器上。如果泵包含扭矩限制器，将转矩限制器放在塑料袋中。

继续检查。

注意：如有以下观察到的现象之一，可能需要进一步拆卸。

① 在缸体 3 被平放时，定位销钉 56 必须稍微突出一些。假如不是这样，或者假如销钉很容易被推进去，则执行步骤 12）～14）。

② 如果斜盘 9 相对主轴 8 有很小的或没有倾角，或者假如它可以很容易地用手移动，执行步骤 15）～17）。

③ 若油封漏油或球轴承间隙过大，执行步骤 18）～22）。

④ 如果压力补偿器功能不正常，执行步骤 23）～28）。

⑤ 若“J”或“K”扭矩限制器阀功能不合常规，执行以下步骤 29）～32）。

⑥ 如果“T”力矩限制器阀功能不合常规，执行步骤 33）～35）。

⑦ 如果导向套过度磨损，执行步骤 36）、37）。

12）面向上将缸体 3 放在固定装置上，用简单的手动压力机压缩回程弹簧 18，用钳子取出挡圈 40。

13）卸下垫圈 27 和回程弹簧 18。

14）从固定装置上拆下缸体。

继续检查：

弹簧载荷和弹簧的变形如表 8-16 所示。

**表 8-16　弹簧载荷和弹簧的变形量**

| 项目 | 型号 | PV/PVT－6 | PV/PVT－10 | PV/PVT－15 | PV/PVT－20 | PV/PVT－29 |
|---|---|---|---|---|---|---|
| 弹簧载荷 | N | 244 | 304 | 440 | 495 | 591 |
| 弹簧变形 | mm | 16.8 | 15.6 | 15.7 | 16.9 | 18.0 |

斜盘拆除：

15）参考图8-42斜盘的拆卸工具，将螺杆拧入斜盘中的螺纹孔，图8-42斜盘拆除工具的几何尺寸见表8-17。

16）拧紧螺母从壳体中拉出斜盘。在另一侧重复该项工作。

17）按顺序拆下斜盘9、弹簧座20和弹簧19。

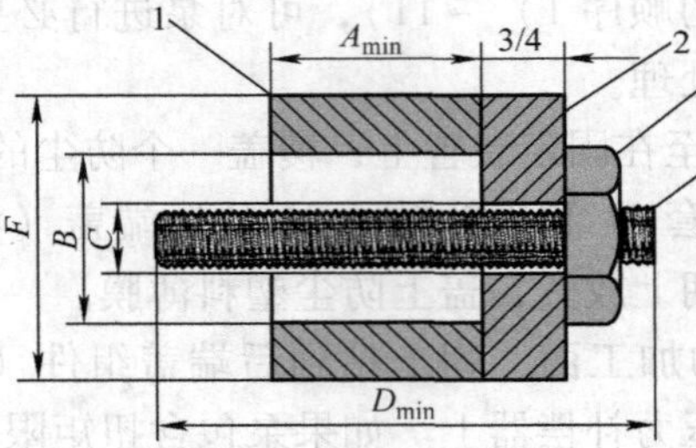


图8-42 斜盘拆卸工具

1—套筒（钢） 2—垫圈（钢） 3—螺母（硬化钢GR-5） 4—全螺纹螺杆（硬化钢GR-5）

**表8-17 斜盘拆除工具的几何尺寸**

| 系列 | *A*/mm | *B*（直径）/mm | *C*（直径）/mm | *D*/mm | *E*（螺纹） | *F*（直径）/mm |
|---|---|---|---|---|---|---|
| PV/PVT-6 | 44.45 | 38.1 | 14.2 | 10.8 | 1/2-13 | 63.5 |
| PV/PVT-10 | 44.45 | 38.1 | 14.2 | 10.8 | 1/2-13 | 63.5 |
| PV/PVT-15 | 50.8 | 44.5 | 20.6 | 11.4 | 3/4-10 | 69.8 |
| PV/PVT-20 | 57.15 | 50.8 | 20.6 | 12.1 | 3/4-10 | 76.2 |
| PV/PVT-29 | 57.15 | 50.8 | 20.6 | 12.1 | 3/4-10 | 76.2 |

继续检查。

18）拆除键12，如果它很难去除，可用锤子或凿子轻轻地敲打键的末端。

19）拆下挡圈41。

20）卸下主轴8（朝着油口油路块方向拉出轴，如果难以移出可使用锤子）。

21）如果球轴承超限过多或当外圈用手旋转时听见异常噪声，必须更换新的轴承。卸下挡圈42并用一只手按压或朝着花键的方向轻轻敲打拆下球轴承35。

22）如果观察到泄漏，则油封必须更换，从壳体上拆下油封38，可使用一个直径比油封的外径小的推杆进行拆卸。油封的外径尺寸参见表8-18。

注意：移除的密封件不能被再次使用。

**表8-18 油封的外径尺寸**

| 项目 | 型号 | PV/PVT-6 | PV/PVT-10 | PV/PVT-15 | PV/PVT-20 | PV/PVT-29 |
|---|---|---|---|---|---|---|
| 密封外径 | mm | 45 | 45 | 50 | 55 | 55 |

“C”压力补偿器拆卸（请分别参见图 8-49）

23）松开六角螺母 28－12 和从空心螺栓 28－3 上移除调节螺杆 28－11。

24）移除空心螺栓 28－3。

25）拆卸弹簧 28－6 和弹簧座 28－5。

26）拆下阀芯 28－2。

“F”和“L”压力补偿器（图 8-50）：

27）如果控制方式是“F”或“L”压力补偿器，松开六角螺母 28－12，并从阀体 28－1 移出调节螺钉 28－18。拆卸弹簧 28－7 和圆锥体 28－16。

继续检查。注：如果锥体严重磨损或损坏，执行以下步骤。

28）取下螺塞 28－20。使用一个挺杆，从相对一端轻击阀座把其敲出（“F”和“L”压力补偿器）

“J”和“K”扭矩限制器：

29）参见图 8-43，拆下连接扭矩限制器到“F”压力补偿器的管道。卸下螺钉 28－12，并从泵外壳上取下扭矩限制器装置。

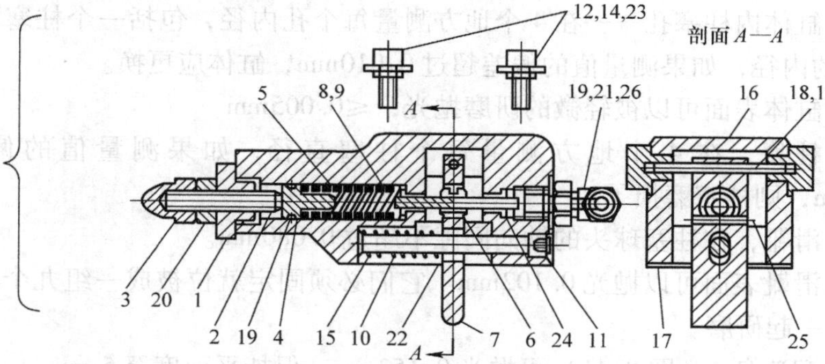


图 8-43　“J”和“K”扭矩限制器

28－1—螺塞　28－2—螺钉 5/16－24　28－3—六角盖形螺母 5/16－24　28－4—密封柱塞　28－5—主弹簧　28－6—套筒　28－7—反馈杆　28－8—阀芯　28－9—弹簧座　28－10—销 1/4×2－1/4　28－11—螺塞 1/16 NPT　28－12—螺钉 SHC　28－13—转轴螺塞　28－14—垫圈　28－15—复位弹簧　28－16—阀体　28－17、28－22—垫圈　28－18—销轴 1/8×1.75　28－19、28－23—O 形圈　28－20—螺母 5/16－24　28－21—弯管接头　28－24—轴衬　28－25—销 3/32×3/4；28－26—阻尼器（1.2mm 阻尼孔）

30）取下螺塞 28－1 和附加的零件。请注意，如果反馈杆 28－7 可以自由地从一侧旋转到另一侧，那么弹簧会使它恢复至全行程位置。

31）取下密封活塞 28－4 和主弹簧 28－5 和弹簧座 28－9。

32）取下弯管接头 28－21。推动阀芯 28－8 在阀套和套筒 28－6 内来回运动检查其自由运动情况。然后继续执行检查。

“T”功率限制器（图8-51）：

33）配件28－27与调节螺钉28－18一起可以从阀体内作为组件取出。

34）取下销28－24和钢球28－17。

35）拆下配件28－29。使用一个杆，把密封垫圈15从另一端轻敲出来。

导套拆卸：

36）插入一个销钉57到泄漏孔－导套23。

37）旋进调节螺钉22顶住销钉57拉出导套23。

磨损件返修极限偏差见表8-19。

**表8-19 滑靴和配流盘磨损极限偏差**

| 项目 | 单位 | 最大值（重新工作） | 重新工作后的最小厚度尺寸 | | | | |
|---|---|---|---|---|---|---|---|
| | | | PV/PVT－6 | PV/PVT－10 | PV/PVT－15 | PV/PVT－20 | PV/PVT－29 |
| 滑靴表面 | mm | 0.102 | 2.885 | 3.886 | 3.386 | 4.387 | 4.884 |
| 配流盘 | mm | 0.153 | 3.658 | 4.242 | 4.674 | 5.182 | 5.690 |

其他零件的磨损极限偏差为：

1）缸体内柱塞孔——在4个地方测量每个孔内径，包括一个柱塞不能移动到较深的内径，如果测量值的偏差超过0.010mm，缸体应更换。

2）缸体表面可以被轻微的研磨抛光，≤0.005mm。

3）柱塞，在4个地方测量每个柱塞直径，如果测量值的偏差超过0.010mm，则柱塞磨损了。

4）滑靴，在柱塞球头的轴向间隙不超过0.080mm。

5）滑靴表面可以抛光0.102mm。它们必须固定就位被成一组九个柱塞与回程盘15一起研磨。

6）配流盘4（图8-41）可抛光0.153mm，保持平面度至5μm。

7）耐磨盘16（图8-41）磨损就需要替换。

8）回程盘（滑靴保持器）15（图8-41）不要抛光。如果厚度在几个点测量，其变化超过0.102mm，更换回程盘。

零件检查内容见表8-20。

**表8-20 零件检查**（表中未注明图号的件号均参见图8-41）

| 件号 | 零件 | 检查过程 | 解决措施 |
|---|---|---|---|
| 1 | 壳体 | 检查螺纹孔附近的裂缝 | 假如裂了就更换 |
| | | 检查卡环槽附近的裂缝 | 假如裂了就更换 |
| | | 当发现漏油现象被观察到时对整个壳体进行着色检查 | 假如裂了就更换 |

（续）

| 件号 | 零件 | 检查过程 | 解决措施 |
|---|---|---|---|
| 2 | 后端盖（油口油路块） | 瑕疵可以被观测到 | 更换 |
|  |  | 导向套 23 的过度磨损（当轴向划痕可以通过指甲探测到或直径差在几个随机点来检测超过 0.025mm 时） | 更换导套 |
|  |  | 在主轴 8 插入到滚针轴承 36 中当存在过量间隙（最大径向间隙是 0.076mm） | 更换 |
| 3 | 缸体 | 端面的目测检查<br>均匀一致的，极小的同轴划痕 | 可以被抛光修理至 0.005mm |
|  |  | 深的局部的划痕 | 更换零件（冲洗油箱和管道） |
|  |  | 咬粘，擦痕或变色 | 更换零件（检查液压油的类型、油的温度上升，过高的压力假如需要就修正） |
|  |  | 柱塞孔的内部状态的目测检查，在边缘局部的磨亮 | 可以照现在的样子直接使用 |
|  |  | 微小的纵向划痕 | 可以照现在的样子直接使用 |
|  |  | 局部的纵向划痕 | 更换零件（冲洗油箱和管道） |
|  |  | 局部的咬粘，划痕或变色 | 更换零件（检查液压油的类型、油的温度上升，过高的压力假如需要就修正，同时也要更换柱塞组件） |
|  |  | 缸体磨损<br>用溶剂洗涤柱塞孔内部和柱塞表面。把柱塞完全插入柱塞孔内，盖住在缸体上的香肠形孔和滑靴的中心孔并推出活塞 | 如果在拉出时有阻力，那么该柱塞孔是令人满意的 |
|  |  | 把柱塞插入到孔的一半检查径向方向的间隙是否过大 | 在几个随机点测量柱塞直径。如果该差超过 0.015mm，替换柱塞和滑靴组件 5 和缸体 3 |
| 4 | 配流盘 | 表面的目测检查<br>一致的极小的同心图案 | 修理或抛光 |
|  |  | 在配流盘上有较深的压痕 | 磨削直到压痕被移去或磨平 |
|  |  | 挨近油口部分在一些地方而不是表面有热痕 | 照常使用，假如过大的热痕则抛光 |
|  |  | 油口之间的气蚀腐蚀 | 磨削或抛光直至气蚀腐蚀被移除<br>可以被使用，一直到细微的沟槽贯通油口边缘和小孔 |

（续）

| 件号 | 零件 | 检查过程 | 解决措施 |
|---|---|---|---|
| 5 | 柱塞组件 | 滑靴间隙<br>当用手指按下和拉出柱塞时，如果柱塞运动的哒哒声可以明显地被听到，同样假如位移也可以被明显的探测到，则过大的间隙是显然的 | 修理零件，检查吸油压力（当低于－0.017MPa（－127mmHg），改善吸油压力），清洗过滤器 |
| | | 目测检查滑靴表面<br>微小的、轻微的痕迹或局部的磨光部分 | 通过研磨修复（在9个滑靴鞋之间凸缘厚度差不应该超过0.03mm），这也适用于以下修理 |
| | | 任意的径向痕迹是清楚可见的 | 研磨修理（冲洗油箱和管路），检查吸油压力，假如低于－0.017MPa（－127mmHg），改善吸油压力 |
| | | 滑靴法兰有飞边 | 假如轻微，用研磨的方法修理 |
| | | 柱塞外径的目测检查<br>用千分尺测量几个点 | 如果尺寸差超过0.015mm，更换 |
| | | 目测检查柱塞的表面<br>轻微的变色和网状的痕迹 | 照常使用（推荐用砂纸抛光） |
| | | 在轴向上明显的局部划痕 | 假如痕迹不能被除掉，就更换（冲洗油箱和管道） |
| | | 咬粘、划痕和变色 | 把柱塞组件5和缸体3都一起更换。检查液压油的类型、温升，过高的压力必要时修正 |
| 8 | 主轴（驱动轴） | 轴端部外表面的目测检查<br>遍及整个表面的烧坏褐斑<br>在键侧表面的不均匀磨损 | 用砂纸打磨掉，检查与联轴器轮毂的适配性，假如松动，重新加工并压入配合 |
| | | 在整个表面或部分表面麻点或腐蚀 | 更换零件，检查与联轴器毂的适配性，假如松动，重新制造去压入配合，检查原动机和泵的同轴度，假如需要就修正之 |
| | | 油封表面的目测检查<br>唇边接触痕迹，明显的擦亮 | 可以照常使用 |
| | | 接触痕迹宽度超过1mm，并且可以用指甲检测到 | 更换零件（检查油封唇口的磨损和硬化程度，假如磨损和变硬请更换油封） |

（续）

| 件号 | 零件 | 检查过程 | 解决措施 |
|---|---|---|---|
| 8 | 主轴（驱动轴） | 键槽底端的目视检查（如有疑问，用染色颜料检查裂缝） | 假如有裂纹，更换主轴 8。检查原动机和泵的同轴度，假如需要就修正之 |
| | | 滚针轴承 36 的接触表面，在接触表面有明显的磨损 | 如果接触面的尺寸差大于 0.020mm，更换零件 |
| | | 花键的目测检查<br>对外部泵（仅限 PVT），花键齿磨损明显 | 更换主轴（驱动轴）8 |
| 9 | 耳轴 | 耳轴 10 的目测检查<br>当接触面没有明显磨损时 | 照常使用 |
| | | 当接触面出现明显的磨损、不均匀的接触和局部的刻痕 | 当定向直径差超过 0.020mm 时，更换零件 |
| | | 对活塞 21 接触面的目视检查<br>磨损痕迹：直至宽度在 5mm<br>宽度超过 5mm | 照常使用<br>更换零件（当没有更换备件时，使用调节螺钉 22 调整，使得最大的容积低于产品样本值） |
| 10 | 斜盘 | 目测检查斜盘 9 的表面<br>轻微的磨损 | 用砂纸抛光后重新使用 |
| | | 局部的咬粘、擦痕和变色 | 更换零件。同时更换斜盘 9，检查液压油的类型、温升，过高的压力必要时修正 |
| 12 | 键 | 侧表面磨损<br>变色 | 用砂纸打磨变色的部分，重新使用 |
| | | 间断磨损 | 测量，假如磨损超过 0.051mm，更换零件，当联轴器轮毂和轴的配合很松时，重新制作然后压入配合。重新检查原动机和泵的同轴度，假如需要就修正之 |
| 15 | 回程盘（滑靴保持器） | 滑靴法兰表面的接触状态<br>接触表面是光亮的磨光 | 重新照常使用 |
| | | 接触面显然是锯齿状的，滑靴法兰被明亮地抛光或轻微变形 | 更换零件，柱塞组件 5 可以被使用，除非有较大的缺陷，并且假如滑靴的外法兰边缘没有被除去毛刺。检查液压油的类型、温升、吸油压力，必要时修正 |

（续）

| 件号 | 零件 | 检查过程 | 解决措施 |
|---|---|---|---|
| 16 | 耐磨盘 | 检查表面状态<br>整个表面光亮或部分光亮 | 重新照常使用 |
| | | 整个表面上或部分表面上有擦痕或磨损 | 更换 |
| | | 铜合金粘附在整个表面上或者仅在高压一侧的表面上 | 更换 |
| 18 | 回程弹簧 | 测量自由高度<br>PV－6 35mm<br>PV－10 40mm<br>PV－15 45.5mm<br>PV－20 50mm<br>PV－29 52mm | 当高度降低超过给定高度的5%时，更换 |
| 19 | 弹簧 | 测量自由高度<br>PV－6 62mm<br>PV－10 66mm<br>PV－15 76mm<br>PV－20 76mm<br>PV－29 81mm | 当高度降低超过给定高度的3%时，更换 |
| 21 | 活塞 | 检查球面的接触状态<br>磨损宽度达5mm | 重新照常使用 |
| | | 磨损超过宽度5mm | 更换。如果重新使用是必要的，旋转接触面的位置180°。当磨损发生在很短的一个时间周期，检查温度上升，压力过大，假如需要修正之 |
| 23 | 导向套 | 检查外表面的接触状态，轻微的和不均匀的在一侧的接触部分的磨光 | 重新照常使用 |
| | | 局部有明显的明亮抛光 | 拿千分尺在几个点读数，如果差值超过0.020mm，更换。检查液压流体类型、温升，压力过大，假如需要修正之 |
| | | 咬粘，擦痕和变色 | 更换，检查液压流体类型，温升，压力过大假如需要修正之 |

（续）

| 件号 | 零件 | 检查过程 | 解决措施 |
| --- | --- | --- | --- |
| 28 | C 压力补偿器<br>F，L 压力补偿器（参见图 8-49、图 8-50） | O 形圈 28－8、28－9、28－10<br>横切面的状态<br>表面状态 | 假如直径误差超过 15%，就更换<br>若有裂缝，撕裂和变硬时就更换 |
| | | 弹簧 28－6（参见图 8-49 和图 8-50）<br>测量自由高度 | 当少于 45.7mm 时更换 |
| | | 阀芯 28－2 的目测检查（参见图 8-49 和图 8-50）<br>局部的接触或者变色 | 当直径差超过 0.10mm 时更换 |
| | | 控制边边缘的磨损状态 | 假如节流边被磨钝或者在局部区域或者在整个圆周上磨钝，更换压力补偿器。阀芯 28－2 装配至阀体28－1 |
| | F，L 压力补偿器（参见图 8-50）<br>T 功率限制器（参见图 8-51） | 目视检查圆锥体 28－16<br>圆锥体的磨损状况和座接触区域 | 假如在这个区域磨损或者有凹痕时，更换 |
| | | 目视检查弹簧 28－7 | 假如扭曲就更换 |
| | J，K 扭矩限制器（参见图8-43） | 垫圈 28－17，O 形圈 28－19、28－23 | 更换 |
| | | 目测检查反馈杆 28－7 | 通常更换 |
| | | 在和斜盘接触处过度的磨损 | 可以被颠倒使用 |
| | | 主弹簧 28－5 的检查 | 假如破损就更换 |
| | | 返程弹簧 28－15 的检查 | 假如破损或自由长度小于 46.2mm 就更换 |
| | | 弹簧座 28－9 的检查 | 假如破损，弯曲或磨损就更换 |
| 35 | 球轴承 | 检查磨损状态<br>外圈的径向间隙 | 假如发现过大的间隙，更换 |
| | | 转动噪声<br>用清洁的流体洗净，然后用空气吹干，手动转动外环 | 听见不规则的噪声，更换 |
| | | 目测检查滚针表面<br>变色或者在球体表面或球体轨道有点蚀 | 当目测到明显的变色和点蚀坑时更换 |

（续）

| 件号 | 零件 | 检查过程 | 解决措施 |
|---|---|---|---|
| 36 | 滚针轴承 | 检查磨损状态 | 参见件号 2 |
| 24 | 垫圈 | 检查磨损状态 | 更换 |
| 25 | 垫圈 | 检查磨损状态 | 更换 |
| 38 | 油封 | 检查磨损状态 | 更换 |
| 54 | 螺纹密封圈 | 检查磨损状态 | |
| 55 | O 形圈 | 检查磨损状态 | 螺纹密封圈 54 和 O 形圈 69－2 和 69－3 可以被使用，除非液压油泄漏，O 形圈变形、变硬或者毛细裂纹出现 |
| 68－2 | O 形圈 | 检查磨损状态 | |
| 69－2 | O 形圈 | 检查磨损状态 | |
| 69－3 | O 形圈 | 检查磨损状态 | |

## 8.6.14 安装过程

清洗和检查：组装作业比拆卸操作必须更仔细地进行，并应使用充分清洗的零件在干净的环境中进行。把拆下的零件与分解图 8-41 进行对比检查，不应有任何遗失的零件或不合常规行为。用#600～#800 砂纸消除任何轻微的腐蚀。

壳体和轴封：检查挡圈变形情况。如果变形，更换。

将壳体安装法兰面朝上放在压机上。在轴封唇边内涂抹润滑脂。油脂不应凸出在唇部的顶端以上，并应填充大约 80% 的空间。使用推杆慢慢按压油轴封进入壳体 1，直到就位。使用的工具见图 8-44（其几何尺寸见表 8-21），安装挡圈 43。

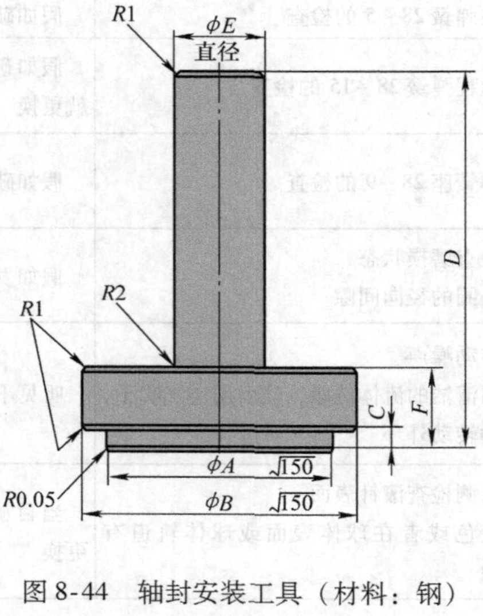


图 8-44 轴封安装工具（材料：钢）

表 8-21　轴封安装工具的几何尺寸

| 序列 | （$\phi A \pm 0.204$）/mm | $\phi B$/mm | $C\left(\begin{matrix}+0.00\\-0.204\end{matrix}\right)$ | D、$\phi E$/mm | F/mm |
|---|---|---|---|---|---|
| PV6 & PVT 6 | 44.5 | 55.1 | 4.7 | 根据需要 | 20.06 |
| PV10 & PVT10 | 44.5 | 55.1 | 4.7 | | 20.06 |
| PV15 & PVT15 | 49.5 | 59.9 | 5.0 | | 20.06 |
| PV20 & PVT20 | 54.6 | 65.0 | 5.2 | | 20.06 |
| PV29 & PVT29 | 54.6 | 65.0 | 5.2 | | 20.06 |

轴和轴承：检查主轴（驱动轴）8油封表面的刻痕或划痕。用砂纸去除轻微的划痕和刮痕。当刻痕或划痕很深时，用研磨的办法抛光或用砂纸抛光。

在所有情况下，谨慎使用切入式（横向进给）磨削，导致抛光的表面不能插入轴向方向。在主轴端一侧装配第一个挡圈 42。将被挡圈保持的零件的对面一侧必须始终在挡圈的锐边侧。按压滚珠轴承到主轴 8 上，安装另一个挡圈 41。

使用的工具见图 8-45，其几何尺寸见表 8-22，所使用的最大压力见表 8-23。

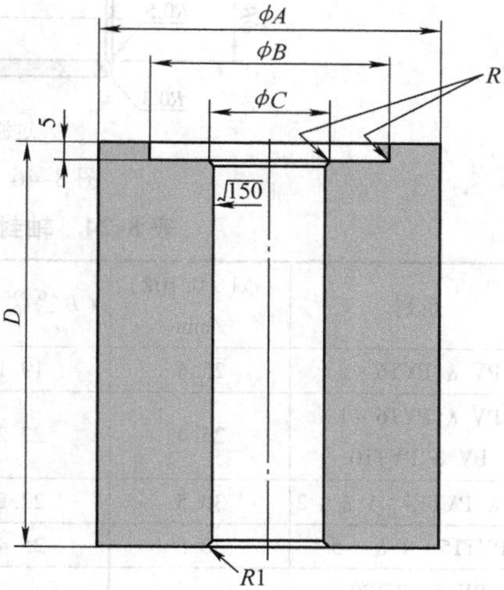


图 8-45　球轴承安装工具（材料：钢）

表 8-22　球轴承安装工具的几何尺寸

| 系列 | $\phi A$/mm | $\phi B\left(\begin{matrix}+0.306\\-0.102\end{matrix}\right)$ | $\phi C$/mm | D/mm |
|---|---|---|---|---|
| PV6 & PVT6 | 59.9 | 52.8 | 25.9 | 110 |
| PV10 & PVT10 | 70.1 | 62 | 25.9 | 114.8 |
| PV15 & PVT15 | 80.0 | 71.9 | 31 | 131.8 |
| PV20 & PVT20 | 89.9 | 80.0 | 36 | 160 |
| PV29 & PVT 29 | 89.9 | 80.0 | 36 | 160 |

表 8-23　安装轴承推荐使用的最大压力

| 系列 | 轴承号 | 压力/N |
|---|---|---|
| PV6/PVT6 | 230 - 03205 | 5900 |
| PV10/PVT10 | 230 - 82054 | 6700 |
| PV15/PVT15 | 230 - 03206 | 7500 |
| PV20/PVT20 | 230 - 82193 | 9800 |
| PV29/PVT29 | 230 - 82193 | 9800 |

手动转动轴承的外环不应有不规则的噪声。

壳体和轴：在轴端为油封配一个保护锥，见图 8-46，其几何尺寸见表 6-24。涂抹少许的锂基润滑脂在其外表面。仔细把主轴 8 装进壳体 1 中。

组装挡圈 41 进入壳体。

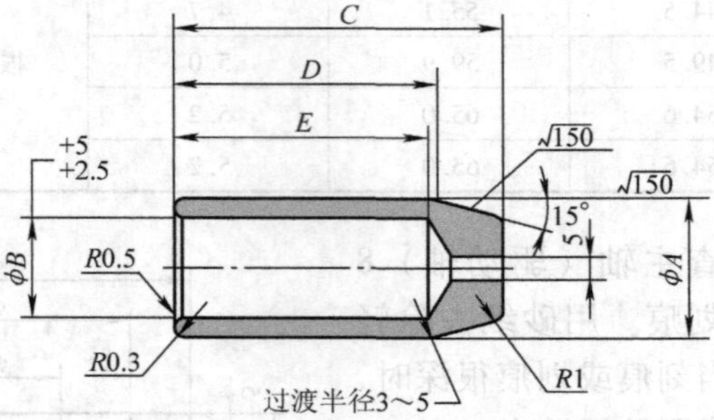


图 8-46 轴封安装工具

**表 8-24 轴封安装工具的几何尺寸**

| 系列 | ($\phi A \pm 0.102$) /mm | ($B^{+0.204}_{-0.102}$)/mm | C/mm | D/mm | E/mm |
|---|---|---|---|---|---|
| PV & PVT6 - 2 | 25.4 | 19.1 | 56.9 | 41.9 | 39.9 |
| PV & PVT6 - 1<br>PV & PVT10 | 25.4 | 22.2 | 68 | 52.8 | 50.8 |
| PV & PVT15 - 1 & - 2 | 30.5 | 22.2 | 68 | 52.8 | 50.8 |
| PVT15 - 4 & - 5 | 30.5 | 25.4 | 68 | 52.8 | 50.8 |
| PV & PVT20<br>PV & PVT29 | 35.6 | 31.8 | 68 | 52.8 | 50.8 |

注：材料 - 特氟龙（最好）或者钢热处理硬度 HRC40 ~ 45。

壳体 1 和斜盘 9：把外壳轴端部朝下放置在一个固定装置上，并把弹簧 19 以及弹簧座 20 装入壳体内。

薄薄的涂一层油脂在耐磨盘 16 上与斜盘 9 配对，装入到壳体中。

安装尺寸不足的耳轴 10（图 8-41）进入斜盘壳体的一侧，与斜盘上的孔成一线对准。

耳轴安装工具如图 8-47 所示，其几何尺寸见表 8-25。

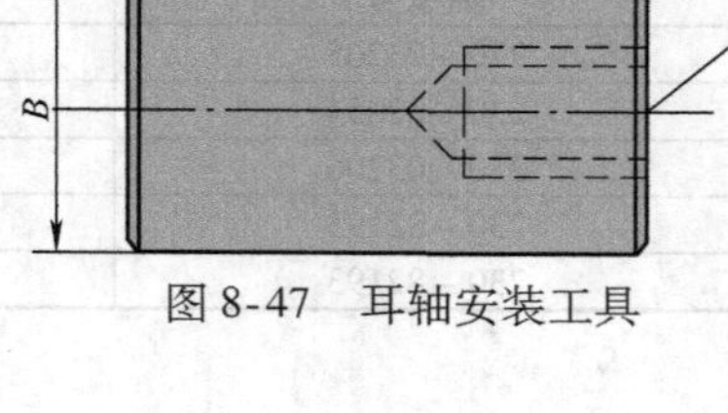


图 8-47 耳轴安装工具

表 8-25　耳轴安装工具的几何尺寸

| 系列 | A/mm | φB/mm | C/in |
|---|---|---|---|
| PV6 & PVT6 | 44.45 | 25.32/25.30 | 1/2 - 13 ×3/4 深 |
| PV10 & PVT10 | 44.45 | 25.32/25.30 | 1/2 - 13 ×3/4 深 |
| PV15 & PVT15 | 50.8 | 31.67/31.65 | 3/4 - 10 ×1.00 深 |
| PV20 & PVT20 | 57.15 | 38.02/38.00 | 3/4 - 10 ×1.00 深 |
| PV29 & PVT 29 | 57.15 | 38.02/38.00 | 3/4 - 10 ×1.00 深 |

在壳体对面斜盘孔涂上一层非常非常薄的（几乎透明）厌氧管路密封剂（含有聚四氟乙烯的乐泰管螺纹密封胶，含聚四氟乙烯的 Prolok 管封材料，或等效产品）。这是用来密封斜盘孔或斜盘销的任何轻微的缺陷。

使用最大 60kN 的力，按压斜盘销与外壳轴套齐平，在另一侧从反面拆下装配销并重复上述步骤。

缸体压紧：把缸体 3 放置一个固定装置上，并在中心孔中插入垫圈 27 和回程弹簧 18，垫圈 27 应放在该弹簧的两端。

确认缸体 3 的表面与缸体 3 的内孔表面无划痕和无外来物质。使用机械压力机压缩弹簧 18，并用挡圈 40 保护，确信挡圈已经被正确地嵌入槽中固定。

将缸体 3 放在干净的纸或布上，然后插入三个定位销 56 进入到位于花键轴孔外面的三个孔内。将球铰 14 放在上面。

手动压缩，然后确定弹簧 18 的力。

缸体、柱塞/回程盘：用一只手持水平地握住回程盘 15，插入 9 个柱塞和滑靴组件 5 到回程盘的孔中。为了拆卸，滑靴应能在柱塞上自由移动。保持回程盘水平，并小心地将活塞和滑靴组件 5 插到缸体 3 的缸孔 3 中。

壳体和转动组件：放置主轴 8 于在壳体 1 中，使得主轴 8 是水平的。装配缸体 3、活塞滑靴组件 5、球铰 14 和回程盘 15 一起到主轴上。不要强迫主轴花键装入缸体花键槽，需仔细旋转使其啮合，同时轻轻施加推力。当缸体的边缘被插入大约低于 1/3 英寸的外壳的边缘下方，该组件安装是正确的。将壳体和轴端面指向下，放在夹具上，并用干净的液压流体涂满缸体的表面。将垫圈 24 装在外壳上。

后端盖（油路油路块）组件 2：

按滚针轴承 36 压进后端盖（油口油路块），直到轴承底部进入孔中。在滚针轴承有标记的一侧按压。

将后端盖组件 2（油口油路块）放在压力机上，用在下面的调节螺钉的垫片支撑。按导向套 23 压进后端盖组件 2（油口油路块）。

安装活塞 21 和配流盘 4 到后端盖组件（油口油路路口块）2 上。注意图 8-48为配流盘的正确放置。

轻轻地涂一层油脂在在配流盘表面并将配流盘放置在后端盖组件（油口油

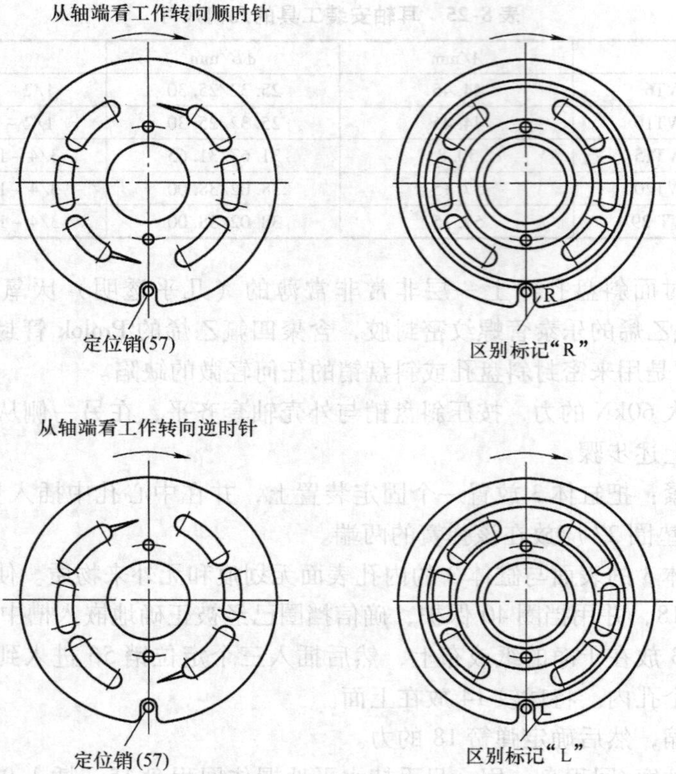


图 8-48　配流盘的正确放置

路块）2 上，用定位销 57 定位于“U”形槽上并标记为 R 或 L。

握住后端盖组件（油口油路块），使活塞 21 不至于脱落，并小心把后端盖组件（油口油路块）放置在外壳上。

在壳体和后端盖组件接触表面（油口油路块）之间的间隙应为大约 1～2.5mm。

用内六角头螺钉 46 固定后端盖组件（油口油路块），对角拧紧。

壳体螺栓紧固扭矩值如表 8-26 所示。

表 8-26　壳体螺栓紧固扭矩值

| 系列 | 扭矩/N·m | |
|---|---|---|
| | min | max |
| PV6/PVT6 | 19.0 | 21.7 |
| PV10/PVT10 | 33.9 | 39.3 |
| PV15/PVT15 | 75.9 | 82.7 |
| PV20/PVT20 | 75.9 | 82.7 |
| PV29/PVT29 | 135.6 | 149.1 |

“C”压力补偿器：

“C”压力补偿器 28 按以下步骤安装，参见图 8-49。

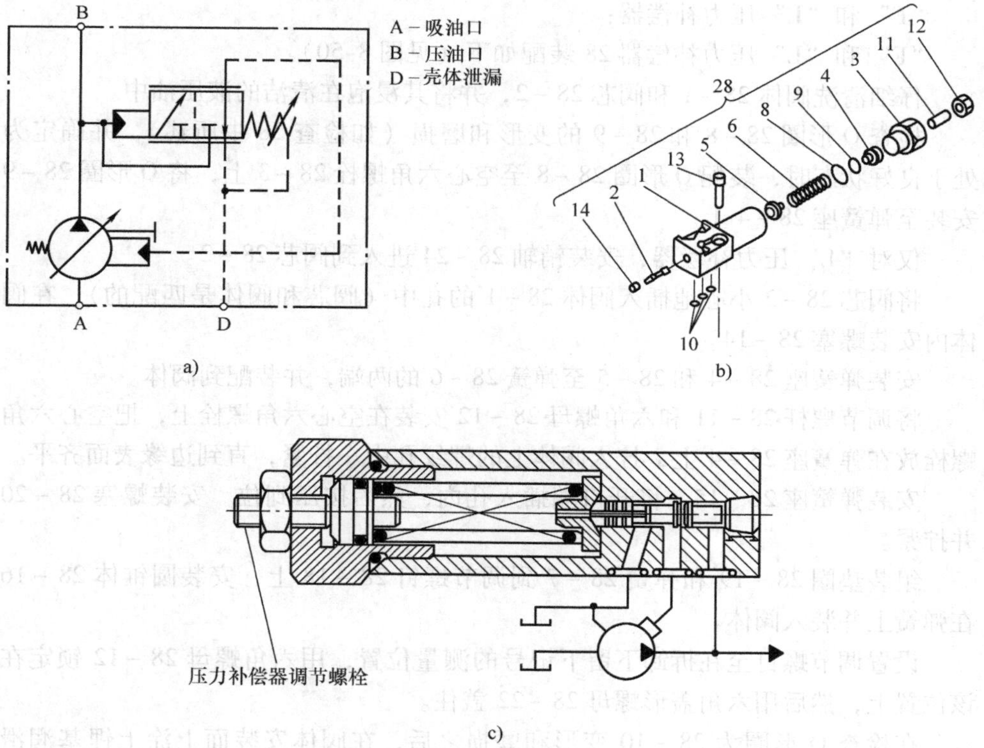


图 8-49　“C”压力补偿器

a）回路原理图　b）爆炸分解图　c）C 压力补偿器剖视图

28－1—阀体　28－2—阀芯（零件 28－1 的配套件）　28－3—空心螺栓　28－4、28－5—弹簧座　28－6—弹簧　28－8、28－9、28－10—O 形圈　28－11—调节螺杆 3/8－16UNC×7/8　28－12—六角螺母 3/8－16 UNC　28－13—螺钉　28－14—螺塞

仔细清洗阀体 28－1 和阀芯 28－2，并将其浸泡在清洁的液压油中。

检查 O 形圈 28－8 和 28－9 的变形和磨损（如检查 28 所述），若确定为处于良好状态时，组装 O 形圈 28－8 至空心头螺栓 28－3 上并安装 O 形圈 28－9 至弹簧座 28－4 上。

小心将阀芯 28－2 插入到阀体 28－1 的孔中（阀芯和阀体是组配件）。安装螺塞 28－14 进入阀体。

将弹簧座 28－4 和 28－5 安装在弹簧 28－6 的两端并将其装入到阀体中。

将调节螺杆 28－11 和六角螺母 28－12 安装在空心螺栓上，把空心螺栓放在弹簧座 28－4 上，拧入阀体上的螺纹孔中。拧紧，直到边缘表面齐平。在检查 O 形圈28－10的变形和磨损后，在阀体安装面上涂上锂基润滑脂，并安装O形圈28－10。

“F”和“L”压力补偿器：

“F”和“L”压力补偿器28装配如下（见图8-50）。

仔细清洗阀体28－1和阀芯28－2，并将其浸泡在清洁的液压油中。

检查O形圈28－8和28－9的变形和磨损（如检查28中所述），并确定为处于良好状态时，装配O形圈28－8至空心六角螺栓28－3上，将O形圈28－9安装至弹簧座28－4上。

仅对“L”压力补偿器，安装销轴28－24进入到阀芯28－2。

将阀芯28－2小心地插入阀体28－1的孔中（阀芯和阀体是匹配的），在阀体内安装螺塞28－14。

安装弹簧座28－4和28－5至弹簧28－6的两端，并装配到阀体。

将调节螺杆28－11和六角螺母28－12安装在空心六角螺栓上，把空心六角螺栓放在弹簧座28－4上，拧入阀体上的螺纹孔中。拧紧，直到边缘表面齐平。

安装弹簧座28－15，将开口端插入孔内，然后按压到位。安装螺塞28－20并拧紧。

组装垫圈28－19和弹簧28－7到调节螺钉28－18上，安装圆锥体28－16在弹簧上并装入阀体。

设置调节螺钉至在拆卸下留下记号的测量位置，用六角螺母28－12锁定在该位置上，然后用六角盖形螺母28－22盖住。

在检查O形圈为28－10变形和磨损之后，在阀体安装面上涂上锂基润滑脂，并安装该O形圈。

“J”和“K”型扭矩限制器：

结合有“F”或“L”压力补偿器的转矩限制器的功能如前面所述。

参见图8-43，将弹簧座28－9、主弹簧28－5和密封活塞28－4与O形圈28－19放入孔内，接下来是螺塞1、螺钉2和螺母28－20和六角盖形螺母28－3。

把销28－25压至反馈杆28－7中。

使用润滑脂保持扭矩限制器在适当位置，放置套筒28－6在反馈臂28－7孔中的销28－25上，然后将反馈杆放置于阀体28－16中，因此阀芯28－8可从阀体28－16的前孔、套筒和阀体后孔穿过。

把弯管接头28－21内的阻尼器28－26和弯管接头适当位置的O形圈28－19放在一起，拧进弯管接头进入油口。

小心地滑动销轴28－18直到反馈杆28－7，然后旋枢轴螺栓进入阀体支撑枢轴杆的两端。

滑动销28－10进入阀体直至反馈杆。把垫圈28－22放至销上，紧接着安装

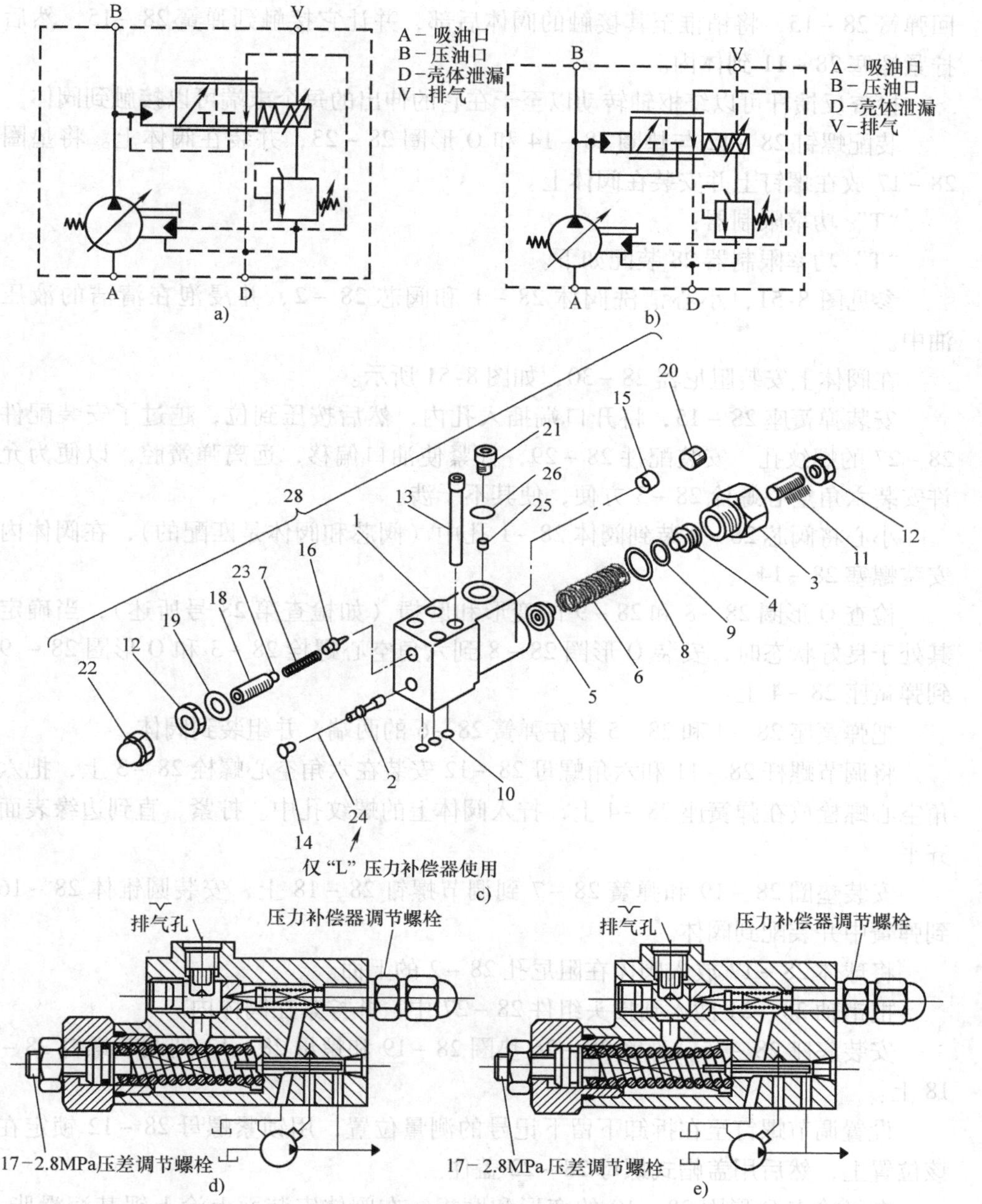


图 8-50　“F” 和 “L” 压力补偿器

a）“F” 压力补偿器　b）“L” 压力补偿器　c）爆炸分解图

d）F 压力补偿器剖视图　e）L 压力补偿器剖视图

28－1—阀体　28－2—阀芯　28－3—空心六角螺栓　28－4、28－5、28－15—弹簧座　28－6、28－7—弹簧

28－8、28－9、28－10、28－26—O 形圈　28－11—调节螺杆 3/8－16 UNC×7/8

28－12—六角螺母 3/8－16 UNC　28－13—螺钉　28－14、28－20、28－21—螺塞

28－16—圆锥体　28－18—调节螺钉，3/8－16　28－19—垫圈

28－22—六角盖形螺母，3/8－16 UNC　28－23 —垫圈　28－24—销轴　28－25—孔嘴

回弹簧 28－15，将销推至其接触的阀体后部，并让它接触到弹簧 28－15，然后拧紧螺塞 28－11 到体内。

检查反馈杆可以绕枢轴转动以至于在它的伸出的每个末端可以接触到阀体。

装配螺钉 28－12 与垫圈 28－14 和 O 形圈 28－23，并装在阀体上。将垫圈 28－17 放在螺钉上并安装在阀体上。

“T”功率限制器：

“T”功率限制器 28 装配如下。

参见图 8-51，小心清洗阀体 28－1 和阀芯 28－2，并浸泡在清洁的液压油中。

在阀体上安装阻尼器 28－30，如图 8-51 所示。

安装弹簧座 28－15，将开口端插入孔内，然后按压到位，越过了安装配件 28－27 的螺纹孔。安装配件 28－29，拧紧使油口偏移，远离弹簧腔，以便为允许安装六角空心螺栓 28－3 方便，使其不干涉。

小心将阀芯 28－2 装到阀体 28－1 孔中（阀芯和阀体是匹配的），在阀体内安装螺塞 28－14。

检查 O 形圈 28－8 和 28－9 的变形和磨损（如检查第 28 号所述），当确定其处于良好状态时，安装 O 形圈 28－8 到六角空心螺栓 28－3 和 O 形圈 28－9 到弹簧座 28－4 上。

把弹簧座 28－4 和 28－5 装在弹簧 28－6 的两端，并组装到阀体。

将调节螺杆 28－11 和六角螺母 28－12 安装在六角空心螺栓 28－3 上，把六角空心螺栓放在弹簧座 28－4 上，拧入阀体上的螺纹孔中。拧紧，直到边缘表面齐平。

安装垫圈 28－19 和弹簧 28－7 到调节螺钉 28－18 上，安装圆锥体 28－16 到弹簧中并装配到阀体。

将球体 28－17 放入阀体在阻尼孔 28－2 的上面。

把销轴 28－24 插入到接头组件 28－27 中，并拧紧在阀体内。

安装底座 28－25，弹簧 28－26 垫圈 28－19 和螺母 28－12 到调节螺钉 28－18 上。

设置调节螺钉至在拆卸下留下记号的测量位置，用锁紧螺母 28－12 锁定在该位置上，然后用盖帽式螺母 28－22 盖住。

在经检查 O 形圈 28－10 的变形和磨损，在阀体安装面上涂上锂基润滑脂，并安装 O 形圈。

最后的总装：

安装压力补偿器或功率限制器 28 到油口油路块的安装平台上。

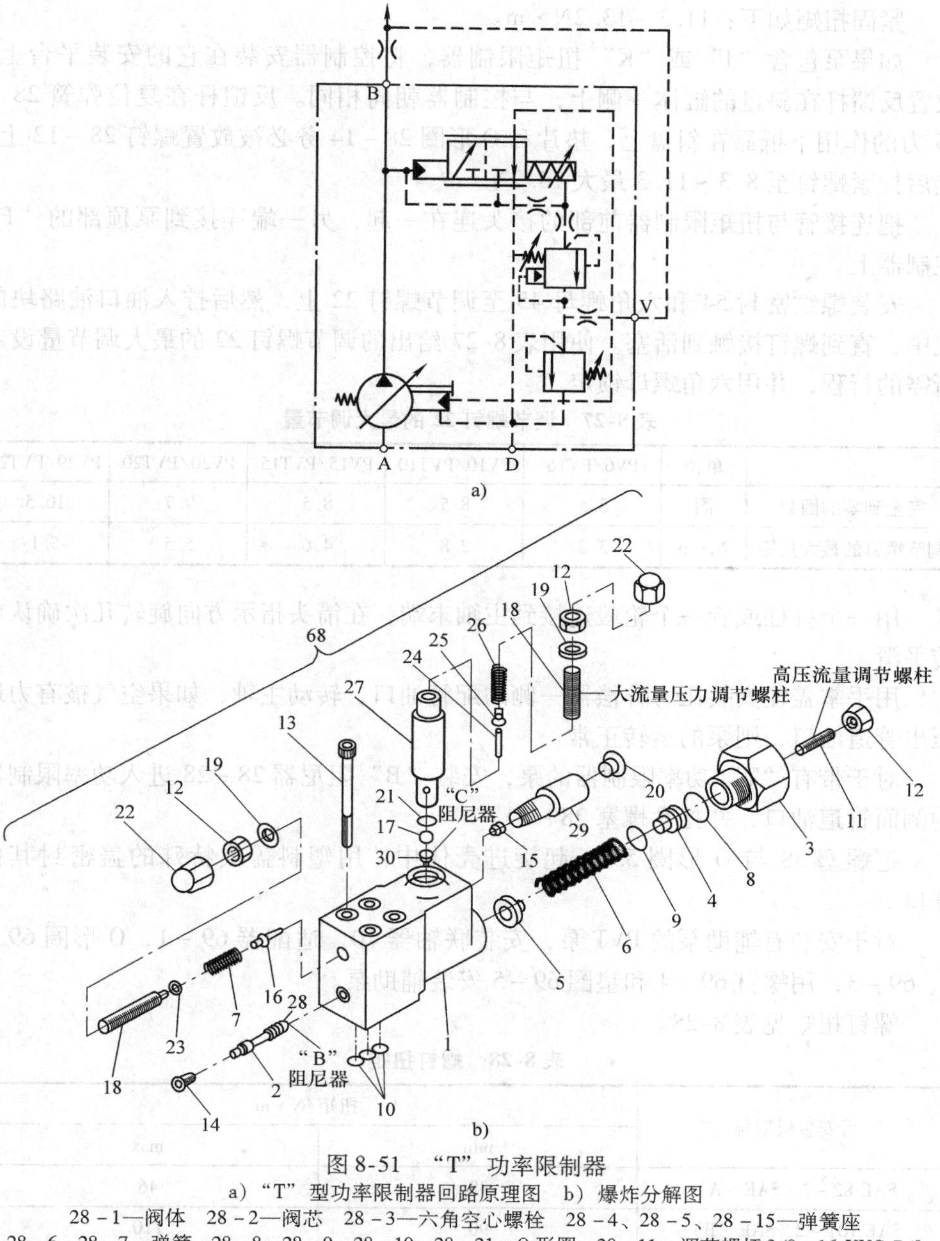


图 8-51　“T” 功率限制器

a）“T” 型功率限制器回路原理图　b）爆炸分解图

28－1—阀体　28－2—阀芯　28－3—六角空心螺栓　28－4、28－5、28－15—弹簧座
28－6、28－7—弹簧　28－8、28－9、28－10、28－21—O 形圈　28－11—调节螺杆 3/8－16 UNCx7/8
28－12—六角螺母 3/8－16 UNC　28－13—螺钉　28－14—螺塞　28－16—圆锥体
28－17—钢球　28－18—调节螺钉 3/8－16　28－19—垫圈　28－20—螺塞
28－22—六角盖形螺母 3/8－16 UNC　28－23—垫圈　28－24—销　28－25—底座
28－26—弹簧　28－27—配件　28－28—“B” 阻尼器（在泵的“P”油口）
28－29—配件（UNF）　28－30—“C” 阻尼器（1.59 mm 阻尼孔）

紧固扭矩如下：11.3～13.2N·m。

如果泵包含“J”或“K”扭矩限制器，将控制器安装在它的安装平台上，放置反馈杆在斜盘的缸体一侧上，与控制器朝向相同。反馈杆在复位弹簧28－15力的作用下抵靠在斜盘上，垫片和O形圈28－14务必被放置螺钉28－12上，然后拧紧螺钉至8.3～11.3最大13.2N·m。

把连接管与扭矩限制器前部的接头连在一起，另一端连接到泵顶部的“F”控制器上。

安装螺纹密封54和六角螺母45至调节螺钉22上，然后拧入油口油路块的孔中，直到螺钉接触到活塞。使用表8-27给出的调节螺钉22的最大调节量设定所需的行程，并用六角螺母锁定。

表8-27 调节螺钉22的最大调节量

| | 单位 | PV6/PVT6 | PV10/PVT10 | PV15/PVT15 | PV20/PVT20 | PV29/PVT29 |
|---|---|---|---|---|---|---|
| 完全到零的圈数 | 圈 | 8.5 | 8.5 | 8.5 | 9.7 | 10.5 |
| 调节螺钉的最大扭矩 | N·m | 3.2 | 2.8 | 4.6 | 5.5 | 5.1 |

用一个杠杠或者一个轮毂连接到主轴末端，在箭头指示方向旋转几次确认旋转平滑。

用手掌盖住安装压力补偿器一侧的配管油口，转动主轴，如果空气被有力地压出管道油口，则泵的运转正常。

对于带有“T”功率限制器的泵，安装“B”阻尼器28－28进入功率限制器的侧面管道油口，并拧紧螺塞28－14。

把螺塞58与O形圈55一起旋进壳体中，用塑料盖或特殊的盖密封其他开口。

对于安装有辅助泵的PVT泵，安装联轴器70，适配器69－1，O形圈69－2、69－3，用螺钉69－4和垫圈69－5安装辅助泵。

螺钉扭矩见表8-28。

表8-28 螺钉扭矩

| 后安装板型号 | 扭矩/N·m | |
|---|---|---|
| | min | max |
| SAE 82－2（SAE－A） | 38 | 46 |
| SAE 101－2（SAE－B） | 90 | 110 |
| SAE 127－2（SAE－C） | 180 | 220 |

清洗泵的外表面并将其安装至原来的设备上或者返回到储存仓库。

## 8.6.15　试验过程

试验条件　工作速度：(1770 ±30) r/min；油液温度：(49 ±5.5)℃；壳体压力：0.021 ~0.07MPa。

在工作速度为（1770 ±30）r/min、最小输出压力和最大连续额定输出压力的条件下记录输出流量、泄漏流量（见表 8-29）和流体温度。

**表 8-29　泵的输出流量和泄漏流量**

| | 单位 | PV6/PVT6 | PV10/PVT10 | PV15/PVT15 | PV20/PVT20 | PV29/PVT29 |
|---|---|---|---|---|---|---|
| 最大额定连续压力 | MPa | 24.1 | 24.1 | 24.1 | 24.1 | 24.1 |
| 最小压力时的最大流量 | L/min | 26.9 | 39 | 62.8 | 81 | 115 |
| 最大额定压力时的最小流量 | L/min | 22.3 | 32.9 | 54.5 | 70.4 | 100.7 |
| 额定压力时的最大壳体泄漏流量 | L/min | 2.0 | 2.2 | 3.4 | 4.5 | 5.7 |

评价标准：

① 在最小出口压力时的流量。

② 在最大额定连续压力下的流量。

③ 在最大额定连续压力和满流量下的壳体泄漏流量。

④ 补偿器泄漏——当泵被补偿时发生在最大额定连续压力时额外的壳体泄漏。(在壳体上泄漏的增加实际高于在 C 压力补偿器的壳体泄漏)

压力补偿器的泄漏流量见表 8-30。

**表 8-30　压力补偿器的泄漏流量**

| | 单位 | PV6/PVT6 | PV10/PVT10 | PV15/PVT15 | PV20/PVT20 | PV29/PVT29 |
|---|---|---|---|---|---|---|
| 最大的泄漏，“C”压力补偿器 | L/min | 3 | 3 | 3 | 3 | 3 |
| 最大的泄漏，“F”、“L”压力补偿器“J”、“K”扭矩限制器和“T”功率限制器 | L/min | 3.4 | 3.4 | 3.4 | 3.4 | 3.4 |

“C”压力补偿器实验（参见图 8-49）：

1）增加系统压力高于补偿器设置值。当泵开始回程时观察系统压力。继续提高系统的压力，直到泵完全回零。在任何时候，系统压力的变化都不能超过补

偿器设定值 ±1.03MPa。该控制应是稳定的并且在回零的各个阶段也应是稳定的。

2）当运行在“测试条件下”调节系统压力到最大为1.03MPa，低于补偿器设置值，流量和泄漏的读数应重新恢复到额定的条件。

3）重复两次以上步骤。补偿器设置应该是可重复的。

“F”压力补偿器实验（参见图8-50）：

1）把一针形阀插入“F”压力补偿器的排气口。把主压力调节螺钉28－18退出来。设置压差调节螺杆28－11高于系统压力为1.72MPa。重新设置主压力高于泵的最大额定连续压力3.45MPa。观察泵会在高于泵的最大额定连续压力3.45MPa时开始补偿。

2）根据对“C”压力补偿器的测试程序测试。打开和关闭排气口阀门几次。(当阀打开时，压差设定高于系统压力1.72MPa。如果所有的流量和泄漏是可接受的，从排气口除去该阀。

“L”压力补偿器实验（参见图8-50）：

1）把一针形阀插入“L”压力补偿器的排气口。取出“L”压力补偿器阀芯内部的销钉。将主压力调节螺钉28－18退出来。设置压差调节螺钉28－11高于系统压力1.72MPa。重新设置主压力调节到高于泵的最大额定连续压力3.45MPa。检查泵将在高于泵的最大额定连续压力3.45MPa时进行补偿。

2）根据对“C”压力补偿器的测试程序测试。打开和关闭排气口阀门几次。(当阀打开时，压差设定高于系统压力1.72MPa)。如果所有的流量和泄漏是可接受的，从排气口除去该阀，重新把销钉插入阀芯。

“J”和“K”扭矩限制器实验（参见图8-43）：

1）请注意：所有泵调节螺钉，顺时针旋转增加了设置，逆时针则降低设置。

2）在“F”（或“L”）压力补偿器上，退出最大压力调节螺钉，直到没有阻力，并设定阀芯的压差为1.72MPa。现在，该泵将满流量输出直到阀芯的压差为1.72MPa，然后充分回零。

3）设置系统溢流阀至所需压力，在“F”（或“L”）压力补偿器上最大调整压力应低于1.72MPa。在最大压力到达之前，有必要在顺时针方向去调整最大转矩螺钉防止泵回零。

4）设置最大转矩调节值，以获得在适当压力下适当的转矩或流量。

$$\text{转矩}/\mathrm{N\cdot m}=\frac{\text{压力}/(0.1\mathrm{MPa})\times\text{流量}/(\mathrm{L/min})\times 1000}{\text{转速}/(\mathrm{r/min})\times 20\times\text{总效率}}$$

$$\text{流量}/(\mathrm{L/min})=\frac{\text{转矩}/(\mathrm{N\cdot m})\times\text{转速}/(\mathrm{r/min})\times 20\times\text{总效率}}{\text{压力}/(0.1\mathrm{MPa})\times 1000}$$

5）作为一个例子，在一个排量为20L/r 的泵的设定如下。

阀芯压差 1.72MPa，系统溢流阀设定压力 22.4MPa（溢流阀在外管路上），最大压力（补偿器）：20.7MPa 最大扭矩：在压力 17.2MPa、转速 1800r/min、0.86 总效率时为 107N · m。

$$流量\left(\frac{L}{min}\right)=\frac{10.7\times1800\times20\times0.86}{17.2\times1000}=60.5$$

压力补偿器和调节螺柱的位置见图 8-52。

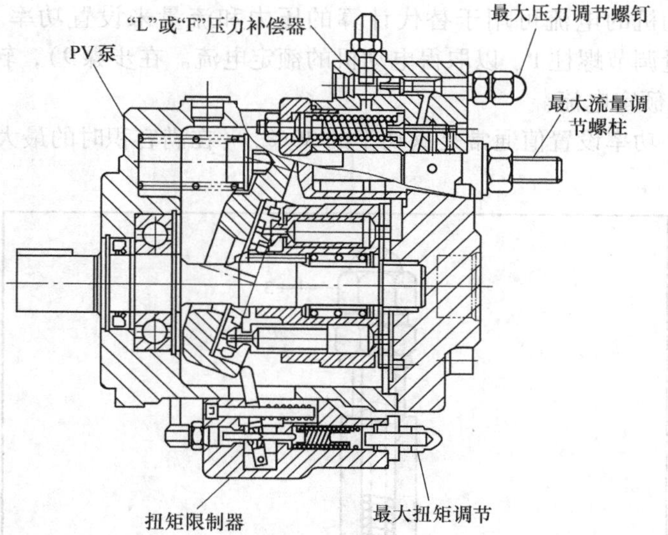


图 8-52　"J" 和 "K" 扭矩限制器结构图

"T" 功率限制器实验（参见图 8-53）：

功率限制器设置：首先调节在高压补偿器设定值下的流量调节螺柱 1 为所需的功率，然后在全流量下调整大流量压力调节螺栓 3 到所需的功率。在铺设压力管道至泵之前，检查在压力油口中阻尼器 28－28 是否存在。

1）计算这两个设置值（在最大压力下的流量和在最大流量下的压力）的功率 $P$

$$P=\frac{pq}{效率\times60}$$

式中　$p$——压力（MPa）；

　　$q$——流量（L/min）。

2）退回调节螺钉 3，直到没有阻力。

3）转动调节螺钉 2，直到它至少高于高压限制值 3.45MPa。

4）起动泵，并设置系统安全阀压力至所需的高压限制值。

5）调整流量调节螺柱1，以取得在高压限制值时所需的流量。

6）设置系统安全阀高于压力补偿器设定值1.4MPa以上。

7）退回到压力补偿器调整螺钉2至所需的设置值。

8）退回到系统溢流阀下降到在最大流量时的计算压力。

9）转动调整螺钉3直到刚好达到全流量。

10）通过提高系统溢流阀值高于补偿设置值检查所有的调节。如果需要的话重新调整流量调节螺柱1，以取得所计算的高压流量。

注：电动机的电流可用于替代计算的压力和流量来设置功率。在步骤5）中，调整流量调节螺柱1，以取得电动机的额定电流。在步骤9），转动调节螺钉3取得电动机额定电流。

注：最小功率设置值通常是满功率的30%。（在满容积时的最大压力。）

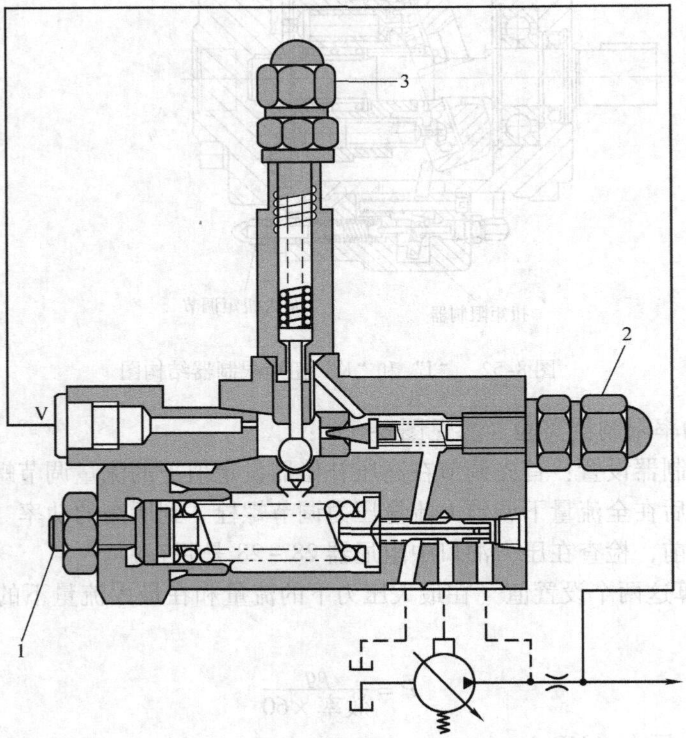


图8-53　“T”功率限制调节

1—流量调节螺柱　2—压力补偿器调节螺钉　3—大流量压力调节螺栓

## 参 考 文 献

[1] 黎啟柏. 电液比例控制与数字控制系统 [M]. 北京: 机械工业出版社, 1997.
[2] 吴根茂, 邱敏秀, 王庆丰, 等. 新编实用电液比例技术 [M]. 杭州: 浙江大学出版社, 2006.
[3] 俞云飞. 液压泵的发展展望 [J]. 液压气动与密封, 2002 (1): 2-6.
[4] 徐绳武. PCY 恒压变量泵的改进和发展 [J]. 液压气动与密封, 2005 (1): 6-9.
[5] 刘钊, 张珊珊. 变量泵控制方式及其应用 [J]. 中国工程机械学报, 2004, 2 (3): 304-307.
[6] 路甬祥, 胡大纮. 电液比例技术 [M]. 北京: 机械工业出版社, 1988.
[7] 喜多康雄, 齐佩玉. 变量泵与变量马达的发展 [J]. 机电设备, 1991 (4): 25-31.
[8] 杨球来, 许贤良, 赵连春. 大扭矩液压马达的发展现状与展望 [J]. 机械工程师, 2004 (3): 6-9.
[9] 徐绳武. 轴向柱塞泵和马达的发展动向 [J]. 液压气动与密封, 2003 (4): 10-15.
[10] 杨华勇, 张斌, 徐兵. 轴向柱塞泵/马达技术的发展演变 [J]. 中国工程机械学报, 2008, 44 (10): 1-8.
[11] 胡燕平, 彭佑多, 吴根茂. 液阻网络学 [M]. 北京: 机械工业出版社, 2003.
[12] W. 巴克. 液压阻力回路系统学 [M]. 北京: 机械工业出版社, 1980.
[13] 胡军科, 王华兵. 闭式液压泵的种类及选型注意事项 [J]. 建设机械技术与管理, 2000 (3): 33-34.
[14] 冯刚, 江峰. 负载感应系统原理发展与应用研究 [J]. 煤矿机械, 2003 (9): 27-29.
[15] 侯刚. 多功能的 DFR 控制 [J]. 流体传动与控制, 2004, 6: 41-43.
[16] 黄新年, 张志生, 陈忠强. 负载敏感技术在液压系统中的应用 [J]. 流体传动与控制, 2007 (5): 28-30.
[17] 莫波, 雷明, 曹泛. 恒功率恒压泵变量机构的调节原理 [J]. 液压与气动, 2002 (6): 5-6.
[18] 徐绳武. 恒压变量泵的节能、应用和发展 [J]. 液压与气动, 1998 (3): 5-11.
[19] 黄铜生. 用于闭式回路中斜盘式轴向柱塞变量泵的控制方式 [J]. 农业装备与车辆工程, 2008 (11): 58-60.
[20] 董伟亮, 罗红霞. 液压闭式回路在工程机械行走系统中的应用 [J]. 工程机械, 2004 (5): 38-40.
[21] 何明, 周豪. A4VSO-LRGF 变量泵的静特性分析 [J]. 鞍钢技术, 1992 (11): 41-43.
[22] 姚晓颖. A4V 泵的 DA 变量调节系统 [J]. 工程机械, 1998 (12): 24-25.
[23] 陈忠强, 芮丰. A10VSO 变量泵节能技术及应用 [J]. 流体传动与控制, 2004 (6): 10-13.
[24] 李晶洁, 贾跃虎, 孙志慧. 负载敏感变量泵在装载机液压系统上的应用与节能分析 [J]. 流体传动与控制, 2010 (1): 6-8.

[25] 饶启琛，张涛．比例变量泵系统在注塑机上的应用［J］．橡塑技术与装备，2002，28（4）：53－55.
[26] 代平之，张作龙．液压泵回路的节能措施［J］．流体传动与控制，2007（1）：51－55.
[27] 冯继超，陈刚，陈志方．电液比例控制组合变量泵的节能及故障诊断［J］．机床与液压，2001（4）：151－152.
[28] 耿令新，刘钊，吴仁智．工程机械负载敏感技术节能原理及应用［J］．机械传动，2008，32（5）：85－87.
[29] 钟玉涛，马智英．电液比例压力阀控制变量泵系统的节能分析——双液阻控制系统［J］．淄博学院学报：自然科学与工程版，2000，2（1）：42－45.
[30] 金立生，赵丁选，尚涛，等．挖掘机节能用变量泵BP神经网络控制系统研究．起重运输机械，2005（4）：36－39.
[31] 左丽，马彦刚，张银彩．液压挖掘机油泵控制系统节能分析［J］．石家庄铁道学院学报，1998，11（3）：84－87.
[32] 李岚萍，裘嗣明．RH钢包顶升液压系统的设计与应用［J］．液压与气动，2009（7）：57－58.
[33] 杨阳，谭兴强，王庆化．钢包液压升降系统比例变量泵的调速控制［J］．液压与气动，2006（2）：63－65.
[34] 范俊．带DA控制A4VG变量泵在工程机械上的应用［J］．液压气动与密封，1995（3）：25－27.
[35] 吴梦陵．一种比例变量泵在注塑机上的应用［J］．广东塑料，2005（1）：13－15.
[36] 安高成，刘小红，王明亮．电液比例负载敏感控制径向柱塞泵仿真分析与实验研究［J］．流体传动与控制，2006，1（1）：8－10.
[37] 任剡．负载敏感泵与比例多路阀在大机上的应用［J］．流体传动与控制，2008，5（3）：30－31.
[38] 范俊．模块钻井液压系统中负载敏感变量泵与电控比例多路阀的应用［J］．石油天然气学报，2009，31（3）：25－27.
[39] 沙道航，杨华勇．钢坯修磨砂轮转速电液比例变量泵马达调节系统的研究［J］．液压气动与密封，1997（4）：21－23.
[40] 张海涛，何清华，施圣贤，等．LUDV负荷传感系统在液压挖掘机上的应用［J］．设计制造，2004（10）：61－63.
[41] 单建峰，沈立山．电液伺服复合控制变量泵及其应用［J］．液压气动与密封，1993（4）：26－28.
[42] 资新运，郭锋，王琛，等．电液比例变量泵控定量马达调速特性研究［J］．工程机械，2007，38（7）：45－48.
[43] 李传启．萨澳液压柱塞泵维修的注意事项［J］．工程机械与维修，2009（8）：182－183.
[44] 张红安．变量柱塞泵的维护与故障处理［J］．中国设备工程，2004（12）：31－32.
[45] 荆斌．工程机械液压泵维修之我见［J］．科学之友，2010（11）：19－20.

[46] 王晋生. 恒压式与限压式变量泵的合理应用 [J]. 大众技术导报, 1991 (4): 13-16.
[47] 徐州锋利液压机械有限公司. 萨澳 20 系列液压泵维修程序 [J]. 工程机械与维修, 2007 (1): 152-164.
[48] 佘高强. 液压泵的合理使用. 新技术新工艺 [J]. 机械加工与自动化, 2003 (7): 23-26.
[49] 赵荣. 两种常用变量泵特点及发热问题的处理 [J]. 中国高新技术企业, 2011 (1): 179-181.
[50] 江国耀. 力士乐 AV 系列高压柱塞泵发展概况 [J]. 建筑机械, 2003 (7): 17-20.
[51] 潘富强. 卡特彼勒 330C 挖掘机液压泵控制分析 [J]. 筑路机械与施工机械化, 2009 (9): 37-39.
[52] 郭桐, 赵升吨, 刘辰, 等. 径向柱塞泵结构发展概述 [J]. 机床与液压, 2015, 43 (13): 156-162.
[53] 孙崇智. 带 DA 阀的 AV4G 轴向柱塞泵的控制原理分析 [J]. 甘肃科技, 2014, 30 (24): 66-69.
[54] 梁贵萍, 何晓晖. 带 DA 阀的 A4V 液压泵的控制原理分析与应用 [J]. 机械设计与制造, 2010 (12): 105-107.
[55] 张勤, 智强. 闭式液压系统液压泵的零位调整 [J]. 液压气动与密封, 2010 (6): 43-44.
[56] 刘明安. Rexroth A4VG 系列轴向柱塞泵结构与原理分析 [J]. 流体传动与控制, 2011 (6): 19-21.
[57] 孙宏图. K3V 型柱塞泵的结构、控制原理及维修 [J]. 交通科技与经济, 2004 (6): 45-46.
[58] 李新, 周志鸿, 厉峰. K3V 系列液压泵的结构与控制原理 [J]. 工程机械, 2011, 42 (12): 41-44.
[59] 蓝可. K3V 高集成化多功能控制阀原理及应用 [J]. 流体传动与控制, 2004 (11): 44-46.
[60] 吴晓明. A11VDRS 负载敏感变量泵与 PVG32 比例多路阀组合的设定和调整 [J]. 液压与气动, 2014 (10): 117-120, 123.
[61] 吴晓明. 几种轴向柱塞式液压马达的变量调节原理 [J]. 液压与气动, 2012 (11): 110-113.
[62] 胡小冬, 刘帮才, 袁丛林. A8VO 变量泵建模与仿真分析 [J]. 机床与液压, 2016, 44 (9): 151-152.